Supersymmetrie

Von Dr. rer. nat. Harald Kalka
Umwelt- und Ingenieurtechnik GmbH Dresden
und Prof. Dr. phil. nat. habil. Gerhard Soff
Technische Universität Dresden

B. G. Teubner Stuttgart 1997

Dr. rer. nat. Harald Kalka

Von 1978 bis 1982 Studium der Physik an der TU Dresden, 1983 Diplom, 1987 Promotion auf dem Gebiet der Kernphysik, Gastaufenthalt 1986/87 an der Staatsuniversität Moskau, 1992 am MPI Heidelberg. Von 1993 bis 1996 wiss. Mitarbeiter am Institut für Theoretische Physik der TU Dresden.

Prof. Dr. phil. nat. habil. Gerhard Soff

Von 1968 bis 1972 Studium der Physik an der Universität Frankfurt, 1972 Diplom, 1977 Promotion auf dem Gebiet der Schwerionenphysik, 1981 Habilitation, 1980 bis 1985 Heisenberg-Stipendiat, 1985 Vertretung einer C4-Professur an der Universität Gießen, 1985 bis 1993 wiss. Mitarbeiter bei der Gesellschaft für Schwerionenforschung (GSI) in Darmstadt, 1986 Honorarprofessor an der Universität Frankfurt, 1989 und 1990 Gastprofessur an der University of Arizona in Tucson, Forschungsaufenthalte an der Yale University, Vanderbilt University, Oak Ridge, NIST (Gaithersburg, USA), seit 1993 Inhaber des Lehrstuhls für Theorie der Hadronen und Kerne an der TU Dresden.

Die Deutsche Bibliothek – CIP-Einheitsaufnahme

Kalka, Harald:
Supersymmetrie / von Harald Kalka und Gerhard Soff. – Stuttgart : Teubner, 1997
(Teubner-Studienbücher : Physik)
ISBN 978-3-519-03238-0 ISBN 978-3-322-96701-5 (eBook)
DOI 10.1007/978-3-322-96701-5

Vorwort

Über Supersymmetrie oder kurz SUSY spricht man heute nahezu in allen Bereichen der Physik. Kein Wunder, verknüpft sie doch die Welt der Bosonen mit der Welt der Fermionen und liefert damit neue Denkansätze und Lösungsmethoden. Dieses Buch richtet sich an Physikstudenten aber auch an den reifen Wissenschaftler, der einen elementaren Einstieg in die supersymmetrische Feldtheorie sucht. Einfache SUSY-Modelle können dabei schon in den Grundkurs der Quantenmechanik oder der klassischen Mechanik einbezogen werden.

Die Supersymmetrie, welche unsere physikalischen Vorstellungen drastisch verändert, ist mit den herkömmlichen Mitteln aus der Mathematik mit komplexen Zahlen kaum zu bewältigen. Vielmehr ist das Rechnen und der Umgang mit Grassmann- oder Superzahlen zu erlernen. Wie die Erfahrung lehrt, weckt gerade der Einstieg in die "Supermathematik" mit ihren ungewöhnlichen Rechenregeln bei jedem Anfänger Interesse und Freude. Etwas anders verhält es sich dagegen mit dem Begriff des Spinors, der aus der Quantenmechanik schon bekannt sein sollte; hier entdeckt man gelegentlich Wissenslücken. Deshalb wird an das Konzept des Spinors behutsam herangeführt. Das gleiche gilt für die Begriffe der Gruppe und Algebra. So werden neben Liealgebren auch die Clifford- und Grassmann-Algebren ausführlich behandelt und ihre Beziehungen untereinander aufgedeckt. Der Schritt zur Supersymmetrie erfolgt dann durch Graduierung.

An der Gestaltung dieses Buches waren mehrere Kollegen und Mitarbeiter beteiligt. Unser Dank gilt besonders Herrn J. Urban und Herrn F. Eickemeyer. Teile des Manuskripts wurden von Dr. Ch. Hofmann, Dr. T. Beier und Frau M. Hentschel sorgfältig gelesen und korrigiert. Die Anfertigung der zahlreichen Bilder erforderte besonders viel Geduld; sie wurde aufgebracht von Frau Dipl.-Ing. G. Schädlich, Dr. J. Bergmann, Dr. B. Heide sowie A. Holzhey. Nicht zuletzt gilt unser Dank allen Studenten, die an der Vorlesung "Supersymmetrie" teilnahmen bzw. im Hauptseminar zu ausgewählten Themen sprachen; ihre Hinweise und Fragen halfen uns den "richtigen Ton" zu finden.

Dresden, im März 1997 H. Kalka und G. Soff

Inhalt

1	**Einleitung**	**13**
2	**Bose-Fermi-Supersymmetrie**	**15**
2.1	Das einfachste supersymmetrische Modell	16
2.1.1	Erzeuger und Vernichter	17
2.1.2	SUSY-Operatoren	20
2.1.3	Der harmonische Oszillator	23
2.1.4	Der Fermi-Oszillator	24
2.1.5	Der SUSY-Oszillator	25
2.2	Exkurs in die mathematische Begriffswelt	27
2.2.1	Symmetrien und Gruppen	27
2.2.2	Zum Begriff der Algebra	29
2.2.3	Clifford-Algebren	30
2.2.4	Liealgebren	31
2.2.5	Vorausblick: die SUSY-Algebra	32
2.2.6	Kommutator-Gymnastik	34
2.3	Nichtlineare Bose-Fermi-Supersymmetrie	34
2.3.1	Der supersymmetrische Hamiltonoperator	35
2.3.2	Das Eigenwertspektrum	37
2.3.3	Reine und gemischte Zustände	38
2.3.4	Das Superpotential	39
2.3.5	Der Grundzustand	41
2.3.6	Exakte und gebrochene Supersymmetrie	43
2.3.7	Der Witten-Index	45
2.3.8	Resumé	47
3	**Supersymmetrische Quantenmechanik**	**48**
3.1	Der Hamiltonoperator und sein SUSY-Partner	49
3.1.1	Die Faktorisierung des Hamiltonoperators	49

3.1.2 Eigenwerte und Eigenzustände der SUSY-Partner 50
3.1.3 Vom Grundzustand zum Superpotential 52
3.1.4 Das Kastenpotential 54
3.1.5 Streuzustände 57
3.1.6 Reflexionslose Potentiale 59
3.1.7 Dreidimensionale Systeme 60
3.1.8 SUSY-Ketten 62
3.2 Forminvarianz und exakt lösbare Potentiale 67
3.2.1 Motivation 67
3.2.2 Das Eigenwertspektrum 69
3.2.3 Verallgemeinerte Leiteroperatoren 70
3.2.4 Die Translation 71
3.2.5 Das Rosen-Morse-Potential 73
3.2.6 Der isotrope Oszillator 76
3.2.7 Das Coulombpotential 78
3.2.8 Eine kurze Liste von lösbaren Potentialen 80
3.3 Neue Potentiale 81
3.3.1 Skalierung – eine neue Forminvarianz 81
3.3.2 Selbstähnliche Potentiale 83
3.3.3 Grenzfälle der neuen forminvarianten Potentiale 87
3.3.4 Das Superpotential als Lösung der Riccati-Gleichung 89
3.3.5 Isospektrale Potentiale 91
3.4 Supersymmetrische WKB-Methode 92
3.4.1 SWKB bei exakter Supersymmetrie 92
3.4.2 SWKB und forminvariante Potentiale 94
3.4.3 SWKB bei gebrochener Supersymmetrie 95
3.5 Spezielle Methoden der Störungstheorie 95
3.5.1 Das Ritzsche Variationsverfahren 95
3.5.2 Der anharmonische Oszillator 96
3.5.3 Die δ-Entwicklung 99
3.5.4 Die 1/d-Entwicklung 101
3.6 Doppelmulden-Potentiale und Tunneleffekt 103
3.6.1 Das symmetrische Doppelmulden-Potential 104
3.6.2 Tiefe und flache Potentiale 106

3.6.3 Die Niveauaufspaltung in der WKB-Näherung 107
3.6.4 Die Doppelmulde und ihr SUSY-Partner 109
3.6.5 Die Regularisierung der Grundzustandswellenfunktion 111
3.6.6 Die Niveauaufspaltung in tiefen Potentialen 114

4 Mathematik mit Superzahlen **116**
4.1 Superzahlen 116
4.1.1 Grassmann-Algebren 117
4.1.2 Typen von Superzahlen 119
4.1.3 Reelle Superzahlen und komplexe Konjugation 122
4.2 Der Supervektorraum 123
4.2.1 Supervektoren 123
4.2.2 Lineare Operatoren 124
4.2.3 Supermatrizen 126
4.2.4 Die Superspur 128
4.2.5 Die Superdeterminante 129
4.2.6 Die Supertransposition 132
4.3 Analysis mit Superzahlen 133
4.3.1 Superanalytische Funktionen und Superfunktionen 133
4.3.2 Dynamische Variable 136
4.3.3 Die Differentiation 138
4.3.4 Die Integration 140
4.3.5 Die Dirac'sche Deltafunktion 143
4.3.6 Die Leibniz-Regel 143

5 Symmetrien, Gruppen und Liealgebren **146**
5.1 Abelsche Gruppen 146
5.1.1 Raum- und Zeittranslationen 146
5.1.2 Drehungen und Spiegelungen 148
5.1.3 Morphismen und Darstellungen 149
5.1.4 Die SO(2) 151
5.1.5 Die Tensordarstellung 153
5.1.6 Die unitäre Darstellung und die U(1) 155
5.1.7 Die Operatordarstellung 155
5.1.8 Symmetrien in der Quantenmechanik 156

5.1.9 Der Bose-Bose-Oszillator 157
5.1.10 Drehungen um antikommutierende Winkel 159
5.2 Liegruppen und Liealgebren 161
5.2.1 Etwas Topologie 161
5.2.2 Matrizengruppen 164
5.2.3 Die Liealgebra der Generatoren 166
5.2.4 Lokale und globale Aspekte 167
5.2.5 Die Überlagerungsgruppe 169
5.3 Drehungen, Spinoren und Metriken 170
5.3.1 Die SO(3) 170
5.3.2 Eigenzustände des Drehimpulsoperators 173
5.3.3 Irreduzible Darstellungen der SO(3) 176
5.3.4 Die Paulimatrizen 178
5.3.5 Die SU(2) 180
5.3.6 Der Vektor als Matrix 182
5.3.7 SU(2)-Spinoren 184
5.3.8 Spinoren höherer Stufe 186
5.3.9 Metrische Räume und Symmetrietransformationen 188
5.4 Drehungen und Spinoren in beliebigen Räumen 191
5.4.1 Die Tensordarstellung 191
5.4.2 N-dimensionale Vektoren 194
5.4.3 Die Spinordarstellung 194
5.4.4 Wieviel Komponenten besitzt ein Spinor? 196
5.4.5 Zwischenbilanz 197

6 Klassische Mechanik und Supersymmetrie 199
6.1 Erinnerung an die klassische Mechanik 199
6.1.1 Der Lagrange-Formalismus 199
6.1.2 Eichtransformationen der Lagrangefunktion 201
6.1.3 Der Hamilton-Formalismus 202
6.1.4 Kanonische Transformationen 205
6.1.5 Symplektische Geometrie 207
6.2 Die Grassmann-Mechanik 210
6.2.1 Das freie Grassmann-Teilchen 210
6.2.2 Der Hamilton-Formalismus 212

6.2.3 Der Grassmann-Oszillator 214
6.2.4 Die Poissonklammer der Grassmann-Mechanik 215
6.2.5 Pseudoeuklidische Geometrie 217
6.3 Supersymmetrie in der klassischen Mechanik 218
6.3.1 Der Hamilton-Formalismus 218
6.3.2 Elementare Beispiele 220
6.3.3 Verallgemeinerte Poissonklammern 222
6.4 Auf dem Weg zur Quantenmechanik 223
6.4.1 Der reduzierte Phasenraum 223
6.4.2 Primäre und sekundäre Zwangsbedingungen 226
6.4.3 Die Dirac-Klammer 226
6.4.4 Dirac-Klammern in der Grassmann-Mechanik 228
6.4.5 Die Quantisierung 229
6.4.6 Der Spin in der klassischen Mechanik 230
6.5 Superfelder von Punktteilchen 233
6.5.1 Das Superraum-Konzept 233
6.5.2 Erste Versuche in (1+0) Dimensionen 234
6.5.3 Ein SUSY-Generator 235
6.5.4 Die SUSY-Transformation im komplexen Superraum 238
6.5.5 Das Superfeld eines Punkteilchens 239
6.5.6 Kovariante Ableitungen 241
6.5.7 Das freie und das wechselwirkende System 242
6.5.8 Das Hamiltonprinzip 244
6.5.9 Die Bewegungsgleichung der Komponentenfelder 245
6.5.10 Kanonischer Impuls und Impulsdichte 247
6.5.11 Hamiltondichte und Hamiltonfunktion 248
6.5.12 Die kanonischen Gleichungen 249
6.5.13 Invarianz der Wirkung 250
6.5.14 Superladungen 251

7 Gruppen und Relativität 253
7.1 Die Lorentzgruppe 254
7.1.1 Die Lorentztransformation 254
7.1.2 Die vier Zweige der Lorentzgruppe 256
7.1.3 Drehungen und Boosts 257

7.1.4 Die spezielle Lorentzgruppe und ihre Zerlegung 259
7.1.5 Die linke und die rechte Fundamentaldarstellung 261
7.1.6 Verknüpfungen von Darstellungen 263
7.1.7 Bahndrehimpuls und Spin 265
7.2 Die Spinoren der Lorentzgruppe 268
7.2.1 Weyl-Spinoren 268
7.2.2 Die Gruppe SL(2,ℂ) 270
7.2.3 Überlagerungsgruppe und Raumspiegelungen 273
7.2.4 Dirac-Spinoren 274
7.2.5 Die Gamma-Matrizen 276
7.2.6 Der Feynman-Dolch 277
7.2.7 Ladungskonjugation und Majorana-Spinoren 279
7.2.8 Spintensoren 281
7.3 Die Poincarégruppe 282
7.3.1 Poincarétransformationen 282
7.3.2 Die Liealgebra der Poincarégruppe 284
7.3.3 Casimir-Operatoren 285
7.3.4 Die irreduziblen Darstellungen der Poincarégruppe 287

8 Supersymmetrie in der relativistischen Quantenmechanik 290
8.1 Teilchen im elektromagnetischen Feld 290
8.1.1 Der Dirac-Operator 290
8.1.2 Dirac-Matrizen und ihre Darstellungen 292
8.1.3 Das elektromagnetische Feld 293
8.1.4 Lokale Eichtransformationen 294
8.1.5 Das anomale magnetische Moment 295
8.1.6 Externe Felder 296
8.2 Zwei SUSY-Modelle 297
8.2.1 Supersymmetrie in 1+1 Dimensionen 297
8.2.2 Chirale Supersymmetrie 298
8.2.3 Die euklidische Darstellung 300
8.2.4 Der supersymmetrische Operator $\not{K}^2$ 301
8.3 Dirac-Operatoren und Supersymmetrie 302
8.3.1 Formale SUSY-Quantemechanik 302
8.3.2 Die kanonische Darstellung 304

8.3.3 Der Dirac-Operator als Superladung . . . 306
8.3.4 Die polare Zerlegung der Superladung . . . 308
8.3.5 Die verallgemeinerte Superladung . . . 311
8.3.6 Die Foldy-Wouthuysen-Transformation . . . 312
8.3.7 Die zwei Normalformen des Dirac-Operators . . . 314
8.3.8 Die Ankopplung des Magnetfeldes . . . 315
8.4 Die Pauli-Gleichung . . . 318
8.4.1 Der nichtrelativistische Grenzfall . . . 318
8.4.2 Die SUSY-Algebra und der gyromagnetische Faktor . . . 320
8.4.3 Die Landau-Niveaus . . . 322

9 Supergruppen und SUSY-Teilchen 324
9.1 Die Graduierung . . . 324
9.1.1 Graduierte Algebren . . . 324
9.1.2 Graduierte Liealgebren . . . 325
9.1.3 Die Graduierung der Drehgruppe . . . 325
9.2 Spinorkalkül . . . 328
9.2.1 Duale und konjugierte Darstellungen . . . 328
9.2.2 Gepunktete und ungepunktete Spinoren . . . 330
9.2.3 Bilinearformen . . . 334
9.2.4 Das Rechnen mit Weyl-Spinoren . . . 335
9.2.5 Bispinoren . . . 338
9.3 Die Poincaré-Superalgebra . . . 339
9.3.1 Die SUSY-Generatoren als Bispinoren . . . 339
9.3.2 Die SUSY-Generatoren als Weyl-Spinoren . . . 342
9.3.3 Der supersymmetrische Grundzustand . . . 343
9.3.4 Die Boson-Fermion-Regel . . . 344
9.4 SUSY-Teilchen . . . 347
9.4.1 Natürliche Einheiten . . . 347
9.4.2 Der Superspin . . . 348
9.4.3 Casimir-Operatoren . . . 351
9.4.4 Massive Darstellungen der SUSY-Algebra . . . 352
9.4.5 Der Teilchen-Zoo und die vier fundamentalen Kräfte . . . 356
9.4.6 Das chirale Supermultiplett . . . 356
9.4.7 Das Vektor-Supermultiplett . . . 358

9.5 Die Poincaré-Supergruppe . . . 359
9.5.1 Spinorielle Parameter . . . 359
9.5.2 Verschiebungen im Superraum . . . 361
9.5.3 Darstellungen im Raum der Superfunktionen . . . 363
9.5.4 Differentiation nach Weyl-Spinoren . . . 364
9.5.5 Die Algebra der Differentialoperatoren . . . 365
9.5.6 Kovariante Ableitungen . . . 366

10 Vom Superfeld zur Lagrangedichte 369
10.1 Das Superfeld . . . 369
10.1.1 Die Komponenten des Superfeldes . . . 369
10.1.2 Fierz-Umordnungen: Aufspalten und Zusammenfügen . . . 370
10.1.3 SUSY-Transformation der Komponentenfelder . . . 372
10.1.4 Eingeschränkte Superfelder . . . 374
10.2 Skalare Superfelder . . . 375
10.2.1 Chirale Superfelder im komplexen Superraum . . . 375
10.2.2 Chirale Superfelder im reellen Superraum . . . 378
10.2.3 Produkte von chiralen Superfeldern . . . 379
10.3 Das Vektor-Superfeld . . . 382
10.3.1 Der Ansatz . . . 382
10.3.2 Supersymmetrische Eichtransformation . . . 383
10.3.3 Die Wess-Zumino-Eichung . . . 384
10.3.4 Die supersymmetrische Feldstärke . . . 386
10.3.5 Die Komponenten der supersymmetrischen Feldstärke . . . 387
10.4 Supersymmetrische Lagrangedichten . . . 389
10.4.1 Die Grundidee . . . 390
10.4.2 Die Lagrangedichte für chirale Superfelder . . . 391
10.4.3 Die Lagrangedichte ohne Hilfsfelder . . . 392
10.4.4 Übergang zu Bispinoren und skalaren Feldern . . . 394
10.4.5 Die Massenmatrix und das Superpotential . . . 395
10.4.6 Die Lagrangedichte für Vektor-Superfelder . . . 398
10.4.7 Integration über Weyl-Spinoren . . . 400
10.4.8 Lagrangedichten in integraler Form . . . 402

11 SUSY-Modelle 403
11.1 Das Wess-Zumino Modell . . . 403
11.1.1 Die Lagrangedichte . . . 403
11.1.2 Die SUSY-Transformation . . . 406
11.1.3 Invarianz der Wirkung . . . 407
11.1.4 Der Hamiltonoperator . . . 408
11.1.5 Der Superstrom . . . 409
11.2 Supersymmetrische Eichtheorie . . . 410
11.2.1 Globale SUSY-Eichtransformationen . . . 410
11.2.2 Das Prinzip der minimalen Kopplung . . . 411
11.3 Spontane Symmetriebrechungen . . . 413
11.3.1 Brechung einer diskreten Symmetrie . . . 413
11.3.2 Brechung einer kontinuierlichen Symmetrie . . . 415
11.3.3 Spontane Brechung der Supersymmetrie . . . 418
11.3.4 Das Superpotential des Wess-Zumino-Modells . . . 419
11.3.5 Das O'Raifeartaigh-Modell . . . 420
11.3.6 Das bosonische Massenspektrum . . . 421
11.3.7 Das fermionische Massenspektrum . . . 422
11.4 Ausblick . . . 424
11.4.1 Gibt es SUSY-Teilchen? . . . 424
11.4.2 Supergravitation und Superstrings . . . 426

Anhang: Lorentzmetrik und γ-Matrizen 428

Literaturverzeichnis 430

Sachverzeichnis 434

1 Einleitung

Mit der Supersymmetrie erhält der Begriff der Symmetrie in der Physik eine Verallgemeinerung. Seit unserer Kindheit begegnen wir in unserer Alltagswelt ständig Symmetrien. Wir sind von der Perfektion und den Proportionen bei Kunst- und Bauwerken fasziniert. Neben den räumlichen Symmetrien sind uns sehr wohl auch Symmetrien in der Zeit geläufig. Einer der größten Meister auf diesem Gebiet war J.S. Bach mit seiner Musik.

Was sind Symmetrien? Symmetrie kann man sich als Figur oder Muster veranschaulichen, die bei einer Bewegung unverändert – oder invariant – bleiben. Dreht man beispielsweise einen Würfel um 90 Grad, dann bietet er nach wie vor das gleiche Bild. Eine Kugel, andererseits, ist invariant gegenüber Drehungen um ihr Zentrum, egal wie groß der Winkel ist.

Diese Grundidee der Beibehaltung einer Struktur beherrscht auch die Physik. So ist die Symmetrie eines physikalischen Systems eng mit der "Bewegung" oder Transformation von Parametern verbunden, welche dieses System beschreiben. Eine Symmetrie liegt dann vor, wenn nach einer solchen Transformation die Form eines mathematischen Gesetzes invariant bleibt.

Seit wann gibt es eine mathematische Beschreibung? Bereits den alten Ägyptern waren alle 17 kristallographischen zweidimensionalen Gruppen – wie man sie heute bezeichnet – bekannt. Das bezeugen verschiedene Ornamente aus der damaligen Zeit. Der mathematische Begriff der Gruppe ist allerdings eine relativ moderne Erfindung. Bis etwa 1890 – als man erstmalig die Gruppentheorie zur Klassifikation der Kristalle heranzog – war man nicht in der Lage, den Symmetrie-Gedanken mathematisch zu formulieren.

Grundsätzlich unterscheidet man zwischen der Klasse der *diskreten* Symmetrien und der Klasse der *kontinuierlichen* Symmetrien. Durch das Studium der kontinuierlichen Symmetrien von H. Poincaré für die Mechanik und E. Noether (1918) für die Feldtheorie wurde der tiefgründige Zusammenhang zwischen Symmetrie und physikalischen Erhaltungssätzen mathematisch hergeleitet.

Diskrete Symmetrietransformationen wie die Raumspiegelung, Zeitumkehr und Ladungskonjugation erlangten erst im Zuge der Quantentheorie Bedeutung. Der damit verbundene Paritätsbegriff ist dabei nur im Rahmen des Operatorkalküls mathematisch zugänglich.

Wie exakt sind Symmetrien? Ideale Symmetrien sind äußerst selten in der Natur. In Modellen geht man gern von perfekten Symmetrien aus, da sie sich mathematisch einfacher handhaben lassen; im Zuge unseres Wissenszuwachses stellen sich dann die Symmetrien zumeist als Näherung heraus. Glaubte man ursprünglich an die Galilei-Invarianz der physikalischen Gesetze, so weiß man seit der speziellen Relativitätstheorie (1905), daß sie nur einen Spezialfall der Lorentzinvarianz darstellt.

Warum untersucht man Symmetrien? Symmetrien erlauben uns eine übersichtliche mathematische Formulierung. Sie schränken die Dynamik eines Systems stark ein und vereinfachen die Lösung der Bewegungsgleichungen. Bereits das bekannte Kepler-Problem der Planetenbewegung ist ohne Kenntnis der Erhaltungssätze für Energie und Drehimpuls kaum lösbar.

Generell gilt bei Symmetrien der direkte Zusammenhang:

Symmetrie —— Erhaltungssatz —— Entartung

Jede Symmetrie führt zur Entartung, wonach zu einem Energiewert zwei oder mehrere Zustände gehören, die ein Multiplett bilden. Diese Tatsache benutzt man in der Quantenphysik zur Klassifizierung von Elementarteilchen. Auch die Supersymmetrie liefert Multipletts gleicher Masse (bzw. Energie) und sagt damit eine neue Sorte von Teilchen voraus: die SUSY-Teilchen. Die Suche nach den SUSY-Teilchen ist ein aktuelles Thema der Hochenergiephysik.

Die Grundgedanken zur Supersymmetrie wurden in der Quantenfeldtheorie geboren, um die zuvor getrennten Welten der Bosonen und Fermionen miteinander zu vereinen. Die mathematischen Implikationen der Supersymmetrie wurden erst später auf die Quantenmechanik und die klassische Mechanik übertragen. Hier hat sich die Supersymmetrie als hervorragendes Werkzeug erwiesen, um zu neuen Einsichten zu gelangen. Als faszinierende Perspektive zeichnet sich am Horizont die mögliche Konstruktion einer auf Supersymmetrie basierenden, umfassenden Quantenfeldtheorie unter Einbeziehung der Gravitation ab.

2 Bose-Fermi-Supersymmetrie

Die Supersymmetrie (SUSY) in ihrer eleganten mathematischen Form mag für den Anfänger zunächst kompliziert erscheinen. Um so mehr erstaunt es, daß der Einstieg in dieses Forschungsgebiet schon mit Elementarkenntnissen aus der Quantenmechanik vollzogen werden kann. Die in diesem Kapitel hergeleiteten Grundaussagen bleiben in allen noch so raffinierten SUSY-Modellen gültig.

Die Supersymmetrie beschreibt Transformationen von bosonischen in fermionische Zustände und umgekehrt. In der Quantenmechanik wird die SUSY-Transformation durch einen supersymmetrischen Operator Q vermittelt:

$$\boxed{Q\,|\text{Boson}\rangle \propto |\text{Fermion}\rangle \quad \text{und} \quad Q\,|\text{Fermion}\rangle \propto |\text{Boson}\rangle} \quad . \tag{2.1}$$

Das Proportionalitätszeichen $\propto$ weist darauf hin, daß hier noch eine spezielle Normierung erforderlich ist.

Mit der Bezeichnung Boson und Fermion ist eine Reihe von grundlegenden physikalischen Eigenschaften verknüpft. Einen ersten Eindruck vermittelt Tab. 2.1, deren Begriffe später noch ausführlich erklärt werden. Die wichtigsten Fakten sind: Bosonen tragen ganz- und Fermionen halbzahligen Spin; bei Drehungen verhalten sich daher Bosonen wie Tensoren und Fermionen wie Spinoren. In der klassischen Physik werden Bosonen durch c-Zahlen beschrieben. Im Gegensatz dazu verwendet man für Fermionen eine neue Sorte von Zahlen: die Grassmann- oder a-Zahlen. Nach der Quantisierung werden aus Zahlen Operatoren, die bei Bosonen Kommutator- und bei Fermionen Antikommutator-Relationen genügen. Unter dem Kommutator bzw. Antikommutator zweier Größen F und G versteht man dabei:

Kommutator	$[F,G] := FG - GF$
Antikommutator	$\{F,G\} := FG + GF$

(2.2)

Die Konsequenzen dieser algebraischen Strukturen sind enorm: So folgt für die Fermionen das einschränkende Pauli-Prinzip, wonach jeder Zustand durch maximal *ein* Teilchen besetzt werden kann. Bosonen hingegen dürfen in beliebiger Zahl quantenmechanische Zustände bevölkern. Vollkommen neue Einblicke liefert dagegen die Quantenfeldtheorie: Wie in Abb. 2.1 veranschaulicht werden alle zwischen “Materieteilchen” (Fermionen) herrschenden Kräfte durch den Austausch von Bosonen beschrieben. Schließlich sei erwähnt, daß Bosonen auch in der klassischen Mechanik existieren, während Fermionen reine Quantenobjekte sind.

Tab. 2.1 Die mathematischen und physikalischen Eigenschaften von Bosonen und Fermionen.

BOSON	FERMION
Spin ganzzahlig	Spin halbzahlig
Tensor	Spinor
c-Zahl	a-Zahl
Kommutator-Relationen	Antikommutator-Relationen
Bose-Statistik	Pauli-Prinzip
Übermittler der Kräfte	Materieteilchen
klassischer Limes	reines Quantenobjekt

Kurz und gut: Bosonen und Fermionen weichen in ihren Eigenschaften so stark voneinander ab, daß eine fundamentale Symmetrie zwischen ihnen lange Zeit nicht zu erwarten war. Erst Mitte der 70er Jahre ist es mit der Entdeckung der Supersymmetrie gelungen, diese beiden zueinander vollkommen fremden Welten zusammenzuführen. Die radikalen Konsequenzen dieser neuen Symmetrietransformation werden wir Schritt für Schritt im weiteren kennenlernen.

2.1 Das einfachste supersymmetrische Modell

Wir beginnen mit dem einfachsten supersymmetrischen Modell ohne Wechselwirkung. Wichtig ist, daß dieses Modell zwei Arten von Teilchen (Quasiteilchen oder Elementaranregungen) beinhalten muß: Bosonen und Fermionen. Dazu verwenden wir den Formalismus der zweiten Quantisierung, welcher die Erzeugung und Vernichtung von Teilchen zuläßt.

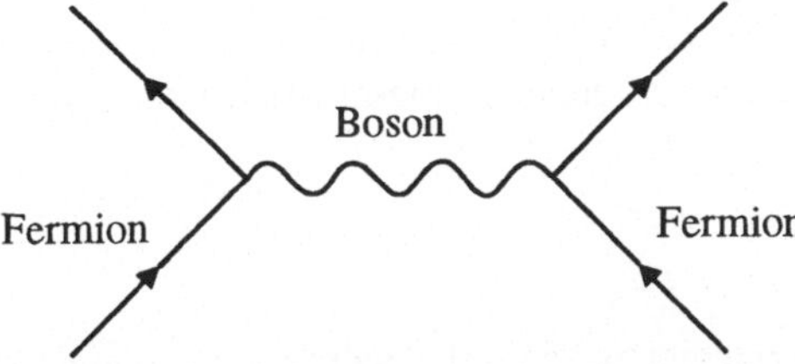

Abb. 2.1 Die Kräfte zwischen den Materieteilchen (Fermionen) werden durch Bosonen übertragen.

Die Notation erfolgt in Dirac-Schreibweise mit $|u\rangle$, $|v\rangle$ als Zustände im Hilbertraum. Das Skalarprodukt im Hilbertraum sei mit $\langle u|v\rangle$ bezeichnet, und es gilt $\langle u|v\rangle^* = \langle v|u\rangle$, wobei der Stern komplexe Konjugation bedeutet. Jedem Operator A läßt sich das Matrixelement $\langle u|A|v\rangle := \langle u|Av\rangle$ zuordnen. Der zu A *adjungierte* Operator $A^\dagger$ ist durch die Beziehung $\langle A^\dagger u|v\rangle = \langle u|Av\rangle$ oder

$$\langle v|A^\dagger|u\rangle^* = \langle u|A|v\rangle \tag{2.3}$$

definiert. Zu den wohl wichtigsten Operatoren der Quantenmechanik gehören:

hermitesche Operatoren	$\Longleftrightarrow$	$A^\dagger = A$
unitäre Operatoren	$\Longleftrightarrow$	$U^\dagger U = UU^\dagger = 1$

Hermitesche Operatoren besitzen reelle Eigenwerte; unitäre Operatoren lassen das Skalarprodukt invariant, $\langle Uu|Uv\rangle = \langle u|U^\dagger U|v\rangle = \langle u|v\rangle$. Der Operator heißt *positiv*, wenn sein Eigenwertspektrum nichtnegativ ist.

Die nichtrelativistische Quantenmechanik wird in sehr vielen Lehrbüchern und Standardwerken behandelt; einige davon sind [1, 2, 3, 4, 5, 6, 7].

2.1.1 Erzeuger und Vernichter

In diesem Abschnitt werden die wichtigsten Eigenschaften der Erzeugungs- und Vernichtungsoperatoren bereitgestellt. Dabei müssen wir zwischen bosonischen und fermionischen Operatoren unterscheiden.

Beginnen wir mit den Bosonen. In der sogenanten Besetzungszahldarstellung wird ein Zustand $|n_B\rangle$ durch die Anzahl n_B der Bosonen charakterisiert. Den Einteilchenoperator, der die Bosonenzahl erhöht (erniedrigt), bezeichnet man als Erzeuger b^+ (Vernichter b^-):

$$b^+|n_B\rangle = \sqrt{n_B + 1}\,|n_B + 1\rangle \qquad \text{und} \qquad b^-|n_B\rangle = \sqrt{n_B}\,|n_B - 1\rangle\,.$$

Per Definition ist $b^-|0\rangle = 0$, was besagt, daß aus einem Zustand $|0\rangle$ ohne Teilchen, auch *Vakuum* genannt, kein Teilchen entfernt werden kann. Wird nun mit dem Operator

$$N_B = b^+ b^- \tag{2.4}$$

ein Boson zuerst vernichtet und danach wieder erzeugt, dann bleibt der Zustand bis auf eine Skalierung unverändert:

$$N_B|n_B\rangle = b^+ b^- |n_B\rangle = b^+ \sqrt{n_B}\,|n_B - 1\rangle = n_B|n_B\rangle\ .$$

Da N_B die Teilchenzahl n_B zum Eigenwert besitzt, bezeichnet man ihn als Teilchenzahl- oder Besetzungszahl-Operator. Genauso berechnet man den Kommutator

$$[\,b^-, b^+\,]\,|n_B\rangle = (b^- b^+ - b^+ b^-)\,|n_B\rangle = (n_B + 1 - n_B)\,|n_B\rangle = |n_B\rangle\ .$$

Das Ergebnis gehört zu den fundamentalen Vertauschungsrelationen, welche ein Bosonen-System vollständig definieren:

$$\boxed{\text{Bosonen:}\quad [\,b^-, b^+\,] = 1\ , \quad [\,b^+, b^+\,] = [\,b^-, b^-\,] = 0} \quad . \tag{2.5}$$

Die Symbole 1 und 0 bezeichnen hier den Eins- und Nulloperator.

Die Matrixelemente der Vernichtungs- und Erzeugungsoperatoren besitzen eine einfache Struktur:

$$\langle n_B|b^-|n_B'\rangle = \sqrt{n_B'}\,\langle n_B|n_B' - 1\rangle = \sqrt{n_B'}\,\delta_{n_B, n_B'-1}\ , \tag{2.6}$$

$$\langle n_B|b^+|n_B'\rangle = \sqrt{n_B' + 1}\,\langle n_B|n_B' + 1\rangle = \sqrt{n_B' + 1}\,\delta_{n_B, n_B'+1}\ . \tag{2.7}$$

Das sind Matrizen mit Einträgen nur in einer Nebendiagonale. Mit (2.3) folgt aus (2.6) und (2.7)

$$\begin{aligned}\langle n_B|(b^-)^\dagger|n_B'\rangle = \langle n_B'|b^-|n_B\rangle^* &= \sqrt{n_B}\,\delta_{n_B', n_B-1} \\ &= \sqrt{n_B' + 1}\,\delta_{n_B, n_B'+1} = \langle n_B|b^+|n_B'\rangle\ ,\end{aligned}$$

also $b^+ = (b^-)^\dagger$. Wegen $(b^+)^\dagger = (b^-)^{\dagger\dagger} = b^-$ sind b^+ und b^- zueinander adjungiert. Der Teilchenzahl-Operator ist hingegen hermitesch, da $N_B^\dagger = (b^+ b^-)^\dagger = (b^-)^\dagger (b^+)^\dagger = b^+ b^- = N_B$.

Durch wiederholtes Anwenden von b^+ auf den Vakuumzustand $|0\rangle$ können wir uns jeden beliebigen Zustand erzeugen:

$$\begin{aligned} |1\rangle &= b^+|0\rangle\,, \\ |2\rangle &= \frac{1}{\sqrt{2}}\,b^+|1\rangle = \frac{1}{\sqrt{2}}\,b^+b^+|0\rangle\,, \\ &\vdots \\ |n_B\rangle &= (n_B!)^{-1/2}\,(b^+)^{n_B}|0\rangle\,. \end{aligned} \tag{2.8}$$

Da man hier wie auf einer Leiter von Zustand zu Zustand klettert, bezeichnet man b^+ (aber auch b^-) oft als Leiter- oder Stufenoperator.

Für die Fermioperatoren f^+ und f^-, welche die Fermionenzahl n_F erhöhen und erniedrigen, gelten ähnliche Beziehungen wie bei den Bosonen:

$$f^+|n_F\rangle = \sqrt{n_F+1}\,|n_F+1\rangle \qquad \text{und} \qquad f^-|n_F\rangle = \sqrt{n_F}\,|n_F-1\rangle\,.$$

Der Teilchenzahl-Operator

$$N_F = f^+f^- \tag{2.9}$$

genügt damit der Eigenwertgleichung $N_F|n_F\rangle = n_F|n_F\rangle$. Im Gegensatz zu den Bosonen gehorchen Fermionen jedoch dem *Pauli-Prinzip*. Der Einteilchenzustandsraum wird demnach nur von den beiden Elementen $|0\rangle$ und $|1\rangle = f^+|0\rangle$ aufgespannt. Da es keinen Zustand $|2\rangle$ gibt, muß die aufsteigende Leiter abbrechen,

$$|2\rangle = f^+|1\rangle = (f^+)^2\,|0\rangle = 0\,.$$

Das Pauli-Prinzip wird also durch die Forderung $(f^+)^2 = 0$ erfüllt, die man auch als Antikommutator $\{\,f^+, f^+\,\} = 0$ schreiben kann. Per Definition soll ebenfalls $f^-|0\rangle$ gelten. Insgesamt haben wir also die folgenden Beziehungen

$$f^+|0\rangle = |1\rangle \quad , \quad f^-|1\rangle = |0\rangle \quad \text{und} \quad f^-|0\rangle = f^+|1\rangle = 0 \quad .$$

Damit lassen sich im zweidimensionalen Zustandsraum die beiden Fermioperatoren als 2×2 Matrizen mit den Elementen $\langle n_F|f^\pm|n_F'\rangle$ darstellen:

$$f^+ = \begin{pmatrix} 0 & 0 \\ 1 & 0 \end{pmatrix} \qquad \text{und} \qquad f^- = \begin{pmatrix} 0 & 1 \\ 0 & 0 \end{pmatrix}\,. \tag{2.10}$$

Man erkennt sofort, daß die Erzeuger und Vernichter[1] zueinander adjungiert sind: $(f^{\pm})^{\dagger} = f^{\mp}$. Desweiteren findet man in dieser Darstellung die fundamentalen Antivertauschungsrelationen für

$$\boxed{\text{Fermionen:} \quad \{f^-, f^+\} = 1\,, \quad \{f^+, f^+\} = \{f^-, f^-\} = 0} \tag{2.11}$$

Dem Einsoperator 1 entspricht dabei die zweidimensionale Einheitsmatrix.
Da Bose- und Fermioperatoren in unterschiedlichen Räumen wirken, gilt natürlich

$$[\,b, f\,] = 0\,. \tag{2.12}$$

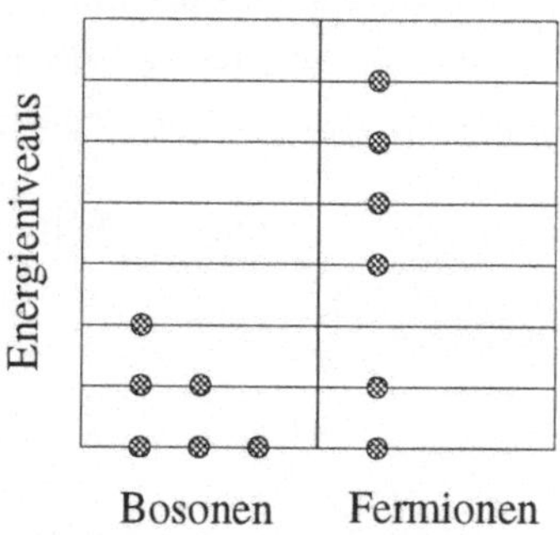

Abb. 2.2 Verteilung von Bosonen und Fermionen auf Energieniveaus.

Betrachten wir ein Ensemble aus zwei oder mehr Teilchen einer Sorte, dann verhalten sich Bosonen und Fermionen unterschiedlich, wenn man sie in ein System mit verschiedenen Energiezuständen bringt. Das ist in der Abb. 2.2 angedeutet: Während sich Fermionen aufgrund des Pauli-Prinzips auf die verschiedenen Niveaus verteilen, neigen die Bosonen dazu, den Zustand möglichst geringer Energie einzunehmen und ihn mehrfach zu besetzen. Man sagt, Bosonen und Fermionen gehören unterschiedlichen Statistiken an.

2.1.2 SUSY-Operatoren

Supersymmetrie kann man nur in einem Modell studieren, welches sowohl Bosonen als auch Fermionen enthält; der Zustandsraum des einfachsten Modells wird

[1] Mit unserer Bezeichnungsweise für die Vernichter b^- und f^- anstelle von b und f weichen wir etwas von der üblichen Notation ab. Dafür reservieren wir b und f für alle Einteilchenoperatoren, ohne zu spezifizieren, ob es sich um Vernichter oder Erzeuger handelt.

daher von den Produktzuständen

$$|\,n_B n_F\rangle = |\,n_B\rangle|\,n_F\rangle \quad \text{mit} \quad n_B = 0, 1, \ldots, \infty \quad \text{und} \quad n_F = 0, 1 \tag{2.13}$$

aufgespannt. Entsprechend der beiden Werte, die n_F annehmen kann, unterscheidet man zwei Klassen: die bosonischen Zustände $|\text{Boson}\rangle$ mit $n_F = 0$ und die fermionischen Zustände $|\text{Fermion}\rangle$ mit $n_F = 1$.
Die einfachsten SUSY-Operatoren, welche bosonische und fermionische Zustände ineinander umwandeln, sind gegeben durch

$$\begin{aligned} Q_+|\,n_B n_F\rangle &\propto |\,n_B - 1,\, n_F + 1\rangle\,, \\ Q_-|\,n_B n_F\rangle &\propto |\,n_B + 1,\, n_F - 1\rangle\,, \end{aligned} \tag{2.14}$$

wobei der Normierungsfaktor später bestimmt wird. Der Operator Q_+ vernichtet ein Boson und erzeugt ein Fermion; der Operator Q_- bewirkt das Gegenteil. Da n_F nur auf die Werte 0 und 1 beschränkt ist, folgt

$$\begin{aligned} Q_-|\text{Boson}\rangle &= 0 \qquad &\text{und} \qquad Q_+|\text{Fermion}\rangle &= 0\,, \\ Q_+|\text{Boson}\rangle &\propto |\text{Fermion}\rangle \qquad &\text{und} \qquad Q_-|\text{Fermion}\rangle &\propto |\text{Boson}\rangle\,. \end{aligned} \tag{2.15}$$

Aus (2.14) ist ersichtlich, daß Q_+ und Q_- Zweiteilchenoperatoren sind. Um ihre Eigenschaften näher zu bestimmen, müssen wir sie auf die uns vertrauten Erzeuger und Vernichter zurückführen. Als naheliegender Ansatz für beide SUSY-Operatoren empfiehlt sich

$$Q_+ = b^- f^+ \qquad \text{und} \qquad Q_- = b^+ f^- \tag{2.16}$$

Entscheidend ist, daß beide Operatoren den *gleichen* Vorfaktor aufweisen, den wir hier aus Gründen der Einfachheit mit 1 festgelegt haben. Q_+ und Q_- sind zueinander adjungiert, $(Q_\pm)^\dagger = Q_\mp$.
Die Fermioperatoren aus (2.11) verfügen über die Eigenschaft $(f^+)^2 = 0$ bzw. $(f^-)^2 = 0$, die man *Nilpotenz* nennt. Wegen (2.16) überträgt sie sich auf die SUSY-Operatoren,

$$Q_+^2 = Q_-^2 = 0\,. \tag{2.17}$$

Die Nilpotenz von $Q_\pm$ liefert uns den Schlüssel beim Auffinden des *supersymmetrischen Hamiltonoperators* H_S. Supersymmetrie bedeutet: *Bei jeder Transformation, welche die Q's vermitteln, bleibt die Energie des Systems erhalten.* Die algebraische Bedingung, der H_S zu gehorchen hat, ist demzufolge

$$[\,H_S, Q_\pm\,] = 0\,. \tag{2.18}$$

Bereits der einfache Ansatz

$$H_S = \{Q_+, Q_-\} \tag{2.19}$$

erfüllt diese Forderung, denn es gilt wegen (2.17)

$$[H_S, Q_+] = Q_+Q_-Q_+ + Q_-Q_+Q_+ - Q_+Q_+Q_- - Q_+Q_-Q_+ = 0\,,$$
$$[H_S, Q_-] = Q_+Q_-Q_+ + Q_-Q_+Q_- - Q_-Q_+Q_- - Q_-Q_-Q_+ = 0\,.$$

Mit den Gleichungen (2.16), (2.18) und (2.19) ist unser Ziel eigentlich schon erreicht und das einfachste SUSY-Modell konstruiert – bis auf einen Schönheitsfehler: die Operatoren $Q_\pm$ sind nicht hermitesch! Anstelle der beiden nicht-hermiteschen Operatoren Q_+ und Q_- lassen sich aber zwei hermitesche Operatoren einführen:

$$Q_1 = Q_+ + Q_- \quad \text{und} \quad Q_2 = -\mathrm{i}\,(Q_+ - Q_-)\,, \tag{2.20}$$

die wegen (2.17) antivertauschen,

$$\begin{aligned}\{Q_1, Q_2\} &= \mathrm{i}\{Q_+, Q_-\} - \mathrm{i}\{Q_-, Q_+\} \\ &= \mathrm{i}\{Q_+, Q_-\} - \mathrm{i}\{Q_+, Q_-\} = 0\,.\end{aligned} \tag{2.21}$$

Für den hermiteschen Operator Q_1 gilt im Gegensatz zu (2.15) nun die SUSY-Transformation (2.1), wobei $Q = Q_1$. Desweiteren erhält der supersymmetrische Hamiltonoperator (2.19) eine besonders einfache Gestalt:

$$\boxed{H_S = Q_1^2 = Q_2^2} \tag{2.22}$$

Die Forderung

$$[H_S, Q_1] = [H_S, Q_2] = 0 \tag{2.23}$$

ist damit auch erfüllt. Die Gleichung (2.22) besagt außerdem, daß zwei SUSY-Transformationen hintereinander ausgeführt wieder den ursprünglichen Zustand (Energie-Eigenzustand) ergeben.

Unser Modell beruht auf zwei SUSY-Operatoren. Dabei haben wir die Wahl zwischen zwei Sätzen, die sich zwar mittels (2.20) ineinander überführen lassen, in ihren Eigenschaften aber doch sehr unterschiedlich sind:

$Q_+ \,,\, Q_-$		$Q_1 \,,\, Q_2$
nicht-hermitesch	$\xrightarrow{(2.20)}$	hermitesch
nilpotent		$\{Q_1, Q_2\} = 0$
$H_S = \{Q_+, Q_-\}$		$H_S = Q_1^2 = Q_2^2$

.

2.1.3 Der harmonische Oszillator

Die bisherigen Ausführungen waren ziemlich formal und abstrakt; kehren wir nun zu einem beliebten Beispiel aus der Quantenmechanik zurück – dem eindimensionalen harmonischen Oszillator. Der Hamiltonoperator lautet

$$H_B = \frac{\hat{p}^2}{2m} + \frac{m\omega^2}{2}\,\hat{q}^2 \,, \tag{2.24}$$

wobei m die Masse und ω die (Kreis-) Frequenz bezeichnen. $\hat{q}$ und $\hat{p}$ sind der Orts- und Impulsoperator; sie sind hermitesch und genügen der fundamentalen Vertauschungsrelation

$$[\,\hat{q}, \hat{p}\,] = \mathrm{i}\hbar \,. \tag{2.25}$$

Es ist üblich, anstelle von $\hat{q}$ und $\hat{p}$ die zueinander adjungierten Erzeuger und Vernichter einzuführen:

$$b^{\pm} = \sqrt{\frac{m\omega}{2\hbar}}\left(\hat{q} \mp \frac{\mathrm{i}\hat{p}}{m\omega}\right) \qquad \text{und} \qquad b^{\pm} = (b^{\mp})^{\dagger} \,. \tag{2.26}$$

Unter Benutzung von (2.25) erhält man

$$[\,b^-, b^+\,] = \frac{\mathrm{i}}{2\hbar}\left([\,\hat{p}, \hat{q}\,] - [\,\hat{q}, \hat{p}\,]\right) = 1 \,, \tag{2.27}$$

sowie $[\,b^+, b^+\,] = [\,b^-, b^-\,] = 0$. Das stimmt mit den Definitionen in (2.5) exakt überein. Nach unserer Terminologie beschreibt (2.24) einen *Bose*-Oszillator.

Nun berechnen wir den Teilchenzahl-Operator

$$N_B = b^+b^- = \frac{m\omega}{2\hbar}\left(\hat{q}^2 + \frac{\hat{p}^2}{m^2\omega^2}\right) + \frac{\mathrm{i}}{2\hbar}\,[\,\hat{q}, \hat{p}\,] = \frac{H_B}{\hbar\omega} - \frac{1}{2} \,.$$

Das ergibt für den Hamiltonoperator die neue Form

$$H_B = \hbar\omega\,(N_B + 1/2) \,. \tag{2.28}$$

Da H_B und N_B miteinander vertauschen, besitzen sie gleiche Eigenzustände. Aus den Eigenwertgleichungen $N_B|\,n_B\rangle = n_B|\,n_B\rangle$ und $H_B|\,n_B\rangle = E_{n_B}|\,n_B\rangle$ erhält man die Energieeigenwerte

$$E_{n_B} = \hbar\omega\,(n_B + 1/2)\,. \tag{2.29}$$

Daraus lesen wir sofort die typischen Eigenschaften des Energiespektrums ab: erstens den äquidistanten Abstand $\hbar\omega$ zwischen den einzelnen Energieniveaus und zweitens die Nullpunktsenergie $E_0 = \frac{1}{2}\hbar\omega$.

2.1.4 Der Fermi-Oszillator

Wir betrachten den Hamiltonoperator

$$H_F = \mathrm{i}\omega\,\hat{\psi}\hat{\pi}\,, \tag{2.30}$$

wobei $\hat{\psi}$ und $\hat{\pi}$ hermitesche Operatoren sind, die den folgenden Antivertauschungsrelationen genügen sollen:

$$\{\,\hat{\psi},\hat{\pi}\,\} = 0 \qquad \text{und} \qquad \{\,\hat{\psi},\hat{\psi}\,\} = \{\,\hat{\pi},\hat{\pi}\,\} = \hbar\,. \tag{2.31}$$

Man bezeichnet $\hat{\psi}$ und $\hat{\pi}$ als Operatoren der fermionischen Koordinaten und Impulse, obwohl sie die Dimension $[\,\hat{\psi}] = [\,\hat{\pi}] = [\,\text{Wirkung}]^{1/2}$ tragen.

Genauso wie beim Bose-Oszillator konstruieren wir aus den fermionischen Koordinaten und Impulsen entsprechend (2.26) die zueinander adjungierten Erzeuger und Vernichter:

$$f^{\pm} = \frac{1}{\sqrt{2\hbar}}\,(\hat{\psi} \mp \mathrm{i}\hat{\pi}) \qquad \text{und} \qquad f^{\pm} = (f^{\mp})^{\dagger}\,. \tag{2.32}$$

Sie erfüllen die fundamentalen Antivertauschungen (2.11). Durch einfaches Umstellen folgt aus (2.32)

$$\hat{\psi} = \sqrt{\frac{\hbar}{2}}\,(f^+ + f^-) \qquad \text{und} \qquad \hat{\pi} = \mathrm{i}\sqrt{\frac{\hbar}{2}}\,(f^+ - f^-)\,.$$

Setzen wir das in (2.30) ein, dann erhalten wir mit $\{f^+, f^-\} = 1$ und $N_F = f^+f^-$ für den Hamiltonoperator

$$H_F = -\frac{\hbar\omega}{2}\,(f^-f^+ - f^+f^-) = \hbar\omega\,(N_F - 1/2)\,. \tag{2.33}$$

Wegen $N_F|\,n_F\rangle = n_F|\,n_F\rangle$ und $H_F|\,n_F\rangle = E_{n_F}|\,n_F\rangle$ folgt schließlich die Formel für das Eigenwertspektrum

$$E_{n_F} = \hbar\omega\,(n_F - 1/2)\,. \tag{2.34}$$

Im Unterschied zum Bose-Oszillator ist die Nullpunktsenergie hier also negativ. Da n_F nur zwei Werte annehmen kann, beschreibt der Fermi-Oszillator ein Zwei-Zustandssystem. Die beiden Niveaus liegen bei $E_0 = -\frac{1}{2}\,\hbar\omega$ und $E_1 = \frac{1}{2}\,\hbar\omega$.

Abschließend stellen wir die Hamiltonoperatoren des Bose- und Fermi-Systems mit den Frequenzen ω_B und ω_F einander gegenüber:

Bose-Oszillator: $\quad H_B = \hbar\omega_B\,(b^+b^- + 1/2)\,,$

Fermi-Oszillator: $\quad H_F = \hbar\omega_F\,(f^+f^- - 1/2)\,.$

Mit diesen Vorüberlegungen und Definitionen sind wir nun in der Lage, das einfachste supersymmetrische Modell zu konstruieren.

2.1.5 Der SUSY-Oszillator

Kehren wir zum supersymmetrischen Hamiltonoperator $H_S = \{Q_+, Q_-\}$ zurück und ermitteln sein Eigenwertspektrum. Die Operatoren Q_+ und Q_- sind in (2.16) bis auf einen Proportionalitätsfaktor bereits definiert. Den Vorfaktor, den wir beliebig vorgeben können, wählen wir als $\sqrt{\hbar\omega}$, d.h., wir haben jetzt

$$Q_+ = \sqrt{\hbar\omega}\,b^-f^+ \qquad \text{und} \qquad Q_- = \sqrt{\hbar\omega}\,b^+f^-\,. \tag{2.35}$$

Aus den (Anti-) Vertauschungsrelationen (2.5) und (2.11) folgt dann sofort

$$\begin{aligned} H_S &= \hbar\omega\,\{b^-f^+, b^+f^-\} \\ &= \hbar\omega\,(b^-b^+f^+f^- + b^+b^-f^-f^+) \\ &= \hbar\omega\,[\,(1 + b^+b^-)f^+f^- + b^+b^-(1 - f^+f^-)\,]\,. \end{aligned}$$

Die beiden Terme mit den vier Operatoren heben sich weg und wir erhalten mit (2.28) und (2.33) das bemerkenswerte Resultat

$$\boxed{H_S = \hbar\omega\,(b^+b^- + f^+f^-) = H_B + H_F}\,. \tag{2.36}$$

Der Bose- und Fermi-Oszillator sind also die beiden Grundbausteine, aus denen sich das einfachste supersymmetrische Modell zusammensetzt. Die Frequenz beider Oszillatoren ist dabei gleich, $\omega = \omega_B = \omega_F$. Diese Bedingung macht aus einem Bose-Fermi-Oszillator einen SUSY-Oszillator.

Das Eigenwertspektrum erhält man aus

$$H_S |n_B n_F\rangle = \hbar\omega \left(N_B + N_F\right) |n_B n_F\rangle \,.$$

Es besitzt die einfache Form

$$E = \hbar\omega \left(n_B + n_F\right) \,. \tag{2.37}$$

Wohlgemerkt, im Gegensatz zu den Teilsystemen tritt beim SUSY-Oszillator keine Nullpunktsenergie mehr auf. Nullpunktsenergien führen in der Quantenfeldtheorie bekanntlich zu unerwünschten Unendlichkeiten. In supersymmetrischen Modellen deutet sich somit ein Herauskürzen bzw. Abschwächen von Divergenzen an – eine erfreuliche Eigenschaft. Außerdem folgt aus (2.37), daß Zustände mit negativen Energien nicht auftreten.

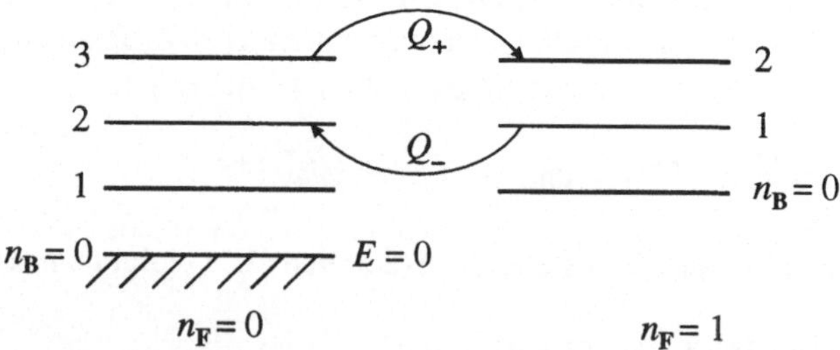

Abb. 2.3 Die niedrigsten Energieeigenwerte des SUSY-Oszillators.

Das Energiespektrum des SUSY-Oszillators offenbart uns bereits alle wichtigen Merkmale eines supersymmetrischen Systems. In Abb. 2.3 ist das Niveauschema dargestellt. Zu jedem Wert von n_B gibt es genau zwei Zustände: einen mit $n_F = 0$ und einen mit $n_F = 1$. Die beiden Partnerzustände $|n_B, 0\rangle$ und $|\, n_B - 1,\ 1\rangle$ besitzen dieselbe Energie – das System ist also zweifach entartet. Nur der Grundzustand $|00\rangle$ mit der Energie $E = 0$ stellt die große Ausnahme dar: Er ist nicht entartet!

2.2 Exkurs in die mathematische Begriffswelt

Will man den Gedanken der Symmetrie mathematisch fassen, dann benötigt man den Begriff der *Gruppe*. Desweiteren führen wir die für uns wichtigsten Vertreter von *Algebren* ein.

2.2.1 Symmetrien und Gruppen

Allen Symmetrietransformationen in der Physik sind folgende Merkmale gemeinsam: Zwei Transformationen, die nacheinander ausgeführt werden, lassen sich durch eine Transformation gleicher Art ersetzen. Es gibt eine identische Transformation, die alles unverändert läßt. Und zu jeder Transformation gibt es eine Rücktransformation. Dahinter verbergen sich die Gruppenaxiome.

Allgemein versteht man unter einer Gruppe $\mathcal{G}$ eine Menge von Elementen $\{g, h, \ldots\}$ mit den folgenden Eigenschaften:

1. Die Gruppe ist *abgeschlossen*, d.h., wenn g und h Elemente von $\mathcal{G}$ sind, dann ist das "Produkt" gh ebenfalls ein Element dieser Gruppe.
2. *Assoziativität*: $(g_1 g_2) g_3 = g_1 (g_2 g_3)$.
3. Es existiert ein *Einselement* e mit der Eigenschaft $ge = eg = g$ für alle $g \in \mathcal{G}$.
4. Zu jedem Element g gibt es ein *Inverses* g^{-1} mit $g^{-1}g = gg^{-1} = e$.

Eine Gruppe ist vollständig festgelegt durch ihre Multiplikationstafel, die zu jedem Elementepaar g, h das Produktelement gh verzeichnet. Die Gruppe heißt *abelsch*, wenn gilt

$$gh = hg \ . \tag{2.38}$$

Ein einfaches Beispiel für eine abelsche Gruppe ist die Menge der reellen Zahlen $\mathbb{R}$ mit der gewöhnlichen Addition als Gruppenmultiplikation. Das Einselement ist die Zahl Null und $-x$ das Inverse zu x.

Als *Untergruppe* $\mathcal{K}$ der Gruppe $\mathcal{G}$ bezeichnet man eine Untermenge von $\mathcal{G}$, die bezüglich der Gruppenmultiplikation in $\mathcal{G}$ abgeschlossen ist. So ist die Gruppe $\mathbb{Z}$ der ganzen Zahlen eine Untergruppe von $\mathbb{R}$. Jede Gruppe besitzt zwei triviale Untergruppen: Die eine ist $\mathcal{G}$ selbst, die andere besteht nur aus dem Einselement e.

Die Untergruppe $\mathcal{K}$ heißt *invariante Untergruppe* oder *Normalteiler* wenn $g\mathcal{K}g^{-1} \subseteq \mathcal{K}$ für alle $g \in \mathcal{G}$, d.h., sowohl k als auch gkg^{-1} müssen Elemente von $\mathcal{K}$ sein. Die

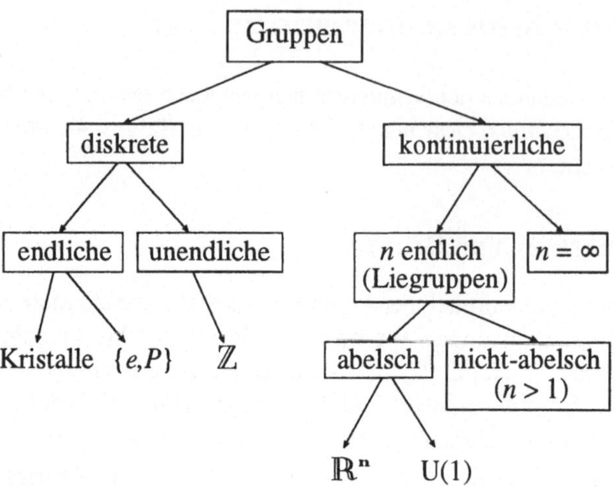

Abb. 2.4 Beispiele für Gruppen.

Gruppe $\mathcal{G}$ heißt *einfach*, wenn sie keinen Normalteiler besitzt und *halbeinfach*, wenn sie keine abelschen Normalteiler hat.

Man unterscheidet zwischen *diskreten* und *kontinuierlichen* Gruppen. Diskrete Gruppen besitzen entweder *endlich* viele Elemente, wie die Gruppen der Raumsymmetrien bei Kristallen, oder abzählbar *unendlich* viele Elemente, wie die abelsche Gruppe $\mathbb{Z}$ der ganzen Zahlen. Andere diskrete Gruppen, welche erst mit der Quantenphysik Bedeutung gewannen, sind mit der Paritätstransformation P, der Ladungskonjugation C und Zeitumkehrung T verknüpft. So bildet $\{ e, P \}$ mit $P^2 = e$ eine Gruppe mit nur zwei Elementen. Jede endliche Gruppe ist eine diskrete Gruppe.

Kontinuierliche Gruppen besitzen unendlich viele Elemente; man beschreibt sie durch n Parameter. Ist n endlich, dann spricht man von *Liegruppen*. Die einfachsten Liegruppen sind die *abelschen* Liegruppen. Zu ihnen gehören die Menge der reellen Zahlen $\mathbb{R}$, aber auch der $\mathbb{R}^n$ mit der Vektoraddition als Gruppenmultiplikation. Alle einparametrigen Liegruppen sind abelsch; ein typischer Vertreter ist die U(1) mit den Elementen $\mathrm{e}^{\mathrm{i}\varphi}$ und φ als Parameter. Die Abb. 2.4 zeigt die genannten Beispiele.

Trotz der Bedeutung der Liegruppen in der Physik, reichen sie zur Beschreibung der Supersymmetrie nicht aus; die supersymmetrischen Erweiterungen der Liegruppen sind Gegenstand des Kapitels 9. Liegruppen und ihre supersymmetrischen Erweiterungen untersucht man anhand von Liealgebren und SUSY-Algebren.

2.2.2 Zum Begriff der Algebra

Die einzig möglichen Verknüpfungen in einem linearen Raum (Vektorraum) sind die Addition und die Skalarmultiplikation mit reellen oder komplexen Zahlen, sprich Linearkombinationen. Ein linearer Raum wird zu einer *Algebra* $\mathbb{A}$, wenn eine binäre Operation (Multiplikation) zweier Elemente m, n derart existiert, daß das Produkt mn wieder ein Element von $\mathbb{A}$ ist. Dabei gelten die Linearitätsbeziehungen $(k, m, n \in \mathbb{A})$

$$k(c_1 m + c_2 n) = c_1 km + c_2 kn \; ,$$
$$(c_1 m + c_2 n)k = c_1 mk + c_2 nk \; .$$

Sind die Zahlen c_1, c_2 komplex (reell), dann bezeichnen wir die Algebra als komplex (reell).

Der Unterschied zwischen Gruppe, Vektorraum und Algebra bezüglich der möglichen Verknüpfungen läßt sich grob veranschaulichen:

Vektorraum {	Element + Element Zahl · Element	} Algebra
Gruppe {	Element ∘ Element	

Dieses Schema deutet an, daß sowohl bei der Gruppe als auch bei einer Algebra zwei Elemente miteinander "multipliziert" werden können; das Produkt ∘ ist aber bei der Gruppe und der Algebra im allgemeinen verschieden.

Algebren unterscheiden sich in den folgenden Eigenschaften: Eine Algebra heißt *kommutativ*, wenn gilt

$$mn = nm \; . \tag{2.39}$$

Sie heißt *assoziativ*, wenn gilt

$$k(mn) = (km)n \; . \tag{2.40}$$

Besitzt die Algebra ein Einselement $\mathbb{1}$ mit

$$\mathbb{1}m = m\mathbb{1} = m \; , \tag{2.41}$$

dann bezeichnet man sie als eine *Algebra mit Einselement*.

Das Standardbeispiel für eine assoziative, nicht-kommutative Algebra mit Einselement ist die Algebra der (komplexen) $N \times N$ Matrizen mit der Matrizenmultiplikation als binäre Verknüpfung.

Es sei nun $\mathbb{A}$ eine *assoziative* Algebra mit Einselement und $B \subset \mathbb{A}$ eine Menge von Elementen b^1, b^2 usw. Die Algebra heißt von B erzeugt, wenn jedes $m \in \mathbb{A}$ durch ein Polynom endlichen Grades in den Elementen b^i geschrieben werden kann,

$$m = c\mathbb{1} + \sum_{k=1}^{p} \sum_{i_1, i_2, \ldots, i_k} c_{i_1 i_2 \cdots i_k} \, b^{i_1} b^{i_2} \ldots b^{i_k} ,$$

wobei die Koeffizienten $c_{i_1 i_2 \cdots i_k}$ komplexe Zahlen sind. Die Elemente der Menge B nennt man dann *Generatoren* von $\mathbb{A}$. Das Einselement gehört nicht zu den Generatoren. Zu den assoziativen Algebren gehören die Clifford-Algebra und die Grassmann-Algebra.

2.2.3 Clifford-Algebren

Eine Clifford-Algebra C_N wird von N Generatoren $\xi^1, \xi^2, \ldots, \xi^N$ erzeugt, für die

$$\boxed{\xi^a \xi^b + \xi^b \xi^a = 2\delta^{ab}} \qquad (a, b = 1, \ldots, N) \tag{2.42}$$

gilt. Laut dieser Vorschrift kann jedes ξ^a maximal nur in der ersten Potenz auftreten, denn $(\xi^a)^2 = \mathbb{1}$. Ein beliebiges Produkt von Generatoren läßt sich demnach immer in der Form

$$(\xi^1)^{n_1} (\xi^2)^{n_2} \cdots (\xi^N)^{n_N} \qquad \text{mit} \qquad n_i = 0, 1 \tag{2.43}$$

schreiben. Es gilt dabei $(\xi^a)^0 = \mathbb{1}$. Für $N = 2$ gibt es beispielsweise *vier* (linear unabhängige) Produkte von Generatoren:

$$\mathbb{1} \quad , \quad \xi^1 \quad , \quad \xi^2 \quad \text{und} \quad \xi^1 \xi^2 \quad .$$

Der Ausdruck $\xi^2 \xi^1$ tritt hier nicht auf, da er wegen (2.42) dem Ausdruck $-\xi^1 \xi^2$ entspricht.

Allgemein gilt: Es gibt genau 2^N verschiedene Produkte der Art (2.43), die alle Elemente der Clifford-Algebra sind. Unter Berücksichtigung der Addition untereinander sowie der Multiplikation mit einer Zahl spannen diese Elemente als *Basis* einen 2^N-dimensionalen Vektorraum auf. Man sagt deshalb, die Dimension der Clifford-Algebra C_N ist 2^N.

Die spezielle Wahl des Vorfaktors in der Definitionsgleichung (2.42) – in diesem Fall eine 2 – ist beliebig. Jede von Null verschiedene Zahl kann genommen werden. Im Fall der Null gelangen wir zu den *Grassmann-Algebren*, welche im Mittelpunkt des Kapitels 4 stehen.

Gegeben sei nun ein System mit n fermionischen Freiheitsgraden. Dieses System wird durch n Paare von Fermioperatoren f_α^+, f_α^- beschrieben. In Analogie zu (2.11) gilt

$$\{f_\alpha^+, f_\beta^+\} = \{f_\alpha^-, f_\beta^-\} = 0 \qquad \text{und} \qquad \{f_\alpha^+, f_\beta^-\} = \delta_{\alpha\beta} \quad , \tag{2.44}$$

wobei die Indizes α, β von 1 bis n laufen. Nun führen wir wie in § 2.1.4 fermionische Koordinaten und Impulse ein:

$$\hat{\psi}^\alpha = \sqrt{\frac{\hbar}{2}}\,(f_\alpha^+ + f_\alpha^-) \qquad \text{und} \qquad \hat{\pi}_\alpha = \mathrm{i}\sqrt{\frac{\hbar}{2}}\,(f_\alpha^+ - f_\alpha^-)\,. \tag{2.45}$$

Für sie gelten die Antivertauschungsrelationen

$$\{\hat{\psi}^\alpha, \hat{\psi}^\beta\} = \hbar\,\delta^{\alpha\beta}\,, \tag{2.46}$$

$$\{\hat{\pi}_\alpha, \hat{\pi}_\beta\} = \hbar\,\delta_{\alpha\beta}\,, \tag{2.47}$$

$$\{\hat{\psi}^\alpha, \hat{\pi}_\beta\} = 0\,. \tag{2.48}$$

Offensichtlich gibt es *keinen* Unterschied zwischen Ort und Impuls. Mit einem Bezeichnungswechsel,

$$\hat{\psi}^\alpha \to \xi^{2\alpha-1} \qquad \text{und} \qquad \hat{\pi}_\alpha \to \xi^{2\alpha}\,,$$

gelangen wir direkt zur Clifford-Algebra

$$\{\xi^\alpha, \xi^\beta\} = \hbar\,\delta^{\alpha\beta} \qquad (\alpha, \beta = 1, \ldots, 2n)$$

mit insgesamt $N = 2n$ Generatoren, wobei anstelle des Vorfaktors 2 jetzt das Wirkungsquantum steht. Es existiert also ein enger Zusammenhang zwischen Clifford-Algebren und den Quantisierungsbedingungen für Fermionen.

2.2.4 Liealgebren

Wie wir bereits wissen, versteht man unter einer Algebra einen Vektorraum, der von den Generatoren $A, B, C, \ldots$ aufgespannt wird: beliebige Linearkombinationen von Generatoren ergeben wieder Generatoren. Darüberhinaus verfügt eine Algebra über ein *Produkt* zwischen diesen Generatoren, welches im Fall einer Liealgebra dem Kommutator

$$A \circ B := [\,A, B\,]$$

entspricht. Dieses Produkt besitzt die wichtigen Eigenschaften

$$A \circ B = -B \circ A\,, \tag{2.49}$$

$$(A \circ B) \circ C + (C \circ A) \circ B + (B \circ C) \circ A = 0\,. \tag{2.50}$$

Im Gegensatz zu den Grassmann- und Clifford-Algebren sind dic Licalgebren nicht assoziativ; anstelle des Assoziativgesetzes (2.40) tritt nämlich die Beziehung (2.50), welche *Jacobi-Identität* heißt. In der Abb. 2.5 sind die genannten Beispiele noch einmal aufgeführt.

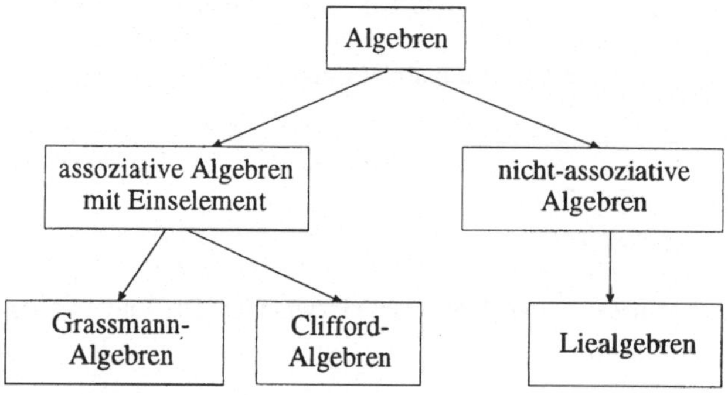

Abb. 2.5 Beispiele für Algebren.

2.2.5 Vorausblick: die SUSY-Algebra

Eine nützliche Eigenschaft von Liegruppen ist, daß sich *endliche* Transformationen aus *infinitesimalen* Transformationen zusammensetzen lassen. Die Erzeugenden (Generatoren) der infinitesimalen Transformationen bilden dabei eine Liealgebra. Die multiplikative Gruppenstruktur, wie sie bei endlichen Gruppen durch die Multiplikationstafel angegeben wird, findet sich bei Liegruppen in Kommutatorrelationen dieser Generatoren wieder (man denke z.B. an die Kommutatoren des Drehimpulses). Die Algebra der Supersymmetrie enthält allerdings *zusätzlich* noch Antikommutatoren: sie ist damit keine Liealgebra mehr, sondern eine Verallgemeinerung dieser – eine Super-Liealgebra oder kurz SUSY-Algebra.

Betrachten wir nun die Relationen (2.22) und (2.23); sie lassen sich auch schreiben als $(i = 1, 2)$:

$$\boxed{\begin{aligned}[\,H_S, Q_i\,] &= 0 \\ \{\,Q_i, Q_j\,\} &= 2H_S\,\delta_{ij}\end{aligned}} \tag{2.51}$$

Dieses Konstrukt aus Kommutator und Antikommutator repräsentiert die einfachste SUSY-Algebra. Die SUSY-Operatoren Q_i treten dabei als Generatoren auf (SUSY-Generatoren)

Supersymmetrische Modelle klassifiziert man gern nach der Zahl N der linear unabhängigen Generatoren Q. In unserem einfachen Fall ist $N = 2$. Die Algebra erweitert man für größere N, indem man in (2.51) den Index i von 1 bis N laufen läßt.

Man teilt die Gesamtheit aller Operatoren in zwei Klassen: *gerade* (bosonische) Operatoren und *ungerade* (fermionische) Operatoren. Hinter dieser Namensgebung steckt intuitiv die Vorstellung von Bosonen als Teilchen mit ganzzahligen und Fermionen als Teilchen mit halbzahligen Spin. Das Produkt zweier gerader sowie zweier ungerader Operatoren ist ein gerader Operator; das Produkt eines geraden mit einem ungeraden Operator ist immer ein ungerader Operator. Die SUSY-Operatoren zählen zu den ungeraden Operatoren, wogegen H_S einen geraden Operator repräsentiert. Gerade Operatoren verknüpfen Zustände gleicher Statistik; ungerade Operatoren ändern die Statistik.

Bezeichnen wir mit B (F) beliebige gerade (ungerade) Operatoren, dann besitzt jede SUSY-Algebra die folgende Struktur:

$$\boxed{\begin{aligned}[\,B, B\,] &\sim B \\ [\,B, F\,] &\sim F \\ \{\,F, F\,\} &\sim B\end{aligned}}$$

Hier bedeutet z.B. der Ausdruck $[\,B, F\,] \sim F$, daß der Kommutator eines geraden und ungeraden Operators ein ungerader Operator ist. Allein die obere Zeile stellt eine Liealgebra dar, die beiden anderen sind deren supersymmetrische Erweiterung. Entscheidend ist hier das Auftreten des Antikommutators, der zwei ungerade Operatoren zu einem geraden Operator verknüpft und damit die Algebra *schließt*, womit gemeint ist, daß alle Verknüpfungen aus dem von den B's und F's aufgespannten Raum nicht herausführen.

Streichen wir die erste Zeile in diesem Schema, so erkennen wir die Struktur der Algebra (2.51). Man beachte dabei, daß die 0 eine Ausnahme bildet; sie ist die einzige Größe, die sowohl gerade als auch ungerade sein kann.

2.2.6 Kommutator-Gymnastik

Bei Rechnungen mit Kommutatoren und Antikommutatoren von beliebigen Operatoren K, L und M sind folgende Regeln hilfreich. So folgt direkt aus (2.2) die Antisymmetrie des Kommutators und die Symmetrie des Antikommutators:

$$[K, L] = -[L, K] \quad \text{und} \quad \{K, L\} = \{L, K\} . \tag{2.52}$$

Kommutatoren, die ein Produkt enthalten, zerfallen entweder in zwei Kommutatoren oder zwei Antikommutatoren:

$$[K, LM] = [K, L]M + L[K, M] \tag{2.53}$$

$$= \{K, L\}M - L\{K, M\} \tag{2.54}$$

Man prüft das mit (2.2) leicht nach. Der letzte Ausdruck läßt sich mit Hilfe von (2.52) umformen in

$$[LM, K] = L\{M, K\} - \{L, K\}M . \tag{2.55}$$

Ähnliche Zerlegungen findet man für Antikommutatoren,

$$\{K, LM\} = \{K, L\}M - L[K, M] , \tag{2.56}$$

mit dem Unterschied, daß diese Zerlegung sowohl einen Kommutator als auch einen Antikommutator enthält.

Will man schließlich den Kommutator $[KL, MN]$ vollständig in Antikommutatoren auflösen, dann bedient man sich (2.53) und (2.55):

$$\begin{aligned} [KL, MN] &= M[KL, N] + [KL, M]N \\ &= MK\{L, N\} - M\{K, N\}L \\ &\qquad + K\{L, M\}N - \{K, M\}LN . \end{aligned} \tag{2.57}$$

Diese Formel werden wir noch oft benutzen.

2.3 Nichtlineare Bose-Fermi-Supersymmetrie

Bisher betrachteten wir das einfachste supersymmetrische System, bei dem es keine Wechselwirkung zwischen dem bosonischen und fermionischen Sektor gab. In der Physik stellen solche Systeme wie der SUSY-Oszillator immer einen Ideal- oder Grenzfall dar. Die Regel bilden die weitaus interessanteren nichtlinearen Systeme, bei denen der bosonische mit dem fermionischen Sektor wechselwirkt. Dabei fordern wir, daß die Supersymmetrie erhalten bleibt.

2.3.1 Der supersymmetrische Hamiltonoperator

Wir untersuchen nun Modelle, die auf der SUSY-Algebra (2.51) beruhen, deren SUSY-Operatoren aber allgemeiner sind als beim SUSY-Oszillator.

In § 2.1.2 wurde der supersymmetrische Hamiltonoperator aus den Operatoren $Q_\pm$ konstruiert:

$$H_\text{S} = Q_+Q_- + Q_-Q_+ \,. \tag{2.58}$$

Die Nilpotenz $Q_\pm^2 = 0$ führt dabei direkt zur Supersymmetrie: $[\,H_\text{S}, Q_\pm\,] = 0$. Beim Übergang zum nichtlinearen Modell müssen wir folglich darauf achten, daß die SUSY-Operatoren $Q_\pm$ nilpotent bleiben. Diese Forderung wird bereits durch den Ansatz

$$Q_+ = B^-f^+ \qquad \text{und} \qquad Q_- = B^+f^- \tag{2.59}$$

erfüllt, da allein das Auftreten der Fermioperatoren $f^\pm$ die $Q_\pm$ nilpotent und damit den Hamiltonoperator (2.58) supersymmetrisch macht. Die bosonischen Größen $B^+(b^+, b^-)$ und $B^-(b^+, b^-)$ sind hier Funktionen der bosonischen Einteilchenoperatoren $b^\pm$. Für den Hamiltonoperator (2.58) können wir somit schreiben

$$H_\text{S} = B^-B^+f^+f^- + B^+B^-f^-f^+ \,.$$

Da er hermitesch sein muß, folgt die Bedingung

$$(B^\pm)^\dagger = B^\mp \,. \tag{2.60}$$

Damit gilt auch wieder $(Q_\pm)^\dagger = Q_\mp$.

Bisher wurde ein Zustand durch die Quantenzahlen n_B und n_F charakterisiert. Das lag daran, daß beim SUSY-Oszillator alle drei Operatoren H_S, N_B und N_F miteinander kommutieren. Die Energie E war mit n_B und n_F eindeutig festgelegt und machte die Bezeichnung $|n_Bn_F\rangle$ für einen Zustand sinnvoll. Im nichtlinearen Fall dagegen vertauscht zwar H_S mit N_F, aber nicht mit N_B:

$$\begin{aligned}
[\,H_\text{S}, N_F\,] &= B^-B^+[\,f^+f^-, f^+f^-\,] + B^+B^-[\,f^-f^+, f^+f^-\,] \\
&= 0 + B^+B^-[\,f^-f^+, 1 - f^-f^+\,] = 0 \,, \\
[\,H_\text{S}, N_B\,] &= [\,B^-B^+, b^+b^-\,]f^+f^- + [\,B^+B^-, b^+b^-\,]f^-f^+ \neq 0 \,.
\end{aligned}$$

Aufgrund der allgemeinen Struktur der $B^\pm$ verschwinden die Kommutatoren in der letzten Zeile nicht. Wir können die Zustände also nur noch durch n_F (und die Energie E) charakterisieren. Als Bezeichnung wählen wir daher $|En_F\rangle$ und es gilt

$$H_\text{S}\,|En_F\rangle = E\,|En_F\rangle \qquad \text{und} \qquad N_F\,|En_F\rangle = n_F\,|En_F\rangle \,. \tag{2.61}$$

Da n_F nur zwei Werte annimmt, zerfällt der Zustandsraum in zwei Klassen: die Klasse der bosonischen Zustände $|E0\rangle$ und die Klasse der fermionischen Zustände $|E1\rangle$. Es bietet sich eine zweikomponentige Darstellung an:

$$|En_F\rangle = \begin{pmatrix} |E0\rangle \\ |E1\rangle \end{pmatrix} \Longleftrightarrow \begin{pmatrix} \text{Boson} \\ \text{Fermion} \end{pmatrix}, \tag{2.62}$$

in der alle Operatoren als 2×2 Matrizen erscheinen. So gilt mit (2.10) für die hermiteschen SUSY-Operatoren

$$Q_1 = Q_+ + Q_- = B^- f^+ + B^+ f^- = \begin{pmatrix} 0 & B^+ \\ B^- & 0 \end{pmatrix} \tag{2.63}$$

und ebenso

$$Q_2 = -\mathrm{i}(Q_+ - Q_-) = \begin{pmatrix} 0 & \mathrm{i}B^+ \\ -\mathrm{i}B^- & 0 \end{pmatrix}. \tag{2.64}$$

Damit folgt für den supersymmetrischen Hamiltonoperator

$$\boxed{H_\mathrm{S} = Q_1^2 = Q_2^2 = \begin{pmatrix} B^+B^- & 0 \\ 0 & B^-B^+ \end{pmatrix}}. \tag{2.65}$$

Mit dem Übergang zur zweidimensionalen Darstellung, die hier *reine* oder *kanonische Darstellung* heißt, haben wir geschickt die Fermioperatoren f^+ und f^- aus den Formeln entfernt.
Im Spezialfall

$$B^\pm = \sqrt{\hbar\omega}\, b^\pm \tag{2.66}$$

reduziert sich der Hamiltonoperator zu

$$H_\mathrm{S} = \hbar\omega \begin{pmatrix} b^+b^- + 0 & 0 \\ 0 & b^+b^- + 1 \end{pmatrix} = \hbar\omega \begin{pmatrix} N_B + 0 & 0 \\ 0 & N_B + 1 \end{pmatrix}.$$

Da $N_F = f^+ f^- = \begin{pmatrix} 0 & 0 \\ 0 & 1 \end{pmatrix}$ gilt, entspricht der obere Ausdruck gerade

$$H_\mathrm{S} = \hbar\omega\,(N_B + N_F) \begin{pmatrix} 1 & 0 \\ 0 & 1 \end{pmatrix},$$

und das ist – abgesehen von der Einheitsmatrix – der Hamiltonoperator des SUSY-Oszillators.

Durch einfaches Umstellen läßt sich der Hamiltonoperator (2.65) auch in eine Form bringen, in der ein Kommutator und ein Antikommutator gleichberechtigt auftreten:

$$H_S = \frac{1}{2}\{B^-, B^+\}\,\mathbb{1} - \frac{1}{2}[B^-, B^+]\,\sigma^3 . \qquad (2.67)$$

Hier symbolisiert $\mathbb{1}$ die Einheitsmatrix und $\sigma^3 = \begin{pmatrix} 1 & 0 \\ 0 & -1 \end{pmatrix}$.

2.3.2 Das Eigenwertspektrum

In § 2.1.5 fanden wir für das Spektrum des SUSY-Oszillators die zwei Merkmale:

1. das Eigenwertspektrum ist nichtnegativ,
2. alle Zustände mit $E \neq 0$ sind zweifach entartet.

Wir zeigen nun, daß diese Eigenschaften direkt aus der SUSY-Algebra (2.51) folgen, und daher jedem supersymmetrischen Modell mit $N = 2$ eigen sind. Mehr noch: Diese Eigenschaften bleiben sogar erhalten, wenn die Supersymmetrie gebrochen wird (davon handelt § 2.3.5).

Die Nichtnegativität der Eigenwerte folgt schlicht aus der Tatsache, daß der Hamiltonoperator das Quadrat eines hermiteschen Operators ist, $H_S = Q_1^2$. Ein hermitescher Operator besitzt reelle Eigenwerte und das Quadrat dieser Eigenwerte ist immer eine nichtnegative Zahl.

Nun diskutieren wir die zweifache Entartung. Mit $|A\rangle$ bezeichnen wir den Eigenvektor von Q_1 und $H_S = Q_1^2$,

$$Q_1|A\rangle = \sqrt{E}\,|A\rangle \qquad \text{wegen} \qquad H_S|A\rangle = E|A\rangle . \qquad (2.68)$$

Die Energie soll dabei positiv sein, $E > 0$. Aus $|A\rangle$ erhalten wir durch Anwendung von Q_2 einen neuen Zustand,

$$|B\rangle = Q_2|A\rangle . \qquad (2.69)$$

Darauf lassen wir erneut Q_1 wirken,

$$Q_1|B\rangle = Q_1Q_2|A\rangle = -Q_2Q_1|A\rangle = -\sqrt{E}\,Q_2|A\rangle = -\sqrt{E}\,|B\rangle . \qquad (2.70)$$

In Worten: $|B\rangle$ ist ebenfalls Eigenzustand von Q_1, allerdings mit negativen Eigenwert. Außerdem gilt

$$H_S\,|B\rangle = Q_1^2|B\rangle = E\,|B\rangle\,.$$

Damit ist $|B\rangle$ auch Eigenzustand von H_S mit exakt demselben Eigenwert wie $|A\rangle$. Alle Zustände sind daher zweifach entartet, vorausgesetzt $E > 0$. Zustände mit gleicher Energie, die sich durch einen SUSY-Operator ineinander überführen lassen – wie in (2.69) – nennt man *Superpartner*. Der Fall $E = 0$ spielt eine Schlüsselrolle in der Supersymmetrie. Ihn behandeln wir gesondert, sobald wir das Superpotential eingeführt haben.

2.3.3 Reine und gemischte Zustände

Bisher traten zwei unterschiedliche Systeme von Zuständen auf: einerseits die Eigenvektoren $|En_F\rangle$ von H_S und N_F, und andererseits die Eigenvektoren $|A\rangle$ bzw. $|B\rangle$ von Q_1 und H_S. Die Eigenvektoren $|En_F\rangle$, die zur kanonischen Darstellung führten, sind je nach dem Wert von n_F entweder rein bosonisch oder rein fermionisch. Man bezeichnet sie deshalb als *reine* Zustände. Unter einem *gemischten* Zustand verstehen wir dann eine Linearkombination reiner Zustände.

Wir untersuchen nun den Zusammenhang zwischen den reinen Zuständen und den Eigenzuständen von Q_1. Der SUSY-Operator Q_1 mischt die reinen Zustände. Die Beziehungen

$$Q_1\,|E0\rangle = \sqrt{E}\,|E1\rangle \qquad \text{und} \qquad Q_1\,|E1\rangle = \sqrt{E}\,|E0\rangle\,, \tag{2.71}$$

erfüllen die Bedingung $H_S\,|En_F\rangle = E\,|En_F\rangle$ für $n_F = 0, 1$. Jetzt definieren wir die Zustände

$$|1+\rangle = |E0\rangle + |E1\rangle \qquad \text{und} \qquad |1-\rangle = |E0\rangle - |E1\rangle\,. \tag{2.72}$$

Mit Hilfe von (2.71) prüft man, daß sie Eigenzustände von Q_1 sind:

$$\begin{aligned} Q_1\,|1+\rangle &= Q_1\,(|E0\rangle + |E1\rangle) = \sqrt{E}\,(|E1\rangle + |E0\rangle) = \sqrt{E}\,|1+\rangle\,,\\ Q_1\,|1-\rangle &= Q_1\,(|E0\rangle - |E1\rangle) = \sqrt{E}\,(|E1\rangle - |E0\rangle) = -\sqrt{E}\,|1-\rangle\,. \end{aligned}$$

Wegen (2.22) sind sie auch Eigenzustände von H_S. Die Zustände aus § 2.3.2 lauten demnach $|A\rangle = |1+\rangle$ und $|B\rangle = |1-\rangle$.

Die Eigenzustände von Q_1 sind aber keine Eigenzustände von Q_2, da Q_1 und Q_2 nicht vertauschen. Die Wirkung von Q_2 auf die reinen Zustände lautet ähnlich wie in (2.71):

$$Q_2\,|E0\rangle = \mathrm{i}\,\sqrt{E}\,|E1\rangle \qquad \text{und} \qquad Q_2\,|E1\rangle = -\mathrm{i}\,\sqrt{E}\,|E0\rangle\,. \tag{2.73}$$

Damit sind

$$|2\pm\rangle = |E0\rangle \pm \mathrm{i}\,|E1\rangle \tag{2.74}$$

Eigenzustände von Q_2, also $Q_2\,|2\pm\rangle = \pm\sqrt{E}\,|2\pm\rangle$. Kurzum, wir haben drei Sätze von Basiszuständen gefunden: $|En_F\rangle$, $|1\pm\rangle$ und $|2\pm\rangle$, wobei nur die erste Basis eine reine Basis darstellt; die beiden anderen sind gemischte Basen.

2.3.4 Das Superpotential

Versuchen wir nun, die abstrakten Strukturen der vorhergehenden Abschnitte mit Leben zu versehen. Zu einem nichtlinearen SUSY-Modell gelangt man, indem man in (2.16) die Operatoren

$$b^\pm = \sqrt{\frac{m\omega}{2\hbar}}\left(\hat{q} \mp \frac{\mathrm{i}\hat{p}}{m\omega}\right) = \frac{1}{\sqrt{2\hbar\omega}}\left(\sqrt{m}\omega\,\hat{q} \mp \frac{\mathrm{i}\hat{p}}{\sqrt{m}}\right) \tag{2.75}$$

durch

$$B^\pm = \frac{1}{\sqrt{2}}\left[W(\hat{q}) \mp \frac{\mathrm{i}\hat{p}}{\sqrt{m}}\right] \tag{2.76}$$

ersetzt. Die Größe $W(\hat{q})$ bezeichnet man als *Superpotential*. Man beachte, daß das Superpotential die Dimension [Energie]$^{1/2}$ besitzt, und deshalb nicht als eine Art potentielle Energie angesehen werden darf. Im Spezialfall $W(\hat{q}) = \sqrt{m}\omega\,\hat{q}$ reduziert sich $B^\pm$ auf (2.66), und wir gelangen wieder zum SUSY-Oszillator. Den Ansatz (2.76) setzen wir nun in (2.67) ein. Der Antikommutator ergibt zunächst

$$\{B^-, B^+\} = W^2 + \frac{\hat{p}^2}{m}\,.$$

Bei der Berechnung des Kommutators benutzen wir die allgemeine Beziehung

$$[\,\hat{p}, F(\hat{q})\,] = -\mathrm{i}\hbar\,\frac{\mathrm{d}F}{\mathrm{d}q}\,, \tag{2.77}$$

die – wie wir im Anschluß zeigen – immer gilt, wenn $F(\hat{q})$ sich als Potenzreihe in $\hat{q}$ schreiben läßt. Diese Annahme sei für $W(\hat{q})$ erfüllt und es folgt

$$[B^-, B^+] = [\mathrm{i}\hat{p}/\sqrt{m}, W] = \frac{\hbar}{\sqrt{m}} \frac{\mathrm{d}W}{\mathrm{d}q} .$$

Als Ergebnis erhält man den Hamiltonoperator

$$\boxed{H_\mathrm{S} = \frac{1}{2}\left(\frac{\hat{p}^2}{m} + W^2\right) \mathbb{1} - \frac{\hbar}{\sqrt{m}} \frac{\mathrm{d}W}{\mathrm{d}q} \frac{\sigma^3}{2}} \quad . \tag{2.78}$$

Dieser Hamiltonoperator bildet den Grundstein für das Gebäude der supersymmetrischen Quantenmechanik, von der das nächste Kapitel handelt. In der Abb. 2.6 sind die bisherigen Überlegungen noch einmal schematisch zusammengefaßt.

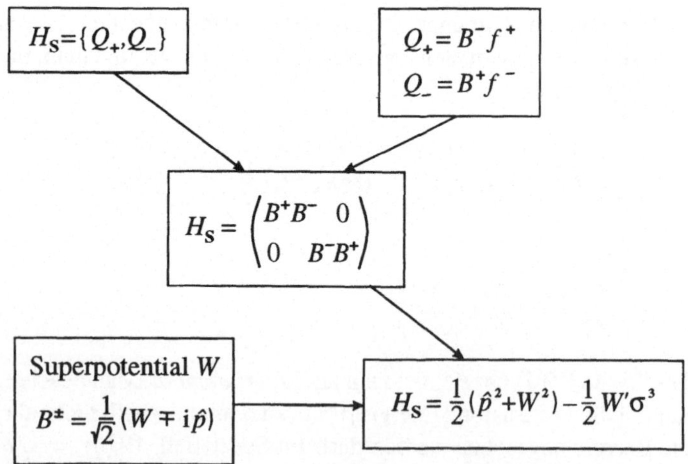

Abb. 2.6 Die Struktur des supersymmetrischen Hamiltonoperators. Es wurde $\hbar = m = 1$ gesetzt und $W' = \mathrm{d}W/\mathrm{d}q$.

Nun zum Beweis von (2.77). Ausgehend von (2.25) und der Zerlegungsformel (2.53) folgen die Ausdrücke:

$$\begin{aligned} [\hat{p}, \hat{q}^2] &= q[\hat{p}, \hat{q}] + [\hat{p}, \hat{q}]\hat{q} = -\mathrm{i}\hbar\, 2\hat{q} , \\ [\hat{p}, \hat{q}^3] &= \hat{q}[\hat{p}, \hat{q}^2] + [\hat{p}, \hat{q}]\hat{q}^2 = \hat{q}(-\mathrm{i}\hbar\, 2\hat{q}) + (-\mathrm{i}\hbar)\, \hat{q}^2 \; = = -\mathrm{i}\hbar\, 3\hat{q}^2 \end{aligned}$$

und allgemein

$$[\hat{p}, \hat{q}^n] = -\mathrm{i}\hbar\, n\hat{q}^{n-1} .$$

Nun entwickeln wir $F(\hat{q})$ in eine Potenzreihe, $F(\hat{q}) = \sum_n \alpha_n \hat{q}^n$ und erhalten

$$[\hat{p}, F(\hat{q})] = \sum_{n=0}^{\infty} \alpha_n [\hat{p}, \hat{q}^n] = -\mathrm{i}\hbar \sum_{n=0}^{\infty} \alpha_n\, n\hat{q}^{n-1} = -\mathrm{i}\hbar \frac{\mathrm{d}F(\hat{q})}{\mathrm{d}q} .$$

2.3.5 Der Grundzustand

Uns interessiert der Grundzustand bei der Energie $E = 0$. Dazu schreiben wir den Hamiltonoperator (2.65) in der Form

$$H_{\mathrm{S}} = \begin{pmatrix} B^+B^- & 0 \\ 0 & B^-B^+ \end{pmatrix} =: \begin{pmatrix} H_1 & 0 \\ 0 & H_2 \end{pmatrix} . \tag{2.79}$$

Aufgrund seiner Diagonalstruktur zerfällt die (stationäre) Schrödinger-Gleichung $H\,|0n_F\rangle = 0$ in zwei einkomponentige Gleichungen

$$H_1\,|00\rangle = B^+B^-|00\rangle = 0\,,$$
$$H_2\,|01\rangle = B^-B^+|01\rangle = 0\,.$$

Diese *Faktorisierung* von H_1 und H_2 birgt enorme Vorzüge: Anstelle einer Differentialgleichung 2. Ordnung, wie sie die Schrödinger-Gleichung darstellt, brauchen wir nur noch eine Differentialgleichung 1. Ordnung zu lösen, denn

$$H_1\,|00\rangle = 0 \quad \Longleftrightarrow \quad B^-|00\rangle = 0\,,$$
$$H_2\,|01\rangle = 0 \quad \Longleftrightarrow \quad B^+|01\rangle = 0\,.$$

Der Doppelpfeil bedeutet hier Äquivalenz. Beweis: "$\Longleftarrow$" ist klar, zu "$\Longrightarrow$": Wir betrachten $H_1\,|00\rangle = 0$ (der Fall $H_2\,|01\rangle = 0$ ist ganz analog) und erhalten mit (2.60)

$$0 = \langle 00|B^+B^-|00\rangle = \left|B^-|00\rangle\right|^2 .$$

Damit ist der Beweis abgeschlossen.

Nun gehen wir zur Ortsdarstellung über,

$$\hat{q} \longrightarrow x \quad , \quad \hat{p} \longrightarrow -\mathrm{i}\hbar \frac{\mathrm{d}}{\mathrm{d}x} \quad , \quad W(\hat{q}) \to W(x) \tag{2.80}$$

und bezeichnen die bosonischen und fermionischen Wellenfunktionen bei $E = 0$ mit $\Psi_0^{(1)}(x) := \langle x|00\rangle$ und $\Psi_0^{(2)}(x) := \langle x|01\rangle$.

Jetzt lösen wir $B^-|00\rangle = 0$ und $B^+|01\rangle = 0$. Unter Benutzung von (2.76) folgt in der Ortsdarstellung

$$\left(\frac{\hbar}{\sqrt{m}}\frac{\mathrm{d}}{\mathrm{d}x} + W\right)\Psi_0^{(1)} = 0 \quad \text{und} \quad \left(\frac{\hbar}{\sqrt{m}}\frac{\mathrm{d}}{\mathrm{d}x} - W\right)\Psi_0^{(2)} = 0\,. \tag{2.81}$$

Die Lösungen sind

$$\left.\begin{array}{l}\Psi_0^{(1)}(x)\\ \Psi_0^{(2)}(x)\end{array}\right\} = C\exp\left[\mp\frac{\sqrt{m}}{\hbar}\int_0^x W(x')\,\mathrm{d}x'\right]. \tag{2.82}$$

Aber nicht jede Lösung der Schrödinger-Gleichung entspricht automatisch einem physikalischen Zustand, denn:

Die Grundzustandswellenfunktion muß normierbar sein !

Mit anderen Worten, die gesuchte Lösung soll quadratisch integrabel sein. Da sich der Definitionsbereich von x über die gesamte reelle Achse erstreckt, muß die Wellenfunktion im Unendlichen verschwinden. Konkret heißt das: für $|x| \to \infty$ muß die Exponentialfunktion gegen Null gehen, d.h. ihr Argument gegen $-\infty$ streben. $\Psi_0^{(1)}$ ist also Grundzustand bei $E = 0$, wenn

$$\int_{-\infty}^0 W(x')\mathrm{d}x' = -\infty \qquad \text{und} \qquad \int_0^\infty W(x')\mathrm{d}x' = +\infty\,, \tag{2.83}$$

während $\Psi_0^{(2)}$ Grundzustand bei $E = 0$ ist, wenn

$$\int_{-\infty}^0 W(x')\mathrm{d}x' = +\infty \qquad \text{und} \qquad \int_0^\infty W(x')\mathrm{d}x' = -\infty\,. \tag{2.84}$$

Wie man erkennt, schließen sich beide Forderungen gegenseitig aus, so daß maximal nur ein Grundzustand existieren kann. Insgesamt hat man drei Fälle zu unterscheiden:

1. Es gibt nur *einen* Zustand mit $E = 0$ und er gehört zu H_1.

2. Es gibt nur *einen* Zustand mit $E = 0$ und er gehört zu H_2.

3. Es gibt *keinen* Zustand mit $E = 0$. Der Grundzustand liegt bei $E > 0$ und ist – nach § 2.3.2 – zweifach entartet.

Man bezeichnet die Supersymmetrie im Fall 1 und 2 als *exakt* und im Fall 3 als *gebrochen*. Die zugehörigen Eigenwertspektren sind in der Abb. 2.7 vereinfacht dargestellt.

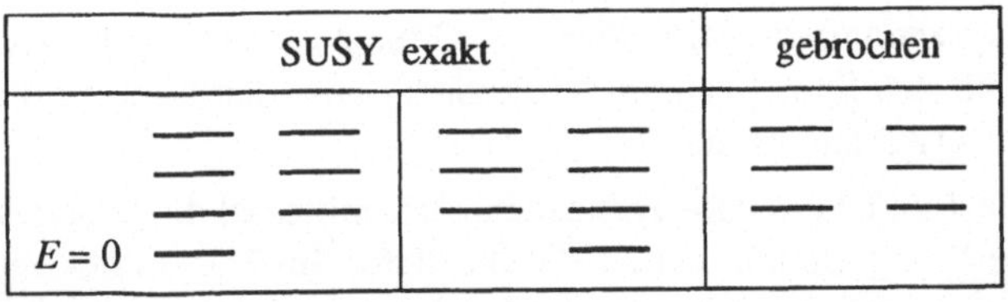

SUSY exakt		gebrochen
$E=0$		

Abb. 2.7 Energiespektren für exakte und gebrochene Supersymmetrie. Von links nach rechts sind die im Text diskutierten Fälle 1 bis 3 dargestellt.

2.3.6 Exakte und gebrochene Supersymmetrie

In der Physik versteht man unter einer *spontanen Symmetriebrechung* den folgenden Sachverhalt: Der Hamiltonoperator sei invariant gegenüber einer bestimmten Transformation $[H, G] = 0$, wobei G den Generator dieser Transformation symbolisiert. Dann respektiert im Fall der spontanen Symmetriebrechung der Grundzustand diese Symmetrie *nicht*, $G|0\rangle \neq 0$, d.h., er bleibt unter dieser Transformation nicht invariant.

Im Fall der exakten Symmetrie annihiliert der Generator den Grundzustand, also $G|0\rangle = 0$. Zusammenfassend gilt damit

$$[H, G] = 0 \quad \text{und} \quad \begin{cases} G|0\rangle = 0 & \text{(Symmetrie exakt)} \\ G|0\rangle \neq 0 & \text{(spontan gebrochen)} \end{cases}$$

Der Generator der Supersymmetrie ist Q_1 (oder Q_2). Er wandelt bosonische in fermionische Zustände um und umgekehrt. Die Supersymmetrie ist exakt, wenn es einen *supersymmetrischen Zustand* gibt mit

$$Q_1\,|0 n_F\rangle = 0 \qquad \text{oder} \qquad Q_2\,|0 n_F\rangle = 0\,. \tag{2.85}$$

Und wegen $H_S\,|0n_F\rangle = Q^2\,|0n_F\rangle = 0$ besitzt dieser Zustand den Eigenwert $E=0$. Die Umkehrung der Ausssage gilt ebenfalls, der Beweis verläuft analog zu dem in § 2.3.5. Die Hauptaussage lautet also:

$$\boxed{\text{SUSY exakt} \iff \text{Grundzustand bei } E=0}\,.$$

Und wenn ein Grundzustand bei $E=0$ existiert, dann darf er – laut dem vorhergehenden Abschnitt – nicht entartet sein.

Nun tritt die berechtigte Frage auf: Kann überhaupt ein fermionischer Zustand $|01\rangle$ die Energie $E=0$ besitzen? Die Antwort lautet ja. Man bezeichnet derartige

Zustände als *fermionische Nullmoden*. Der Grundzustand bzw. das Vakuum tragen in diesem Fall den Spin $\frac{1}{2}$. Da diese Thematik über den Rahmen dieses Buches hinausführt, verweisen wir auf [8].

In den Fällen 1 und 2 des vorhergehenden Abschnittes ist die Supersymmetrie exakt. In diese Kategorie fällt der SUSY-Oszillator. Im Fall 3 hingegen gilt (2.85) nicht, die Supersymmetrie ist gebrochen.

Welcher dieser Fälle zutrifft, hängt wegen der integralen Forderung in (2.83) und (2.84) allein vom *globalen* Verhalten des Superpotentials ab: Eine Deformation der Funktion $W(x)$ in einem endlichen Bereich kann niemals das Verschwinden oder Erzeugen eines Zustandes mit $E=0$ bewirken.

Betrachten wir dazu das Verhalten von $W(x)$ im Unendlichen und definieren die Grenzwerte als

$$W_+ := \lim_{x\to\infty} W(x) \qquad \text{und} \qquad W_- := \lim_{x\to-\infty} W(x) , \tag{2.86}$$

wobei wir davon ausgehen, daß $W_\pm \neq 0$ gilt. Für die drei Fälle aus dem vorhergehenden Abschnitt bedeutet dies:

1. $W_- < 0$ und $W_+ > 0$ (SUSY exakt)
2. $W_- > 0$ und $W_+ < 0$ (SUSY exakt)
3. $W_\pm < 0$ oder $W_\pm > 0$ (SUSY gebrochen)

Besitzt also das Superpotential unterschiedliche Vorzeichen für $x \to \infty$ und $x \to -\infty$, dann ist die Supersymmetrie immer exakt. Mit diesem Wissen können wir aus dem Verlauf des Superpotentials sofort die Symmetriebrechung vorhersagen. Beispiele dazu sind in der Abb. 2.8 gegeben.

Betrachtet man Superpotentiale der speziellen Form

$$W = cx^n , \tag{2.87}$$

dann ist für ungerade n die Supersymmetrie exakt und für gerade n ist die Supersymmetrie gebrochen.

Wir treffen folgende Konvention: Das Superpotential W soll bei exakter Supersymmetrie immer so gewählt werden, daß nur H_1 den Grundzustand bei $E=0$ besitzt. Im konkreten Fall läßt sich das immer durch einen Vorzeichenwechel bei W bewerkstelligen. In (2.87) wählt man beispielsweise $c>0$ für ungerade n.

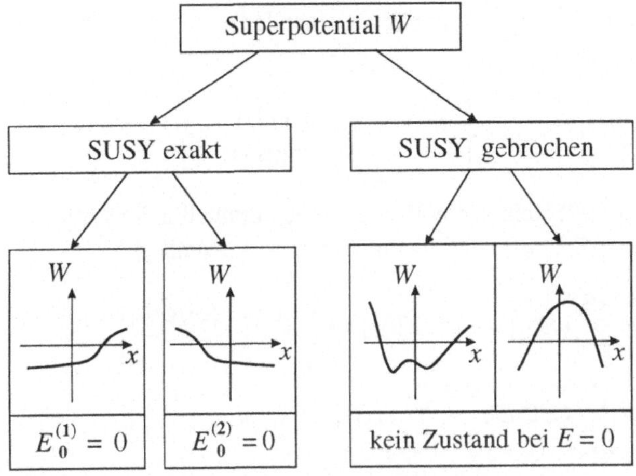

Abb. 2.8 Superpotentiale für exakte und gebrochene Supersymmetrie. Die Indizes (1) und (2) beziehen sich auf die Hamiltonoperatoren H_1 und H_2.

2.3.7 Der Witten-Index

Witten [9] führte die Größe

$$\Delta = n_b^0 - n_f^0 \tag{2.88}$$

ein, wo n_b^0 und n_f^0 die Zahl der bosonischen und fermionischen Zustände bei $E=0$ repräsentiert (diese Größen sind nicht zu verwechseln mit den Besetzungszahlen n_B und n_F). Da alle Zustände bei gebrochener Supersymmetrie gepaart auftreten, gilt $\Delta = 0$. Bei exakter Supersymmetrie dagegen bleibt der Grundzustand ungepaart und wir haben $\Delta = 1$. Damit zeigt Δ an, ob die Supersymmetrie exakt oder gebrochen ist,

$$\Delta = \begin{cases} 1 & \text{SUSY exakt}\,, \\ 0 & \text{SUSY gebrochen}\,. \end{cases} \tag{2.89}$$

Der Witten-Index ist formal definiert als

$$\Delta := \mathrm{Tr}\,(-1)^{N_F}\,. \tag{2.90}$$

Der Operator $(-1)^{N_F}$ mit dem Teilchenzahl-Operator für Fermionen im Exponenten ist dadurch definiert, daß er den Eigenwert $+1$ besitzt, wenn er auf einen bosonischen Zustand wirkt (d.h. ein Zustand mit gerader Anzahl n_F von Fermionen) und den Eigenwert -1 besitzt, wenn er auf einen fermionischen Zustand (n_F ungerade) angewendet wird:

$$(-1)^{N_F}|En_F\rangle = \begin{cases} +1 & (n_F \text{ gerade}) \\ -1 & (n_F \text{ ungerade}) \end{cases} \tag{2.91}$$

Die Spur in (2.90) steht symbolisch für eine Summation über alle gebundenen und ungebundenen Zustände des Hamiltonoperators. Damit gilt

$$\begin{aligned} \Delta &= \sum_{E=0}^{\infty} \langle E0|(-1)^{N_F}|E0\rangle + \sum_{E=0}^{\infty} \langle E1|(-1)^{N_F}|E1\rangle \\ &= \sum_{E=0}^{\infty} \langle E0|E0\rangle - \sum_{E=0}^{\infty} \langle E1|E1\rangle \; = \; n_b - n_f \,. \end{aligned} \tag{2.92}$$

Alle Zustände mit $E > 0$ treten – unabhängig davon, ob die Supersymmetrie exakt oder gebrochen ist – immer paarweise auf und heben sich daher heraus, so daß am Ende nur noch die Differenz $n_b^0 - n_f^0$ übrig bleibt.

Als *Kern* (oder Nullraum) eines Operators A bezeichnet man den Unterraum, der alle Elemente Ψ enthält, für die $A\Psi = 0$ gilt. Ψ muß dabei zum Definitionsbereich $\mathcal{D}(A)$ von A gehören,

$$\ker A := \{\, \Psi \in \mathcal{D}(A) \; : \; A\Psi = 0 \,\} \,. \tag{2.93}$$

Aus den vorhergehenden Abschnitten wissen wir, daß für die bosonischen Zustände $|00\rangle$ bei $E = 0$ die Beziehung $B^-|00\rangle = 0$ gilt, d.h., sie bilden den *Kern* des Operators B^-. Ebenso bilden die fermionischen Zustände $|01\rangle$ bei $E = 0$ wegen $B^+|01\rangle = 0$ den Kern des Operators B^+. Die Dimension des Kerns ist die Zahl der Zustände bei $E = 0$,

$$n_b^0 = \dim \ker B^- \qquad \text{und} \qquad n_f^0 = \dim \ker B^+ \,.$$

In der Mathematik ist der *Index* eines Operators A definiert als

$$\operatorname{Ind} A := \dim \ker A - \dim \ker A^\dagger \,.$$

Wegen (2.88) gilt somit für den Witten-Index $\Delta = \operatorname{Ind} B^-$.

Aus der Mathematik weiß man nun, daß der Operator-Index eine topologische Eigenschaft bezeichnet, die nicht von kleinen Änderungen des Operators abhängt. Analog verhält es sich bei der SUSY-Brechung, die nur von den globalen Eigenschaften des Superpotentials abhängt.

2.3.8 Resumé

Fassen wir noch einmal die wichtigsten Erkenntnisse über die Supersymmetrie aus diesem Kapitel zusammen:

1. Die Supersymmetrie überführt bosonische in fermionische Zustände und umgekehrt. Dabei bleibt der Hamiltonoperator invariant: Das Energiespektrum ist entartet. Eine Ausnahme bildet der Grundzustand bei $E=0$.

2. Bei der mathematischen Formulierung der Supersymmetrie bedient man sich der SUSY-Algebra. Im Gegensatz zu gewöhnlichen Liealgebren treten dabei Antikommutatoren auf.

3. Die Supersymmetrie wird im nichtlinearen Fall durch ein Superpotential beschrieben. Das globale (topologische) Verhalten des Superpotentials entscheidet darüber, ob die Supersymmetrie exakt oder gebrochen ist.

Weitere Einführungen in die SUSY-Quantenmechanik findet man in [8, 10, 11, 12, 13].

3 Supersymmetrische Quantenmechanik

Im Mittelpunkt dieses Kapitels steht die *nichtrelativistische* supersymmetrische Quantenmechanik. Supersymmetrische Quantenmechanik bedeutet lediglich "gewöhnliche" Quantenmechanik unter Einbeziehung der SUSY-Algebra:

$$\text{SUSY-Quantenmechanik} = \begin{cases} \text{Quantenmechanik} \\ \text{SUSY-Algebra (2.51)} \end{cases} .$$

Unter der Quantenmechanik meinen wir hier die (stationäre) Schrödinger-Gleichung $H\Psi = E\Psi$ mit dem Hamiltonoperator

$$H = \frac{\hat{p}^2}{2m} + V(\hat{q}) \tag{3.1}$$

und der Vertauschungsrelation $[\,\hat{q}, \hat{p}\,] = \mathrm{i}\hbar$. Alle Betrachtungen erfolgen in der Ortsdarstellung (2.80). Desweiteren verwenden wir die kanonischen Darstellung (2.65), da sie keine Fermioperatoren f^+ und f^- enthält. Anstelle der SUSY-Operatoren Q_+ und Q_- treten deshalb in der SUSY-Quantenmechanik nur die bosonischen Operatoren B^- und B^+ auf.

Die Supersymmetrie war eine Erfindung der Feldtheorie Anfang der 70er Jahre. 1976 führte Nicolai [14] erstmals den Gedanken der Supersymmetrie in die nichtrelativistische Quantenmechanik ein. Unabhängig davon reduzierte Witten [15, 9] die supersymmetrische Quantenfeldtheorie auf ein eindimensionales System zum Studium der Symmetriebrechung. Das waren die Anfänge der SUSY-Quantenmechanik. Heute ist sie ein eigenständiges Gebiet mit überraschenden Ergebnissen [13, 12].

Während in der Feld- und Elementarteilchentheorie die Supersymmetrie als Transformation zwischen Teilchen mit halbzahligen und ganzzahligen Spins gesehen wird, spielt der Spin in der nichtrelativistischen SUSY-Quantenmechanik keine Rolle.

3.1 Der Hamiltonoperator und sein SUSY-Partner

Wir zeigen, daß *alle* eindimensionalen Quantensysteme einen supersymmetrischen Partner besitzen. Sobald aber zu einem Hamiltonoperator ein Superpartner existiert, dann gibt es gleich eine ganze Kette von Hamiltonoperatoren, welche über die Supersymmetrie miteinander verknüpft sind. Diese Aussage läßt sich auch auf dreidimensionale Systeme übertragen, vorausgestzt, sie besitzen sphärische Symmetrie.

3.1.1 Die Faktorisierung des Hamiltonoperators

Die SUSY-Quantenmechanik wird auf den Relationen aus § 2.3 aufgebaut. Dort wurde gezeigt, daß ein supersymmetrischer Hamiltonoperator, welcher die SUSY-Algebra (2.51) erfüllt, sich als 2×2 Matrix schreiben läßt:

$$H_S = \frac{1}{2}\left[-\frac{\hbar^2}{m}\frac{d^2}{dx^2} + W^2\right]\mathbb{1} - \frac{\hbar}{\sqrt{m}}\frac{dW}{dx}\frac{\sigma^3}{2} := \begin{pmatrix} H_1 & 0 \\ 0 & H_2 \end{pmatrix} . \tag{3.2}$$

Per Definition soll H_1 immer den Hamiltonoperator bezeichnen, der im Fall exakter Supersymmetrie den Grundzustand bei $E = 0$ besitzt. Folglich gibt es für seinen SUSY-Partner H_2 keinen Grundzustand bei $E = 0$. Die beiden Hamiltonoperatoren setzen sich aus einem kinetischen und potentiellen Anteil zusammen:

$$H_1 = -\frac{\hbar^2}{2m}\frac{d^2}{dx^2} + V_1(x) \quad \text{mit} \quad V_1 = \frac{1}{2}\left[W^2 - \frac{\hbar}{\sqrt{m}}W'\right] , \tag{3.3}$$

$$H_2 = -\frac{\hbar^2}{2m}\frac{d^2}{dx^2} + V_2(x) \quad \text{mit} \quad V_2 = \frac{1}{2}\left[W^2 + \frac{\hbar}{\sqrt{m}}W'\right] . \tag{3.4}$$

Nochmals sei daran erinnert, daß das Superpotential die Dimension $[\text{Energie}]^{1/2}$ besitzt. Die Größen V_1 und V_2 bezeichnet man als Partnerpotentiale; ihre Differenz ist

$$V_2 - V_1 = H_2 - H_1 = (\hbar/\sqrt{m})\, W' . \tag{3.5}$$

Mit Hilfe der zueinander adjungierten Differentialoperatoren

$$B^{\pm} = \frac{1}{\sqrt{2}}\left(W \mp \frac{\hbar}{\sqrt{m}}\frac{d}{dx}\right) \tag{3.6}$$

lassen sich beide Hamiltonoperatoren faktorisieren:

$$\boxed{H_1 = B^+B^- \qquad \text{und} \qquad H_2 = B^-B^+} \quad . \tag{3.7}$$

Aus (3.7) folgt sofort

$$[B^-, B^+] = H_2 - H_1 = (\hbar/\sqrt{m})\, W' . \tag{3.8}$$

Das ist eine Verallgemeinerung der Kommutatorbeziehung des harmonischen Oszillators, denn mit (2.66) und dem Superpotential $W = \sqrt{m}\omega x$ folgt (2.27).

Die *Faktorisierung* (3.7) ist das Kernstück aller weiteren Betrachtungen. Daß sich ein Hamiltonoperator immer als Produkt zweier linearer Differentialoperatoren schreiben läßt, weiß man eigentlich schon seit den 50er Jahren [16]. Die *neue* Erkenntnis besteht nun darin, daß H_1 und H_2 Komponenten eines supersymmetrischen Hamiltonoperators (3.2) sind. Mit anderen Worten, H_1 und H_2 beschreiben zwar verschiedene Quantensysteme, über die Supersymmetrie werden jedoch die Energieeigenwerte und -eigenfunktionen beider Systeme in Beziehung gesetzt.

3.1.2 Eigenwerte und Eigenzustände der SUSY-Partner

Gegeben sind die Hamiltonoperatoren H_1 und H_2. Sie definieren zwei Quantensysteme:

$$\text{System 1:} \qquad H_1 \Psi_n^{(1)} = E_n^{(1)} \Psi_n^{(1)} , \tag{3.9}$$

$$\text{System 2:} \qquad H_2 \Psi_n^{(2)} = E_n^{(2)} \Psi_n^{(2)} . \tag{3.10}$$

Unser Augenmerk gilt hier den *gebundenen* Zuständen mit diskreten Energieeigenwerten; das kontinuierliche Energiespektrum wird später in § 3.1.5 behandelt. Mit n sei die Knotenzahl bezeichnet. Sind nun H_1 und H_2 Komponenten des supersymmetrischen Hamiltonoperators (3.2), dann hängen die Eigenwerte und Eigenfunktionen beider Systeme eng miteinander zusammen. Man muß allerdings zwischen exakter und gebrochener Supersymmetrie unterscheiden.

Beginnen wir mit der *exakten* Supersymmetrie. Um die Beziehung zwischen den Zuständen der Partnersysteme zu finden, schreiben wir mit (3.7)

$$\begin{aligned} H_2(B^-\Psi_n^{(1)}) &= B^-B^+B^-\Psi_n^{(1)} = E_n^{(1)}(B^-\Psi_n^{(1)}) , \\ H_1(B^+\Psi_n^{(2)}) &= B^+B^-B^+\Psi_n^{(2)} = E_n^{(2)}(B^+\Psi_n^{(2)}) . \end{aligned}$$

Demnach ist $E_n^{(1)}$ (bzw. $E_n^{(2)}$) auch Eigenwert von H_2 (bzw. H_1). Beide Systeme besitzen also gleiche Eigenwerte, bis auf den Grundzustand bei $E = 0$, der ja per Definition zu H_1 gehört. Die Nummerierung der Energieniveaus von H_1 eilt demnach denen von H_2 um 1 voraus, und wir haben für $n = 0, 1, 2, \ldots$

$$\boxed{E_0^{(1)} = 0 \qquad \text{und} \qquad E_n^{(2)} = E_{n+1}^{(1)} \qquad \text{(SUSY exakt)}} \; . \tag{3.11}$$

Ebenso sind $B^-\Psi_n^{(1)}$ (bzw. $B^+\Psi_n^{(2)}$) auch Eigenzustände von H_2 (bzw. H_1). Für die Wellenfunktionen bei gleicher Energie gilt dann

$$\Psi_n^{(2)} = \frac{1}{\sqrt{E_{n+1}^{(1)}}} B^-\Psi_{n+1}^{(1)} \quad \text{bzw.} \quad \Psi_{n+1}^{(1)} = \frac{1}{\sqrt{E_n^{(2)}}} B^+\Psi_n^{(2)} \,. \tag{3.12}$$

Die Vorfaktoren lassen sich schnell nachprüfen: Durch Einsetzen der linken in die rechte Gleichung gelangt man zu (3.9); andersherum, setzt man die rechte in die linke Gleichung ein, dann folgt (3.10).
Die Operatoren B^+ (bzw. B^-) überführen die Eigenfunktionen von H_2 (bzw. H_1) in die Eigenfunktionen von H_1 (bzw. H_2) bei gleicher Energie, indem sie Knoten in der Wellenfunktion erzeugen (bzw. vernichten). Da der Grundzustand von H_1 durch B^- annihiliert wird, hat er keinen supersymmetrischen Partner und ist damit nicht entartet (siehe Abb. 3.1).

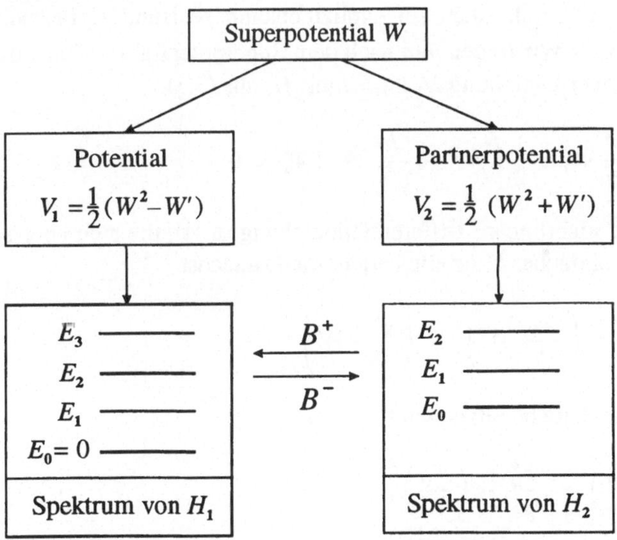

Abb. 3.1 Das Eigenwertspektrum von H_1 und H_2 bei *exakter* Supersymmetrie; nur der Grundzustand von H_1 befindet sich bei $E=0$ und ist nicht entartet ($\hbar = m = 1$).

Im Fall der *gebrochenen* Supersymmetrie besitzen weder H_1 noch H_2 einen Zustand bei $E=0$ (siehe 2.3.5). Ihre Eigenwertspektren sind vollkommen äquivalent:

$$\boxed{E_n^{(2)} = E_n^{(1)} > 0 \qquad \text{(SUSY gebrochen)}} \,. \tag{3.13}$$

Für die Eigenfunktionen gilt dann

$$\Psi_n^{(2)} = \frac{1}{\sqrt{E_n^{(1)}}} B^- \Psi_n^{(1)} \qquad \text{bzw.} \qquad \Psi_n^{(1)} = \frac{1}{\sqrt{E_n^{(2)}}} B^+ \Psi_n^{(2)} . \tag{3.14}$$

In diesem Fall werden durch die $B^\pm$ keine Knoten in der Wellenfunktion erzeugt oder vernichtet.

Fazit: Egal ob exakte oder gebrochene Supersymmetrie vorliegt, allein aus der Kenntnis der Eigenzustände von H_1 lassen sich durch Anwendung der Operatoren B^- bzw. B^+ sämtliche Eigenzustände von H_2 bestimmen, und umgekehrt.

3.1.3 Vom Grundzustand zum Superpotential

Im folgenden sei die Supersymmetrie exakt; dann besitzt nur H_1 den Grundzustand bei $E=0$. Der Grundzustand soll explizit bekannt sein, und wir bezeichnen ihn hier mit $\Psi_0 := \Psi_0^{(1)}$. Wir fragen nun nach dem Superpotential W. Dazu betrachte man die Schrödinger-Gleichung $H_1\Psi_0=0$ mit H_1 aus (3.3):

$$-\frac{\hbar^2}{2m}\Psi_0'' + \frac{1}{2}\left(W^2 - \frac{\hbar}{\sqrt{m}}W'\right)\Psi_0 = 0 . \tag{3.15}$$

Das ist eine nichtlineare Differentialgleichung in W, die sich aber schnell lösen läßt: Durch einfaches Umstellen erhält man zunächst

$$\frac{\Psi_0''}{\Psi_0} = \left(\frac{\sqrt{m}}{\hbar}W\right)^2 - \left(\frac{\sqrt{m}}{\hbar}W\right)' .$$

Für die linke Seite benutzen wir

$$\left(\frac{\Psi_0'}{\Psi_0}\right)' = \frac{\Psi_0''}{\Psi_0} - \left(\frac{\Psi_0'}{\Psi_0}\right)^2$$

und finden damit *eine* Lösung für das Superpotential:

$$\boxed{W = -\frac{\hbar}{\sqrt{m}}\frac{\Psi_0'}{\Psi_0} = -\frac{\hbar}{\sqrt{m}}\frac{\mathrm{d}}{\mathrm{d}x}\ln\Psi_0} . \tag{3.16}$$

Das Superpotential folgt also direkt aus der Wellenfunktion des Grundzustandes. Und wenn wir W kennen, steht uns nichts im Wege, mit (3.4) sofort V_2 und H_2 hinzuschreiben.

Fassen wir die einzelnen Schritte auf dem Weg von einem beliebigen Hamiltonoperator H zum SUSY-Partner H_2 zusammen. Ausgehend von H subtrahiert man zunächst die Grundzustandsenergie, und erhält $H_1 = H - E_0$; damit befindet sich der Grundzustand von H_1 automatisch bei $E = 0$. Die Grundzustandswellenfunktion sowohl von H als auch H_1 sei Ψ_0. Aus Ψ_0 bestimmt man dann das Superpotential und schließlich V_2 bzw. H_2:

$$\boxed{H_1 = H - E_0} \longrightarrow \boxed{\Psi_0} \xrightarrow{(3.16)} \boxed{W} \xrightarrow{(3.4)} \boxed{H_2}$$

Nach diesem Rezept werden wir oft vorgehen. In Abb. 3.2 sind nochmal die Beziehungen zwischen dem Superpotential W, dem Potential V_1 und der Grundzustandswellenfunktion Ψ_0 angedeutet.

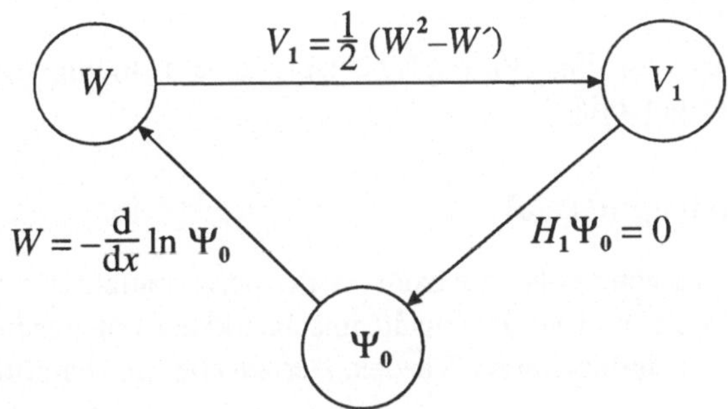

Abb. 3.2 Beziehungen zwischen dem Superpotential W, dem Potential V_1 und der Grundzustandswellenfunktion Ψ_0. Die hier verwendeten Einheiten sind $\hbar = m = 1$.

Setzen wir nun (3.16) in (3.3) ein, dann erhalten wir

$$V_1 = \frac{\hbar^2}{2m} \frac{\Psi_0''}{\Psi_0} . \tag{3.17}$$

Da der Grundzustand keine Knoten (Nullstellen) besitzt, ist dieser Ausdruck wohldefiniert. Gleichung (3.17) läßt sich übrigends schnell nachprüfen: Aus $H_1 \Psi_0 = 0$ folgt nämlich

$$-\frac{\hbar^2}{2m} \Psi_0'' + V_1 \Psi_0 = 0 .$$

Einfaches Umstellen nach V_1 führt direkt zu (3.17).

Kommen wir zu einem Beispiel. Als naheliegender Ansatz für eine normierte Grundzustandswellenfunktion, die ja keine Knoten haben darf, eignet sich eine Gaußsche Glockenkurve,

$$\Psi_0 = \left(\frac{m\omega}{\pi\hbar}\right)^{1/4} \exp\left\{-\frac{m\omega x^2}{2\hbar}\right\} . \tag{3.18}$$

Die einzelnen Parameter sind allein aus Dimensionsgründen festgelegt. Einsetzen in (3.16) ergibt das Superpotential

$$W = \sqrt{m}\omega x . \tag{3.19}$$

Die Partnerpotentiale lauten dann gemäß (3.3) und (3.4):

$$V_1 = \frac{m\omega^2}{2}x^2 - \frac{\hbar\omega}{2} \qquad \text{und} \qquad V_2 = \frac{m\omega^2}{2}x^2 + \frac{\hbar\omega}{2} . \tag{3.20}$$

Das Potential $V = V_1 + E_0 = V_1 + \frac{1}{2}\hbar\omega$ entspricht dem eindimensionalen harmonischen Oszillatorpotential.

3.1.4 Das Kastenpotential

Um einen Eindruck von der Nützlichkeit der Partnerpotentiale zu erhalten, wählen wir ein bekanntes Beispiel aus der Quantenmechanik: ein Teilchen in einem Kasten der Länge L mit unendlich hohen Wänden. Der zugehörige Hamiltonoperator ist

$$H = -\frac{\hbar^2}{2m}\frac{\mathrm{d}^2}{\mathrm{d}x^2} + V(x) \qquad \text{mit} \quad V(x) = \begin{cases} 0 & \text{für} \quad 0 \le x \le L \\ \infty & \qquad \text{sonst} \end{cases} .$$

Seine Eigenzustände und Eigenwerte für $n = 0, 1, 2, \ldots$ sind wohlbekannt:

$$\Psi_n = \sqrt{\frac{2}{L}} \sin\frac{(n+1)\pi x}{L} , \qquad \text{wobei} \qquad 0 \le x \le L , \tag{3.21}$$

$$E_n = \frac{\hbar^2\pi^2}{2mL^2}(n+1)^2 . \tag{3.22}$$

Der Grundzustand Ψ_0 ist normierbar. Die (exakte) Supersymmetrie verlangt, daß dieser Zustand die Energie Null besitzt. Deshalb führen wir mit $H_1 = H - E_0$ einen Hamiltonoperator ein, dessen Grundzustandsenergie genau bei $E = 0$ liegt. Seine Eigenwerte sind um E_0 verschoben, die Eigenzustände bleiben dabei unverändert:

$$E_n^{(1)} = E_n - E_0 = \frac{\hbar^2\pi^2}{2mL^2}n(n+2) \qquad \text{und} \qquad \Psi_n^{(1)} = \Psi_n . \tag{3.23}$$

Aus dem Grundzustand $\Psi_0 = \sqrt{2/L}\,\sin(\pi x/L)$ erhalten wir das Superpotential

$$W(x) = -\frac{\hbar}{\sqrt{m}}\frac{\Psi_0'}{\Psi_0} = -\frac{\hbar}{\sqrt{m}}\frac{\pi}{L}\cot\frac{\pi x}{L}\,. \tag{3.24}$$

Das Superpotential wiederum liefert uns das Partnerpotential

$$V_2 = \frac{1}{2}\left[W^2 + \frac{\hbar}{\sqrt{m}}W'\right] = \frac{\hbar^2\pi^2}{2mL^2}\left[\frac{2}{\sin^2(\pi x/L)} - 1\right]. \tag{3.25}$$

Man beachte: Genauso wie das Kastenpotential sind das Superpotential W und das Partnerpotential V_2 nur in einem abgeschlossenem Intervall der Länge L definiert.

Die Form des Partnerpotentials V_2 ist bei weitem nicht so einfach wie die des Kastenpotentials, und dennoch besitzen beide das gleiche Eigenwertspektrum, welches wir mit (3.23) vollständig kennen.

Zur Berechnung der Eigenfunktionen von H_2 benötigen wir die Operatoren aus (3.6), die in diesem Fall lauten

$$B^{\pm} = -\frac{\hbar}{\sqrt{2m}}\left[\frac{\pi}{L}\cot\frac{\pi x}{L} \pm \frac{\mathrm{d}}{\mathrm{d}x}\right]. \tag{3.26}$$

Wir starten mit dem Grundzustand $\Psi_0^{(2)}$, den wir entsprechend (3.12) aus dem ersten Anregungszustand von H_1,

$$\Psi_1^{(1)} = \sqrt{\frac{2}{L}}\,\sin\frac{2\pi x}{L}\,,$$

berechnen. Mit den Abkürzungen $\alpha = \pi x/L$ und $C = \hbar\pi/\sqrt{mL^3}$ erhalten wir zunächst

$$B^-\Psi_1^{(1)} = C\,[\,2\cos 2\alpha - \cot\alpha\,\sin 2\alpha\,] = -\,2C\sin^2\alpha\,.$$

Daraus folgt der normierte Grundzustand von H_2

$$\Psi_0^{(2)} = \frac{1}{\sqrt{E_1^{(1)}}}\,B^-\Psi_1^{(1)} = -\sqrt{\frac{8}{3L}}\,\sin^2\frac{\pi x}{L}\,. \tag{3.27}$$

Wir haben also aus einem Zustand mit *einem* Knoten durch Anwendung des Vernichters B^- einen Zustand *ohne* Knoten erhalten.

Der gleiche Weg führt uns, ausgehend von $\Psi_2^{(1)} = \sqrt{2/L}\,\sin(3\pi x/L)$, zum ersten Anregungszustand von H_2. Mit dem Zwischenschritt

$$\begin{aligned} B^- \Psi_2^{(1)} &= C\ [\,3\cos 3\alpha - \cot\alpha \sin 3\alpha\,] \\ &= C\,[\,3\,(4\cos^3\alpha - 3\cos\alpha) - (3\sin\alpha - 4\sin^3\alpha)\,\cot\alpha\,] \\ &= -8C\ \cos\alpha\ \sin^2\alpha\ =\ -4C\ \sin\alpha\ \sin 2\alpha \end{aligned}$$

erhalten wir

$$\Psi_1^{(2)} = \frac{1}{\sqrt{E_2^{(1)}}}\, B^- \Psi_2^{(1)} = -\frac{2}{\sqrt{L}}\,\sin\frac{\pi x}{L}\,\sin\frac{2\pi x}{L}\,. \tag{3.28}$$

In dieser Weise kann man fortfahren und weitere Anregungszustände bestimmen. Die Abb. 3.3 zeigt das Kastenpotential V_1 mit den ersten drei Zuständen sowie das Partnerpotential V_2 mit den beiden Zuständen (3.27) und (3.28). Die Zustände in V_2 besitzen immer einen Knoten weniger als die in V_1.

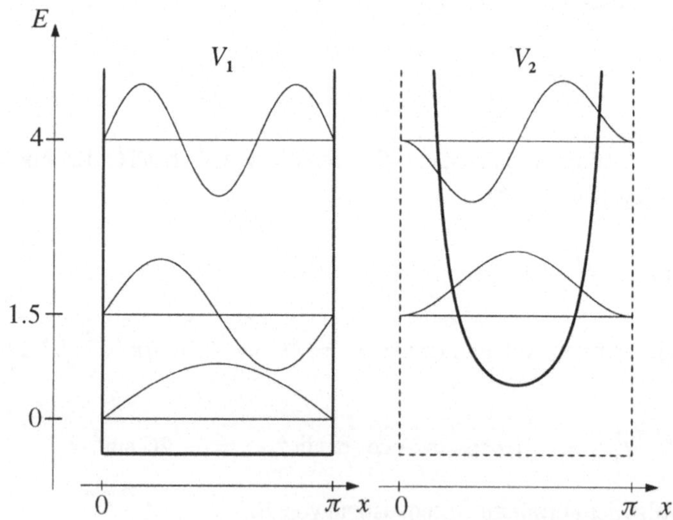

Abb. 3.3 Das Kastenpotential $V_1 = V - \frac{1}{2}$ und sein SUSY-Partner $V_2 = [\sin^2 x\,]^{-1} - \frac{1}{2}$ in Einheiten von $\hbar = m = 1$ und im Intervall von 0 bis $L = \pi$. Die tiefstliegenden Eigenzustände sind eingezeichnet.

Da das Kastenpotential mit den unendlich hohen Wänden nur über gebundene Zustände verfügt, und zwar über unendlich viele, besitzt das Partnerpotential V_2

ebenfalls eine unbegrenzte Anzahl von Bindungszuständen. Genau wie beim harmonischen Oszillator existieren in diesem Fall *keine* Streuzustände. Im weiteren betrachten wir auch Potentiale, deren Spektrum sich sowohl aus diskreten als auch kontinuierlichen Zuständen zusammensetzt.

3.1.5 Streuzustände

Bisher ging es nur um gebundene Zustände; die Supersymmetrie verknüpft aber auch die ungebundenen, kontinuierlichen Zustände (Streuzustände) von H_1 und H_2. Da wir es jetzt mit einem Kontinuum von Streuzuständen zu tun haben, spielt es keine Rolle mehr, ob die Supersymmetrie gebrochen oder exakt ist. Anstelle von (3.12) erscheint nun nach Umbennenung der Normierungskonstanten $E^{-1/2}$ in $\sqrt{2}N$:

$$\Psi_k^{(2)} = \sqrt{2}N\, B^-\Psi_k^{(1)} \qquad \text{bzw.} \qquad \Psi_k^{(1)} = \sqrt{2}N\, B^+\Psi_k^{(2)} \,. \tag{3.29}$$

Der kontinuierliche Index k, der jetzt anstelle von n tritt, beschreibt die Wellenzahl. Der asymptotische Wert des Superpotentials sei wie in (2.86) mit W_+ bzw. W_- bezeichnet. Gleichzeitig gilt für physikalisch sinnvolle Superpotentiale

$$\lim_{x\to\pm\infty} \frac{\mathrm{d}}{\mathrm{d}x} W(x) = \frac{\mathrm{d}}{\mathrm{d}x} \lim_{x\to\pm\infty} W(x) = \frac{\mathrm{d}}{\mathrm{d}x} W_\pm = 0 \,.$$

Die Partnerpotentiale V_1 und V_2 aus (3.3) und (3.4) besitzen somit dieselben Grenzwerte

$$V_1,\, V_2 \longrightarrow \frac{1}{2} W_\pm^2 \qquad \text{für} \qquad x \to \pm\infty \,. \tag{3.30}$$

Damit es Streuzustände überhaupt gibt, muß allerdings V_1 bzw. V_2 endlich bleiben für $x \to -\infty$ und/oder $x \to +\infty$, d.h., mindestens einer der beiden Werte W_+ und W_- muß endlich sein.

Eine einlaufende ebene Welle $\mathrm{e}^{\mathrm{i}kx}$ mit der Energie E aus Richtung der negativen x-Achse wird durch die Streuung am Potential $V_{1,2}$ in eine durchgehende Welle $T_{1,2}\,\mathrm{e}^{\mathrm{i}k'x}$ und eine reflektierte Welle $R_{1,2}\,\mathrm{e}^{-\mathrm{i}kx}$ zerlegt. Hier sind die Wellenzahlen k und k' gegeben durch (vgl. Abb. 3.4)

$$\hbar k = \sqrt{2m(E - W_-^2/2)} \quad \text{und} \quad \hbar k' = \sqrt{2m(E - W_+^2/2)} \,. \tag{3.31}$$

Asymptotisch gilt also $(s = 1, 2)$

$$\Psi_k^{(s)}(-\infty) = \mathrm{e}^{\mathrm{i}kx} + R_s\,\mathrm{e}^{-\mathrm{i}kx} \tag{3.32}$$

$$\Psi_k^{(s)}(+\infty) = T_s\,\mathrm{e}^{\mathrm{i}k'x} \,. \tag{3.33}$$

Die Abb. 3.4 versucht die energetischen Verhältnisse klar zu machen. Es handelt sich hier um die elastische Streuung, bei der sich die kinetische Energie des Teilchens nicht ändert; der Unterschied zwischen k und k' resultiert lediglich aus der Tatsache, daß im Asymptotischen W_-^2 und W_+^2 verschiedene Werte annehmen können.

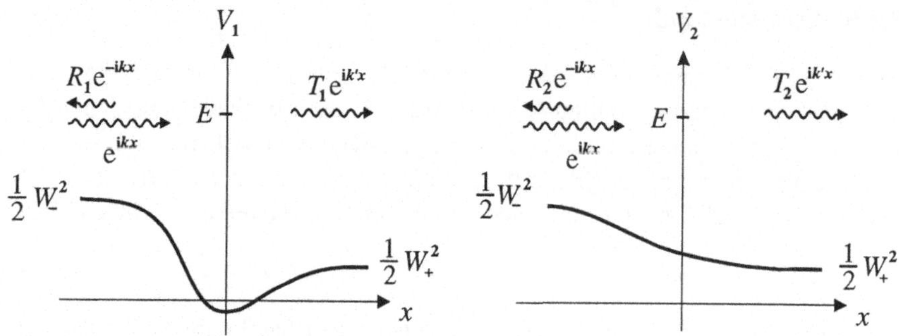

Abb. 3.4 Eindimensionale Streuung an Partnerpotentialen.

Das Einsetzen von (3.32) und (3.33) in (3.29) liefert im Grenzfall $x \to -\infty$

$$\begin{aligned} e^{ikx} + R_1 e^{-ikx} &= N\left(W_- - \frac{\hbar}{\sqrt{m}}\frac{d}{dx}\right)\left(e^{ikx} + R_2\, e^{-ikx}\right) \\ &= N\left[\left(W_- - i\sqrt{2E - W_-^2}\right) e^{ikx} + \right. \\ &\qquad \left. R_2\left(W_- + i\sqrt{2E - W_-^2}\right) e^{-ikx}\right] \end{aligned} \tag{3.34}$$

sowie im Grenzfall $x \to +\infty$

$$\begin{aligned} T_1 e^{ik'x} &= N\left(W_+ - \frac{\hbar}{\sqrt{m}}\frac{d}{dx}\right) T_2\, e^{ik'x} \\ &= N T_2\left(W_+ - i\sqrt{2E - W_+^2}\right) e^{ik'x} . \end{aligned} \tag{3.35}$$

Aus (3.34) und (3.35) erhalten wir durch Gleichsetzen der Terme mit äquivalenten Exponentialfunktionen eine Beziehung zwischen Reflexions- und Transmissionskoeffizienten:

$$R_1 = \frac{W_- + i\sqrt{2E - W_-^2}}{W_- - i\sqrt{2E - W_-^2}}\, R_2 , \tag{3.36}$$

$$T_1 = \frac{W_+ - \mathrm{i}\sqrt{2E - W_+^2}}{W_- - \mathrm{i}\sqrt{2E - W_-^2}}\, T_2 \,. \tag{3.37}$$

Folgende Grundaussagen können wir sofort aus ihnen ableiten:

1. Wegen $|R_1|^2 = |R_2|^2$ besitzen beide Partnerpotentiale identische Reflektionswahrscheinlichkeiten.

2. R_1 (T_1) und R_2 (T_2) haben die gleichen Pole in der komplexen Energie-Ebene, mit dem Unterschied, daß zu R_1 (T_1) ein extra Pol bei $E = 0$ gehört (falls W_- negativ ist). Dieser Extrapol resultiert aus dem Vorfaktor.

3. Für den Spezialfall $W_+ = W_-$ folgt einfach $T_1 = T_2$. Damit sind auch die Transmissionswahrscheinlichkeiten gleich, $|T_1|^2 = |T_2|^2$.

4. Für $W_- = 0$ gilt $R_1 = -R_2$.

3.1.6 Reflexionslose Potentiale

Wir betrachten nun ein Potential, welches kontinuierliche Streuzustände besitzt. Als Ausgangspunkt wählen wir das Superpotential

$$W = A \tanh \alpha x \,. \tag{3.38}$$

Da es bei $x \to \pm\infty$ unterschiedliche Vorzeichen annimmt, ist die Supersymmetrie exakt. Aus (3.3) und (3.4) berechnet man die beiden Partnerpotentiale,

$$V_1 = \frac{1}{2}\left[A^2 - A\left(A + \frac{\hbar\alpha}{\sqrt{m}}\right) / \cosh^2 \alpha x\right] , \tag{3.39}$$

$$V_2 = \frac{1}{2}\left[A^2 - A\left(A - \frac{\hbar\alpha}{\sqrt{m}}\right) / \cosh^2 \alpha x\right] . \tag{3.40}$$

Man bezeichnet V_1 auch als *Rosen-Morse*-Potential. Nun sei

$$A = \hbar\alpha/\sqrt{m} \,. \tag{3.41}$$

Damit folgt sofort

$$V_1 = \frac{\hbar^2\alpha^2}{2m}\left[1 - 2 / \cosh^2 \alpha x\right] , \tag{3.42}$$

$$V_2 = \frac{\hbar^2\alpha^2}{2m} = \text{const} \,. \tag{3.43}$$

Das konstante Potential V_2 beschreibt die Bewegung eines *freien* Teilchens; gebundenen Zustände treten überhaupt nicht auf. Bei exakter Supersymmetrie – man erinnert sich – besitzt H_1 genau einen Zustand mehr als H_2, d.h., in unserem Fall hat H_1 insgesamt nur einen gebundenen Zustand, nämlich Ψ_0, und dieser muß bei $E = 0$ liegen. Für Ψ_0 erhält man aus (2.82), (3.38) und (3.41)

$$\Psi_0 = C \exp\left\{-\alpha \int_0^x \mathrm{d}x' \, \tanh \alpha x'\right\} = C/\cosh \alpha x \, .$$

Die Integrationskonstante C bestimmen wir aus der Normierung $1 = \int_{-\infty}^{\infty} \Psi_0^2 \, \mathrm{d}x = 2C^2/\alpha$. Damit lautet die Grundzustandswellenfunktion

$$\Psi_0 = \sqrt{\frac{\alpha}{2}} \, \frac{1}{\cosh \alpha x} \, . \tag{3.44}$$

In § 3.1.5 wurde gezeigt, daß Partnerpotentiale über identische Reflexionswahrscheinlichkeiten verfügen. Da an einem *konstanten* Potential ein Teilchen keinerlei Reflexion erfährt, ist V_2 ein reflexionsloses Potential, und alle Potentiale der Form (3.39) sind ebenfalls reflexionslos!

3.1.7 Dreidimensionale Systeme

Die bisherigen Aussagen bezogen sich auf *ein*dimensionale Probleme. In der Praxis hat man es aber oft mit *drei*dimensionalen Systemen zu tun, die sphärisch symmetrisch sind. Bekanntlich erlaubt ein Potential mit sphärischer Symmetrie die Separation der Wellenfunktion in einen Radial- und Winkelanteil,

$$\Phi_{nlm}(\mathbf{r}) = \frac{1}{r} \, \Psi_{nl}(r) \, Y_{lm}(\theta, \phi) \, . \tag{3.45}$$

Den Winkelanteil beschreibt man durch Kugelflächenfunktionen Y_{lm}; er spielt in der weiteren Diskussion keine Rolle. Entscheidend ist aber, daß sich durch den Übergang zur radialen Wellenfunktion $\Psi_{nl}(r)$ das ursprünglich drei- auf ein eindimensionales Problem reduziert, welches durch die radiale Schrödinger-Gleichung,

$$\left[-\frac{\hbar^2}{2m}\frac{\mathrm{d}^2}{\mathrm{d}r^2} + V(r) + \frac{l(l+1)\hbar^2}{2mr^2}\right] \Psi_{nl}(r) = E \, \Psi_{nl}(r) \, , \tag{3.46}$$

beschrieben wird. Damit können wir direkt an die bisherigen Betrachtungen der eindimensionalen Systeme anknüpfen, müssen allerdings in den Formeln die Variable x durch r ersetzen. An die Stelle des Potentials $V(x)$ bzw. $V(r)$ tritt dabei das *effektive* Potential

$$V_{\text{eff}} = V(r) + \frac{l(l+1)\hbar^2}{2mr^2} , \tag{3.47}$$

welches zusätzlich das Zentrifugalpotential enthält.

Im Unterschied zum eindimensionalen Problem mit dem Definitionsbereich $-\infty < x < \infty$ erstreckt sich r nur von 0 bis ∞. Die Überlegungen zur Symmetriebrechung in § 2.3.5 und § 2.3.6 sind daher etwas abzuändern. Setzt man in (2.81) und in (2.82) die Variable r anstelle von x, dann lauten die Normierungsbedingungen für den Grundzustand

$$\left.\begin{matrix} \Psi_0^{(1)}(r) \\ \Psi_0^{(2)}(r) \end{matrix}\right\} \quad \text{normierbar, wenn} \quad \int_0^\infty W(r)\,\mathrm{d}r = \begin{cases} +\infty \\ -\infty \end{cases} . \tag{3.48}$$

Die Supersymmetrie ist demnach exakt, wenn das Superpotential im Unendlichen nicht verschwindet:

$$W_+ := \lim_{r\to\infty} W(r) \neq 0 \qquad \Longrightarrow \qquad \text{SUSY exakt} . \tag{3.49}$$

Dies setzt voraus, daß es keine Singularitäten im Endlichen gibt.

Bei Streuproblemen muß man die Knotenzahl n durch die kontinuierliche Wellenzahl k ersetzen, wobei

$$\hbar k = \sqrt{2m(E - W_+^2/2)} . \tag{3.50}$$

Anstelle der Reflexions- und Transmissionskoeffizienten tritt S^l als S-Matrix der $l$ten Partialwelle. Die asymptotischen Streuwellenfunktionen für die Partnersysteme 1 und 2 lauten dann [1]

$$\Psi_{kl}^{(1)} = \frac{1}{2k}\left[S_1^l(k)\,\mathrm{e}^{\mathrm{i}kr} - (-1)^l \mathrm{e}^{-\mathrm{i}kr} \right] , \tag{3.51}$$

$$\Psi_{kl}^{(2)} = \frac{1}{2k}\left[S_2^l(k)\,\mathrm{e}^{\mathrm{i}kr} - (-1)^l \mathrm{e}^{-\mathrm{i}kr} \right] . \tag{3.52}$$

Aus der Beziehung

$$\Psi_{kl}^{(1)} = \sqrt{2}NB^+\Psi_{kl}^{(2)} = N\left(W_+ - \frac{\hbar}{\sqrt{m}}\frac{\mathrm{d}}{\mathrm{d}r}\right)\Psi_{kl}^{(2)}$$

folgt durch Koeffizientenvergleich der Zusammenhang zwischen den S-Matrizen beider Systeme,

$$S_1^l = \frac{W_+ - \mathrm{i}\sqrt{2E - W_+^2}}{W_+ + \mathrm{i}\sqrt{2E - W_+^2}}\, S_2^l\,. \tag{3.53}$$

Auch hier besitzen S_1^l und S_2^l in der komplexen Energie-Ebene die gleiche Polstruktur; bei exakter Supersymmetrie hat S_1^l allerdings einen zusätzlichen Pol bei $E=0$, bewirkt durch den Vorfaktor in (3.53).

Dreidimensionale Systeme, die wir bald ausführlich untersuchen werden, sind der isotrope Oszillator in § 3.2.6 und das Wasserstoffproblem in § 3.2.7. Im Rahmen einer nicht-störungstheoretischen Methode wird in § 3.5.4 die Dimension sogar von drei auf fünf erhöht.

3.1.8 SUSY-Ketten

Aus § 3.1.3 wissen wir, daß die Kenntnis des Grundzustandes von H_1 uns zum Superpotential W führt. Bezeichnen wir dieses Superpotential mit W_1, so erhalten wir aus (3.6) die Operatoren $B_1^{\pm}$, welche H_1 faktorisieren. Den Grundzustand von H_2 konstruiert man aus dem ersten Anregungszustand von H_1 durch Anwendung von B_1^-. Mit diesem Grundzustand wiederum sind ein neues Superpotential W_2 und neue Operatoren $B_2^{\pm}$ definiert, mittels derer man H_2 faktorisieren kann. Der neue SUSY-Partner von H_2 ist dann H_3. Jeder dieser neuen Hamiltonoperatoren besitzt bei exakter Supersymmetrie jeweils einen gebundenen Zustand weniger, so daß man – im Fall endlicher Potentiale – diesen Prozeß solange fortführen kann, bis es keine gebundenen Zustände mehr gibt.

Kennt man beispielsweise ein exakt lösbares Potentialproblem für H_1, dann sind auch die Eigenwerte und Eigenfunktionen einer ganzen Kette von Hamiltonoperatoren bekannt. Die Umkehrung gilt aber auch: Aus der Kenntnis aller Grundzustände der Hamiltonoperatoren dieser Kette lassen sich sämtliche gebundenen Zustände von H_1 rekonstruieren.

Stellen wir nun diese Überlegungen mathematisch dar. Dazu beginnen wir mit

$$H_1 = B_1^+ B_1^- + E_0^{(1)} = -\frac{\hbar^2}{2m}\frac{\mathrm{d}^2}{\mathrm{d}x^2} + V_1\,, \tag{3.54}$$

wobei der Energiewert $E_0^{(1)} = 0$ hier absichtlich hinzugefügt wurde. (Diese additive Konstante bezeichnet im weiteren die Energiedifferenz zwischen den Grundzuständen benachbarter Partnersysteme; für das erste System ist sie Null gesetzt.)

Die anderen Größen sind gegeben durch

$$B_1^{\pm} = \frac{1}{\sqrt{2}} \left(W_1 \mp \frac{\hbar}{\sqrt{m}} \frac{\mathrm{d}}{\mathrm{d}x} \right) \quad \text{mit} \quad W_1 = -\frac{\hbar}{\sqrt{m}} \frac{\mathrm{d}}{\mathrm{d}x} \ln \Psi_0^{(1)}$$

und

$$V_1 = \frac{1}{2} \left[W_1^2 - \frac{\hbar}{\sqrt{m}} W_1' \right] + E_0^{(1)} .$$

Der SUSY-Partner lautet dementsprechend

$$H_2 = B_1^- B_1^+ + E_0^{(1)} = -\frac{\hbar^2}{2m} \frac{\mathrm{d}^2}{\mathrm{d}x^2} + V_2 \tag{3.55}$$

mit

$$\begin{aligned} V_2 &= \frac{1}{2} \left[W_1^2 + \frac{\hbar}{\sqrt{m}} W_1' \right] + E_0^{(1)} = V_1 + \frac{\hbar}{\sqrt{m}} W_1' \\ &= V_1 - \frac{\hbar^2}{m} \frac{\mathrm{d}^2}{\mathrm{d}x^2} \ln \Psi_0^{(1)} . \end{aligned}$$

Man beachte die unterschiedliche Reihenfolge von B^+ und B^- in (3.54) und (3.55)! Im weiteren benutzen wir die Notation $E_n^{(s)}$, wobei n das Energieniveau und s die Zuordnung zu H_s anzeigt. Aus § 3.1.2 sei nochmals die Beziehung zwischen den Eigenwerten und Eigenzuständen von H_1 und H_2 bei exakter Supersymmetrie angegeben:

$$E_{n+1}^{(1)} = E_n^{(2)} \quad \text{und} \quad \Psi_n^{(2)} = (E_{n+1}^{(1)} - E_0^{(1)})^{-1/2} B_1^- \Psi_{n+1}^{(1)} . \tag{3.56}$$

Nun starten wir von H_2 mit der Grundzustandsenergie $E_0^{(2)} = E_1^{(1)}$ und konstruieren H_3 als SUSY-Partner von H_2. Zunächst schreiben wir H_2 in der Form

$$H_2 = B_2^+ B_2^- + E_1^{(1)} \tag{3.57}$$

mittels der neuen Differentialoperatoren

$$B_2^{\pm} = \frac{1}{\sqrt{2}} \left(W_2 \mp \frac{\hbar}{\sqrt{m}} \frac{\mathrm{d}}{\mathrm{d}x} \right) \quad \text{und} \quad W_2 = -\frac{\hbar}{\sqrt{m}} \frac{\mathrm{d}}{\mathrm{d}x} \ln \Psi_0^{(2)} .$$

Damit folgt

$$H_3 = B_2^- B_2^+ + E_1^{(1)} = -\frac{\hbar^2}{2m} \frac{\mathrm{d}^2}{\mathrm{d}x^2} + V_3 , \tag{3.58}$$

mit dem Potential

$$\begin{aligned} V_3 &= \frac{1}{2}\left[W_2^2 + \frac{\hbar}{\sqrt{m}} W_2'\right] + E_1^{(1)} = V_2 - \frac{\hbar^2}{m}\frac{\mathrm{d}^2}{\mathrm{d}x^2}\ln \Psi_0^{(2)} \\ &= V_1 - \frac{\hbar^2}{m}\frac{\mathrm{d}^2}{\mathrm{d}x^2}\ln\left(\Psi_0^{(1)}\Psi_0^{(2)}\right). \end{aligned}$$

In Analogie zu Gleichung (3.56) ergibt das für die Eigenwerte $E_n^{(3)} = E_{n+1}^{(2)} = E_{n+2}^{(1)}$ und für die Eigenfunktionen

$$\begin{aligned} \Psi_n^{(3)} &= (E_{n+1}^{(2)} - E_0^{(2)})^{-1/2}\, B_2^- \Psi_{n+1}^{(2)} \\ &= (E_{n+2}^{(1)} - E_1^{(1)})^{-1/2}\,(E_{n+2}^{(1)} - E_0^{(1)})^{-1/2}\, B_2^- B_1^- \Psi_{n+2}^{(1)}\,. \end{aligned} \tag{3.59}$$

In der letzten Zeile sind alle Größen gemäß (3.56) durch die Eigenwerte und Eigenfunktionen von H_1 ausgedrückt. Es gilt aber auch

$$\Psi_{n+2}^{(1)} = (E_{n+2}^{(1)} - E_1^{(1)})^{-1/2}\,(E_{n+2}^{(1)} - E_0^{(1)})^{-1/2}\, B_1^+ B_2^+\, \Psi_n^{(3)}\,. \tag{3.60}$$

Das überprüft man, indem man (3.60) in die rechte Seite von (3.59) einsetzt,

$$\Psi_n^{(3)} = (E_{n+2}^{(1)} - E_1^{(1)})^{-1}(E_{n+2}^{(1)} - E_0^{(1)})^{-1}\, B_2^- B_1^- B_1^+ B_2^+\, \Psi_n^{(3)}\,, \tag{3.61}$$

und die Gleichheit beider Seiten nachweist: Mit (3.55), (3.57) und (3.58) erhält man zunächst

$$\begin{aligned} B_2^- B_1^- B_1^+ B_2^+ &= B_2^-(H_2 - E_0^{(1)})B_2^+ \\ &= B_2^-(B_2^+ B_2^- + E_1^{(1)} - E_0^{(1)})B_2^+ \\ &= (B_2^- B_2^+ + E_1^{(1)} - E_0^{(1)})B_2^- B_2^+ \\ &= (H_3 - E_0^{(1)})(H_3 - E_1^{(1)}) \end{aligned}$$

Dieser Ausdruck, angewandt auf $\Psi_n^{(3)}$, liefert gerade $(E_n^{(3)} - E_0^{(1)})(E_n^{(3)} - E_1^{(1)})$, und wegen $E_n^{(3)} = E_{n+2}^{(1)}$ folgt schließlich (3.61).

Bisher ist folgendes klar geworden: Wenn H_1 insgesamt p gebundene Zustände $\Psi_n^{(1)}$ mit der Energie $E_n^{(1)}$ besitzt $(0 \le n \le p-1)$, dann können wir eine ganze Kette von $(p-1)$ Hamiltonoperatoren $H_2, \ldots, H_p$ konstruieren. Der $s$te Hamiltonoperator H_s

besitzt dann das gleiche Energiespektrum wie H_1 bis auf die ersten $(s-1)$ Eigenwerte $E_0^{(1)}$ bis $E_{s-2}^{(1)}$, welche bei H_s fehlen. Für alle $s=1$ bis p schreiben wir deshalb in Verallgemeinerung der bisherigen Ergebnisse

$$H_s = B_s^+ B_s^- + E_{s-1}^{(1)} = -\frac{\hbar^2}{2m}\frac{\mathrm{d}^2}{\mathrm{d}x^2} + V_s \tag{3.62}$$

mit

$$B_s^{\pm} = \frac{1}{\sqrt{2}}\left(W_s \mp \frac{\hbar}{\sqrt{m}}\frac{\mathrm{d}}{\mathrm{d}x}\right) \tag{3.63}$$

und dem Superpotential

$$W_s = -\frac{\hbar}{\sqrt{m}}\frac{\mathrm{d}}{\mathrm{d}x}\ln \Psi_0^{(s)} . \tag{3.64}$$

Die einzelnen Potentiale berechnen sich aus

$$V_s = V_1 - \frac{\hbar^2}{m}\frac{\mathrm{d}^2}{\mathrm{d}x^2}\ln\left(\Psi_0^{(1)}\cdots\Psi_0^{(s-1)}\right) . \tag{3.65}$$

Für die Energieeigenwerte und -eigenfunktionen der SUSY-Kette lautet das Endresultat:

$$E_n^{(s)} = E_{n+1}^{(s-1)} = \cdots = E_{n+s-1}^{(1)} , \tag{3.66}$$

$$\Psi_n^{(s)} = N_n^{(s)}\, B_{s-1}^- \cdots B_2^- B_1^-\, \Psi_{n+s-1}^{(1)} , \tag{3.67}$$

mit der Normierungskonstanten

$$N_k^{(l)} = [\, E_{k+l-1}^{(1)} - E_{l-2}^{(1)}\,]^{-1/2} \cdots [\, E_{k+l-1}^{(1)} - E_0^{(1)}\,]^{-1/2} . \tag{3.68}$$

Man schaue in (3.67) auf die unteren Indizes, die die Knotenzahl angeben: Aus der Wellenfunktion $\Psi_{n+s-1}^{(1)}$ werden nacheinander $s-1$ Knoten vernichtet, und man gelangt so zu $\Psi_n^{(s)}$. Dies kann man natürlich auch umkehren und die beiden Zustände durch die Erzeugung von Knoten miteinander verknüpfen:

$$\Psi_{n+s-1}^{(1)} = N_n^{(s)}\, B_1^+ B_2^+ \cdots B_{s-1}^+\, \Psi_n^{(s)} . \tag{3.69}$$

Ein Beispiel für eine SUSY-Kette von Hamiltonoperatoren ist in Abb. 3.5 gegeben. Der Index s symbolisiert hier die Nummer des Systems.

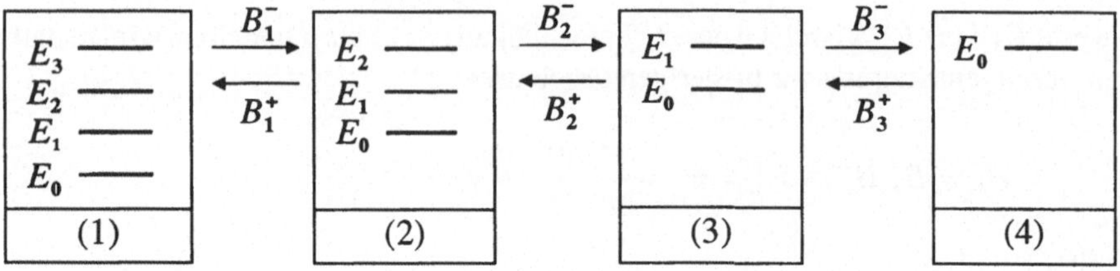

E_3 — E_2 — E_1 — E_0 —	$\xrightarrow{B_1^-}$ $\xleftarrow[B_1^+]{}$	E_2 — E_1 — E_0 —	$\xrightarrow{B_2^-}$ $\xleftarrow[B_2^+]{}$	E_1 — E_0 —	$\xrightarrow{B_3^-}$ $\xleftarrow[B_3^+]{}$	E_0 —
(1)		(2)		(3)		(4)

Abb. 3.5 Eine vollständige Kette von SUSY-Partnern zu H_1, welcher nur 4 gebundene Zustände besitzt.

Veranschaulichen wir uns die formalen Ableitungen am Beispiel aus § 3.1.3. Dazu fordern wir für alle Grundzustände der SUSY-Kettte die gleiche Form:

$$\Psi_0^{(s)} = \Psi_0 = C \exp\left\{-m\omega x^2/2\hbar\right\} . \tag{3.70}$$

Für $s=1$ erhalten wir das Potential V_1 des harmonischen Oszillators aus (3.20). Die SUSY-Kette, die darauf aufbaut, folgt dann mit (3.65). Sie ist für den harmonischen Oszillator besonders einfach,

$$\begin{aligned} V_s &= V_1 - \frac{\hbar^2}{m}\frac{\mathrm{d}^2}{\mathrm{d}x^2} \ln\left[\Psi_0\right]^{s-1} \\ &= V_1 - \frac{\hbar^2}{m}\frac{\mathrm{d}^2}{\mathrm{d}x^2}\left[-(s-1)\frac{m\omega x^2}{2\hbar}\right] = V_1 + (s-1)\,\hbar\omega . \end{aligned} \tag{3.71}$$

Das sind alles Kopien des harmonischen Oszillatorpotentials, die nur um einen konstanten Wert verschoben sind. Die Form des Potentials bleibt also beim Übergang zum jeweiligen Partnerpotential erhalten. Das Potential des harmonischen Oszillators gehört damit zur Klasse der bezüglich der Supersymmetrie *forminvarianten* Potentiale, die wir in § 3.2 behandeln.

Wir erhalten als Verallgemeinerung von (3.8) die folgenden Vertauschungsrelationen:

$$\begin{aligned} [\,B_i^+, B_k^+\,] &= -[\,B_i^-, B_k^-\,] = \frac{\hbar}{2\sqrt{m}}\frac{\mathrm{d}}{\mathrm{d}x}(W_i - W_k) , \\ [\,B_i^-, B_k^+\,] &= \frac{\hbar}{2\sqrt{m}}\frac{\mathrm{d}}{\mathrm{d}x}(W_i + W_k) . \end{aligned}$$

Mit Hilfe von (3.63) läßt sich dies leicht nachprüfen.

Für das Streuproblem gelten analoge Überlegungen wie in § 3.1.5. Wir benutzen die Formeln (3.32), (3.33) sowie die Abkürzung $W_{\pm}^{(s)} = W_s(\pm\infty)$. Die Wellenzahlen sind in (3.31) gegeben, wobei, $W_{\pm} = W_{\pm}^{(1)}$. Durch wiederholte Anwendung von (vgl. (3.29))

$$\Psi_k^{(s-1)} = \sqrt{2}N\, B_{s-1}^{+} \Psi_k^{(s)}$$

folgt dann für die Reflexions- und Transmissionskoeffizienten der gesamten SUSY-Kette:

$$R_s = \left(\frac{W_-^{(1)} - i\hbar k/\sqrt{m}}{W_-^{(1)} + i\hbar k/\sqrt{m}}\right) \cdots \left(\frac{W_-^{(s-1)} - i\hbar k/\sqrt{m}}{W_-^{(s-1)} + i\hbar k/\sqrt{m}}\right) R_1\,, \tag{3.72}$$

$$T_s = \left(\frac{W_-^{(1)} - i\hbar k/\sqrt{m}}{W_+^{(1)} - i\hbar k'/\sqrt{m}}\right) \cdots \left(\frac{W_-^{(s-1)} - i\hbar k/\sqrt{m}}{W_+^{(s-1)} - i\hbar k'/\sqrt{m}}\right) T_1\,. \tag{3.73}$$

Das kann man sofort einsehen, wenn man (3.36) und (3.37) unter Nutzung von (3.31) iterativ fortsetzt.

3.2 Forminvarianz und exakt lösbare Potentiale

Bisher lernten wir, wie man, ausgehend von einem beliebigen Hamiltonoperator, eine SUSY-Kette von Hamiltonoperatoren konstruieren kann. Es gibt nun eine Klasse von Potentialen, deren *Form*, d.h. ihre x-Abhängigkeit, innerhalb der SUSY-Kette unverändert bleibt. Wie es sich herausstellen wird, zeichnet sich diese Klasse dadurch aus, daß sie die vollständige Lösung des Eigenwertproblems auf rein algebraischem Wege erlaubt. Diese Idee wurde erstmals 1983 von Gendenshtein [17] formuliert.

3.2.1 Motivation

Betrachten wir nochmal die reflexionslosen Potentiale aus § 3.1.6. Das entsprechende Superpotential sei aber jetzt gegeben durch

$$W = a_1 \frac{\hbar\alpha}{\sqrt{m}} \tanh \alpha x \tag{3.74}$$

mit a_1 als positive *ganze* Zahl. Im Gegensatz zu (3.41) ist jetzt $A = a_1 \hbar\alpha/\sqrt{m}$ und die Partnerpotentiale (3.39) und (3.40) lauten

$$V_1(x; a_1) = \frac{\hbar^2\alpha^2}{2m} \left[a_1^2 - a_1(a_1 + 1) / \cosh^2 \alpha x \right], \tag{3.75}$$

$$V_2(x; a_1) = \frac{\hbar^2\alpha^2}{2m} \left[a_1^2 - a_1(a_1 - 1) / \cosh^2 \alpha x \right]. \tag{3.76}$$

Ihre Differenz läßt sich mit Hilfe einer Parameterverschiebung $a_1 \to a_1 - 1$ schreiben als

$$V_2(x; a_1) - V_1(x; a_1 - 1) = R(a_1), \tag{3.77}$$

wobei das Restglied

$$R(a_1) = \frac{\hbar^2\alpha^2}{2m} (2a_1 - 1) \tag{3.78}$$

von x unabhängig ist. In (3.77) haben wir eine Beziehung zwischen beiden Potentialen gewonnen, die um vieles einfacher ist als der allgemeine Zusammenhang (3.5) über das Superpotential. Mit (3.3) und (3.77) gilt dann aber auch

$$H_2(a_1) = H_1(a_1 - 1) + R(a_1).$$

Da W bei $x \to \pm\infty$ unterschiedliche Vorzeichen annimmt, ist die Supersymmetrie exakt. Somit besitzt der Hamiltonoperator H_1 – unabhängig von der Wahl des Parameters a_1 – den Grundzustand bei $E = 0$. Der Grundzustand von H_2 liegt dann bei

$$E_0^{(2)} = R(a_1).$$

Er entspricht dem ersten angeregten Zustand von H_1. Damit kennen wir schon zwei Eigenwerte von H_1, nämlich

$$E_0^{(1)} = 0 \qquad \text{und} \qquad E_1^{(1)} = \frac{\hbar^2\alpha^2}{2m} (2a_1 - 1). \tag{3.79}$$

Wie wir noch sehen werden, kann man mit diesem Verfahren auch alle weiteren Eigenwerte von H_1 ermitteln – und das auf rein algebraischem Wege. Doch dazu benötigen wir die Definition der *Forminvarianz*.

3.2.2 Das Eigenwertspektrum

In Verallgemeinerung von (3.77) heißen zwei Potentiale *forminvariant*, wenn gilt

$$\boxed{V_2(x;a_1) \;=\; V_1(x;a_2) + R(a_1)} \quad . \tag{3.80}$$

Sie unterscheiden sich also nur um eine additive Konstante, die nicht von x abhängt. Diese Gleichung besagt folgendes: Man nehme V_1, ersetze den Parameter a_1 durch den neuen Parameter a_2 und addiere eine Konstante – das Resultat ist das Partnerpotential V_2 bezüglich des alten Parameters a_1. Der neue Parameter a_2 ist hierbei eine Funktion von a_1:

$$a_2 = f(a_1)\;. \tag{3.81}$$

Da $V_1(x;a_2)$ und $V_2(x;a_2)$ Partnerpotentiale sind, bleiben sie es auch, wenn man zu beiden die gleiche Konstante addiert:

$$\begin{aligned} V_1(x;a_2) + R(a_1) &= V_2(x;a_1)\;, \\ V_2(x;a_2) + R(a_1) &=: V_3(x;a_1)\;. \end{aligned}$$

Für den neuen SUSY-Partner von V_2 können wir auch schreiben

$$V_3(x;a_1) \;=\; V_2(x;f(a_1)) + R(a_1)\;.$$

Mit (3.80) und der Notation $f(f(a_1)) = f(a_2) = a_3$ folgt daraus

$$\begin{aligned} V_3(x;a_1) &= V_1(x;f(f(a_1))) + R(f(a_1)) + R(a_1) \\ &= V_1(x,a_3) + R(a_2) + R(a_1)\;. \end{aligned}$$

Im nächsten Schritt beim Aufbau der SUSY-Kette wählen wir V_3 als das Ausgangspotential und gelangen so zu V_4. Dieses Verfahren läßt sich weiter fortsetzen, und man erhält mit $a_s = f^{s-1}(a_1)$ als $(s-1)$-fache Anwendung von f, die allgemeine Beziehung

$$V_s(x;a_1) \;=\; V_1(x;a_s) + \sum_{k=1}^{s-1} R(a_k)\;. \tag{3.82}$$

Vergleichen wir nun diesen Ausdruck mit

$$\begin{aligned} V_{s+1}(x;a_1) &= V_1(x;a_{s+1}) + \sum_{k=1}^{s} R(a_k) \\ &= V_2(x;a_s) + \sum_{k=1}^{s-1} R(a_k)\;, \end{aligned} \tag{3.83}$$

dann sind V_s und V_{s+1} SUSY-Partner, weil V_1 und V_2 SUSY-Partner sind, und zu beiden dieselbe Konstante addiert wird. Die zugehörigen Hamiltonoperatoren

$$H_s(a_1) = -\frac{\hbar^2}{2m}\frac{\mathrm{d}^2}{\mathrm{d}x^2} + V_1(x;a_s) + \sum_{k=1}^{s-1} R(a_k)\,, \tag{3.84}$$

$$H_{s+1}(a_1) = -\frac{\hbar^2}{2m}\frac{\mathrm{d}^2}{\mathrm{d}x^2} + V_2(x;a_s) + \sum_{k=1}^{s-1} R(a_k) \tag{3.85}$$

besitzen folglich identische Spektren – bis auf den Grundzustand von H_s, der im Spektrum von H_{s+1} nicht auftritt und dessen Energie

$$E_0^{(s)} = \sum_{k=1}^{s-1} R(a_k) \tag{3.86}$$

beträgt. Das folgt aus (3.84) und $E_0^{(1)}=0$. Geht man nun rückwärts von H_s zu H_{s-1} usw., dann gelangt man zu H_2 und schließlich H_1, dessen Grundzustandsenergie Null ist und dessen $n$ter Zustand mit dem Grundzustand von H_n übereinstimmt. Das vollständige Eigenwertspektrum von H_1 lautet also

$$\boxed{E_n^{(1)} = \sum_{k=1}^{n} R(a_k) \qquad \text{und} \qquad E_0^{(1)} = 0}\,. \tag{3.87}$$

Allein aus der Kenntnis von (3.81) und des Restgliedes R ist also das Eigenwertspektrum vollständig bestimmt.

3.2.3 Verallgemeinerte Leiteroperatoren

Die Forminvarianzbedingung für die Hamiltonoperatoren in (3.84) kann auch geschrieben werden als

$$H_s(a_1) = H_1(a_s) + \text{const}\,. \tag{3.88}$$

Damit gilt für die Wellenfunktionen

$$\Psi_0^{(s)}(x;a_1) = \Psi_0^{(1)}(x;a_s)\,. \tag{3.89}$$

Das setzen wir für $n=0$ in (3.69) ein und erhalten

$$\begin{aligned}\Psi_{s-1}^{(1)}(x;a_1) &= N_0^{(s)}\, B_1^+ B_2^+ \cdots B_{s-1}^+\, \Psi_0^{(s)}(x;a_1)\\ &= N_0^{(s)}\, B_1^+ B_2^+ \cdots B_{s-1}^+\, \Psi_0^{(1)}(x;a_s)\,.\end{aligned}$$

Die letzte Gleichung verknüpft die Wellenfunktionen eines einzelnen Systems, nämlich von H_1, untereinander. Wir können deshalb den oberen Index an der Wellenfunktion weglassen und finden eine Verallgemeinerung des Leiteroperator-Formalismus aus (2.8),

$$\Psi_n(x;a_1) = \frac{B_1^+ B_2^+ \cdots B_n^+}{(E_n - E_0)^{1/2} \cdots (E_n - E_{n-1})^{1/2}} \Psi_0(x;a_{n+1}) \,. \tag{3.90}$$

Dieser Ausdruck zeigt, wie man aus dem Grundzustand von H_1 zu jedem beliebigen angeregten Zustand mittels der Erzeugungsoperatoren B_m^+ gelangt.
Direkt aus (3.12) und (3.89) folgt die nützliche Beziehung

$$\boxed{\Psi_n(x;a_1) = \frac{1}{(E_n - E_0)^{1/2}} B_1^+ \Psi_{n-1}(x;a_2)} \,. \tag{3.91}$$

Das ist eine einfache Vorschrift zur Bestimmung der Wellenfunktion von H_1, denn wir brauchen in der Wellenfunktion nur einen Parameter auszutauschen und darauf immer wieder den gleichen Operator B_1^+ wirken zu lassen.

3.2.4 Die Translation

Die Ausführungen waren bisher sehr allgemein gehalten, auch die Relation (3.81) wurde nicht spezifiziert. Letzteres soll nun erfolgen, indem wir einen besonderen Typ der Forminvarianz untersuchen, nämlich die *Translation*

$$\boxed{a_2 = a_1 + c} \,. \tag{3.92}$$

So speziell diese Bedingung auf den ersten Blick erscheinen mag, sie umfaßt alle bisher bekannten exakt lösbaren Potentiale. Drei Beispiele werden wir genauer untersuchen: das Rosen-Morse-Potential, den isotropen Oszillator und das Wasserstoffproblem.
Bevor wir jedoch zu diesen Beispielen übergehen, betrachten wir den trivialen Fall

$$a_2 = a_1 \,. \tag{3.93}$$

Er besagt, daß die analytische Form des Potentials in der SUSY-Kette bis auf eine additive Konstante erhalten bleibt. Aus dem Beispiel von § 3.1.8 wissen wir, daß diese Bedingung beim harmonischen Oszillator erfüllt ist (vgl. dazu (3.71)). Welcher physikalischen Größe entspricht nun der Parameter a_1?

Das Superpotential sowie die Partnerpotentiale für den eindimensionalen harmonischen Oszillator sind in (3.19) und (3.20) gegeben. Die Forminvarianz (3.80) bedeutet konkret

$$V_2(x;\hbar\omega) = V_1(x;\hbar\omega) + \hbar\omega \,, \tag{3.94}$$

also $a_1 = \hbar\omega$. Das Restglied $R(a_1) = \hbar\omega$ wird damit unabhängig von a_1. Nach (3.87) sind dann die Energieeigenwerte von H_1 gegeben durch $E_n^{(1)} = n\hbar\omega$. Für den Hamiltonoperator des harmonischen Oszillators

$$H = H_1 + \frac{\hbar\omega}{2} = -\frac{\hbar^2}{2m}\frac{\mathrm{d}^2}{\mathrm{d}x^2} + \frac{m\omega^2}{2}x^2 \tag{3.95}$$

erhalten wir also das bekannte Energiespektrum

$$E_n = E_n^{(1)} + \hbar\omega/2 = (n + 1/2)\,\hbar\omega \,. \tag{3.96}$$

An diesem Energiespektrum ändert sich auch nichts, wenn wir den *energieverschobenen* Oszillator betrachten. Er ist definiert durch das um b verschobene Superpotential

$$W = \sqrt{m}\omega x - b \tag{3.97}$$

und die daraus resultierenden Partnerpotentiale

$$V_{1,2} = \frac{m\omega^2}{2}\left(x - \frac{b}{\sqrt{m}\omega}\right)^2 \mp \frac{\hbar\omega}{2} \,. \tag{3.98}$$

Wegen (3.70) und (3.64) gilt

$$W_1 = W_2 = \ \ldots\ = W \,.$$

Damit sind aber auch gemäß (3.6) alle Differentialoperatoren $B_s^\pm$ unabhängig vom Index s und lauten $B^\pm = \sqrt{\hbar\omega}\, b^\pm$, wobei $b^\pm$ in (2.26) vorgegeben ist. Die Beziehung (3.90) reduziert sich dann mit $\Psi_n(x) := \Psi_n(x, a_m)$ auf

$$\begin{aligned}\Psi_n(x) &= \frac{(\hbar\omega)^{n/2}\,(b^+)^n}{[n\hbar\omega]^{1/2}\,[(n-1)\,\hbar\omega]^{1/2}\,\ldots\,[\hbar\omega]^{1/2}}\,\Psi_0(x)\\ &= (n!)^{-1/2}\,(b^+)^n\,\Psi_0(x)\,,\end{aligned} \tag{3.99}$$

d.h., den traditionellen Formalismus der Erzeugungs- und Vernichtungsoperatoren wie in (2.8).

3.2.5 Das Rosen-Morse-Potential

Kehren wir zum Rosen-Morse-Potential aus § 3.2.1 zurück. Mit der speziellen Translationsvorschrift

$$a_2 = f(a_1) = a_1 - 1 \tag{3.100}$$

erhalten wir Schritt für Schritt

$$\begin{aligned} a_3 &= f(a_2) = a_2 - 1 = a_1 - 2\,, \\ &\vdots \\ a_k &= f(a_{k-1}) = a_{k-1} - 1 = a_1 - k + 1\,. \end{aligned} \tag{3.101}$$

Die additive Konstante aus (3.78) lautet damit

$$R(a_k) = \frac{\hbar^2\alpha^2}{2m}(2a_k - 1) = \frac{\hbar^2\alpha^2}{m}\left(a_1 - k + \frac{1}{2}\right).$$

Aus ihr berechnet sich die endliche Summe

$$\begin{aligned} \sum_{k=1}^{n} R(a_k) &= \frac{\hbar^2\alpha^2}{m}\sum_{k=1}^{n}\left(a_1 + \frac{1}{2} - k\right) \\ &= \frac{\hbar^2\alpha^2}{m}\left[n\left(a_1 + \frac{1}{2}\right) - \frac{n(n+1)}{2}\right]. \end{aligned}$$

Wegen (3.87) kennen wir also das gesamte Energiespektrum von H_1 für das Rosen-Morse-Potential:

$$E_n^{(1)} = \frac{\hbar^2\alpha^2}{2m}\,n\,(2a_1 - n)\,. \tag{3.102}$$

Die ersten beiden Zustände stimmen selbstverständlich mit (3.79) überein. Aus (3.82) und (3.75) folgt der allgemeine Ausdruck für die einzelnen Potentiale:

$$\begin{aligned} V_s &= \frac{\hbar^2\alpha^2}{2m}\left[a_s^2 - a_s(a_s+1)\,/\cosh^2\alpha x\right] + \sum_{k=1}^{s-1} R(a_k) \\ &= \frac{\hbar^2\alpha^2}{2m}\Big[(a_1 - s + 1)^2 - (a_1 - s + 1)(a_1 - s + 2)\,/\cosh^2\alpha x \\ &\qquad + (s-1)(2a_1 - s + 1)\Big] \\ &= \frac{\hbar^2\alpha^2}{2m}\left[a_1^2 - (a_1 - s + 1)(a_1 - s + 2)\,/\cosh^2\alpha x\right]. \end{aligned} \tag{3.103}$$

Setzt man $a_1 = s - 1$, dann erhält man für das $s$te Potential in der SUSY-Kette

$$V_s = \frac{\hbar^2\alpha^2}{2m} a_1^2 = \text{const}.$$

Dieses Resultat führt zu einer interessanten Aussage: Als konstantes Potential besitzt V_s keine gebundenen Zustände. V_{s-1} besitzt dann genau einen gebundenen Zustand, V_{s-2} zwei gebundene Zustände und schließlich V_1 insgesamt $s - 1 = a_1$ gebundene Zustände. Mit anderen Worten, durch die Wahl von a_1 legen wir die Anzahl der gebundenen Zustände fest:

$$W = a_1 \frac{\hbar\alpha}{\sqrt{m}} \tanh \alpha x \quad \Longleftrightarrow \quad a_1 \text{ Bindungszustände in } V_1 . \tag{3.104}$$

Eine SUSY-Kette von Rosen-Morse-Potentialen mit $a_1 = 3$ ist in der Abb. 3.6 dargestellt.

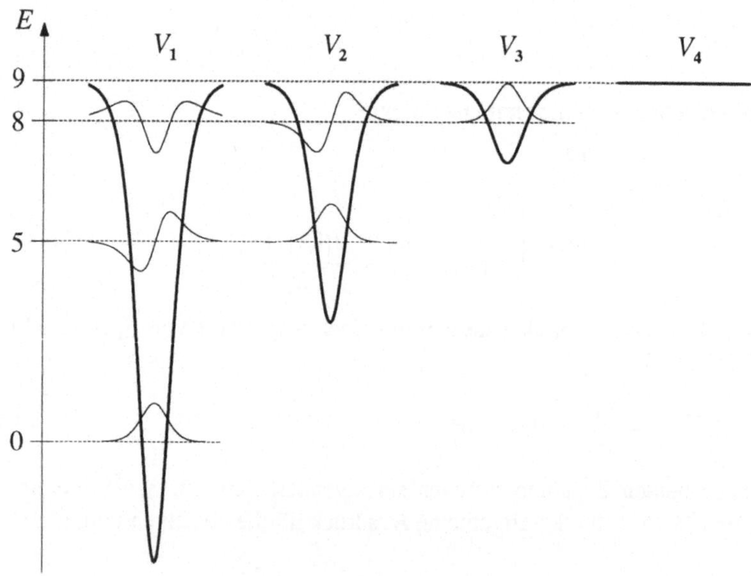

Abb. 3.6 Eine SUSY-Kette von Rosen-Morse-Potentialen mit $a_1 = 3$ einschließlich des konstanten Potentials. Die gewählten Einheiten sind $\hbar = m = \alpha = 1$.

Nun berechnen wir die Eigenzustände. Zur Grundzustandswellenfunktion gelangt man mit Hilfe von (2.82) und dem Superpotential (3.104),

$$\Psi_0(x; a_1) = C \exp\left[-\int_0^\infty a_1\alpha \tanh \alpha x \, \mathrm{d}x\right] = C\left[\cosh \alpha x\right]^{-a_1} .$$

Lediglich die Normierungskonstante muß separat bestimmt werden. Für $a_1 = 1$ haben wir das bereits in (3.44) getan; für den allgemeinen Fall lautet die normierte Wellenfunktion:

$$\Psi_0(x; a_1) = \frac{\sqrt{\alpha a_1 (2a_1)!}}{2^{a_1} a_1!} [\cosh \alpha x]^{-a_1} . \tag{3.105}$$

Mit der iterativen Vorschrift (3.91) und E_1 aus (3.102) gelangt man dann zum ersten angeregten Zustand

$$\begin{aligned} \Psi_1(x; a_1) &= \frac{1}{\sqrt{E_1}} B_1^+ \Psi_0(x; a_2) \\ &= \frac{1}{\sqrt{2a_1 - 1}} \left[a_1 \tanh \alpha x - \frac{1}{\alpha} \frac{\mathrm{d}}{\mathrm{d}x} \right] \Psi_0(x; a_2) \\ &= \frac{1}{2^{a_2} a_2!} \sqrt{\frac{\alpha a_2 (2a_2)!}{2a_1 - 1}} \left[a_1 \tanh \alpha x - \frac{1}{\alpha} \frac{\mathrm{d}}{\mathrm{d}x} \right] [\cosh \alpha x]^{-a_2} . \end{aligned}$$

Als Zwischenrechnung erhalten wir mit der Kettenregel

$$\frac{\mathrm{d}}{\mathrm{d}x} [\cosh \alpha x]^{-n} = -n\alpha \frac{\tanh \alpha x}{(\cosh \alpha x)^n} .$$

Damit folgt unter Verwendung von $a_2 = a_1 - 1$ das Ergebnis

$$\begin{aligned} \Psi_1(x; a_1) &= \frac{1}{2^{a_2} a_2!} \sqrt{\frac{\alpha a_2 (2a_2)!}{2a_1 - 1}} [a_1 + a_2] \frac{\tanh \alpha x}{(\cosh \alpha x)^{a_2}} \\ &= \frac{\sqrt{\alpha (a_1 - 1)(2a_1 - 1)!}}{2^{a_1 - 1}(a_1 - 1)!} \frac{\tanh \alpha x}{(\cosh \alpha x)^{a_1 - 1}} . \end{aligned} \tag{3.106}$$

Schritt für Schritt kann man auf diese Weise alle anderen Zustände berechnen. Das ist ein langwieriges Unternehmen, und wir liefern gleich das Endresultat, welches sich sich mit Hilfe der Jacobi-Polynome [18]

$$P_n^{(a,b)}(y) = \frac{1}{2^n} \sum_{m=0}^{n} \binom{n+a}{m} \binom{n+b}{n-m} (y-1)^{n-m} (y+1)^m$$

darstellen läßt. Die einfachsten Jacobi-Polynome sind $P_0^{(a,b)}(x) = 1$ sowie, bei gleichen oberen Indizes, $P_1^{(b,b)}(x) = (1+b)x$. Die allgemeine Formel für die Eigenzustände des Rosen-Morse-Potentials lautet damit:

$$\begin{aligned} \Psi_n(x; a_1) = {} & \frac{\sqrt{2\alpha (a_1 - n) n! (2a_1 - n)!}}{2^{a_1 - n} a_1!} \times \\ & \left[\frac{1}{\cosh \alpha x} \right]^{a_1 - n} P_n^{(a_1 - n, a_1 - n)}(\tanh \alpha x) . \end{aligned} \tag{3.107}$$

3.2.6 Der isotrope Oszillator

Als ein dreidimensionales System mit sphärischer Symmetrie reduziert sich der isotrope Oszillator auf ein eindimensionales Problem mit dem effektiven Potential

$$V_{\text{eff}} = \frac{m\omega^2 r^2}{2} + \frac{l(l+1)\hbar^2}{2mr^2} \,. \tag{3.108}$$

Im Gegensatz zum eindimensionalen Oszillator treten hier zwei Quantenzahlen auf: die radiale Quantenzahl (Knotenzahl) n und die Drehimpulsquantenzahl l (kurz Drehimpuls). Unser Ziel ist es, aus einem Ansatz für die Grundzustandswellenfunktion $\Psi_0 := \Psi_{0l}$ für ein beliebiges, aber festes l das Energiespektrum vollständig zu bestimmen.

Der Ansatz für Ψ_0 als eine Wellenfunktion *ohne* Knoten läßt sich aus dem asymptotischen Verhalten relativ einfach ermitteln. Für $r \to \infty$ kann man die Drehimpulsbarriere in der radialen Schrödinger-Gleichung (3.46) vernachlässigen, und man erhält $\exp(-\alpha r^2)$ als Lösung. Setzt man allerdings $\exp(-\alpha r^2)$ für $\Psi_{nl}(r)$ in (3.45) ein, dann erreicht die Gesamtwellenfuktion am Ursprung unendlich große Werte. Um dieses unphysikalische Verhalten auszuschließen, wählen wir als Ansatz:

$$\Psi_0 = C\, r^\gamma \mathrm{e}^{-\alpha r^2} \qquad \text{mit} \qquad \gamma \geq 1 \,. \tag{3.109}$$

Den Wert der positiven Konstanten α und γ erhält man durch Einsetzen von (3.109) in die Schrödinger-Gleichung (3.46). Das ergibt

$$\begin{aligned} -\gamma(\gamma-1)r^{\gamma-2} + 2\alpha(2\gamma+1)r^\gamma - 4\alpha^2 r^{\gamma+2} + \frac{m^2\omega^2}{\hbar^2} r^{\gamma+2} + \\ + l(l+1)r^{\gamma-2} = \frac{2mE}{\hbar^2} r^\gamma \,. \end{aligned}$$

Der Koeffizientenvergleich liefert

$$\gamma = l+1 \qquad \text{und} \qquad \alpha = \frac{m\omega}{2\hbar} \tag{3.110}$$

sowie die Grundzustandsenergie (für einen fest vorgegebenen Drehimpuls l)

$$E = \hbar\omega\,(l + 3/2) =: E_0 \,. \tag{3.111}$$

Die Beziehung (3.16) gilt auch für radiale Wellenfunktionen, wenn man x durch r ersetzt. Ausgehend von Ψ_0 und (3.110) gelangen wir somit zum Superpotential

$$W(r;l) = -\frac{\hbar}{\sqrt{m}} \frac{\mathrm{d}}{\mathrm{d}r} \ln \Psi_0 = \sqrt{m}\omega r - \frac{(l+1)\hbar}{\sqrt{m} r} \,. \tag{3.112}$$

Die Partnerpotentiale lauten dann

$$V_1(r;l) = \frac{m\omega^2 r^2}{2} + \frac{l(l+1)\hbar^2}{2mr^2} - (l+3/2)\,\hbar\omega\,, \tag{3.113}$$

$$V_2(r;l) = \frac{m\omega^2 r^2}{2} + \frac{(l+1)(l+2)\hbar^2}{2mr^2} - (l+1/2)\,\hbar\omega\,. \tag{3.114}$$

Für sie gilt die Forminvarianzbeziehung

$$V_2(r;l) = V_1(r;l+1) + 2\hbar\omega\,, \tag{3.115}$$

d.h., die Parameter $a_1 = l$, $a_2 = l+1$ übernehmen hier die Rolle einer Quantenzahl und das Restglied lautet $R(a_1) = 2\hbar\omega$. Die Energieeigenwerte, die zum Potential V_1 mit fest vorgegebenen l gehören, sind gemäß (3.87) schnell ermittelt:

$$E_n^{(1)} = 2n\,\hbar\omega\,. \tag{3.116}$$

Die SUSY-Kette sieht dabei folgendermaßen aus: Zu jedem festen l gibt es ein Potential, und die Zustände in jedem dieser Potentiale tragen die radiale Quantenzahl n. Wie in Abb. 3.7 können wir deshalb dem Potential V_1 die Quantenzahl $l = 0$ zuordnen. Dann gehört zum Potential V_s der Drehimpuls $l = s-1$.

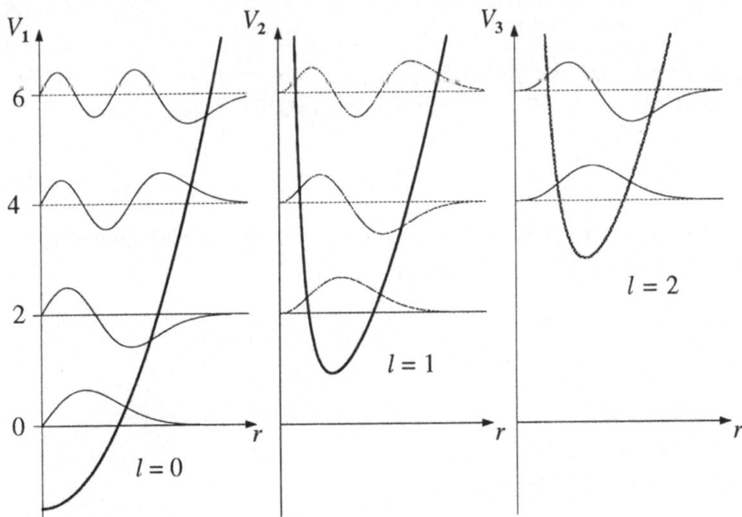

Abb. 3.7 Die SUSY-Kette beim isotropen Oszillator in Einheiten von $m = \hbar\omega = 1$.

Zwischen V_1 und dem effektiven Potential des isotropen Oszillators in (3.108) besteht die Beziehung

$$V_{\text{eff}} = V_1 + \hbar\omega\,(l + 3/2)\,. \tag{3.117}$$

Sie unterscheiden sich nur durch die Nullpunktsenergie aus (3.111). Damit lautet das Energiespektrum des isotropen harmonischen Oszillators

$$E_{nl} = E_n^{(1)} + E_0 \;=\; (2n + l + 3/2)\,\hbar\omega\,, \tag{3.118}$$

welches von den beiden Quantenzahlen n und l abhängt. Zustände mit (n, l) und $(n-1, l+2)$ sind hier entartet.

3.2.7 Das Coulombpotential

Die Bewegung eines Elektrons in einem Coulombpotential der Elementarladung e behandelt man ähnlich wie den isotropen Oszillator. Die sphärische Symmetrie reduziert die Betrachtungen auf ein eindimensionales Problem mit dem effektiven Potential

$$V_{\text{eff}} = -\frac{e^2}{r} + \frac{l(l+1)\hbar^2}{2mr^2}\,. \tag{3.119}$$

Wir starten wieder mit der Wellenfunktion zur Knotenzahl $n = 0$. Mit den gleichen Argumenten, die zu (3.109) führten, folgt der einfache Ansatz

$$\Psi_0 = C\,r^{\gamma}\mathrm{e}^{-\alpha r} \tag{3.120}$$

mit den (neuen) positiven Konstanten α und $\gamma \geq 1$. Das Einsetzen von (3.120) in die Schrödinger-Gleichung (3.46) ergibt

$$\begin{aligned}-\gamma(\gamma-1)r^{\gamma-2} + 2\alpha\gamma r^{\gamma-1} - \alpha^2 r^{\gamma} - \frac{2me^2}{\hbar^2}\,r^{\gamma-1} +\\ + l(l+1)r^{\gamma-2} = \frac{2mE}{\hbar^2}\,r^{\gamma}\,.\end{aligned}$$

Der Koeffizientenvergleich liefert

$$\gamma = l + 1 \qquad \text{und} \qquad \alpha = \frac{me^2}{(l+1)\hbar^2} \tag{3.121}$$

sowie die Grundzustandsenergie (für einen fest vorgegebenen Drehimpuls l)

$$E_0 = -\frac{me^4}{2\hbar^2(l+1)^2} \,. \tag{3.122}$$

Aus Ψ_0 ergibt sich das Superpotential

$$W(r;l) = \frac{\hbar}{\sqrt{m}}\left[\alpha - \frac{\gamma}{r}\right] = \frac{\hbar}{\sqrt{m}}\left[\frac{me^2}{(l+1)\hbar^2} - \frac{l+1}{r}\right] \,. \tag{3.123}$$

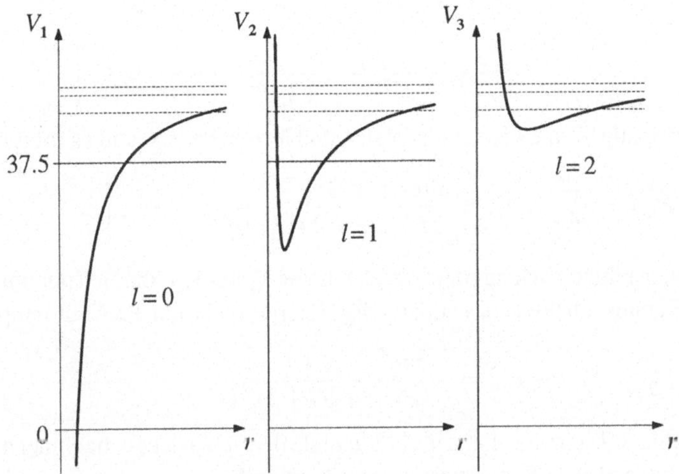

Abb. 3.8 Das Spektrum des nichtrelativistischen Wasserstoffatoms aus der Sicht der Supersymmetrie in Einheiten von $m = \hbar = 1$ und $e^2 = 10$.

Daraus folgen die Partnerpotentiale

$$V_1(r;l) = \frac{me^4}{2\hbar^2(l+1)^2} - \frac{e^2}{r} + \frac{l(l+1)\hbar^2}{2mr^2} \,, \tag{3.124}$$

$$V_2(r;l) = \frac{me^4}{2\hbar^2(l+1)^2} - \frac{e^2}{r} + \frac{(l+1)(l+2)\hbar^2}{2mr^2} \,. \tag{3.125}$$

Hier sind $a_1 = l$ und $a_2 = l+1$. Aus der Forminvarianz-Bedingung (3.80) ermitteln wir das konstante Restglied

$$R(l) = V_2(r;l) - V_1(r;l+1) = \frac{me^4}{2\hbar^2}\left[\frac{1}{(l+1)^2} - \frac{1}{(l+2)^2}\right] \,,$$

und allgemein gilt

$$R(a_k) = R(l + k - 1) = \frac{me^4}{2\hbar^2}\left[\frac{1}{(l+k)^2} - \frac{1}{(l+k+1)^2}\right] . \tag{3.126}$$

Wir besitzen also wie beim isotropen Oszillator eine SUSY-Kette von Potentialen, die sich nur durch die Quantenzahl l voneinander unterscheiden. Die Zustände innerhalb eines jeden Potentials werden durch die Knotenzahl n charakterisiert. Bei der Aufsummation

$$\sum_{k=1}^{n} R(a_k) = \frac{me^4}{2\hbar^2}\left[\frac{1}{(l+1)^2} - \frac{1}{(l+2)^2} + \frac{1}{(l+2)^2} - \cdots \right.$$
$$\left. \cdots - \frac{1}{(l+n)^2} + \frac{1}{(l+n)^2} - \frac{1}{(l+n+1)^2}\right]$$

heben sich alle Terme bis auf den ersten und letzten heraus, und es folgt mit (3.87)

$$E_n^{(1)} = \sum_{l=0}^{n} R(l) = \frac{me^4}{2\hbar^2}\left[\frac{1}{(l+1)^2} - \frac{1}{(n+l+1)^2}\right] . \tag{3.127}$$

Schließlich erhalten wir aus dem Vergleich von V_1 mit V_{eff}, die sich nur um die Konstante E_0 unterscheiden, das vollständige Energiespektrum des Coulombproblems:

$$E_{nl} = E_n^{(1)} + E_0 = -\frac{me^4}{2\hbar^2}\frac{1}{(n+l+1)^2} . \tag{3.128}$$

In der Abb. 3.8 sind die ersten drei Potentiale der SUSY-Kette, beginnend mit $l=0$ und die zugehörigen Energieeigenwerte dargestellt.

Die Supersymmetrie verknüpft also Potentiale unterschiedlicher Drehimpulse miteinander: die Zustände mit den Quantenzahlen (n, l) und $(n-1, l+1)$ sind entartet. Das ist die bekannte *Ns*-*Np* Entartung des nichtrelativistischen Wasserstoffproblems, wobei sich die Hauptquantenzahl $N = n + l + 1$ aus den radialen und Drehimpulsquantenzahlen additiv zusammensetzt.

3.2.8 Eine kurze Liste von lösbaren Potentialen

Fassen wir die Ergebnisse der letzten Abschnitte zusammen, dann erhalten wir die in Tab. 3.1 enthaltene Liste von Potentialen, die über die Translations-Forminvarianz miteinander verknüpft sind. Die aufgeführten vier Potentiale sind nur ein Auszug aus einer vollständigen Liste von insgesamt zehn exakt lösbaren Potentialen [13, 19]. Die Wellenfunktionen lassen sich hierbei durch orthogonale Polynome (Hermite, Laguerre und Jacobi) ausdrücken.

Tab. 3.1 Das Superpotential W, die Translationsparameter a_1 und a_2, die Eigenwerte E_n und Eigenfunktionen Ψ_n der exakt lösbare Potentiale. Die gewählten Einheiten sind $\hbar = m = 1$; beim Rosen-Morse-Potential wurde auch $\alpha = 1$ gesetzt.

	harmonischer Oszillator	isotroper Oszillator	Coulomb	Rosen-Morse
W	ωx	$\omega r - \frac{l+1}{r}$	$\frac{e^2}{l+1} - \frac{l+1}{r}$	$a_1 \tanh x$
a_1	ω	l	l	a_1
a_2	ω	$l+1$	$l+1$	$a_1 - 1$
E_n	$\left(n + \frac{1}{2}\right)\omega$	$\left(2n + l + \frac{3}{2}\right)\omega$	$-\frac{e^4}{2(n+l+1)^2}$	$n\left(a_1 - \frac{n}{2}\right)$
Ψ_n	Hermite-Polynom	Laguerre-Polynom	Laguerre-Polynom	Jacobi-Polynom

3.3 Neue Potentiale

Die bisher diskutierten Potentiale ließen sich alle durch elementare Funktionen und geschlossene Ausdrücke angeben. Sie gehören zu den geläufigsten Potentialen in der Physik. Nun untersuchen wir neue und weniger bekannte Potentiale, wobei sich die elementaren Beispiele als Grenzfälle dieser allgemeinen Potentiale darstellen.

3.3.1 Skalierung – eine neue Forminvarianz

Lange Zeit glaubte man, daß alle forminvarianten Potentiale sich allein durch die Translationsvorschrift (3.92) konstruieren lassen würden. Eine vollkommen neue Klasse von forminvarianten Potentialen wurde 1993 entdeckt [20]. Sie entstehen durch *Skalierung* mit dem Deformationsparameter q:

$$\boxed{a_2 = q a_1 \qquad (0 < q < 1)} \quad . \tag{3.129}$$

Wie wir sehen werden, lassen sich diese Potentiale leider nicht in geschlossener Form angeben, sondern nur als unendliche Reihen darstellen. Dazu betrachten wir das Superpotential als eine Potenzreihe

$$W(x;a_1) = \sum_{j=0}^{\infty} g_j(x)\, a_1^j \,. \tag{3.130}$$

Für das Restglied aus der Forminvarianz-Bedingung (3.80) machen wir ebenfalls einen Potenzreihenansatz

$$R(a_1) = R_0 + R_1 a_1 + R_2 a_1^2 + \cdots = \sum_{j=0}^{\infty} R_j a_1^j \,. \tag{3.131}$$

Damit die aus W folgenden Potentiale V_1 und V_2 forminvariant sind, müssen ganz bestimmte Beziehungen erfüllt sein zwischen den Koeffizienten R_j, den Ortsfunktionen $g_j(x)$ und dem Deformationsparameter q. Diese Beziehungen ermittelt man direkt aus der allgemeinen Forminvarianzbedingung (3.80), also aus

$$\begin{aligned} 2R(a_1) &= 2V_2(x;a_1) - 2V_1(x;qa_1) \\ &= W^2(x;a_1) - W^2(x;qa_1) + \frac{\hbar}{\sqrt{m}}\Big[W'(x;a_1) + W'(x;qa_1)\Big]\,. \end{aligned}$$

Setzen wir nun die Reihen (3.130) und (3.131) ein, dann folgt

$$\begin{aligned} \sum_{n=0}^{\infty} 2R_n a_1^n &= \left[\sum_{n=0}^{\infty} g_n a_1^n\right]^2 - \left[\sum_{n=0}^{\infty} q^n g_j a_1^n\right]^2 + \frac{\hbar}{\sqrt{m}} \sum_{n=0}^{\infty} (1+q^n)\, g_n' a_1^j \\ &= \left[\sum_{n=0}^{\infty} (1+q^n) g_n a_1^n\right]\left[\sum_{n=0}^{\infty} (1-q^n) g_j a_1^n\right] + \frac{\hbar}{\sqrt{m}} \sum_{n=0}^{\infty} (1+q^n)\, g_n' a_1^n \,. \end{aligned}$$

Der Koeffizientenvergleich liefert für $n=0$

$$R_0 = \frac{\hbar}{\sqrt{m}}\, g_0' \tag{3.132}$$

und für $n > 0$

$$R_n = \frac{1}{2} \sum_{i=1}^{n} (1+q^{n-i})(1-q^i)\, g_i g_{n-i} + \frac{\hbar}{2\sqrt{m}} (1+q^n) g_n' \,. \tag{3.133}$$

Die Summe auf der rechten Seite von (3.133) formen wir um in

$$2(1-q^n)\,g_0g_n + \sum_{i=1}^{n-1}(1+q^{n-i})(1-q^i)\,g_ig_{n-i}$$
$$= 2(1-q^n)\,g_0g_n + (1-q^n)\sum_{i=1}^{n-1} g_i\,g_{n-i}\,.$$

Mit den neuen Bezeichnungen

$$r_n = R_n/(1-q^n) \qquad \text{und} \qquad d_n = (1-q^n)/(1+q^n) \tag{3.134}$$

erhalten wir aus (3.133) schließlich eine Differentialgleichung für die Ortsfunktionen $g_n(x)$ und $n > 0$

$$\frac{\hbar}{\sqrt{m}}\,g_n' + 2d_ng_0g_n = 2r_nd_n - d_n\sum_{i=1}^{n-1} g_ig_{n-i} \tag{3.135}$$

sowie (3.132) für $n=0$. Im weiteren betrachten wir den Spezialfall $g_0(x)\equiv 0$ und $R_0=0$. Die Lösung von (3.135) lautet dann

$$g_n(x) = \frac{\sqrt{m}}{\hbar}\,d_n\int \mathrm{d}x\left[2r_n - \sum_{i=1}^{n-1} g_i(x)g_{n-i}(x)\right], \tag{3.136}$$

wobei die Integrationskonstante Null gesetzt wurde. Sobald wir also einen Satz von Parametern r_n vorgeben, sind durch die Forminvarianzbedingung alle $g_n(x)$ und damit das Superpotential $W(x;a_1)$ festgelegt.

Ohne die Potentiale explizit auszurechnen, lassen sich bereits allgemeine Aussagen treffen. So folgt für $n\to\infty$, daß der Parameter $a_{n+1}=q^na_1$ gegen Null strebt, und damit verschwindet auch das Superpotential $W(x;a_{n+1})$. Ein verschwindendes Superpotential liefert $V_1=V_2=0$ und beschreibt damit die Bewegung eines freien Teilchens mit dem Reflexionskoeffizienten Null. Aufgrund der Supersymmetrie sind dann aber auch alle Potentiale dieser SUSY-Kette reflexionslos. Mit anderen Worten: Alle forminvarianten Potentiale, die durch Skalierung entstehen, sind reflexionslos.

3.3.2 Selbstähnliche Potentiale

Den einfachsten Vertreter der neuen forminvarianten Potentiale erhält man ausgehend von (3.136), indem man alle r_n außer einem gleich Null setzt, beispielsweise $r_1 > 0$, und $r_n = 0$ für $n \geq 2$. Das Restglied (3.131) besteht dann nur aus einem einzigen Term

$$R(a_1) = R_1 a_1 =: R\,. \tag{3.137}$$

Im ersten Schritt erhält man aus (3.136)

$$g_1(x) = \beta_1 \frac{\sqrt{m}}{\hbar} x \qquad \text{mit} \qquad \beta_1 = 2d_1 r_1 = 2R_1/(1+q)\,. \tag{3.138}$$

Darauf aufbauend folgen alle anderen Ortsfunktionen für $n \geq 2$ als

$$g_n(x) = \beta_n \left(\frac{\sqrt{m}}{\hbar} x \right)^{2n-1} \tag{3.139}$$

mit

$$\beta_n = -\frac{d_n}{2n-1} \sum_{i=1}^{n-1} \beta_i \beta_{n-i}\,. \tag{3.140}$$

Die β_n sind Potenzen von β_1 und tragen alternierendes Vorzeichen:

$$\begin{aligned}
&\beta_2 = -(1/3)\, d_2 \beta_1^2\,,\\
&\beta_3 = (2/15)\, d_2 d_3 \beta_1^3\,,\\
&\beta_4 = -(1/21)\, d_2 d_4 \left[\, (4/5)\, d_3 + (1/3)\, d_2 \,\right] \beta_1^4\,, \quad \text{usw.}
\end{aligned}$$

Das Superpotential folgt aus (3.130) und lautet

$$\boxed{W(x; a_1) = \sum_{j=1}^{\infty} \beta_j a_1^j \left(\frac{\sqrt{m}}{\hbar} x \right)^{2j-1}}\,. \tag{3.141}$$

Hier treten nur ungerade Potenzen von x auf; das Superpotential ist damit eine ungerade Funktion, und die Supersymmetrie ist exakt. Aus dem Superpotential berechnet man gemäß (3.3) und (3.4) die Partnerpotentiale V_1 und V_2. Sie enthalten nur gerade Potenzen von x und sind damit symmetrische Funktionen.

Wegen (3.137) und $a_k = q^{k-1} a_1$ folgt $R(a_k) = Rq^{k-1}$. Damit lassen sich sofort aus (3.87) die Energieeigenwerte von H_1 berechnen:

$$E_n^{(1)} = (1 + q + q^2 + \cdots + q^{n-1})\, R = \frac{1-q^n}{1-q}\, R\,. \tag{3.142}$$

Für den Grundzustand ergibt sich folgerichtig $E_0^{(1)}=0$ (exakte Supersymmetrie!). Im Grenzfall $q=0$ ist es auch der einzige gebundene Zustand, den das Potential besitzt. Sobald jedoch $q\neq 0$, dann gibt es gleich unendlich viele gebundene Zustände. Aus (2.82) folgt die Wellenfunktion des Grundzustandes als

$$\Psi_0^{(1)}(x;a_1) = C\exp\left\{-\sum_{j=1}^{\infty}\frac{\beta_j}{2j}\,a_1^j\left(\frac{\sqrt{m}}{\hbar}x\right)^{2j}\right\}. \tag{3.143}$$

Das ist eine symmetrische Funktion in x.

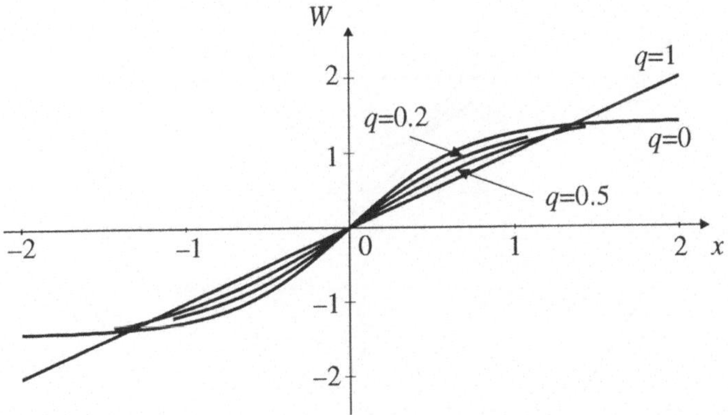

Abb. 3.9 Selbstähnliche Superpotentiale für verschiedene Deformationsparameter q. Diese Superpotentiale sind *antisymmetrische* Funktionen.

Kehren wir nochmals zu (3.141) zurück und schreiben dafür

$$W(x;a_1) \;=\; \sum_{j=1}^{\infty}\sqrt{a_1}\,\beta_j\left(\sqrt{a_1}\,\frac{\sqrt{m}x}{\hbar}\right)^{2j-1}.$$

Für $a_2=qa_1$ ergibt das

$$\begin{aligned} W(x;a_2) \;&=\; \sqrt{q}\sum_{j=1}^{\infty}\sqrt{a_1}\,\beta_j\left[\sqrt{a_1}\left(\sqrt{q}\,\frac{\sqrt{m}x}{\hbar}\right)\right]^{2j-1} \\ &=\; \sqrt{q}\,W(\sqrt{q}x;a_1)\,. \end{aligned} \tag{3.144}$$

Diese Relation wird als *Selbstähnlichkeit* bezeichnet. Wir haben sie hier abgeleitet für den Fall $r_1>0$ und $r_n=0$ für $n\geq 2$. (Zur Selbstähnlichkeit gelangt man ebenfalls, wenn man anstelle von r_1 ein anderes $r_j\neq 0$ festlegt und alle anderen $r_n=0$

setzt.) Selbstähnliche Superpotentiale W für verschiedene Deformationsparameter q sind in der Abb. 3.9 dargestellt. Die ihnen entsprechenden Partnerpotentiale V_1 und V_2 zeigt dann Abb. 3.10. Die eingezeichneten Grenzfälle $q=0$ und $q=1$ diskutieren wir im nächstfolgendem Abschnitt.

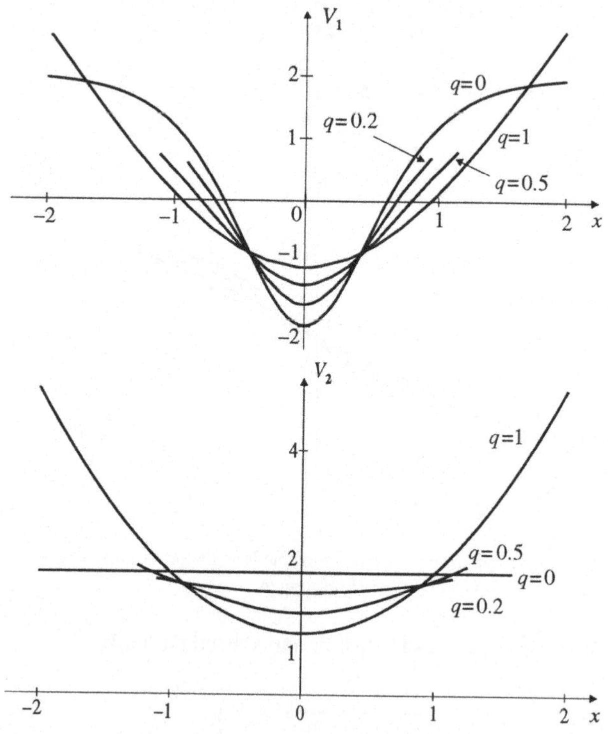

Abb. 3.10 Die Partnerpotentiale V_1 und V_2 zum Superpotential W aus Abb. 3.9 für verschiedene Werte von q. Die Partnerpotentiale sind *symmetrische* Funktionen. Die Grundzustände von V_1 liegen bei $E=0$.

Forminvarianz ist aber ein bei weitem allgemeineres Konzept als Selbstähnlichkeit. Wählt man mehr als nur *ein* r_n verschieden von Null, z.B. $r_1, r_2 \neq 0$, dann erhält man forminvariante Potentiale, die nicht mehr zur Klasse der selbstähnlichen Potentiale gehören.

3.3.3 Grenzfälle der neuen forminvarianten Potentiale

Ausgehend von dem selbstähnlichen Superpotential in (3.141) untersuchen wir die Grenzfälle $q \to 1$ sowie $q \to 0$.

1. Für $q = 1$ folgt automatisch $a_1 = a_2$, und das ist die Forminvarianzbeziehung (3.93) des harmonischen Oszillators. Beim Einsetzen von $q = 1$ in (3.142) folgt mit $R = R_1 a_1 := \hbar\omega$ das äquidistante Energiespektrum,

$$E_n^{(1)} = (1 + 1 + 1^2 + \cdots + 1^{n-1})\,\hbar\omega = n\hbar\omega\ .$$

Wegen (3.138) ist $\beta_1 = R_1$, alle anderen β_n verschwinden. Damit bricht die Taylorreihe für das Superpotential (3.141) nach dem ersten Glied ab, und wir erhalten $W(x; a_1) = \sqrt{m}\omega x$. Ebenso folgt aus (3.143) unmittelbar die Gaußfunktion (3.18). Der Spezialfall $q = 1$ ist auch in Abb. 3.9 und Abb. 3.10 eingetragen.

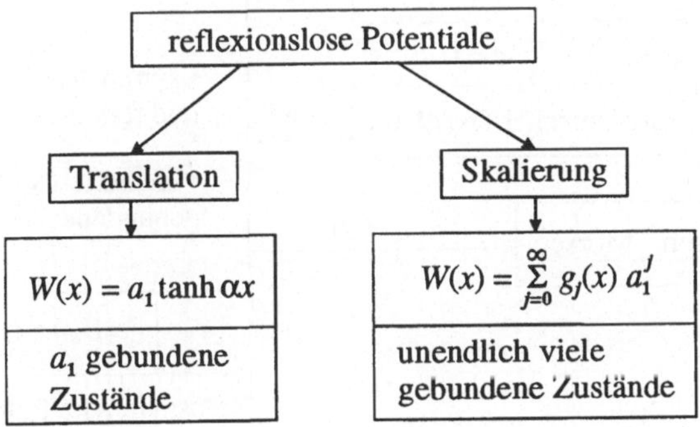

Abb. 3.11 Reflexionslose Potentiale und die Anzahl ihrer gebundenen Zustände.

2. Im Fall $q \to 0$ erhalten wir $\beta_1 = 2R_1$ und $d_n = 1$ für alle n. Mit der Abkürzung $\alpha^2 := \beta_1 a_1 m/\hbar^2$ folgt aus (3.141) das Superpotential

$$\begin{aligned} W(x; a_1) &= \frac{\hbar}{\sqrt{m}} \left[\alpha^2 x - \frac{1}{3}\alpha^4 x^3 + \frac{2}{15}\alpha^6 x^5 - \frac{17}{315}\alpha^8 x^7 + \cdots \right] \\ &= \frac{\hbar\alpha}{\sqrt{m}} \left[\alpha x - \frac{1}{3}(\alpha x)^3 + \frac{2}{15}(\alpha x)^5 - \frac{17}{315}(\alpha x)^7 + \cdots \right] \end{aligned} \qquad (3.145)$$

Die Reihe in der eckigen Klammer liefert den $\tanh \alpha x$ und wir gelangen damit zum reflexionslosen Rosen-Morse-Superpotential V_2 (3.38), welches nur einen einzigen gebundenen Zustand bei der Energie Null besitzt. Dieser Fall ist ebenfalls in den Abb. 3.9 und 3.10 eingetragen. V_2 in Abb. 3.10 entspricht dabei dem konstanten

Potential für die Bewegung eines freien Teilchens; gebundene Zustände gibt es da nicht.

In der Abb. 3.11 sind reflexionslose Potentiale, die durch Translation und Skalierung entstehen, gegenübergestellt und ihre typischen Eigenschaften angegeben.

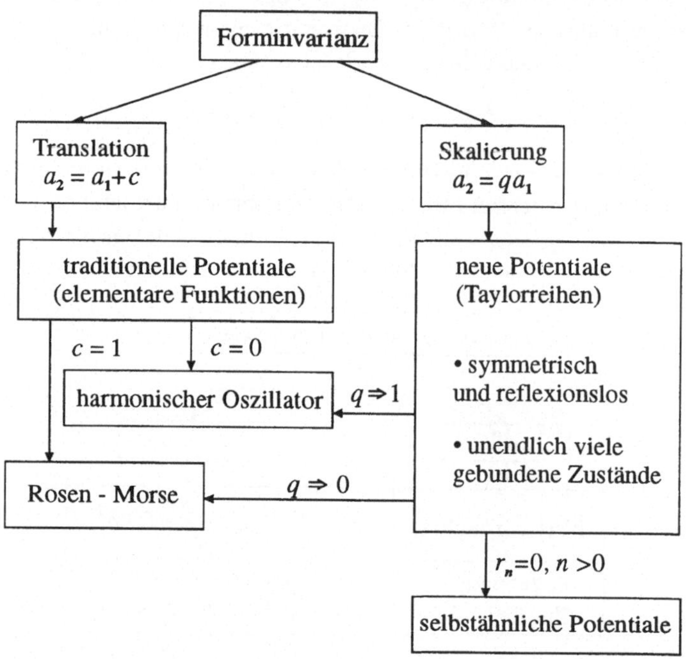

Abb. 3.12 Grenzfälle der forminvarianten Potentiale.

Damit kann der allgemeine Fall $0 < q < 1$ als eine Art Deformation des Rosen-Morse-Potentials betrachtet werden, wobei q als Deformationsparameter agiert. Die Zahl der gebundenen Zustände springt dabei von einem einzigen Zustand bei $q = 0$ auf *unendlich* viele Zustände bei $q > 0$. Für $q = 1$ hingegen existiert ein rein diskretes Spektrum (harmonischer Oszillator), während für $q < 1$ sowohl ein diskretes als auch kontinuierliches Spektrum vorliegen.

Diese Betrachtungen bleiben auch gültig, wenn wir von dem selbstähnlichen Superpotential (3.141) zu beliebigen forminvarianten Potentialen übergehen, die durch Skalierung erzeugt werden. Alle diese neuen Potentiale sind symmetrisch und reflexionslos (bzw. besitzen kein Kontinuum im Grenzfall $q = 1$) und liefern unendlich viele gebundene Zustände (bis auf den Grenzfall $q = 0$). Ein Nachteil dieser neuen Potentiale ist allerdings, daß sie sich nicht in geschlossener Form mit elementaren Funktionen angeben lassen, wie wir es von den traditionellen Potentialen gewohnt sind. Die Abb. 3.12 zeigt den Zusammenhang zwischen den einfachsten forminvarianten Potentialen.

3.3.4 Das Superpotential als Lösung der Riccati-Gleichung

In diesem Abschnitt beantworten wir die Frage: Ist bei vorgegebenen Potential V_2 das Superpotential W und das Partnerpotential V_1 eindeutig festgelegt oder nicht? Der Zusammenhang zwischen V_2 und dem Superpotential ist durch die Differentialgleichung in (3.4) vorgegeben:

$$2V_2(x) = \widetilde{W}^2(x) + \frac{\hbar}{\sqrt{m}}\widetilde{W}'(x) . \tag{3.146}$$

Eine *spezielle* Lösung dieser nichtlinearen Differentialgleichung, auch Riccati-Gleichung genannt, kennen wir bereits mit $\widetilde{W} = W$ aus (3.16). Für die *allgemeine* Lösung wählen wir den Ansatz

$$\widetilde{W}(x) = W(x) + \Phi(x) . \tag{3.147}$$

Setzt man das in (3.146) ein, dann folgt

$$\frac{\hbar}{\sqrt{m}}\Phi' + \Phi^2 + 2W\Phi = 0 . \tag{3.148}$$

Mit der Substitution $y(x) = 1/\Phi(x)$ führt das auf eine lineare Differentialgleichung 1. Ordnung:

$$\frac{\hbar}{\sqrt{m}}y' - 2Wy = 1 , \tag{3.149}$$

deren Standardlösung lautet

$$y(x) = \left[\exp\left\{\frac{\sqrt{m}}{\hbar}\int_0^x 2W(t)\,\mathrm{d}t\right\}\right] \times \left[\lambda + \frac{\sqrt{m}}{\hbar}\int_{-\infty}^x \mathrm{d}t \exp\left\{-\frac{\sqrt{m}}{\hbar}\int_0^t 2W(u)\,\mathrm{d}u\right\}\right] , \tag{3.150}$$

wobei λ eine beliebige Integrationskonstante ist. Die darin auftretenden Exponentialfunktionen hängen direkt mit der normierbaren Grundzustandswellenfunktion

$\Psi_0^{(1)}$ aus (2.82) zusammen. Setzen wir $\Psi_0 := \Psi_0^{(1)}$ in (3.150) ein und wählen dabei $C^2 = \sqrt{m}/\hbar$, dann folgt der Ausdruck

$$\frac{1}{y(x)} = \Phi(x) = \frac{\hbar}{\sqrt{m}} \frac{\Psi_0^2(x)}{\left[\lambda + \int_{-\infty}^{x} \Psi_0^2(t)\,\mathrm{d}t\right]} .$$

Wir erkennen darin eine logarithmische Ableitung und schreiben

$$\Phi(x) = \frac{\hbar}{\sqrt{m}} \frac{\mathrm{d}}{\mathrm{d}x} \ln\left[\lambda + \mathcal{I}(x)\right], \tag{3.151}$$

mit der Abkürzung

$$\mathcal{I}(x) := \int_{-\infty}^{x} \Psi_0^2(t)\,\mathrm{d}t . \tag{3.152}$$

Damit lautet das allgemeinste Superpotential, welches die nichtlineare Differentialgleichung (3.146) erfüllt

$$\boxed{\widetilde{W}(x) = W(x) + \frac{\hbar}{\sqrt{m}} \frac{\mathrm{d}}{\mathrm{d}x} \ln\left[\lambda + \mathcal{I}(x)\right]} . \tag{3.153}$$

Das ist unser Ausgangspunkt für die Berechnung der Potentiale

$$\widetilde{V}_1 = \frac{1}{2}\left(\widetilde{W}^2 - \frac{\hbar}{\sqrt{m}} \widetilde{W}'\right) = V_1 + \frac{1}{2}\left[2W\Phi + \Phi^2 - \frac{\hbar}{\sqrt{m}} \Phi'\right] .$$

Mit (3.148) erhalten wir daraus

$$\widetilde{V}_1(x;\lambda) = V_1(x) - \frac{\hbar^2}{m} \frac{\mathrm{d}^2}{\mathrm{d}x^2} \ln\left[\lambda + \mathcal{I}(x)\right] . \tag{3.154}$$

Was hier vorliegt, ist eine ganze Familie von Potentialen $\widetilde{V}_1$, die sich alle voneinander durch den Parameter λ unterscheiden und zum gleichen SUSY-Partner $V_2(x)$ gehören. Erstaunlicherweise besitzen alle Mitglieder dieser Ein-Parameter-Familie das gleiche Energiespektrum, man sagt, die Potentiale sind *isospektral* zu $V_1(x)$. Könnte man in einem Experiment, welches nur die Energieniveaus mißt, zwei Potentiale einer Familie vertauschen, niemand würde es merken. Mit solchen Fragen befaßt sich u.a. die inverse Streutheorie.

Anmerkung: Eine Verallgemeinerung dieses Formalismus auf Familien von isospektralen Potentialen $\widetilde{V}_1(x;\lambda_1,\lambda_2,\ldots,\lambda_n)$ mit n Parametern ist ebenfalls möglich.

3.3.5 Isospektrale Potentiale

Wir konstruieren eine Familie von isospektralen Potentialen für den eindimensionalen harmonischen Oszillator. Als Ausgangspunkt benötigen wir das Potential V_1 in (3.20) sowie die zugehörige Grundzustandswellenfunktion in (3.18). Aus (3.152) berechnen wir $\mathcal{I}$ und erhalten

$$\mathcal{I}(x) = 1 - \frac{1}{2}\,\mathrm{erfc}\,(\sqrt{\omega}x) \qquad \text{mit} \qquad \mathrm{erfc}\,x := \frac{2}{\sqrt{\pi}}\int_x^\infty e^{-t^2}\,\mathrm{d}t\,.$$

Die Ein-Parameter-Familie ist dann gemäß (3.154) gegeben durch

$$\widetilde{V}_1(x;\lambda) = \frac{m\omega^2}{2}x^2 - \frac{\hbar^2}{m}\frac{\mathrm{d}^2}{\mathrm{d}x^2}\ln\left[\lambda + 1 - \frac{1}{2}\,\mathrm{erfc}\,(\sqrt{\omega}x)\right] - \frac{\hbar\omega}{2}\,.$$

Für $\lambda \to \infty$ verschwindet der mittlere Term, und wir erhalten das Potential des harmonischen Oszillators. Den anderen Grenzfall, $\lambda = 0$, bezeichnet man als *Pursey*-Potential.

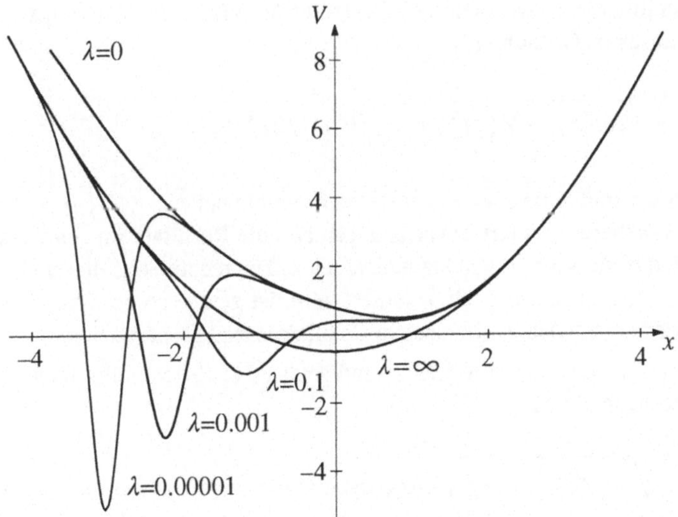

Abb. 3.13 Potentiale aus der isospektralen Familie des harmonischen Oszillators für die λ-Werte ∞, 0.1, 0.001, 0.00001 und 0 in Einheiten von $\hbar = \omega = m = 1$. Der Grundzustand liegt für alle Potentiale bei $E = 0$, ausgenommen für $\lambda = 0$.

In der Abb. 3.13 sind neben den beiden Grenzfällen auch noch andere Beispiele eingetragen. Das Spannende an der ganzen Angelegenheit ist, daß alle diese Potentiale das gleiche Energiespektrum mit dem Grundzustand bei Null besitzen. Die Ausnahme bildet das Pursey-Potential, dem dieser Zustand fehlt, es besitzt also genau einen Zustand weniger als das Potential des harmonischen Oszillators.

3.4 Supersymmetrische WKB-Methode

Die semiklassische WKB-Methode (nach Wentzel, Kramers und Brillouin benannt) ist eine der wichtigsten Näherungen, um die Energieeigenwerte der Schrödinger-Gleichung zu bestimmen. Ihr Anwendungsgebiet kann umfangreicher sein als das der gewöhnlichen Störungstheorie, welche nur für Potentiale mit kleiner Kopplungskonstante gilt. In den folgenden Abschnitten beschreiben wir die supersymmetrische WKB-Methode (kurz SWKB).

3.4.1 SWKB bei exakter Supersymmetrie

Für ein eindimensionales Potential $V(x)$ lautet die WKB-Quantisierungsbedingung in der niedrigsten Ordnung [2]:

$$\int_a^b \sqrt{2m\,[E_n - V(x)\,]}\,\mathrm{d}x \;=\; (n+1/2)\,\hbar\pi\,. \tag{3.155}$$

Hier stellen a und b die klassischen Umkehrpunkte bei $E_n = V(a) = V(b)$ dar. Die WKB-Näherung liefert erwartungsgemäß gute Resultate im semiklassischen Grenzfall, d.h. für sehr große Quantenzahlen n. Die rechte Seite dieser Gleichung, in der zur Quantenzahl n noch $\frac{1}{2}$ addiert wird, ist gerade so gewählt, daß sie das Eigenwertspektrum des harmonischen Oszillators exakt reproduziert.

Verwendet man nun $V_1(x)$ aus (3.3) und setzt es in (3.155) ein, dann lautet die Quantisierungsbedingung

$$\int_a^b \sqrt{m\,[\,2E_n^{(1)} - W^2 + (\hbar/\sqrt{m})W'\,]}\,\mathrm{d}x \;=\; (n+1/2)\,\hbar\pi\,. \tag{3.156}$$

Das Superpotential $W(x)$ soll nun kein $\hbar$ enthalten, man sagt dazu auch, es sei von der Ordnung $\mathcal{O}(\hbar^0)$. Dann ist der dritte Term unter der Wurzel in (3.156) von der Ordnung $\mathcal{O}(\hbar)$. Entwickeln wir die Wurzel nach Potenzen von $\hbar$,

$$\sqrt{A + \hbar W'} = \sqrt{A} + \frac{\hbar}{2}W'/\sqrt{A} + \ldots\,,$$

so folgt aus (3.156)

$$\int_a^b \sqrt{m\,[\,2E_n^{(1)} - W^2\,]}\,\mathrm{d}x + \frac{\hbar}{2}\int_a^b \frac{W'(x)\,\mathrm{d}x}{\sqrt{2E_n^{(1)} - W^2}} + \cdots = (n+1/2)\,\hbar\pi\,. \qquad (3.157)$$

Hier sind a und b die Umkehrpunkte bei

$$W^2(a) = W^2(b) = 2E_n^{(1)}\,. \qquad (3.158)$$

Der $\hbar$-Term in (3.157) liefert nach der Integration

$$\frac{\hbar}{2}\int_a^b \frac{W'(x)\,\mathrm{d}x}{\sqrt{2E_n^{(1)} - W^2}} = \frac{\hbar}{2}\arcsin \frac{W(x)}{\sqrt{2E_n^{(1)}}}\Bigg|_a^b\,. \qquad (3.159)$$

Um diesen Ausdruck auszuwerten, benötigen wir $W(x)$ an den Integrationsgrenzen. Aus (3.158) und der Tatsache, daß bei exakter Supersymmetrie das Superpotential $W(x)$ entgegengesetzte Vorzeichen an beiden Umkehrpunkten besitzt, folgt

$$-W(a) = W(b) = \sqrt{2E_n^{(1)}}\,. \qquad (3.160)$$

Hier wurde $W(a)$ als negativ und $W(b)$ als positiv festgelegt (siehe Abb. 2.8). Damit liefert der $\hbar$-Term (3.159) den Wert $\hbar\pi/2$ und wir erhalten aus (3.157) die SWKB-Quantisierungsbedingung in niedrigster Ordnung

$$\boxed{\int_a^b \sqrt{2m\,[E_n^{(1)} - W^2/2\,]}\,\mathrm{d}x = n\hbar\pi}\,. \qquad (3.161)$$

Für das Partnerpotential V_2 gilt ebenfalls (3.157), wobei allerdings auf der linken Seite dieser Gleichung der $\hbar$-Term negatives Vorzeichen trägt. Damit folgt

$$\boxed{\int_a^b \sqrt{2m\,[E_n^{(2)} - W^2/2\,]}\,\mathrm{d}x = (n+1)\,\hbar\pi}\,. \qquad (3.162)$$

Das führt uns zu den folgenden Schlußfolgerungen:

1. Für $n = 0$ steht auf der rechten Seite von (3.161) eine Null. Diese Bedingung wird befriedigt, wenn für die Integrationsgrenzen $a = b$ gilt. Setzt man nun $a = b$ in (3.160) ein, dann folgt $E_0^{(1)} = 0$. Damit liefert die SWKB-Methode schon in niedrigster Ordnung die exakte Grundzustandsenergie von H.

2. Vergleichen wir (3.161) mit (3.162), dann sieht man, daß die SWKB-Methode in niedrigster Ordnung zur typischen Niveau-Entartung der Supersymmetrie führt: $E_{n+1}^{(1)} = E_n^{(2)}$.

3. Da die SWKB-Näherung nicht nur für große Quantenzahlen n gute Ergebnisse liefert, sondern im Gegensatz zur WKB-Methode, auch für $n = 0$ exakt ist, ist das (diskrete) SWKB-Spektrum an beiden Enden der n-Skala korrekt. Damit erwartet man von der SWKB-Näherung insgesamt bessere Resultate als von der traditionellen WKB-Näherung.

3.4.2 SWKB und forminvariante Potentiale

Für die Energieeigenwerte von H_s bei forminvarianten Potentialen gilt wegen (3.84)

$$E_n^{(s)}(a_1) = E_n^{(1)}(a_s) + \sum_{k=1}^{s-1} R(a_k) \,. \tag{3.163}$$

Stellt man das nach $E_n^{(1)}(a_s)$ um und setzt es in (3.161) ein, so folgt

$$\int_a^b \sqrt{2m \left[E_n^{(s)}(a_1) - \sum_{k=1}^{s-1} R(a_k) - \frac{1}{2} W^2 \right]} \mathrm{d}x = n\hbar\pi \,. \tag{3.164}$$

Für $n=0$ ist die SWKB-Methode exakt, und die ersten beiden Terme in der eckigen Klammer sind $E_0^{(1)}=0$, also

$$E_0^{(s)} = \sum_{k=1}^{s-1} R(a_k) \,. \tag{3.165}$$

Das ist aber genau die Formel (3.86), aus der das Energiespektrum (3.87) von H_1 folgt.

Die SWKB-Bedingung (3.161) liefert also bereits in niedrigster Ordnung das exakte Eigenwertspektrum für alle forminvarianten Potentiale! Das gilt allerdings nur für den Typ der forminvarianten Potentiale, die durch Translation $a_2 = a_1 + c$ auseinander hervorgehen.

3.4.3 SWKB bei gebrochener Supersymmetrie

Die Herleitung der SWKB-Quantisierungsvorschrift läuft analog zu § 3.4.1. Der Unterschied besteht nur im Vorzeichen des Superpotentials an den Umkehrpunkten, d.h., anstelle von (3.160) gilt jetzt

$$W(a) = W(b) = \sqrt{2E_n^{(1)}} .$$

Damit verschwindet der $\hbar$-Term (3.159) exakt. Die SWKB-Quantisierungsbedingung bei gebrochener Supersymmetrie lautet damit für beide Partner Hamiltonoperatoren ($i = 1, 2$)

$$\int_a^b \sqrt{2m\,[\,E_n^{(i)} - W^2(x)/2\,]}\,\mathrm{d}x = (n + 1/2)\,\hbar\pi . \tag{3.166}$$

Es kommt also zur typischen Niveauentartung $E_n^{(1)} = E_n^{(2)}$.

3.5 Spezielle Methoden der Störungstheorie

Mit den Methoden der Supersymmetrie wie der Faktorisierung und Forminvarianz haben wir eine große Anzahl von neuen Klassen exakt lösbarer Potentiale kennengelernt. Das ändert jedoch nichts an der Tatsache, daß die meisten Probleme auf rein algebraischem Wege dennoch unlösbar bleiben. Aber auch auf dem Gebiet der Näherungsverfahren erweisen sich die Ideen aus der Supersymmetrie als äußerst wirksam und nützlich.

3.5.1 Das Ritzsche Variationsverfahren

Das Ritzsche Variationsverfahren zur Berechnung der Energie E_0 des Grundzustandes eines Systems beruht auf der Ungleichung

$$E_0 \le \int \Psi^* H \Psi \,\mathrm{d}x , \tag{3.167}$$

wobei Ψ eine auf 1 normierte Funktion ist. Zum Beweis: Eine beliebige Funktion Ψ kann nach dem vollständigen Satz von Eigenfunktionen φ_n von H entwickelt werden,

$$\Psi = \sum_{n=0}^{\infty} a_n \varphi_n \quad , \quad \sum_{n=0}^{\infty} |a_n|^2 = 1 .$$

Damit folgt

$$\int \Psi^* H \Psi \, \mathrm{d}x \;=\; \sum_{n=0}^{\infty} |a_n|^2 E_n \;\geq\; E_0 \sum_{n=0}^{\infty} |a_n|^2 \;=\; E_0 \;,$$

und (3.167) ist bewiesen.

Bei der praktischen Berechnung von E_0 wählt man eine geeignete Testfunktion $\Psi = \Psi(x;\beta)$, die neben x auch noch von einem oder mehreren Parametern β abhängt, und löst das Variationsproblem

$$E_0 \;=\; \min \int \Psi^* H \Psi \, \mathrm{d}x \quad . \quad \text{mit} \qquad \int \Psi^* \Psi \, \mathrm{d}x = 1 \;. \tag{3.168}$$

Wir bezeichnen die Wellenfunktion des Grundzustandes mit Ψ_0. Die Berechnung der Energie des ersten angeregten Zustandes E_1 führt dann erneut auf ein Variationsproblem

$$E_1 = \min \int \Psi_1^* H \Psi_1 \, \mathrm{d}x \;, \tag{3.169}$$

aber nun mit zwei Randbedingungen

$$\int \Psi_1^* \Psi_1 \, \mathrm{d}x = 1 \qquad \text{und} \qquad \int \Psi_1^* \Psi_0 \, \mathrm{d}x = 0 \;. \tag{3.170}$$

Bei der Berechnung von höher angeregten Zuständen E_n wird ähnlich verfahren, und es treten $n+1$ Randbedingungen auf. Daher wird das Variationsproblem zunehmend komplizierter.

Im folgenden betrachten wir den anharmonischen Oszillator und berechnen seine Grundzustandsenergie E_0 mit dem Ritzschen Variationsverfahren. Den ersten Anregungszustand bestimmen wir allerdings nicht durch Lösen des Variationsproblems (3.169) und (3.170), sondern mit Mitteln der Supersymmetrie.

3.5.2 Der anharmonische Oszillator

Der Hamiltonoperator für den nicht exakt lösbaren anharmonischen Oszillator lautet

$$H = -\frac{\hbar^2}{2m}\frac{\mathrm{d}^2}{\mathrm{d}x^2} + g x^4 \;. \tag{3.171}$$

Wir berechnen seine Grundzustandsenergie mit dem Ritzschen Variationsverfahren. Als normierte Testfunktion wählen wir

$$\Psi(x;\beta) = \left(\frac{2\beta}{\pi}\right)^{1/4} \exp\{-\beta x^2\} \tag{3.172}$$

mit β als Variationsparameter. Der Energiemittelwert,

$$\langle H\rangle := \int_{-\infty}^{\infty} \Psi_0^* H \Psi_0 \,\mathrm{d}x = E_{\mathrm{kin}} + E_{\mathrm{pot}} , \tag{3.173}$$

setzt sich aus der kinetischen und der potentiellen Energie zusammen. Bei der Auswertung der Integrale verwenden wir die Standardformel (für gerade n) [18]

$$\int_{-\infty}^{\infty} x^n \exp\{-ax^2\}\,\mathrm{d}x = \Gamma\left(\frac{n+1}{2}\right) a^{-(n+1)/2} , \tag{3.174}$$

wobei $\Gamma(x)$ die Gamma-Funktion darstellt. Spezielle Werte sind $\Gamma(\frac{1}{2}) = \sqrt{\pi}$, $\Gamma(\frac{3}{2}) = \sqrt{\pi}/2$, und allgemein gilt $\Gamma(x+1) = x\Gamma(x)$.

Die kinetische Energie lautet

$$\begin{aligned} E_{\mathrm{kin}} &= -\frac{\hbar^2}{2m}\sqrt{\frac{2\beta}{\pi}} \int_{-\infty}^{\infty} \mathrm{e}^{-\beta x^2} \frac{\mathrm{d}^2}{\mathrm{d}x^2} \mathrm{e}^{-\beta x^2}\,\mathrm{d}x \\ &= \frac{\hbar^2}{2m}\sqrt{\frac{2\beta}{\pi}} \int_{-\infty}^{\infty} \left[\frac{\mathrm{d}}{\mathrm{d}x}\mathrm{e}^{-\beta x^2}\right]^2 \mathrm{d}x \\ &= \frac{2\hbar^2\beta^2}{m}\sqrt{\frac{2\beta}{\pi}} \int_{-\infty}^{\infty} x^2\,\mathrm{e}^{-2\beta x^2}\,\mathrm{d}x = \frac{\hbar^2\beta}{2m} . \end{aligned} \tag{3.175}$$

Die potentielle Energie ist

$$E_{\mathrm{pot}} = g\sqrt{\frac{2\beta}{\pi}} \int_{-\infty}^{\infty} \mathrm{e}^{-2\beta x^2} x^4\,\mathrm{d}x = \frac{3g}{16\beta^2} . \tag{3.176}$$

Das ergibt zusammen

$$\langle H\rangle = \frac{\hbar^2\beta}{2m} + \frac{3g}{16\beta^2} . \tag{3.177}$$

Die Variationsbedingung liefert

$$\frac{\mathrm{d}}{\mathrm{d}\beta}\langle H\rangle = 0 \qquad \Longrightarrow \qquad \beta_0 = \left(\frac{3mg}{4\hbar^2}\right)^{1/3} \tag{3.178}$$

und damit die Energie

$$E_0 = \left(\frac{3}{4}\right)^{4/3} \left(\frac{g\hbar^4}{m^2}\right)^{1/3} \simeq 0.681 \left(\frac{g\hbar^4}{m^2}\right)^{1/3} . \tag{3.179}$$

Das ist bereits eine gute Näherung, da der exakte (numerische) Wert für den anharmonischen Oszillator $E_0 \simeq 0.668\,(g\hbar^4/m^2)^{1/3}$ beträgt.

Den ersten Anregungszustand und seine Energie bestimmen wir nun mit SUSY-Methoden. Das Superpotential folgt aus (3.172) mit $\beta = \beta_0$ und lautet

$$W(x) = -\frac{\hbar}{\sqrt{m}} \frac{\mathrm{d}}{\mathrm{d}x} \ln \Psi_0 = \frac{2\hbar\beta_0}{\sqrt{m}}\, x . \tag{3.180}$$

Der Grundzustand des Partnersystems H_2 entspricht bekanntlich dem ersten Anregungszustand von H_1. In diesem Sinn erhalten wir mit $E_1 - E_0 = \langle H_2 \rangle - \langle H_1 \rangle$ und (3.5) für die Energiedifferenz

$$E_1 - E_0 = \frac{\hbar}{\sqrt{m}} W' = \frac{2\hbar^2\beta_0}{m} = 2\left(\frac{3}{4}\right)^{1/3} \left(\frac{g\hbar^4}{m^2}\right)^{1/3} . \tag{3.181}$$

Die beiden Partnerpotentiale erhalten wir aus (3.3) und (3.4). Sie lauten

$$V_1 = \frac{\hbar^2\beta_0}{m}\left[2\beta_0 x^2 - 1\right] \qquad \text{und} \qquad V_2 = \frac{\hbar^2\beta_0}{m}\left[2\beta_0 x^2 + 1\right] .$$

Da sie sich nur durch eine additive Konstante unterscheiden, sind die Wellenfunktionen für beide Potentiale gleich. Nach (3.12) erhalten wir dann für den ersten Anregungszustand

$$\begin{aligned}
\Psi_1^{(1)} &= \frac{1}{\sqrt{E_1 - E_0}} B^+ \Psi_0^{(2)} \\
&= \frac{1}{\sqrt{E_1 - E_0}} \frac{1}{\sqrt{2}} \left(W - \frac{\hbar}{\sqrt{m}} \frac{\mathrm{d}}{\mathrm{d}x}\right) \left(\frac{2\beta_0}{\pi}\right)^{1/4} \exp\{-\beta_0 x^2\} \\
&= \left(\frac{2}{\pi\beta_0}\right)^{1/4} \left(\beta_0 x - \frac{1}{2}\frac{\mathrm{d}}{\mathrm{d}x}\right) \exp\{-\beta_0 x^2\} \\
&= 2\left(\frac{2\beta_0^3}{\pi}\right)^{1/4} x \exp\{-\beta_0 x^2\} .
\end{aligned} \tag{3.182}$$

Genauso wie im Falle der Grundzustandswellenfunktion Ψ_0 ist es nicht die exakte, sondern nur eine genäherte Eigenfunktion des anharmonischen Oszillators.

3.5.3 Die δ-Entwicklung

Die δ-Entwicklung stellt eine wichtige Näherungsmethode in der Quantenfeldtheorie dar. Dabei wird die Selbstwechselwirkung $\lambda\phi^{2p}$ als $\lambda\phi^{2(1+\delta)}$ umgeschrieben und nach dem kleinen positiven Parameter δ entwickelt:

$$\begin{aligned} \lambda\,\phi^{2(1+\delta)} &= \lambda\phi^2 \exp\{\delta \ln \phi^2) \\ &= \lambda\phi^2 \left[1 + \delta \ln\,\phi^2 + \frac{\delta^2}{2!}\ln^2\phi^2 + \cdots\right] . \end{aligned} \tag{3.183}$$

Dieses Konzept unterscheidet sich grundlegend von den Standardverfahren der Störungstheorie, in denen bei schwacher Kopplung, $\lambda \ll 1$, eine Potenzreihe in λ betrachtet wird. In diesem Sinn ist die δ-Entwicklung nicht-störungstheoretisch in der Kopplungskonstanten λ.

Von der Feldtheorie zur Quantenmechanik gelangt man durch die Umbenennung $\phi \to x$. Gleichzeitig ersetzen wir den Selbstwechselwirkungsterm $\lambda\phi^{2+2\delta}$ durch das Potential

$$V(x) = \frac{1}{2}M^{2+\delta}x^{2+2\delta} . \tag{3.184}$$

Anstelle von λ wird dabei eine neue "Kopplungskonstante" M eingeführt. Bei spezieller Wahl von δ und M gelangt man zum harmonischen und anharmonischen Oszillator:

$$\begin{aligned} &\delta = 0\,, \ M = \sqrt{m\omega} \quad &&\Rightarrow \quad &&V = \tfrac{1}{2}\,m\omega^2 x^2 \\ &\delta = 1\,, \ M = (2g)^{1/3} \quad &&\Rightarrow \quad &&V = gx^4 . \end{aligned}$$

Unser Ziel ist es nun, die Grundzustandsenergie $E_0 = E_0(\delta)$ für das nicht exakt lösbare Potential (3.184) als Funktion von δ zu ermitteln. Dazu bedienen wir uns der Supersymmetrie. Um die Übersichtlichkeit besser zu wahren, setzen wir in diesem Abschnitt $\hbar = m = 1$.

Zunächst entwickeln wir die Grundzustandsenergie formal nach δ,

$$E_0 = \sum_{n=0}^{\infty} e_n\,\delta^n . \tag{3.185}$$

Um von V zu V_1 zu gelangen, müssen wir als erstes E_0 abziehen,

$$V_1(x) = \frac{1}{2}\,M^{2+\delta}x^{2+2\delta} - E_0 . \tag{3.186}$$

Unter Berücksichtigung der Beziehung $a^x = \mathrm{e}^{x \ln a}$ entwickeln wir den ersten Term. Das ergibt mit (3.185)

$$V_1(x) = \frac{1}{2} M^2 x^2 \sum_{n=0}^{\infty} \frac{\delta^n}{n!} [\ln Mx^2]^n - \sum_{n=0}^{\infty} e_n \delta^n . \tag{3.187}$$

Ebenso entwickeln wir das Superpotential

$$W(x) = \sum_{n=0}^{\infty} W_n(x) \delta^n . \tag{3.188}$$

Indem wir nun (3.187) und (3.188) in die Riccati-Gleichung

$$2V_1 = W^2 - W' \tag{3.189}$$

einsetzen, erhalten wir durch Koeffizientenvergleich Bestimmungsgleichungen für die einzelnen e_n aus (3.185). So folgt in niedrigster Ordnung δ^0:

$$M^2 x^2 - 2e_0 = W_0^2 - W_0' . \tag{3.190}$$

Durch Einsetzen überzeugt man sich leicht, daß $W_0 = Mx$ und $e_0 = \frac{1}{2} M$ diese Gleichung erfüllen. In niedrigster Ordnung reproduzieren wir also die Ergebnisse für den harmonischen Oszillator.
Die nächst höhere Ordnung δ^1 liefert:

$$M^2 x^2 \ln Mx^2 - 2e_1 = 2W_0 W_1 - W_1' . \tag{3.191}$$

Das ist eine lineare Differentialgleichung 1. Ordnung, deren Lösung lautet

$$W_1(x) = \mathrm{e}^{Mx^2} \int_0^x [2e_1 - M^2 y^2 \ln My^2]\, \mathrm{e}^{-My^2}\, \mathrm{d}y . \tag{3.192}$$

Unser Ziel ist es jetzt, daraus e_1 zu ermitteln, damit wir $E_0 = e_0 + e_1 \delta$ berechnen können. Dazu betrachten wir zunächst nach (2.82) die Grundzustandswellenfunktion von H_1 in erster Ordnung,

$$\begin{aligned}
\Psi_0 &\simeq C \exp\left\{ -\int_0^x [W_0(y) + W_1(y)\delta]\, \mathrm{d}y \right\} \\
&\simeq C \exp\left\{ -\int_0^x W_0(y)\, \mathrm{d}y \right\} \left(1 - \delta \int_0^x W_1(y)\, \mathrm{d}y \right) \\
&= C\, \mathrm{e}^{-Mx^2/2} \left(1 - \delta \int_0^x W_1(y)\, \mathrm{d}y \right) .
\end{aligned}$$

Diese Wellenfunktion ist im allgemeinen nicht normierbar. Wir fordern aber die Normierbarkeit, d.h., Ψ_0 muß für $x \to \pm\infty$ verschwinden. Diese Forderung wird erfüllt, wenn $\lim_{x\to\pm\infty} W_1(x)=0$, d.h., in (3.192) muß gelten

$$\begin{aligned} 0 &= \int_0^\infty [\,2e_1 - M^2y^2 \ln My^2\,]\,\mathrm{e}^{-My^2}\,\mathrm{d}y \\ &= e_1\sqrt{\frac{\pi}{M}} - \int_0^\infty [\,M^2y^2 \ln My^2\,]\,\mathrm{e}^{-My^2}\,\mathrm{d}y\,. \end{aligned}$$

Das läßt sich nach e_1 umstellen, und wir erhalten nach der Variablensubstitution $t = \sqrt{M}y$ den Ausdruck

$$\begin{aligned} e_1 &= \sqrt{\frac{M}{\pi}} \int_0^\infty \mathrm{d}y\, \mathrm{e}^{-My^2}\; M^2y^2 \ln My^2 \\ &= \sqrt{\frac{M}{\pi}} \int_0^\infty \frac{\mathrm{d}t}{\sqrt{M}}\, \mathrm{e}^{-t^2} Mt^2 \ln t^2 \\ &= \frac{2M}{\sqrt{\pi}} \int_0^\infty \mathrm{d}t\, \mathrm{e}^{-t^2} t^2 \ln t\,. \end{aligned} \tag{3.193}$$

Für dieses bestimmte Integral findet man in [21]

$$e_1 \;=\; \frac{2M}{\sqrt{\pi}}\,\frac{\sqrt{\pi}}{8}\,(2 - 2\ln 2 - \gamma) \;=\; \frac{M}{4}\,(2 - 2\ln 2 - \gamma) \tag{3.194}$$

mit der Euler-Konstanten $\gamma \simeq 0.577\,216$. Für die Grundzustandsenergie in erster Näherung erhalten wir damit

$$E_0 = e_0 + e_1\delta \;=\; \frac{M}{4}\,[\,2 + (2 - 2\ln 2 - \gamma)\,\delta\,]\,. \tag{3.195}$$

Für den Spezialfall des anharmonischen Oszillators aus § 3.5.2 mit $\delta=1$ und $M=(2g)^{1/3}$ folgt der numerische Wert $E_0 \simeq 0.6415\, g^{1/3}$.

3.5.4 Die 1/d-Entwicklung

Die $1/d$-Entwicklung für große d, wobei d die Dimension allgemeiner Räume sein soll, ist eine bewährte Methode, um auf analytischem Wege die Eigenzustände der Schrödinger-Gleichung zu bestimmen. Man verwendet sie in Fällen, in denen die "Kopplungskonstante" des Potentials keinen kleinen Entwicklungsparameter darstellt und somit die übliche Störungstheorie nicht mehr anwendbar ist.

Die Grundidee bei der $1/d$-Entwicklung besteht darin, daß man die Schrödinger-Gleichung in d Dimensionen löst, wobei d als groß angenommen wird. Damit liefert uns $1/d$ einen kleinen Entwicklungsparameter für die Störungstheorie. Am Ende der Rechnungen setzt man dann $d=3$.

Je höher die Raumdimension d, um so bessere Resultate liefert die $1/d$-Methode. Mit Hilfe der Supersymmetrie kann man nun durch den Übergang zum Partnerpotential erreichen, daß dieses d von 3 auf 5 "künstlich" erhöht wird und damit die Störungstheorie von vornherein besser konvergiert. Erstaunlicherweise funktioniert es.

Den Ausgangspunkt bildet ein beliebiges Potential $V(r)$ mit sphärischer Symmetrie.[1] Für die Raumdimension d führt es zu einer radialen Schrödinger-Gleichung

$$\left[-\frac{\hbar^2}{2m}\frac{\mathrm{d}^2}{\mathrm{d}r^2} + V_{\text{eff}}(r)\right]\Psi_{nl}(r) = E\Psi_{nl}(r)\,, \tag{3.196}$$

mit dem effektiven Potential [22]

$$V_{\text{eff}} = V(r) + \frac{(k-1)(k-3)\hbar^2}{8mr^2} \qquad \text{und} \qquad k = d + 2l\,. \tag{3.197}$$

Für die Raumdimension $d = 3$ reduziert sich diese Formel auf das wohlbekannte Ergebnis in (3.47). Der zweite Term in (3.197) spielt also die Rolle eines verallgemeinerten Zentrifugalpotentials. Wichtig dabei ist, daß Raumdimension und Drehimpuls-Quantenzahl immer durch die Beziehung $k = d+2l$ miteinander verknüpft sind. Das bedeutet, daß die drei Größen d, l und die Knotenzahl n im Prinzip nur von k und n abhängen, wobei n die Werte 0,1,2,... annimmt.

Das effektive Potential soll unser Ausgangspotential sein, $V_1 = V_{\text{eff}}$. Zum Partnerpotential V_2 gelangen wir über die Kenntnis des Superpotentials W, und W bestimmen wir aus der Grundzustandswellenfunktion Ψ_0 mit $n=0$.

Suchen wir also einen brauchbaren Ansatz für Ψ_0. Dazu betrachten wir die radiale Schrödinger-Gleichung (3.196) für sehr kleine Werte von r und bei $E \simeq 0$. Sie lautet

$$\left[-\frac{\mathrm{d}^2}{\mathrm{d}r^2} + \frac{(k-1)(k-3)}{4r^2}\right]\Psi_0(r) = 0\,. \tag{3.198}$$

Diese Differentialgleichung wird mit $\Psi_0 = Cr^{(k-1)/2}$ gelöst. Sie beschreibt das korrekte Verhalten am Ursprung. Für die Wellenfunktion wählen wir somit den Ansatz

$$\Psi_0(r) = r^{(k-1)/2}\,\Phi_0(r)\,, \tag{3.199}$$

[1] Vorausgesetzt $V(r)$ geht schwächer als $1/r^2$ für $r \to 0$.

wobei $\Phi_0(r)$ eine endliche Funktion am Ursprung sein soll. Daraus folgt das Superpotential

$$W = -\frac{\hbar}{\sqrt{m}}\frac{\mathrm{d}}{\mathrm{d}r}\ln\Psi_0 = -\frac{\hbar}{\sqrt{m}}\left[\frac{(k-1)}{2r} + \frac{\mathrm{d}}{\mathrm{d}r}\ln\Phi_0\right] , \tag{3.200}$$

und deren erste Ableitung

$$W' = \frac{\hbar}{\sqrt{m}}\left[\frac{(k-1)}{2r^2} - \frac{\mathrm{d}^2}{\mathrm{d}r^2}\ln\Phi_0\right] . \tag{3.201}$$

Aus der Beziehung (3.5) erhalten wir damit das Partnerpotential

$$\begin{aligned} V_2 &= V_1 + \frac{\hbar}{\sqrt{m}}W' \\ &= V(r) + \frac{(k-1)(k-3)\hbar^2}{8mr^2} + \frac{(k-1)\hbar^2}{2mr^2} - \frac{\hbar^2}{m}\frac{\mathrm{d}^2}{\mathrm{d}r^2}\ln\Phi_0 \\ &= V(r) + \frac{(k-1)(k+1)\hbar^2}{8mr^2} - \frac{\hbar^2}{m}\frac{\mathrm{d}^2}{\mathrm{d}r^2}\ln\Phi_0 . \end{aligned} \tag{3.202}$$

Die SUSY-Partner $V_1 = V_{\text{eff}}$ und V_2 besitzen das gleiche Energiespektrum (bis auf den Grundzustand). Die $1/d$-Entwicklung liefert allerdings für V_2 weitaus bessere Ergebnisse, da die Drehimpulsbarriere in (3.202) durch $(k'-1)(k'-3)\hbar^2/8mr^2$ mit $k' = k+2$ gegeben ist. Auf diese Weise arbeitet man also in einem Raum mit zwei zusätzlichen Dimensionen. Will man beispielsweise die Energie für einen Zustand mit den Quantenzahlen k, n in dem Potential $V_{\text{eff}}(r)$ berechnen, so kann man es genausogut für den Zustand mit $k' = k+2$, $n-1$ in $V_2(r)$ tun.

3.6 Doppelmulden-Potentiale und Tunneleffekt

In einem Doppelmulden-Potential kann sich ein klassisches Teilchen unendlich lange in einem höheren lokalen Minimum, welches durch eine Barriere vom tieferen lokalen Minimum getrennt ist, aufhalten, wenn seine kinetische Energie kleiner als die Höhe der Barriere ist. Ein quantenmechanisches Teilchen, dessen Wellenfunktion anfangs im höheren Minimum lokalisiert war, besitzt dagegen eine endliche Wahrscheinlichkeit dafür, daß es in das tiefere Minimum durchtunnelt. Dieser rein quantenmechanische Effekt spielt in vielen Gebieten der Physik und Chemie eine große Rolle. Bevor wir dieses Problem aus der Sicht der Supersymmetrie diskutieren, wiederholen wir kurz die wichtigsten Tatsachen über den Tunneleffekt. Dabei beschränken wir uns auf symmetrische Doppelmulden-Potentiale.

3.6.1 Das symmetrische Doppelmulden-Potential

Das Potential $V(x)$ soll aus zwei um den Ursprung $x=0$ symmetrischen Mulden R und L bestehen, die durch einen Wall voneinander getrennt sind. Ist der Wall unendlich hoch und damit für ein Teilchen undurchdringlich, dann existieren die Energieniveaus für die Teilchenbewegung nur in der einen oder in der anderen Mulde. Diese Niveaus sind für beide Mulden die gleichen. Mit $|R\rangle$ und $|L\rangle$ bezeichnen wir die Zustände, die das Teilchen nur in der rechten bzw. nur in der linken Mulde beschreiben. Die zugehörigen Wellenfunktionen sind $\chi(x) = \langle x|R\rangle$ und $\chi(-x) = \langle x|L\rangle$. In der Abb. 3.14a soll sich das Teilchen in der rechten Mulde befinden; der Grundzustand liegt bei E_R.

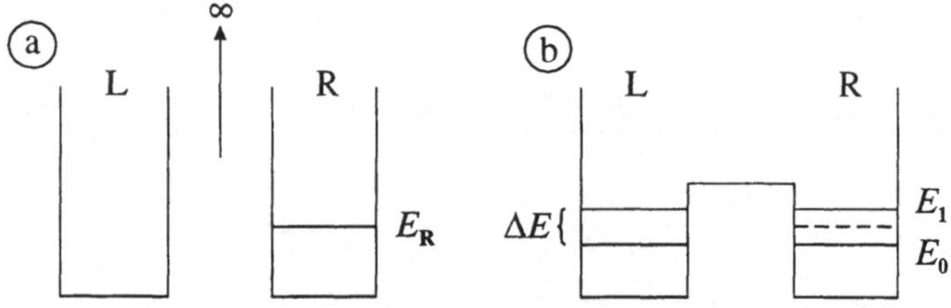

Abb. 3.14 Energieniveaus bei einem Doppelmulden-Potential mit (a) unendlich hoher und (b) endlicher Barriere.

Besitzt der Wall eine endliche Höhe, so kann er von dem Teilchen durchtunnelt werden. Jedes Niveau spaltet dann in zwei dicht beieinander liegende Niveaus auf, die zu den Zuständen gehören, in denen sich das Teilchen gleichzeitig in beiden Mulden bewegt (siehe Abb. 3.14b). Der Zustand E_R spaltet also in E_0 und E_1 auf. Eine wichtige physikalische Größe, die man in der Praxis zu bestimmen sucht, ist die Niveauaufspaltung

$$\Delta E = E_1 - E_0 \,. \tag{3.203}$$

Zum Eigenwert E_0 gehört ein symmetrischer Zustand Ψ_0, zu E_1 ein antisymmetrischer Zustand Ψ_1. Sie lassen sich aus den Zuständen in der rechten und linken Potentialmulde konstruieren:

$$\Psi_0 = \frac{1}{\sqrt{2}}\left[\chi(x) + \chi(-x)\right] \quad , \quad \Psi_1 = \frac{1}{\sqrt{2}}\left[\chi(x) - \chi(-x)\right] . \tag{3.204}$$

Die Wellenfunktionen für diese beiden Zustände sind in der Abb. 3.15 dargestellt. Da Ψ_1 einen Knoten besitzt, liegt dieser Zustand energetisch höher als Ψ_0.

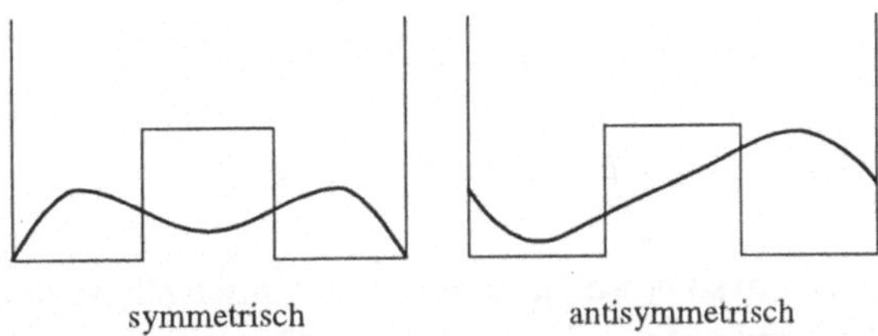

Abb. 3.15 Symmetrische und antisymmetrische Wellenfunktion für das Doppelmulden-Potential aus Abb. 3.14b.

Der symmetrische Zustand besitzt keine Knoten und liegt damit immer energetisch tiefer als der antisymmetrische. Die Funktion $\chi(x)$ klingt außerhalb der Mulde nach beiden Seiten hin exponentiell ab. Deshalb ist $\chi(-x)$ im Bereich der rechten Mulde für hohe Barrieren verschwindend klein gegenüber $\chi(x)$; in der linken Mulde gilt das Umgekehrte. Man beachte, daß die Funktionen $\chi(x)$ und $\chi(-x)$ und die Funktionen Ψ_0 und Ψ_1 in dieser Näherung unterschiedlich normiert sind,

$$\int_0^\infty \chi^2(x)\,\mathrm{d}x = 1 \qquad \text{und} \qquad \int_{-\infty}^\infty \Psi_{0,1}^2\,\mathrm{d}x = 1\,. \tag{3.205}$$

Diese Normierungen sind für unendlich hohe Wälle exakt.

Um $\Delta E = (E_1 - E_R) + (E_R - E_0)$ zu berechnen, ermitteln wir zunächst die Differenz $(E_R - E_0)$. Dazu betrachten wir die beiden Schrödinger-Gleichungen

$$\chi'' + \frac{2m}{\hbar^2}(E_R - V)\,\chi = 0 \quad , \quad \Psi_0'' + \frac{2m}{\hbar^2}(E_0 - V)\,\Psi_0 = 0\,. \tag{3.206}$$

Die erste Gleichung multiplizieren wir mit Ψ_0, die zweite mit χ, dann subtrahieren wir die erhaltenen Gleichungen voneinander und integrieren von 0 bis ∞. Das ergibt nach einer partiellen Integration

$$(\Psi_0\chi' - \chi\Psi_0')\Big|_0^\infty = \frac{2m}{\hbar^2}(E_0 - E_R)\int_0^\infty \chi\Psi_0\,\mathrm{d}x\,. \tag{3.207}$$

Die Wellenfunktionen verschwinden im Unendlichen. Am Ursprung folgen aus (3.204) die Werte $\Psi_0(0) = \sqrt{2}\chi(0)$ und wegen (der Strich symbolisiert die Ableitung nach x)

$$\Psi_0' = \frac{1}{\sqrt{2}}\left[\,\chi'(x) - \chi'(-x)\,\right]$$

der Wert $\Psi_0'(0) = 0$. Damit gilt wegen (3.204) und (3.205)

$$\int_0^\infty \chi\Psi_0 \, \mathrm{d}x \simeq \frac{1}{\sqrt{2}} \int_0^\infty \chi^2 \mathrm{d}x = \frac{1}{\sqrt{2}} .$$

Diese Näherung ist um so besser, je höher der Potentialwall ist, denn dann können wir in (3.204) die Komponente $\chi(-x)$ mit gutem Gewissen vernachlässigen. Damit folgt aus (3.207)

$$E_R - E_0 = \frac{\hbar^2}{m} \chi(0)\chi'(0) .$$

Für $(E_1 - E_R)$ finden wir denselben Ausdruck. Damit erhalten wir für die gesuchte Niveauaufspaltung

$$\Delta E = \frac{2\hbar^2}{m} \chi(0)\chi'(0) . \tag{3.208}$$

Sie gilt im Grenzfall hoher Potentialwälle. Unser Ziel ist es nun, für $\chi(0)$ und $\chi'(0)$ sinnvolle Näherungen zu finden.

Gewöhnlich berechnet man den tiefsten Zustand mit Variationsmethoden. Während die Variationsmethode sehr gut das Maximum der Wellenfunktion in der Nähe der Potentialminima reproduziert, benötigen wir hier die Wellenfunktion innerhalb der Barriere, welche die Minima separiert. Dort aber entstehen relativ große Fehler, welche die Ergebnisse massiv beeinflussen können.

Bevor wir uns den supersymmetrischen Methoden zuwenden, gehen wir zunächst den traditionellen Weg der semiklassischen WKB-Näherung.

3.6.2 Tiefe und flache Potentiale

Betrachten wir ein symmetrisches Doppelmulden-Potential $V(x)$, dessen Minima bei $x = \pm x_0$ liegen (siehe Abb. 3.16). Die Höhe der mittleren Barriere $D := V(0) - V(x_0)$ bezeichnet man als *Potentialtiefe* des Doppelmulden-Potentials. Für genügend große D erzeugt die Doppelmulde Paare von dicht beieinanderliegenden Energieniveaus unterhalb von $V(0)$.

Die Zahl n solcher Paare läßt sich aus der Bohr-Sommerfeld-Quantisierungsbedingung,

$$\oint p \, \mathrm{d}x = 2\pi\hbar\,(n + 1/2) , \tag{3.209}$$

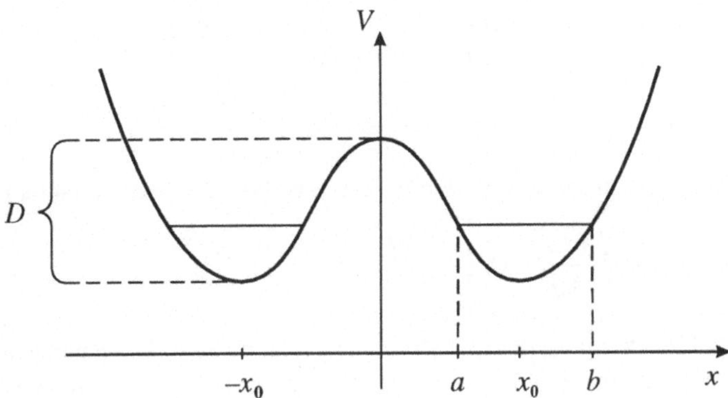

Abb. 3.16 Symmetrisches Doppelmulden-Potential.

leicht abschätzen. Der Impuls in Abhängigkeit vom Ort ist in der semiklassischen Näherung gegeben durch

$$p(x) = \sqrt{2m\,[\,E - V(x)\,]}\,. \tag{3.210}$$

Die klassischen Umkehrpunkte bei der Energie $E = V(0)$ sollen sich bei $x = 0$ und $x = c$ befinden. Die quantenmechanische Nullpunktsenergie bleibt unberücksichtigt. Damit folgt aus (3.209)

$$\oint p\,\mathrm{d}x = 2\int_0^c p\,\mathrm{d}x \simeq 2\pi\hbar n\,.$$

Daraus gewinnt man sofort eine Abschätzung für die Anzahl der Paare

$$n \simeq \frac{1}{\pi\hbar}\int_0^c \sqrt{2m\,[\,V(0) - V(x)\,]}\,\mathrm{d}x\,. \tag{3.211}$$

Man bezeichnet nun ein Doppelmulden-Potential als *flach*, wenn es nicht mehr als ein gebundenes Paar besitzt, $n \leq 1$. Im anderen Fall spricht man von einem *tiefen* Potential. Es wird sich später herausstellen, daß es besonders die flachen Potentiale sind, bei denen SUSY-Methoden erfolgreich angewendet werden können, wohingegen die WKB-Näherung in diesen Fällen oftmals versagt.

3.6.3 Die Niveauaufspaltung in der WKB-Näherung

Unser Ziel ist es, die Formel für die Niveauaufspaltung in (3.208) in Abhängigkeit von $V(x)$ auszudrücken. Dazu benutzen wir die traditionelle WKB-Näherung.

Im klassisch verbotenen Bereich, d.h. innerhalb der mittleren Potentialbarriere (siehe Abb. 3.16), wird $p(x)$ aus (3.210) rein imaginär,

$$p(x) \longrightarrow \mathrm{i}|p| \qquad \text{mit} \qquad |p| = \sqrt{2m\,[\,V(x) - E\,]}\,. \tag{3.212}$$

Die WKB-Wellenfunktion für den klassisch verbotenen Bereich lautet [1, 3]

$$\chi(x) = \sqrt{\frac{m\omega}{2\pi|p|}}\,\exp\left(-\frac{1}{\hbar}\int_x^a |p(y)|\,\mathrm{d}y\right)\,, \tag{3.213}$$

mit ω als Kreisfrequenz der periodischen Bewegung zwischen a und b in der (rechten) Potentialmulde. Die in ω enthaltene Information über den klassisch erlaubten Bereich gelangt hierbei durch Randbedingungen in die Formel (3.213).

Bei der Abschätzung der Kreisfrequenz gehen wir folgendermaßen vor. Bekanntlich läßt sich jedes Potential in der Nähe des Minimums x_0 bis in zweiter Ordnung durch ein harmonisches Oszillatorpotential $V = \frac{1}{2}m\omega^2\,x^2$ approximieren. Leitet man diesen Ausdruck zweimal ab und stellt ihn nach ω um, dann folgt für die Kreisfrequenz

$$\omega = \sqrt{V''(x_0)/m}\,. \tag{3.214}$$

Die Ableitung von $\chi(x)$ lautet

$$\chi'(x) \;=\; \left[\frac{|p|}{\hbar} - \frac{2mV'(x)}{4|p|}\right]\,\chi(x)\,.$$

Mit $\chi'(0) = |p|\chi(0)/\hbar$ und $\chi(0)$ aus (3.213) erhalten wir für die Niveauaufspaltung in (3.208) den Ausdruck

$$\Delta E \;=\; \frac{\hbar\omega}{\pi}\,\exp\left\{-\frac{2}{\hbar}\int_0^a |p(x)|\,\mathrm{d}x\right\}\,.$$

Nun setzen wir für ω die Beziehung (3.214), für $|p|$ die Beziehung (3.212) ein. Gleichzeitig nähern wir in (3.212) die Grundzustandsenergie E durch den Wert $V(x_0)$ am Minimum. Die Niveauaufspaltung in der WKB-Näherung lautet dann:

$$\Delta E \;=\; \frac{\hbar}{\pi}\sqrt{\frac{V''(x_0)}{m}}\,\exp\left\{-\frac{2}{\hbar}\int_0^a \sqrt{2m[V(x) - V(x_0)]}\,\mathrm{d}x\right\}\,. \tag{3.215}$$

Dieses Ergebnis ist seit den Anfängen der Quantenmechanik gut bekannt. Nun stellt sich die Frage, welche neue Methode die Supersymmetrie zur Berechnung von ΔE zu bieten hat.

3.6.4 Die Doppelmulde und ihr SUSY-Partner

Der folgende Weg wird jetzt beschritten: Wir geben uns eine Grundzustandswellenfunktion Ψ_0 für ein symmetrisches Doppelmulden-Potential vor und bestimmen daraus das Superpotential. Aus dem Superpotential folgen dann automatisch die beiden Partnerpotentiale V_1 und V_2.

Als Ansatz für die Wellenfunktion, die das Teilchen in der rechten Potentialmulde beschreibt, wählen wir eine Gaußfunktion,

$$\chi(x) = \left(\frac{2\alpha}{\pi}\right)^{1/4} \exp\{-\alpha(x - x_0)^2\} . \tag{3.216}$$

Dies ist die Grundzustandswellenfunktion für das Potential des harmonischen Oszillators. In der Annahme, daß sie um den positiven Wert x_0 stark lokalisiert ist, genügt sie der Normierung in (3.205). Daraus erhalten wir mit (3.204) die symmetrische Grundzustandswellenfunktion als Summe beider Gaußfunktionen,

$$\begin{aligned} \Psi_0 &= C \left[\mathrm{e}^{-\alpha(x-x_0)^2} + \mathrm{e}^{-\alpha(x+x_0)^2} \right] \\ &= 2C\, \mathrm{e}^{-\alpha(x^2+x_0^2)} \cosh 2\alpha x x_0 , \end{aligned} \tag{3.217}$$

wobei C eine Normierungskonstante ist. Die (negative) logarithmische Ableitung von Ψ_0 liefert uns das Superpotential

$$\begin{aligned} W &= \frac{\hbar}{\sqrt{m}} \left[2\alpha x - \frac{\mathrm{d}}{\mathrm{d}x} \ln \cosh 2\alpha x x_0 \right] \\ &= \frac{2\hbar\alpha}{\sqrt{m}} \left[x - x_0 \tanh 2\alpha x x_0 \right] . \end{aligned} \tag{3.218}$$

Für die beiden Partnerpotentiale folgt dann aus (3.3) und (3.4)

$$\begin{aligned} V_{1,2} = \frac{2\hbar^2\alpha^2}{m} \left[x - x_0 \tanh 2\alpha x x_0 \right]^2 \\ \mp \frac{\hbar^2\alpha}{m} \left[1 - \frac{2\alpha x_0^2}{\cosh^2 2\alpha x x_0} \right] . \end{aligned} \tag{3.219}$$

Sie sind in der Abb. 3.17 für $x_0 = \pm 1$ und in Einheiten von $\hbar = m = \alpha = 1$ dargestellt. Die Minima von $V_1(x)$ befinden sich in der Nähe von $\pm x_0$. Durch den Übergang zum Partnerpotential ist es uns gelungen, eine Doppelmulde in eine einzelne Mulde überzuführen. Das gelingt allerdings nicht immer, sondern hängt von der Wahl der x_0 ab. Mit $\tanh y = 1$ und $1/\cosh y = 0$ für $y \to \infty$ erhalten wir im Grenzfall großer x_0 nämlich den Ausdruck

$$V_{1,2} = \frac{2\hbar^2\alpha^2}{m}\left(|x| - x_0\right)^2 \mp \frac{\hbar^2\alpha}{m}\,. \tag{3.220}$$

Das sind zwei Doppelmulden-Potentiale, deren Tiefe in beiden Fällen gegen $D = V_{1,2}(0) - V_{1,2}(x_0) = 2(\hbar\alpha x_0)^2/m$ strebt. Mit wachsendem x_0 werden die Mulden tiefer und entfernen sich gleichzeitig voneinander. In der Terminologie von § 3.6.2 heißt das: Aus einem flachen Potential V_1 wird ein tiefes Potential mit vielen Paaren n. V_2 ist dann auch eine Doppelmulde.

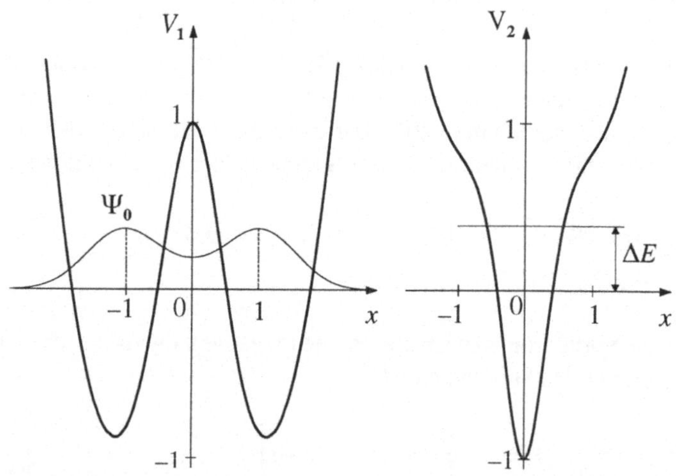

Abb. 3.17 Ein Doppelmuldenpotential und sein SUSY-Partner in Einheiten von $\hbar = m = \alpha = 1$ und für $x_0 = \pm 1$. Die ersten beiden Zustände von V_1 liegen bei 0 und ΔE; der Grundzustand von V_2 ist bei ΔE. Ψ_0 ist die auf 1 normierte Grundzustandswellenfunktion von V_1.

Aus (3.216) erhalten wir mit $\chi(0) = (2\alpha/\pi)^{1/4}\,\mathrm{e}^{-\alpha x_0^2}$ und $\chi'(0) = 2\alpha x_0\,\chi(0)$ die Niveauaufspaltung (3.208) in der traditionellen WKB-Näherung:

$$\Delta E = \frac{4\hbar^2}{m}\sqrt{\frac{2\alpha}{\pi}}\,\alpha x_0\,\exp\{-2\alpha x_0^2\}\,. \tag{3.221}$$

Ihr Anwendungsbereich liegt im Grenzfall sehr großer Potentialbarrieren D. Hier verschwindet die Wellenfunktion innerhalb der Barriere.

Die SUSY-Methoden greifen nun besonders in den Fällen, in denen die traditionelle WKB-Methode versagt: Sie ist vorteilhaft für *flache* Potentiale, wie sie beispielsweise in der Abb. 3.17 dargestellt sind. Mit Ausnahme des Grundzustandes für das

Potential V_1 besitzen beide Potentiale identische Spektren. Die Zustände für das Potential V_2 als einfacher Mulde sind allerdings leichter zu berechnen. Die gesuchte Niveauaufspaltung $\Delta E = E_1^{(1)} - E_0^{(1)}$ in der Doppelmulde V_1 erhält mit $E_0^{(1)} = 0$ und $E_1^{(1)} = E_0^{(2)}$ die besonders einfache Form

$$\Delta E = E_0^{(2)} . \tag{3.222}$$

Das ganze Problem reduziert sich damit auf die Bestimmung des Grundzustandes eines relativ einfachen Potentials V_2.

Eine Testrechnung für das flache Potential mit $x_0 = \pm 1$ aus der Abb. 3.17 soll die bisherigen Betrachtungen untermauern. Unterschiedliche Methoden führen zu den folgenden Resultaten ($\hbar = m = \alpha = 1$):

WKB-Näherung (3.215) bzw. (3.221) :	$\Delta E \simeq 0.4319$
SUSY-Methode :	$\Delta E \simeq 0.3358$
exakt (numerisch) :	$\Delta E \simeq 0.3526$

Bei der hier angegebenen SUSY-Methode wurde der Grundzustand von V_2 mit dem Ritzschen Variationsverfahren und einer Gaußfunktion als Testfunktion berechnet und (3.222) benutzt. Die WKB-Methode, die nur für sehr hohe Potentialwälle anwendbar ist, versagt dagegen.

Für den Fall hoher Barrieren, also tiefer Potentiale, lernen wir in den nächsten beiden Abschnitten ein neues SUSY-Verfahren zur Berechnung von ΔE kennen.

3.6.5 Die Regularisierung der Grundzustandswellenfunktion

Bevor wir mit der Berechnung von ΔE fortfahren, betrachten wir in diesem Abschnitt noch einmal die Lösung der Schrödinger-Gleichung bei $E = 0$. Aus der Beziehung (2.82) entnimmt man, daß, wenn Ψ_0 die Lösung von $B^-\Psi_0 = 0$ ist, die Funktion $1/\Psi_0$ automatisch die Gleichung $B^+(1/\Psi_0) = 0$ erfüllt. Kurzum: aus $H_1\Psi_0 = 0$ folgt $H_2(1/\Psi_0) = 0$. Wir wissen allerdings, daß die Lösungen Ψ_0 und $1/\Psi_0$ nicht gleichzeitig normierbar sind. Aus der Normierbarkeit von Ψ_0 und damit

$$\lim_{|x|\to\infty} \Psi_0(x) = 0 , \tag{3.223}$$

folgt zwangsläufig, daß $1/\Psi_0$ für große $|x|$ gegen Unendlich strebt und damit nicht normierbar ist.

Mit einem Trick kann man allerdings die Funktion $1/\Psi_0$ regularisieren, d.h. normierbar machen. Dazu beschränken wir uns auf *symmetrische* Grundzustandswellenfunktionen Ψ_0 von H_1, die als Ausgangspunkt für die Lösung von H_2 dienen. Man ersetzt dabei $1/\Psi_0$ durch die regularisierte Funktion Φ,

$$\frac{1}{\Psi_0} \longrightarrow \Phi(x) = \begin{cases} \mathcal{I}(x)/\Psi_0(x) \\ \mathcal{I}(-x)/\Psi_0(x) \end{cases} \quad \text{für} \quad x \gtrless 0 , \tag{3.224}$$

wobei

$$\mathcal{I}(x) := \int_x^\infty \Psi_0^2(y)\,\mathrm{d}y . \tag{3.225}$$

Die Funktion $\Phi(x)$ ist für alle x wohldefiniert und stetig, auch an der Stelle $x=0$, wo sie den Wert

$$\Phi(0) = [2\Psi_0(0)]^{-1} \tag{3.226}$$

annimmt. Ihre Ableitung lautet

$$\Phi'(x) = \begin{cases} -\Psi_0(x) - (\Psi_0'/\Psi_0)\,\Phi(x) \\ \Psi_0(x) - (\Psi_0'/\Psi_0)\,\Phi(-x) \end{cases} \quad \text{für} \quad x \gtrless 0 . \tag{3.227}$$

Sie macht an der Stelle $x=0$ einen Sprung der Größe

$$\lim_{\epsilon\to 0} \Big[\Phi'(0+\epsilon) - \Phi'(0-\epsilon) \Big] = -2\Psi_0(0) . \tag{3.228}$$

Zur Illustration sind in der Abb. 3.18 die Wellenfunktion Ψ_0 aus (3.217), die unphysikalische Lösung $1/\Psi_0$ sowie die regularisierte Funktion $\Phi(x)$ dargestellt. Als erstes zeigen wir, daß $\Phi(x)$ normierbar ist. Dazu untersuchen wir das Verhalten im Asymptotischen und benutzen die Regel von l'Hospital sowie (3.16)

$$\lim_{x\to\infty} \Phi(x) = \lim_{x\to\infty} \frac{-\Psi_0^2(x)}{\Psi_0'(x)} = \frac{\sqrt{m}}{\hbar} \lim_{x\to\infty} \frac{\Psi_0(x)}{W(x)} = 0 , \tag{3.229}$$

da das Superpotential gegen den Grenzwert $W_+ \neq 0$ strebt und $\Psi_0(x)$ laut (3.223) verschwindet. Weil Φ symmetrisch ist, gilt ebenfalls $\Phi(x)=0$ für $x \to -\infty$. Aufgrund des regulären Verhaltens im Unendlichen ist $\Phi(x)$ normierbar.

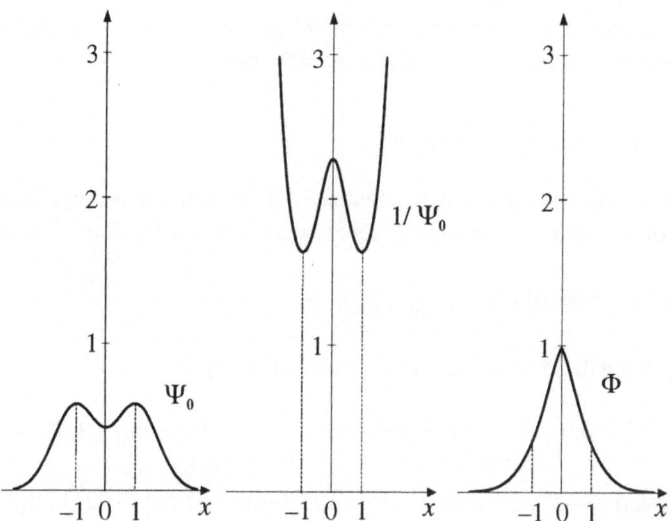

Abb. 3.18 Die Wellenfunktion Ψ_0, die unphysikalische Lösung $1/\Psi_0$ und die regularisierte Wellenfunktion $\Phi(x)$, wobei $x_0 = 1$.

Jetzt zeigen wir, daß Φ für alle x mit Ausnahme von $x = 0$ die Schrödinger-Gleichung $H_2\Phi = 0$ erfüllt. Für $x > 0$ berechnen wir zunächst den Ausdruck

$$\begin{aligned} B^+\Phi &= \frac{1}{\sqrt{2}}\left[W - \frac{\hbar}{\sqrt{m}}\frac{\mathrm{d}}{\mathrm{d}x}\right]\frac{\mathcal{I}(x)}{\Psi_0(x)} \\ &= \frac{1}{\sqrt{2}}\mathcal{I}(x)\left[W - \frac{\hbar}{\sqrt{m}}\frac{\mathrm{d}}{\mathrm{d}x}\right]\frac{1}{\Psi_0(x)} - \frac{\hbar}{\sqrt{2m}}\frac{\mathcal{I}'(x)}{\Psi_0(x)} \\ &= \mathcal{I}(x)\, B^+\frac{1}{\Psi_0(x)} - \frac{\hbar}{\sqrt{2m}}\frac{1}{\Psi_0(x)}\frac{\mathrm{d}}{\mathrm{d}x}\int_x^\infty \Psi_0^2(y)\,\mathrm{d}y\,. \end{aligned}$$

Wegen $B^+(1/\Psi_0) = 0$ verschwindet der erste Term, und man erhält

$$B^+\Phi = \frac{\hbar}{\sqrt{2m}}\Psi_0\,.$$

Mit $B^-\Psi_0 = 0$ folgt schließlich das gesuchte Ergebnis:

$$H_2\Phi \;=\; B^-B^+\Phi \;=\; \frac{\hbar}{\sqrt{2m}}B^-\Psi_0 \;=\; 0\,.$$

Dasselbe Resultat folgt auch für $x < 0$.

Nun untersuchen wir die Unstetigkeit von Φ' an der Stelle $x=0$. Dazu betrachten wir anstelle von H_2 den singulären Hamiltonoperator

$$H_0 = H_2 - \frac{2\hbar^2}{m}\,\Psi_0^2(0)\,\delta(x)\,. \tag{3.230}$$

Für alle x außer $x=0$ ist er mit H_2 identisch. Die δ-Funktion erzeugt lediglich den Sprung von Φ' bei $x=0$. Um das zu sehen, schreiben wir für $H_0\Phi = 0$ explizit

$$\Phi'' + \left[4\Psi_0^2(0)\,\delta(x) - \frac{2m}{\hbar^2}\,V_2\right]\Phi = 0$$

und integrieren diese Gleichung von $-\epsilon$ bis ϵ. Das ergibt

$$\Phi'(\epsilon) - \Phi'(-\epsilon) = -4\Psi_0^2(0)\Phi(0) + \frac{2m}{\hbar^2}\int_{-\epsilon}^{\epsilon} V_2(x)\Phi(x)\,\mathrm{d}x\,.$$

Im Grenzwert $\epsilon \to 0$ verschwindet der letzte Term, und mit (3.226) folgt dann die Sprungbedingung (3.228).

3.6.6 Die Niveauaufspaltung in tiefen Potentialen

Im vorangegangenen Abschnitt fanden wir mit Φ aus (3.224) die exakte Grundzustandswellenfunktion zum singulären Hamiltonoperator H_0 in (3.230). Uns interessiert aber die Grundzustandsenergie von H_2. Nach (3.222) definiert sie nämlich die Niveauaufspaltung, $\Delta E = E_0^{(2)}$.
Dazu schreiben wir, ausgehend von (3.230),

$$H_2 = H_0 + \delta H \qquad \text{mit} \qquad \delta H = \frac{2\hbar^2}{m}\,\Psi_0^2(0)\,\delta(x) \tag{3.231}$$

als Störung. Die kleine Größe $\Psi_0(0)$ bestimmt hier den Entwicklungsparameter. Für eine Störungsreihe, die schnell konvergieren soll, ist das eine ausgezeichnete Wahl, da die Wellenfunktion bei $x = 0$, d.h. mitten in der Potentialbarriere, einen sehr kleinen Wert annimmt. Die Störungsreihe für die Grundzustandsenergie von H_2 lautet demnach

$$E_0^{(2)} = E(0) + E(1) + E(2) + \ldots$$

mit $E(0)=0$. Für $E(1)$ erhalten wir mit (3.226) den Wert

$$E(1) = \frac{\langle\Phi|\,\delta H|\Phi\rangle}{\langle\Phi|\Phi\rangle} = \frac{1}{\langle\Phi|\Phi\rangle}\int_{-\infty}^{\infty}\Phi^2(x)\,\delta H\,\mathrm{d}x = \frac{1}{\langle\Phi|\Phi\rangle}\frac{\hbar^2}{2m}\,.$$

Mit

$$\langle \Phi | \Phi \rangle = \int_{-\infty}^{\infty} \Phi^2(x)\,\mathrm{d}x = 2 \int_0^{\infty} \Phi^2(x)\,\mathrm{d}x$$

folgt dann die gesuchte Niveauaufspaltung in erster Ordnung

$$\Delta E = \frac{\hbar^2}{4m} \left[\int_0^{\infty} \Phi^2(x)\,\mathrm{d}x \right]^{-1} . \tag{3.232}$$

4 Mathematik mit Superzahlen

Bisher behandelten wir die Supersymmetrie in der nichtrelativistischen Quantenmechanik. Dieser Einstieg war auch mit der herkömmlichen Mathematik zu bewältigen. Für die klassische Mechanik und für die Feldtheorie benötigt man jedoch den Begriff der Grassmann- oder Superzahl.

In diesem Kapitel vollziehen wir den Übergang von komplexen Zahlen und Funktionen zu Superzahlen und Superfunktionen. Diese neue Sorte von Zahlen und Funktionen besitzen ungewöhnliche Eigenschaften, die es jetzt im einzelnen zu erörtern gilt. Als weiterführende Literatur empfehlen wir [23, 24, 25, 26].

4.1 Superzahlen

Komplexe Zahlen setzen sich bekanntlich aus Real- und Imaginärteil zusammen,

$$\text{komplexe Zahl:} \qquad z = a + \mathrm{i}b \qquad \text{mit} \qquad \mathrm{i}^2 = -1$$

und $a, b \in \mathbb{R}$. Die darauf aufbauende Funktionentheorie gehört zu den schönsten Teilgebieten der Mathematik. Einen vollkommen neuen Weg beschreitet man dagegen mit dem Konzept der Superzahlen. Zu einer Superzahl gelangt man ausgehend von einer komplexen Zahl c durch folgende Erweiterung:

$$\text{Superzahl:} \qquad z = c + \zeta c_1 \qquad \text{mit} \qquad \zeta^2 = 0\,,$$

und $c, c_1 \in \mathbb{C}$. Das Objekt ζ bezeichnet man als Generator. Im allgemeinen werden Superzahlen aus mehreren Generatoren ζ^a einer Grassmann-Algebra aufgebaut.

Während die komplexen Zahlen aus der Physik nicht wegzudenken sind, finden Superzahlen als technisches Handwerkszeug gegenwärtig immer breitere Verwendung. So begegnet man Superzahlen zunehmend in der statistischen Physik, in der Feldtheorie und sogar in der klassischen Mechanik. Supersymmetrische Feldtheorien sind ohne die Begriffe Superzahl, Superraum und Superfunktion kaum formulierbar.

4.1.1 Grassmann-Algebren

Eine Grassmann-Algebra Λ_N ist eine assoziative Algebra mit Einselement und N Generatoren ζ^a, welche antikommutieren $(a, b=1, \dots, N)$:

$$\boxed{\zeta^a\zeta^b + \zeta^b\zeta^a = 0} \quad . \tag{4.1}$$

Im besonderen folgt daraus für alle a

$$(\zeta^a)^2 = 0 \, . \tag{4.2}$$

Die Elemente $\mathbb{1}, \zeta^a, \zeta^a\zeta^b, \dots,$ deren Indizes innerhalb eines Produktes alle verschieden und der Größe nach geordnet sind, bilden eine *Basis* in Λ_N. Da N endlich ist, bricht diese Folge bei $\zeta^1\zeta^2\cdots\zeta^N$ ab, und wir haben insgesamt 2^N verschiedene Basiselemente. Für die einfachsten Fälle $N=1$ bis 3 sind die Basiselemente in Tabelle 4.1 angegeben. Zählen wir in der Tabelle die Basiselemente zusammen, dann erhalten wir folgerichtig 2^1, 2^2 und 2^3. Die Dimension der Grassmann-Algebra ist 2^N.

Tab. 4.1 Basiselemente für N=1 bis 3.

Zahl der Generatoren	Basiselemente	Zahl der Basiselemente
$N=1$	1 ζ^1	1 1
$N=2$	1 ζ^1 und ζ^2 $\zeta^1\zeta^2$	1 2 1
$N=3$	1 ζ^1 und ζ^2 und ζ^3 $\zeta^1\zeta^2$ und $\zeta^2\zeta^3$ und $\zeta^1\zeta^3$ $\zeta^1\zeta^2\zeta^3$	1 3 3 1

Die Elemente von Λ_N heißen *Superzahlen.* Sie lassen sich alle mit Hilfe der Basis in der Form

$$z = c_0 + c_a\zeta^a + \frac{1}{2!}c_{ab}\,\zeta^a\zeta^b + \dots + \frac{1}{N!}c_{a_1\cdots a_N}\,\zeta^{a_1}\cdots\zeta^{a_N} \tag{4.3}$$

darstellen. Die Vorfaktoren sind komplexe Zahlen und in ihren Indizes vollkommen antisymmetrisch ($c_{ab} = -c_{ba}$ usw.). Über alle doppelt auftretenden Indizes ist hier von 1 bis N zu summieren. Als Einselement wurde die komplexe Zahl 1 gewählt. Für $N=1$ lautet die Superzahl $z=c_0+c_1\zeta^1$. Für $N=2$ dagegen erhalten wir

$$\begin{aligned} z &= c_0 + c_1\zeta^1 + c_2\,\zeta^2 + \frac{1}{2!}\left(c_{11}\zeta^1\zeta^1 + c_{12}\zeta^1\zeta^2 + c_{21}\zeta^2\zeta^1 + c_{22}\zeta^2\zeta^2\right) \\ &= c_0 + c_1\zeta^1 + c_2\,\zeta^2 + \frac{1}{2!}\left(0 + c_{12}\zeta^1\zeta^2 - c_{21}\zeta^1\zeta^2 + 0\right) \\ &= c_0 + c_1\zeta^1 + c_2\,\zeta^2 + c_{12}\,\zeta^1\zeta^2\,. \end{aligned} \tag{4.4}$$

Analog findet man für $N=3$ die Superzahlen

$$\begin{aligned} z = c_0 + c_1\zeta^1 + c_2\,\zeta^2 + c_3\,\zeta^3 + c_{12}\,\zeta^1\zeta^2 \\ + c_{13}\,\zeta^1\zeta^3 + c_{23}\,\zeta^2\zeta^3 + c_{123}\,\zeta^1\zeta^2\zeta^3\,. \end{aligned} \tag{4.5}$$

Superzahlen kann man miteinander multiplizieren. Das unterscheidet sie von Vektoren, die – sofern keine zusätzliche algebraische Struktur wie z.B. das Kreuzprodukt definiert ist – nicht miteinander multipliziert werden können, ohne daß man den Vektorraum verläßt.

Während also nicht jeder Vektorraum eine Algebra darstellt, ist die Umkehrung immer gültig: Bezüglich der Addition untereinander sowie der Multiplikation mit einer reellen oder komplexen Zahl spannen die Elemente von Λ_N einen 2^N-dimensionalen *Vektorraum* auf; die Elemente von Λ_∞ bilden dann einen unendlich-dimensionalen Vektorraum.

In § 2.2.3 wurde die Clifford-Algebra eingeführt. Wir vergleichen sie mit der Grassmann-Algebra:

Grassmann-Algebra Λ_N	Clifford-Algebra C_N
$\{\zeta^a,\zeta^b\}=0$ $(\zeta^a)^2=0$ $\dim = 2^N$	$\{\xi^a,\xi^b\}=2\delta^{ab}\mathbb{1}$ $(\xi^a)^2=\mathbb{1}$ $\dim = 2^N$

Für endliches N läßt sich formal immer eine Darstellung der Grassmann-Generatoren ζ^a als $2^N \times 2^N$-Matrizen angeben. In der Praxis erweist sich solch eine Vorgehensweise jedoch als äußerst unhandlich; es ist einfacher, wenn man gleich mit den abstrakten Generatoren ζ^a arbeitet und anstelle einer Matrixdarstellung die Regel (4.1) beherzigt. Im Gegensatz zu Grassmann-Algebren ist man bei Clifford-Algebren sehr wohl an Matrixdarstellungen interessiert.

4.1.2 Typen von Superzahlen

Nun betrachten wir den Grenzfall $N \to \infty$; die entsprechende Algebra mit abzählbar unendlich vielen Generatoren wird mit Λ_∞ bezeichnet. Die Elemente von Λ_∞ nennt man ebenfalls *Superzahlen*. In Verallgemeinerung von (4.3) besitzt jede Superzahl die Form einer unendlichen Reihe,

$$z = c_0 + c_a \zeta^a + \frac{1}{2!} c_{ab} \zeta^a \zeta^b + \ldots + \frac{1}{k!} c_{a_1 \cdots a_k} \zeta^{a_1} \cdots \zeta^{a_k} + \ldots . \tag{4.6}$$

Es ist üblich, Superzahlen auf zwei verschiedene Arten zu zerlegen:

1. Bezeichnet man den ersten Koeffizienten in (4.6) als *Körper* (body)

$$z_\mathrm{B} := c_0$$

und alle anderen Terme, in denen Generatoren auftreten, als *Seele* (soul) z_S, dann lautet die Zerlegung

$$\boxed{z = z_\mathrm{B} + z_\mathrm{S}} . \tag{4.7}$$

Für endliches N ist die Seele der Superzahl immer nilpotent, $z_\mathrm{S}^N = 0$; ausgeschlossen ist der Fall $N = 1$, da $z_\mathrm{S}^1 = z_\mathrm{S}$. So finden wir beispielsweise für $N = 3$ in (4.5) das Zwischenergebnis $z_\mathrm{S}^2 = 2(c_1 c_{23} - c_2 c_{13} + c_3 c_{12})\, \zeta^1 \zeta^2 \zeta^3$ und damit $z_\mathrm{S}^3 = 0$. Der Körper einer Superzahl ist eine komplexe oder reelle Zahl. In diesem Sinn entspricht er dem algebraischen Begriff des (Zahlen-) Körpers.

2. Man zerlegt die Superzahl in einen geraden und einen ungeraden Anteil:

$$\boxed{z = q + \theta} . \tag{4.8}$$

Hier enthält q (bzw. θ) nur Terme mit einer geraden (bzw. ungeraden) Anzahl von Generatoren:

$$q = c_0 + \frac{1}{2!} c_{ab}\, \zeta^a \zeta^b + \cdots , \tag{4.9}$$

$$\theta = c_a \zeta^a + \frac{1}{3!} c_{abc}\, \zeta^a \zeta^b \zeta^c + \cdots . \tag{4.10}$$

Für $N = 2$ erhalten wir beispielsweise

$$q = c_0 + c_{12}\, \zeta^1 \zeta^2 \qquad \text{und} \qquad \theta = c_1 \zeta^1 + c_2 \zeta^2 .$$

Die *ungeraden* Superzahlen antikommutieren untereinander und wir bezeichnen sie als *a-Zahlen* oder *Grassmann-Zahlen*,

$$\text{Grassmann-Zahl} = a\text{-Zahl} .$$

Sie besitzen keinen Körper. Das Quadrat jeder a-Zahl verschwindet,

$$\theta\theta = 0 . \tag{4.11}$$

Die *geraden* Superzahlen kommutieren mit *allen* Superzahlen und wir nennen sie deshalb *c-Zahlen*. Gewöhnlich bezeichnet man in der Quantenmechanik die komplexen Zahlen als c-Zahlen (comuting numbers), um sie von den Operatoren zu unterscheiden. In unserer Terminologie wird der Name c-Zahl hingegen für *alle* kommutierenden Superzahlen verwendet, also auch für Zahlen mit einer Seele; es gilt daher

$$\text{komplexe Zahl} = c\text{-Zahl ohne Seele} .$$

Die beiden Zerlegungsarten einer Superzahl kann man schematisch auch so angeben:

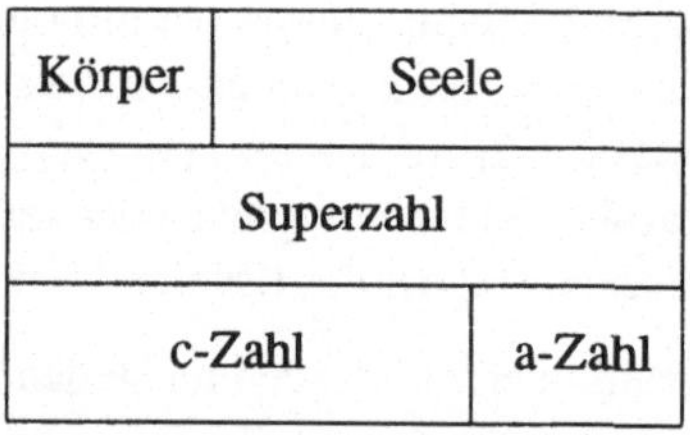

<table>
<tr><td>Körper</td><td colspan="2">Seele</td></tr>
<tr><td colspan="3">Superzahl</td></tr>
<tr><td colspan="2">c-Zahl</td><td>a-Zahl</td></tr>
</table>

Das Produkt zweier c-Zahlen oder zweier a-Zahlen ist jeweils eine c-Zahl; das Produkt einer a-Zahl mit einer c-Zahl ist eine a-Zahl:

$$\begin{aligned}
&(c\text{-Zahl})\,(c\text{-Zahl}) = (c\text{-Zahl}) , \\
&(c\text{-Zahl})\,(a\text{-Zahl}) = (a\text{-Zahl})\,(c\text{-Zahl}) = (a\text{-Zahl}) , \\
&(a\text{-Zahl})\,(a\text{-Zahl}) = (c\text{-Zahl}) .
\end{aligned}$$

Die Menge aller c-Zahlen ist eine kommutative Unteralgebra von Λ_∞, und wir bezeichnen sie mit $\mathbb{C}_c$. Die Menge aller a-Zahlen bezeichnen wir mit $\mathbb{C}_a$; sie bildet keine Unteralgebra, da das Produkt zweier a-Zahlen nicht in $\mathbb{C}_a$ liegt. Es gilt also

$$\Lambda_N = \mathbb{C}_c \oplus \mathbb{C}_a . \tag{4.12}$$

Für endliches N sind $\mathbb{C}_c$ und $\mathbb{C}_a$ jeweils Vektorräume der Dimension 2^{N-1}.
Gilt $z = q$ oder $z = \theta$, dann nennt man z eine *reine* Superzahl. Jeder reinen Superzahl ordnet man die Grassmann-Parität $\pi(z)$ zu:

$$\pi(z) = \begin{cases} 0 & \text{für} \quad z \in \mathbb{C}_c \\ 1 & \text{für} \quad z \in \mathbb{C}_a \end{cases} . \tag{4.13}$$

Für gemischte Superzahlen läßt sich keine Grassmann-Parität angeben. Für reine Superzahlen z_1 und z_2 findet man die Regeln

$$\begin{array}{lll} \text{Produkt:} & \pi(z_1 z_2) & = \pi(z_1) + \pi(z_2) \quad (\operatorname{mod} 2)\,, \\ \text{Vertauschung:} & z_1 z_2 & = (-1)^{\pi(z_1)\pi(z_2)}\, z_2 z_1\,. \end{array}$$

Eine Superzahl besitzt dann und nur dann ein *Inverses*, wenn $z_\mathrm{B} \neq 0$. Das Inverse ist gegeben durch

$$\frac{1}{z} = \frac{1}{z_\mathrm{B}} \sum_{k=0}^{N} \left(-\frac{z_\mathrm{S}}{z_\mathrm{B}} \right)^k . \tag{4.14}$$

Zum Beweis setzen wir für z die Zerlegung (4.7) ein und erhalten mit $N > 0$

$$\begin{aligned} z z^{-1} &= (z_\mathrm{B} + z_\mathrm{S}) \frac{1}{z_\mathrm{B}} \sum_{k=0}^{N} \left(-\frac{z_\mathrm{S}}{z_\mathrm{B}} \right)^k \\ &= \sum_{k=0}^{N} \left(-\frac{z_\mathrm{S}}{z_\mathrm{B}} \right)^k + \frac{z_\mathrm{S}}{z_\mathrm{B}} \sum_{k=0}^{N} \left(-\frac{z_\mathrm{S}}{z_\mathrm{B}} \right)^k \\ &= \sum_{k=0}^{N} \left(-\frac{z_\mathrm{S}}{z_\mathrm{B}} \right)^k - \sum_{k=0}^{N} \left(-\frac{z_\mathrm{S}}{z_\mathrm{B}} \right)^{k+1} \\ &= 1 - \left(-\frac{z_\mathrm{S}}{z_\mathrm{B}} \right)^{N+1} \quad = 1\,. \end{aligned}$$

Der zweite Term in der letzten Zeile verschwindet wegen $z_\mathrm{S}^{N+1} = 0$. Eine wichtige Folgerung aus (4.14) ist: Da Seelen und a-Zahlen keinen Körper besitzen, sind sie nicht invertierbar!
Die *Norm* einer Superzahl sei definiert als

$$\| z \|^2 = |z_\mathrm{B}|^2 + \sum_{k=1}^{\infty} \sum_{a_1, a_2, \ldots a_k} \frac{1}{k!} \left| c_{a_1 a_2 \ldots a_k} \right|^2 . \tag{4.15}$$

Sie ist eine positive Zahl. Die Norm eines Generators ist eins, $\| \zeta \|^2 = 1$. Unter einer kleinen oder infinitesimalen Superzahl versteht man dann eine Superzahl mit infinitesimaler Norm.

4.1.3 Reelle Superzahlen und komplexe Konjugation

Die *komplexe Konjugation* von Generatoren ist definiert durch

$$(\zeta^a \zeta^b \cdots \zeta^c)^* = \zeta^c \cdots \zeta^b \zeta^a \,. \tag{4.16}$$

In dieser Form entspricht dies der hermiteschen Konjugation von Matrizen. Man bezeichnet eine Superzahl z als reell, wenn $z = z^*$, und als imaginär, wenn $z = -z^*$ ist. Als Spezialfall von (4.16) gilt für jeden Generator

$$(\zeta^a)^* = \zeta^a \qquad \Rightarrow \qquad \zeta^a \text{ reell}\,.$$

Die Generatoren sind also per Definition reell. Für zwei Superzahlen gelten wegen (4.16) die folgenden Regeln:

$$\boxed{(z+w)^* = z^* + w^* \qquad \text{und} \qquad (zw)^* = w^* z^*} \,. \tag{4.17}$$

Im Gegensatz zu gewöhnlichen Zahlen wird also die Reihenfolge bei der komplexen Konjugation umgekehrt! Eine zweimalige Anwendung der komplexen Konjugation läßt die Superzahl unverändert, $z^{**} = z$.

Wegen der Antikommutator-Relation (4.1) folgt, daß das Basiselement $\zeta^a \zeta^b$ stets imaginär ist, denn

$$(\zeta^a \zeta^b)^* = \zeta^b \zeta^a = -\zeta^a \zeta^b \,.$$

Im allgemeinen gilt, daß ein Basiselement $\zeta^{a_1} \cdots \zeta^{a_n}$ immer dann *reell* ist, wenn die Zahl der Permutationen $\frac{n}{2}(n-1)$ gerade ist; sonst ist das Basiselement *imaginär*. Ein Element x aus Λ_∞ ist demzufolge dann und nur dann reell, wenn sowohl sein Körper als auch seine Seele reell sind. Und seine Seele ist reell, wenn die Koeffizienten $c_{a_1 \cdots a_n}$ reell bei geradem $\frac{n}{2}(n-1)$ und imaginär bei ungeradem $\frac{n}{2}(n-1)$ sind. Die *reelle* Superzahl besitzt somit nach (4.6) die Form

$$\begin{aligned} x = c_0 + c_a \zeta^a + \frac{1}{2!}\, \mathrm{i}\, c_{ab}\, \zeta^a \zeta^b \\ + \frac{1}{3!}\, \mathrm{i}\, c_{abc}\, \zeta^a \zeta^b \zeta^c + \frac{1}{4!}\, c_{abcd}\, \zeta^a \zeta^b \zeta^c \zeta^d + \cdots \,, \end{aligned}$$

wobei die c's reelle, in ihren Indizes total antisymmetrische Koeffizienten sind. Man überzeuge sich, daß der Faktor i im vierten Term gerechtfertigt ist.

Es gelten die folgenden Beziehungen:

$$
\begin{aligned}
(\text{reelle } c\text{-Zahl})\,(\text{reelle } c\text{-Zahl}) &= (\text{reelle } c\text{-Zahl})\,, \\
(\text{reelle } c\text{-Zahl})\,(\text{reelle } a\text{-Zahl}) &= (\text{reelle } a\text{-Zahl})\,, \\
(\text{reelle } a\text{-Zahl})\,(\text{reelle } a\text{-Zahl}) &= (\text{imaginäre } c\text{-Zahl})\,.
\end{aligned}
$$

Die reellen Untervektorräume von $\mathbb{C}_c$ ($\mathbb{C}_a$) bezeichnen wir mit $\mathbb{R}_c$ ($\mathbb{R}_a$).

4.2 Der Supervektorraum

4.2.1 Supervektoren

Der Supervektorraum $\mathcal{L}$ ist ein linearer Raum, allerdings mit der zusätzlichen Operation der linken und rechten Skalarmultiplikation mit Superzahlen. Die Elemente dieses Raumes seien die Supervektoren $\mathbf{X}, \mathbf{Y}, \mathbf{Z}$. Jeder Supervektor $\mathbf{X}$ läßt sich in einen geraden Anteil ${}^0\mathbf{X}$ und einen ungeraden Anteil ${}^1\mathbf{X}$ zerlegen, $\mathbf{X} = {}^0\mathbf{X} + {}^1\mathbf{X}$, wobei

$$
q\,{}^0\mathbf{X} = {}^0\mathbf{X}\,q \qquad \text{und} \qquad q\,{}^1\mathbf{X} = {}^1\mathbf{X}\,q\,, \tag{4.18}
$$

$$
\theta\,{}^0\mathbf{X} = {}^0\mathbf{X}\,\theta \qquad \text{und} \qquad \theta\,{}^1\mathbf{X} = -{}^1\mathbf{X}\,\theta\,, \tag{4.19}
$$

für $q \in \mathbb{C}_c$ und $\theta \in \mathbb{C}_a$. Ist $\mathbf{X} = {}^0\mathbf{X}$ oder $\mathbf{X} = {}^1\mathbf{X}$, dann bezeichnet man $\mathbf{X}$ als *reinen* Supervektor vom c-Typ bzw. a-Typ, oder kurz c-Vektor und a-Vektor. Für reine Supervektoren führt man in Analogie zu (4.13) die Grassmann-Parität eines Supervektors ein:

$$
\pi(\mathbf{X}) = \begin{cases} 0 & \text{für} \quad \mathbf{X} = {}^0\mathbf{X} \\ 1 & \text{für} \quad \mathbf{X} = {}^1\mathbf{X} \end{cases} . \tag{4.20}
$$

Für eine reine Superzahl z und einen reinen Supervektor $\mathbf{X}$ gelten dann als Zusammenfassung von (4.18) und (4.19)

$$
z\mathbf{X} = (-1)^{\pi(z)\pi(\mathbf{X})}\,\mathbf{X}z\,. \tag{4.21}
$$

Ein endlichdimensionaler Supervektorraum der Dimension d wird von d linear unabhängigen Supervektoren $\mathbf{E}_K$, wobei der Index K von 1 bis d läuft, aufgespannt. Damit läßt sich jedes $\mathbf{X} \in \mathcal{L}$ darstellen als

$$
\mathbf{X} = \mathbf{E}_K X^K_{(+)} = X^K_{(-)}\mathbf{E}_K\,. \tag{4.22}
$$

Das System $\{\mathbf{E}_K\}$ wird als Basis von $\mathcal{L}$ bezeichnet. Die Superzahlen $X^K_{(+)}$ bzw. $X^K_{(-)}$ sind die entsprechenden Komponenten von $\mathbf{X}$ bezüglich dieser Basis.

In einem d-dimensionalen Supervektorraum $\mathcal{L}$ läßt sich immer eine Basis $\{\mathbf{e}_K\}$ finden, die nur aus reinen Supervektoren besteht, nämlich die reine Basis $\mathbf{e}_K = (\mathbf{e}_i, \mathbf{e}_\alpha)$, wobei die Indizes $i = 1$ bis m die c-Vektoren und $\alpha = 1$ bis n die a-Vektoren abzählen, also

$$\pi(\mathbf{e}_K) = \begin{cases} 0 & \text{für} \quad K = i \\ 1 & \text{für} \quad K = \alpha \end{cases} . \tag{4.23}$$

Ebenso wie die totale Dimension $d = m + n$ sind auch m und n Invarianten des Supervektorraumes. Die Dimension von $\mathcal{L}$ bezeichnet man mit (m, n). Für reine Supervektoren $\mathbf{X} = \mathbf{e}_K X^K_{(+)} = X^K_{(-)} \mathbf{e}_K$ gilt

$$X^K_{(-)} = (-1)^{\pi(\mathbf{e}_K)\cdot(1+\pi(\mathbf{X}))} X^K_{(+)} .$$

Bei einem a-Vektor, $\pi(\mathbf{X}) = 1$, stimmen also die linken und rechten Komponenten überein. Das gilt aber nicht für c-Vektoren.

Die Aussage über reine Basen läßt sich weiter verschärfen [26]: Jeder endlichdimensionale Supervektorraum besitzt eine reine Basis, die gleichzeitig reell ist, $\mathbf{e}^*_K = \mathbf{e}_K$. Bezüglich dieser Basis gilt für einen reellen c-Vektor

$$\mathbf{X} = q^i \mathbf{e}_i + \mathrm{i}\theta^\alpha \mathbf{e}_\alpha \qquad \text{mit} \qquad q^i \in \mathbb{R}_c , \; \theta^\alpha \in \mathbb{R}_a . \tag{4.24}$$

Der Vorfaktor i im ungeraden Anteil sichert die Realität, da $(\theta^\alpha \mathbf{e}_\alpha)^* = \mathbf{e}^*_\alpha \theta^{\alpha *} = \mathbf{e}_\alpha \theta^\alpha = -\theta^\alpha \mathbf{e}_\alpha$.

Die Menge der reellen c-Vektoren korrespondiert mit den Punkten x^K des Raumes $\mathbb{R}^{m|n} = \mathbb{R}^m_c \otimes \mathbb{R}^n_a$:

$$\mathbb{R}^{m|n} = \{x^K = (q^1, q^2, \ldots, q^m, \theta^1, \theta^2, \ldots, \theta^n)\} . \tag{4.25}$$

Diesen Raum bezeichnet man als reellen *Superraum* der Dimension (m, n). Dementsprechend kann man auch einen komplexen Superraum $\mathbb{C}^{m|n}$ einführen. Speziell für $m = n = 1$ reduziert sich der Superraum auf Λ_N bzw. Λ_∞.

4.2.2 Lineare Operatoren

$\mathcal{L}$ sei ein Supervektorraum mit den Vektoren $\mathbf{X}$ und $\mathbf{Y}$, dann heißt die Abbildung $\mathcal{M}_\mathrm{L} : \mathcal{L} \to \mathcal{L}$ ein *linker* linearer Operator, wenn ($z \in \Lambda_N$ oder Λ_∞)

$$\mathcal{M}_\mathrm{L}(\mathbf{X} + \mathbf{Y}) = \mathcal{M}_\mathrm{L}(\mathbf{X}) + \mathcal{M}_\mathrm{L}(\mathbf{Y}) , \tag{4.26}$$

$$\mathcal{M}_\mathrm{L}(\mathbf{X}z) = \mathcal{M}_\mathrm{L}(\mathbf{X})\, z . \tag{4.27}$$

Darüberhinaus gibt es noch den *rechten* linearen Operator mit den Eigenschaften

$$(\mathbf{X}+\mathbf{Y})\mathcal{M}_{\mathrm{R}} = (\mathbf{X})\mathcal{M}_{\mathrm{R}} + (\mathbf{Y})\mathcal{M}_{\mathrm{R}}\,, \tag{4.28}$$

$$(z\mathbf{X})\mathcal{M}_{\mathrm{R}} = z\,(\mathbf{X})\mathcal{M}_{\mathrm{R}}\,. \tag{4.29}$$

Arbeitet man mit linken Operatoren, dann benutzt man die Form $\mathbf{X} = \mathbf{e}_K X^K_{(+)}$, während man bei den rechten Operatoren die Form $\mathbf{X} = X^K_{(-)}\mathbf{e}_K$ verwendet.
Ein Operator heißt *gerade* oder vom c-Typ, wenn er die Grassmann-Parität eines reinen Supervektors nicht ändert, im anderen Fall nennt man ihn *ungerade* oder vom a-Typ:

$$c\text{-Typ}: \qquad \pi(\mathcal{M}(\mathbf{X})) = \pi(\mathbf{X})\,, \tag{4.30}$$

$$a\text{-Typ}: \qquad \pi(\mathcal{M}(\mathbf{X})) = 1 + \pi(\mathbf{X}) \pmod 2\,. \tag{4.31}$$

Gerade (ungerade) Operatoren bezeichnet man auch als bosonische (fermionische) Operatoren. Lineare Operatoren eines bestimmten Typs nennt man *rein* und ordnet ihnen die Grassmann-Parität

$$\pi(\mathcal{M}) = \begin{cases} 0 & \text{wenn } \mathcal{M} \text{ gerade} \\ 1 & \text{wenn } \mathcal{M} \text{ ungerade} \end{cases} \tag{4.32}$$

zu. Jeder lineare Operator läßt sich immer als Summe der beiden unterschiedlichen Typen angeben. Einige Beispiele für reine Operatoren findet man in Kapitel 2, davon sind H, $b^{\pm}$, $f^{\pm}$ gerade Operatoren und $Q_{\pm}$, $Q_{1,2}$ ungerade Operatoren.
Für jeden linearen Operator $\mathcal{M}$ gibt es eine Darstellung in Form einer Supermatrix M. Im folgenden beschränken wir uns auf linke Operatoren und auf reine Basissysteme. Es gilt dann

$$\mathcal{M}(\mathbf{e}_N) := \mathbf{e}_K M^K_{\ N}\,. \tag{4.33}$$

Dabei ist zu beachten, daß gilt

$$\mathbf{e}_K M^K_{\ N} \neq M^K_{\ N}\mathbf{e}_K\,.$$

Aus (4.33) erhalten wir das Transformationsverhalten der Komponenten,

$$\begin{aligned} \widetilde{\mathbf{X}} = \mathcal{M}(\mathbf{X}) &= \mathcal{M}(\mathbf{e}_N X^N_{(+)}) = \mathcal{M}(\mathbf{e}_N)X^N_{(+)} \\ &= \mathbf{e}_K M^K_{\ N} X^N_{(+)} = \mathbf{e}_K \widetilde{X}^K_{(+)}, \end{aligned}$$

also

$$\widetilde{X}^K_{(+)} = M^K_{\ N} X^N_{(+)}\,. \tag{4.34}$$

An dieser Stelle erkennt man, daß die Supermatrix tatsächlich von links auf die Komponenten wirkt.

4.2.3 Supermatrizen

Eine Supermatrix ist eine Matrix, deren Elemente Superzahlen sind. Die gewöhnliche Matrizenmultiplikation zweier Supermatrizen liefert wieder eine Supermatrix. Da jede Superzahl in Körper und Seele zerfällt, kann man auch die Supermatrix M in die entsprechenden Teile zerlegen, $M = M_\mathrm{B} + M_\mathrm{S}$. M_B ist dabei eine gewöhnliche Matrix. Der *Rang* von M wird als Rang von M_B definiert.
Eine quadratische Supermatrix M ist regulär, wenn M_B regulär (invertierbar) ist. Jede reguläre Supermatrix besitzt ein Inverses. Dazu schreiben wir

$$M = M_\mathrm{B}(\mathbb{1} + M_\mathrm{B}^{-1} M_\mathrm{S}) \,,$$

wobei $M_\mathrm{B}^{-1} M_\mathrm{S}$ keinen Körper besitzt. Dann folgt

$$\begin{aligned} M^{-1} &= (\mathbb{1} + M_\mathrm{B}^{-1} M_\mathrm{S})^{-1} M_\mathrm{B}^{-1} \\ &= \sum_{k=0}^{\infty} (-1)^k (M_\mathrm{B}^{-1} M_\mathrm{S})^k M_\mathrm{B}^{-1} \\ &= M_\mathrm{B}^{-1} + \sum_{k=1}^{\infty} (-1)^k (M_\mathrm{B}^{-1} M_\mathrm{S})^k M_\mathrm{B}^{-1} \,. \end{aligned} \tag{4.35}$$

Da bekanntlich $z_\mathrm{S}^q = 0$ für $q > 1$ ist, verschwindet auch $(M_\mathrm{B}^{-1} M_\mathrm{S})^k$ ab einem bestimmten Wert, und die Reihe bricht nach endlich vielen Gliedern ab. Damit ist die inverse Supermatrix eindeutig definiert.
Betrachten wir nun Supervektoren in der reinen Basis, die wir als Spaltenvektoren schreiben:

$$\mathbf{X} = \begin{pmatrix} q^i \\ \theta^\alpha \end{pmatrix} := \begin{pmatrix} q^1 \\ \vdots \\ q^m \\ \theta^1 \\ \vdots \\ \theta^n \end{pmatrix} . \tag{4.36}$$

Die spezielle Anordnung aller geraden Komponenten vor bzw. über den ungeraden bezeichnet man als *kanonische* Darstellung. Die lineare Transformationen $\widetilde{\mathbf{X}} = M\mathbf{X}$ lautet dann komponentenweise

$$\begin{pmatrix} \tilde{q}^i \\ \tilde{\theta}^\alpha \end{pmatrix} = \begin{pmatrix} A^i{}_j & B^i{}_\beta \\ C^\alpha{}_j & D^\alpha{}_\beta \end{pmatrix} \begin{pmatrix} q^j \\ \theta^\beta \end{pmatrix} = \begin{pmatrix} A^i{}_j q^j + B^i{}_\beta \theta^\beta \\ C^\alpha{}_j q^j + D^\alpha{}_\beta \theta^\beta \end{pmatrix} . \tag{4.37}$$

Soll die Matrix M vom c-Typ sein, dann müssen die ersten m Komponenten des Supervektors wieder c-Zahlen und die folgenden n Komponenten wieder a-Zahlen sein. Damit ist aber auch der Typ der Blockmatrizen festgelegt:

$$M \text{ vom } c\text{-Typ} \quad \Longleftrightarrow \quad \begin{cases} A^i{}_j, D^\alpha{}_\beta \in \mathbb{C}_c \\ B^i{}_\beta, C^\alpha{}_j \in \mathbb{C}_a \end{cases} . \tag{4.38}$$

Die Blockstruktur dieser Matrix ist in der Abb. 4.1 noch einmal dargestellt. Der sogenannte Boson-Boson-Block A sowie der Fermion-Fermion-Block D beinhalten nur gerade Elemente. Beides sind quadratische Matrizen. Die rechteckigen Blöcke B und C beinhalten dagegen ungerade Elemente.

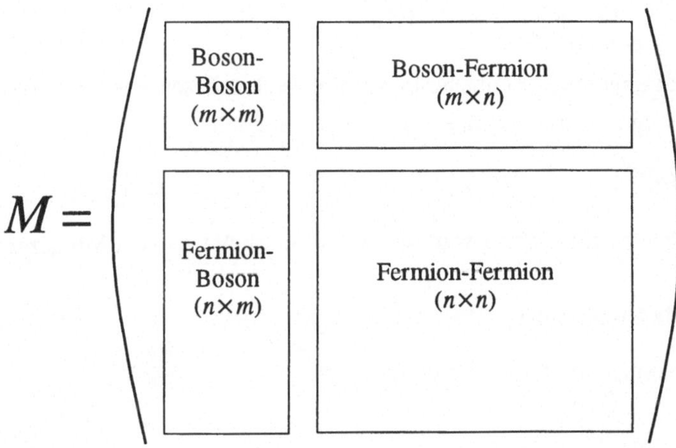

Abb. 4.1 Blockmatrixstruktur einer Supermatrix vom c-Typ und der Dimension $m + n$.

Im anderen Fall, wenn M vom a-Typ ist, dann ändert sich die Grassmann-Parität von **X**. Demzufolge werden die Komponenten $\tilde{q}^i$ zu a-Zahlen und $\tilde{\theta}^\alpha$ zu c-Zahlen. Anstelle von (4.38) gilt dann

$$M \text{ vom } a\text{-Typ} \quad \Longleftrightarrow \quad \begin{cases} A^i{}_j, D^\alpha{}_\beta \in \mathbb{C}_a \\ B^i{}_\beta, C^\alpha{}_j \in \mathbb{C}_c \end{cases} . \tag{4.39}$$

Im folgenden beschränken wir uns allerdings auf Supermatrizen vom c-Typ in ihrer kanonischen Blockform

$$M = \begin{pmatrix} A & B \\ C & D \end{pmatrix} . \tag{4.40}$$

Der Körper dieser Matrix,

$$M_{\mathrm{B}} = \begin{pmatrix} A_{\mathrm{B}} & 0 \\ 0 & D_{\mathrm{B}} \end{pmatrix} , \tag{4.41}$$

ist regulär, wenn A_{B} und D_{B} reguläre Matrizen sind. Die inverse Supermatrix lautet dann

$$M^{-1} = \begin{pmatrix} (A - BD^{-1}C)^{-1} & -A^{-1}B(D - CA^{-1}B)^{-1} \\ -D^{-1}C(A - BD^{-1}C)^{-1} & (D - CA^{-1}B)^{-1} \end{pmatrix} \tag{4.42}$$

Man prüfe nach, daß tatsächlich $M^{-1}M = MM^{-1} = \mathbb{1}$ gilt. In (4.42) besitzen $BD^{-1}C$ und $CA^{-1}B$ keine Körper, damit sind $(A - BD^{-1}C)$ sowie $(D - CA^{-1}B)$ invertierbar.

Wegen der ungeraden Elemente in den Rechteckmatrizen von M gilt $B_i{}^\alpha C^\beta{}_j = -C^\beta{}_j B_i{}^\alpha$. Summieren wir über alle $\alpha = \beta$, dann folgt

$$(BC)_{ij} = -(C^{\mathrm{T}}B^{\mathrm{T}})_{ji} \qquad \text{bzw.} \qquad (BC)^{\mathrm{T}} = -C^{\mathrm{T}}B^{\mathrm{T}} . \tag{4.43}$$

Bei der Transposition der a-wertigen Blöcke erscheint also ein Minuszeichen!

4.2.4 Die Superspur

Die *Superspur* von M ist definiert durch

$$\boxed{\mathrm{Str}\, M = \mathrm{Tr}\, A - \mathrm{Tr}\, D} \, . \tag{4.44}$$

Das Minuszeichen für den Fermionen-Block D ist beabsichtigt. Es gewährleistet nämlich die Beziehung

$$\mathrm{Str}\, (M_1 M_2) = \mathrm{Str}\, (M_2 M_1) \, . \tag{4.45}$$

Zum Beweis führe man die Matrizenmultiplikation $M_1 M_2$ aus und benutze (4.44),

$$\begin{aligned} \mathrm{Str}\, (M_1 M_2) &= \mathrm{Str} \left[\begin{pmatrix} A_1 & B_1 \\ C_1 & D_1 \end{pmatrix} \begin{pmatrix} A_2 & B_2 \\ C_2 & D_2 \end{pmatrix} \right] \\ &= \mathrm{Str} \begin{pmatrix} A_1A_2 + B_1C_2 & A_1B_2 + B_1D_2 \\ C_1A_2 + D_1C_2 & C_1B_2 + D_1D_2 \end{pmatrix} \\ &= \mathrm{Tr}\, (A_1A_2) + \mathrm{Tr}\, (B_1C_2) - \mathrm{Tr}\, (C_1B_2) - \mathrm{Tr}\, (D_1D_2) \end{aligned}$$

Nun verwenden wir (4.43), dann folgt

$$\begin{aligned}\mathrm{Str}\,(M_1M_2) &= \mathrm{Tr}\,(A_2A_1) + \mathrm{Tr}\,(B_2C_1) - \mathrm{Tr}\,(C_2B_1) - \mathrm{Tr}\,(D_2D_1)\\ &= \mathrm{Str}\left[\begin{pmatrix} A_2 & B_2\\ C_2 & D_2\end{pmatrix}\begin{pmatrix} A_1 & B_1\\ C_1 & D_1\end{pmatrix}\right] = \mathrm{Str}\,(M_2M_1)\,.\end{aligned}$$

Man beachte: Obwohl B und C Rechteckmatrizen sind, ergibt ihre Kombination BC und CB quadratische Matrizen, welche eine Spurbildung erst erlauben.

Aus (4.45) folgt unmittelbar

$$\mathrm{Str}\,[\,M_1, M_2\,] = 0\,. \tag{4.46}$$

Man sagt, die Superspur sei zyklisch für Supermatrizen.

4.2.5 Die Superdeterminante

Die *Superdeterminante* einer invertierbaren Supermatrix ist definiert durch

$$\boxed{\mathrm{sdet}\, M = \exp\{\mathrm{Str}\ln M\}}\,. \tag{4.47}$$

Diese Definition ist in Analogie zu gewöhnlichen Matrizen A gewählt:

$$\det A = \exp\{\mathrm{Tr}\,\ln\, A\}\,. \tag{4.48}$$

Zum Beweis benutzt man die Tatsache, daß die Spur invariant gegenüber Ähnlichkeitstransformationen ist:

$$\mathrm{Tr}\, L = \mathrm{Tr}\,(SLS^{-1}) = \mathrm{Tr}\,\Lambda = \sum_i \lambda_i\,,$$

wobei Λ eine Diagonalmatrix mit den Eigenwerten λ_i ist. Mit $A = \mathbb{1} + L$ folgt

$$\begin{aligned}\mathrm{Tr}\ln\,(\mathbb{1}+L) &= \mathrm{Tr}\left(L - \frac{L^2}{2} + \frac{L^3}{3} - \cdots\right)\\ &= \sum_i \lambda_i - \frac{1}{2}\sum_i \lambda_i^2 + \frac{1}{3}\sum_i \lambda_i^3 - \cdots = \sum_i \ln(1+\lambda_i)\\ &= \ln\prod_i (1+\lambda_i) = \ln\det\,(\mathbb{1}+\Lambda) = \ln\det A\,.\end{aligned}$$

Damit ist (4.48) für diagonalisierbare Matrizen bewiesen. Im allgemeinen Fall läßt sich jede Matrix L durch SLS^{-1} auf eine Dreiecksform bringen, deren Elemente unterhalb der Diagonalen identisch verschwinden. Bezeichnet man die Diagonalelemente wieder mit λ_i, dann gilt für Dreiecksmatrizen genauso wie für Diagonalmatrizen

$$\mathrm{Tr}\, L = \sum_i \lambda_i \quad , \quad \mathrm{Tr}\, L^2 = \sum_i \lambda_i^2 \quad , \quad \text{usw.}$$

Der Beweis für nicht-diagonalisierbare Matrizen verläuft damit analog. Gleichung (4.48) gilt demnach für beliebige Matrizen.

Bevor wir fortfahren, geben wir an dieser Stelle die Multiplikationsregel für Exponentialfunktionen aus gewöhnlichen Matrizen an. Aufgrund der Nichtkommutativität von Matrizen ist sie weitaus komplizierter als für gewöhnliche Zahlen. Sie ist durch die Baker-Campbell-Hausdorff-Formel (BCH-Formel) aus dem Jahre 1898 gegeben:

$$\exp F \; \exp G = \exp K \; , \tag{4.49}$$

wobei

$$K = F + G + \frac{1}{2}[F, G] + \frac{1}{12}[[F, G], G] + \frac{1}{12}[F, [F, G]] + \dots$$

eine unendliche Reihe mit Kommutatoren immer höherer Ordnung bildet. Nur für den Spezialfall, wenn F und G vertauschen, gilt

$$[F, G] = 0 \quad \Longrightarrow \quad \mathrm{e}^F \mathrm{e}^G = \mathrm{e}^{(F+G)} = \mathrm{e}^G \mathrm{e}^F \; .$$

Mit Hilfe der BCH-Formel werden wir nun die wichtige Beziehung für Superdeterminanten

$$\mathrm{sdet}\,(M_1 M_2) = (\mathrm{sdet}\, M_1)\; (\mathrm{sdet}\, M_2) \tag{4.50}$$

beweisen: Mit $F = \ln M_1$, $G = \ln M_2$, also $\mathrm{e}^F \mathrm{e}^G = M_1 M_2$, erhält man

$$\ln(M_1 M_2) = F + G + \frac{1}{2}[F, G] + \cdots \; .$$

Da wegen (4.46) die Superspur über alle Kommutatoren verschwindet, folgt

$$\begin{aligned} \mathrm{Str}\, \ln(M_1 M_2) &= \mathrm{Str}\, F + \mathrm{Str}\, G + \frac{1}{2}\mathrm{Str}\,[F, G] + \cdots \\ &= \mathrm{Str}\, F + \mathrm{Str}\, G = \mathrm{Str}\, \ln M_1 + \mathrm{Str}\, \ln M_2 \; . \end{aligned}$$

Aus der Definition (4.47) findet man schließlich die Behauptung

$$\begin{aligned}\text{sdet}\,(M_1M_2) &= \exp\{\text{Str}\,\ln M_1 + \text{Str}\,\ln M_2\}\\ &= (\text{sdet}\,M_1)(\text{sdet}\,M_2)\,.\end{aligned}$$

Damit ist der Beweis von (4.50) abgeschlossen.

Für die Supermatrix in der kanonischen Form (4.40) lautet die Superdeterminante

$$\text{sdet}\,M = [\det A]\,[\det(D - CA^{-1}B)]^{-1} \tag{4.51}$$

oder

$$\text{sdet}\,M = [\det D]^{-1}\,[\det(A - BD^{-1}C)]\,. \tag{4.52}$$

Wir beweisen die erste Gleichung. Dazu zerlegen wir M in zwei Dreiecksmatrizen

$$M = \begin{pmatrix} A & 0 \\ C & \mathbb{1}_n \end{pmatrix}\begin{pmatrix} \mathbb{1}_m & A^{-1}B \\ 0 & D - CA^{-1}B \end{pmatrix} =: M_1M_2\,.$$

Wegen

$$\begin{aligned}\text{Str}\,\ln M_1 &= \text{Tr}\,\ln A - \text{Tr}\,\ln \mathbb{1}_n = \text{Tr}\,\ln A\,,\\ \text{Str}\,\ln M_2 &= \text{Tr}\,\ln \mathbb{1}_m - \text{Tr}\,\ln(D - CA^{-1}B)\\ &= -\text{Tr}\,\ln(D - CA^{-1}B)\end{aligned}$$

folgt

$$\begin{aligned}\text{sdet}\,M &= \exp\{\text{Str}\,\ln M_1\}\,\exp\{\text{Str}\,\ln M_2\}\\ &= \exp\{\text{Tr}\,\ln A\}\,\exp\{-\text{Tr}\,\ln(D - CA^{-1}B)\}\\ &= \det A\,[\det(D - CA^{-1}B)]^{-1}\,.\end{aligned}$$

Der Beweis für (4.52) verläuft ähnlich; den Ausgangspunkt bildet aber eine andere Zerlegung:

$$M = \begin{pmatrix} \mathbb{1}_m & B \\ 0 & D \end{pmatrix}\begin{pmatrix} A - BD^{-1}C & 0 \\ D^{-1}C & \mathbb{1}_n \end{pmatrix}\,.$$

Ist N eine invertierbare Matrix, dann bleiben die Operationen Str und sdet invariant bei der Transformation

$$M \longrightarrow M' = NMN^{-1}\,. \tag{4.53}$$

Mit anderen Worten, wegen (4.45) gilt

$$\mathrm{Str}\, M' = \mathrm{Str}\,(NMN^{-1}) = \mathrm{Str}\,(N^{-1}NM) = \mathrm{Str}\, M\ .$$

Andererseits gilt wegen (4.50)

$$\begin{aligned}\mathrm{sdet}\, M' &= \mathrm{sdet}\, N\, \mathrm{sdet}\, M\, \mathrm{sdet}\, N^{-1}\\ &= (\mathrm{sdet}\, N\, \mathrm{sdet}\, N^{-1})\, \mathrm{sdet}\, M\\ &= \mathrm{sdet}\, \mathbb{1}\, \mathrm{sdet}\, M \ = \ \mathrm{sdet}\, M\ .\end{aligned}$$

4.2.6 Die Supertransposition

Die *Supertransposition* von M lautet per Definition

$$\boxed{M^{\mathrm{S}} = \begin{pmatrix} A^{\mathrm{T}} & -C^{\mathrm{T}} \\ B^{\mathrm{T}} & D^{\mathrm{T}} \end{pmatrix}}\ , \tag{4.54}$$

wobei mit dem hochgestellten Symbol T die gewöhnliche Transposition gemeint ist. Diese Definition wurde so gewählt, daß die Beziehung

$$(M_1 M_2)^{\mathrm{S}} = M_2^{\mathrm{S}} M_1^{\mathrm{S}} \tag{4.55}$$

gilt. Zum Beweis multiplizieren wir

$$\begin{aligned} M_2^{\mathrm{S}} M_1^{\mathrm{S}} &= \begin{pmatrix} A_2^{\mathrm{T}} & -C_2^{\mathrm{T}} \\ B_2^{\mathrm{T}} & D_2^{\mathrm{T}} \end{pmatrix} \begin{pmatrix} A_1^{\mathrm{T}} & -C_1^{\mathrm{T}} \\ B_1^{\mathrm{T}} & D_1^{\mathrm{T}} \end{pmatrix} \\ &= \begin{pmatrix} (A_1A_2)^{\mathrm{T}} + (B_1C_2)^{\mathrm{T}} & -(C_1A_2)^{\mathrm{T}} - (D_1C_2)^{\mathrm{T}} \\ (A_1B_2)^{\mathrm{T}} + (B_1D_2)^{\mathrm{T}} & (C_1B_2)^{\mathrm{T}} + (D_1D_2)^{\mathrm{T}} \end{pmatrix}\ , \end{aligned}$$

wobei im zweiten Schritt (4.43) beachtet wurde. Es folgt mit (4.54)

$$\begin{aligned} M_2^{\mathrm{S}} M_1^{\mathrm{S}} &= \begin{pmatrix} A_1A_2 + B_1C_2 & A_1B_2 + B_1D_2 \\ C_1A_2 + D_1C_2 & C_1B_2 + D_1D_2 \end{pmatrix}^{\mathrm{S}} \\ &= \left[\begin{pmatrix} A_1 & B_1 \\ C_1 & D_1 \end{pmatrix} \begin{pmatrix} A_2 & B_2 \\ C_2 & D_2 \end{pmatrix}\right]^{\mathrm{S}} \ = \ (M_1M_2)^{\mathrm{S}}\ . \end{aligned}$$

Damit ist der Beweis von (4.55) abgeschlossen.

Wird M^{S} mehrmals transponiert, dann erhalten wir

$$M^{\mathrm{SS}} = \begin{pmatrix} A & -B \\ -C & D \end{pmatrix} \quad \text{und} \quad M^{\mathrm{SSS}} = \begin{pmatrix} A^{\mathrm{T}} & C^{\mathrm{T}} \\ -B^{\mathrm{T}} & D^{\mathrm{T}} \end{pmatrix}$$

und schließlich

$$M^{\mathrm{SSSS}} = M \,. \tag{4.56}$$

Eine wichtige Beziehung, die sowohl bei Matrizen als auch bei Supermatrizen gilt, lautet

$$\operatorname{sdet} M^{\mathrm{S}} = \operatorname{sdet} M \,. \tag{4.57}$$

Der Beweis lautet mit (4.54) und (4.52):

$$\begin{aligned} \operatorname{sdet} M^{\mathrm{S}} &= \operatorname{sdet} \begin{pmatrix} A^{\mathrm{T}} & -C^{\mathrm{T}} \\ B^{\mathrm{T}} & D^{\mathrm{T}} \end{pmatrix} = \frac{\det [\, A^{\mathrm{T}} + C^{\mathrm{T}} (D^{\mathrm{T}})^{-1} B^{\mathrm{T}} \,]}{\det D^{\mathrm{T}}} \\ &= \frac{\det [\, (A - BD^{-1}C)^{\mathrm{T}} \,]}{\det D^{\mathrm{T}}} = \frac{\det [\, A - BD^{-1}C \,]}{\det D} = \operatorname{sdet} M \,. \end{aligned}$$

4.3 Analysis mit Superzahlen

4.3.1 Superanalytische Funktionen und Superfunktionen

Jede analytische Funktion f über den komplexen Zahlen läßt sich zu einer *superanalytischen Funktion* F erweitern:

$$F(z) = F(z_{\mathrm{B}} + z_{\mathrm{S}}) := f(z_{\mathrm{B}}) + \sum_{n=1}^{\infty} \frac{1}{n!} f^{(n)}(z_{\mathrm{B}})\, z_{\mathrm{S}}^{n} \,. \tag{4.58}$$

Hier bedeutet $f^{(n)}(z_{\mathrm{B}})$ die $n$te Ableitung von f am Punkt z_{B} in der komplexen Ebene; sie gilt für alle z_{B} mit Ausnahme der singulären Punkte von f. Für endliches N bricht die Reihe wegen der Nilpotenz von z_{S} ab. Existiert keine Seele, dann ist $F(z) = f(z_{\mathrm{B}})$. Im allgemeinen bezeichnet $F(z)$ und $f(z_{\mathrm{B}})$ den gleichen funktionellen Zusammenhang, nur sind eben die Argumente einmal Superzahlen und das andere mal gewöhliche komplexe Zahlen: Ist beispielsweise $F(z) = \exp z$, dann ist $f(z_{\mathrm{B}}) = \exp z_{\mathrm{B}}$. Einige Autoren machen deshalb auch keinen Unterschied in der Bezeichnung von F und f.

Die $k$te Ableitung von $F(z)$ nach der Superzahl z ist gegeben durch

$$F^{(k)}(z) = \frac{\mathrm{d}^k F(z)}{\mathrm{d}z^k} := f^{(k)}(z_\mathrm{B}) + \sum_{n=1}^{\infty} \frac{1}{n!} f^{(n+k)}(z_\mathrm{B})\, z_\mathrm{S}^n \,. \tag{4.59}$$

Setzt man z_S aus (4.6) in (4.58) ein, so erhält man eine Entwicklung von $f(z)$ nach Basiselementen von Λ_∞,

$$F(z) = f_0 + f_a \zeta^a + \frac{1}{2!} f_{ab}\, \zeta^a \zeta^b + \cdots \,, \tag{4.60}$$

wobei f_0, f_a, f_{ab} usw. gewöhnliche Funktionen sind. Betrachten wir als Beispiel den Fall $N=2$ mit z aus (4.4). Gemäß (4.58) folgt dann

$$F(z) = f(c_0) + f^{(1)}(c_0) \left(c_1 \zeta^1 + c_2 \zeta^2 + \frac{1}{2!} c_{12} \zeta^1 \zeta^2 \right) .$$

Aus dem Vergleich mit

$$F(z) = f_0 + f_1 \zeta^1 + f_2 \zeta^2 + \frac{1}{2!} f_{12}\, \zeta^1 \zeta^2$$

finden wir

$$\begin{aligned} f_0 &= f(c_0) \,, \\ f_1 &= c_1 f'(c_0) \,, \\ f_2 &= c_2 f'(c_0) \,, \\ f_{12} &= c_{12} f'(c_0) \,. \end{aligned}$$

Das sind im allgemeinen Funktionen mehrerer komplexer Variablen. Für den Spezialfall $F(z) = z$ gilt $f(z_\mathrm{B}) = z_\mathrm{B} = c_0$, und wir gelangen wieder zu (4.4) zurück, nämlich $f_0 = c_0$, $f_1 = c_1$, $f_2 = c_2$ und $f_{12} = c_{12}$.

Superanalytische Funktionen von c- und a-Zahlen bezeichnen wir mit $F(q)$ und $F(\theta)$. Sie bilden $\mathbb{C}_c$ bzw. $\mathbb{C}_a$ auf Λ_∞ ab. Die Singularitäten (Pole, Verzweigungspunkte, etc.) von $F(q)$ befinden sich bei $q = q_\mathrm{B}$, dem Körper der c-Zahl, und sind vollkommen unabhängig von ihrer Seele q_S. Wegintegrale im $\mathbb{C}_c$ behandelt man wie in der gewöhnlichen komplexen Ebene, indem man nur die Projektion dieses Weges auf die q_B-Ebene betrachtet. Der Wert der Seele auf diesem Integrationsweg ist irrelevant.

Beim Übergang von einer komplexen Zahl zur c-Superzahl bleiben die allgemeinen Regeln der Analysis erhalten [26, 24]. Diesen Sachverhalt drücken wir in der Schreibweise

$$F(q) = f(q)$$

aus, die besagt: Rechne mit $F(q)$ genauso wie mit der Funktion $f(q)$ einer reellen oder komplexen Variablen q.

Ganz anders verhält es sich dagegen bei $F(\theta)$. Da das Quadrat und alle höheren Potenzen einer a-Zahl verschwinden, $\theta^n = 0$ für $n \geq 2$, folgt aus (4.58)

$$F(\theta) = \sum_{n=0}^{\infty} \frac{1}{n!} f^{(n)}(0)\, \theta^n = f(0) + f'(0)\, \theta \,. \tag{4.61}$$

Mit anderen Worten, jede superanalytische Funktion von a-Zahlen ist eine *lineare* Funktion in θ. Als lineare Funktion besitzt sie keine Singularitäten und ist deshalb in ganz $\mathbb{C}_a$ analytisch. Zur Illustration von (4.61) berechnen wir:

$$\exp\theta = \exp 0 + (\exp 0)\,\theta = 1 + \theta \,, \tag{4.62}$$

$$\sin\theta = \sin 0 + (\cos 0)\,\theta = \theta \,, \tag{4.63}$$

$$\cos\theta = \cos 0 + (\sin 0)\,\theta = 1 \,. \tag{4.64}$$

Das sind alles lineare Funktionen, die man auch sofort erhält, wenn man $F(\theta)$ in eine Taylorreihe entwickelt und diese nach dem Term erster Ordnung abbricht.

Nun gehen wir von $F(\theta)$ zu $F(q,\theta) := F(q+\theta)$ über und benutzen dabei (4.58) sowie die binomische Formel für Grassmann-Zahlen,

$$(q_S + \theta)^n = q_S^n + n q_S^{n-1}\theta \,,$$

die nach dem zweiten Term abbricht. Es folgt

$$\begin{aligned} F(q,\theta) &= \sum_{n=0}^{\infty} \frac{1}{n!} f^{(n)}(q_B) \left[q_S + \theta\right]^n \\ &= \sum_{n=0}^{\infty} \frac{1}{n!} f^{(n)}(q_B)\, q_S^n + \sum_{n=0}^{\infty} \frac{1}{n!} f^{(n)}(q_B)\, n q_S^{n-1}\theta \\ &= F(q) + \theta \sum_{n=1}^{\infty} \frac{1}{(n-1)!} q_S^{n-1} f^{(n)}(q_B) \\ &= F(q) + \theta \sum_{n=0}^{\infty} \frac{1}{n!} q_S^n f^{(n+1)}(q_B) \\ &= F(q) + F^{(1)}(q)\theta = f(q) + f'(q)\theta. \end{aligned} \tag{4.65}$$

Für $F(q,\theta) = \mathrm{e}^{q+\theta}$ beispielsweise finden wir mit $f(q) = f'(q) = \mathrm{e}^q$ den einfachen Ausdruck

$$\mathrm{e}^{q+\theta} = \mathrm{e}^q + \mathrm{e}^q\theta = \mathrm{e}^q(1+\theta) \,.$$

Mit (4.58) lernten wir eine Vorschrift kennen, nach der man eine gewöhnliche Funktion zu einer superanalytischen Funktion erweitert, $f(z_{\rm B}) \to F(z)$. Nun verallgemeinern wir den Begriff der Funktion. Unter einer *Superfunktion* verstehen wir fortan (4.60) mit *beliebigen* Koeffizientenfunktionen f_0, f_a, $f_{ab}, \ldots$. Wir können dann aber für $F(z)$ keinen geschlossenen Ausdruck wie $\exp z$ oder $z^3 + 2z$ mehr hinschreiben, sondern müssen f_0, f_a, f_{ab}, ... konkret angeben. In diesem Sinne lautet die Verallgemeinerung der linearen Funktion aus (4.65)

$$\boxed{F(q,\theta) = f_0(q) + f_1(q)\,\theta} \quad . \tag{4.66}$$

Desweiteren heben wir die Einschränkung $F(q,\theta) = F(q+\theta)$ auf.

Superfunktionen treten in der Feldtheorie in Form von Superfeldern und effektiven Potentialen auf; wir begegnen ihnen in den nächsten Kapiteln.

4.3.2 Dynamische Variable

Bei der Einführung der Superzahlen gingen wir von den Generatoren ζ^a aus; sie bildeten das Fundament der Superzahlen. In physikalischen Modellen oder Theorien treten die Generatoren ζ^a jedoch nicht mehr explizit auf. Die wahren Akteure sind die geraden und ungeraden *dynamischen Variablen* im Superraum $\mathbb{R}^{m|n}$:

$$q^i(t) := c_0^i(t) + \frac{1}{2!}\,c_{ab}^i(t)\,\zeta^a\zeta^b + \cdots \qquad (i = 1,\ldots,m)\,, \tag{4.67}$$

$$\theta^\alpha(t) := c_a^\alpha(t)\,\zeta^a + \frac{1}{3!}\,c_{abc}^\alpha(t)\,\zeta^a\zeta^b\zeta^c + \cdots \qquad (\alpha = 1,\ldots,n)\,. \tag{4.68}$$

(Über doppelt auftretende Indizes wird hier summiert.) In dieser Verallgemeinerung stecken bereits zwei Schritte: Erstens erfolgt ein Übergang von konstanten zu zeitabhängigen Größen, wobei die Zeitabhängigkeit nur in den Koeffizienten auftritt. Zweitens geht man zu mehreren Variablen über

$$(q,\theta) \to (q^1,\ldots,q^m,\theta^1,\ldots,\theta^n) = (q^i,\theta^\alpha)\,.$$

Wegen der in den dynamischen Variablen enthaltenen geraden (bzw. ungeraden) Anzahl von Generatoren erfüllen sie die fundamentalen Beziehungen

$$[q^i, q^j] = q^i q^j - q^j q^i = 0\,, \tag{4.69}$$

$$[\theta^\alpha, q^i] = \theta^\alpha q^i - q^i \theta^\alpha = 0\,, \tag{4.70}$$

$$\{\theta^\alpha, \theta^\beta\} = \theta^\alpha\theta^\beta + \theta^\beta\theta^\alpha = 0\,. \tag{4.71}$$

Gleichung (4.71) besagt, daß die ungeraden Variablen (*Grassmann-Variablen*) θ^α den gleichen Antivertauschungsrelationen wie die Generatoren ζ^a in (4.1) genügen; nur befinden wir uns jetzt auf einer höheren Ebene. Alle Betrachtungen zur komplexen Konjugation aus § 4.1.3 übertragen sich unverändert auf die dynamischen Variablen. Insbesondere gilt für Grassmann-Variable:

$$\boxed{\text{komplexe Konjugation} = \text{hermitesche Konjugation}} \quad . \tag{4.72}$$

Mit anderen Worten, bei der komplexen Konjugation ist die Reihenfolge der Grassmann-Variablen zu vertauschen, $(\theta^1\theta^2)^* = \theta^{2*}\theta^{1*}$.

Als Verallgemeinerung von (4.65) erhalten wir für eine Superfunktion auf $\mathbb{R}^{m|n}$:

$$\boxed{F(q,\theta) = f_0(q) + f_\alpha(q)\,\theta^\alpha + \frac{1}{2!}\,f_{\alpha\beta}(q)\,\theta^\alpha\theta^\beta + \cdots} \quad . \tag{4.73}$$

Hier sind die $f_{\alpha_1\cdots\alpha_k}$ in ihren Indizes vollkommen antisymmetrisch. Die Summation über die griechischen Indizes läuft dabei von 1 bis n. Wenn wir im weiteren von der Taylorentwicklung einer Superfunktion sprechen, meinen wir die Entwicklung (4.73).

Einfache Beispiele für Superfunktionen mit mehreren Variablen sind

$$\begin{aligned} \exp(\theta^1 + \theta^2) &= 1 + (\theta^1 + \theta^2) + \frac{1}{2!}\,(\theta^1 + \theta^2)^2 \\ &= 1 + \theta^1 + \theta^2 + \theta^1\theta^2 \end{aligned}$$

und

$$\exp(\theta^1\theta^2) = 1 + \theta^1\theta^2 \ .$$

Durch eine Superfunktion F wird jedem Punkt z^K des Superraumes $\mathbb{R}^{m|n}$ eine Superzahl zugeordnet. Da sich jede Superzahl in einen geraden und ungeraden Anteil zerlegen läßt, zerfällt die Superfunktion auch in zwei Teile,

$$F(z) = F_c(z) + F_a(z) \qquad \text{mit} \qquad F_c(z) \in \mathbb{C}_c\ ,\ F_a(z) \in \mathbb{C}_a\ . \tag{4.74}$$

Diese *reinen* Anteile bezeichnen wir als

$$\begin{aligned} &\text{gerade (bosonisch)} && \Longleftrightarrow && F_c : \mathbb{R}^{m|n} \to \mathbb{C}_c\ , \\ &\text{ungerade (fermionisch)} && \Longleftrightarrow && F_a : \mathbb{R}^{m|n} \to \mathbb{C}_a\ . \end{aligned}$$

Jeder reinen Superfunktion ordnen wir ebenso wie bei den linearen Operatoren eine Grassmann-Parität zu:

$$\pi(F) = \begin{cases} 0 & \text{wenn } F \text{ gerade} \\ 1 & \text{wenn } F \text{ ungerade} \end{cases} . \tag{4.75}$$

Wie bereits vermerkt, treten die Generatoren ζ^a nicht mehr explizit auf. Und da sie keine Rolle mehr spielen, ist ihre Anzahl unwesentlich, mit anderen Worten, sie kann auch (abzählbar) unendlich sein.

4.3.3 Die Differentiation

Gegeben sei die Superfunktion (4.73), und wir fragen nach der Ableitung dieser Funktion. Während die Ableitungen nach den geraden Variablen, $\partial/\partial q^i$, wie in der gewöhnlichen Analysis zu handhaben sind, müssen wir die Ableitungen $\partial/\partial\theta^\alpha$ erst neu einführen. Dazu betrachten wir die kleine a-Zahl (klein bedeutet hier, daß die Koeffizienten, die vor den Generatoren der Superzahl stehen, nur infinitesimal von Null abweichen). Es gilt dann

$$\delta F = F(\theta^\alpha + \delta\theta^\alpha) - F(\theta^\alpha) \; = \; \delta\theta^\alpha \, \frac{\partial^L F}{\partial\theta^\alpha} . \tag{4.76}$$

Hier bezeichnet $\partial^L F/\partial\theta^\alpha$ die *linke* Ableitung, da sie von links auf die Funktion wirkt. Im Gegensatz dazu wird mit

$$\delta F = \frac{\partial^R F}{\partial\theta^\alpha} \, \delta\theta^\alpha \tag{4.77}$$

die *rechte* Ableitung definiert. Wir haben also immer zwischen zwei Arten von Ableitungen nach ungeraden Variablen zu unterscheiden:

$$\frac{\partial^L F}{\partial\theta^\alpha} = \frac{\overrightarrow{\partial}}{\partial\theta^\alpha} F \qquad \text{und} \qquad \frac{\partial^R F}{\partial\theta^\alpha} = F \frac{\overleftarrow{\partial}}{\partial\theta^\alpha} . \tag{4.78}$$

Fortan geben wir der linken Ableitung den Vorzug. Alle nachfolgenden Betrachtungen lassen sich aber ebenso gut für die rechten Ableitungen durchführen.

Die Grundregeln der Differentiation lauten

$$\boxed{\frac{\partial^L}{\partial\theta^\alpha} \, 1 = 0 \qquad \text{und} \qquad \frac{\partial^L}{\partial\theta^\alpha} \, \theta^\beta = \delta^\beta_\alpha} \; . \tag{4.79}$$

Ähnliche Beziehungen gelten auch für $\partial^R/\partial\theta^\alpha$. Aus (4.79) folgt die *Produktregel*

$$\frac{\partial^L}{\partial\theta^\alpha}(\theta^\beta\theta^\gamma) = \delta^\beta_\alpha\theta^\gamma - \delta^\gamma_\alpha\theta^\beta = -\frac{\partial^R}{\partial\theta^\alpha}(\theta^\beta\theta^\gamma)\,. \tag{4.80}$$

Das Minuszeichen im zweiten Term kommt durch das Herübertragen der abzuleitenden Größe auf die linke Seite. Diese Regel läßt sich verallgemeinern. Wenn p die linke Position der Variablen θ^β im Produkt $\theta^\alpha\cdots\theta^\beta\cdots\theta^\gamma$ bezeichnet, und wenn $p=0$ die maximal linke Position angibt, erhalten wir

$$\frac{\partial^L}{\partial\theta^\beta}(\theta^\alpha\cdots\theta^\beta\cdots\theta^\gamma) = (-1)^p\,\theta^\alpha\cdots\theta^\gamma\,. \tag{4.81}$$

Veranschaulichen wir uns nun die Ableitungsregeln am Beispiel der Superfunktion $F=a+z\theta$ mit $z=q+\tilde{\theta}$, wobei q gerade und $\tilde{\theta}$ ungerade ist, dann folgt

$$\frac{\partial^L F}{\partial\theta} = q-\tilde{\theta} \qquad \text{und} \qquad \frac{\partial^R F}{\partial\theta} = q+\tilde{\theta}\,.$$

Beide Ergebnisse sind unabhängig von θ, darum verschwinden die zweiten Ableitungen. Ist nun F eine reine Funktion, dann ist entweder q oder $\tilde{\theta}$ Null, und es gilt:

$$\begin{aligned} &F \text{ gerade}: && \partial^L F/\partial\theta = -\partial^R F/\partial\theta\,, \\ &F \text{ ungerade}: && \partial^L F/\partial\theta = \partial^R F/\partial\theta\,. \end{aligned}$$

In (4.80) wirken die Differentialoperatoren auf eine gerade Funktion. Die Wirkung auf eine ungerade Funktion, sagen wir θ, ergibt $(\partial^L/\partial\theta)\,\theta = (\partial^R/\partial\theta)\,\theta$. Liegen also reine Superfunktionen vor, dann gilt allgemein

$$\frac{\partial^R F}{\partial\theta^\alpha} = -(-1)^{\pi(F)}\,\frac{\partial^L F}{\partial\theta^\alpha}\,. \tag{4.82}$$

Desweiteren ändert die Differentiation den Typ der Superfunktion: aus geraden Superfunktionen werden ungerade und umgekehrt:

$$\pi\left(\frac{\partial F}{\partial^L\theta^\alpha}\right) = 1+\pi(F) \qquad (\mathrm{mod}\,2)\,. \tag{4.83}$$

Schließlich erhält man mit den Differentiationsregeln (4.79)

$$\begin{aligned} \left\{\frac{\partial^L F}{\partial\theta^\alpha},\theta^\beta\right\}F &= \frac{\partial^L}{\partial\theta^\alpha}(\theta^\beta F) + \theta^\beta\,\frac{\partial^L F}{\partial\theta^\alpha} \\ &= \frac{\partial^L\theta^\beta}{\partial\theta^\alpha}F - \theta^\beta\,\frac{\partial^L F}{\partial\theta^\alpha} + \theta^\beta\,\frac{\partial^L F}{\partial\theta^\alpha} = \delta^\beta_\alpha\,F \end{aligned}$$

also

$$\left\{ \frac{\partial^L F}{\partial \theta^\alpha}, \theta^\beta \right\} = \delta_\alpha^\beta \,. \tag{4.84}$$

Dieser Ausdruck ist zu vergleichen mit dem Kommutator für c-Zahlen

$$\left(\frac{\partial}{\partial q^i}, q^j \right) = \delta_i^j \,. \tag{4.85}$$

4.3.4 Die Integration

Die Integration im $\mathbb{R}_c$ verläuft nach den herkömmlichen Integrationsregeln. Ein vollkommen fremdes Terrain beschreiten wir dagegen beim Integrieren über a-wertige Funktionen. Zunächst müssen wir uns von der Vorstellung trennen, daß ein Integral im $\mathbb{R}_a$ irgend etwas mit Integrationswegen bzw. -grenzen zu tun hat. Weder die Konstruktion über Riemannsche Summen noch die unbestimmte Integration als Umkehrung der Differentiation führen hier zum Ziel. Die Integration über a-Zahlen wird rein formal eingeführt.

Zunächst beschränken wir uns auf die Integration in $\mathbb{R}_a$ mit nur *einer* reellen Grassmann-Variablen θ. Die allgemeinste Form einer Superfunktionen lautet dann

$$F(\theta) = a + b\theta \,. \tag{4.86}$$

Um das Symbol "$\int F(\theta)\,\mathrm{d}\theta$" vollständig zu definieren, müssen wir die beiden Symbole "$\int \mathrm{d}\theta$" und "$\int \theta\,\mathrm{d}\theta$" festlegen. Alle anderen Integrale folgen dann aus der Linearitätsforderung

$$\int \Big[c_1 F(\theta) + c_2 G(\theta) \Big] \mathrm{d}\theta = c_1 \int F(\theta)\,\mathrm{d}\theta + c_2 \int G(\theta)\,\mathrm{d}\theta \,. \tag{4.87}$$

Wir legen fest:

$$\boxed{\int \mathrm{d}\theta = 0 \qquad \text{und} \qquad \int \theta\,\mathrm{d}\theta = 1} \,. \tag{4.88}$$

Die Normierung auf 1 ist willkürlich. Aus diesen Axiomen folgt die Translationsinvarianz,

$$\begin{aligned} \int F(\theta + \eta)\,\mathrm{d}\theta &= \int [\, a + b(\theta + \eta) \,]\,\mathrm{d}\theta \\ &= \int [\, a + b\theta \,]\,\mathrm{d}\theta = \int F(\theta)\,\mathrm{d}\theta \,. \end{aligned} \tag{4.89}$$

In der Literatur wird oftmals die Translationsinvarianz als Ausgangspunkt zur Definition von (4.88) herangezogen.

Ein Vergleich von (4.79) mit (4.88) zeigt, daß im $\mathbb{R}_a$ gilt:

Differentiation = Integration	
$\frac{\partial^L}{\partial\theta} 1 = \int 1 \, d\theta = 0$	a-Typ
$\frac{\partial^L}{\partial\theta} \theta = \int \theta \, d\theta = 1$	c-Typ

Die Gleichheit von Integration und Differentiation folgt schlicht aus der Tatsache, daß Superfunktionen nur konstante oder lineare Funktionen in θ sind. Erhöhung und Erniedrigung der Ordnung um eine Stufe sind demzufolge (mod 2)-äquivalent.

Auf der rechten Seite der Tabelle wurde auch der entsprechende Typ der Größe angegeben. Das Differential $d\theta$ ist eine ungerade Größe und antivertauscht mit allen a-Zahlen. Insbesondere gilt

$$\int \theta \, d\theta = -\int d\theta \, \theta \, . \tag{4.90}$$

Die Regel für die *partielle* Integration lautet

$$\int F \, \frac{\partial^L G}{\partial\theta} \, d\theta = \int \frac{\partial^R F}{\partial\theta} \, G \, d\theta \, . \tag{4.91}$$

Beim Beweis gehen wir von den Superfunktionen (4.86) und $G = \tilde{a} + \tilde{b}\theta$ aus und erhalten für die linke Seite

$$\begin{aligned} \int (a + b\theta) \left(\frac{\partial^L}{\partial\theta} \, \tilde{b}\theta \right) d\theta &= b \int \theta \left(\frac{\partial^L}{\partial\theta} \, \tilde{b}\theta \right) d\theta \\ &= b\tilde{b} \int \theta \left(\frac{\partial^L}{\partial\theta} \, \theta \right) d\theta = b\tilde{b} \, . \end{aligned}$$

Im zweiten Schritt wurde die Konstante $\tilde{b}$ mit dem *geraden* Operator $\theta(\partial^L/\partial\theta)$ vertauscht. Für die rechte Seite folgt

$$\int (a + b\theta) \, \frac{\overleftarrow{\partial}}{\partial\theta} \, (\tilde{a} + \tilde{b}\theta) \, d\theta = b \int (\tilde{a} + \tilde{b}\theta) \, d\theta = b\tilde{b} \, .$$

Damit ist die Relation (4.91) bewiesen.

Mit Hilfe von (4.82) läßt sich (4.91) auch umschreiben in den Ausdruck

$$\boxed{\int F \frac{\partial^L G}{\partial \theta} \, \mathrm{d}\theta = -(-1)^{\pi(F)} \int \frac{\partial^L F}{\partial \theta} G \, \mathrm{d}\theta} \quad . \tag{4.92}$$

Die Größe θ sei reell. Untersuchen wir nun mit den Regeln aus (4.17) das Verhalten von $1 = \int \theta \, \mathrm{d}\theta$ bei komplexer Konjugation, $1 = \int (\theta \, \mathrm{d}\theta)^* = \int (\mathrm{d}\theta)^* \, \theta = -\int \theta \, (\mathrm{d}\theta)^*$. Daraus folgt

$$(\mathrm{d}\theta)^* = -\mathrm{d}\theta \qquad \Longrightarrow \qquad \mathrm{d}\theta \text{ ist imaginär !} \tag{4.93}$$

Die Größe $\theta = \theta^1 + \mathrm{i}\theta^2$ sei nun komplex und θ^1, θ^2 reell. Dann gilt $\mathrm{d}\theta = \mathrm{d}\theta^1 + \mathrm{i}\mathrm{d}\theta^2$ und wegen (4.93)

$$(\mathrm{d}\theta)^* = -\mathrm{d}\theta^1 + \mathrm{i}\mathrm{d}\theta^2 = -\mathrm{d}\theta^* \ . \tag{4.94}$$

Für das Integral erhalten wir somit $1 = \int (\theta \, \mathrm{d}\theta)^* = \int (\mathrm{d}\theta)^* \, \theta^* = -\int \mathrm{d}\theta^* \, \theta^* = \int \theta^* \, \mathrm{d}\theta^*$, also

$$1 = \int \theta \, \mathrm{d}\theta = \int \theta^* \, \mathrm{d}\theta^* \ . \tag{4.95}$$

Nun diskutieren wir die Mehrfachintegration im $\mathbb{R}_a^n$. Zu Beginn betrachten wir die Integration über zwei Grassmann-Variable

$$\begin{aligned} \int F(\theta^1, \theta^2) \, \mathrm{d}\theta^2 \mathrm{d}\theta^1 &= \int (f_0 + f_1 \theta^1 + f_2 \theta^2 + f_{12} \theta^1 \theta^2) \, \mathrm{d}\theta^2 \mathrm{d}\theta^1 \\ &= 0 + f_{12} \left(\int \theta^2 \, \mathrm{d}\theta^2 \right) \left(\int \theta^1 \, \mathrm{d}\theta^1 \right) = f_{12} \ . \end{aligned} \tag{4.96}$$

Die Integration wirkt hier wie ein "Herausprojizieren" des letzten Koeffizienten in der Reihenentwicklung. Das läßt sich sofort verallgemeinern: Die Mehrfachintegration einer Funktion $F(\theta) = F(\theta^1, \cdots, \theta^n)$ über n ungerade Variablen liefert

$$\int F(\theta) \, \mathrm{d}\theta^n \cdots \mathrm{d}\theta^1 = f_{12 \cdots n} \ . \tag{4.97}$$

Es wird also zuerst über die Variable mit dem größten Index integriert, die weiteren Integrationen folgen in absteigender Reihenfolge. Andernfalls tritt auf der rechten Seite ein Vorzeichen auf.

Da das Differential eine ungerade Größe ist, gelten die folgenden Relationen:

$$\{ \theta^\alpha, \mathrm{d}\theta^\beta \} = 0 \ , \tag{4.98}$$

$$\{ \mathrm{d}\theta^\alpha, \mathrm{d}\theta^\beta \} = 0 \ . \tag{4.99}$$

4.3.5 Die Dirac'sche Deltafunktion

Als Ausgangspunkt zur die Definition der Diracschen Deltafunktion wählen wir die Beziehung

$$\int F(\theta)\,\delta(\theta-\tilde{\theta})\,\mathrm{d}\theta \;=\; F(\tilde{\theta})\,. \tag{4.100}$$

Sie wird erfüllt durch

$$\boxed{\delta(\theta-\tilde{\theta})=\theta-\tilde{\theta}}\quad . \tag{4.101}$$

Den Beweis führen wir mit $F=a+b\theta$. Es gilt

$$\begin{aligned}\int(a+b\theta)\,\delta(\theta-\tilde{\theta})\,\mathrm{d}\theta &= \int(a+b\theta)\,(\theta-\tilde{\theta})\,\mathrm{d}\theta\\ &= \int\left(a\theta-a\tilde{\theta}-b\theta\tilde{\theta}\right)\mathrm{d}\theta\\ &= a+b\tilde{\theta} \;=\; F(\tilde{\theta})\,.\end{aligned}$$

Für $F=1$ folgt aus (4.100) die Normierung $\int\delta(\theta)\,\mathrm{d}\theta=1$. Außerdem gilt $\delta(0)=0$. Weitere Eigenschaften, die sie von der gewöhnlichen Deltafunktion unterscheiden, sind in der Tabelle 4.2 zusammengefaßt.

Der Beweis der ersten drei Eigenschaften aus Tabelle 4.2 ist augenscheinlich, wenn man (4.101) benutzt; den Umweg über eine Integraldarstellung braucht man dabei nicht zu gehen. Der Beweis für die Integraldarstellung mit η als a-Zahl lautet:

$$\int \mathrm{e}^{(\theta-\tilde{\theta})\eta}\,\mathrm{d}\eta \;=\; \int[\,1+(\theta-\tilde{\theta})\eta\,]\,\mathrm{d}\eta \;=\; \theta-\tilde{\theta} \;=\; \delta(\theta-\tilde{\theta})\,.$$

4.3.6 Die Leibniz-Regel

Im bisherigen Text sind mehrere verschiedene (Differential-) Operatoren aufgetreten: d, δ, $\partial/\partial q$ sowie $\partial^L/\partial\theta$ und $\partial^R/\partial\theta$. Uns interessiert nun, wie sie sich bei Anwendung auf ein Produkt im einzelnen verhalten. Die Produktregel für c-Zahlen entspricht dabei der der gewöhnlichen Analysis

$$\frac{\partial}{\partial q^k}\,(q^i q^j)=\frac{\partial q^i}{\partial q^k}\,q^j+q^i\,\frac{\partial q^j}{\partial q^k}\,. \tag{4.102}$$

Tab. 4.2 Deltafunktionen für komplexe und Grassmann-Zahlen.

δ-Funktion für komplexe Zahlen	δ-Funktion für Grassmann-Zahlen
$\delta(cq) = \frac{1}{\lvert c \rvert}\, \delta(q)$	$\delta(\alpha\theta) = \alpha\, \delta(\theta)$
$\delta(-q) = \delta(q)$	$\delta(-\theta) = -\delta(\theta)$
$\int_{-\infty}^{\infty} f(q)\, \delta'(q)\, \mathrm{d}q = -f'(0)$	$\frac{\partial}{\partial\theta}\, \delta(\theta - \tilde{\theta}) = 1$
$\delta(q - \tilde{q}) = \frac{1}{2\pi} \int_{-\infty}^{\infty} \mathrm{e}^{\mathrm{i}(q-\tilde{q})p}\, \mathrm{d}p$	$\delta(\theta - \tilde{\theta}) = \int \mathrm{e}^{(\theta-\tilde{\theta})\eta}\, \mathrm{d}\eta$

In der Mathematik bezeichnet man sie auch als *Leibniz-Regel*. Allgemein versteht man darunter die Beziehung

$$\text{Operator}\,(FG) = (\text{Operator}\, F)\, G + F\, (\text{Operator}\, G)\,. \tag{4.103}$$

In der folgenden Übersicht sind für drei verschiedene Differentialoperatoren, welche auf ungerade Superfunktionen Superfunktion ! ungerade wirken, die Produktregeln angegeben.

Variation	$\delta(\theta^\alpha\theta^\beta) = (\delta\theta^\alpha)\, \theta^\beta + \theta^\alpha\, (\delta\theta^\beta)$	Leibniz
Differential	$\mathrm{d}(\theta^\alpha\theta^\beta) = (\mathrm{d}\theta^\alpha)\, \theta^\beta + \theta^\alpha\, (\mathrm{d}\theta^\beta)$	Leibniz
Ableitung	$\partial_\gamma(\theta^\alpha\theta^\beta) = (\partial_\gamma\theta^\alpha)\, \theta^\beta - \theta^\alpha\, (\partial_\gamma\theta^\beta)$	Anti-Leibniz

Die Variation δ ist in (4.76) und (4.77) definiert und gehorcht der Leibniz-Regel, ebenso das Differential d,

$$\mathrm{d} = \mathrm{d}\theta^\alpha \, \frac{\partial^L}{\partial\theta^\alpha} = \frac{\partial^R}{\partial\theta^\alpha} \, \mathrm{d}\theta^\alpha \, . \tag{4.104}$$

Sowohl d als auch δ sind gerade Operatoren, denn sie setzen sich aus zwei ungeraden Operatoren zusammen. Ganz anders verhält es sich dagegen bei der linken Ableitung $\partial_\gamma := \partial^L/\partial\theta^\gamma$ als ungerader Operator. Wie bereits in (4.80) gezeigt, tritt ein Minuszeichen auf, und sie genügen der sogenannten *Anti-Leibniz-Regel*. Das gleiche gilt für die rechte Ableitung.

5 Symmetrien, Gruppen und Liealgebren

5.1 Abelsche Gruppen

Welche Unterschiede bestehen nun zwischen der Supersymmetrie und der uns vertrauten Rotationssymmetrie? Um Fragen dieser Art nachzugehen, müssen wir den Zusammenhang zwischen einer Transformation, der zugehörigen Gruppe und ihrer Darstellung erörtern. Wir beginnen mit den abelschen Gruppen und erinnern dabei an die Begriffe der Translation und der Drehung.

Translationen und Drehungen sind Transformationen, die man als Bewegungen des kartesischen Koordinatensystems bei Festhalten eines Körpers (*passive* Transformation) oder als Bewegung eines Körpers bei Festhalten des Koordinatensystems (*aktive* Transformation) auffassen kann. Aktive und passive Transformationen wirken also entgegengesetzt und unterscheiden sich im Vorzeichen der Transformationsparameter, welches mitunter erhebliche Verwirrungen in den Formeln zu stiften vermag. Das Wesentliche an Translationen und Drehungen ist, daß sie das Quadrat des Abstandes zweier auf einem Körper markierter Punkte invariant lassen.

Zur Notation: Vektoren es euklidischen Raumes bezeichnen wir in der Komponentenschreibweise mit x^i. Die Stellung der Indizes, ob oben oder unten, spielt dabei keine Rolle. Desweiteren ist über doppelt auftretende Indizes zu summieren. Speziell die Vektoren des dreidimensionalen Raumes kürzen wir in der indexfreien Notation durch fettgedruckte Symbole ab, wie $\mathbf{x}$ oder $\mathbf{y}$. Für das Skalarprodukt gilt dann $\mathbf{x}\cdot\mathbf{y} = x^i y^i$.

5.1.1 Raum- und Zeittranslationen

Als erste Symmetrietransformation betrachten wir Ortsverschiebungen eines Zustandes $|x\rangle$ oder einer Wellenfunktion $\Psi(x)$. Der Wert dieser Verschiebung sei a, dann gilt

$$|x\rangle \longrightarrow |x'\rangle = |x+a\rangle \quad \text{bzw.} \quad \Psi(x) \longrightarrow \Psi'(x+a) = \Psi(x)\,. \tag{5.1}$$

Stellt man sich hierbei $\Psi(x)$ als ein Wellenpaket mit einem Maximum bei x_0 vor, dann beschreibt $\Psi'(x)$ ein Wellenpaket gleicher Form, dessen Maximum sich jetzt aber bei $x_0 + a$ befindet. Diese Sichtweise entspricht einer aktiven Transformation. Bei einer passiven Interpretation bliebe die Wellenfunktion unverändert, die Koordinatenachse müßte jedoch um den Betrag $-a$ verschoben werden.

Betrachten wir nun den Operator U, der diese Verschiebung des Zustandes bzw. der Wellenfunktion bewirkt,

$$U(a)|x\rangle = |x'\rangle \qquad \text{bzw.} \qquad U(a)\Psi(x) = \Psi'(x)\,. \tag{5.2}$$

Ein Vergleich mit (5.1) ergibt

$$\begin{aligned} U(a)\Psi(x) &= \Psi(x-a) \\ &= \Psi(x) - a\,\frac{\mathrm{d}}{\mathrm{d}x}\,\Psi(x) + \frac{a^2}{2!}\,\frac{\mathrm{d}^2}{\mathrm{d}x^2}\,\Psi(x) + \cdots \\ &= \exp\left\{-a\,\frac{\mathrm{d}}{\mathrm{d}x}\right\}\,\Psi(x)\,. \end{aligned} \tag{5.3}$$

Mit Hilfe des Impulsoperators $\hat{p} = -\mathrm{i}\hbar\,\mathrm{d}/\mathrm{d}x$ folgt damit für den Translationsoperator

$$U(a) = \exp\left\{-\frac{\mathrm{i}a\hat{p}}{\hbar}\right\}\,. \tag{5.4}$$

Da a reell und $\hat{p}$ hermitesch ist, stellt U einen unitären Operator dar. Man sagt, U ist eine unitäre Darstellung der Translationsgruppe. Diese Gruppe ist *abelsch*, denn sie gehorcht der Kompositionsregel

$$U(a)\,U(a') = U(a+a') = U(a')\,U(a)\,. \tag{5.5}$$

Die Betrachtungen lassen sich sofort auf Verschiebungen um einen Vektor **a** im dreidimensionalen Raum übertragen,

$$U(\mathbf{a}) = \exp\left\{-\frac{\mathrm{i}\,\mathbf{a}\cdot\hat{\mathbf{p}}}{\hbar}\right\} \tag{5.6}$$

mit

$$\hat{\mathbf{p}} = -\mathrm{i}\hbar\,\boldsymbol{\nabla} \qquad \text{bzw.} \qquad \hat{p}^k = -\mathrm{i}\hbar\,\frac{\partial}{\partial x^k}\,. \tag{5.7}$$

Zeittranslationen um einen Wert τ beschreibt man analog, anstelle von (5.3) steht dann

$$U(\tau)\,\Psi(x,t) = \exp\left\{-\tau\,\frac{\mathrm{d}}{\mathrm{d}t}\right\}\,\Psi(x,t)\,. \tag{5.8}$$

Da die Wellenfunktion $\Psi(x,t)$ der Schrödinger-Gleichung genügt,

$$i\hbar \frac{d}{dt} \Psi(x,t) = H \Psi(x,t) , \tag{5.9}$$

läßt sich, sofern H zeitunabhängig ist, der Zeitverschiebungsoperator auch schreiben als

$$U(\tau) = \exp\left\{\frac{i\tau H}{\hbar}\right\} . \tag{5.10}$$

5.1.2 Drehungen und Spiegelungen

Drehungen in einem N-dimensionalen Vektorraum sind dadurch ausgezeichnet, daß sie Längen von Vektoren und Abstände vom Ursprung unverändert lassen,

$$\boxed{\text{Drehung:} \qquad x^i x^i = \text{invariant}} \quad . \tag{5.11}$$

Eine Drehung beschreibt man mittels der linearen Transformation

$$x'^i = R^{ij} x^j . \tag{5.12}$$

Die Eigenschaften der reellen Drehmatrix R ergeben sich sofort, wenn man die Transformation (5.12) in (5.11) einsetzt,

$$x'^i x'^i = R^{ij} x^j R^{ik} x^k \stackrel{!}{=} x^k x^k ,$$

woraus folgt

$$R^{ij} R^{ik} = \delta^{jk} \qquad \text{bzw.} \qquad R^{\mathrm{T}} R = \mathbb{1} . \tag{5.13}$$

Damit muß R eine orthogonale Matrix sein. Die orthogonalen Matrizen bilden eine Gruppe: die volle orthogonale Gruppe O(N) oder kurz Drehgruppe in N Dimensionen.

Die Determinante von (5.13) liefert

$$\det(R^{\mathrm{T}} R) = \det R^{\mathrm{T}} \det R = (\det R)^2 = 1 .$$

Damit gilt $\det R = \pm 1$. Alle Elemente mit $\det R = +1$ bilden eine Untergruppe, die spezielle orthogonale Gruppe SO(N) der eigentlichen Drehungen. Darüber hinaus gibt es noch die Menge von Elementen mit $\det R = -1$, welche Drehspiegelungen beschreiben, und für die ebenfalls (5.12) bis (5.13) gelten. Da ihnen das Einselement fehlt, bilden sie keine Gruppe, sondern nur eine *Nebenklasse*. Es ist ausreichend, allein die Elemente der SO(N) zu kennen, denn jedes Element der Nebenklasse läßt sich immer als Produkt eines SO(N)-Elementes mit dem Paritätsoperator P schreiben. Für die O(2) lautet der Paritätsoperator beispielsweise

$$P = \begin{pmatrix} 1 & 0 \\ 0 & -1 \end{pmatrix} .$$

Er bewirkt $x^1 \to x^1, x^2 \to -x^2$ und damit den Übergang von einem rechts- in ein linkshändiges Koordinatensystem. Die Paritätstransformation bildet eine diskrete Gruppe, bestehend aus zwei Elementen $\mathbb{1}, P$ mit $P^2 = \mathbb{1}$.

5.1.3 Morphismen und Darstellungen

Die Abbildung einer Gruppe $\mathcal{G}$ auf eine Gruppe $D(\mathcal{G})$ heißt *homomorph* bzw. ist ein *Homomorphismus*, wenn jedem Element g aus $\mathcal{G}$ eindeutig ein Element $D(g)$ aus $D(\mathcal{G})$ derart entspricht, daß dem Produkt zweier Elemente g und h der Gruppe $\mathcal{G}$ das Produkt der entsprechenden Elemente $D(g)$ und $D(h)$ der Gruppe $D(\mathcal{G})$ zugeordnet ist (Relationstreue):

$$gh \longrightarrow D(g)D(h) = D(gh) .$$

Ist diese Abbildung überdies noch umkehrbar eindeutig, so handelt es sich um einen *Isomorphismus*. Eine isomorphe Abbildung einer Gruppe auf sich selbst heißt *Automorphismus*. Die Menge aller Elemente der Gruppe $\mathcal{G}$, die bei einer homomorphen Abbildung auf das Einselement der Gruppe $D(\mathcal{G})$ abgebildet werden, nennt man *Kern* (oder Nullraum) der homomorphen Abbildung. Ein Beispiel für einen Homomorphismus f einer Gruppe A auf eine Gruppe B ist in der Abb. 5.1 dargestellt. Wichtig ist dabei, daß *jedem* Element aus A nur *ein* Element aus B zugeordnet wird. Während $\ker f$ den Kern des Homomorphismus symbolisiert, ist $f(A)$ eine Abkürzung für das Bild oder den Definitionsbereich von f. Allgemein gilt: $f(A)$ ist eine Untergruppe von B und $\ker f$ ist eine Untergruppe von A.

Unter einer *Darstellung* einer vorgegebenen Gruppe $\mathcal{G}$ versteht man einen Homomorphismus dieser Gruppe auf eine andere Gruppe $\tilde{\mathcal{G}}$. $\tilde{\mathcal{G}}$ ist zweckmäßigerweise eine bekannte oder auch leichter zugängliche Gruppe, die dann einen besseren Einblick in die Struktur der ursprünglichen Gruppe gestattet. Im Fall einer Isomorphie sind beide Gruppen von gleicher Struktur; man spricht dann von einer *treuen* Darstellung.

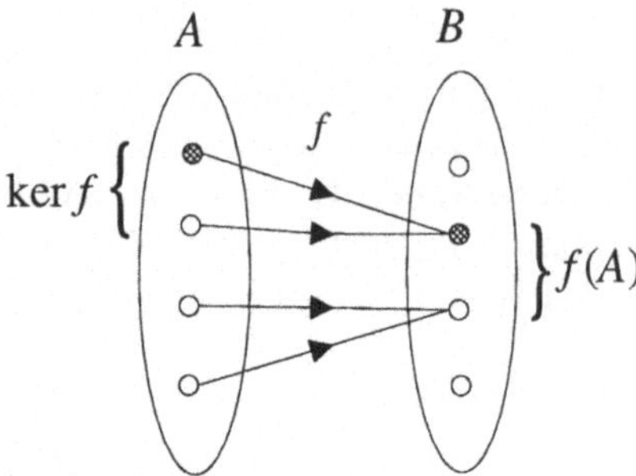

Abb. 5.1 Ein Homomorphismus f der Gruppe A auf die Gruppe B. Die Einselemente sind durch Vollkreise gekennzeichnet.

Besonders interessieren *lineare* Darstellungen; das sind Homomorphismen der Gruppe auf eine Teilmenge von linearen Transformationen. Lineare Transformationen bilden einen Vektorraum $\mathbb{V}$ auf sich ab. Dabei wird jedem Gruppenelement eine reguläre $N \times N$ Matrix zugeordnet, wobei $N < \infty$ die Dimension des Darstellungsraumes $\mathbb{V}$ ist. Eine abstrakte Gruppe kann demnach verschieden dargestellt werden: zum einen durch Wahl eines bestimmten Vektorraumes mit einer bestimmten Dimension und zum zweiten durch Wahl einer Basis in $\mathbb{V}$, die zu anderen Matrizen führt. Im letzten Fall spricht man von äquivalenten Darstellungen; zwei Darstellungen D, $\widetilde{D}$ heißen *äquivalent*, wenn sie durch eine Ähnlichkeitstransformation miteinander verknüpft sind (S ist eine reguläre Matrix),

$$\widetilde{D}(g) = S D(g) S^{-1} \,. \tag{5.14}$$

Im vorhergehenden Abschnitt wurde die Drehgruppe $\mathrm{O}(N)$ mit den Elementen g bereits in Form einer Darstellung, nämlich der Abbildung auf die reellen $N \times N$ Matrizen R, eingeführt. Diese spezielle Darstellung $g \to R$ bezeichnen wir deshalb als *definierende* Darstellung. Eine definierende Darstellung muß immer treu sein. Überdies besitzt die $\mathrm{O}(N)$ noch Darstellungen in Räumen anderer Dimension. Das wohl extremste Beispiel liefert die *triviale* Darstellung, die jedem Gruppenelement g die Zahl 1 zuordnet. (Die Zahl 1 bildet eine Gruppe.)

Eine Darstellung bezeichnet man als *reduzibel*, wenn $D(g)$ für alle g in Block-Diagonalform geschrieben werden kann, z.B.

$$D(g) = \begin{pmatrix} D^1(g) & 0 & 0 \\ 0 & D^2(g) & 0 \\ 0 & 0 & D^3(g) \end{pmatrix} \tag{5.15}$$

Andernfalls heißt die Darstellung *irreduzibel*. Jede Gruppe verfügt über eine unendliche Zahl von Darstellungen, aber sie alle sind aus einer kleineren Anzahl *irreduzibler* Darstellungen herleitbar. Ein Hauptziel besteht deshalb im Auffinden aller irreduziblen Darstellungen einer Gruppe.

Alle Ausführungen bezogen sich hier zwar auf Darstellungen von Gruppen, gelten aber genauso für Darstellungen von Algebren und im besonderen von Liealgebren und Clifford-Algebren.

5.1.4 Die SO(2)

Von besonderer physikalischer Bedeutung ist neben der Translationsgruppe die abelsche Liegruppe der Drehungen einer Ebene um beliebige Winkel $\varphi \leq 2\pi$: die Gruppe SO (2). Liegruppen beschreiben *stetige* Transformationen und zeichnen sich dadurch aus, daß es ausreicht, die Elemente in einer Umgebung vom Einselement zu untersuchen. So lautet die Drehmatrix für sehr kleine Winkel

$$R(\varphi) \simeq \mathbb{1} + \varphi\tau \, . \tag{5.16}$$

Die von φ unabhängige Matrix τ, welche die Transformation erzeugt, bezeichnet man als *Generator*.

Im Gegensatz zu den kontinuierlichen Transformationen, die durch Liegruppen beschrieben werden, steht die Spiegelung als eine diskrete Transformation: Eine Spiegelung besitzt keine Umgebung um das Einselement und läßt sich auch nicht aus infinitesimalen Transformationen zusammensetzen.

Aus der Orthogonalität von R folgt

$$\mathbb{1} = R^{\mathrm{T}} R = (\mathbb{1} + \varphi\tau)^{\mathrm{T}}(\mathbb{1} + \varphi\tau) = \mathbb{1} + \varphi\,(\tau^{\mathrm{T}} + \tau) + O(\varphi^2) \, , \tag{5.17}$$

also muß τ eine antisymmetrische Matrix sein, $\tau^{\mathrm{T}} = -\tau$. Wir wählen als einfachen Ansatz

$$\tau = \begin{pmatrix} 0 & -1 \\ 1 & 0 \end{pmatrix} \, .$$

Endliche Drehungen setzen sich nun aus vielen kleinen Drehungen zusammen:

$$R(\varphi) = R\left(\frac{\varphi}{2}\right) R\left(\frac{\varphi}{2}\right) = \ldots = \left[R\left(\frac{\varphi}{N}\right)\right]^N \, .$$

Bei genügend großem N wird φ/N hinreichend klein und wir können wie oben $R(\varphi/N) \simeq \mathbb{1} + \varphi\tau/N$ setzen. Der Grenzwert $N \to \infty$ ergibt schließlich

$$R(\varphi) = \exp(\varphi\tau) \; . \tag{5.18}$$

Dies ist als unendliche Reihe in Potenzen von 2×2 Matrizen zu verstehen. Wegen $\tau^2 = -\mathbb{1}$ zerfällt diese Reihe bis auf Faktoren $\mathbb{1}$ und τ in gerade und ungerade Potenzen von φ. Die geraden Terme liefern $\mathbb{1}\,\cos\varphi$, während die ungeraden Terme $\tau\,\sin\varphi$ ergeben,

$$R = \mathbb{1}\,\cos\varphi + \tau\,\sin\varphi = \begin{pmatrix} \cos\varphi & -\sin\varphi \\ \sin\varphi & \cos\varphi \end{pmatrix} . \tag{5.19}$$

Das ist die bekannte Drehmatrix für die Rotation um eine feste Achse, beispielsweise x^3. Die lineare Transformation (5.12) erhält damit die konkrete Form

$$\begin{pmatrix} x'^1 \\ x'^2 \end{pmatrix} = \begin{pmatrix} \cos\varphi & -\sin\varphi \\ \sin\varphi & \cos\varphi \end{pmatrix} \begin{pmatrix} x^1 \\ x^2 \end{pmatrix} .$$

Das Inverse einer Drehung ist $R^{-1}(\varphi) = R(-\varphi)$, denn mit (5.19) überprüft man leicht $R(\varphi)R(-\varphi) = \mathbb{1}$.

Die Matrix τ läßt sich durch den total antisymmetrischen Tensors 2. Stufe ε^{ij} mit den Eigenschaften $\varepsilon^{12} = -\varepsilon^{21} = 1$ ausdrücken: $\tau^{ij} = -\varepsilon^{ij}$. Gleichung (5.16) lautet damit

$$R^{ij} = \delta^{ik} - \varphi\varepsilon^{ij} \; . \tag{5.20}$$

Für kleine Änderungen $\delta x^i = x'^i - x^i$ folgt dann aus (5.12) die Beziehung

$$\delta x^i = -\varphi\varepsilon^{ij}x^j \; . \tag{5.21}$$

Konkret bedeutet das:

$$\delta x^1 = -\varphi x^2 \qquad \text{und} \qquad \delta x^2 = \varphi x^1 \; . \tag{5.22}$$

Bei Drehungen werden demnach beide Komponenten miteinander gemischt. Da alle Elemente der SO(2) sowie der O(2) nur durch *einen* Parameter, nämlich φ, beschrieben werden, bezeichnet man sie als *ein*parametrige Liegruppe.

Eine wichtige Eigenschaft von diskreten Gruppen ist, daß sie eindeutig durch ihre Multiplikationstafel festgelegt sind. Im Fall der kontinuierlichen Liegruppen wird daraus eine Funktionalgleichung, die für zwei aufeinanderfolgende Drehungen die Gestalt

$$R(\varphi)R(\chi) = R(\varphi + \chi) \qquad \text{und} \qquad R(\varphi) = R(\varphi + 2\pi) \tag{5.23}$$

besitzt. Diese Beziehung kann man mit der Matrix aus (5.19) und den trigonometrischen Additionstheoremen leicht nachprüfen. Es handelt sich hier um eine *abelsche* Liegruppe, da $R(\varphi)R(\chi) = R(\chi)R(\varphi)$. Man bezeichnet nun *jede* Matrix mit der Kompositionsvorschrift (5.23) – und diese braucht weder orthogonal noch zweidimensional zu sein – als eine Darstellung der SO(2). Wichtig in (5.23) ist die zweite Bedingung, welche Periodizität auferlegt. Dadurch unterscheidet sich die Drehgruppe von der Translationsgruppe. Im folgenden untersuchen wir drei Darstellungen der SO(2):

- die Tensordarstellung im *endlich*dimensionalen reellen Vektorraum,
- die unitäre Darstellung im *ein*dimensionalen komplexen Vektorraum,
- die Operatordarstellung im *unendlich*dimensionalen Vektorraum.

5.1.5 Die Tensordarstellung

Die definierende Darstellung der SO(2) in (5.19) ist zweidimensional. Eine einfache Methode, um zu höherdimensionalen Darstellungen zu gelangen, besteht in der Verknüpfung zweier Vektoren zu einem Tensorprodukt. Das Tensorprodukt $x^i y^j$ soll sich dabci transformieren wie

$$x'^i y'^j = R^{ik}(\varphi)x^k R^{jl}(\varphi)y^l = [\, R^{ik}(\varphi)R^{jl}(\varphi)\,]\, x^k y^l \,. \tag{5.24}$$

Die Matrix in der eckigen Klammer ist das Tensorprodukt von zwei Drehmatrizen (5.19) und besitzt folgende Gestalt:

$$\mathcal{R}(\varphi) = \begin{pmatrix} \cos\varphi\, R(\varphi) & -\sin\varphi\, R(\varphi) \\ \sin\varphi\, R(\varphi) & \cos\varphi\, R(\varphi) \end{pmatrix} .$$

Jeder Eintrag ist hier eine 2×2 Matrix. Mit Hilfe der trigonometrischen Additionstheoreme und (5.23) findet man die Kompositionsregel

$$\mathcal{R}(\varphi)\mathcal{R}(\chi) = \mathcal{R}(\varphi + \chi) \qquad \text{und} \qquad \mathcal{R}(\varphi) = \mathcal{R}(\varphi + 2\pi) \,.$$

Damit ist $\mathcal{R}$ eine Darstellung der SO(2). Der Darstellungsraum ist jetzt aber *vier*dimensional, denn wir können die beiden Indizes (ij) zu einem Doppelindex α sowie (kl) zu β zusammenfassen, die nun von 1 bis 4 laufen. In Verallgemeinerung dessen bezeichnet man ein Objekt, welches sich transformiert wie ein Produkt aus n Vektoren als einen

$$\text{Tensor } n\text{ter Stufe:} \qquad (T')^{i_1\cdots i_n} = R^{i_1 j_1}\cdots R^{i_n j_n}\, T^{j_1\cdots j_n}\,. \tag{5.25}$$

Der Darstellungsraum ist 2^n-dimensional. Ein Vektor ist also ein Tensor 1. Stufe. Es gibt zwei *invariante* Tensoren, die sich bei Transformationen nicht verändern, also numerische Konstanten sind: δ^{ij} und ε^{ij}. Für sie gilt nämlich

$$\delta^{ij} = R^{ik}R^{jl}\,\delta^{kl}\,, \tag{5.26}$$

$$\varepsilon^{ij} = R^{ik}R^{jl}\,\varepsilon^{kl}\,. \tag{5.27}$$

Die erste der beiden Gleichungen stimmt mit der Definition einer orthogonalen Matrix überein. Die Beziehung (5.27) mit dem total antisymmetrischen Tensor 2. Stufe ε^{ij} hingegen ist nicht ganz so schnell zu durchschauen. Sie definiert die Determinante von R,

$$\varepsilon^{12} = R^{11}R^{22} - R^{12}R^{21} = \det R\,.$$

Damit bleibt ε^{ik} bei Transformationen immer dann erhalten, wenn $\det R = 1$ gilt. Im Gegensatz zur Metrik δ^{ij} stellt deshalb ε^{ij} einen invarianten Tensor nur für die SO(2) dar, man bezeichnet ihn auch als *Pseudotensor*.

Die Tensoren, die man als Produkte $x^i y^j z^k \cdots$ erzeugt, sind im allgemeinen reduzibel. Mit Hilfe der beiden invarianten Tensoren δ^{ij} und ε^{ij} lassen sich aber irreduzible Darstellungen gewinnen. So erhalten wir mit

$$A^i\delta^{ij}B^j = A^1B^1 + A^2B^2\,, \tag{5.28}$$

$$A^i\varepsilon^{ij}B^j = A^1B^2 - A^2B^1 \tag{5.29}$$

eine symmetrische und antisymmetrische skalare Kombination des Tensors A^iB^j. Die Kombination (5.28) entspricht dem Skalarprodukt; die Kombination (5.29) liefert den Inhalt der Fläche, der von beiden zweidimensionalen Vektoren aufgespannt wird.

Bis hierher ging es um Tensoren eines zweidimensionalen Raumes. Das alles läßt sich auf Tensoren in drei- und höherdimensionalen Räumen übertragen, wenn man die Indizes nun nicht mehr von 1 bis 2, sondern von 1 bis N laufen läßt. Einen Tensor $n$ter Stufe erkennt man dabei immer an der Zahl seiner verschiedenen Indizes, die n beträgt. Beim Übergang zu einem pseudoeuklidischen Raum ist darüberhinaus auch auf die Stellung (oben oder unten) der einzelnen Indizes zu achten.

5.1.6 Die unitäre Darstellung und die U(1)

Anstelle des zweidimensionalen *reellen* Raumes der Vektoren $\binom{x^1}{x^2}$ betrachten wir jetzt den eindimensionalen *komplexen* Raum mit den Elementen $x = x^1 + \mathrm{i}x^2$. Wir untersuchen die folgende Transformation:

$$x' = Ux \qquad \text{mit} \qquad U = \mathrm{e}^{\mathrm{i}\varphi} \,. \tag{5.30}$$

Man bezeichnet sie als Phasentransformation oder als *globale* Eichtransformation, da φ nicht von x abhängt. Hier ist U eine 1×1 Matrix, für die $UU^\dagger = 1$ gilt. Sie gehört zur unitären Gruppe U(1), deren Multiplikationsvorschrift

$$\mathrm{e}^{\mathrm{i}\varphi} e^{\mathrm{i}\varphi'} = \mathrm{e}^{\mathrm{i}(\varphi+\varphi')}$$

exakt der Kompositionsregel (5.23) entspricht. Damit sind beide Gruppen zueinander isomorph, SO (2) $\cong$ U(1). Für kleine Änderungen,

$$x' = \mathrm{e}^{\mathrm{i}\varphi} x \simeq (1 + \mathrm{i}\varphi)\, x \,,$$

erhalten wir für den Real- und Imaginärteil die Beziehungen (5.22). Die Invarianten beider Gruppen sind die Skalare $x^* x = x^i x^i$.
Überdies erfüllt jedes $U^{(m)} = \mathrm{e}^{\mathrm{i}m\varphi}$ mit ganzzahligem m die Kompositionsregel (5.23). Das sind also alles eindimensionale Darstellungen der SO (2).

5.1.7 Die Operatordarstellung

Wir suchen nun nach Darstellungen der Drehgruppe im Raum der quadratintegrablen Wellenfunktionen $\Psi(x)$. Dieser Vektorraum (Hilbertraum) ist unendlichdimensional. Desweiteren soll $\Psi(x)$ eine *skalare* Funktion sein. Der Wert der neuen Wellenfunktion Ψ' am gedrehten Ort x' ist dann derselbe wie der Wert der Wellenfunktion am Ausgangspunkt,

$$\Psi'(x') = \Psi(x) \qquad \text{(skalare Funktion)} \quad .$$

Da $x' = Rx$, folgt daraus $\Psi'(x') = \Psi(R^{-1}x')$. Hier tritt x' als eine stumme Variable auf, die jeden beliebigen Ort bezeichnen kann, und wir können sie ebensogut in x umbenennen. Damit folgt

$$\boxed{U\Psi(x) = \Psi'(x) = \Psi(R^{-1}x)} \quad . \tag{5.31}$$

Die Drehung im Ortsraum *induziert* somit eine Transformation im Raum der Wellenfunktionen.

Da U wegen der Normerhaltung in der Quantenmechanik unitär sein soll, wählen wir den Ansatz

$$U = \exp\left(-\frac{\mathrm{i}}{\hbar}\varphi L\right) \qquad \text{mit} \qquad L = L^\dagger . \tag{5.32}$$

Wir bestimmen nun den hermiteschen Operator L, indem wir kleine Änderungen φ betrachten. Zunächst finden wir für die inverse Drehung R^{-1} durch Vorzeichenwechsel beim Winkel in (5.20) den Ausdruck $(R^{-1})^{ij} \simeq \delta^{ij} + \varphi\varepsilon^{ij}$. Damit folgt aus (5.31)

$$\begin{aligned} [\,1 - \mathrm{i}\varphi L/\hbar\,]\,\Psi(x) \;=\; \Psi(R^{-1}x) \;&\simeq\; \Psi\left((\delta^{ij} + \varphi\varepsilon^{ij})\,x^j\right) \\ &\simeq\; \left(1 + \varphi\varepsilon^{ij}x^j\frac{\partial}{\partial x^i}\right)\Psi(x)\,. \\ &=\; \left(1 - \varphi\varepsilon^{ij}x^i\frac{\partial}{\partial x^j}\right)\Psi(x)\,. \end{aligned}$$

Aus dem Vergleich der rechten mit der linken Seite folgt für den Differentialoperator

$$L = -\mathrm{i}\hbar\varepsilon^{ij}x^i\frac{\partial}{\partial x^j} = -\mathrm{i}\hbar\left(x^1\frac{\partial}{\partial x^2} - x^2\frac{\partial}{\partial x^1}\right) . \tag{5.33}$$

Das ist der Drehimpulsoperator für eine Drehung um die x^3-Achse in der Ortsdarstellung.

Folgende Erfahrung haben wir gemacht: Je nachdem, ob der Vektorraum $\mathbb{V}$ endlich- oder unendlichdimensional ist, sind die linearen Darstellungen entweder quadratische Matrizen oder Differentialoperatoren,

$$\begin{aligned} &\mathbb{V}\text{ endlichdimensional} &&\Longrightarrow \text{ Matrix}\,, \\ &\mathbb{V}\text{ unendlichdimensional} &&\Longrightarrow \text{ Differentialoperator}\,. \end{aligned}$$

5.1.8 Symmetrien in der Quantenmechanik

Eine Symmetrietransformation bewirkt die Änderung eines quantenmechanischen Zustandes

$$|A\rangle \longrightarrow |A'\rangle = U|A\rangle\,. \tag{5.34}$$

Die Transformation ist linear, da das Superpositionsprinzip gelten, und unitär, da der entstehende Zustand ebenfalls normiert sein soll. Stetige Transformationen werden durch Generatoren G erzeugt. Ist G hermitesch, dann läßt sich der unitäre Operator schreiben als

$$U = \mathrm{e}^{\mathrm{i}\alpha G} = 1 + \mathrm{i}\alpha G + \frac{1}{2!}(\mathrm{i}\alpha G)^2 + \ldots \tag{5.35}$$

mit α als Parameter der Transformation.

Physikalische Größen werden in der Quantenmechanik durch Operatoren F beschrieben. Aus der Forderung, daß ihre Erwartungswerte sich bei Symmetrietransformationen nicht ändern,

$$\langle A|F|A\rangle \stackrel{!}{=} \langle A'|F'|A'\rangle = \langle A|U^{\dagger}F'U|A\rangle ,$$

folgt das allgemeine Transformationsgesetz

$$F \longrightarrow F' = UFU^{-1} . \tag{5.36}$$

Für sehr kleine Parameter α kann man α^2 in (5.35) vernachlässigen und erhält für die (infinitesimale) Änderung $\delta F = F' - F$ die Beziehung

$$\boxed{\delta F = -\mathrm{i}\,[\,F, \alpha G\,]} \; . \tag{5.37}$$

Größen, die sich bei Transformationen nicht verändern, $\delta F = 0$, bezeichnet man als *Erhaltungsgrößen*. Die Beziehung $[\,H, Q_1\,] = 0$ in (2.23) ist ein schönes Beispiel dafür, wobei Q_1 die Rolle eines Generators übernimmt.

5.1.9 Der Bose-Bose-Oszillator

Kehren wir nun zur Supersymmetrie zurück und vergleichen sie mit der Rotationssymmetrie, also den gewöhnlichen Drehungen. Als Gegenstück zum SUSY-Oszillator aus § 2.1.5 betrachten wir dazu einen freien Bose-Bose-Oszillator, welcher die Zustände

$$|\,n_1 n_2\rangle \qquad \text{mit} \qquad n_1, n_2 = 0, 1, \ldots, \infty$$

besitzt. Er besteht aus zwei ungekoppelten Oszillatoren. Die Transformation zwischen den Bosonenzuständen sei durch

$$\begin{aligned} L_+|\,n_1 n_2\rangle &\propto |\,n_1 + 1,\; n_2 - 1\rangle , \\ L_-|\,n_1 n_2\rangle &\propto |\,n_1 - 1,\; n_2 + 1\rangle \end{aligned} \tag{5.38}$$

vermittelt, wobei die beiden zueinander adjungierten Operatoren

$$L_+ = b_1^+ b_2^- \qquad \text{und} \qquad L_- = b_2^+ b_1^- \tag{5.39}$$

lauten. Als Einteilchenoperatoren mit jeweils einem Erzeuger und Vernichter besitzen sie die gleiche formale Struktur wie die SUSY-Operatoren Q_+ und Q_- aus (2.16). Die Abb. 5.2 soll diese Analogie widerspiegeln. Die dort stehenden Begriffe "Boson" und "Fermion" beziehen sich dabei auf das Gesamtsystem.

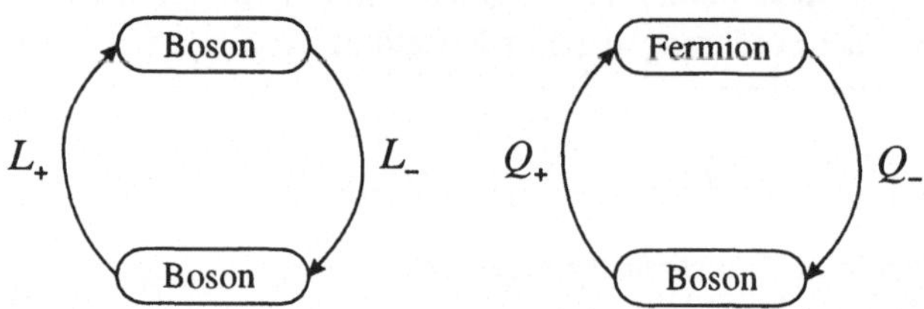

Abb. 5.2 Während die Operatoren L_+ und L_- bosonische Zustände wieder in bosonische überführen, ändern die Operatoren Q_+ und Q_- die Statistik des Zustandes.

Betrachten wir nun den Hamiltonoperator dieses Systems. Er setzt sich additiv aus zwei harmonischen Oszillatoren zusammen:

$$H_{2B} = \hbar\omega_1 \left(b_1^+ b_1^- + \frac{1}{2} \right) + \hbar\omega_2 \left(b_2^+ b_2^- + \frac{1}{2} \right) . \tag{5.40}$$

Die Beziehung zwischen den nichthermiteschen Erzeugern und Vernichtern einerseits und den hermiteschen Orts- und Impulsoperatoren andererseits lautet vollkommen analog zu (2.26)

$$b_i^\pm = \sqrt{\frac{m\omega_i}{2\hbar}} \left(\hat{q}^i \mp \frac{\mathrm{i}\hat{p}^i}{m\omega_i} \right) \qquad \text{mit} \qquad i = 1, 2 . \tag{5.41}$$

Dabei gelten die fundamentalen Vertauschungsrelationen

$$[\, b_i^-, b_j^+ \,] = \delta_{ij} \qquad \text{und} \qquad [\, \hat{q}^i, \hat{p}^j \,] = \mathrm{i}\hbar\, \delta^{ij} . \tag{5.42}$$

Setzen wir nun im Hamiltonoperator H_{2B} beide Frequenzen gleich, $\omega_1 = \omega_2$, dann kommt eine Symmetrie zum Vorschein:

$$[\, H_{2B}, L_\pm \,] = 0 . \tag{5.43}$$

Den Nachweis führen wir am Beispiel von L_+ und verwenden dabei (5.42). Dabei reicht es aus zu zeigen, daß gilt

$$\begin{aligned}[b_1^+ b_1^- + b_2^+ b_2^- , L_+] &= [b_1^+ b_1^- , b_1^+ b_2^-] + [b_2^+ b_2^- , b_1^+ b_2^-] \\ &= b_1^+ [b_1^- , b_1^+] b_2^- - b_1^+ [b_2^- , b_2^+] b_2^- \\ &= b_1^+ b_2^- - b_1^+ b_2^- = 0 .\end{aligned}$$

Nach dem Vorbild von (2.20) können wir aus L_+ und L_- hermitesche Operatoren konstruieren. Einer davon ist der Drehimpulsoperator

$$L \;:=\; -\mathrm{i}\hbar\,(L_+ - L_-) \;=\; \hat{q}^1\hat{p}^2 - \hat{q}^2\hat{p}^1 \,, \tag{5.44}$$

der mit (5.33) übereinstimmt. Wegen $[\,H_{2B}, L\,] = 0$ ist der Drehimpuls eine Erhaltungsgröße. Das steht im Einklang mit dem Noether-Theorem, welches besagt, daß zu jeder kontinuierlichen Symmetrietransformation, die die Lagrangefunktion eines Systems invariant läßt, zwangsläufig eine Erhaltungsgröße (Ladung) gehört. Die bisherigen Erkenntnisse lassen sich deshalb folgendermaßen zusammenfassen:

	Erhaltungsgröße	Symmetrie
$\omega_1 = \omega_2$	L	Rotationssymmetrie
$\omega_B = \omega_F$	Q_1 , Q_2	Supersymmetrie

Natürlich sind auch L_+, L_- bzw. Q_+ und Q_- Erhaltungsgrößen, unser Hauptaugenmerk gilt hier allerdings den hermiteschen Operatoren. Q_1 und Q_2 bezeichnet man auch als *Superladungen*.

5.1.10 Drehungen um antikommutierende Winkel

Untersuchen wir nun, wie der formale Ausdruck (5.37) in der Ortsdarstellung zu den einfachen Beziehungen in (5.22) führt. Aus dem Vergleich von (5.32) mit (5.35) folgt zunächst $G = -L/\hbar$. Der Drehwinkel φ übernimmt dabei die Rolle des kleinen Parameters α. Mit (5.44) und (5.42) gilt dann

$$\begin{aligned}\delta\hat{q}^1 &= \frac{\mathrm{i}}{\hbar}\,[\,\hat{q}^1, \varphi L\,] = \frac{\mathrm{i}}{\hbar}\,[\,\hat{q}^1, \varphi\,(\hat{q}^1\hat{p}^2 - \hat{q}^2\hat{p}^1)\,] \\ &= -\frac{\mathrm{i}\varphi}{\hbar}\,[\,\hat{q}^1, \hat{q}^2\hat{p}^1\,] \;=\; \varphi\hat{q}^2 \,.\end{aligned} \tag{5.45}$$

Ebenso erhalten wir $\delta\hat{q}^2 = -\varphi\,\hat{q}^1$. In der Ortsdarstellung entspricht das (bis aufs Vorzeichen) den Beziehungen (5.22).

Ähnliche Relationen ergeben sich auch für die Einteilchenoperatoren b. Dazu ersetzen wir in (5.37) den Generator G durch $-L/\hbar$ und F durch den Operator b_1^-. Das ergibt

$$\delta b_1^- = \frac{\mathrm{i}}{\hbar}\,[\,b_1^-, \varphi L\,] = [\,b_1^-, \varphi L_+\,] = \varphi b_2^- \,.$$

Die Änderung von b_2^- führt uns andererseits zu $\delta b_2^- = -\varphi b_1^-$. Für die Erzeugungsoperatoren b_1^+ und b_2^+ erhalten wir ähnliche Ergebnisse, so daß wir zusammenfassend schreiben können:

$$\delta b_1 = \varphi b_2 \qquad \text{und} \qquad \delta b_2 = -\varphi b_1 \,. \tag{5.46}$$

Auch hier entdecken wir dieselbe Struktur, die in (5.22) auftritt.

Bei der *Supersymmetrie* gehen wir nun analog vor und betrachten den Parameter φ zunächst wie oben als reelle Zahl. Wir starten mit

$$Q_2 = -\mathrm{i}\,(Q_+ - Q_-) = -\mathrm{i}\,(b^- f^+ - b^+ f^-)$$

als Generator in (5.37). Aus den Vertauschungsrelationen (2.5) und (2.12) folgt dann

$$\delta b^+ = -\mathrm{i}\,[\,b^+, \varphi Q_2\,] = -[\,b^+, \varphi Q_+\,] = \varphi f^+ \,. \tag{5.47}$$

Unabhängig davon, ob man nun δb^+ oder δb^- betrachtet, ist die Form, die hier zum Vorschein kommt, stets die gleiche: $\delta b = \varphi f$. Sie ähnelt der Struktur, die von gewöhnlichen Drehungen her bekannt ist. Ganz anders sieht es aber bei δf aus, denn dort gilt

$$\delta f^+ = -\mathrm{i}\,[\,f^+, \varphi Q_2\,] = [\,f^+, \varphi Q_-\,] = \varphi\,[\,f^+, f^-\,]\,b^+ \,.$$

Dieser Ausdruck läßt sich mit herkömmlichen Mitteln nicht auf die Grundformel $\delta f \propto \varphi b$ reduzieren. Um das zu erreichen, müßte auf der rechten Seite anstelle von $[\,f^+, f^-\,]$ der Antikommutator $\{f^+, f^-\}$ stehen. Aber wie kann man das bewerkstelligen, ohne (5.47) zu zerstören? Die Idee besteht nun darin, anstelle des gewöhnlichen Parameters φ eine Größe ϵ zu nehmen, welche mit f antikommutiert: $\{\epsilon, f\} = 0$. Auf diese Weise erhalten wir das gewünschte Resultat

$$\delta f^+ = [\,f^+, \epsilon Q_-\,] = f^+ \epsilon Q_- - \epsilon Q_- f^+ = -\epsilon\,\{f^+, Q_-\} = -\epsilon b^+ . \tag{5.48}$$

Da ϵ mit b vertauscht, bleibt auch (5.47) unverändert, und wir gelangen zu Drehungen im Boson-Fermion-Operatorraum:

$$\delta f = -\epsilon b \qquad \text{und} \qquad \delta b = \epsilon f \,. \tag{5.49}$$

Der Parameter ϵ antivertauscht aber nicht nur mit f, sondern auch mit sich selbst. Das sieht man so: Die Transformation $\tilde{f} = f + \delta f = f - \epsilon b$ liefert einen fermionischen Operator, welcher als solcher ebenfalls der Bedingung $\tilde{f}^2 = 0$ gehorchen muß. Daraus folgt

$$0 = \tilde{f}^2 = (f - \epsilon b)(f - \epsilon b) = f^2 - \{f, \epsilon b\} + \epsilon^2 b^2 \,. \tag{5.50}$$

Der erste Term auf der rechten Seite verschwindet wegen $f^2 = 0$, der zweite Term verschwindet wegen $\{f, \epsilon\} = 0$. Wir erhalten somit $\epsilon^2 b^2 = 0$, d.h.

$$\epsilon^2 = 0 \qquad \text{bzw.} \qquad \{\epsilon, \epsilon\} = 0 \,. \tag{5.51}$$

Der Parameter, der hier als Drehwinkel auftritt, ist demnach eine a- oder Grassmann-Zahl.

5.2 Liegruppen und Liealgebren

Die Begriffe Liegruppe und Liealgebra traten schon mehrmals auf, nun sollen sie systematisch untersucht werden. Nachdem die abelschen Liegruppen in § 5.1 behandelt wurden, konzentrieren wir uns jetzt auf den nicht-abelschen Fall. Dabei verleihen wir den abstrakten Begriffen eine geometrische Intepretation, da sie häufig den Vorzug größerer Anschaulichkeit bietet.

Aus Platzgründen können wir die wichtigsten Sätze nur anführen, nicht aber beweisen. Für Beweise und weiterführende Details steht dem Leser eine umfangreiche Literatur zur Verfügung. Für die Gruppentheorie sind das beispielsweise [27, 28, 29, 30] und für den Einstieg in die Topologie [31, 32, 33, 34, 35].

5.2.1 Etwas Topologie

Wir nennen eine Menge M eine Mannigfaltigkeit, wenn jeder Punkt von M eine offene Umgebung U_i hat, für die es eine stetige eineindeutige Abbildung φ_i auf eine offene Untermenge U'_i des $\mathbb{R}^n$ gibt. Die Abbildungen φ_i sind die Koordinatenfunktionen oder kurz die Koordinaten. Dies bedeutet einfach, daß M zumindest lokal so wie der $\mathbb{R}^n$ ist. Die Dimension von M ist n. Nur offene Teilmengen von

M und $\mathbb{R}^n$ werden in die Definition einbezogen, nicht aber global M oder $\mathbb{R}^n$. Als vereinfachende Vorstellung veranschaulichen wir uns eine Mannigfaltigkeit als eine Menge, die wir mit einem Koordinatennetz überziehen können. Es soll gelten $\cup_i U_i = M$. Gegeben sei ferner U_i und U_j mit $U_i \cap U_j \neq \emptyset$. Ist die Abbildung $\varphi_i \varphi_j^{-1}$ mit $\varphi_j(U_i \cap U_j)$ und $\varphi_i(U_i \cap U_j)$ unendlich differenzierbar, so sprechen wir von einer differenzierbaren Mannigfaltigkeit. Dies impliziert, daß der Übergang von einem Koordinatensystem zu einem anderen Koordinatensystem glatt ist. Das Paar (U_i, φ_i) nennen wir eine Karte, während die gesamte Familie $\{(U_i, \varphi_i)\}$ als Atlas bezeichnet wird.

Gruppen unterteilt man bekanntlich in *diskrete* und *kontinuierliche* Gruppen (siehe Abb. 2.4). Bei der abelschen Gruppe $\mathbb{Z}$ der ganzen Zahlen, als Vertreter einer diskreten Gruppe, unterscheiden sich die unendlich vielen Gruppenelemente "deutlich" voneinander. Im Gegensatz dazu existiert bei den kontinuierlichen Gruppen der Begriff der Nachbarschaft. So heißen die Elemente "x_1" und "x_2" der Gruppe $\mathbb{R}$ benachbart, wenn die ihnen entsprechenden Zahlen x_1 und x_2 benachbart sind. In Verallgemeinerung dessen werden die Elemente einer kontinuierlichen Gruppe mit den Punkten einer *differenzierbaren Mannigfaltigkeit* (man stelle sich darunter Hyperflächen wie Oberflächen von Kugeln, Zylindern und dergleichen vor) identifiziert, wobei die Gruppenoperationen stetige Abbildungen dieser Mannigfaltigkeit auf sich sind. Lassen sich nun beliebige, hinreichend kleine Umgebungen eines Punktes dieser Mannigfaltigkeit umkehrbar eindeutig und stetig auf ein Gebiet des n-dimensionalen euklidischen Raumes $\mathbb{R}^n$ abbilden, dann spricht man von einer n-parametrigen Liegruppe oder einer Liegruppe der Dimension n:

$$\text{Liegruppe} = \text{differenzierbare Mannigfaltigkeit, lokal wie } \mathbb{R}^n .$$

Diese Definition ist unabhängig von irgendwelchen Matrixdarstellungen, wie sie in der Physik häufig auftreten. Eine einfache Liegruppe ist der $\mathbb{R}^n$; der $\mathbb{R}^n$ ist eine Mannigfaltigkeit und gleichzeitig eine Gruppe bezüglich der Vektoraddition. Diese Liegruppe ist zudem abelsch.

Der Begriff der Nachbarschaft entstammt der Topologie, deshalb bezeichnet man Liegruppen auch als topologische Gruppen. Wichtige topologische Begriffe sind die *Kompaktheit* und der *Zusammenhang*. So entnimmt man aus der Abb. 5.3, daß die U(1) als einparametrige Liegruppe kompakt (geschlossen), wohingegen die einparametrige Translationsgruppe $\mathbb{R}^1$ nicht-kompakt (offen) ist. Kompakte Liegruppen sind Gruppen mit endlichem Gruppenvolumen: der Drehwinkel bei der U(1) läuft von 0 bis 2π. Das Gruppenvolumen erhält man durch Integration über die gesamte Mannigfaltigkeit. In diesem Sinn haben kompakte Liegruppen etwas mit endlichen diskreten Gruppen gemein, bei denen das "Gruppenvolumen" der Zahl ihrer Elemente entspricht.

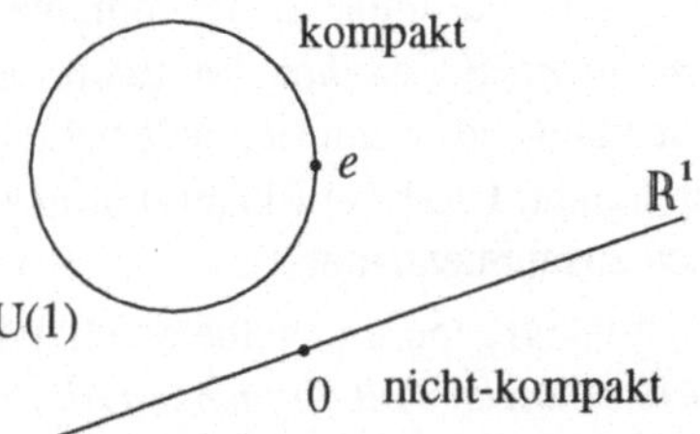

Abb. 5.3 Die kompakte Liegruppe U(1) und die nicht-kompakte Translationsgruppe $\mathbb{R}^1$ als Mannigfaltigkeiten. Die Einselemente sind hier mit e und 0 bezeichnet.

Wie bei endlichen Gruppen gilt der Satz [30]: *Jede irreduzible Darstellung einer kompakten Liegruppe in einem Hilbertraum ist endlichdimensional.* Ob eine Liegruppe kompakt ist oder nicht, spielt demnach in der Quantenmechanik eine entscheidende Rolle. Das Arbeiten mit nicht-kompakten Gruppen (Lorentzgruppe, Poincarégruppe) wird sich deshalb schwieriger als bei der kompakten Drehgruppe erweisen. Bei nicht-kompakten Liegruppen stehen im Prinzip zwei Möglichkeiten offen: Entweder man wählt eine nicht-unitäre Darstellung, die endlichdimensional ist, oder aber man beharrt auf der unitären Darstellung und muß dafür in Kauf nehmen, daß die Darstellung unendlichdimensional wird. Den ersten Weg beschreitet man bei der Lorentzgruppe, den zweiten bei der Poincarégruppe.

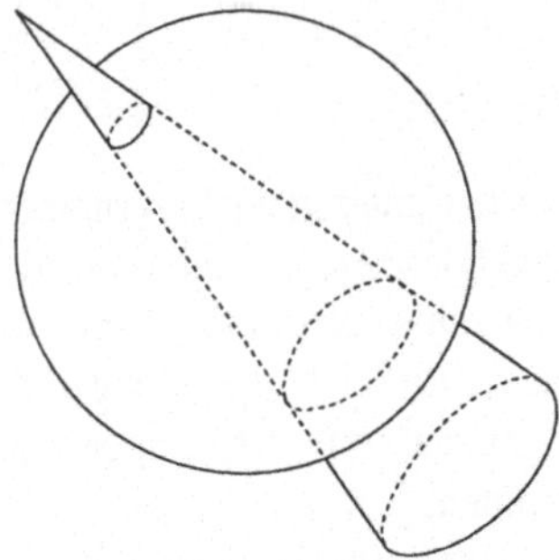

Abb. 5.4 Ein Beispiel für eine nicht zusammenhängende Mannigfaltigkeit: Das Schnittgebilde aus einer Kugel und einem Kegel erzeugt zwei getrennte Stücke. Jedes dieser Stücke ist eine geschlossene Kurve auf der Kugeloberfläche.

Nun zum topologischen Begriff des Zusammenhanges. Wie das Schnittgebilde aus zwei Flächen in Abb. 5.4 zeigt, müssen Mannigfaltigkeiten nicht immer zusammenhängend sein. Ein Beispiel für eine nicht zusammenhängende Liegruppe ist die Lorentzgruppe, die – wie wir in § 7.1 sehen werden – sogar aus vier Zusammenhangskomponenten besteht. Die Zusammenhangskomponente, welche das Einselement enthält, heißt *Komponente der Einheit*. Weiterhin nennt man eine Mannigfaltigkeit *einfach*-zusammenhängend, wenn sich jede beliebige Kurve stetig zu einem Punkt zusammenziehen läßt. Die U(1)-Mannigfaltigkeit ist zwar zusammenhängend, aber nicht einfach zusammenhängend.

Die Drehgruppe und die Lorentzgruppe sind halbeinfach. Für sie gilt der Satz: *Die endlichdimensionalen Darstellungen halbeinfacher Gruppen sind vollreduzibel.* Damit genügt es, zu ihrer Klassifizierung nur die irreduziblen Darstellungen aufzusuchen. Leider funktioniert das nicht bei der Poincarégruppe, denn sie ist nicht halbeinfach.

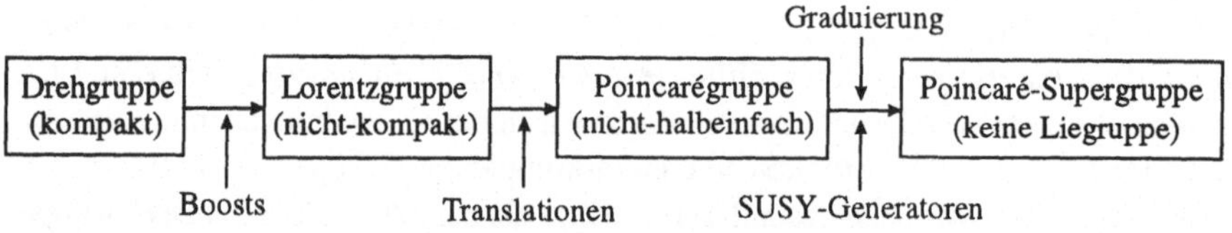

Abb. 5.5 Der Weg zur Poincaré-Supergruppe.

Der noch zu beschreitene Weg von der Drehgruppe zur Poincaré-Supergruppe ist in Abb. 5.5 skizziert. Die Lorentz- und die Poincaré-Gruppe behandeln wir in Kapitel 7; die Supergruppen und der Begriff der Graduierung sind Inhalt des Kapitels 9.

5.2.2 Matrizengruppen

Gewöhnlich versteht der Physiker unter einer Liegruppe bereits die konkrete Darstellung in Form von Matrizen. Diese Herangehensweise wird gerechtfertigt durch den Satz von Ado: *Jede Liegruppe ist isomorph zu einer Untergruppe der regulären Matrizen.* Die Elemente dieser Gruppen sind invertierbare Matrizen mit nichtverschwindender Determinante, und die Gruppenmultiplikation fällt mit der Matrizenmultiplikation zusammen.

Die speziellen Eigenschaften der Matrizengruppen und deren Untergruppen bringt man schon in der Bezeichnung zum Ausdruck: So enthält der Name den Buchstaben L (linear), wenn die Gruppenelemente reguläre Matrizen sind und keiner weiteren Einschränkung unterliegen,

$$\begin{aligned} \mathrm{GL}(N,\mathbb{R}) &= \{\, A \in \text{reelle } N \times N \text{ Matrizen} \mid \det A \neq 0 \,\} \\ \mathrm{GL}(N,\mathbb{C}) &= \{\, A \in \text{komplexe } N \times N \text{ Matrizen} \mid \det A \neq 0 \,\} \end{aligned}$$

Der Buchstabe G steht für das englische Wort *general*, dagegen bezeichnet der Buchstabe S (*special*) Matrizen mit der Determinante Eins. Gruppen unitärer Matrizen enthalten den Buchstaben U und Gruppen orthogonaler (reeller) Matrizen den Buchstaben O in ihrer Bezeichnung. So gilt für die orthogonale Gruppe $\mathrm{O}(N)$, die spezielle lineare Gruppe $\mathrm{SL}(N, \mathbb{R})$ und die spezielle orthogonale Gruppe $\mathrm{SO}(N)$:

$$\begin{aligned} \mathrm{O}(N) &= \{ A \in \mathrm{GL}(N, \mathbb{R}) \mid AA^{\mathrm{T}} = A^{\mathrm{T}} A = \mathbb{1} \} \\ \mathrm{SL}(N, \mathbb{R}) &= \{ A \in \mathrm{GL}(N, \mathbb{R}) \mid \det A = 1 \} \\ \mathrm{SO}(N) &= \mathrm{O}(N) \cap \mathrm{SL}(N, \mathbb{R}) . \end{aligned}$$

Ferner gilt für die unitäre Gruppe $\mathrm{U}(N)$, die spezielle lineare Gruppe $\mathrm{SL}(N, \mathbb{C})$ und die spezielle unitäre Gruppe $\mathrm{SU}(N)$:

$$\begin{aligned} \mathrm{U}(N) &= \{ A \in \mathrm{GL}(N, \mathbb{C}) \mid AA^{\dagger} = A^{\dagger} A = \mathbb{1} \} \\ \mathrm{SL}(N, \mathbb{C}) &= \{ A \in \mathrm{GL}(N, \mathbb{C}) \mid \det A = 1 \} \\ \mathrm{SU}(N) &= \mathrm{U}(N) \cap \mathrm{SL}(N, \mathbb{C}) . \end{aligned}$$

Diese Beziehungen sind in der Abb. 5.6 schematisch dargestellt. Mit den oben genannten Matrizengruppen sind bei weitem noch nicht alle erfaßt. Eine übersichtliche Zusammenstellung findet man in [27].

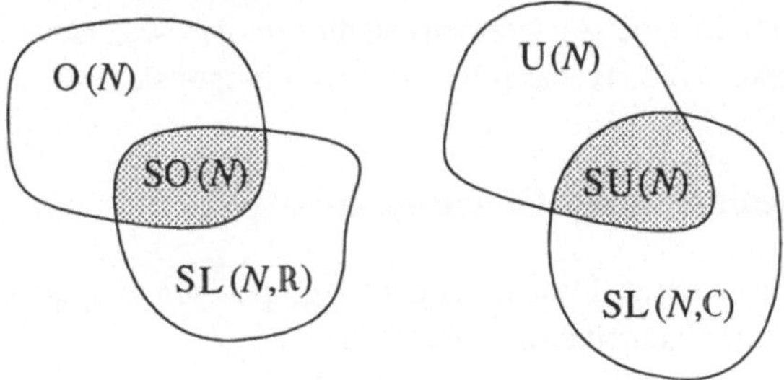

Abb. 5.6 Mengenschemata für reelle und komplexe Matrizengruppen.

Matrizengruppen sind Liegruppen, stellen also eine Mannigfaltigkeit dar: Jede Matrix aus $\mathrm{GL}(N, \mathbb{R})$ mit den Einträgen A^{ij} besitzt eine Umgebung vom Radius ϵ, die die Matrizen B mit $|B^{ij} - A^{ij}| < \epsilon$ für alle i, j enthält. ϵ kann so klein gewählt werden, daß jede Matrix B eine nichtverschwindende Determinante besitzt, also zu $\mathrm{GL}(N, \mathbb{R})$ gehört. Die Größen $x^{ij} = B^{ij} - A^{ij}$ sind Koordinaten in dieser Umgebung, ihre Anzahl ist n^2. Damit ist $\mathrm{GL}(N, \mathbb{R})$ eine Untermannigfaltigkeit des $\mathbb{R}^{n^2}$.

Die Exponentialfunktion einer $N \times N$ Matrix A ist durch die Reihe

$$\exp A = \mathbb{1} + \sum_{k=1}^{\infty} \frac{1}{k!} A^k \qquad (5.52)$$

definiert. Die Matrix-Exponentialfunktion besitzt die folgenden Eigenschaften:

$$(\exp A)^* = \exp A^* , \tag{5.53}$$
$$(\exp A)^{\mathrm{T}} = \exp A^{\mathrm{T}} , \tag{5.54}$$
$$(\exp A)^\dagger = \exp A^\dagger , \tag{5.55}$$
$$(\exp SAS^{-1}) = S(\exp A)S^{-1} , \tag{5.56}$$
$$(\exp A)^{-1} = \exp(-A) , \tag{5.57}$$
$$\det(\exp A) = \exp(\mathrm{Tr}\,\mathrm{A}) . \tag{5.58}$$

Der Beweis für die ersten beiden Gleichungen folgt unmittelbar aus (5.52), da $(A^k)^* = (A^*)^k$, $(A^k)^{\mathrm{T}} = (A^{\mathrm{T}})^k$. Aus den beiden ersten folgt die dritte Gleichung. Wegen $(SAS^{-1})^k = SA^kS^{-1}$ mit einer regulären Matrix S gilt die vierte Gleichung. Die vorletzte Gleichung folgt aus $\mathrm{e}^A\mathrm{e}^{-A} = \mathrm{e}^{A-A} = \mathrm{e}^0 = \mathbb{1}$. Der Beweis der letzten Gleichung steht in § 4.2.5.

Man kann leicht nachprüfen: Das Produkt zweier orthogonaler (unitärer) Matrizen ist wieder eine orthogonale (unitäre) Matrix. Aber das Produkt zweier hermitescher Matrizen ist im allgemeinen keine hermitesche Matrix mehr. Hermitesche Matrizen bilden daher keine Gruppe! Andererseits ist die Summe zweier hermitescher Matrizen eine hermitesche Matrix; das gilt weder für orthogonale noch unitäre Matrizen.

5.2.3 Die Liealgebra der Generatoren

Hängt eine Symmetrietransformation oder Liegruppe von mehreren Parametern α^i ab, dann gilt in Verallgemeinerung von (5.35)

$$U = \exp(\mathrm{i}\alpha^i G^i) \tag{5.59}$$

mit G^i als hermitesche Generatoren. Damit die U's eine Gruppe bilden, muß das Produkt zweier Gruppenelemente wieder einen unitären Operator der obigen Form ergeben. Das hat Konsequenzen für die Generatoren. Da es sich hier um das Produkt von Matrix-Exponentialfunktionen handelt, betrachten wir dazu die BCH-Formel (4.49). Offensichtlich erfordert die Gruppeneigenschaft, daß der Kommutator zweier beliebiger Generatoren wieder ein Generator oder eine Linearkombination von Generatoren ist:

$$\boxed{[G^i, G^j] = \mathrm{i}f^{ijk}G^k} \quad . \tag{5.60}$$

Die Vertauschungsrelationen der Generatoren charakterisiert die der Liegruppe zugrundeliegende Liealgebra eindeutig (siehe § 2.2.4). Die Koeffizienten f^{ijk} heißen *Strukturkonstanten.*

Bei einer *abelsche* Liegruppe sind die Strukturkonstanten alle Null. Einparametrige Liegruppen wie die SO(2) besitzen nur einen Generator, nämlich τ in (5.16). Gibt es nur einen Generator, dann verschwindet der Kommutator (5.60), – einparametrige Liegruppen sind daher immer abelsch.

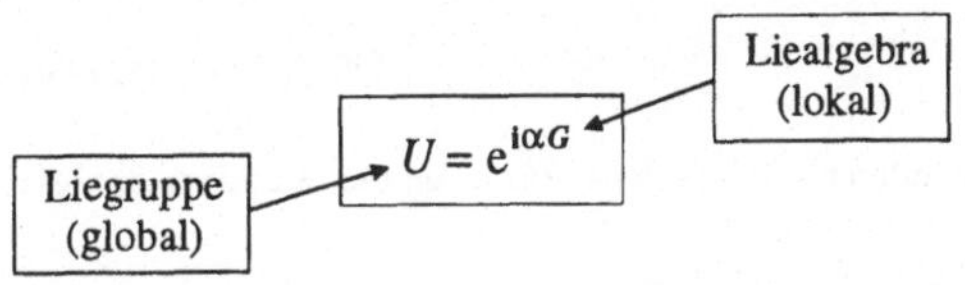

Abb. 5.7 Schematischer Zusammenhang zwischen Liegruppe und Liealgebra.

Die Matrix-Exponentialfunktion (5.59) bildet also das Bindeglied zwischen Liegruppe und Liealgebra. In der Abb. 5.7 ist das schematisch angedeutet, wobei die Pfeile auf die Elemente der Liegruppe bzw. auf die Generatoren der Liealgebra zeigen. Die Begriffe *lokal* und *global* beziehen sich auf die geometrische Intepretation, die wir im nächsten Abschnitt erklären werden.

5.2.4 Lokale und globale Aspekte

In diesem Abschnitt deuten wir den geometrischen Zusammenhang zwischen Liegruppe und Liealgebra an. Bei einer n-dimensionalen Liegruppe $\mathcal{G}$ wird jedes Gruppenelement durch einen Satz von n Parametern festgelegt,

$$g = g(\alpha^1, \alpha^2, \ldots, \alpha^n) \;=\; g(\alpha^i) \,. \tag{5.61}$$

Beim Einselement e sind "per Dekret" alle Parameter Null. Jeder Kurve im Parameterraum $\alpha^i = \alpha^i(t)$ entspricht eine Kurve $g(\alpha^i(t)) = g(t)$ in der Gruppenmannigfaltigkeit. Geht die Kurve für $t = 0$ durch das Einselement, $g(\alpha^i(0)) = e$, dann sei der Tangentialvektor an dieser Kurve bei e mit $\tau = (\partial g/\partial t)_0$ symbolisiert. (Im Fall der Matrizengruppen ist der Tangentialvektor eine Matrix!) Die Tangentialvektoren spannen einen n-dimensionalen Vektorraum auf: den Tangentialraum, der am Einselement der Gruppenmannigfaltigkeit angeheftet ist (siehe Abb. 5.8).

Nun geben wir τ vor. Aus den unendlich viele Kurven, die am Einselement den Tangentialvektor τ besitzen, wählen wir genau *die* Kurve aus, deren Punkte gleich-

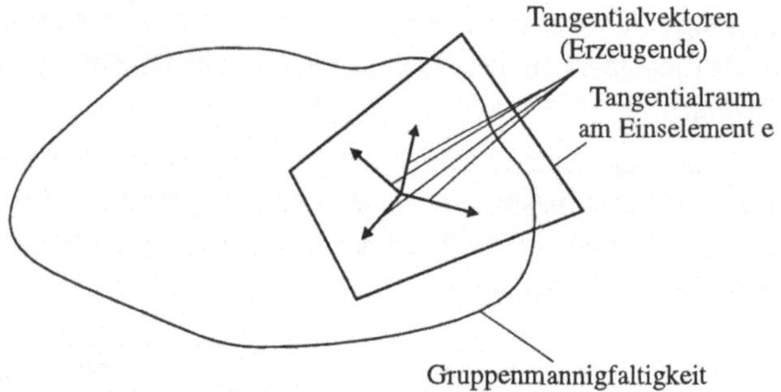

Abb. 5.8 Die Erzeugenden als Tangentialvektoren an der Gruppenmannigfaltigkeit.

zeitig eine Untergruppe von $\mathcal{G}$ formen (siehe Abb. 5.9). Diese Kurve besitzt die Parametrisierung

$$g(t) = \exp(t\tau) . \tag{5.62}$$

Als Gruppe enthält sie das Einselement und ordnet jeweils zwei Punkten auf der Kurve wieder einen Punkt auf der Kurve zu:

$$g(t_1)g(t_2) = \exp\{(t_1 + t_2)\,\tau\} = g(t_1 + t_2) .$$

Zudem ist die Gruppe abelsch: $g(t_1)g(t_2) = g(t_2)g(t_1)$. Sie heißt einparametrige Untergruppe von $\mathcal{G}$, und τ ist die *Erzeugende* dieser Untergruppe. Betrachten wir zum Beispiel die Liegruppe $\mathbb{R}^n$, dann sind die einparametrigen Untergruppen Geraden durch den Ursprung (Strahlen). Gekrümmte Kurven oder aber Geraden, die nicht durch den Ursprung gehen, sind keine einparametrigen Untergruppen von $\mathbb{R}^n$. Die Erzeugenden sind *lokale* Objekte, die im Tangentialraum am Einselement liegen; einparametrige Untergruppen sind hingegen Kurven auf der Mannigfaltigkeit, also *globale* Gebilde. Kennt man die Erzeugenden, dann kennt man auch alle einparametrigen Untergruppen:

$$\text{Erzeugende} \longrightarrow \text{einparametrige Untergruppe von } \mathcal{G} \text{ (Kurve)} .$$

Nun gilt die Aussage [30, 35], daß die Erzeugenden bezüglich des Kommutators eine Liealgebra bilden. Die n linear unabhängigen Erzeugenden $(\partial g/\partial t)_0$ entsprechen dabei exakt den Generatoren der Liealgebra G^i und die Liealgebra besitzt die Form (5.60). Die Liealgebra der Erzeugenden (lokal am Einselement) liefert uns Aufschluß über die globale Struktur der Liegruppe $\mathcal{G}$:

$$\text{Liealgebra der Erzeugenden} \longrightarrow \text{Liegruppe } \mathcal{G} \text{ (Mannigfaltigkeit)} .$$

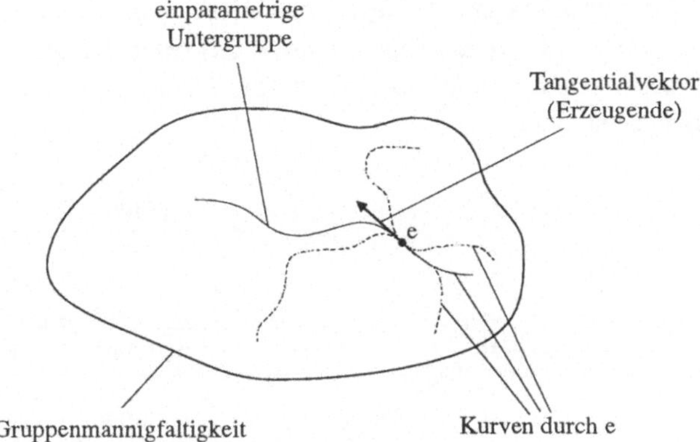

Abb. 5.9 Zu einem Tangentialvektor gibt es unendlich viele Kurven; nur *eine* Kurve davon ist aber eine einparametrige Untergruppe.

5.2.5 Die Überlagerungsgruppe

Aus dem vorhergehenden Abschnitt ist anschaulich plausibel, daß verschiedene Liegruppen dieselbe Liealgebra besitzen können. Mit anderen Worten, obwohl die Gruppenmannigfaltigkeiten *lokal* identisch sind, brauchen sie es *global* nicht zu sein. So sind beispielsweise die U(1) und die reelle Zahlengerade (Translationsgruppe) in der Abb. 5.10 lokal (am Einselement) gleich, ihre globale Struktur ist allerdings verschieden. Die Gleichheit im Lokalen bedingt die Gleichheit ihrer Liealgebren; sie sind beide abelsch. Jedem Punkt der U(1)-Mannigfaltigkeit entsprechen mehrere (sogar unendlich viele) Punkte auf dem $\mathbb{R}$; man sagt, die U(1) wird von $\mathbb{R}$ unendlichfach überlagert. $\mathbb{R}$ ist die *Überlagerungsgruppe* der U(1).

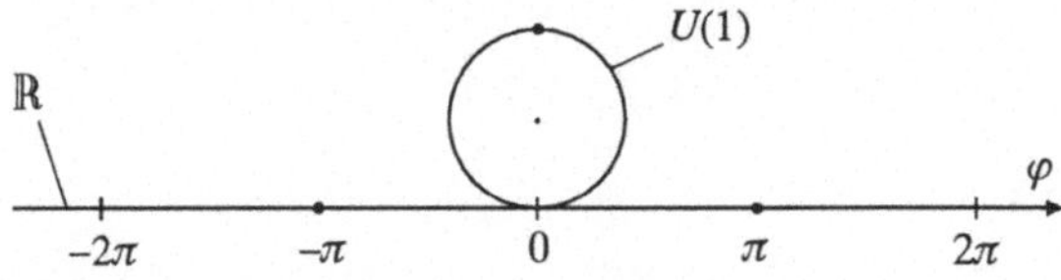

Abb. 5.10 Der $\mathbb{R}$ als Überlagerungsgruppe der U(1). Die Elemente von $\mathbb{R}$ sind die reellen Zahlen φ; die Elemente der U(1) sind $e^{i\varphi}$.

Nun präzisieren wir den Zusammenhang zwischen Liegruppe und Liealgebra. Es gelten die folgenden Sätze: *Jede Liealgebra ist die Liealgebra einer und nur ei-*

ner einfach zusammenhängenden Liegrupppe. Und: *Jede andere Liegruppe mit der gleichen Liealgebra, die aber nicht einfach zusammenhängend ist, wird von der einfach zusammenhängenden überlagert.* Das Schema in Abb. 5.11 soll diese Zusammenhänge andeuten.

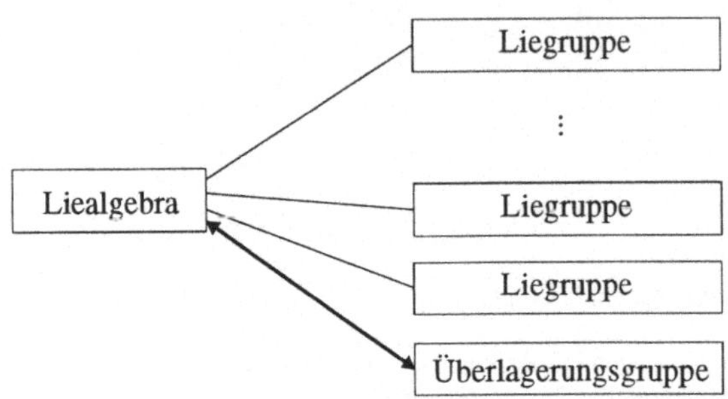

Abb. 5.11 Zu jeder Liealgebra gibt es meherere Liegruppen aber nur eine Überlagerungsgruppe.

Jetzt wissen wir zwar, daß Liegruppen und Liealgebren in enger Beziehung stehen. Wir wissen allerdings noch nicht, wofür man es braucht. Ein wichtiges Einsatzgebiet ist die Darstellungstheorie: Sucht man nach Darstellungen einer Liegruppe, dann bestimmt man die Darstellung der zugehörigen Liealgebra, womit sich die Aufgabe erheblich vereinfacht.

5.3 Drehungen, Spinoren und Metriken

Mit Hilfe der Drehgruppe soll behutsam an das Konzept des Spinors herangeführt werden. Die SU(2)-Spinoren und ihre Transformationseigenschaften sind einfacher als die ihrer "Artgenossen" aus der Lorentzgruppe, die wir in Kapitel 7 kennenlernen werden.

5.3.1 Die SO(3)

Die Ausführungen in § 5.1 galten hauptsächlich der SO(2) als einer abelschen Liegruppe. Der einfachste Vertreter einer nicht-abelschen Gruppe ist die SO(3). In der definierenden Darstellung ist jedem Gruppenelement eine reelle, orthogonale 3×3 Matrix zugeordnet. Wegen der Orthogonalitätsforderung, $RR^{\mathrm{T}} = \mathbb{1}$, sind von den neun Matrixeinträgen nur drei frei wählbar. Als Parameter wählen wir φ^1, φ^2, φ^3.

Die Drehmatrix besitzt damit die Form

$$R = \exp\left(\sum_{i=1}^{3} \varphi^i \tau^i\right) . \tag{5.63}$$

Aus der Orthogonalitätsforderung folgt ähnlich wie in (5.17), daß die Generatoren τ^i antisymmetrisch sein müssen. Es ist nicht schwer, drei derartige Matrizen sofort hinzuschreiben:

$$\tau^1 = \begin{pmatrix} 0 & 0 & 0 \\ 0 & 0 & -1 \\ 0 & 1 & 0 \end{pmatrix} , \tau^2 = \begin{pmatrix} 0 & 0 & 1 \\ 0 & 0 & 0 \\ -1 & 0 & 0 \end{pmatrix} , \tau^3 = \begin{pmatrix} 0 & -1 & 0 \\ 1 & 0 & 0 \\ 0 & 0 & 0 \end{pmatrix} . \tag{5.64}$$

In dieser Form, die man die definierende Darstellung nennt, lassen sie sich durch den total antisymmetrischen Tensor 3. Stufe ε^{ijk} mit $\varepsilon^{123} = 1$ ausdrücken:

$$(\tau^i)^{jk} = -\varepsilon^{ijk} . \tag{5.65}$$

Er besitzt die Eigenschaften

$$\varepsilon^{ijk}\varepsilon^{ilm} = \delta^{jl}\delta^{km} - \delta^{jm}\delta^{kl} , \tag{5.66}$$

$$\varepsilon^{ijk}\varepsilon^{ijm} = 2\delta^{km} , \tag{5.67}$$

$$\varepsilon^{ijk}\varepsilon^{ijk} = 3! \tag{5.68}$$

ε^{ijk} wird auch als Levi-Civita-Symbol bezeichnet. Damit berechnet man den Kommutator

$$\begin{aligned} [\,\tau^i, \tau^j\,]^{lm} &= \varepsilon^{ilk}\varepsilon^{jkm} - \varepsilon^{jlk}\varepsilon^{ikm} \\ &= \delta^{im}\delta^{lj} - \delta^{jm}\delta^{li} \;=\; -\varepsilon^{ijk}\varepsilon^{klm} . \end{aligned}$$

Das ergibt schließlich die fundamentale Vertauschungsrelation für die Generatoren der Drehgruppe:

$$[\,\tau^i, \tau^j\,] = \varepsilon^{ijk}\tau^k . \tag{5.69}$$

Eine Darstellung, die wie in (5.65) durch die Strukturkonstanten festgelegt ist, bezeichnet man als *adjungierte* Darstellung. Damit ist die definierende Darstellung in (5.64) gleichzeitig auch die adjungierte Darstellung der Drehgruppe.

Für kleine Transformationen, $R^{ik} = \delta^{ik} - \varphi^j\varepsilon^{jik}$, erhält man die Koordinatenänderung

$$\delta x^i = \varepsilon^{ijk}\varphi^j x^k . \tag{5.70}$$

Wir fassen die drei Drehwinkel φ^i zu einem Vektor $\boldsymbol{\varphi} = \mathbf{n}\varphi$ zusammen mit $\mathbf{n}$ als Einheitsvektor in Richtung der Drehachse und φ als Drehwinkel um diese Achse. In der indexfreien Notation lautet dann die Drehmatrix (5.63)

$$R = \exp\left(\boldsymbol{\varphi}\cdot\boldsymbol{\tau}\right) .$$

In der Quantenmechanik bevorzugt man anstelle von $\boldsymbol{\tau}$ die hermiteschen Generatoren $\mathbf{J} = \mathrm{i}\boldsymbol{\tau}$ und gelangt so zu einer unitären Form der adjungierten Darstellung

$$R = \exp\left(-\mathrm{i}\boldsymbol{\varphi}\cdot\mathbf{J}\right) . \tag{5.71}$$

Die hermiteschen Generatoren (Drehimpulsoperatoren)

$$(J^{\,i})^{jk} = -\mathrm{i}\varepsilon^{ijk} \tag{5.72}$$

erfüllen hier die Vertauschungsrelation (Drehimpulsalgebra)

$$\boxed{[\,J^i, J^j\,] = \mathrm{i}\varepsilon^{ijk} J^k} \quad . \tag{5.73}$$

Jeder Drehwinkel als Gruppenparameter überstreicht einen endlichen Bereich ($0 \leq \varphi^i \leq 2\pi$), die Drehgruppe ist daher eine kompakte Liegruppe. Als kompakte Liegruppe besitzt sie *endlichdimensionale* irreduzible Darstellungen im Hilbertraum. Bevor wir sie in den nächsten Abschnitten ermitteln, liefern wir noch die im Raum der Wellenfunktionen induzierte Darstellung als Differentialoperatoren.
Ähnliche Überlegungen wie in § 5.1.7 führen uns mit (5.7) zu dem Operator

$$L^i = \varepsilon^{ijk}\,\hat{x}^j\hat{p}^k , \tag{5.74}$$

welcher Drehungen im Raum der Wellenfunktionen erzeugt. Der Übersichtlichkeit wegen lassen wir im weiteren die Dächer auf den Operatoren weg. Wir berechnen die Vertauschungsrelation

$$[\,L^i, L^j\,] = [\,\varepsilon^{imn}x^m p^n, \varepsilon^{jrs}x^r p^s\,] = \varepsilon^{imn}\varepsilon^{jrs}\,[\,x^m p^n, x^r p^s\,] .$$

Mit Hilfe der fundamentalen Beziehung

$$\boxed{[\,x^j, p^k\,] = \mathrm{i}\hbar\,\delta^{jk}} \tag{5.75}$$

erhält man für den Kommutator auf der rechten Seite

$$[\,x^m p^n, x^r p^s\,] = -\mathrm{i}\hbar\left(x^m p^s\,\delta^{rn} - x^r p^n\,\delta^{ms}\right) . \tag{5.76}$$

Somit folgt

$$\begin{aligned}
[\,L^i, L^j\,] &= -\mathrm{i}\hbar\,(\varepsilon^{imn}\varepsilon^{jns}x^m p^s - \varepsilon^{imn}\varepsilon^{jrm}x^r p^n) \\
&= -\mathrm{i}\hbar\,(\delta^{is}\delta^{mj}x^m p^s - \delta^{ir}\delta^{nj}x^r p^n) \\
&= -\mathrm{i}\hbar\,(\delta^{is}\delta^{rj} - \delta^{ir}\delta^{sj})\,x^r p^s \;=\; -\mathrm{i}\hbar\varepsilon^{ijk}\varepsilon^{srk}\,x^r p^s \\
&= \mathrm{i}\hbar\varepsilon^{ijk}\varepsilon^{krs}\,x^r p^s \;=\; \mathrm{i}\hbar\varepsilon^{ijk}\,L^k\,.
\end{aligned}$$

Die Operatoren $L^i/\hbar$ erfüllen also die Drehimpulsalgebra (5.73), und man bezeichnet $\mathbf{L}$ als Bahndrehimpulsoperator. In der indexfreien Vektorschreibweise und der Ortsdarstellung besitzt der Bahndrehimpulsoperator die bekannte Form

$$\mathbf{L} = \mathbf{x} \times \frac{\hbar}{\mathrm{i}}\,\boldsymbol{\nabla}\,. \tag{5.77}$$

5.3.2 Eigenzustände des Drehimpulsoperators

Ausgehend von der Kommutatorrelation (5.73) bestimmen wir auf rein algebraischem Wege die Eigenzustände und Eigenvektoren, welche mit dem Drehimpulsoperator $\mathbf{J} = (J^1, J^2, J^3)$ in Zusammenhang stehen. Auf der Suche nach irreduziblen Darstellungen von Liegruppen bedient man sich der Technik, so viele Generatoren wie möglich auf Diagonalform zu bringen.

In diesem Zusammenhang definiert man den *Rang* einer Gruppe als die Anzahl gleichzeitig miteinander kommutierender Generatoren. Die SO(3) besitzt den Rang 1, und wir können einen Generator, beispielsweise J^3 auswählen, den wir diagonalisieren. Bezeichnet man dessen Eigenzustand mit $|m\rangle$, dann gilt $J^3|m\rangle = m|m\rangle$.

Unter einem *Casimir-Operator* versteht man einen Operator, der mit allen Generatoren vertauscht. Im vorliegenden Fall vertauscht $\mathbf{J}^2$ mit allen Komponenten von $\mathbf{J}$, also

$$\text{Casimir-Operator:} \qquad \mathbf{J}^2 = (J^1)^2 + (J^2)^2 + (J^3)^2\,. \tag{5.78}$$

Wir bezeichnen nun mit $|\beta m\rangle$ einen auf 1 normierten Eigenzustand von $\mathbf{J}^2$ und J^3,

$$\mathbf{J}^2|\beta m\rangle = \beta|\beta m\rangle \qquad \text{und} \qquad J^3|\beta m\rangle = m|\beta m\rangle\,.$$

Um die möglichen Werte von β und m zu bestimmen, gehen wir über zu den drei neuen Operatoren

$$J^{\pm} = J^1 \pm \mathrm{i}J^2 = (J^{\mp})^{\dagger} \qquad \text{und} \qquad J^3\,. \tag{5.79}$$

Ihre Vertauschungsrelationen lauten

$$[\,J^+, J^-\,] = 2J^3 \quad , \quad [\,J^3, J^\pm\,] = \pm J^\pm \; . \tag{5.80}$$

Der Casimir-Operator läßt sich ebenfalls durch die neuen Operatoren ausdrücken,

$$\begin{aligned} \mathbf{J}^2 &= (J^1 - \mathrm{i}J^2)(J^1 + \mathrm{i}J^2) - \mathrm{i}[\,J^1, J^2\,] + (J^3)^2 \\ &= J^- J^+ + J^3(J^3 + 1) \; . \end{aligned} \tag{5.81}$$

Nun berechnen wir

$$\begin{aligned} J^3\, J^\pm|\beta m\rangle &= (J^\pm J^3 + [\,J^3, J^\pm\,])\,|\beta m\rangle \\ &= (J^\pm m \pm J^\pm)\,|\beta m\rangle \\ &= (m \pm 1)\,J^\pm\,|\beta m\rangle \; . \end{aligned} \tag{5.82}$$

Damit ist $J^\pm|\beta m\rangle$ ein Eigenzustand von J^3 mit dem Eigenwert $(m \pm 1)$. Mit anderen Worten, die Abstände zwischen zwei benachbarten Eigenwerten von J^3 besitzen alle den gleichen Wert 1; das Spektrum ähnelt einer Leiter. Auf dieser Leiter kann man nun mit Hilfe der Leiteroperatoren $J^\pm$ Sprosse um Sprosse herauf- bzw. heruntersteigen wie es die Abb. 5.12 zeigt. Für einen vorgegebenen Wert β ist dieser Prozeß aber sowohl nach oben als auch unten begrenzt, da m beschränkt ist. Das folgt aus

$$\begin{aligned} \beta &= \langle\beta m|\mathbf{J}^2|\beta m\rangle \\ &= \langle\beta m|\,(J^1)^2 + (J^2)^2 + m^2\,|\beta m\rangle \geq m^2 \; , \end{aligned}$$

weil J^1 und J^2 hermitesch sind und daher $\langle\beta m|\,(J^1)^2 + (J^2)^2\,|\beta m\rangle \geq 0$. Für einen bestimmten Wert von m, sagen wir j, soll der Zustand $|\beta j\rangle$ die oberste Sprosse der Leiter verkörpern, wobei $J^+|\beta j\rangle = 0$.

Abb. 5.12 Die Leiteroperatoren.

Den Zusammenhang von j mit β erhält man dann mittels (5.81),

$$\mathbf{J}^2|\beta j\rangle = j(j+1)\,|\beta j\rangle$$

also

$$\beta = j(j+1) \,. \tag{5.83}$$

Andererseits läßt sich anstelle von (5.81) auch schreiben

$$\mathbf{J}^2 = J^+J^- + J^3(J^3 - 1) \,, \tag{5.84}$$

so daß man damit den Wert von m für die unterste Sprosse findet, für welche $J^-|\beta m\rangle = 0$ gilt. Dieser ist gegeben durch $\beta = m(m-1)$. Der Vergleich mit (5.83) liefert

$$j(j+1) = m(m-1) \,.$$

Die beiden Lösungen sind $m = -j$ und $m = j + 1$, wobei letztere entfällt, da j bereits den größten Wert für m darstellt.

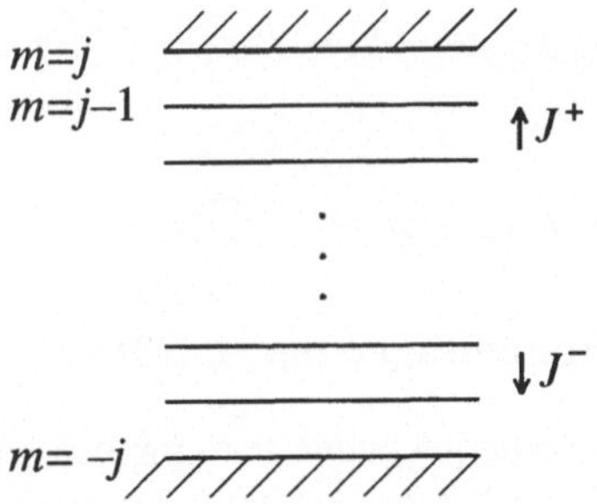

Abb. 5.13 Ein Multiplett mit Leiteroperatoren.

Das gefundene Resultat ist in der Abb. 5.13 skizziert. Für einen vorgegebenen Wert j reicht das äquidistante Spektrum von $m = -j$ bis j. Das sind insgesamt $2j + 1$ Werte, die ein *Multiplett* bilden. Die Multiplizität bzw. die Dimension der Darstellung ist $2j + 1$. Da die Dimension eine ganze Zahl sein muß, besteht für j nur die Möglichkeit, entweder ganzzahlig oder halbzahlig zu sein, also $j = 0, \frac{1}{2}, 1, \ldots$. Anstelle von $|\beta m\rangle$ ist es nun üblich, die Eigenzustände durch $|jm\rangle$ zu charakterisieren, wobei

$$\mathbf{J}^2|jm\rangle = j(j+1)\,|jm\rangle \,, \tag{5.85}$$

$$J^3|jm\rangle = m\,|jm\rangle \,. \tag{5.86}$$

Desweiteren gilt $J^\pm|jm\rangle = N^\pm|j\,m \pm 1\rangle$, wobei die Normierungsfaktoren $N^\pm$ jetzt zu bestimmen sind.

Da $|j\, m \pm 1\rangle$ ebenso wie $|jm\rangle$ auf 1 normiert sind, folgt

$$\begin{aligned} |N^+|^2 = \Big| J^+|jm\rangle \Big|^2 &= \langle jm|J^-J^+|jm\rangle \\ &= \langle jm|\, \mathbf{J}^2 - J^3(J^3+1)\,|jm\rangle \\ &= j(j+1) - m(m+1) \;=\; (j-m)(j+m+1)\,. \end{aligned}$$

Standardgemäß wählt man die Phase von $N^{\pm}$ reell und positiv (Condon-Shortley-Phasenwahl). Damit folgt

$$J^+|jm\rangle = [\,(j-m)(j+m+1)\,]^{1/2}\,|j\,m+1\rangle\,. \tag{5.87}$$

Ebenso folgt mit (5.80) aus

$$\begin{aligned} |N^-|^2 = \Big| J^-|jm\rangle \Big|^2 &= \langle jm|J^+J^-|jm\rangle \\ &= \langle jm|\, J^-J^+ + 2J^3\,|jm\rangle \\ &= (j-m)(j+m+1) + 2m \;=\; (j+m)(j-m+1)\,. \end{aligned}$$

die Beziehung

$$J^-|jm\rangle = [\,(j+m)(j-m+1)\,]^{1/2}\,|j\,m-1\rangle\,. \tag{5.88}$$

5.3.3 Irreduzible Darstellungen der SO(3)

Mit den Ergebnissen des vorhergehenden Paragraphen können wir nun die irreduziblen Darstellungen nach der Tensor- und der Spinordarstellung klassifizieren. Wie wir wissen, werden die irreduziblen Darstellungen der SO (3) durch die Quantenzahl j gekennzeichnet, welche mit dem Eigenwert $j(j+1)$ des Casimir-Operators $\mathbf{J}^2$ zusammenhängt. Innerhalb einer Darstellung sind die Matrixelemente der Generatoren J^3, $J^{\pm}$ gegeben durch

$$\langle jm'|J^3|jm\rangle = m\,\delta_{mm'}\,, \tag{5.89}$$

$$\langle jm'|J^+|jm\rangle = [\,(j-m)(j+m+1)\,]^{1/2}\,\delta_{m',m+1}\,, \tag{5.90}$$

$$\langle jm'|J^-|jm\rangle = [\,(j+m)(j-m+1)\,]^{1/2}\,\delta_{m',m-1}\,. \tag{5.91}$$

Die Eigenwerte m von J^3 laufen dabei von j bis $-j$. Die Darstellung von J^1 und J^2 berechnet man aus diesen Beziehungen unter Beachtung von

$$J^1 = \frac{1}{2}(J^+ + J^-) \qquad \text{und} \qquad J^2 = \frac{1}{2\mathrm{i}}(J^+ - J^-)\,. \tag{5.92}$$

Wir betrachten die einfachsten Fälle:

1. Die Darstellung mit $j=0$ ist eindimensional und definiert Skalare, also Größen, die bei Drehungen unverändert bleiben.

2. Die *Tensordarstellung* mit $j=1$ ist dreidimensional. Der Darstellungsraum wird von den Zuständen

$$|11\rangle\ ,\ |10\rangle \quad \text{und} \quad |1\,-1\rangle \tag{5.93}$$

aufgespannt. Die Matrixdarstellung von J^3 ist diagonal, während sie für die Leiteroperatoren (Matrixelemente in der Reihenfolge $m=1,0,-1$)

$$J^{+}_{m'm} = \sqrt{2}\begin{pmatrix} 0 & 1 & 0 \\ 0 & 0 & 1 \\ 0 & 0 & 0 \end{pmatrix} \qquad \text{und} \qquad J^{-}_{m'm} = \sqrt{2}\begin{pmatrix} 0 & 0 & 0 \\ 1 & 0 & 0 \\ 0 & 1 & 0 \end{pmatrix}$$

lautet. Damit erhalten die Generatoren J^1, J^2 und J^3 die konkrete Form

$$\frac{1}{\sqrt{2}}\begin{pmatrix} 0 & 1 & 0 \\ 1 & 0 & 1 \\ 0 & 1 & 0 \end{pmatrix}\ ,\quad \frac{1}{\sqrt{2}\mathrm{i}}\begin{pmatrix} 0 & 1 & 0 \\ -1 & 0 & 1 \\ 0 & -1 & 0 \end{pmatrix}\ ,\quad \begin{pmatrix} 1 & 0 & 0 \\ 0 & 0 & 0 \\ 0 & 0 & -1 \end{pmatrix}\ . \tag{5.94}$$

Nun zeigen wir, daß der dreidimensionale Darstellungsraum (5.93) eng mit unserem physikalischen Raum verknüpft ist. Mit Hilfe der unitären Matrix

$$S = \frac{1}{\sqrt{2}}\begin{pmatrix} -1 & \mathrm{i} & 0 \\ 0 & 0 & \sqrt{2} \\ 1 & \mathrm{i} & 0 \end{pmatrix} \qquad \text{und} \qquad SS^{\dagger} = \mathbb{1}\ , \tag{5.95}$$

wechselt man von der *kartesischen* zur *zyklischen* Basis,

$$\begin{pmatrix} x \\ y \\ z \end{pmatrix} \longrightarrow \begin{pmatrix} -(x-\mathrm{i}y)/\sqrt{2} \\ z \\ (x+\mathrm{i}y)/\sqrt{2} \end{pmatrix} = S\begin{pmatrix} x \\ y \\ z \end{pmatrix}\ . \tag{5.96}$$

Die Ähnlichkeitstransformation

$$S^{-1}J^iS = \mathrm{i}\tau^i$$

liefert uns dann den Übergang von der Tensordarstellung (5.94) zur definierenden Darstellung (5.64). Allgemein versteht man unter einer Tensordarstellung eine irreduzible Darstellung mit $j=l$ und l ganzzahlig.

Aus der Quantenmechanik ist bekannt, daß für ganzzahlige Darstellungen die Zustände $|jm\rangle$ Eigenzustände des Differentialoperators $\mathbf{L} = \mathbf{x} \times \frac{\hbar}{\mathrm{i}} \nabla$ sind, also

$$\mathbf{L}^2 |lm\rangle = l(l+1)\,|lm\rangle\,,$$

wobei in der Ortsdarstellung die Zustände $|lm\rangle$ den Kugelflächenfunktionen Y_{lm} entsprechen. Speziell gilt für die drei Zustände aus (5.93):

$$Y_{1-1} = -Y_{11}^* = \sqrt{\frac{3}{8\pi}}\,\frac{x - \mathrm{i}y}{r} \qquad \text{und} \qquad Y_{10} = \sqrt{\frac{3}{4\pi}}\,\frac{z}{r}\,,$$

wobei $r = (x + y + z)^{1/2}$. Die Y_{1m} hängen direkt mit den zyklischen Koordinaten aus (5.96) zusammen; diese sind gegeben durch $r\sqrt{4\pi/3}\,Y_{1m}^*$ und $m = 1, 0, -1$.

3. Die *Spinordarstellung* mit $j = \frac{1}{2}$ ist zweidimensional und wird von den beiden Zuständen $|\frac{1}{2}\frac{1}{2}\rangle$ und $|\frac{1}{2} - \frac{1}{2}\rangle$ aufgespannt. Aus (5.89) bis (5.91) erhält man die Matrizen

$$J^3_{m'm} = \frac{1}{2}\begin{pmatrix} 1 & 0 \\ 0 & -1 \end{pmatrix}\,, \quad J^+_{m'm} = \begin{pmatrix} 0 & 1 \\ 0 & 0 \end{pmatrix}\,, \quad J^-_{m'm} = \begin{pmatrix} 0 & 0 \\ 1 & 0 \end{pmatrix}\,.$$

Aus (5.92) folgt damit

$$\mathbf{J} = \frac{1}{2}\boldsymbol{\sigma}\,, \tag{5.97}$$

wobei $\boldsymbol{\sigma} = (\sigma^1, \sigma^2, \sigma^3)$ hier die drei *Paulischen Spinmatrizen* (kurz Paulimatrizen) symbolisiert:

$$\boxed{\sigma^1 = \begin{pmatrix} 0 & 1 \\ 1 & 0 \end{pmatrix}\,, \quad \sigma^2 = \begin{pmatrix} 0 & -\mathrm{i} \\ \mathrm{i} & 0 \end{pmatrix}\,, \quad \sigma^3 = \begin{pmatrix} 1 & 0 \\ 0 & -1 \end{pmatrix}}\,. \tag{5.98}$$

Generell versteht man unter der Spinordarstellung eine irreduzible Darstellung mit halbzahligen j. Spinordarstellungen sind aus Tensordarstellungen nicht gewinnbar.

5.3.4 Die Paulimatrizen

Die drei Paulimatrizen sind gegeben durch (5.98). Sie sind hermitesch, spurfrei und besitzen die wichtigen Eigenschaften:

$$\{\sigma^i, \sigma^k\} = 2\delta^{ik}\mathbb{1} \qquad \text{(Clifford-Algebra)}\,, \tag{5.99}$$

$$[\sigma^i, \sigma^k] = 2\mathrm{i}\,\varepsilon^{ikm}\sigma^m \qquad \text{(Liealgebra)}\,. \tag{5.100}$$

Aus der Antikommutationsbeziehung folgt sofort $(\sigma^i)^2 = \mathbb{1}$. Die Kommutatorbeziehung (5.100) läßt sich auch schreiben als

$$\left[\frac{\sigma^i}{2}, \frac{\sigma^j}{2}\right] = \mathrm{i}\varepsilon^{ijk}\,\frac{\sigma^k}{2}\,,$$

womit besonders deutlich wird, daß sie für $J^i = \frac{1}{2}\sigma^i$ exakt mit der Drehimpulsalgebra (5.73) übereinstimmt.

Desweiteren gilt

$$\sigma^i\sigma^k = \frac{1}{2}\{\,\sigma^i, \sigma^k\} + \frac{1}{2}[\,\sigma^i, \sigma^k\,] = \delta^{ik}\,\mathbb{1} + \mathrm{i}\varepsilon^{ikm}\sigma^m\,. \tag{5.101}$$

Wegen $\mathrm{Tr}\,\sigma^i = 0$ folgt daraus

$$\mathrm{Tr}\,\sigma^i\sigma^k = \delta^{ik}\,\mathrm{Tr}\,\mathbb{1} + \mathrm{i}\varepsilon^{ikm}\,\mathrm{Tr}\,\sigma^m = 2\delta^{ik}\,. \tag{5.102}$$

Dieses Ergebnis läßt sich mit der Orthonormalitätsrelation von Basisvektoren $\mathbf{e}^i$ vergleichen:

$$\mathbf{e}^i\cdot\mathbf{e}^k = \delta^{ik} \qquad \Longleftrightarrow \qquad \frac{1}{2}\,\mathrm{Tr}\,\sigma^i\sigma^k = \delta^{ik}\,.$$

Oft wird σ^3 als die bekannteste der drei Paulimatrizen angesehen; man weiß zumindestens, daß ihre Diagonalelemente 1 und -1 lauten. Wie wir jedoch noch sehen werden, ist es nicht σ^3, sondern die Paulimatrix σ^2, der eine Sonderrolle im Spinorkalkül zukommt. So findet man beispielsweise durch einfaches Einsetzen

$$\sigma^2\sigma^i\sigma^2 = -\sigma^{i*} \tag{5.103}$$

und

$$\sigma^2\sigma^i\sigma^2 = -\sigma^{i\mathrm{T}}\,. \tag{5.104}$$

Die Gleichungen (5.103) und (5.104) sind zueinander hermitesch-konjugiert.

5.3.5 Die SU(2)

Wir betrachten komplexe 2×2 Matrizen mit den Eigenschaften

$$U^\dagger U = 1 \qquad \text{und} \qquad \det U = 1\,. \tag{5.105}$$

Laut Klassifizierung der Matrizengruppen in § 5.2.2 bilden sie die spezielle unitäre Gruppe SU(2) in zwei Dimensionen. Diese Matrizen lassen sich in der Form

$$U = \begin{pmatrix} a & b \\ -b^* & a^* \end{pmatrix} \qquad \text{mit} \qquad |a|^2 + |b|^2 = 1 \tag{5.106}$$

schreiben. Wir haben hier zwei komplexe Zahlen a, b und eine Bedingung, also *drei* unabhängige reelle Parameter wie bei der SO(3).
Wir drücken die Gruppenelemente der SU(2) jetzt in der Standardform (5.59) aus; als Generatoren wählt man dazu die drei Paulimatrizen (5.98). Aus (5.71) folgt dann mit (5.97)

$$U = \exp\left(-\frac{\mathrm{i}}{2}\sum_{i=1}^{3}\varphi^i\sigma^i\right) \qquad \text{(Spinordarstellung)}\,. \tag{5.107}$$

Da die Paulimatrizen hermitesch und spurfrei sind, folgt mit (5.58), daß die Bedingungen (5.105) auch tatsächlich erfüllt sind.
Trotz gleicher Liealgebren unterscheiden sich die Gruppenelemente der SO(3) und SU(2) um einen Faktor $\frac{1}{2}$ im Exponenten,

$$R = \exp\left(-\,\mathrm{i}\varphi\,\mathbf{n}\cdot\mathbf{J}\right) \qquad \text{und} \qquad U = \exp\left(-\,\frac{\mathrm{i}}{2}\varphi\,\mathbf{n}\cdot\boldsymbol{\sigma}\right).$$

Das hat enorme Konsequenzen: Für den Winkel $\varphi = 2\pi$ folgt $R(2\pi) = R(0) = \mathbb{1}$, während andererseits $U(2\pi) = -\mathbb{1}$ gilt. Im Gegensatz zur 2π-Periodizität der SO(3) besitzt die SU(2) eine 4π-Periodizität. Zwei unterschiedliche Elemente der SU(2), nämlich U(0) und U(2π), werden dabei auf das Einselement der SO(3) abgebildet, mit anderen Worten, der Kern des Homomorphismus' SU(2)$\to$ SO(3) besteht aus zwei Elementen

$$\left\{\begin{pmatrix} 1 & 0 \\ 0 & 1 \end{pmatrix}, \begin{pmatrix} -1 & 0 \\ 0 & -1 \end{pmatrix}\right\},$$

welche die Untergruppe $\mathbb{Z}_2$ bilden. Mathematisch drückt man die Beziehung zwischen beiden Gruppen so aus:

$$\mathrm{SO}(3) \cong \mathrm{SU}(2)/\mathbb{Z}_2\,. \tag{5.108}$$

Mit $a = u + \mathrm{i}v$ und $b = x + \mathrm{i}y$ finden wir aus (5.106)

$$u^2 + v^2 + x^2 + y^2 = 1 \,. \tag{5.109}$$

Das ist eine Gleichung für eine dreidimensionale Kugeloberfläche S^3 im $\mathbb{R}^4$. Jedem Punkt (u, v, x, y) auf dieser Kugeloberfläche wird dabei eineindeutig eine Matrix U zugeordnet. Als Kugeloberfläche ist die SU(2) eine einfach zusammenhängende Mannigfaltigkeit, denn jede beliebige Kurve läßt sich stetig zu einem Punkt zusammenziehen.

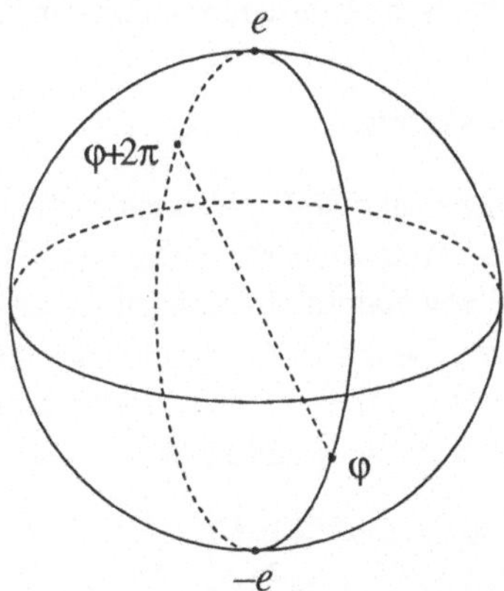

Abb. 5.14 Die Überlagerungsgruppe SU(2) als Mannigfaltigkeit.

Eine einparametrige Untergruppe der SU(2), beispielsweise $\exp\left(-\frac{\mathrm{i}}{2}\,\varphi^1\sigma^1\right)$, beschreibt auf dieser Oberfläche eine Kurve C, die beim Einselement e mit $\varphi = 0$ beginnt und zu e bei $\varphi = 4\pi$ zurückkehrt. Die Punkte φ und $\varphi + 2\pi$ auf diesem Großkreis liegen diametral; bei der SO (3) repräsentieren sie ein und denselben Punkt. Wir identifizieren deshalb die SO (3) als die obere Halbkugel, wobei diametrale Punkte als identisch angesehen werden. Damit gibt es Kurven wie C, die sich nicht mehr zu einem Punkt zusammenziehen lassen, da die Punkte auf dem Äquator ($\varphi = \pi$ und $\varphi = 3\pi$) immer diametral bleiben, egal was wir auch anstellen. Die SO (3) ist also nicht einfach zusammenhängend.

Die SU(2) als einfach zusammenhängende Mannigfaltigkeit ist die Überlagerungsgruppe der SO(3). Überlagerungsgruppen der SO(N) werden mit SPIN(N) abgekürzt, es gilt also

$$\mathrm{SPIN}(3) = \mathrm{SU}(2) \,.$$

Allein aus geometrischen Betrachtungen können wir sofort eine Aussage zur Paritätsoperation (Spiegelung) treffen. Bekanntlich hängt sie mit einem Sprung der Determinante der Drehmatrix R vom Wert $+1$ auf -1 zusammen. Dieser diskontinuierliche Determinantenwechsel läßt sich aber niemals entlang einer glatten Kurve auf der SU(2)-Mannigfaltigkeit erreichen. Die wichtige Schlußfolgerung lautet damit:

SU(2) beschreibt keine Spiegelungen.

Diese Aussage besitzt drastische Konsequenzen in der Teilchenphysik.

5.3.6 Der Vektor als Matrix

Der Zusammenhang zwischen den SO(3)-Elementen R und den SU(2)-Elementen U läßt sich auch auf andere Weise herstellen. Die Methode, die man hierbei heranzieht, wurde bereits 1843 von Hamilton gefunden, als er auf der Suche nach einer Erweiterung der komplexen Zahlen die Quaternionen entdeckte. Die Quaternionen oder hyperkomplexen Zahlen sind dabei nichts anderes als die Paulimatrizen. Man ordnet danach jedem Vektor x^i die 2×2 Matrix

$$X = \mathbf{x} \cdot \boldsymbol{\sigma} = \begin{pmatrix} x^3 & x^1 - \mathrm{i}x^2 \\ x^1 + \mathrm{i}x^2 & -x^3 \end{pmatrix} \tag{5.110}$$

zu. Dahinter verbirgt sich die "Urform" des Feynman-Dolches $\not{x}$, den wir später im Zusammenhang mit der Lorentzgruppe in § 7.2.6 einführen. Da x^i reell und die σ^i hermitesch und spurfrei sind, gilt

$$X = X^\dagger \qquad \text{und} \qquad \mathrm{Tr}\, X = 0\,. \tag{5.111}$$

Mit (5.102) folgt $x^k = x^i \delta^{ik} = \frac{1}{2}\, x^i \,\mathrm{Tr}\, \sigma^i \sigma^k$. Damit liefert jede spurfreie hermitesche Matrix X auch als Umkehrabbildung von (5.110) einen reellen Vektor:

$$x^k = \frac{1}{2} \mathrm{Tr}\, X \sigma^k\,. \tag{5.112}$$

Aus (5.110) liest man direkt ab

$$\det X = -(x^1)^2 - (x^2)^2 - (x^3)^2 \;=\; -x^i x^i\,. \tag{5.113}$$

Nun transformieren wir mit $U \in \mathrm{SU}(2)$

$$X \longrightarrow X' = U X U^{-1} = U X U^\dagger\,. \tag{5.114}$$

Die neue Matrix ist wieder hermitesch und spurfrei,

$$(X')^\dagger = (UXU^\dagger)^\dagger = UX^\dagger U^\dagger = UXU^\dagger = X' \,,$$
$$\operatorname{Tr} X' = \operatorname{Tr} UXU^{-1} = \operatorname{Tr} U^{-1}UX = \operatorname{Tr} X = 0 \,.$$

Die Transformationsvorschrift (5.114) entspricht einer linearen Transformation $x^i \to x'^i$, die wegen

$$-(x'^i x'^i) = \det X' = \det U \det X \det U^\dagger = \det X = -x^i x^i$$

orthogonal sein muß, weil sie Abstände invariant hält, also $x'^i = R^{ij} x^j$.

Von der Notation her erinnert $X = x^i \sigma^i$ an ein Skalarprodukt, das ist es aber nicht! Die Größe X verändert sich ja bei Drehungen gemäß (5.114), ist demnach keine Invariante. Die richtige Interpretation von $X = x^i \sigma^i$ lautet: Eine hermitesche, spurfreie Matrix X wird nach der Basis σ^i entwickelt, wobei x^i die Entwicklungskoeffizienten darstellen. Der Sachverhalt ist hier ähnlich wie bei der Zerlegung eines Vektors in einer orthogonalen Basis, $\mathbf{x} = x^i \mathbf{e}^i$.

Um von X nach X' zu gelangen, können wir die Komponenten x^i drehen oder aber die Basis σ^i (zurück-) drehen:

$$X' = x'^i \sigma^i = R^{ij} x^j \sigma^i \,, \tag{5.115}$$
$$X' = x^j \sigma'^j = x^j U \sigma^j U^\dagger \,. \tag{5.116}$$

Setzen wir die rechten Seiten beider Beziehungen gleich, dann liefert der Koeffizientenvergleich

$$R^{ij} \sigma^i = U \sigma^j U^\dagger \,. \tag{5.117}$$

Jetzt brauchen wir nur noch beide Seiten von links mit $\frac{1}{2}\sigma^k$ zu multiplizieren und gemäß (5.102) die Spur zu bilden. Als Ergebnis erhalten wir einen Zusammenhang zwischen der Tensor- und Spinordarstellung:

$$\boxed{R^{kj} = \frac{1}{2} \operatorname{Tr} \sigma^k U \sigma^j U^\dagger} \,. \tag{5.118}$$

Auch hieran erkennt man, daß sowohl U als auch $-U$ zum gleichen R führen. Die Spinordarstellung als eine Darstellung mit halbzahligen Spin ist nicht aus Tensordarstellungen gewinnbar. Wie wir bereits wissen, können in der Spinordarstellung allerdings keine Spiegelungen beschrieben werden.

Aus (5.117) folgt auch, da R orthogonal ist,

$$(R^{-1})^{ji}\sigma^i = U\sigma^j U^\dagger = \sigma'^j \,. \tag{5.119}$$

Betrachtet man hierbei die äußere linke und rechte Seite, dann transformiert sich σ^j wie ein Vektor.

5.3.7 SU(2)-Spinoren

Die Elemente des zweidimensionalen, komplexen Darstellungsraumes (Spinorraum), auf welche die U's wirken, nennt man

$$\text{SU(2)-Spinor:} \qquad u = \begin{pmatrix} u^1 \\ u^2 \end{pmatrix} . \tag{5.120}$$

In der nichtrelativistischen Quantenmechanik beschreiben diese Spinoren Teilchen mit Spin $\frac{1}{2}$. Die beiden Komponenten entsprechen dabei den Einstellungen "Spin auf" und "Spin ab". Unter Drehungen transformiert der Spinor nach

$$u \longrightarrow u' = Uu \,. \tag{5.121}$$

U besitzt die Form (5.106). Es ist keinesfalls verwunderlich, daß das Skalarprodukt des reellen Vektorraumes, $u^{\mathrm{T}}u$, im Spinorraum keine Invariante mehr darstellt. Wegen $U^{\mathrm{T}}U \neq \mathbb{1}$ gilt nämlich

$$u'^{\mathrm{T}}u' = (Uu)^{\mathrm{T}}Uu = u^{\mathrm{T}}U^{\mathrm{T}}Uu \;\neq\; u^{\mathrm{T}}u \,.$$

Neben u betrachten wir noch eine zweite Sorte Spinoren $\tilde{u}$, welche sich nach einer Darstellung $\tilde{U}$ transformiert,

$$\tilde{u} \longrightarrow \tilde{u}' = \tilde{U}\tilde{u} \,. \tag{5.122}$$

Daraus konstruieren wir die Größe $\tilde{u}^{\mathrm{T}}u$ und fordern ihre Invarianz bezüglich Drehungen,

$$(\tilde{u}')^{\mathrm{T}}u' = (\tilde{U}\tilde{u})^{\mathrm{T}}Uu = \tilde{u}^{\mathrm{T}}(\tilde{U}^{\mathrm{T}}U)u \;\stackrel{!}{=}\; \tilde{u}^{\mathrm{T}}u \,.$$

Aus dieser Forderung ließt man sofort den Zusammenhang

$$\tilde{U} = U^{-1\mathrm{T}} = U^* \tag{5.123}$$

ab. Das letzte Gleichheitszeichen gilt nur für unitäre Matrizen. Damit transformiert der Spinor $\tilde{u}$ genauso wie u^*, und es gilt

$$u^\dagger u = \text{ invariant} . \tag{5.124}$$

Man unterscheidet generell bei der SU(N) zwischen der sogenannten Selbstdarstellung U und der konjugierten Darstellung U^*. Aber *nur* bei der SU(2) sind beide Darstellungen äquivalent, denn es gibt eine Matrix

$$\varepsilon = \mathrm{i}\sigma^2 = \begin{pmatrix} 0 & 1 \\ -1 & 0 \end{pmatrix} , \tag{5.125}$$

mittels derer man über eine Ähnlichkeitstransformation zur konjugierten Darstellung gelangt:

$$U \longrightarrow \varepsilon U \varepsilon^{-1} = \begin{pmatrix} a^* & b^* \\ -b & a \end{pmatrix} = U^* . \tag{5.126}$$

Andererseits erhalten wir durch Inversion von (5.126) die Beziehung $\varepsilon U^{-1} \varepsilon^{-1} = U^{\mathrm{T}}$ bzw.

$$\varepsilon = U^{\mathrm{T}} \varepsilon U . \tag{5.127}$$

Gehen wir nun zur Indexschreibweise über. Für die Indizes im Spinorraum wählen wir Großbuchstaben. Im Gegensatz zum Spinor u^A in (5.120) bezeichnen wir $\tilde{u}^{\mathrm{T}} = u^\dagger$ mit tiefgestellten Indizes

$$\text{konjugierter SU(2)-Spinor:} \qquad u^\dagger := (u_1, u_2) = (u_A) . \tag{5.128}$$

Die Transformationsgesetze für den Spinor und den konjugierten Spinor erhalten damit die Form:

$$u'^A = U^A_{\ B} u^B \qquad \text{und} \qquad u'_A = u_B (U^\dagger)^B_{\ A} . \tag{5.129}$$

In Komponentenschreibweise lauten sie

$$\begin{aligned} u'^1 &= a u^1 + b u^2 \quad , \quad & u'^2 &= -b^* u^1 + a^* u^2 , \\ u'_1 &= a^* u_1 + b^* u_2 \quad , \quad & u'_2 &= -b u_1 + a u_2 . \end{aligned}$$

An diesen Beziehungen ändert sich auch nichts, wenn wir $u^1 = u_2$, $u^2 = -u_1$ sowie $u'^1 = u'_2$, $u'^2 = -u'_1$ setzen. Es gilt also

$$u^A = \varepsilon^{AB} u_B \qquad \text{und} \qquad u_A = -\varepsilon_{AB} u^B , \tag{5.130}$$

mit dem total antisymmetrischen Tensor ε^{AB}, welcher mit der Matrix ε in (5.125) übereinstimmt. Er übernimmt hier die Rolle einer Metrik (Spinormetrik) zum Heben und Senken der Indizes. Mit den gleichen Überlegungen wie in § 5.1.5 folgt, daß ε^{AB} bei Transformationen invariant bleibt,

$$\varepsilon'^{AB} = U^A_{\ C} U^B_{\ D} \varepsilon^{CD} = (\det U)\, \varepsilon^{AB} = \varepsilon^{AB} \ .$$

Die invariante Größe in (5.124) erhält somit die konkrete Form

$$u_A u^A = u_A \varepsilon^{AB} u_B = u_1 u_2 - u_2 u_1 = \ \text{invariant}\,. \tag{5.131}$$

In Tab. 5.1 sind die Tensor- und Spinordarstellung der Drehgruppe noch einmal gegenübergestellt.

Tab. 5.1 Gegenüberstellung von Drehungen im reellen und im komplexen Darstellungsraum.

Vektor: $x = \begin{pmatrix} x^1 \\ x^2 \\ x^3 \end{pmatrix}$	Spinor: $u = \begin{pmatrix} u_1 \\ u_2 \end{pmatrix}$
$x'^i = R^{ij} x^j$ mit $R \in \mathrm{O}(3)$	$u'^A = U^A_{\ B} u^B$ mit $U \in \mathrm{SU}(2)$
$R^{\mathrm{T}} R = \mathbb{1}$	$U^\dagger U = \mathbb{1}\ ,\ \det U = 1$
$R^{ij} = \left[\exp\left(- \mathrm{i} \boldsymbol{\varphi} \cdot \mathbf{J}\right)\right]^{ij}$	$U^A_{\ B} = \left[\exp\left(- \frac{\mathrm{i}}{2} \boldsymbol{\varphi} \cdot \boldsymbol{\sigma}\right)\right]^A_{\ B}$
$x^1 x^1 + x^2 x^2 + x^3 x^3 =$ invariant	$u^1 u^2 - u^2 u^1 =$ invariant
$R(2\pi) = R(0) = \mathbb{1}$	$U(2\pi) = -U(0) = -\mathbb{1}$
mit Drehspiegelungen	keine Drehspiegelungen

5.3.8 Spinoren höherer Stufe

Die in (5.120) und (5.128) eingeführten Spinoren bezeichnet man als *Spinoren 1. Stufe*. Genau wie man im reellen Vektorraum Tensoren $n$ter Stufe einführt, können im Spinorraum (als einem komplexen Vektorraum) Spinoren $n$ter Stufe definiert werden. So unterscheidet man je nach Stellung der Indizes drei Typen von

Spinoren 2. Stufe: S^{AB}, S_{AB} und $X^A{}_B$, welche sich transformieren wie Produkte von entsprechenden Spinoren 1. Stufe. So gilt beispielsweise

$$X^A{}_B \longrightarrow X'^A{}_B = U^A{}_C X^C{}_D U^{\dagger D}{}_B \,. \tag{5.132}$$

Aber das entspricht gerade der Transformationsgleichung (5.114) in der Indexschreibweise! Sie besagt, daß der Vektor $\mathbf{x}$ zu einem gemischten Spinor 2. Stufe $X^A{}_B$ im Spinorraum wird. Als interessanter Spezialfall von $X^A{}_B$ sind die Paulimatrizen $(\sigma^i)^A{}_B$ laut (5.119) ebenfalls gemischte Spinoren 2. Stufe. Dagegen ist ε^{AB} wegen (5.127) ein invarianter Spinor 2. Stufe. Die Gleichung (5.110) liefert uns eine Vorschrift, nach der man aus einem Vektor $\mathbf{x}$ einen Spinor 2. Stufe konstruiert. Die Überschrift von § 5.3.6 müßte also korrekt heißen: Der Vektor als Spinor.

Der allgemeine Zusammenhang zwischen Tensoren (Objekte des reellen Vektorraumes) und den Spinoren ist folgender: Jedem Tensor läßt sich immer ein Spinor zuordnen, wobei aus einem Vektorindex zwei Spinorindizes entstehen. Die Umkehrung gilt allerdings nicht, da Spinoren ungerader Stufe mit ihrer *ungeraden* Anzahl von Spinorindizes niemals in Tensoren umgewandelt werden können. Spinoren sind aus diesem Grunde die fundamentaleren Objekte, und man könnte im Prinzip alle Tensorgleichungen der Physik in Spinorgleichungen umschreiben. Die Anzahl der Indizes würde sich allerdings verdoppeln; dies ergibt somit keinen Vorteil.

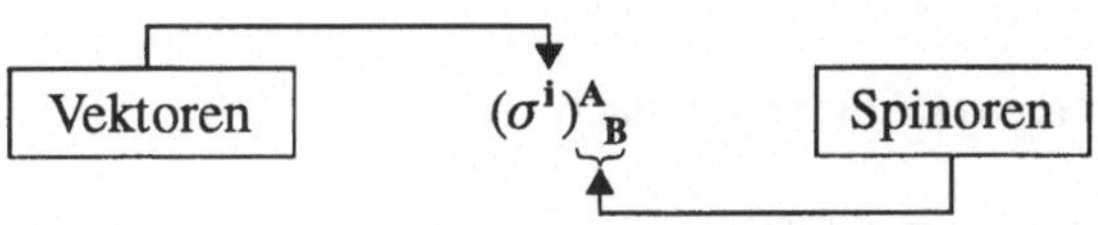

Abb. 5.15 Die Paulimatrix als Vermittler zwischen Vektoren und Spinoren.

Offensichtlich benötigt man bei der Überführung von Tensoren auf Spinoren Objekte, die eine Art Doppelleben führen und sowohl Vektor- als auch Spinorindizes tragen (siehe Abb. 5.15). Das sind bekanntlich die Paulimatrizen $(\sigma^i)^A{}_B$: Die drei Paulimatrizen bilden zusammen einen *Vektor*, jede Paulimatrix für sich ist aber ein *Spinor* 2. Stufe. Ihr Transformationsverhalten lautet somit

$$\begin{aligned} &\text{Tensor 1. Stufe (Vektor)}: \quad && \sigma'^i = R^{ij}\sigma^j \,, \\ &\text{Spinor 2. Stufe}: && \sigma'^A{}_B = U^A{}_C \sigma^C{}_D U^{\dagger D}{}_B \,. \end{aligned}$$

5.3.9 Metrische Räume und Symmetrietransformationen

Unter einem *metrischen Raum* verstehen wir einen Vektorraum mit einer Metrik g_{ab} (metrischer Tensor). Die Elemente des Raumes sind dann die Spaltenvektoren

$$x^a = \begin{pmatrix} x^1 \\ x^2 \\ \vdots \\ x^N \end{pmatrix} \qquad \text{(kontravarianter Vektor)}\,. \tag{5.133}$$

Zu jedem Vektorraum gibt es einen *Dualraum*, dessen Elemente die Zeilenvektoren

$$x_a = (x_1, x_2, \cdots, x_N) \qquad \text{(kovarianter Vektor)} \tag{5.134}$$

sind. Die Metrik hilft uns, den Übergang zwischen beiden Räumen zu vollziehen,

$$x_a = g_{ab}\, x^b \qquad \text{sowie} \qquad x^a = g^{ab} x_b\,. \tag{5.135}$$

Die Größe g^{ab} ist invers zu g_{ab}, da $g^{ab} g_{bc} = \delta^a_c$. Das *Skalarprodukt* ist dann definiert durch

$$x \cdot y = x^a y_a = x^a g_{ab}\, x^b\,. \tag{5.136}$$

Wir suchen nun nach *der* Symmetrietransformation

$$x^a \longrightarrow x'^a = \Lambda^a_{\ b} x^b\,, \tag{5.137}$$

welche das Skalarprodukt invariant läßt:

$$x'^a x'_a = x^a x_a = \text{ invariant}\,. \tag{5.138}$$

Schauen wir uns zunächst den allgemeine Zusammenhang zwischen der Transformationsmatrix $\Lambda^a_{\ b}$ und der Metrik g_{ab} an. Einsetzen von (5.137) in (5.138) ergibt

$$g_{ab}\, x'^a x'^b = g_{ab}\, \Lambda^a_{\ c}\, x^c \Lambda^b_{\ d}\, x^d \stackrel{!}{=} g_{cd}\, x^c x^d$$

und damit $g_{cd} = g_{ab}\, \Lambda^a_{\ c} \Lambda^b_{\ d}$. Die Matrizen Λ müssen somit der Beziehung

$$\boxed{\Lambda^{\mathrm{T}} g \Lambda = g} \tag{5.139}$$

genügen.

Betrachten wir nun Räume mit unterschiedlichen Metriken, und insbesondere die Metriken zweidimensionaler Räume:

$$\begin{pmatrix} 1 & 0 \\ 0 & 1 \end{pmatrix} , \quad \begin{pmatrix} 1 & 0 \\ 0 & -1 \end{pmatrix} , \quad \begin{pmatrix} 0 & 1 \\ 1 & 0 \end{pmatrix} , \quad \begin{pmatrix} 0 & 1 \\ -1 & 0 \end{pmatrix} .$$

1. Die *euklidische Metrik.* Sie repräsentiert eine sehr einfache Metrik, wobei im zweidimensionalen

$$g_{ab} = \begin{pmatrix} 1 & 0 \\ 0 & 1 \end{pmatrix} = g^{ab} , \qquad \text{also} \qquad \begin{array}{l} x_1 = x^1 \\ x_2 = x^2 \end{array} \tag{5.140}$$

gilt. Hier gibt es keinen Unterschied zwischen Raum und Dualraum. Das Skalarprodukt lautet

$$x \cdot y = x^1 y^1 + x^2 y^2 . \tag{5.141}$$

Die Norm eines Vektors $\sqrt{x \cdot x}$ ist hier immer nichtnegativ. Die Symmetrietransformationen, welches diese Skalarprodukt invariant lassen, sind die orthogonalen Matrizen R, also Elemente der $\mathrm{O}(N)$.

2. Die *pseudoeuklidische Metrik.* Die Metrik des zweidimensionalen Minkowskiraumes lautet

$$g_{ab} = \begin{pmatrix} 1 & 0 \\ 0 & -1 \end{pmatrix} = g^{ab} , \qquad \text{also} \qquad \begin{array}{l} x_1 = x^1 \\ x_2 = -x^2 \end{array} . \tag{5.142}$$

Sie tritt bei der Beschreibung von eigentlichen Lorentztransformationen (Boosts) in Richtung der x^2-Achse auf; $x^1 = ct$ bezeichnet hier die Zeitachse. Das Skalarprodukt besitzt die Form

$$x \cdot y = x^1 y^1 - x^2 y^2 . \tag{5.143}$$

Die pseudoeuklidische Metrik liefert zwei neue Aspekte: Erstens muß man zwischen kontravarianten und kovarianten Größen unterscheiden, und zweitens kann die Norm eines Vektors auch negativ werden. Im allgemeinen versteht man unter einer pseudoeuklidischen Metrik den Tensor

$$g_{ab} = \mathrm{diag}\,(\underbrace{1, 1, \ldots, 1}_{N}, \underbrace{-1, \ldots, -1}_{M}) . \tag{5.144}$$

Die zugehörige Symmetrietransformation wird durch die pseudoorthogonale Gruppe $\mathrm{O}(N, M)$ beschrieben. Ein Spezialfall davon ist die *Minkowski*-Metrik $g_{ab} = \mathrm{diag}\,(1, -1, -1, -1)$ und die Lorentzgruppe $\mathrm{O}(1, 3)$.

In Zusammenhang mit der Metrik (5.144) spricht man auch von der pseudoeuklidischen Geometrie. Die euklidische Metrik und Geometrie sind ein Spezielfall dieser.

3. Die symmetrische Metrik

$$g_{ab} = \begin{pmatrix} 0 & 1 \\ 1 & 0 \end{pmatrix}$$

läßt sich mit der orthogonalen Matrix

$$\frac{1}{\sqrt{2}} \begin{pmatrix} 1 & 1 \\ 1 & -1 \end{pmatrix}$$

diagonalisieren und führt wieder zur pseudoeuklidischen Metrik (5.142).

4. Die *Spinormetrik* der SU(2). Im Gegensatz zu den drei vorhergehenden Beispielen mit symmetrischer Metrik ist die Spinormetrik antisymmetrisch,

$$g_{ab} = \begin{pmatrix} 0 & 1 \\ -1 & 0 \end{pmatrix} = -g^{ab} \quad , \qquad \text{also} \qquad \begin{aligned} x_1 &= x^2 \\ x_2 &= -x^1 \end{aligned} \quad . \tag{5.145}$$

Beim Übergang in den Dualraum werden beide Komponenten ausgetauscht. Das Skalarprodukt ist

$$x \cdot y = x^1 y^2 - x^2 y^1 \; . \tag{5.146}$$

Die Spinormetrik liefert damit das verblüffende Resultat $x \cdot x = 0$, wonach die Vektoren zu sich selbst orthogonal sind. Eine derartige Geometrie nennt man *symplektische* Geometrie. Das Skalarprodukt erfüllt dabei die Bedingung

$$\{x, y\} := x \cdot y + y \cdot x = 0 \; . \tag{5.147}$$

Mit anderen Worten, anstelle der kontra- und kovarianten Vektoren können wir wegen (5.147) genausogut mit Grassmann-Zahlen x und y operieren.

Als Verallgemeinerung von (5.145) auf höhere Dimensionen $2N$ findet man die antisymmetrischen Metriken mit der folgenden Blockmatrixstruktur:

$$g_{ab} = \text{diag}\Big\{ \underbrace{\begin{pmatrix} 0 & 1 \\ -1 & 0 \end{pmatrix}, \begin{pmatrix} 0 & 1 \\ -1 & 0 \end{pmatrix}, \ldots, \begin{pmatrix} 0 & 1 \\ -1 & 0 \end{pmatrix}}_{N} \Big\} \tag{5.148}$$

oder gleichwertig

$$g_{ab} = \begin{pmatrix} 0 & \mathbb{1}_N \\ -\mathbb{1}_N & 0 \end{pmatrix} , \tag{5.149}$$

wobei $\mathbb{1}_N$ die N-dimensionale Einheitsmatrix symbolisiert. Transformationen, die diese Metrik invariant lassen, bilden die symplektische Gruppe Sp $(2N)$.

Der Zusammenhang zwischen Metrik, Geometrie und der Symmetriegruppe sei im folgenden noch einmal kurz angegeben:

Metrik	symmetrisch	antisymmetrisch
Geometrie	(pseudo-) euklidisch	symplektisch
Symmetriegruppe	$\mathrm{O}(N)$, $\mathrm{O}(N,M)$	$\mathrm{Sp}(2N)$, $\mathrm{SU}(2)$

Mit diesen Vorkenntnissen können wir nun eine *orthosymplektische* Metrik konstruieren:

$$g_{ab} = \mathrm{diag}\left\{ \underbrace{1,\ldots,1}_{M}, \underbrace{\begin{pmatrix} 0 & 1 \\ -1 & 0 \end{pmatrix}, \ldots, \begin{pmatrix} 0 & 1 \\ -1 & 0 \end{pmatrix}}_{N} \right\} . \tag{5.150}$$

Die Gruppe, welche diese Metrik invariant läßt, heißt orthosymplektische Gruppe $\mathrm{OSp}(M/2N)$. Sie tritt in der Supersymmetrie häufig auf.

5.4 Drehungen und Spinoren in beliebigen Räumen

Es wird der Übergang von der gewöhnlichen Drehgruppe zur Lorentzgruppe vorbereitet, bei dem zwei Aspekte zum Vorschein kommen:

1. die Erhöhung der Raumdimension von 3 auf beliebige Dimensionen N,
2. der Übergang von der euklidischen zur pseudoeuklidischen Metrik.

Jede dieser Verallgemeinerungen besitzt ihre Reize; so erscheint beispielsweise die Clifford-Algebra als *das* Instrument zum Auffinden von Spinordarstellungen in höheren Raumdimensionen [36, 37, 38].

5.4.1 Die Tensordarstellung

Wir liefern die wichtigsten Darstellungen der $\mathrm{SO}(N)$ und beginnen mit der Tensordarstellung.
Die Zahl der Parameter der $\mathrm{O}(N)$ ist gleich N^2 minus der Zahl der Einschränkungen aus der Orthogonalitätsbedingung,

$$n = N^2 - \frac{1}{2}N(N+1) = \frac{1}{2}N(N-1) . \tag{5.151}$$

Bezeichnen wir mit φ^k die Drehwinkel und mit J^k die hermiteschen Generatoren, dann folgt in Verallgemeinerung von (5.71)

$$R^{ab} = \left[\exp\left(-\mathrm{i}\sum_{k=1}^{n}\varphi^k J^k\right)\right]^{ab} \qquad \text{mit} \qquad (J^k)^\dagger = J^k \,. \tag{5.152}$$

Aufgrund der Orthogonalitätsbedingung sind die n linear unabhängigen Generatoren antisymmetrische Matrizen. Die Parameterzahl n (auch Dimension der Liegruppe genannt) entspricht exakt den frei wählbaren Einträgen einer reellen antisymmetrischen $N \times N$ Matrix, nämlich $\frac{1}{2}N(N-1)$.

Ein Nachteil verbirgt sich in der Schreibweise von (5.152). Während die Matrizenindizes a, b von 1 bis N laufen, erstreckt sich der Indexbereich von k nur von 1 bis n. Diese Diskrepanz läßt sich jedoch leicht beheben.

Im zwei- und dreidimensionalen Raum ließen sich die Generatoren mit Hilfe der total antisymmetrischen Tensoren ε^{ij} bzw. ε^{ijk} ausdrücken. Doch welche Möglichkeit bleibt uns für andere Raumdimensionen? Auf der Suche nach einem Ausweg erinnern wir an die Tatsache, daß sich für $N = 3$ der Drehimpuls-Vektor **J** als antisymmetrischer Tensor zweiter Stufe schreiben läßt:

$$M^{ij} = \varepsilon^{ijk} J^k \qquad \text{bzw.} \qquad J^k = \frac{1}{2}\,\varepsilon^{klm} M^{lm} \,. \tag{5.153}$$

Formal wird dabei der Index k durch einen Doppelindex (ij) ersetzt, wobei insgesamt nur drei Werte auftreten: $(1) \leftrightarrow (23)$, $(2) \leftrightarrow (13)$ und $(3) \leftrightarrow (12)$. Mit $(J^k)^{ab} = -\mathrm{i}\varepsilon^{kab}$ aus (5.72) folgt dann für die drei Matrizen

$$\boxed{(M^{ij})^{ab} = -\mathrm{i}\,(\delta^{ia}\delta^{jb} - \delta^{ja}\delta^{ib})} \,. \tag{5.154}$$

In dieser Beziehung tritt ε^{ijk} nicht mehr explizit auf, und wir können diesen Ausdruck auch für *beliebige* Raumdimensionen verwenden. Die notwendige Bedingung, daß die Generatoren antisymmetrisch sein müssen, ist hier auf natürliche Weise erfüllt: $(M^{ij})^{ab}$ ist antisymmetrisch sowohl in den Indizes (ij) als auch (ab). Die Anzahl der linear unabhängigen Generatoren entspricht hier der Zahl der frei wählbaren Einträge einer antisymmetrischen Matrix, und diese ist $\frac{1}{2}N(N-1)$, was korrekt mit der Parameterzahl n übereinstimmt. Die Vorschrift (5.154) liefert uns also n Generatoren in der Tensordarstellung. Die konkrete Gestalt der $N \times N$ Matrizen M^{ij} ist dabei die folgende: Abgesehen vom Faktor i sind alle Einträge Null, bis auf zwei Einträge 1 und -1 in den Nebendiagonalen.

Numeriert man die n Parameter φ^k ebenfalls durch einen Doppelindex, also $\omega^{ij} = \varepsilon^{ijk}\varphi^k$, dann werden endliche Drehungen im N-dimensionalen Raum beschrieben durch

$$R^{ab} = [\exp(\underbrace{-i\omega^{12}M^{12} - i\omega^{13}M^{13} - \ldots - i\omega^{N-1,N}M^{N-1,N}}_{\frac{1}{2}N(N-1)})]^{ab}$$

$$= \left[\exp\left(-i\sum_{i<j}^{N}\omega^{ij}M^{ij}\right)\right]^{ab}$$

$$= \left[\exp\left(-\frac{i}{2}\sum_{i,j}^{N}\omega^{ij}M^{ij}\right)\right]^{ab} . \tag{5.155}$$

Achtung, der hier auftretende Faktor $\frac{1}{2}$ verhindert eine Doppelzählung, er hat nichts mit halbzahligen Drehimpulsen einer Spinordarstellung zu tun.

Nun berechnen wir

$$[M^{mn}, M^{rs}]^{ac} = (M^{mn})^{ab}(M^{rs})^{bc} - (M^{rs})^{ab}(M^{mn})^{bc} .$$

Das Einsetzen von (5.154) liefert dafür einen Ausdruck, in dem nur Kronecker-Symbole auftreten und der sich deshalb leicht vereinfachen läßt. Das Endresultat lautet

$$[M^{mn}, M^{rs}] = i(\delta^{mr}M^{ns} - \delta^{ms}M^{nr} - \delta^{nr}M^{ms} + \delta^{ns}M^{mr}) . \tag{5.156}$$

Diese Vertauschungsrelation definiert uns die SO (N)-Liealgebra. Wir haben sie aus der definierenden Darstellung (5.154), welche wir *Tensordarstellung* nannten, gewonnen. Darüberhinaus ist man noch an der *Operatordarstellung* im Raum der Wellenfunktionen und an der *Spinordarstellung* interessiert. Die anderen Darstellungen der Liegruppe SO (N) findet man, indem man nach den Darstellungen der Generatoren M^{mn} sucht, welche (5.156) erfüllen.

Die Operatordarstellung im Raum der Wellenfunktionen konstruiert man in Analogie zum Bahndrehimpulsoperator (5.74),

$$L^{kl} = x^k p^l - x^l p^k . \tag{5.157}$$

Mit Hilfe von (5.76) erhält man dafür den Kommutator

$$[L^{mn}, L^{rs}] = i\hbar\,(\delta^{mr}L^{ns} - \delta^{ms}L^{nr} - \delta^{nr}L^{ms} + \delta^{ns}L^{mr}) . \tag{5.158}$$

Er entspricht den Vertauschungsrelationen (5.156); L^{kl} ist somit ein Generator der SO (N).

5.4.2 N-dimensionale Vektoren

Wir beginnen mit dem dreidimensionalen Fall und setzen $M^{mn} = \varepsilon^{mnk} J^k$ in (5.156) ein. Multipliziert man beide Seiten dieser Gleichung mit $\frac{1}{2}\varepsilon^{mna}$, dann folgt aus den Rechenregeln für ε-Tensoren (5.66) und (5.67):

$$\begin{aligned}
[\, J^a, M^{rs}\,] &= \frac{\mathrm{i}}{2}\,\varepsilon^{mna}\left(\delta^{mr}M^{ns} - \delta^{ms}M^{nr} - \delta^{nr}M^{ms} + \delta^{ns}M^{mr}\right)\\
&= \frac{\mathrm{i}}{2}\left(-\varepsilon^{nra}\varepsilon^{nsi} + \varepsilon^{nsa}\varepsilon^{nri} - \varepsilon^{mra}\varepsilon^{msi} + \varepsilon^{msa}\varepsilon^{mri}\right) J^i\\
&= -\mathrm{i}\left(\delta^{ra}\delta^{si} - \delta^{sa}\delta^{ri}\right) J^i \;=\; (M^{rs})^{ai} J^i\,.
\end{aligned}$$

Der Drehimpuls J^a trägt nur *einen* Index, per Konstruktion handelt es sich um einen Vektor – im Gegensatz zum Generator M^{rs}, der einen (antisymmetrischen) Tensor 2. Stufe darstellt. Die obere Gleichung gibt also an, wie sich ein Vektor bei Drehungen verhält. Da die Dimension der Darstellung nirgends eingeht, läßt sich das sofort auf beliebige Dimensionen verallgemeinern. Ein Vektor v^a verhält sich demnach bei Drehungen in einem Raum mit der Metrik δ^{mn} wie:

$$[\, v^a, M^{rs}\,] = (M^{rs})^{ai} v^i = -\mathrm{i}\left(\delta^{ar}v^s - \delta^{as}v^r\right). \tag{5.159}$$

Spezialfälle davon sind

$$\begin{aligned}
[\, x^a, L^{rs}\,] &= -\mathrm{i}\hbar\left(\delta^{ar}x^s - \delta^{as}x^r\right),\\
[\, p^a, L^{rs}\,] &= -\mathrm{i}\hbar\left(\delta^{ar}p^s - \delta^{as}p^r\right).
\end{aligned}$$

Sie lassen sich anhand von (5.157) und (5.76) schnell überprüfen.

5.4.3 Die Spinordarstellung

Neben der Tensordarstellung in (5.154) und der Operatordarstellung (5.157) existiert noch die Spinordarstellung der $\mathrm{SO}(N)$. Zu den Spinordarstellungen gelangt man über die Clifford-Algebra. Wir demonstrieren das gleich am allgemeinen Fall der $\mathrm{SO}(N, M)$.

Bisher betrachteten wir Clifford-Algebren der speziellen Form (2.42), wobei auf der rechten Seite δ^{mn} als Metrik des N-dimensionalen euklidischen Raumes auftritt. Im allgemeinen lassen sich Clifford-Algebren für beliebige *symmetrische* Metriken g^{mn} definieren, insbesondere für die pseudoeuklidische Metrik (5.144):

$$\boxed{\text{Clifford-Algebra } C_{N,M}: \qquad \{\,\Gamma^m, \Gamma^n\,\} = 2g^{mn}\,\mathbb{1}}\,. \tag{5.160}$$

Die Anzahl der Generatoren ist hier $d = N + M$.

Aus den Generatoren der Clifford-Algebra $C_{N,M}$ konstruiert man die Generatoren der SO(N, M)-Liealgebra:

$$\boxed{\Sigma^{mn} = \frac{\mathrm{i}}{4}[\Gamma^m, \Gamma^n]} \quad . \tag{5.161}$$

Im Spezialfall der euklidischen Metrik müssen die Σ^{mn} natürlich die gleichen Vertauschungsrelationen wie die M^{mn} in (5.156) erfüllen. Um das zu überprüfen, berechnen wir zunächst

$$\begin{aligned}[][\Sigma^{mn}, \Sigma^{rs}] = &- \frac{1}{16}[\Gamma^m\Gamma^n, \Gamma^r\Gamma^s] + \frac{1}{16}[\Gamma^n\Gamma^m, \Gamma^r\Gamma^s] \\ &+ \frac{1}{16}[\Gamma^m\Gamma^n, \Gamma^s\Gamma^r] - \frac{1}{16}[\Gamma^n\Gamma^m, \Gamma^s\Gamma^r] \,.\end{aligned}$$

Mit Hilfe der Zerlegungsformel (2.57) erhalten wir das Zwischenergebnis

$$\begin{aligned}[][\Gamma^i\Gamma^j, \Gamma^l\Gamma^m] &= \Gamma^l\Gamma^i\{\Gamma^j, \Gamma^m\} - \Gamma^l\{\Gamma^i, \Gamma^m\}\Gamma^j \\ &\quad + \Gamma^i\{\Gamma^j, \Gamma^l\}\Gamma^m - \{\Gamma^i, \Gamma^l\}\Gamma^j\Gamma^m \\ &= 2\left(\Gamma^l\Gamma^i g^{jm} - \Gamma^l\Gamma^j g^{im} + \Gamma^i\Gamma^m g^{jl} - \Gamma^j\Gamma^m g^{il}\right) .\end{aligned}$$

Daraus folgt

$$\begin{aligned}[][\Sigma^{mn}, \Sigma^{rs}] &= \frac{1}{4}[\Gamma^n, \Gamma^s]g^{mr} - \frac{1}{4}[\Gamma^n, \Gamma^r]g^{ms} \\ &\quad - \frac{1}{4}[\Gamma^m, \Gamma^s]g^{nr} + \frac{1}{4}[\Gamma^m, \Gamma^r]\delta^{ns} \\ &= -\mathrm{i}(g^{mr}\Sigma^{ns} - g^{ms}\Sigma^{nr} - g^{nr}\Sigma^{ms} + g^{ns}\Sigma^{mr}) .\end{aligned}$$

Im Fall der euklidischen Metrik (das Vorzeichen spielt hier keine Rolle)

$$g^{mn} = -\delta^{mn} \tag{5.162}$$

erfüllen die Generatoren Σ^{mn} auch tatsächlich die SO(N)-Liealgebra (5.156). Zur Darstellung der Σ^{mn}, welche man als *Spinordarstellung* bezeichnet, gelangt man nun über die Matrixdarstellungen der Clifford-Algebra, die zu finden unser nächstes Ziel sein wird. Uns interessieren dabei besonders die irreduziblen Darstellungen der *komplexen* Clifford-Algebra. Die Elemente dieses Darstellungsraumes heißen *Spinoren*, seine Dimension liefert uns die Zahl der Spinorkomponenten.

Im Fall einer dreidimensionalen euklidischen Metrik (5.162) lauten die Generatoren der Clifford-Algebra C_3:

$$\Gamma^1 = \mathrm{i}\sigma^1 \quad , \quad \Gamma^2 = \mathrm{i}\sigma^2 \quad , \quad \Gamma^3 = \mathrm{i}\sigma^3 \tag{5.163}$$

oder aber

$$\widetilde{\Gamma}^1 = -\mathrm{i}\sigma^1 \quad , \quad \widetilde{\Gamma}^2 = -\mathrm{i}\sigma^2 \quad , \quad \widetilde{\Gamma}^3 = -\mathrm{i}\sigma^3 \quad . \tag{5.164}$$

Sowohl aus den $\{\Gamma^i\}$ als auch aus den $\{\widetilde{\Gamma}^i\}$ folgen durch Einsetzen in (5.161) und mit Hilfe von (5.100) die Generatoren der SO(3)-Liealgebra:

$$\Sigma^{mn} = -\frac{\mathrm{i}}{4}\left[\sigma^m, \sigma^n\right] = \frac{1}{2}\,\varepsilon^{mnk}\sigma^k \, .$$

Ein Vergleich mit (5.153) liefert das bekannte Resultat $\mathbf{J} = \frac{1}{2}\,\boldsymbol{\sigma}$. Auffällig hierbei ist, daß wir mit *zwei* verschiedenen Darstellungen, nämlich $\{\Gamma^i\}$ und $\{-\Gamma^i\}$, zum gleichen Ziel gelangten. Daß das kein Zufall ist, werden wir im nächsten Abschnitt sehen.

5.4.4 Wieviel Komponenten besitzt ein Spinor?

Diese Frage beantwortet man ausgehend von den irreduziblen Darstellungen der komplexen Clifford-Algebra.

Betrachtet man die Clifford-Algebra $C_{N,M}$, dann erwartet man, daß die Dimension des Darstellungsraumes sowohl von N als auch von M abhängt. Das ist auch tatsächlich für *reelle* Clifford-Algebren der Fall. Für *komplexe* Clifford-Algebren, an deren Darstellung wir interessiert sind, sieht die Situation günstiger aus: Die Dimension des Darstellungsraumes hängt nur von der Summe $d = N + M$ ab. Es gelten dabei die folgenden Sätze [39, 37, 36]:

1. Für jede *gerade* Dimension d und einer vorgegebenen Metrik g^{mn} sind alle irreduziblen Darstellungen der Clifford-Algebra $C_{N,M}$ äquivalent und besitzen die Form von $n \times n$ Matrizen mit $n = 2^{d/2}$. Sind also $\{\Gamma^m\}$ und $\{\widetilde{\Gamma}^m\}$ zwei Darstellungen, dann gilt $\widetilde{\Gamma}^m = S\Gamma^m S^{-1}$, wobei S eine invertierbare Matrix ist.

2. Für jede *ungerade* Dimension d existieren zwei nicht-äquivalente irreduzible Darstellungen von $C_{N,M}$ in Form von $n \times n$-Matrizen mit $n = 2^{(d-1)/2}$. Ist $\{\Gamma^m\}$ eine Darstellung, dann lautet die dazu nicht-äquivalente Darstellung $\{-\Gamma^m\}$.

Dieser Sachverhalt läßt sich so zusammenfassen:

d gerade	$n = 2^{d/2}$	$\{\Gamma^m\}$
d ungerade	$n = 2^{(d-1)/2}$	$\{\Gamma^m\}$ und $\{-\Gamma^m\}$

Spinoren lassen sich also in pseudoeuklidischen Räumen *beliebiger* Dimension d einführen. Die Größe n liefert uns die Zahl der komplexen Spinorkomponenten. Nach dieser Vorschrift sind die Spinoren des *drei*dimensionalen Raumes *zwei*-komponentig, und die des *vier*dimensionalen Raumes *vier*komponentig.

Zusätzlich zu den d Generatoren definiert man noch

$$\Gamma^{d+1} = \Gamma^1\Gamma^2\cdots\Gamma^d \qquad \text{oder} \qquad \Gamma^{d+1} = \mathrm{i}\Gamma^1\Gamma^2\cdots\Gamma^d\,. \tag{5.165}$$

Aus beiden Ausdrücken wählt man jenen aus, welcher $(\Gamma^{d+1})^2 = \mathbb{1}$ liefert. Die Matrix Γ^{d+1} antivertauscht mit allen Γ^m für *gerades* d; sie vertauscht mit allen Γ^m für *ungerades* d. Ein Objekt, welches mit allen Generatoren vertauscht, muß nach dem Schur'schen Lemma ein Vielfaches der Einheitsmatrix sein. Für ungerades d gilt demnach $\Gamma^{d+1} \propto \mathbb{1}$. So findet man beispielsweise für die SO(3) mit (5.163): $\Gamma^4 = \Gamma^1\Gamma^2\Gamma^3 = -\mathrm{i}\sigma^1\sigma^2\sigma^3 = \mathbb{1}$.

Für gerades d spielen die aus den Γ^{d+1} gebildeten Projektionsoperatoren eine wichtige Rolle:

$$P_\pm = \frac{1}{2}\left(1 \pm \Gamma^{d+1}\right)\,. \tag{5.166}$$

Es werden die typischen Eigenschaften eines Projektionsoperators erfüllt:

$$P_\pm^2 = P_\pm \quad , \quad P_+P_- = 0 \quad , \quad P_+ + P_- = \mathbb{1}\,. \tag{5.167}$$

5.4.5 Zwischenbilanz

Mit den bisherigen Erkenntnissen können wir nun allgemeine Aussagen zu Drehungen in *pseudoeuklidischen* Räumen mit der Metrik g^{mn} aus (5.144) machen. Die Untersuchung der Drehgruppe SO(N, M) mit $d = N + M$ reduziert sich dabei auf das Studium der Liealgebra (5.156), wobei alle δ^{mn} gemäß (5.162) durch $-g^{mn}$ zu ersetzen sind. Je nach Wahl der Darstellung für die Generatoren M^{mn} beschreibt man verschiedene physikalische Sachverhalte:

Darstellung	M^{mn}	Dimension
Tensordarstellung	$(T^{mn})^r{}_s = \mathrm{i}\,(g^{mr}\delta^n_s - g^{nr}\delta^m_s)$	d
Spinordarstellung	$(\Sigma^{mn})^{ab} = \frac{\mathrm{i}}{4}\,[\Gamma^m, \Gamma^n]^{ab}$	$2^{[d/2]}$
Bahndrehimpuls-darstellung	$L^{mn} = x^m p^n - x^n p^m$	∞

Im Gegensatz zum euklidischen Fall muß hier auf die Stellung der Tensorindizes m, n, r, s geachtet werden. Sie sind sehr wohl von den Spinorindizes a, b zu unterscheiden.

Die Tensordarstellung ist hier die definierende Darstellung durch $d \times d$ Matrizen, im euklidischen Fall (5.162) reduziert sie sich auf (5.154). Die Matrizen der komplexen Spinordarstellung besitzen die geradzahlige Dimension $2^{[d/2]}$, wobei mit $[d/2]$ der ganzzahlige Wert von $d/2$ gemeint ist. Die Bahndrehimpulsdarstellung hingegen wird nicht mehr durch Matrizen sondern durch Differentialoperatoren repräsentiert.

Man unterscheidet zwischen *inneren* und *äußeren* Drehungen. Innere Drehungen hängen mit dem Spin des Teilchens oder des Feldes zusammen und werden bei ganzzahligem Spin mit Hilfe der Tensordarstellung, bei halbzahligem Spin mit der Spinordarstellung beschrieben. Unter den äußeren Drehungen versteht man dagegen Drehungen in der Bahndrehimpulsdarstellung. Sie ist durch ganzzahlige Drehimpulse charakterisiert.

Das Verhalten von Vektoren und Spinoren bei Drehungen als Verallgemeinerung von (5.159) ist schließlich durch folgende Beziehungen gegeben:

$$\text{Vektor } v^a: \quad [v^r, M^{mn}] = (T^{mn})^r{}_s v^s\,, \tag{5.168}$$

$$\text{Spinor } u^a: \quad [u^a, M^{mn}] = (\Sigma^{mn})^{ab} u^b\,. \tag{5.169}$$

M^{mn} ist der Generator der Drehungen, während mit den Symbolen T^{mn} bzw. Σ^{mn} speziell auf die Tensor- bzw. Spinordarstellung hingewiesen wird.

Lorentztransformationen sind Drehungen im vierdimensionalen Minkowskiraum und als $\mathrm{SO}(1,3)$ nur ein Spezialfall dieser allgemeinen Betrachtungen; wir behandeln sie in Kapitel 7.

6 Klassische Mechanik und Supersymmetrie

Fermionen und Fermionenfelder sind Objekte der Quantentheorie – sie besitzen kein klassisches Analogon. Dennoch ist es aufschlußreich und amüsant, diese Gebilde formal im klassischen (besser: superklassischen) Limes zu untersuchen. Im Gegensatz zur gewöhnlichen Mechanik, die ausschließlich auf c-Zahlen basiert, treten in der superklassischen Mechanik zusätzlich noch a-Zahlen auf. Die klassische Mechanik der Fermionen wird deshalb auch Grassmann-Mechanik genannt.

6.1 Erinnerung an die klassische Mechanik

Die Grundideen und Konzepte der klassischen Mechanik werden kurz vorgestellt; darunter zählen der Lagrange- und Hamilton-Formalismus, das Hamilton-Prinzip, die Poissonklammer sowie die symplektische Geometrie des Phasenraums. Zum Nachschlagen empfehlen wir u.a. [40, 41, 42, 34].

6.1.1 Der Lagrange-Formalismus

Im Lagrange-Formalismus wird der Zustand eines physikalischen Systems durch f generalisierte Koordinaten $q = (q^1, q^2, \ldots, q^f)$ und generalisierte Geschwindigkeiten $\dot{q} = (\dot{q}^1, \dot{q}^2, \ldots, \dot{q}^f)$ beschrieben.

In den folgenden Abschnitten nehmen wir an, daß *keine* Zwangsbedingungen vorliegen; in § 6.4.1 kommen wir dann zu dem interessanten Fall der Einbeziehung von Zwangsbedingungen. Den Fall *ohne* Zwangsbedingungen kann man auch so interpretieren, daß diese durch einen Übergang von den unhandlichen kartesischen Koordinaten der Newtonschen Mechanik zu den verallgemeinerten Koordinaten eliminiert wurden. Dabei ist $f = 3N - k$ die Dimension des Konfigurationsraumes für N Teilchen unter k Zwangsbedingungen, wobei $3N$ die Zahl der kartesischen Koordinaten repräsentiert. Den $(q, \dot{q})$-Raum bezeichnet man als erweiterten Konfigurationsraum. Die *Lagrangefunktion* $L(q, \dot{q})$ ist eine Funktion in diesem Raum.

Eine kompakte Formulierung der Dynamik eines physikalischen Systems geschieht über das *Hamiltonprinzip*. Danach verläuft die Bewegung dieses Systems von einem gegebenen Anfangspunkt zur Zeit t_1 zu einem gegebenen Endpunkt zur Zeit

t_2 derart, daß die *Wirkung* (Wirkungsfunktional)

$$S = \int_{t_1}^{t_2} L\,[q(t), \dot{q}(t)]\, \mathrm{d}t \tag{6.1}$$

stationär ist, d.h.

$$\boxed{\text{Hamiltonprinzip:} \qquad \delta S = 0} \quad . \tag{6.2}$$

Das Hamiltonprinzip besagt, daß sich die Wirkung in erster Ordnung nicht ändert, wenn die tatsächlich durchlaufene Bahn durch beliebige virtuelle Verschiebungen, die infinitesimal im Ort sind und keine Zeit beanspruchen, in benachbarte Bahnen überführt wird.

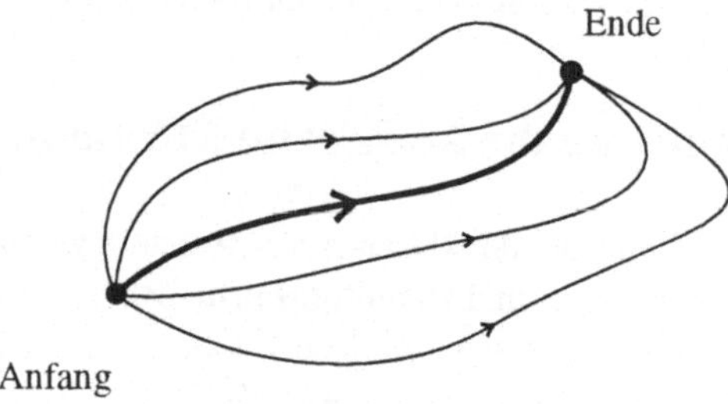

Abb. 6.1 Die klassische Bahn (dicke Linie) neben beliebigen anderen Bahnen im Konfigurationsraum.

Wir haben es hier mit einer *globalen* Aussage zu tun, aus der die *lokalen* Bewegungsgleichungen (Differentialgleichungen) folgen. In der Wirkung S ist die gesamte Geschichte des Teilchens auf seiner Bahn enthalten. Die klassische Trajektorie folgt aus (6.2), während S auch für beliebige Bahnen berechnet werden kann (siehe Abb. 6.1).

Ausgehend von S können alle Symmetrien und die dazugehörigen Erhaltungsgrößen (über das Noether-Theorem) ermittelt werden. Nicht zuletzt besteht ein wesentlicher Vorteil des Hamiltonprinzips in seiner koordinatenfreien Formulierung, die in der Form (6.2) auf kein spezielles Koordinatensystem Bezug nimmt.

Ausgehend von (6.2) bestimmen wir nun die Bewegungsgleichungen. Zur Vereinfachung ignorieren wir die explizite Zeitabhängigkeit in L. Ferner vereinbaren wir, daß über doppelt auftretende Indizes von 1 bis f summiert wird. Die Variation von S liefert dann

$$\delta S = \int_{t_1}^{t_2} \left(\delta q^i \frac{\partial L}{\partial q^i} + \delta \dot{q}^i \frac{\partial L}{\partial \dot{q}^i} \right) \mathrm{d}t \,. \tag{6.3}$$

Nun vertauschen wir die Differentiation mit der Variation, $\delta\dot{q}^i = (\mathrm{d}/\mathrm{d}t)\,\delta q^i$, und integrieren den zweiten Term partiell

$$\delta S = \int_{t_1}^{t_2} \delta q^i \left(\frac{\partial L}{\partial q^i} - \frac{\mathrm{d}}{\mathrm{d}t} \frac{\partial L}{\partial \dot{q}^i} \right) \mathrm{d}t + \delta q^i \frac{\partial L}{\partial \dot{q}^i} \Bigg|_{t_1}^{t_2} . \tag{6.4}$$

Die Variationen sind bis auf die Randbedingungen

$$\delta q^i(t_1) = \delta q^i(t_2) = 0 \tag{6.5}$$

völlig beliebig. Damit verschwindet der letzte Term in (6.4), und wir erhalten aus $\delta S = 0$ die Euler-Lagrange-Gleichungen

$$\boxed{\frac{\mathrm{d}}{\mathrm{d}t} \frac{\partial L}{\partial \dot{q}^i} - \frac{\partial L}{\partial q^i} = 0} \quad . \tag{6.6}$$

Diese f Differentialgleichungen 2. Ordnung liefern uns die Bahnen $q^i(t)$ und beschreiben somit vollständig die Bewegung des klassischen Systems.

Man beachte wohl: Beim Hamiltonprinzip wird die Bahn nicht – wie es der Laplace'sche Dämon zu tun pflegt – aus den $2f$ Anfangswerten $q^i(0)$ und $\dot{q}^i(0)$ bestimmt, sondern aus den f Anfangs- und f Endkoordinaten zu den Zeiten t_1 und t_2. Das verletzt zunächst unser Kausalitätsgefühl, da die Bewegung nicht nur aus einem Anfangszustand, sondern aus Anfang und Ende, aus Vergangenheit und Zukunft abgeleitet wird.[1] Die Äquivalenz mit den anderen Prinzipien der Mechanik beweist aber die Kausalität.

6.1.2 Eichtransformationen der Lagrangefunktion

Die Lagrangefunktion L ist keinesfalls eindeutig. Jede andere Lagrangefunktion $\widetilde{L}$, die sich von L durch eine totale Zeitableitung einer beliebigen Funktion $M(q,t)$ unterscheidet,

$$\widetilde{L}(q,\dot{q},t) = L(q,\dot{q},t) + \frac{\mathrm{d}}{\mathrm{d}t} M(q,t) , \tag{6.7}$$

[1] Diese Denkweise geht bis auf Aristoteles zurück, der die Welt als einen lebenden Organismus sah und nicht als deterministische Maschine. Alle Bewegung und Entwicklung wurde dabei einem Endzweck untergeordnet. Mechanische Uhrwerke kannte man damals nicht.

liefert dieselben Euler-Lagrange-Gleichungen (6.6). Es gilt nämlich

$$\int_{t_1}^{t_2} \widetilde{L}\,\mathrm{d}t = \int_{t_1}^{t_2} L\,\mathrm{d}t + M\Big|_{t_1}^{t_2} .$$

Bei der Variation liefert M keinen Beitrag, da im Rahmen des Hamiltonprinzips die δq^i an den Integrationsgrenzen verschwinden. L und $\widetilde{L}$ beschreiben also dieselbe Physik, und man spricht bei (6.7) von einer *Eichtransformation* der Lagrangefunktion. Aufgrund der Willkür, die eine Eichtransformation mitsichbringt, ist die Lagrangefunktion nicht eindeutig gegeben und daher keine physikalische Meßgröße.

Der Lagrange-Formalismus bildet das Grundgerüst der Mechanik. Fast sämtliche Aufgaben und technische Probleme können mit dem Lagrange-Formalismus behandelt werden. Er ermöglicht auch den Einstieg in die klassische Feldtheorie (Elektrodynamik) sowie – über das Feynmansche Pfadintegral – einen modernen Zugang zur Quantenmechanik. Dennoch, tiefere Einblicke in die (geometrische) Struktur der Mechanik erhält man erst im Hamilton-Formalismus.

6.1.3 Der Hamilton-Formalismus

Im Hamilton-Formalismus (kanonischer Formalismus) wird der Begriffsrahmen für andere Bereiche der Theoretischen Physik, wie z.B. die statistische Mechanik und Quantentheorie, geschaffen.

Im Hamilton-Formalismus ersetzt man die generalisierten Geschwindigkeiten $\dot{q}^i$ durch die *kanonischen Impulse*

$$p_i = \frac{\partial L}{\partial \dot{q}^i} . \tag{6.8}$$

Damit vollführt man den Übergang vom erweiterten Konfigurationsraum der q^i und $\dot{q}^i$ zum $2f$-dimensionalen *Phasenraum* der kanonischen Variablen q^i und p_i.

Bemerkung: Die Stellung der Indizes bei den Orten und Impulsen ist zunächst beliebig. Vom geometrischen Standpunkt aus gesehen, sind die Impulse jedoch keine kontravarianten Vektoren (also eigentliche Vektoren), sondern kovariante Vektoren (auch Einsformen genannt) und tragen deshalb den Index unten. Wir übernehmen ab jetzt diese Schreibweise.

Mathematisch erfolgt der Schritt vom Lagrange- zum Hamilton-Formalismus durch eine Legendre-Transformation

$$L(q,\dot{q}) \longrightarrow H(q,p) = \dot{q}^i p_i - L(q,\dot{q}) . \tag{6.9}$$

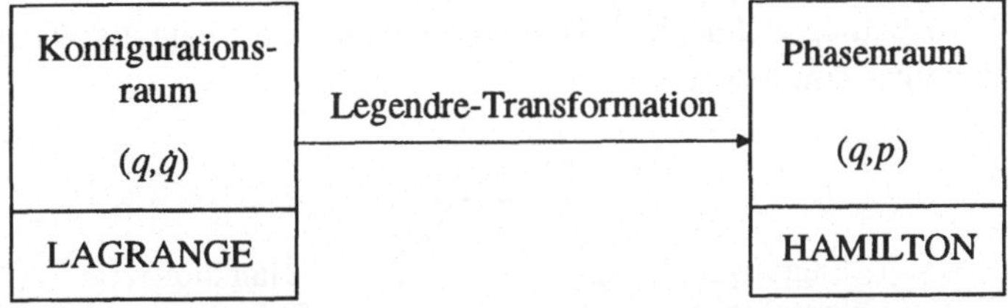

Abb. 6.2 Die Legendre-Transformation führt uns vom Lagrange- zum Hamilton-Formalismus.

Da die *Hamiltonfunktion* H eine Funktion der Koordinaten und Impulse ist, muß man auf der rechten Seite die Geschwindigkeiten $\dot{q}^i$ in der Form $\dot{q}^i = \dot{q}^i(q,p)$ schreiben. Die Gleichung (6.8) läßt sich aber nur dann eindeutig nach den Geschwindigkeiten auflösen, wenn gilt

$$\det\left(\frac{\partial p_j}{\partial \dot{q}^i}\right) \neq 0 \, . \tag{6.10}$$

Den entarteten Fall, in dem die Determinante verschwindet, behandeln wir später in § 6.4.1; er hängt mit den Zwangsbedingungen zusammen.

Zu den Bewegungsgleichungen gelangt man auch hier über das Hamiltonprinzip. Dazu betrachte man die Variation

$$\delta S = \delta \int_{t_1}^{t_2} L(q,p)\, \mathrm{d}t \tag{6.11}$$

mit $L(q,p) := \dot{q}^i p_i - H(q,p)$. Sie liefert

$$\begin{aligned}
\delta S &= \int_{t_1}^{t_2} \left(\delta \dot{q}^i\, p_i + \dot{q}^i \delta p_i - \delta q^i \frac{\partial H}{\partial q^i} - \delta p_i \frac{\partial H}{\partial p_i}\right) \mathrm{d}t \\
&= \int_{t_1}^{t_2} \left(-\delta q^i\, \dot{p}_i + \dot{q}^i \delta p_i - \delta q^i \frac{\partial H}{\partial q^i} - \delta p_i \frac{\partial H}{\partial p_i}\right) \mathrm{d}t + \delta q^i p_i \Big|_{t_1}^{t_2} \\
&= \int_{t_1}^{t_2} \left[\delta p_i \left(\dot{q}^i - \frac{\partial H}{\partial p_i}\right) - \delta q^i \left(\dot{p}_i + \frac{\partial H}{\partial q^i}\right)\right] \mathrm{d}t \, .
\end{aligned}$$

In der zweiten Zeile wurde partiell integriert, wobei der letzte Term wegen (6.5) verschwindet. Da die Variationen δq^i und δp_i unabhängig sind, folgen aus der Bedingung $\delta S = 0$ sofort die sogenannten *kanonischen Gleichungen* (Hamilton-Gleichungen):

$$\boxed{\dot{q}^i = \frac{\partial H}{\partial p_i} \qquad \text{und} \qquad \dot{p}_i = -\frac{\partial H}{\partial q^i}} \, . \tag{6.12}$$

Diese $2f$ Differentialgleichungen 1. Ordnung sind den Euler-Lagrange-Gleichungen (6.6) vollkommen äquivalent.

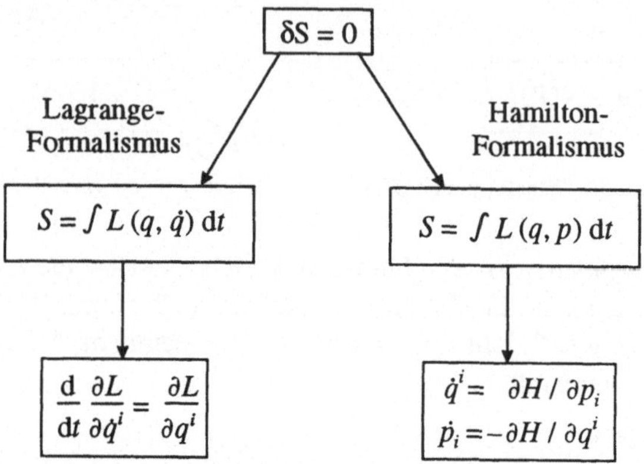

Abb. 6.3 Das Wirkungsprinzip liefert im Lagrange-Formalismus die Euler-Lagrange-Gleichungen; im Hamilton-Formalismus die kanonischen Gleichungen.

Bilden wir nun die Zeitableitung einer dynamischen Größe $C(q, p, t)$. Mit der vereinbarten Summenkonvention und den kanonischen Gleichungen (6.12) folgt

$$\frac{dC}{dt} = \left(\frac{\partial C}{\partial q^i}\dot{q}^i + \frac{\partial C}{\partial p_i}\dot{p}_i\right) + \frac{\partial C}{\partial t} = \left(\frac{\partial C}{\partial q^i}\frac{\partial H}{\partial p_i} - \frac{\partial C}{\partial p_i}\frac{\partial H}{\partial q^i}\right) + \frac{\partial C}{\partial t} .$$

Die Struktur des in runden Klammern stehenden Ausdrucks gibt Anlaß für die folgende Definition der *Poissonklammer*

$$[C_1, C_2]_- := \left(\frac{\partial C_1}{\partial q^i}\frac{\partial C_2}{\partial p_i} - \frac{\partial C_1}{\partial p_i}\frac{\partial C_2}{\partial q^i}\right) , \tag{6.13}$$

denn damit erhält die Zeitableitung eine kompakte Form

$$\frac{dC}{dt} = [C, H]_- + \frac{\partial C}{\partial t} . \tag{6.14}$$

Die *fundamentalen* Poissonklammern folgen aus (6.13), wenn man für C_1 und C_2 die kanonische Variable q^i und/oder p_i setzt und berücksichtigt, daß alle q^i und p_i voneinander unabhängig sind:

$$\boxed{[q^i, q^j]_- = [p_i, p_j]_- = 0 \qquad \text{und} \qquad [q^i, p_j]_- = \delta^i_j} \quad . \tag{6.15}$$

Eine wichtige Eigenschaft der Poissonklammer ist ihre Antisymmetrie,

$$[C_1, C_2]_- = -[C_2, C_1]_- \,. \tag{6.16}$$

Desweiteren erfüllt die Poissonklammer die Jacobi-Identität (2.50), was sich mit etwas Schreibaufwand auch sofort nachprüfen läßt.

6.1.4 Kanonische Transformationen

Die Wahl der q^i und p_i eines mechanischen Systems ist nicht eindeutig. Unter dem Begriff der *kanonischen Transformation* versteht man den Übergang zu neuen Variablen $(q, p) \to (\widetilde{q}, \widetilde{p})$, welche die Hamilton-Gleichungen unverändert lassen; beim Übergang $H(q, p, t) \to \widetilde{H}(\widetilde{q}, \widetilde{p}, t)$ muß also gelten

$$\dot{\widetilde{q}}^i = \frac{\partial \widetilde{H}}{\partial \widetilde{p}_i} \qquad \text{und} \qquad \dot{\widetilde{p}}_i = -\frac{\partial \widetilde{H}}{\partial \widetilde{q}^i} \,. \tag{6.17}$$

Ein Ziel dieser Transformationen sind die sogenannten *zyklischen Koordinaten*, welche in der Hamiltonfunktion nicht mehr explizit auftreten und wegen (6.12) zu den Erhaltungsgrößen $\widetilde{p}_i$ führen:

$$\text{zyklische Koordinaten } \widetilde{q}^i \quad \Longrightarrow \quad \widetilde{p}_i = \text{const} \,.$$

Um die Forderung (6.17) zu erfüllen, muß das Variationsprinzip $\delta S = 0$ sowohl für das System $\{q, p, H\}$ als auch für das System $\{\widetilde{q}, \widetilde{p}, \widetilde{H}\}$ gelten. Dies ist sicher dann erfüllt, wenn

$$L = \dot{q}^i p_i - H \qquad \text{und} \qquad \widetilde{L} = \dot{\widetilde{q}}^i \widetilde{p}_i - \widetilde{H}$$

sich gemäß (6.7) um nicht mehr als ein totales Zeitdifferential $\mathrm{d}M/\mathrm{d}t$ unterscheiden:

$$\dot{q}^i p_i - H(q, p, t) = \dot{\widetilde{q}}^i \widetilde{p}_i - \widetilde{H}(\widetilde{q}, \widetilde{p}, t) + \frac{\mathrm{d}}{\mathrm{d}t} M \,. \tag{6.18}$$

Man bezeichnet M als Erzeugende der kanonischen Transformation und wählt als Ansatz die Abhängigkeit

$$M = M_1(q, \widetilde{q}, t) \,. \tag{6.19}$$

Das totale Differential von M_1 lautet

$$\mathrm{d}M_1 = \frac{\partial M_1}{\partial q^i}\,\mathrm{d}q^i + \frac{\partial M_1}{\partial \widetilde{q}^i}\,\mathrm{d}\widetilde{q}^i + \frac{\partial M_1}{\partial t}\,\mathrm{d}t \,.$$

Tab. 6.1 Alte und neue Koordinaten bei kanonischen Transformationen.

	$\widetilde{q}$	$\widetilde{p}$
q	$M_1(q,\widetilde{q},t)$ $p_i = \frac{\partial M_1}{\partial q^i}$, $\widetilde{p}_i = -\frac{\partial M_1}{\partial \widetilde{q}^i}$	$M_2(q,\widetilde{p},t)$ $p_i = \frac{\partial M_2}{\partial q^i}$, $\widetilde{q}^i = \frac{\partial M_2}{\partial \widetilde{p}_i}$
p	$M_3(p,\widetilde{q},t)$ $q^i = -\frac{\partial M_3}{\partial p_i}$, $\widetilde{p}_i = -\frac{\partial M_3}{\partial \widetilde{q}^i}$	$M_4(p,\widetilde{p},t)$ $q^i = -\frac{\partial M_4}{\partial p_i}$, $\widetilde{q}^i = \frac{\partial M_4}{\partial \widetilde{p}_i}$

Andererseits finden wir durch einfaches Umstellen von (6.18)

$$\mathrm{d}M_1 = p_i \mathrm{d}q^i - \widetilde{p}_i \mathrm{d}\widetilde{q}^i + (\widetilde{H} - H)\,\mathrm{d}t\,.$$

Ein Koeffizientenvergleich der Differentiale $\mathrm{d}q^i$, $\mathrm{d}\widetilde{q}^i$ und $\mathrm{d}t$ ergibt:

$$p_i = \frac{\partial M_1}{\partial q^i} \quad , \quad \widetilde{p}_i = -\frac{\partial M_1}{\partial \widetilde{q}^i} \quad , \quad \widetilde{H} = H + \frac{\partial M_1}{\partial t} \quad . \tag{6.20}$$

Diese Gleichungen sind eine Konstruktionsvorschrift für kanonische Transformationen: Man gebe sich dazu eine beliebige Erzeugende $M_1(q,\widetilde{q},t)$ vor, bestimme gemäß (6.20) die Funktionen p_i und $\widetilde{p}_i$ bzw. die generalisierten Koordinaten q^i und $\widetilde{q}^i$ und berechne damit $\widetilde{H}$.

Die $(q,\widetilde{q})$-Abhängigkeit der Erzeugenden M_1 ist eigentlich durch nichts ausgezeichnet. Es lassen sich mit Legendre-Transformationen noch drei weitere Erzeugende finden:

$$M_2(q,\widetilde{p},t) = M_1 + \widetilde{p}_i\widetilde{q}^i\,, \tag{6.21}$$
$$M_3(p,\widetilde{q},t) = M_1 - p_i q^i\,, \tag{6.22}$$
$$M_4(p,\widetilde{p},t) = M_1 + \widetilde{p}_i\widetilde{q}^i - p_i q^i\,. \tag{6.23}$$

Die Erzeugenden verknüpfen jeweils eine *neue* und eine *alte* Koordinate. Die aktuelle Problemstellung entscheidet, welche Form am günstigsten ist.

In Tab. 6.1 sind die (6.20) entsprechenden Formeln zusammengefaßt. Daraus wiederum ergeben sich die Beziehungen

$$\frac{\partial p_i}{\partial \widetilde{q}^k} = \frac{\partial^2 M_1}{\partial \widetilde{q}^k \partial q^i} = -\frac{\partial \widetilde{p}_k}{\partial q^i} \tag{6.24}$$

sowie

$$\frac{\partial p_i}{\partial \tilde{p}_k} = \frac{\partial \tilde{q}^k}{\partial q^i} \quad , \quad \frac{\partial q^i}{\partial \tilde{q}^k} = \frac{\partial \tilde{p}_k}{\partial p_i} \quad , \quad \frac{\partial q^i}{\partial \tilde{p}_k} = -\frac{\partial \tilde{q}^k}{\partial p_i} \quad . \tag{6.25}$$

6.1.5 Symplektische Geometrie

Das Studium der geometrischen Eigenschaften im Phasenraum wird als *symplektische Geometrie* bezeichnet. Um die zugrundeliegenden Strukturen des Phasenraumes besser zu erkennen, führen wir im folgenden eine kompakte Notation ein. Die dynamischen Variablen q und p faßt man dabei zu einem Spaltenvektor $x^\lambda = (q^i, p_j)$ zusammen:

$$x = \begin{pmatrix} q^1 \\ \vdots \\ q^f \\ p_1 \\ \vdots \\ p_f \end{pmatrix} := \begin{pmatrix} x^1 \\ \vdots \\ x^f \\ x^{f+1} \\ \vdots \\ x^{2f} \end{pmatrix} \quad \text{sowie} \quad H_{,x} = \begin{pmatrix} \partial H/\partial q^1 \\ \vdots \\ \partial H/\partial q^f \\ \partial H/\partial p_1 \\ \vdots \\ \partial H/\partial p_f \end{pmatrix} . \tag{6.26}$$

Mit der Matrix

$$J = \begin{pmatrix} 0 & -\mathbb{1} \\ \mathbb{1} & 0 \end{pmatrix} , \tag{6.27}$$

in der $\mathbb{1}$ die $f \times f$ dimensionale Einheitsmatrix symbolisiert, lassen sich die Hamilton-Gleichungen (6.12) in der eleganten Kurzform

$$\boxed{\dot{x} = -JH_{,x}} \tag{6.28}$$

schreiben. Typische Eigenschaften von J sind

$$J^2 = -\begin{pmatrix} \mathbb{1} & 0 \\ 0 & \mathbb{1} \end{pmatrix} \quad \text{und} \quad J^{\mathrm{T}} = J^{-1} = -J . \tag{6.29}$$

Es ist nun üblich, die Elemente von J mit $\omega_{\lambda\mu}$ zu bezeichnen. Wegen

$$\omega^{\lambda\mu}\omega_{\mu\nu} = \delta^\lambda_\nu \tag{6.30}$$

repräsentiert dann $\omega^{\lambda\mu}$ die inverse Matrix J^{-1}. In der Komponentenschreibweise lauten die kanonischen Gleichungen

$$\dot{x}^{\lambda} = \omega^{\lambda\mu} H_{,\mu} \qquad (,\mu := \partial/\partial x^{\mu}) . \tag{6.31}$$

Die kanonische Transformation $x \to \widetilde{x} = Mx$ wird durch die $2f$-dimensionale Matrix

$$M^{\mu}{}_{\nu} = \frac{\partial x^{\mu}}{\partial \widetilde{x}^{\nu}} \qquad \text{mit} \qquad \det M = 1 \tag{6.32}$$

vermittelt. Nun berechnen wir

$$-JM = -\begin{pmatrix} 0 & -\mathbb{1} \\ \mathbb{1} & 0 \end{pmatrix} \begin{pmatrix} \partial q/\partial\widetilde{q} & \partial q/\partial\widetilde{p} \\ \partial p/\partial\widetilde{q} & \partial p/\partial\widetilde{p} \end{pmatrix} = \begin{pmatrix} \partial p/\partial\widetilde{q} & \partial p/\partial\widetilde{p} \\ -\partial q/\partial\widetilde{q} & -\partial q/\partial\widetilde{p} \end{pmatrix}$$

sowie

$$\begin{aligned} (JM^{-1})^{\mathrm{T}} &= \left[\begin{pmatrix} 0 & -\mathbb{1} \\ \mathbb{1} & 0 \end{pmatrix} \begin{pmatrix} \partial\widetilde{q}/\partial q & \partial\widetilde{q}/\partial p \\ \partial\widetilde{p}/\partial q & \partial\widetilde{p}/\partial p \end{pmatrix}\right]^{\mathrm{T}} \\ &= \begin{pmatrix} -\partial\widetilde{p}/\partial q & \partial\widetilde{q}/\partial q \\ -\partial\widetilde{p}/\partial p & \partial\widetilde{q}/\partial p \end{pmatrix} . \end{aligned}$$

Ein Vergleich der beiden letzten Beziehungen mit (6.24) und (6.25) zeigt, daß bei kanonischen Transformationen $-JM = (JM^{-1})^{\mathrm{T}}$ gilt. Stellt man diese Formel nach J um, dann folgt

$$J = M^{\mathrm{T}} J M \qquad \text{bzw.} \qquad \omega_{\rho\sigma} = \omega_{\mu\nu} M^{\mu}{}_{\rho} M^{\nu}{}_{\sigma} . \tag{6.33}$$

In dieser kompakten Form ist die ganze Vielfalt von (6.24) und (6.25) enthalten. Der Ausdruck (6.33) ist nun zu vergleichen mit der allgemeinen Beziehung (5.139). Demnach übernimmt die Matrix J die Rolle einer Metrik. Die Menge aller Matrizen M, die die Relation (6.33) erfüllen, bildet eine Gruppe: die reelle *symplektische* Gruppe $\mathrm{Sp}\,(2f)$. Diese Gruppe ist nur in einem Raum mit *gerader* Dimension definiert. Für $f = 1$ reduziert sich die symplektische Gruppe auf die SU(2).

Auf dem Phasenraum als symplektischem Vektorraum ist ein Skalarprodukt definiert:

$$(x, y) := x^{\mathrm{T}} J y = \omega_{\lambda\mu} x^{\lambda} y^{\mu} , \tag{6.34}$$

welches gegenüber kanonischen Transformationen invariant bleibt,

$$(\widetilde{x}, \widetilde{y}) = (Mx, My) = x^{\mathrm{T}} M^{\mathrm{T}} J M y = x^{\mathrm{T}} J y = (x, y) .$$

Weitere Eigenschaften sind seine Antisymmetrie

$$(y,x) = (x^{\mathrm{T}}J^{\mathrm{T}}y)^{\mathrm{T}} = -(x^{\mathrm{T}}Jy)^{\mathrm{T}} = -x^{\mathrm{T}}Jy = -(x,y) \tag{6.35}$$

sowie die Linearität in beiden Faktoren (Bilinearität)

$$(x, \lambda_1 y_1 + \lambda_2 y_2) = \lambda_1(x,y_1) + \lambda_2(x,y_2)\,. \tag{6.36}$$

An dieser Stelle bietet sich ein Vergleich mit der uns vertrauten Drehgruppe und dem gewöhnlichen Skalarprodukt an:

	symplektische Gruppe Sp (N)	Drehgruppe O (N)
Raumdimension	N gerade	N beliebig
Skalarprodukt	$(x,y) = \omega_{\mu\nu}x^\mu y^\nu$ antisymmetrisch	$x \cdot y = \delta_{\mu\nu}x^\mu y^\nu$ symmetrisch

Es seien $F(x)$ und $G(x)$ zwei dynamische Größen, also Funktionen der Koordinaten und Impulse. Mit Hilfe des symplektischen Skalarproduktes und wegen $\omega_{\mu\nu} = -\omega^{\mu\nu}$ erhalten wir mit (6.26) und (6.34) folgende Definition der Poissonklammer:

$$\begin{aligned}[F,G]_- &:= -(F_{,x}, G_{,x}) \;=\; F_{,\mu}\,\omega^{\mu\nu} G_{,\nu} \qquad (6.37)\\ &= \left(\frac{\partial F}{\partial q^1},\ldots,\frac{\partial F}{\partial q^f},\frac{\partial F}{\partial p_1},\ldots,\frac{\partial F}{\partial p_f}\right)\begin{pmatrix} 0 & \mathbb{1} \\ -\mathbb{1} & 0\end{pmatrix}\begin{pmatrix}\partial G/\partial q^1\\ \vdots \\ \partial G/\partial q^f \\ \partial G/\partial p_1 \\ \vdots \\ \partial G/\partial p_f\end{pmatrix}.\end{aligned}$$

Die Poissonklammer ist unter kanonischen Transformationen invariant. Die fundamentale Poissonklammer in der Standarddarstellung (6.26) lautet

$$[x^\mu, x^\nu]_- = \omega^{\mu\nu} = \begin{pmatrix} 0 & \mathbb{1} \\ -\mathbb{1} & 0\end{pmatrix}. \tag{6.38}$$

Sie hängt mit der (inversen) Metrik des Phasenraumes zusammen.

6.2 Die Grassmann-Mechanik

Beim Übergang von der klassischen zur Grassmann-Mechanik (pseudoklassische Mechanik) werden die reellen Koordinaten und Impulse durch Grassmann-Variablen ersetzt. Zu den Bewegungsgleichungen gelangt man über das Hamiltonprinzip. Für weitergehende Studien zu dieser Thematik verweisen wir auch auf [43, 44, 45].

6.2.1 Das freie Grassmann-Teilchen

Die Grassmann-Mechanik unterscheidet sich grundsätzlich von der herkömmlichen Mechanik. Um uns darauf einzustimmen, betrachten wir drei einfache Beispiele.

1. Die Bahn eines Grassmann-Teilchens sei durch die reelle Variable $\psi(t)$ beschrieben, welche vom a-Typ ist:

$$\{\psi(t), \psi(t')\} = 0 \,. \tag{6.39}$$

Die Geschwindigkeit $\dot{\psi}$ ist dann ebenfalls eine Grassmann-Variable. Konstruieren wir die Lagrangefunktion in Analogie zur gewöhnlichen Mechanik als Quadrat der Geschwindigkeiten, $L = \frac{1}{2}\dot{\psi}^2$, so führt das wegen $\{\dot{\psi}(t), \dot{\psi}(t')\} = 0$ zum simplen Ausdruck $L = 0$. Einen nicht-trivialen Ansatz für die freie Lagrangefunktion liefert dagegen

$$L = \frac{\mathrm{i}}{2}\, \psi\dot{\psi} \,. \tag{6.40}$$

Das Produkt zweier Grassmann-Variablen macht aus L hier eine gerade Funktion (bosonische Funktion), und durch das zusätzliche i wird L reell.

Zu den Bewegungsgleichungen gelangt man über das Hamiltonprinzip. Dazu deformieren wir den Weg, $\psi \to \psi + \delta\psi$, unter der Bedingung $\delta\psi(t_1) = \delta\psi(t_2) = 0$. Dadurch verändert sich die Wirkung

$$S = \int_{t_1}^{t_2} \frac{\mathrm{i}}{2}\, \psi\dot{\psi}\, \mathrm{d}t$$

um den Wert

$$\begin{aligned} \delta S &= \int_{t_1}^{t_2} \frac{\mathrm{i}}{2}\, (\psi\, \delta\dot{\psi} + \delta\psi\, \dot{\psi})\, \mathrm{d}t \\ &= \int_{t_1}^{t_2} \frac{\mathrm{i}}{2}\, (-\dot{\psi}\, \delta\psi + \delta\psi\, \dot{\psi})\, \mathrm{d}t + \frac{\mathrm{i}}{2}\, \psi\, \delta\psi \Big|_{t_1}^{t_2} \\ &= -\mathrm{i} \int_{t_1}^{t_2} \dot{\psi}\, \delta\psi\, \mathrm{d}t \,, \end{aligned} \tag{6.41}$$

wobei in der zweiten Zeile die Differentiation mit der Variation vertauscht, $\delta\dot{\psi} = (\mathrm{d}/\mathrm{d}t)\delta\psi$, sowie partiell integriert wurde. Die klassische Trajektorie folgt aus dem Hamiltonprinzip $\delta S = 0$, und wir erhalten als Bewegungsgleichung

$$\dot{\psi} = 0 \,. \tag{6.42}$$

Zwei Dinge verblüffen hier: Zum ersten ist die dynamische Variable ψ selbst eine Erhaltungsgröße, zum zweiten ist die Bewegungsgleichung eine Differentialgleichung 1. Ordnung. Im Gegensatz dazu lautet ja die Bewegungsgleichung in der klassischen Mechanik $\ddot{q} = 0$.

Anmerkung: Mit der Bewegungsgleichung $\dot{\psi} = 0$ liefert die Lagrangefunktion (6.40) den Wert Null. Dieses Ergebnis rechtfertigt jedoch keinesfalls den schon oben verworfenen Ansatz $L = \frac{1}{2}\dot{\psi}\dot{\psi} \equiv 0$, der *identisch* Null ist und gar nicht erst variiert werden kann.

2. Nun untersuchen wir die Bewegung des Grassmann-Teilchens unter dem Einfluß einer a-wertigen Quelle η. Die zugehörige Lagrangefunktion besitzt die Form

$$L = \frac{\mathrm{i}}{2}\psi\dot{\psi} - \mathrm{i}\psi\eta \,. \tag{6.43}$$

Mit (6.41) liefert das Variationsprinzip für konstantes η

$$\delta S = -\mathrm{i}\int_{t_1}^{t_2} (\dot{\psi} - \eta)\,\delta\psi\,\mathrm{d}t \stackrel{!}{=} 0 \,,$$

woraus die Bewegungsgleichung $\dot{\psi} = \eta$ folgt.

3. Gegeben sind nun drei (oder mehr) Grassmann-Teilchen, für dessen Koordinaten

$$\{\psi^\alpha, \psi^\beta\} = 0 \tag{6.44}$$

gilt. In Verallgemeinerung von (6.40) schreiben wir für die freie Lagrangefunktion in drei Dimensionen:

$$L = \frac{\mathrm{i}}{2}\left(\psi^1\dot{\psi}^1 + \psi^2\dot{\psi}^2 + \psi^3\dot{\psi}^3\right) . \tag{6.45}$$

Die Bewegungsgleichungen lauten dann

$$\dot{\psi}^1 = \dot{\psi}^2 = \dot{\psi}^3 = 0 \,. \tag{6.46}$$

Abschließend sind die freie Lagrangefunktion und die Bewegungsgleichung (für beliebige Dimensionen) noch einmal denen der klassischen Mechanik gegenübergestellt:

klassische Mechanik	Grassmann-Mechanik
$L = \frac{m}{2}\,\dot{q}^i\dot{q}^j\delta_{ij}$	$L = \frac{\mathrm{i}}{2}\,\psi^\alpha\dot{\psi}^\beta\delta_{\alpha\beta}$
$\ddot{q}^i = 0$	$\dot{\psi}^\alpha = 0$

6.2.2 Der Hamilton-Formalismus

Nach den einfachen Beispielen des vorhergehenden Abschnitts kommen wir jetzt zum allgemeinen Fall. Bei der Formulierung orientieren wir uns an der klassischen Mechanik. Wir beginnen mit dem 2ϕ-dimensionalen erweiterten Konfigurationsraum der Grassmann-Koordinaten $\psi = (\psi^1, \psi^2, \ldots, \psi^\phi)$ und der Geschwindigkeiten $\dot{\psi} = (\dot{\psi}^1, \dot{\psi}^2, \ldots, \dot{\psi}^\phi)$. Die Lagrangefunktion $L(\psi, \dot{\psi})$ und die Wirkung $S = \int L\mathrm{d}t$ sollen dabei reelle c-wertige Funktionen (bosonische Funktionen) sein.

Zu Beginn müssen einige Konventionen getroffen werden. Da man bei der Differentiation nach Grassmann-Zahlen zwischen linken und rechten Ableitungen zu unterscheiden hat, wählen wir die *linken* Ableitungen und variieren:

$$\begin{aligned}\delta S &= \int_{t_1}^{t_2} \left(\delta\psi^\alpha \frac{\partial^L L}{\partial\psi^\alpha} + \delta\dot{\psi}^\alpha \frac{\partial^L L}{\partial\dot{\psi}^\alpha}\right) \mathrm{d}t \\ &= \int_{t_1}^{t_2} \delta\psi^\alpha \left(\frac{\partial^L L}{\partial\psi^\alpha} - \frac{\mathrm{d}}{\mathrm{d}t}\frac{\partial^L L}{\partial\dot{\psi}^\alpha}\right) \mathrm{d}t + \delta\psi^\alpha \frac{\partial^L L}{\partial\dot{\psi}^\alpha}\bigg|_{t_1}^{t_2} .\end{aligned}$$

Bei festgehaltenen Anfangs- und Endpunkten $\delta\psi^\alpha(t_1) = \delta\psi^\alpha(t_2) = 0$ folgen aus dem Hamiltonprinzip $\delta S = 0$ die Euler-Lagrange-Gleichungen

$$\boxed{\frac{\mathrm{d}}{\mathrm{d}t}\frac{\partial^L L}{\partial\dot{\psi}} - \frac{\partial^L L}{\partial\psi} = 0} \quad , \tag{6.47}$$

die in ihrer Form denen aus der klassischen Mechanik gleichen.

Nun zum Hamilton-Formalismus. In Analogie zu (6.8) definiert man den kanonischen Impuls als

$$\pi_\alpha := \frac{\partial^L L}{\partial\dot{\psi}^\alpha} . \tag{6.48}$$

Zusammen mit den Grassmann-Koordinaten ψ^α bilden die Impulse π_α den 2ϕ-dimensionalen Phasenraum. Die Lagrangefunktion im Phasenraum lautet dann

$$L(\psi, \pi) = \dot{\psi}^\alpha \pi_\alpha - H(\psi, \pi) \,. \tag{6.49}$$

Hier müssen wir auf die Reihenfolge der beiden Faktoren $\dot{\psi}^\alpha$ und π_α achten, sie ist durch die Wahl der linken Ableitung in (6.48) fixiert. Da L eine bosonische Funktion darstellt, ist auch die Hamiltonfunktion H bosonisch. Aus der Variation mit festgehaltenem Anfangs- und Endpunkt folgt

$$\begin{aligned}
\delta S &= \int_{t_1}^{t_2} \delta(\dot{\psi}^\alpha \pi_\alpha - H)\, \mathrm{d}t \\
&= \int_{t_1}^{t_2} \left(\delta\dot{\psi}^\alpha \pi_\alpha + \dot{\psi}^\alpha \delta\pi_\alpha - \delta\psi^\alpha \frac{\partial^L H}{\partial \psi^\alpha} - \delta\pi_\alpha \frac{\partial^L H}{\partial \pi_\alpha} \right) \mathrm{d}t \\
&= \delta\psi^\alpha \pi_\alpha \Big|_{t_1}^{t_2} - \int_{t_1}^{t_2} \left[\delta\psi^\alpha \left(\dot{\pi}_\alpha + \frac{\partial^L H}{\partial \psi^\alpha} \right) + \delta\pi_\alpha \left(\dot{\psi}^\alpha + \frac{\partial^L H}{\partial \pi_\alpha} \right) \right] \mathrm{d}t \,.
\end{aligned}$$

Das Hamiltonprinzip führt uns schließlich zu den kanonischen Gleichungen (Hamilton-Gleichungen) der Grassmann-Mechanik:

$$\boxed{\dot{\psi}^\alpha = -\frac{\partial^L H}{\partial \pi_\alpha} \qquad \text{und} \qquad \dot{\pi}_\alpha = -\frac{\partial^L H}{\partial \psi^\alpha}} \,. \tag{6.50}$$

In ihrer Vorzeichenstruktur unterscheiden sie sich grundsätzlich von (6.12) in der klassischen Mechanik. Dieser Unterschied resultiert aus der Antikommutation der Grassmann-Variablen.

Zur Illustration wenden wir den Hamilton-Formalismus auf die Beispiele des vorhergehenden Abschnitts an. Aus (6.43) und (6.48) erhalten wir den kanonischen Impuls

$$\pi = -\frac{\mathrm{i}}{2}\,\psi \,. \tag{6.51}$$

Im dreidimensionalen Fall (6.45) wird daraus

$$\pi_\alpha = -\frac{\mathrm{i}}{2}\,\delta_{\alpha\beta}\psi^\beta \,. \tag{6.52}$$

Ort und Impuls sind demnach keine voneinander unabhängigen Größen mehr! Für die Hamiltonfunktion folgt aus (6.49)

$$\begin{aligned} H &= \dot{\psi}\pi - L = \dot{\psi}\pi - \frac{\mathrm{i}}{2}\,\psi\dot{\psi} + \mathrm{i}\psi\eta \\ &= \dot{\psi}\pi + \pi\dot{\psi} + \mathrm{i}\psi\eta \;=\; \mathrm{i}\psi\eta\,. \end{aligned} \tag{6.53}$$

Beim Ausschalten der Quelle erscheint das simple Ergebnis

$$\text{freie Bewegung:} \qquad H = 0\,. \tag{6.54}$$

Das freie Grassmann-Teilchen besitzt weder potentielle noch kinetische Energie!

6.2.3 Der Grassmann-Oszillator

Betrachten wir nun ein zweidimensionales System mit den reellen Grassmann-Koordinaten ψ^1 und ψ^2. Es ist naheliegend, sie zu *einer* komplexen Größe zusammen zufassen, wobei

$$\psi = \frac{1}{\sqrt{2}}\left(\psi^1 + \mathrm{i}\psi^2\right) \qquad \text{und} \qquad \bar{\psi} := \psi^* = \frac{1}{\sqrt{2}}\left(\psi^1 - \mathrm{i}\psi^2\right). \tag{6.55}$$

In dieser komplexen Notation wählen wir die Lagrangefunktion

$$L = \mathrm{i}\bar{\psi}\dot{\psi} + \omega\bar{\psi}\psi\,, \tag{6.56}$$

mit ω als konstanter c-Zahl. Aus der Euler-Lagrange-Gleichung (6.47) folgt dann

$$\dot{\bar{\psi}} = -\mathrm{i}\omega\bar{\psi} \qquad \text{bzw.} \qquad \dot{\psi} = \mathrm{i}\omega\psi\,,$$

welches nach Trennung von Real- und Imaginärteil ein gekoppeltes Differentialgleichungssystem 1. Ordnung ergibt:

$$\dot{\psi}^1 = -\omega\psi^2\,, \tag{6.57}$$

$$\dot{\psi}^2 = \omega\psi^1\,. \tag{6.58}$$

Dieses System läßt sich entkoppeln, und wir erhalten die Newtonsche Bewegungsgleichung zweier harmonischer Oszillatoren ($\alpha = 1, 2$)

$$\ddot{\psi}^\alpha = -\omega^2\psi^\alpha\,. \tag{6.59}$$

Aus (6.48) folgt der komplexe Impuls $\pi = -\mathrm{i}\bar{\psi}$. Die Hamiltonfunktion lautet damit

$$H = \dot{\psi}\pi - L = -\omega\bar{\psi}\psi = \mathrm{i}\omega\psi\pi \,. \tag{6.60}$$

(Die quantisierte Form dieses Ausdrucks ist zur Herleitung des Fermi-Oszillators in § 2.1.4 herangezogen worden.) Drücken wir die Hamiltonfunktion in den reellen Variablen aus, dann folgt

$$H = -\frac{\omega}{2}(\psi^1 - \mathrm{i}\psi^2)(\psi^1 + \mathrm{i}\psi^2) = -\mathrm{i}\omega\psi^1\psi^2 \,. \tag{6.61}$$

Ebenso erhalten wir für die Lagrangefunktion (6.56) unter Benutzung der Bewegungsgleichungen (6.57) und (6.58) den Ausdruck

$$L = \frac{\mathrm{i}}{2}\left(\psi^1\dot{\psi}^1 + \psi^2\dot{\psi}^2\right) + \mathrm{i}\omega\psi^1\psi^2 \,. \tag{6.62}$$

Die Formel für die Lagrangefunktion (6.56) läßt sich auch "symmetrischer" schreiben. Da L nur bis auf totale Zeitableitungen festgelegt ist, können wir zu (6.56) den Term $(-\mathrm{i}/2)\mathrm{d}/\mathrm{d}t(\bar{\psi}\psi)$ addieren und erhalten

$$\widetilde{L} = \frac{\mathrm{i}}{2}(\bar{\psi}\dot{\psi} + \psi\dot{\bar{\psi}}) + \omega\bar{\psi}\psi \,. \tag{6.63}$$

Sie liefert selbstverständlich dieselben Bewegungsgleichungen wie (6.56).

6.2.4 Die Poissonklammer der Grassmann-Mechanik

Unser Ziel besteht nun in der Definition der Poissonklammer für Grassmann-Systeme. Dazu leiten wir die dynamische Größe $F(\psi, \pi, t)$ nach der Zeit ab und benutzen (6.50):

$$\begin{aligned}
\frac{\mathrm{d}F}{\mathrm{d}t} &= \dot{\psi}^\alpha \frac{\partial^L F}{\partial\psi^\alpha} + \dot{\pi}_\alpha \frac{\partial^L F}{\partial\pi_\alpha} + \frac{\partial F}{\partial t} \\
&= -\left(\frac{\partial^L H}{\partial\pi_\alpha}\frac{\partial^L F}{\partial\psi^\alpha} + \frac{\partial^L H}{\partial\psi^\alpha}\frac{\partial^L F}{\partial\pi_\alpha}\right) + \frac{\partial F}{\partial t} \\
&= (-1)^{\pi(F)}\left(\frac{\partial^L F}{\partial\psi^\alpha}\frac{\partial^L H}{\partial\pi_\alpha} + \frac{\partial^L F}{\partial\pi_\alpha}\frac{\partial^L H}{\partial\psi^\alpha}\right) + \frac{\partial F}{\partial t} \,.
\end{aligned} \tag{6.64}$$

Beim Übergang zur letzten Zeile haben wir die Reihenfolge der Ableitungen in der runden Klammer vertauscht und das damit verbundene Vorzeichen durch den

Phasenfaktor $(-1)^{\pi(F)}$ mit der Grassmann-Parität berücksichtigt. Analog zu (6.14) schreiben wir jetzt die Zeitableitung in der Form

$$\frac{\mathrm{d}F}{\mathrm{d}t} = [F, H]_+ + \frac{\partial F}{\partial t}\,, \tag{6.65}$$

wobei die neue Poissonklammer definiert ist durch

$$[F, G]_+ := (-1)^{\pi(F)} \left(\frac{\partial^L F}{\partial \psi^\alpha} \frac{\partial^L G}{\partial \pi_\alpha} + \frac{\partial^L F}{\partial \pi_\alpha} \frac{\partial^L G}{\partial \psi^\alpha} \right) . \tag{6.66}$$

Hier können die Funktionen F und G sowohl bosonisch als auch fermionisch sein. Nun überprüfen wir die Symmetrie der Poissonklammer. Mit C bzw. A soll eine c-wertige (bosonische) bzw. a-wertige (fermionische) Funktion bezeichnet werden. Drei Fälle sind zu unterscheiden: In

Fall 1: $[C_1, C_2]_+ = -[C_2, C_1]_+$
Fall 2: $[A, C]_+ = -[C, A]_+$

ist die Poissonklammer antisymmetrisch. Beide Fälle faßt man zusammen zu

$$[F, C]_+ = -[C, F]_+ \,. \tag{6.67}$$

Im Gegensatz dazu finden wir ein symmetrisches Verhalten bei

Fall 3: $$[A_1, A_2]_+ = [A_2, A_1]_+ \,. \tag{6.68}$$

Wir besitzen nun zwei Arten von Poissonklammern: $[\,,\,]_-$ als Poissonklammer der klassischen Mechanik (6.13) und $[\,,\,]_+$ als Poissonklammer der Grassmann-Mechanik. Setzen wir formal in die Poissonklammer der klassischen Mechanik gerade und ungerade Funktionen ein, dann folgt

$$[F, C]_- = -[C, F]_- \qquad \text{und} \qquad [A_1, A_2]_- = [A_2, A_1]_- \,. \tag{6.69}$$

Die gleiche Struktur wie bei der Poissonklammer der Grassmann-Mechanik ist augenscheinlich. Die Antisymmetrie und Symmetrie beider Arten von Poissonklammern fassen wir zusammen:

Antisymmetrie	Symmetrie
$[F, C]_-$	$[A_1, A_2]_-$
$[F, C]_+$	$[A_1, A_2]_+$

Außer bei zwei antikommutierenden Größen sind die Poissonklammern immer antisymmetrisch.

Abschließend berechnen wir die fundamentalen Poissonklammern der Grassmann-Mechanik. Dazu setzt man in (6.66) die kanonischen Variablen ψ^α und π_α ein und erhält

$$[\psi^\alpha, \psi^\beta]_+ = 0 \qquad \text{und} \qquad [\pi_\alpha, \pi_\beta]_+ = 0\,, \tag{6.70}$$

sowie

$$[\psi^\alpha, \pi_\beta]_+ = -\left(\frac{\partial^L \psi^\alpha}{\partial \psi^\gamma}\frac{\partial^L \pi_\beta}{\partial \pi_\gamma} + \frac{\partial^L \psi^\alpha}{\partial \pi_\gamma}\frac{\partial^L \pi_\beta}{\partial \psi^\gamma}\right) = -\delta^\alpha_\beta\,. \tag{6.71}$$

Diese Beziehungen sind unter der formalen Annahme hergeleitet worden, daß die fermionischen Orte und Impulse voneinander unabhängig sind. Doch Vorsicht! Bereits das freie Grassmann-Teilchen aus § 6.2.1 zeigt, daß wegen (6.51) diese Annahme im allgemeinen nicht zutrifft.

6.2.5 Pseudoeuklidische Geometrie

Nun gehen wir genauso wie in § 6.1.5 zu einer kompakten Schreibweise über und fassen die dynamischen Grassmann-Variablen ψ und π zu einem Spaltenvektor $y^\lambda = (\psi^\alpha, \pi_\beta)$ zusammen:

$$y = \begin{pmatrix} \psi^1 \\ \vdots \\ \psi^\phi \\ \pi_1 \\ \vdots \\ \pi_\phi \end{pmatrix} := \begin{pmatrix} y^1 \\ \vdots \\ y^\phi \\ y^{\phi+1} \\ \vdots \\ y^{2\phi} \end{pmatrix} \quad \text{sowie} \quad H_{,y} = \begin{pmatrix} \partial^L H/\partial\psi^1 \\ \vdots \\ \partial^L H/\partial\psi^\phi \\ \partial^L H/\partial\pi_1 \\ \vdots \\ \partial^L H/\partial\pi_\phi \end{pmatrix}. \tag{6.72}$$

Mit der Matrix

$$\mathcal{J} = \begin{pmatrix} 0 & \mathbb{1} \\ \mathbb{1} & 0 \end{pmatrix}, \tag{6.73}$$

in der $\mathbb{1}$ die $\phi\times\phi$ dimensionale Einheitsmatrix symbolisiert, lassen sich die Hamilton-Gleichungen ebenfalls zu einer einzigen Gleichung

$$\boxed{\dot{y} = -\mathcal{J} H_{,y}} \tag{6.74}$$

zusammenfassen. Die Eigenschaften von $\mathcal{J}$ sind

$$\mathcal{J}^2 = \begin{pmatrix} \mathbb{1} & 0 \\ 0 & \mathbb{1} \end{pmatrix} \qquad \text{und} \qquad \mathcal{J}^{\mathrm{T}} = \mathcal{J}^{-1} = \mathcal{J} . \tag{6.75}$$

Kanonische Transformationen, $y \to \tilde{y} = \mathcal{M}y$, werden mit der Matrix $\mathcal{M}^{\lambda}{}_{\kappa} = (\partial y^{\lambda}/\partial y^{\kappa})$ beschrieben. Diese Matrizen müssen, ähnlich wie in § 6.1.5, der Bedingung

$$\mathcal{J} = \mathcal{M}^{\mathrm{T}} \mathcal{J} \mathcal{M} \tag{6.76}$$

genügen.

Nun besteht aber ein prinzipieller Unterschied zwischen der Matrix J aus (6.27) und $\mathcal{J}$ aus (6.73). Letztere ist eine symmetrische Matrix, die sich diagonalisieren läßt. Die charakteristische Gleichung dafür lautet $\lambda^{2\phi} - 1 = 0$, welche die Eigenwerte $\lambda = \pm 1$ ergibt. Da die Spur von $\mathcal{J}$ Null beträgt, ist die Zahl der positiven und negativen Eigenwerte sogar gleich. Damit stellt $\mathcal{J}$ eine pseudoeuklidische Metrik dar, wie sie in (5.144) angegeben ist. Die kanonischen Transformationen $\mathcal{M}$ in der Grassmann-Mechanik bilden demnach keine symplektische Gruppe mehr, sondern die pseudoorthogonale Gruppe $\mathrm{O}(N, N)$ mit $N = \phi$.

6.3 Supersymmetrie in der klassischen Mechanik

Die Vereinigung der klassischen Mechanik (bosonischer Sektor) mit der Grassmann-Mechanik (fermionischer Sektor) führt zur sogenannten superklassischen Mechanik. Damit werden die Voraussetzungen für SUSY-Modelle in der klassischen Mechanik geschaffen.

6.3.1 Der Hamilton-Formalismus

In Tab. 6.2 sind die wichtigsten Formeln der letzten Abschnitte noch einmal zusammengefaßt. Der Hauptunterschied zwischen der klassischen und Grassmann-Mechanik liegt in der Vorzeichenstruktur der kanonischen Gleichungen sowie in den unterschiedlichen Poissonklammern.

In der superklassischen Mechanik erweitert man den $2f$-dimensionalen $(q, \dot{q})$-Raum zu einem Superraum $(q, \dot{q}, \psi, \dot{\psi})$ der Dimension $2f + 2\phi$, also $\mathbb{R}^{2f|2\phi}$. Über

Tab. 6.2 Die Grundgleichungen der klassischen und Grassmann-Mechanik.

	klassische Mechanik	Grassmann-Mechanik
Euler-Lagrange-Gleichungen	$\frac{\mathrm{d}}{\mathrm{d}t}\frac{\partial L}{\partial \dot{q}^i} = \frac{\partial L}{\partial q^i}$	$\frac{\mathrm{d}}{\mathrm{d}t}\frac{\partial^L L}{\partial \dot{\psi}^\alpha} = \frac{\partial L}{\partial \psi^\alpha}$
kanonischer Impuls	$p_i = \frac{\partial L}{\partial \dot{q}^i}$	$\pi_\alpha = \frac{\partial^L L}{\partial \dot{\psi}^\alpha}$
kanonische Gleichungen	$\dot{q}^i = \frac{\partial H}{\partial p_i}\,, \quad \dot{p}_i = -\frac{\partial H}{\partial q^i}$	$\dot{\psi}^\alpha = -\frac{\partial^L H}{\partial \pi_\alpha}\,, \quad \dot{\pi}_\alpha = -\frac{\partial^L H}{\partial \psi^\alpha}$
Zeitableitung	$\frac{\mathrm{d}F}{\mathrm{d}t} = [\,F, H\,]_- + \frac{\partial F}{\partial t}$	$\frac{\mathrm{d}F}{\mathrm{d}t} = [\,F, H\,]_+ + \frac{\partial F}{\partial t}$
fundamentale Klammern	$[\,q^i, p_j\,]_- = \delta^i_j$	$[\,\psi^\alpha, \pi_\beta\,]_+ = -\delta^\alpha_\beta$

eine Legendre-Transformation und die Einführung der kanonischen Impulse, gelangt man zum Phasenraum (q, p, ψ, π). Er umfaßt neben den bosonischen Koordinaten und Impulsen q, p auch die fermionischen Koordinaten und Impulse ψ, π.

Bei den dynamischen Größen, welche sowohl von p, q als auch ψ, π abhängen können, unterscheiden wir zwischen Funktionen mit gerader und ungerader Grassmann-Parität:

gerade (bosonisch)	L, H, S	q, p	C
ungerade (fermionisch)		ψ, π	A_1, A_2

C bzw. A_1, A_2 sollen also per Definition gerade bzw. ungerade Funktionen symbolisieren; Funktionen mit beliebiger Grassmann-Parität bezeichnen wir weiterhin mit F und G.

Über das Hamiltonprinzip – bei festgehaltenen Anfangs- und Endpunkten von q^i und ψ^α – gelangt man zu den in Tab. 6.2 angegebenen Bewegungsgleichungen, also

$$\begin{aligned} \delta S &= \int \delta L(q, \dot{q}, \psi, \dot{\psi})\, \mathrm{d}t &= 0 &\longrightarrow \text{Euler-Lagrange-Gleichungen}\,, \\ \delta S &= \int \delta L(q, p, \psi, \pi)\, \mathrm{d}t &= 0 &\longrightarrow \text{kanonische Gleichungen}\,, \end{aligned}$$

wobei die Langrange- und Hamiltonfunktion im Phasenraum durch

$$L(q, p, \psi, \pi) := \dot{q}^i p_i + \dot{\psi}^\alpha \pi_\alpha - H(p, q, \psi, \pi) \tag{6.77}$$

miteinander verknüpft sind.

Da bei der freien Bewegung eines Grassmann-Teilchens $H = 0$ und damit die kinetische Energie Null ist, besitzt die Hamiltonfunktion der superklassischen Mechanik die allgemeine Form:

$$\boxed{H(p, q, \psi, \pi) = \sum_{i=1}^{f} \frac{p_i^2}{2m_i} + V(q, \psi)} \quad . \tag{6.78}$$

Das Potential V erscheint hier als Superfunktion (nicht zu verwechseln mit dem Superpotential). Konkrete Beispiele dazu betrachten wir im folgenden Abschnitt.

6.3.2 Elementare Beispiele

Mit (6.52) folgt aus (6.77) und (6.78) die Lagrangefunktion

$$L = p_i \dot{q}^i + \frac{\mathrm{i}}{2}\, \psi^\alpha \dot{\psi}^\alpha - \sum_i \frac{p_i^2}{2m_i} - V(q, \psi)\,.$$

Setzen wir noch $p_i = \delta_{ij} \dot{q}^j / m$ ein, dann erhalten wir

$$\boxed{L = \sum_i \frac{p_i^2}{2m_i} + \frac{\mathrm{i}}{2}\, \psi^\alpha \dot{\psi}^\alpha - V(q, \psi)} \quad . \tag{6.79}$$

Aus dieser Lagrangefunktion der superklassischen Mechanik leiten wir Modelle mit ein, zwei und drei Grassmann-Koordinaten her. Die Grundidee besteht darin, daß man die Superfunktion $V(q, \psi)$ wie in § 4.3.2 in eine Taylorreihe entwickelt. Ferner soll die Zahl der bosonischen Freiheitsgrade beliebig sein; aus Gründen der Übersichtlichkeit lassen wir den Index i weg.

1. Gegeben sei *eine* Grassmann-Koordinate ψ. Die Superfunktion besitzt dann die Form $V(q, \psi) = V(q) + V_1(q)\psi$. Aufgrund der Forderung, daß die Lagrangefunktion eine *gerade* Funktion sein soll, darf der ungerade Potentialterm nicht auftreten, und die allgemeinste Lagrangefunktion lautet

$$L = \frac{\mathrm{i}}{2}\,\psi\dot{\psi} + \frac{p^2}{2m} - V(q)\,. \tag{6.80}$$

Im Spezialfall der Grassmann-Mechanik verschwinden die letzten beiden Terme, und wir gelangen zur freien Lagrangefunktion aus (6.40). Ein System mit *einem* Grassmann-Teilchen besitzt demnach weder potentielle noch kinetische Energie!

2. Gegeben sind *zwei* Grassmann-Koordinaten ψ^1 und ψ^2. Die Superfunktion lautet dann

$$V(q, \psi^1, \psi^2) = V(q) + V_1\psi^1 + V_2\psi^2 + \mathrm{i}V_{12}\,\psi^1\psi^2\,. \tag{6.81}$$

Der Vorfaktor i im letzten Term macht V reell. Der zweite und dritte Term dürfen in einer geraden Lagrangefunktion nicht auftreten; wir streichen diese Terme und erhalten

$$L = \frac{\mathrm{i}}{2}\,(\psi^1\dot{\psi}^1 + \psi^2\dot{\psi}^2) + \frac{p^2}{2m} - V(q) - \mathrm{i}V_{12}(q)\,\psi^1\psi^2\,. \tag{6.82}$$

Für den Spezialfall $V(q) = \frac{1}{2}m\omega^2q^2$ und $V_{12}(q) = -\omega$ liefert (6.82) die Lagrangefunktion eines harmonischen und eines Grassmann-Oszillators mit gleicher Frequenz (vergleiche dazu (6.62)):

$$L = \frac{\mathrm{i}}{2}\,(\psi^1\dot{\psi}^1 + \psi^2\dot{\psi}^2) + \mathrm{i}\,\omega\psi^1\psi^2 + \frac{p^2}{2m} - \frac{m\omega^2}{2}\,q^2\,.$$

Das ist die klassische Version des SUSY-Oszillators.

Andererseits gelangen wir von (6.82) mit $\eta := V_{12}(q)\psi^2$ und konstantem ψ^2 sowie bei Abwesenheit der bosonischen Freiheitsgrade zur Lagrangefunktion

$$L = \frac{\mathrm{i}}{2}\,\psi^1\dot{\psi}^1 - \mathrm{i}\psi^1\eta\,.$$

Das entspricht (6.43), in der wir η als a-wertige Quelle bezeichneten.

3. Bei *drei* Grassmann-Koordinaten lautet die Superfunktion

$$V(q, \psi^1, \psi^2, \psi^3) = V(q) + V_\alpha \psi^\alpha + \frac{1}{2} V_{\alpha\beta} \psi^\alpha \psi^\beta + V_{123} \psi^1 \psi^2 \psi^3 \,. \quad (6.83)$$

Die ungeraden Terme gehen in die Lagrangefunktion nicht ein, und wir erhalten damit den allgemeinen Ausdruck

$$L = \frac{\mathrm{i}}{2} \psi^\alpha \dot{\psi}^\alpha + \frac{p^2}{2m} - V(q) - \frac{1}{2} V_{\alpha\beta}(q) \psi^\alpha \psi^\beta \,. \quad (6.84)$$

Auf diese Art und Weise kann man nun fortfahren und die Lagrangefunktionen für superklassische Systeme mit vier und mehr Grassmann-Koordinaten herleiten.

6.3.3 Verallgemeinerte Poissonklammern

Ausgehend von den kanonischen Gleichungen (6.12) und (6.50) erhalten wir für die Zeitableitung einer beliebigen Funktion $F(q, p, \psi, \pi, t)$ den Ausdruck

$$\frac{\mathrm{d}F}{\mathrm{d}t} = \left(\frac{\partial H}{\partial p_i} \frac{\partial F}{\partial q^i} - \frac{\partial H}{\partial q^i} \frac{\partial F}{\partial p_i} \right) - \left(\frac{\partial^L H}{\partial \pi_\alpha} \frac{\partial^L F}{\partial \psi^\alpha} + \frac{\partial^L H}{\partial \psi^\alpha} \frac{\partial^L F}{\partial \pi_\alpha} \right) + \frac{\partial F}{\partial t} \,.$$

Die *verallgemeinerte Poissonklammer* soll nun so eingeführt werden, daß die Zeitableitung in folgender Form geschrieben werden kann:

$$\frac{\mathrm{d}F}{\mathrm{d}t} = [F, H]_\pm + \frac{\partial F}{\partial t} \,. \quad (6.85)$$

Diese Forderung wird durch die Definition

$$[F, G]_\pm := \left(\frac{\partial F}{\partial q^i} \frac{\partial G}{\partial p_i} - \frac{\partial F}{\partial p_i} \frac{\partial G}{\partial q^i} \right) + (-)^{\pi(F)} \left(\frac{\partial^L F}{\partial \psi^\alpha} \frac{\partial^L G}{\partial \pi_\alpha} + \frac{\partial^L F}{\partial \pi_\alpha} \frac{\partial^L G}{\partial \psi^\alpha} \right) \quad (6.86)$$

erfüllt. Ist unser System ein rein klassisches System ohne Grassmann-Variablen, dann reduziert sich die verallgemeinerte Poissonklammer zu $[F, G]_-$; im entgegengesetzten Fall, wenn F und G a-wertige Funktionen sind, zu $[F, G]_+$.

Die verallgemeinerte Poissonklammer vereint somit die Eigenschaften Symmetrie und Antisymmetrie:

$$[F, G]_\pm = -(-)^{\pi(F)\pi(G)} [G, F]_\pm = \begin{cases} [F, C] = -[C, F] & \text{(Antisymmetrie)} \\ [A_1, A_2] = [A_2, A_1] & \text{(Symmetrie)} \end{cases} \,.$$

6.4 Auf dem Weg zur Quantenmechanik

Die kanonische Quantisierung beruht auf der Korrespondenz:

$$(\text{Poissonklammer}) \quad \longrightarrow \quad (\mathrm{i}\hbar)^{-1}\,(\text{Kommutator})\,. \tag{6.87}$$

Dieses Konzept gilt allerdings nur für die gewöhnliche klassische Mechanik, in der alle dynamischen Größen reelle oder komplexe Zeitfunktionen sind und keinen Zwangsbedingungen unterliegen. Nach der Quantisierung werden aus ihnen Operatoren, die den Kommutator-Relationen genügen, sprich bosonische Operatoren:

$$[q^i, p_j]_- = \delta^i_j \qquad \longrightarrow \qquad [\hat{q}^i, \hat{p}_j] = \mathrm{i}\hbar\,\delta^i_j\,. \tag{6.88}$$

Es ist nun naheliegend, die Quantisierung in der Grassmann-Mechanik analog durchzuführen, indem man die entsprechende Poissonklammer durch den Antikommutator ersetzt. Das funktioniert aber nicht! Davon überzeugt man sich leicht am Beispiel von

$$[\psi^\alpha, \psi^\beta]_+ = 0 \qquad \longrightarrow \qquad \{\hat{\psi}^\alpha, \hat{\psi}^\beta\} = 0 \qquad (\text{falsch!})\quad ,$$

welches offensichtlich im Widerspruch zu dem üblichen Antikommutator (2.48) der Quantenmechanik steht. Das Problem, welches hier zutage tritt, liegt darin begründet, daß die Grassmann-Mechanik in der Regel Systeme unter Zwangsbedingungen beschreibt. Den Ausweg aus diesem Dilemma finden wir in der *Dirac-Klammer.*

Bei all diesen Betrachtungen darf man nicht vergessen: Die (super-) klassische Mechanik ist und bleibt ein Grenzfall der Quantenmechanik. Daher ist der Weg *von* der klassischen *zur* Quantenmechanik nicht immer eindeutig.

6.4.1 Der reduzierte Phasenraum

Wir diskutieren zunächst Zwangsbedingungen in der gewöhnlichen klassischen Mechanik. Gegeben seien $n = 3N$ Koordinaten q^i und die gleiche Anzahl Geschwindigkeiten $\dot{q}^i$. Die Euler-Lagrange-Gleichungen (6.6) lassen sich mit Hilfe von $\mathrm{d}/\mathrm{d}t = \dot{q}^i(\partial/\partial q^i) + \ddot{q}^i(\partial/\partial \dot{q}^i)$ auch in die Form

$$\ddot{q}^j \left[\frac{\partial^2 L}{\partial \dot{q}^j \partial \dot{q}^i}\right] = \frac{\partial L}{\partial q^i} - \dot{q}^j \frac{\partial^2 L}{\partial q^j \partial \dot{q}^i} \tag{6.89}$$

umschreiben. Diese Gleichung läßt sich nur dann nach den Beschleunigungen $\ddot{q}^j$ auflösen, wenn die $n \times n$ Matrix $\partial^2 L/(\partial\dot{q}^i\partial\dot{q}^j)$ invertierbar ist, d.h., wenn die Determinante ungleich Null ist:

$$\det\left(\frac{\partial^2 L}{\partial\dot{q}^i\partial\dot{q}^j}\right) \neq 0 . \tag{6.90}$$

Ist die Determinante aber Null, dann sind die $\ddot{q}^i$ nicht mehr eindeutig durch die Orte und Geschwindigkeiten gegeben, und die Bewegungsgleichungen enthalten zusätzlich noch beliebige Zeitfunktionen.

Wegen (6.8) sind (6.10) und (6.90) äquivalente Aussagen. Das heißt, das Verschwinden bzw. Nichtverschwinden der obigen Determinante entscheidet auch über die Auflösbarkeit von (6.8) nach den Geschwindigkeiten $\dot{q}^i = \dot{q}^i(q,p)$.

Wenn die Determinante verschwindet, dann ist der Rang der Matrix kleiner als n, sagen wir, der Rang sei $(n-k)$. In diesem Fall sind die Impulse nicht mehr unabhängig voneinander, und es existieren k Einschränkungen (Zwangsbedingungen)

$$\varphi_j(q,p) = 0 \qquad (j = 1,\ldots,k) . \tag{6.91}$$

Diesen Sachverhalt veranschaulichen wir uns geometrisch. Ein beliebiger Punkt des Phasenraumes besitzt $2n$ Freiheitsgrade (Koordinaten). Soll dieser Punkt in einem $(2n-1)$ dimensionalen Unterraum (Hyperfläche) liegen, dann müssen die Koordinaten des Phasenraumes (p, q) einer Einschränkung gehorchen, nämlich

$$\varphi(q,p) = \varphi(q^1, q^2, \ldots, q^n, p_{n+1}, \ldots, p_{2n}) = 0 .$$

Für Punkte in einem $(2n-k)$ dimensionalen Unterraum gelten dann folglich k Einschränkungen:

$$\begin{aligned} \varphi_1(q,p) &= 0 , \\ \varphi_2(q,p) &= 0 , \\ &\vdots \\ \varphi_k(q,p) &= 0 . \end{aligned}$$

Das entspricht gerade den Zwangsbedingungen (6.91). Den $(2n-k)$ dimensionalen Unterraum bezeichnet man als *reduzierten Phasenraum.*

Die Gleichung (6.8) vermittelt also eine Abbildung vom $2n$-dimensionalen $(q, \dot{q})$-Raum in den $(2n-k)$-dimensionalen reduzierten Phasenraum. Das ist schematisch in der Abb. 6.4 dargestellt. Die Umkehrabbildung ist damit nicht mehr eindeutig.

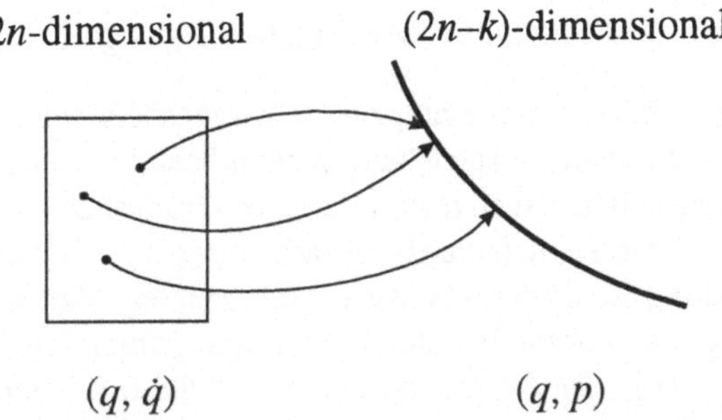

Abb. 6.4 In Anwesenheit von Zwangsbedingungen vermittelt die Legendre-Transformation eine Abbildung vom Phasenraum in den reduzierten Phasenraum, die nicht mehr eindeutig ist.

Um die Eindeutigkeit herzustellen, müssen wir noch k zusätzliche Parameter λ^j (*Lagrange-Multiplikatoren*) einführen.

Mit Hilfe der Lagrange-Multiplikatoren können wir die Hamiltonfunktion im *gesamten* Phasenraum definieren:

$$H(q,p) = \dot{q}^i p_i - \lambda^j \varphi_j(q,p) - L \,. \tag{6.92}$$

Der zweite Term verschwindet im *reduzierten* Phasenraum wegen (6.91). Aus dem Hamiltonprinzip $\delta S = \delta \int L(q,p)\,dt$ folgen dann sofort die Bewegungsgleichungen

$$\dot{q}^i = \frac{\partial H}{\partial p_i} + \lambda^j \frac{\partial \varphi_j}{\partial p_i} \tag{6.93}$$

$$\dot{p}_i = -\frac{\partial H}{\partial q^i} - \lambda^j \frac{\partial \varphi_j}{\partial q^i} \tag{6.94}$$

$$\varphi_j = 0 \,. \tag{6.95}$$

Sie bilden ein Gleichungssystem für die insgesamt $2n$ unbekannten Funktionen q^i, p_i und λ^j. Da die Zahl der Orte q^i und Impulse p_i gleich ist, besitzt der reduzierte Phasenraum eine geradzahlige Dimension.

Aus dem Hamiltonprinzip folgt auch, daß die Hamiltonfunktion invariant gegenüber der

$$\text{Eichtransformation:} \qquad H \to H + c^j \varphi_j \tag{6.96}$$

ist, da diese Änderung lediglich die Lagrange-Multiplikatoren umbenennt, $\lambda^j \to \lambda^j + c^j$.

6.4.2 Primäre und sekundäre Zwangsbedingungen

Die Bedingungen (6.91) nennt man *primäre* Zwangsbedingungen, da wir zu ihrem Aufstellen die Bewegungsgleichungen nicht benötigen. Neben den primären Zwangsbedingungen treten auch noch *sekundäre* Zwangsbedingungen auf. Sie resultieren aus der Tatsache, daß die Hyperflächen $\varphi(q,p) = 0$ außerdem noch mit der Zeitentwicklung des Systems konsistent sein müssen. Man fordert $\dot{\varphi}_j = 0$. Die Zeitentwicklung wird bekanntlich durch die Hamiltonfunktion H bestimmt, d.h. durch $\dot{\varphi}_j = [\varphi_j, H]_-$. Bei vorgegebenem H sind diese Kommutatoren Funktionen der Orte und Impulse,

$$[\varphi_j, H]_- =: g_j(q,p)\,. \tag{6.97}$$

Falls nun auf der Hyperfläche die Funktionen g_j nicht verschwinden, dann folgen aus der Forderung $\dot{\varphi}_j = 0$ die *sekundären* Zwangsbedingungen

$$g_j(q,p) = 0\,. \tag{6.98}$$

Dies wird nun weiter fortgesetzt: Man berechnet $[g_i, H]_-$ auf der durch $\varphi_j = 0$ und $g_j = 0$ eingeschränkten Hyperfläche, welche möglicherweise wieder neue sekundäre Zwangsbedingungen definiert. Endet dieses iterative Verfahren, dann haben wir eine eingeschränkte Hyperfläche, auf der *alle* Zwangsbedingungen erfüllt sind. Zu den k primären Zwangsbedingungen kommen noch l sekundäre hinzu, die wir im weiteren alle mit dem gleichen Symbol φ_j und $j = 1, \ldots, k+l$ bezeichnen. Zusammenfassend: Primäre Zwangsbedingungen sind solche, die unabhängig von H vorgegeben werden. Erst die Kenntnis von H und die Anwendung der Bewegungsgleichungen liefern, sofern überhaupt vorhanden, sekundäre Zwangsbedingungen.

6.4.3 Die Dirac-Klammer

Die Gesamtheit der $k + l$ Zwangsbedingungen unterteilt man in zwei Klassen: Zwangsbedingungen 1. Art und Zwangsbedingungen 2. Art. Als Zwangsbedingungen 1. Art bezeichnet man die Größen γ_j, deren Poissonklammer mit *allen* anderen Zwangsbedingungen φ_j verschwinden, d.h.

$$[\gamma_i, \varphi_j]_- = [\gamma_i, \gamma_j]_- = 0\,. \tag{6.99}$$

Alle anderen Zwangsbedingungen, die diese Eigenschaft nicht besitzen, heißen von 2. Art, und wir bezeichnen sie mit χ_j. Die nichtverschwindende Poissonklammer

$$[\chi_i, \chi_j]_- = C_{ij} \tag{6.100}$$

definiert dann eine Matrix C_{ij}. Aus der Antisymmetrie der Poissonklammer folgt auch die Antisymmetrie der Matrix C_{ij}. Wir nehmen an, daß sie ein Inverses besitzt, und bezeichnen es mit C^{ij}, d.h. $C_{ik}C^{kj} = \delta_i^j$. Damit definieren wir die *Dirac-Klammer* als

$$\boxed{[F,G]_-^{\mathrm{D}} := [F,G]_- - [F,\chi_i]_- C^{ij}[\chi_j,G]_-} \quad . \tag{6.101}$$

So erhalten wir beispielsweise

$$\begin{aligned}[\chi_m,\chi_n]_-^{\mathrm{D}} &= [\chi_m,\chi_n]_- - [\chi_m,\chi_i]_- C^{ij}[\chi_j,\chi_n]_- \\ &= [\chi_m,\chi_n]_- - [\chi_m,\chi_i]_- \delta_n^i = 0 \, .\end{aligned} \tag{6.102}$$

Mit Hilfe der Dirac-Klammer werden also auch die Zwangsbedingungen 2. Art alle zum Vertauschen gebracht. Desweiteren ändert die Dirac-Klammer nichts an den Ausdrücken

$$[\chi_m, H]_- = 0 \qquad \text{und} \qquad [\chi_m,\gamma_n]_- = 0 \, , \tag{6.103}$$

denn das Einsetzen in (6.101) ergibt

$$[\chi_m, H]_-^{\mathrm{D}} = 0 \qquad \text{und} \qquad [\chi_m,\gamma_n]_-^{\mathrm{D}} = 0 \, . \tag{6.104}$$

Die Dirac-Klammer besitzt die gleichen Eigenschaften wie die Poissonklammer. Durch Ersetzung aller Poissonklammern durch Dirac-Klammern erhalten wir eine Beschreibung, die der im reduzierten Phasenraum einer durch Zwangsbedingungen eingeschränkten Mechanik äquivalent ist.

Die Abb. 6.5 zeigt noch einmal die Einteilung in die verschiedenen Arten von Zwangsbedingungen: Nachdem alle primären und sekundären Zwangsbedingungen aufgefunden wurden, wird anhand des Verschwindens oder Nichtverschwindens der Poissonklammer zwischen Zwangsbedingungen 1. Art und 2. Art unterschieden. Damit hat aber auch schon die Poissonklammer ihre Dienste getan und wird durch die Dirac-Klammer ersetzt. Die Dirac-Klammer bringt dann alle Zwangsbedingungen 2. Art zum Verschwinden. Am Rande sei erwähnt, daß die Zwangsbedingungen 1. Art eine große Rolle bei Eichtransformationen und der Quantisierung von Eichfeldern spielen [45].

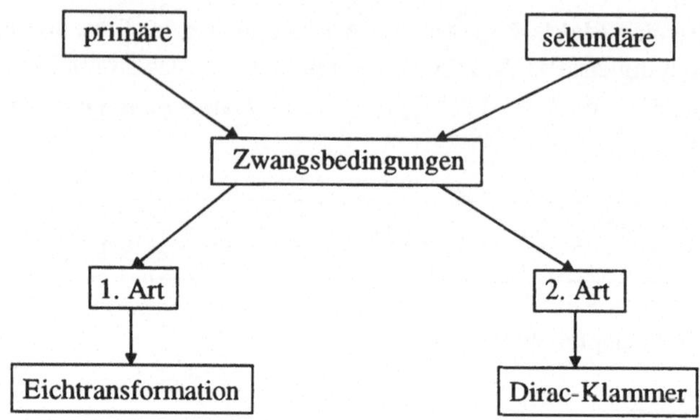

Abb. 6.5 Die Zwangsbedingungen.

6.4.4 Dirac-Klammern in der Grassmann-Mechanik

Auch in der Grassmann-Mechanik treten Zwangsbedingungen auf, sobald die Legendre-Transformation von den Geschwindigkeiten zu den Impulsen nicht mehr eindeutig ist. Die Zwangsbedingungen 2. Art führen dann ebenfalls zur Einführung der Dirac-Klammer. Der obige Formalismus kann deshalb auch für Grassmann-Systeme übernommen werden. Dabei sind lediglich die Poissonklammern $[\,,\,]_-$ in (6.101) durch $[\,,\,]_+$ zu ersetzen:

$$[F,G]_+^{\mathrm{D}} = [F,G]_+ - [F,\chi_\alpha]_+ C^{\alpha\beta}[\chi_\beta,G]_+ \,. \tag{6.105}$$

Die Dirac-Klammer soll nun für zwei Grassmann-Systeme berechnet werden. Den Ausgangspunkt bilden dabei die fundamentalen Poissonklammern:

$$[\psi^\alpha,\psi^\beta]_+ = 0 \quad , \quad [\pi_\alpha,\pi_\beta]_+ = 0 \quad , \quad [\psi^\alpha,\pi_\beta]_+ = -\delta^\alpha_\beta \,. \tag{6.106}$$

1. Wir untersuchen das *ein*dimensionale Grassmann-System mit der Lagrangefunktion (6.40). Der Zusammenhang zwischen Ort und Impuls in (6.51) liefert uns die Zwangsbedingung

$$\chi = \pi + \frac{\mathrm{i}}{2}\psi = 0 \,. \tag{6.107}$$

Wegen

$$[\chi,\chi]_+ = [\pi + \frac{\mathrm{i}}{2}\psi, \pi + \frac{\mathrm{i}}{2}\psi] = \mathrm{i}\,[\psi,\pi]_+ = -\mathrm{i}$$

handelt es sich hier um eine Zwangsbedingung 2. Art. Sie liefert uns die 1×1 Matrix $C_{\alpha\beta} = -\mathrm{i}$, deren Inverses $C^{\alpha\beta} = \mathrm{i}$ ist. Zur Berechnung der Dirac-Klammer benötigen wir noch

$$[\chi, \psi]_+ = [\pi + \frac{\mathrm{i}}{2}\psi, \psi] = [\pi, \psi]_+ = -1 \, .$$

Damit erhalten wir schließlich

$$[\psi, \psi]_+^{\mathrm{D}} \; = \; [\psi, \psi]_+ - [\psi, \chi]_+ \, \mathrm{i} \, [\chi, \psi]_+ = 0 - \mathrm{i}(-1)(-1) \; = \; -\mathrm{i} \, .$$

2. Für das *drei*dimensionale Grassmann-System mit der Lagrangefunktion (6.45) und dem kanonischen Impuls (6.52) finden wir

$$C_{\alpha\beta} = [\chi_\alpha, \chi_\beta]_+ \, = -\mathrm{i}\,\delta_{\alpha\beta} \qquad \text{und} \qquad C^{\alpha\beta} = \mathrm{i}\,\delta^{\alpha\beta} \, .$$

Mit $[\chi_\alpha, \psi^\beta]_+ = -\delta_\alpha^\beta$ erhalten wir somit die Dirac-Klammer

$$\begin{aligned} [\psi^\alpha, \psi^\beta]_+^{\mathrm{D}} &= [\psi^\alpha, \psi^\beta]_+ - [\psi^\alpha, \chi_\gamma]_+ C^{\gamma\delta} [\chi_\delta, \psi^\beta]_+ \\ &= -(-\delta_\gamma^\alpha)\, \mathrm{i}\,\delta^{\gamma\delta} \, (-\delta_\delta^\beta) \; = \; -\mathrm{i}\,\delta^{\alpha\beta} \, . \end{aligned} \qquad (6.108)$$

In der Grassmann-Mechanik kommt ein neuer Aspekt zum Vorschein: Die Dimension des reduzierten Phasenraumes kann *ungerade* sein. Das steht im krassen Gegensatz zur klassischen Mechanik, in der zu jedem Ort auch immer ein kanonischer Impuls existiert und der (reduzierte) Phasenraum immer eine gerade Dimension besitzt.

6.4.5 Die Quantisierung

Anstelle der Quantisierung, die auf der Poissonklammer beruht, tritt die Quantisierung mittels der Dirac-Klammer. Sie gilt für alle Systeme unter Zwangsbedingungen und damit auch für Grassmann-Systeme. Die Regeln für die Quantisierung lauten:

$$\text{(Dirac-Klammer)} \;\longrightarrow\; \left\{ \begin{array}{l} (\mathrm{i}\hbar)^{-1} \; \text{(Kommutator)} \\ (\mathrm{i}\hbar)^{-1} \; \text{(Antikommutator)} \end{array} \right. \quad \text{für} \quad \begin{array}{l} \text{Bosonen} \\ \text{Fermionen} \end{array}$$

Die dynamischen Variablen (Funktionen), welche in der Dirac-Klammer stehen, sind dabei durch Operatoren zu ersetzen, die entweder Kommutator- oder Antikommutator-Relationen erfüllen. Aus den Teilchen der gewöhnlichen Mechanik werden Bosonen, aus Grassmann-Teilchen Fermionen. Falls keine Zwangsbedingungen vorliegen, reduziert sich die Dirac-Klammer auf die Poissonklammer.

Mit diesen Regeln gelangen wir von (6.108) direkt zu der Antikommutator-Beziehung

$$\{\hat{\psi}^\alpha, \hat{\psi}^\beta\} = \hbar\,\delta^{\alpha\beta}\,. \tag{6.109}$$

Sie definiert eine Clifford-Algebra, die wir aus konstanten ψ^α (da gemäß (6.46) $\dot{\psi}^\alpha = 0$) erhalten haben. Hier offenbart sich ein interessanter Zusammenhang zwischen Grassmann- und Clifford-Algebren. Letztere entstehen demnach durch die Quantisierung von Grassmann-Algebren der Art (6.44):

$\{\psi^\alpha, \psi^\beta\} = 0$ (Grassmann-Algebra)	Quantisierung $\longrightarrow$	$\{\hat{\psi}^\alpha, \hat{\psi}^\beta\} = \hbar\,\delta^{\alpha\beta}$ (Clifford-Algebra)

Liegen drei Grassmann-Koordinaten ψ^1, ψ^2 und ψ^3 vor, dann folgt aus dem Vergleich von (6.109) mit (5.99) der interessante Zusammenhang mit den Paulimatrizen:

$$\hat{\psi}^\alpha = \sqrt{\frac{\hbar}{2}}\,\sigma^\alpha \qquad (\alpha = 1, 2, 3)\,. \tag{6.110}$$

Die drei Grassmann-Koordinaten beschreiben also in der klassischen Mechanik ein Objekt, welches in der Quantenmechanik dem Spin entspricht.

6.4.6 Der Spin in der klassischen Mechanik

Wir knüpfen an das dritte Beispiel aus § 6.3.2 an. Mit $V_{\alpha\beta}(q) = -\mathrm{i}\varepsilon_{\alpha\beta\gamma}b^\gamma(q)$ und

$$S_\gamma := -\frac{\mathrm{i}}{2}\,\varepsilon_{\alpha\beta\gamma}\,\psi^\alpha\psi^\beta \tag{6.111}$$

läßt sich der letzte Term in (6.84) auch schreiben als

$$\frac{1}{2}V_{\alpha\beta}\,\psi^\alpha\psi^\beta = -S_\gamma b^\gamma\,.$$

Gehen wir zu den fettgedruckten Symbolen der indexfreien Notation über, dann lautet (6.111) mit $\boldsymbol{\psi}=(\psi^1,\psi^2,\psi^3)$:

$$\mathbf{S} = -\frac{\mathrm{i}}{2}\,\boldsymbol{\psi}\times\boldsymbol{\psi}\,. \tag{6.112}$$

Die Lagrangefunktion erhält damit die kompakte Form

$$L = \frac{\mathrm{i}}{2}\,\boldsymbol{\psi}\cdot\dot{\boldsymbol{\psi}} + \frac{p^2}{2m} - V(q) - \mathbf{S}\cdot\mathbf{b}\,. \tag{6.113}$$

Nun berechnen wir die Bewegungsgleichung für $\boldsymbol{\psi}$:

$$\frac{\mathrm{d}}{\mathrm{d}t}\frac{\partial^L L}{\partial\dot{\boldsymbol{\psi}}} = \frac{\partial^L L}{\partial\boldsymbol{\psi}}\,. \tag{6.114}$$

Die Zwischenschritte dazu sind

$$\frac{\partial^L}{\partial\dot{\boldsymbol{\psi}}}\,\frac{\mathrm{i}}{2}\,\boldsymbol{\psi}\cdot\dot{\boldsymbol{\psi}} = -\frac{\mathrm{i}}{2}\,\boldsymbol{\psi} \tag{6.115}$$

und

$$\begin{aligned}
\left(\frac{\partial^L}{\partial\boldsymbol{\psi}}\,\mathbf{S}\cdot\mathbf{b}\right)_\delta &= -\frac{\mathrm{i}}{2}\,\varepsilon_{\alpha\beta\gamma}\left(\frac{\partial^L}{\partial\psi^\delta}\,\psi^\alpha\psi^\beta\right) b^\gamma \\
&= -\frac{\mathrm{i}}{2}\,\varepsilon_{\alpha\beta\gamma}\left(\delta^\alpha_\delta\,\psi^\beta - \psi^\alpha\,\delta^\beta_\delta\right) b^\gamma \\
&= -\frac{\mathrm{i}}{2}\left(\varepsilon_{\delta\beta\gamma}\psi^\beta - \varepsilon_{\alpha\delta\gamma}\psi^\alpha\right) b^\gamma \\
&= -\mathrm{i}\varepsilon_{\delta\beta\gamma}\psi^\beta b^\gamma \;=\; -\mathrm{i}\,(\boldsymbol{\psi}\times\mathbf{b})_\delta\;,
\end{aligned}$$

also

$$\frac{\partial^L}{\partial\boldsymbol{\psi}}\left(\frac{\mathrm{i}}{2}\,\boldsymbol{\psi}\cdot\dot{\boldsymbol{\psi}} - \mathbf{S}\cdot\mathbf{b}\right) = \frac{\mathrm{i}}{2}\,\dot{\boldsymbol{\psi}} + \mathrm{i}\boldsymbol{\psi}\times\mathbf{b}\,. \tag{6.116}$$

Die Stellung der Indizes, ob oben oder unten, spielt hier keine Rolle. Aus der Euler-Lagrange-Gleichung (6.114) bekommen wir damit die einfache Bewegungsgleichung

$$\dot{\boldsymbol{\psi}} = \mathbf{b}\times\boldsymbol{\psi}\,. \tag{6.117}$$

Nun wissen wir aus dem vorangegangenen Abschnitt, daß $\boldsymbol{\psi}$ nach der Quantisierung zum Spin wird. Demnach beschreibt (6.117) die Spin-Präzession in einem äußeren Magnetfeld $\mathbf{B}$, wobei $\mathbf{B} = \mu\mathbf{b}$ und μ das magnetische Moment ist.
Für das Kreuzprodukt von reinen a-wertigen Vektoren $\boldsymbol{\psi}$ und $\boldsymbol{\eta}$ gelten andere Regeln, als wir sie von reellen Vektoren gewohnt sind:

$$\boldsymbol{\psi} \times \boldsymbol{\eta} == \boldsymbol{\eta} \times \boldsymbol{\psi} \tag{6.118}$$

oder in Komponenten ausgedrückt

$$\varepsilon^{\alpha\beta\gamma}\psi^{\beta}\eta^{\gamma} = -\varepsilon^{\alpha\gamma\beta}\psi^{\beta}\eta^{\gamma} = \varepsilon^{\alpha\gamma\beta}\eta^{\gamma}\psi^{\beta} .$$

Mit dieser Regel folgt beispielsweise

$$\dot{\mathbf{S}} = -\frac{\mathrm{i}}{2}\dot{\boldsymbol{\psi}} \times \boldsymbol{\psi} - \frac{\mathrm{i}}{2}\boldsymbol{\psi} \times \dot{\boldsymbol{\psi}} = -\mathrm{i}\dot{\boldsymbol{\psi}} \times \boldsymbol{\psi} . \tag{6.119}$$

Desweiteren erhalten wir mit den Eigenschaften des ε-Tensors

$$\begin{aligned} ((\mathbf{a} \times \boldsymbol{\psi}) \times \mathbf{w})^{\alpha} &= \varepsilon^{\alpha\beta\gamma}\varepsilon^{\beta\delta\epsilon}a^{\delta}\psi^{\epsilon}w^{\gamma} \\ &= -\varepsilon^{\beta\alpha\gamma}\varepsilon^{\beta\delta\epsilon}a^{\delta}\psi^{\epsilon}w^{\gamma} \\ &= (\delta^{\alpha\epsilon}\delta^{\gamma\delta} - \delta^{\alpha\delta}\delta^{\gamma\epsilon})\, a^{\delta}\psi^{\epsilon}w^{\gamma} \\ &= a^{\gamma}\psi^{\alpha}w^{\gamma} - a^{\alpha}\psi^{\gamma}w^{\gamma} . \end{aligned} \tag{6.120}$$

Damit folgt für $\mathbf{a} = \mathbf{b}$ als reeller Vektor und $\mathbf{w} = \boldsymbol{\psi}$ als a-wertiger Vektor

$$(\mathbf{b} \times \boldsymbol{\psi}) \times \boldsymbol{\psi} = \boldsymbol{\psi}\,(\mathbf{b} \cdot \boldsymbol{\psi}) ,$$

andererseits folgt für $\mathbf{a} = \boldsymbol{\psi}$ sowie $\mathbf{w} = \mathbf{b}$

$$(\boldsymbol{\psi} \times \boldsymbol{\psi}) \times \mathbf{b} = -\boldsymbol{\psi}\,(\mathbf{b} \cdot \boldsymbol{\psi}) - \boldsymbol{\psi}\,(\mathbf{b} \cdot \boldsymbol{\psi}) = -2\boldsymbol{\psi}\,(\mathbf{b} \cdot \boldsymbol{\psi}) .$$

Die letzten beiden Ausdrücke lassen sich zusammenfassen zu

$$(\mathbf{b} \times \boldsymbol{\psi}) \times \boldsymbol{\psi} = -\frac{1}{2}(\boldsymbol{\psi} \times \boldsymbol{\psi}) \times \mathbf{b} = \frac{1}{2}\mathbf{b} \times (\boldsymbol{\psi} \times \boldsymbol{\psi}) . \tag{6.121}$$

Nun bilden wir auf beiden Seiten der Bewegungsgleichung (6.117) das Kreuzprodukt mit $\mathrm{i}\boldsymbol{\psi}$, also $\mathrm{i}\dot{\boldsymbol{\psi}} \times \boldsymbol{\psi} = \mathrm{i}\,(\mathbf{b} \times \boldsymbol{\psi}) \times \boldsymbol{\psi}$; dann folgt mit (6.112), (6.119) und (6.121) eine Bewegungsgleichung für die Größe $\mathbf{S}$:

$$\dot{\mathbf{S}} = \mathbf{b} \times \mathbf{S} . \tag{6.122}$$

Mit anderen Worten, sowohl ψ als auch S genügen der gleichen Bewegungsgleichung. Nach der Quantisierung sind diese Größen auch nicht mehr voneinander unterscheidbar, denn die Größe S hängt eng mit dem Generator der SO(3) in der Spinordarstellung zusammen, sprich den Paulimatrizen. Um das zu sehen, führen wir die Größe

$$\Sigma^{\alpha\beta} = -\frac{\mathrm{i}}{2}\,[\psi^\alpha, \psi^\beta] = -\mathrm{i}\,\psi^\alpha \psi^\beta \tag{6.123}$$

ein, für welche gemäß (6.111) die Beziehung $S_\gamma = \frac{1}{2}\varepsilon_{\gamma\alpha\beta}\Sigma^{\alpha\beta}$ gilt. Nach der Quantisierung bilden die $\hat{\psi}^\alpha$ die Clifford-Algebra (6.109), und $\Sigma^{\alpha\beta}$ wird zum SO(3)-Generator wie in (5.161), wobei $\Gamma^i = \mathrm{i}\sqrt{2/\hbar}\,\hat{\psi}^i$.

6.5 Superfelder von Punktteilchen

Supersymmetrische Modelle lassen sich besonders elegant im Superraum formulieren. Dabei wird die Dimension des gewöhnlichen Raumes, dessen Koordinaten c-Zahlen sind, durch Hinzufügen von Grassmann-Koordinaten (a-Zahlen) erhöht.

Beim Übergang von der Punktmechanik zur Feldtheorie werden aus den Lagekoordinaten q^i bzw. $\mathbf{x}$ Feldfunktionen (Felder) ϕ, während aus dem Zeitparameter t die drei Raum- und die Zeitkoordinate hervorgehen:

$$q^i(t) \text{ bzw. } \mathbf{x}(t) \qquad \longrightarrow \qquad \phi(\mathbf{x}, t)\,. \tag{6.124}$$

Mit anderen Worten, die klassische Mechanik von Punktteilchen entspricht einer Feldtheorie in *einer* Zeit- und *null* Raumdimensionen.

6.5.1 Das Superraum-Konzept

Das Erhöhen der Raumdimension ist ein altbewährtes Konzept in der Physik. So erlaubt uns beispielsweise erst der Übergang vom dreidimensionalen euklidischen Raum zum vierdimensionalen Minkowskiraum eine natürliche Beschreibung der Relativitätstheorie. Eine inhärente Beschreibung supersymmetrischer Theorien erfolgt dann im Superraum $\mathbb{R}^{4|4}$, dessen Punkte durch acht Koordinaten gegeben sind:

$$(x^0, x^1, x^2, x^3, \theta^1, \theta^2, \theta^3, \theta^4)\,. \tag{6.125}$$

Ähnlich wie die im Minkowskiraum formulierte Elektrodynamik bereits manifest lorentzinvariant ist, sind die Modelle im Superraum supersymmetrisch.

Im Fall (6.125) spricht man von einer SUSY in (1+3) Dimensionen. Zu ihrer Formulierung benötigt man allerdings den Begriff des Weylspinors, dessen Behandlung spezielle Techniken erfordern. Um uns mit dem Superraum-Formalismus vertraut zu machen, beschränken wir uns deshalb auf Feldtheorien in niederen Dimensionen, in denen keine Spinoren auftreten.

Zunächst untersuchen wir die Supersymmetrie in (1+0) Dimensionen. Dabei starten wir mit dem einfachsten Superraum

$$(t, \theta) \in \mathbb{R}^{1|1} \tag{6.126}$$

und gehen dann über zu dem interessanteren Fall von zwei Grassmann-Koordinaten

$$(t, \theta^1, \theta^2) \in \mathbb{R}^{1|2} . \tag{6.127}$$

Das führt uns nach der Quantisierung zur supersymmetrischen Quantenmechanik. Um die einzelnen Fälle besser auseinanderzuhalten, klassifiziert man gewöhnlich SUSY-Modelle nach der Anzahl N der auftretenden Grassmann-Koordinaten. So haben wir in (6.126) $N=1$ und in (6.127) $N=2$. Andererseits ist in (6.125) $N=4$. In unserem Fall entspricht N der Zahl der SUSY-Generatoren Q.

6.5.2 Erste Versuche in (1+0) Dimensionen

Gegeben sei der *ein*dimensionale Raum bestehend aus einer Zeit- und Null Raumkomponenten. Erweitert man nun diesen Raum zum Superraum (t, θ) durch Hinzunahme einer fermionischen Koordinaten θ, dann lautet das Feld eines Punktteilchens

$$\Phi(t, \theta) = q(t) + \mathrm{i}\theta\psi(t) . \tag{6.128}$$

Die Zerlegung dieses Superfeldes in zwei zeitabhängige Komponenten entspricht einer Taylorentwicklung in θ, die exakt nach dem zweiten Term abbricht. Durch den zusätzlichen Faktor i erreichen wir, daß Φ reell wird. Da das Superfeld per Festlegung bosonisch sein soll, ist das Komponentenfeld $q(t)$ bosonisch und das Komponentenfeld $\psi(t)$ fermionisch. Die Einbindung von zwei unterschiedlichen Feldern in ein Objekt wie das Superfeld erinnert an das Zusammenfassen von magnetischem und elektrischem Potential zu einem Vierervektor $A^\mu = (\phi_{\mathrm{el}}, \mathbf{A})$ in der Elektrodynamik.

Eine wichtige Eigenschaft der Superfelder ist, daß Summen und Produkte von Superfeldern wieder Superfelder ergeben. Mit $\Phi_1 = q_1 + \mathrm{i}\theta\psi_1$ und $\Phi_2 = q_2 + \mathrm{i}\theta\psi_2$ erhalten wir beispielsweise $\Phi_3 = \Phi_1\Phi_2 = q_3 + \mathrm{i}\theta\psi_3$, wobei $q_3 = q_1 q_2$ und $\psi_3 = q_1\psi_2 + q_2\psi_1$.

An dieser Stelle tritt die Frage nach der Maßeinheit des Superfeldes (6.128) auf. Die Komponentenfelder besitzen dabei folgende Dimension:

$$[q] = \text{Länge} \qquad \text{und} \qquad [\psi] = (\text{Wirkung})^{1/2} \,, \tag{6.129}$$

wobei die Dimension der fermionischen Variable aus (6.110) folgt. Durch Wahl geeigneter Vorfaktoren, die man aus der Masse m und der Wirkung $\hbar$ aufbaut, findet man Konsistenz in den Einheiten durch die Wahl

$$\Phi(t,\theta) = \sqrt{\frac{m}{\hbar}}\, q(t) + \mathrm{i}\theta\psi(t) \,, \tag{6.130}$$

wobei

$$[\Phi] = (\text{Zeit})^{1/2} \,, \tag{6.131}$$

$$[\theta] = (\text{Zeit / Wirkung})^{1/2} \,. \tag{6.132}$$

Hier ist $\hbar$ zunächst nur eine Konstante, welche die Maßeinheit einer Wirkung trägt. Für $\hbar \to 0$ kann man die zweite Komponente des Superfeldes vernachlässigen, und die superklassische Mechanik reduziert sich in diesem Grenzfall auf die klassische Mechanik.

Beim Umgeng mit Maßeinheiten sei auf einen Stolperstein hingewiesen: Das Integral $\int \mathrm{d}\theta$ besitzt *nicht* dieselbe Maßeinheit wie θ, sondern es gilt wegen der Integrationsregel $\int \theta\, \mathrm{d}\theta = 1$:

$$\left[\int \mathrm{d}\theta \right] = [\theta]^{-1} \,. \tag{6.133}$$

6.5.3 Ein SUSY-Generator

Wir betrachten nun folgende Transformation:

$$(t,\theta) \longrightarrow (t',\theta') = (t + \mathrm{i}\hbar\epsilon\theta,\ \theta + \epsilon) \,. \tag{6.134}$$

Der Parameter ϵ ist eine reelle a-Zahl, $\epsilon^2 = 0$, und trägt die gleiche Dimension wie θ in (6.132). Die Zeit t bleibt bei dieser Transformation reell: $(t + \mathrm{i}\hbar\epsilon\theta)^* = t - \mathrm{i}\hbar\theta\epsilon = t + \mathrm{i}\hbar\epsilon\theta$. Offensichtlich ist die Zeitvariable t' eine c-Zahl mit Seele, also keine reelle Zahl mehr. Da ϵ selbst nicht von der Zeit abhängt, spricht man von einer *globalen* Transformation. Durch diese Transformation werden Zeit- und θ-Komponente gemischt: $\delta t = \mathrm{i}\hbar\epsilon\theta$ und $\delta\theta = \epsilon$.

Die Änderung des Superfeldes bei dieser Transformation lautet

$$\begin{aligned}\delta\Phi = \Phi(t+\delta t, \theta+\delta\theta) - \Phi(t,\theta) &= \delta t\,\frac{\partial\Phi}{\partial t} + \delta\theta\,\frac{\partial^L\Phi}{\partial\theta} \\ = \delta t\left(\sqrt{\frac{m}{\hbar}}\,\dot{q} + \mathrm{i}\theta\dot{\psi}\right) + \delta\theta\,\mathrm{i}\psi &= \mathrm{i}\sqrt{\hbar m}\,\epsilon\theta\dot{q} + \mathrm{i}\epsilon\psi\,. \end{aligned} \tag{6.135}$$

Andererseits ist $\delta\Phi := (\sqrt{m/\hbar})\,\delta q + \mathrm{i}\theta\delta\psi$. Ein Koeffizientenvergleich ergibt

$$\delta q = \mathrm{i}\sqrt{\frac{\hbar}{m}}\,\epsilon\psi \qquad \text{und} \qquad \delta\psi = -\sqrt{\hbar m}\,\epsilon\dot{q}\,. \tag{6.136}$$

Hier mischen die bosonischen mit den fermionischen Feldern. Bei (6.134) handelt es sich um eine SUSY-Transformation, die wir im weiteren auf die SUSY-Algebra (2.51) mit $N=1$ zurückführen wollen.

Die infinitesimale Änderung von Φ in (6.135) läßt sich auch kompakter schreiben als

$$\delta\Phi = \epsilon Q\,\Phi \tag{6.137}$$

mit dem SUSY-Generator

$$Q = \partial_\theta + \mathrm{i}\hbar\theta\partial_t\,. \tag{6.138}$$

Hier wurden die Abkürzungen $\partial_t = \partial/\partial t$ und $\partial_\theta = \partial^L/\partial\theta$ verwendet. Der SUSY-Generator Q ist ein ungerader (fermionischer) Operator. Im Gegensatz dazu liefert die Zeittranslation

$$H = \mathrm{i}\hbar\partial_t = H^\dagger \tag{6.139}$$

einen geraden (bosonischen) Operator. Beide Operatoren sind hermitesch, $Q^\dagger = (\partial_\theta + \theta H)^\dagger = \partial_\theta + \theta H = Q$, wobei $\partial_\theta^\dagger = \partial_\theta$. Offensichtlich gilt

$$[H, Q] = 0\,. \tag{6.140}$$

Die zweifache Anwendung von Q auf Φ liefert eine reine Zeittranslation:

$$Q^2\Phi = \mathrm{i}Q(\psi + \sqrt{\hbar m}\,\theta\dot{q}) = \mathrm{i}\hbar\left(\sqrt{\frac{m}{\hbar}}\,\dot{q} + \mathrm{i}\theta\dot{\psi}\right) = \mathrm{i}\hbar\partial_t\Phi\,. \tag{6.141}$$

Mit Hilfe von (6.139) erhalten wir also

$$\{Q, Q\} = 2H\,. \tag{6.142}$$

Diese Beziehung läßt sich auch direkt aus (6.138) unter Verwendung von (4.84), also $\{\partial_\theta, \theta\} = 1$, herleiten:

$$\begin{aligned} \{Q, Q\} &= \{\partial_\theta, \mathrm{i}\hbar\theta\partial_t\} + \{\mathrm{i}\hbar\theta\partial_t, \partial_\theta\} \\ &= 2\mathrm{i}\hbar\,\partial_t\,\{\partial_\theta, \theta\} = 2\mathrm{i}\hbar\,\partial_t = 2H\ . \end{aligned}$$

Die Ausdrücke (6.140) und (6.142) bilden zusammen die SUSY-Algebra für $N=1$.

Zusätzlich zu Q führen wir noch einen zweiten Operator ein:

$$D = \partial_\theta - \mathrm{i}\hbar\theta\partial_t\ . \tag{6.143}$$

Aus

$$\begin{aligned} DQ\Phi &= D(\mathrm{i}\psi + \mathrm{i}\sqrt{\hbar m}\,\theta\dot{q}) = \mathrm{i}\sqrt{\hbar m}\,\dot{q} + \hbar\theta\dot{\psi}\ , \\ QD\Phi &= Q(\mathrm{i}\psi - \mathrm{i}\sqrt{\hbar m}\,\theta\dot{q}) = -\mathrm{i}\sqrt{\hbar m}\,\dot{q} - \hbar\theta\dot{\psi} \end{aligned}$$

folgt die Tatsache, daß beide Operatoren antivertauschen,

$$\{Q, D\} = 0\ . \tag{6.144}$$

Den Operator D bezeichnet man als *kovariante Ableitung*; er wird später bei der Konstruktion der supersymmetrischen Lagrangefunktion benötigt.
Mit (6.137) erhalten wir für das transformierte Superfeld

$$\Phi' = \Phi + \delta\Phi = (1 + \epsilon Q)\,\Phi =: U\Phi\ .$$

Nun betrachten wir

$$\mathrm{e}^{\epsilon Q} = 1 + \epsilon Q + \frac{1}{2!}(\epsilon Q)^2 + \ldots = 1 + \epsilon Q\ .$$

Alle Terme ab der zweiten Ordnung verschwinden hier, denn $(\epsilon Q)^2 = \epsilon Q \epsilon Q = -\epsilon^2 Q^2 = 0$ wegen $\epsilon^2 = 0$. Der Operator U lautet somit

$$U = 1 + \epsilon Q = \mathrm{e}^{\epsilon Q}\ . \tag{6.145}$$

Er ist unitär, weil

$$U^\dagger = (1 + \epsilon Q)^\dagger = 1 + Q^\dagger \epsilon = 1 - \epsilon Q = \mathrm{e}^{-\epsilon Q} = U^{-1}\ .$$

Interessanterweise werden hier also nicht nur infinitesimale, sondern auch endliche Transformationen durch eine lineare Funktion $1 + \epsilon Q$ beschrieben.

An dieser Stelle beschließen wir unsere Ausführungen zum Fall $N=1$ und wenden uns im weiteren dem Fall $N=2$ zu. Aus Gründen der Übersichtlichkeit setzen wir bis zum Ende des Kapitels $\hbar = m = 1$. Damit fallen viele unwesentliche Vorfaktoren weg, die eher verwirrend als klärend wirken.

6.5.4 Die SUSY-Transformation im komplexen Superraum

Nun erweitern wir den Superraum (t, θ) um eine Dimension, indem wir noch eine zweite Grassmann-Koordinate hinzufügen. Anstelle der beiden reellen Größen θ^1 und θ^2 mit $\{\theta^i, \theta^j\} = 0$ wählen wir allerdings zwei zueinander konjugiert-komplexe Koordinaten $\theta = \theta^1 + \mathrm{i}\theta^2$ und $\bar{\theta} = \theta^1 - \mathrm{i}\theta^2$. Der Querstrich über den Grassmann-Zahlen bedeutet komplexe Konjugation, die ja mit der hermiteschen Konjugation übereinstimmt. Die komplexen Koordinaten besitzen wie θ^1 und θ^2 die Eigenschaften

$$\{\theta, \theta\} = \{\bar{\theta}, \bar{\theta}\} = \{\theta, \bar{\theta}\} = 0 \,. \tag{6.146}$$

Damit definieren wir den

$$\text{komplexen Superraum } \mathbb{C}^{1|2} : \qquad (t, \theta, \bar{\theta}) \,.$$

Mit Hilfe der beiden antikommutierenden Parameter ϵ und $\bar{\epsilon}$, welche ebenfalls die Eigenschaften aus (6.146) besitzen, lautet die supersymmetrische Koordinatentransformation

$$(t, \theta, \bar{\theta}) \longrightarrow (t', \theta', \bar{\theta}') = (t + \mathrm{i}\epsilon\bar{\theta} + \mathrm{i}\bar{\epsilon}\theta,\ \theta + \epsilon,\ \bar{\theta} + \bar{\epsilon}) \,. \tag{6.147}$$

Die Zeit bleibt bei dieser Transformation reell. Wir betrachten wieder *globale* Transformationen, d.h., die beiden infinitesimalen Parameter ϵ und $\bar{\epsilon}$ sind zeitunabhängige Konstanten. Die Transformationsvorschrift (6.147) kann man auch in der Form schreiben

$$\delta_\epsilon t = \mathrm{i}(\epsilon\bar{\theta} + \bar{\epsilon}\theta) \quad , \quad \delta_\epsilon \theta = \epsilon \quad , \quad \delta_\epsilon \bar{\theta} = \bar{\epsilon} \,. \tag{6.148}$$

Nun betrachten wir die SUSY-Generatoren

$$Q = \partial_\theta + \mathrm{i}\bar{\theta}\partial_t \qquad \text{und} \qquad \bar{Q} = \partial_{\bar{\theta}} + \mathrm{i}\theta\partial_t \,, \tag{6.149}$$

welche zueinander adjungiert sind: $Q^\dagger = (\partial_\theta + \bar{\theta}H)^\dagger = \partial_{\bar{\theta}} + \theta H = \bar{Q}$. Sie definieren die infinitesimale SUSY-Transformation

$$\boxed{\delta_\epsilon := \epsilon Q + \bar{\epsilon}\bar{Q}} \quad . \tag{6.150}$$

Angewendet auf $(t, \theta, \bar{\theta})$ liefert sie gerade (6.147).

6.5.5 Das Superfeld eines Punkteilchens

Kommen wir nun zum zentralen Objekt unserer Untersuchungen, dem Superfeld $\Phi(t,\theta,\bar{\theta})$. Es soll eine *gerade* (bosonische) Funktion sein. Eine Taylorentwicklung dieser reellen Superfunktion in θ und $\bar{\theta}$, welche nach dem vierten Glied exakt abbricht, ergibt

$$\boxed{\Phi(t,\theta,\bar{\theta}) = q(t) + \theta\psi(t) + \bar{\psi}(t)\bar{\theta} + \theta\bar{\theta}h(t)} \quad . \tag{6.151}$$

Die Entwicklungskoeffizienten sind vier zeitabhängige Funktionen, wobei $q(t)$ und $h(t)$ bosonische und $\psi(t)$ und $\bar{\psi}(t)$ fermionische Größen darstellen. Man bezeichnet sie als *Komponentenfelder*.

Um die SUSY-Algebra zu finden, müssen wir zunächst $\{Q,\bar{Q}\}$ ermitteln. Dazu berechnen wir der Reihe nach

$$Q\Phi = \psi + (h + \mathrm{i}\dot{q})\bar{\theta} - \mathrm{i}\theta\bar{\theta}\dot{\psi}\,, \tag{6.152}$$

$$\bar{Q}\Phi = -\bar{\psi} - \theta(h - \mathrm{i}\dot{q}) - \mathrm{i}\theta\bar{\theta}\dot{\bar{\psi}}\,, \tag{6.153}$$

sowie

$$Q\bar{Q}\,\Phi = (\mathrm{i}\dot{q} - h) - 2\mathrm{i}\bar{\theta}\dot{\bar{\psi}} + \mathrm{i}\theta\bar{\theta}(\dot{h} - \mathrm{i}\ddot{q})\,,$$
$$\bar{Q}Q\,\Phi = (\mathrm{i}\dot{q} + h) + 2\mathrm{i}\theta\dot{\psi} + \mathrm{i}\theta\bar{\theta}(\dot{h} + \mathrm{i}\ddot{q})\,.$$

Wir addieren beide Gleichungen und erhalten

$$(Q\bar{Q} + \bar{Q}Q)\,\Phi \;=\; 2\mathrm{i}(\dot{q} + \theta\dot{\psi} + \dot{\bar{\psi}}\bar{\theta} + \theta\bar{\theta}\dot{h}) \;=\; 2\mathrm{i}\partial_t\Phi\,.$$

Mit $H = \mathrm{i}\partial_t$ folgt die grundlegende Beziehung

$$\{Q,\bar{Q}\} = 2H\,. \tag{6.154}$$

Die Anwendung zweier SUSY-Generatoren ergibt also eine Zeittranslation. Zu dem gleichen Resultat gelangt man auch, indem man die allgemeinen Ableitungsregeln

$$\{\,\partial_\theta,\partial_{\bar{\theta}}\,\} = 0 \qquad \text{und} \qquad \{\,\partial_\theta,\theta\,\} = \{\,\partial_{\bar{\theta}},\bar{\theta}\,\} = 1$$

sowie (6.146) benutzt:

$$\{\,Q,\bar{Q}\,\} = \{\,\partial_\theta + \bar{\theta}H, \partial_{\bar{\theta}} + \theta H\,\} = H\{\,\partial_\theta,\theta\,\} + H\{\,\partial_{\bar{\theta}},\bar{\theta}\,\} = 2H\,.$$

Mit $\{\,\partial_\theta, \bar\theta\,\} = \{\,\partial_{\bar\theta}, \theta\,\} = 0$ erhält man außerdem

$$\{\,Q, Q\,\} = \{\,\bar Q, \bar Q\,\} = 0\,, \tag{6.155}$$

also die Nilpotenz der SUSY-Generatoren: $Q^2 = \bar Q^2 = 0$.
Aus Q und $\bar Q$ erhalten wir zwei hermitesche SUSY-Generatoren,

$$Q_1 = \frac{1}{\sqrt 2}\,(Q + \bar Q) \qquad \text{und} \qquad Q_2 = -\frac{\mathrm{i}}{\sqrt 2}\,(Q - \bar Q)\,, \tag{6.156}$$

welche die SUSY-Algebra (2.51) erfüllen $(i, j = 1, 2)$:

$$\{Q_i\,, Q_j\} = 2H\,\delta_{ij} \qquad \text{und} \qquad [H\,, Q_i] = 0\,. \tag{6.157}$$

Unser supersymmetrisches Modell können wir somit auf zwei verschiedene Arten konstruieren: Entweder wir legen die Transformation in (6.147) fest, oder wir geben die SUSY-Algebra vor. Das eine folgt aus dem anderen.
Nun berechnen wir die Änderung des Superfeldes $\Phi(t, \theta, \bar\theta)$ bezüglich δ_ϵ,

$$\begin{aligned} \delta_\epsilon \Phi &= (\epsilon Q + \bar\epsilon \bar Q)\; \Phi(t, \theta, \bar\theta) \\ &:= (\delta q) + \theta(\delta\psi) + (\delta\bar\psi)\bar\theta + \theta\bar\theta(\delta h)\,. \end{aligned} \tag{6.158}$$

Die einzelnen Komponenten von $\delta_\epsilon\Phi$ erhalten wir mittels der Beziehungen (6.152) und (6.153). Sie lauten

$$\delta q = \epsilon\psi + \bar\psi\bar\epsilon\,, \tag{6.159}$$

$$\delta\psi = \bar\epsilon(h - \mathrm{i}\dot q) \qquad \text{und} \qquad \delta\bar\psi \;=\; \epsilon(h + \mathrm{i}\dot q)\,, \tag{6.160}$$

$$\delta h = \mathrm{i}(\dot{\bar\psi}\bar\epsilon - \epsilon\dot\psi) \;=\; \mathrm{i}\frac{\mathrm{d}}{\mathrm{d}t}(\bar\psi\bar\epsilon - \epsilon\psi)\,. \tag{6.161}$$

Hier erkennen wir das Typische einer SUSY-Transformation wieder: Eine Änderung in den bosonischen Freiheitsgraden ist proportional zu den fermionischen Freiheitsgraden und umgekehrt. Bosonen- und Fermionen-Felder werden also "gemischt". Beachtenswert ist auch die Form von δh als totale Zeitableitung.
Die Transformationsgleichungen lassen sich auch auf anderem Wege finden. Dazu betrachtet man die Variation

$$\begin{aligned} \delta\Phi &= \Phi(t + \delta t, \theta + \delta\theta, \bar\theta + \delta\bar\theta) - \Phi(t, \theta, \bar\theta) \\ &\simeq \delta t\; \dot\Phi + \delta\theta(\partial_\theta\Phi) + \delta\bar\theta(\partial_{\bar\theta}\Phi) \end{aligned}$$

und ersetzt δt, $\delta\theta$, $\delta\bar\theta$ einfach durch $\delta_\epsilon t$, $\delta_\epsilon\theta$, $\delta_\epsilon\bar\theta$ aus (6.148).

6.5.6 Kovariante Ableitungen

Für die Konstruktion einer invarianten Lagrangedichte benötigen wir Größen, die mit dem Operator der SUSY-Transformation $\delta_\epsilon = \epsilon Q + \bar{\epsilon}\bar{Q}$ vertauschen. In diesem Abschnitt suchen wir nach diesen Größen.

Zuerst überprüfen wir, ob die Ableitung ∂_θ mit δ_ϵ vertauscht. Dazu wenden wir ∂_θ auf $\delta_\epsilon\Phi$ aus (6.158) an und erhalten

$$\partial_\theta \delta_\epsilon \Phi = \bar{\epsilon}(h - \mathrm{i}\dot{q}) + \mathrm{i}(\dot{\bar{\psi}}\bar{\epsilon} - \epsilon\dot{\psi})\bar{\theta} \, .$$

Zu einem anderen Ergebnis gelangen wir, wenn wir die Reihenfolge der Operatoren umkehren:

$$\begin{aligned} \delta_\epsilon \partial_\theta \Phi &= \delta_\epsilon(\psi + h\bar{\theta}) = (\epsilon Q + \bar{\epsilon}\bar{Q})(\psi + h\bar{\theta}) \\ &= \mathrm{i}(\epsilon\bar{\theta} + \bar{\epsilon}\theta)\dot{\psi} + \bar{\epsilon}(h + \mathrm{i}\dot{h}\theta\bar{\theta}) \neq \partial_\theta \delta_\epsilon \Phi \, . \end{aligned}$$

Ebenso kann man zeigen, daß $\partial_{\bar{\theta}}$ und δ_ϵ nicht miteinander vertauschen, also

$$[\delta_\epsilon, \partial_\theta] \neq 0 \qquad \text{und} \qquad [\delta_\epsilon, \partial_{\bar{\theta}}] \neq 0 \, . \tag{6.162}$$

Nun werden wir nachweisen, daß die beiden Generatoren Q und $\bar{Q}$ ebenfalls nicht mit den SUSY-Transformationen δ_ϵ vertauschen. Es gilt

$$[\epsilon Q + \bar{\epsilon}\bar{Q}, Q] = [\bar{\epsilon}\bar{Q}, Q] = \bar{\epsilon}\bar{Q}Q - Q\bar{\epsilon}\bar{Q} = \bar{\epsilon}\{\bar{Q}, Q\} \neq 0 \, ;$$

analog für $\bar{Q}$. Das heißt, es gilt:

$$[\delta_\epsilon, Q] \neq 0 \qquad \text{und} \qquad [\delta_\epsilon, \bar{Q}] \neq 0 \, . \tag{6.163}$$

Mit der Bezeichnung *kovarianten Ableitung* führen wir nun die fermionischen Operatoren

$$D = \partial_\theta - \mathrm{i}\bar{\theta}\partial_t \qquad \text{und} \qquad \bar{D} = \partial_{\bar{\theta}} - \mathrm{i}\theta\partial_t \tag{6.164}$$

ein, welche mit δ_ϵ vertauschen. Um das zu sehen, berechnen wir

$$D\Phi = \psi + (h - \mathrm{i}\dot{q})\bar{\theta} + \mathrm{i}\theta\bar{\theta}\dot{\psi} \, , \tag{6.165}$$

$$\bar{D}\Phi = -\bar{\psi} - (h + \mathrm{i}\dot{q})\theta + \mathrm{i}\theta\bar{\theta}\dot{\bar{\psi}} \, . \tag{6.166}$$

Im nächsten Schritt ermitteln wir

$$\delta_\epsilon D\,\Phi = \bar{\epsilon}(h - \mathrm{i}\dot{q}) - 2\mathrm{i}\epsilon\dot{\psi}\bar{\theta} + \mathrm{i}\theta\bar{\theta}\bar{\epsilon}(\dot{h} - \mathrm{i}\ddot{q}) \, , \tag{6.167}$$

$$\delta_\epsilon \bar{D}\,\Phi = -\epsilon(h + \mathrm{i}\dot{q}) + 2\mathrm{i}\theta\bar{\epsilon}\dot{\bar{\psi}} + \mathrm{i}\theta\bar{\theta}\epsilon(\dot{h} + \mathrm{i}\ddot{q}) \, . \tag{6.168}$$

Zu den gleichen Resultaten gelangen wir auch, indem wir D bzw. $\bar{D}$ auf $\delta_\epsilon \Phi$ in (6.158) anwenden. Damit folgt

$$[\,\delta_\epsilon, D\,] = [\,\delta_\epsilon, \bar{D}\,] = 0\,. \tag{6.169}$$

Man kann sich leicht davon überzeugen, daß insgesamt die folgenden Antivertauschungsrelationen gelten:

$$\{Q, D\} = \{\bar{Q}, D\} = \{Q, \bar{D}\} = \{\bar{Q}, \bar{D}\} = 0\,. \tag{6.170}$$

Die kovarianten Ableitungen werden im nachfolgenden Abschnitt zur Konstruktion der Lagrangedichte verwendet.

6.5.7 Das freie und das wechselwirkende System

Die Lagrangedichte sei als eine Funktion des Superfeldes Φ und dessen kovarianter Ableitungen gegeben, $\mathcal{L} = \mathcal{L}(\Phi, D\Phi, \bar{D}\Phi)$. Für die Lagrangedichte eines *freien* Systems wählen wir den Ansatz

$$\mathcal{L}_0 = -\frac{1}{2}(\bar{D}\Phi)(D\Phi)\,. \tag{6.171}$$

Der Faktor $\frac{1}{2}$ sowie das negative Vorzeichen sind hier reine Konvention. $\mathcal{L}_0$ ist eine Superfunktion und läßt sich mit Hilfe von (6.165) und (6.166) sofort in ihre Komponenten zerlegen

$$\mathcal{L}_0 = \frac{1}{2}\bar{\psi}\psi + \frac{1}{2}(h + \mathrm{i}\dot{q})\theta\psi + \frac{1}{2}\,(h - \mathrm{i}\dot{q})\bar{\psi}\bar{\theta} + \theta\bar{\theta}L_0\,, \tag{6.172}$$

mit der Lagrangefunktion

$$L_0 := \int \mathcal{L}_0 \,\mathrm{d}\bar{\theta}\mathrm{d}\theta = \frac{1}{2}(h^2 + \dot{q}^2) + \frac{\mathrm{i}}{2}(\bar{\psi}\dot{\psi} - \dot{\bar{\psi}}\psi)\,. \tag{6.173}$$

Zu einem System *mit* Wechselwirkung gelangt man, indem man zur freien Lagrangedichte $\mathcal{L}_0$ ein Potential $\mathcal{U}(\Phi)$ hinzufügt. Die Lagrangedichte lautet dann

$$\boxed{\mathcal{L}(\Phi, D\Phi, \bar{D}\Phi) = -\frac{1}{2}\,(\bar{D}\Phi)(D\Phi) - \mathcal{U}(\Phi)} \tag{6.174}$$

Auch diese Lagrangedichte zerlegen wir in ihre Komponenten. Dazu beginnen wir mit dem Potentialterm und verwenden dabei die allgemeine Formel für eine Superfunktion (4.58),

$$\mathcal{U}(\Phi) = \mathcal{U}(q + \Phi_{\mathrm{S}}) = u(q) + \frac{\mathrm{d}u}{\mathrm{d}q}\,\Phi_{\mathrm{S}} + \frac{1}{2}\,\frac{\mathrm{d}^2u}{\mathrm{d}q^2}\,\Phi_{\mathrm{S}}^2 + \dots\,, \tag{6.175}$$

mit $u(q) = \mathcal{U}(q)$ sowie

$$\Phi_{\mathrm{S}} = \theta\psi + \bar{\psi}\bar{\theta} + \theta\bar{\theta}\,h\,, \tag{6.176}$$

$$\Phi_{\mathrm{S}}^2 = (\psi\bar{\psi} - \bar{\psi}\psi)\theta\bar{\theta}\,, \tag{6.177}$$

$$\Phi_{\mathrm{S}}^3 = 0\,. \tag{6.178}$$

Da alle höheren Potenzen der Seele Φ_{S} verschwinden, bricht die Reihe (6.175) nach dem dritten Term ab. Mit der Abkürzung $u' = \mathrm{d}u/\mathrm{d}q$ folgt dann unmittelbar aus (6.175)

$$\mathcal{U}(\Phi) = u + u'\theta\psi + u'\bar{\psi}\bar{\theta} + \theta\bar{\theta}\left[u'h + \frac{u''}{2}(\psi\bar{\psi} - \bar{\psi}\psi)\right]. \tag{6.179}$$

Mit diesem Ergebnis können wir nun die Lagrangedichte in ihrer Komponentenform angeben:

$$\mathcal{L} = \frac{1}{2}\bar{\psi}\psi - u + \left[\frac{1}{2}(h + \mathrm{i}\dot{q}) - u'\right]\theta\psi + \left[\frac{1}{2}(h - \mathrm{i}\dot{q}) - u'\right]\bar{\psi}\bar{\theta} + \theta\bar{\theta}L\,, \tag{6.180}$$

wobei

$$\boxed{L = \frac{1}{2}\left[\dot{q}^2 + h^2 - 2u'h + \mathrm{i}(\bar{\psi}\dot{\psi} - \dot{\bar{\psi}}\psi) - u''(\psi\bar{\psi} - \bar{\psi}\psi)\right]} \tag{6.181}$$

Später werden wir mit Hilfe der Bewegungsgleichung das Komponentenfeld h aus der Lagrangedichte und Lagrangefunktion eliminieren.

6.5.8 Das Hamiltonprinzip

Die Wirkung bzw. das Wirkungsfunktional ist durch das Integral der Lagrangedichte gegeben:

$$S = \int_{t_a}^{t_b} \mathrm{d}t \iint \mathcal{L}(\Phi, D\Phi, \bar{D}\Phi)\, \mathrm{d}\bar{\theta}\mathrm{d}\theta \,. \tag{6.182}$$

Aus dem Hamiltonprinzip $\delta S = 0$ werden wir im folgenden die Bewegungsgleichung (Euler-Lagrange-Gleichung) für das Superfeld herleiten.

Dazu betrachten wir Variationen δ, die sowohl mit der Integration als auch mit der kovarianten Ableitung D vertauschen (für supersymmetrische Variationen, $\delta = \delta_\epsilon$, gilt das allemal) und erhalten

$$\begin{aligned} \delta S &= \int \left[\delta\Phi \frac{\partial \mathcal{L}}{\partial \Phi} + \delta(D\Phi) \frac{\partial^L \mathcal{L}}{\partial(D\Phi)} + \delta(\bar{D}\Phi) \frac{\partial^L \mathcal{L}}{\partial(\bar{D}\Phi)} \right] \mathrm{d}t\, \mathrm{d}\bar{\theta}\mathrm{d}\theta \\ &= \int \left[\delta\Phi \frac{\partial \mathcal{L}}{\partial \Phi} + D(\delta\Phi) \frac{\partial^L \mathcal{L}}{\partial(D\Phi)} + \bar{D}(\delta\Phi) \frac{\partial^L \mathcal{L}}{\partial(\bar{D}\Phi)} \right] \mathrm{d}t\, \mathrm{d}\bar{\theta}\mathrm{d}\theta \,. \end{aligned} \tag{6.183}$$

Um die Übersichtlichkeit zu wahren, wurde das Dreifachintegral durch *ein* Integralzeichen abgekürzt. Wir untersuchen zunächst den mittleren Term in der eckigen Klammer und zerlegen ihn entsprechend (6.164),

$$\begin{aligned} &\int D(\delta\Phi) \frac{\partial^L \mathcal{L}}{\partial(D\Phi)} \mathrm{d}t\, \mathrm{d}\bar{\theta}\mathrm{d}\theta \\ &= \int \partial_\theta(\delta\Phi) \frac{\partial^L \mathcal{L}}{\partial(D\Phi)} \mathrm{d}t\, \mathrm{d}\bar{\theta}\mathrm{d}\theta - \mathrm{i}\bar{\theta} \int \partial_t(\delta\Phi) \frac{\partial^L \mathcal{L}}{\partial(D\Phi)} \mathrm{d}t\, \mathrm{d}\bar{\theta}\mathrm{d}\theta \,. \end{aligned} \tag{6.184}$$

Mit Hilfe von (4.92) und der Grassmann-Parität $\pi(\delta\Phi) = 0$ folgt für den ersten Term in (6.184)

$$\int \partial_\theta(\delta\Phi) \frac{\partial^L \mathcal{L}}{\partial(D\Phi)} \mathrm{d}t\, \mathrm{d}\bar{\theta}\mathrm{d}\theta = -\int (\delta\Phi)\, \partial_\theta \frac{\partial^L \mathcal{L}}{\partial(D\Phi)} \mathrm{d}t\, \mathrm{d}\bar{\theta}\mathrm{d}\theta \,.$$

Nach partieller Integration des zweiten Terms von (6.184) mit der Randbedingung, daß $\delta\Phi$ für die Anfangs- und Endzeiten t_a und t_b verschwindet, folgt

$$\int \partial_t(\delta\Phi) \frac{\partial^L \mathcal{L}}{\partial(D\Phi)} \mathrm{d}t\, \mathrm{d}\bar{\theta}\mathrm{d}\theta = -\int (\delta\Phi)\, \partial_t \frac{\partial^L \mathcal{L}}{\partial(D\Phi)} \mathrm{d}t\, \mathrm{d}\bar{\theta}\mathrm{d}\theta \,.$$

Zusammengefaßt erhalten wir also für (6.184) den Ausdruck

$$\int D(\delta\Phi)\frac{\partial^L \mathcal{L}}{\partial(D\Phi)}\,\mathrm{d}t\,\mathrm{d}\bar{\theta}\mathrm{d}\theta = -\int(\delta\Phi)\,D\,\frac{\partial^L \mathcal{L}}{\partial(D\Phi)}\,\mathrm{d}t\,\mathrm{d}\bar{\theta}\mathrm{d}\theta\;.$$

Auf die gleiche Art und Weise formt man den dritten Term in (6.183) um. Setzen wir das in (6.183) ein, dann folgt

$$\delta S = \int \delta\Phi\left[\frac{\partial\mathcal{L}}{\partial\Phi} - D\,\frac{\partial^L\mathcal{L}}{\partial(D\Phi)} - \bar{D}\,\frac{\partial^L\mathcal{L}}{\partial(\bar{D}\Phi)}\right]\mathrm{d}t\,\mathrm{d}\bar{\theta}\mathrm{d}\theta\;.$$

Das Hamiltonprinzip $\delta S = 0$ liefert damit die Euler-Lagrange-Gleichung

$$\boxed{\frac{\partial\mathcal{L}}{\partial\Phi} - D\,\frac{\partial^L\mathcal{L}}{\partial(D\Phi)} - \bar{D}\,\frac{\partial^L\mathcal{L}}{\partial(\bar{D}\Phi)} = 0}\;. \qquad (6.185)$$

6.5.9 Die Bewegungsgleichung der Komponentenfelder

Die Bewegungsgleichung für das Superfeld Φ folgt nun direkt aus (6.185) und lautet

$$\frac{1}{2}\,(D\bar{D} - \bar{D}D)\,\Phi + \frac{\partial U}{\partial\Phi} = 0\;. \qquad (6.186)$$

Wir werden daraus die Bewegungsgleichungen für die einzelnen Komponentenfelder herleiten. Dazu berechnen wir

$$\begin{aligned} D\bar{D}\Phi &= -(h + \mathrm{i}\dot{q}) - 2\mathrm{i}\dot{\bar{\psi}}\bar{\theta} - \mathrm{i}(\dot{h} + \mathrm{i}\ddot{q})\theta\bar{\theta}\;,\\ \bar{D}D\Phi &= (h - \mathrm{i}\dot{q}) - 2\mathrm{i}\theta\dot{\psi} - \mathrm{i}(\dot{h} - \mathrm{i}\ddot{q})\theta\bar{\theta}\;, \end{aligned}$$

und

$$\frac{1}{2}\,(D\bar{D} - \bar{D}D)\,\Phi = -h + \mathrm{i}(\theta\dot{\psi} - \dot{\bar{\psi}}\bar{\theta}) + \ddot{q}\theta\bar{\theta}\;. \qquad (6.187)$$

Daraus lesen wir sofort die Bewegungsgleichung der *freien* Komponentenfelder ab:

$$\ddot{q} = 0 \quad , \qquad \dot{\psi} = \dot{\bar{\psi}} = 0 \qquad \text{und} \qquad h = 0\;.$$

Die letzte Gleichung enthält keine Zeitableitung, beschreibt demzufolge auch keine Dynamik; aus diesem Grund wird h als Hilfsfeld bezeichnet.

Die Ableitung von $\mathcal{U}$ nach Φ berechnen wir gemäß (4.59) und verwenden dabei (6.176) und (6.177)

$$\begin{aligned}\frac{\partial \mathcal{U}}{\partial \Phi} &= u' + u''\Phi_{\mathrm{S}} + \frac{1}{2}u'''\Phi_{\mathrm{S}}^2 \\ &= u' + u''(\theta\psi + \bar{\psi}\bar{\theta}) + \left[hu'' + \frac{u'''}{2}(\psi\bar{\psi} - \bar{\psi}\psi)\right]\theta\bar{\theta}\,. \end{aligned} \tag{6.188}$$

Das setzen wir zusammen mit (6.187) in (6.186) ein und erhalten somit vier Bewegungsgleichungen (Euler-Lagrange-Gleichungen) für die einzelnen Komponentenfelder:

$$0 = h - u' \tag{6.189}$$

$$0 = \mathrm{i}\dot{\psi} + u''\psi \tag{6.190}$$

$$0 = \mathrm{i}\dot{\bar{\psi}} - u''\bar{\psi} \tag{6.191}$$

$$0 = \ddot{q} + hu'' + \frac{u'''}{2}(\psi\bar{\psi} - \bar{\psi}\psi)\,. \tag{6.192}$$

Die Gleichungen (6.190) und (6.191) sind zueinander komplex-konjugiert.
Im Zusammenhang mit $\mathcal{U}(\Phi)$ definiert man das

$$\text{Superpotential:} \qquad W(q) := u'(q)\,. \tag{6.193}$$

Entsprechend der Bewegungsgleichung (6.189) übernimmt also das Hilfsfeld h die Rolle des Superpotentials, $h = W(q)$. Damit erhält man für die Lagrangefunktion (6.181) den Ausdruck

$$\boxed{L = \frac{1}{2}\left[\dot{q}^2 - W^2 + \mathrm{i}(\bar{\psi}\dot{\psi} - \dot{\bar{\psi}}\psi) + W'(\bar{\psi}\psi - \psi\bar{\psi})\right]}\quad. \tag{6.194}$$

Im folgenden zeigen wir, daß Φ zwar formal vier Komponentenfelder besitzt, aber nur zwei von ihnen unabhängig voneinander sind: Φ beschreibt damit nur zwei Freiheitsgrade.
Aus $h = u'$ in (6.189) folgt für kleine Änderungen

$$\delta h = u'(q + \delta q) - u'(q) \;=\; u''\delta q\,. \tag{6.195}$$

Damit sind die Felder h und q miteinander verknüpft und nicht mehr unabhängig voneinander. Andererseits, multiplizieren wir (6.190) von rechts mit $\bar{\psi}$, (6.191) von links mit ψ und addieren beide Gleichungen, so erhalten wir die Beziehung

$$\dot{\psi}\bar{\psi} + \psi\dot{\bar{\psi}} = \frac{\mathrm{d}}{\mathrm{d}t}(\psi\bar{\psi}) = 0 \qquad \text{bzw.} \qquad \psi\bar{\psi} = \text{const}\,. \tag{6.196}$$

Aus der Variation dieses Ausdruckes,

$$\delta(\psi\bar{\psi}) = (\delta\psi)\bar{\psi} + \psi(\delta\bar{\psi}) = 0\,, \tag{6.197}$$

erkennt man ebenfalls, daß die Felder ψ und $\bar{\psi}$ nicht unabhängig voneinander sein können. Das das Superfeld Φ besitzt daher nur zwei unabhängige Komponentenfelder, nämlich $q(t)$ und $\psi(t)$.

6.5.10 Kanonischer Impuls und Impulsdichte

Den Ausgangspunkt für den Hamilton-Formalismus bildete der kanonisch-konjugierte Impuls. Daran ändert sich auch nichts in der Feldtheorie, anstelle des Impulses tritt nur die *Impulsdichte*,

$$\mathcal{P} := \frac{\partial \mathcal{L}}{\partial \dot{q}} = \frac{\mathrm{i}}{2}\,(\theta\psi - \bar{\psi}\bar{\theta}) + \theta\bar{\theta}\dot{q}\,. \tag{6.198}$$

Aus der Impulsdichte erhalten wir durch Integration den Impuls

$$p = \int \mathcal{P}\; \mathrm{d}\bar{\theta}\mathrm{d}\theta = \dot{q}\,. \tag{6.199}$$

Bezüglich der Lagrangefunktion (6.181) sind q und p zueinander kanonisch-konjugiert:

$$p := \frac{\partial L}{\partial \dot{q}} = \dot{q}\,. \tag{6.200}$$

Desweiteren sollen sowohl π und ψ als auch $\bar{\pi}$ und $\bar{\psi}$ zueinander kanonisch-konjugierte Felder sein:

$$\frac{1}{2}\,\pi := \frac{\partial^L L}{\partial \dot{\psi}} = -\frac{\mathrm{i}}{2}\,\bar{\psi} \qquad \text{also} \qquad \pi = -\mathrm{i}\bar{\psi}\,, \tag{6.201}$$

$$\frac{1}{2}\,\bar{\pi} := \frac{\partial^R L}{\partial \dot{\bar{\psi}}} = \frac{\mathrm{i}}{2}\,\psi \qquad \text{also} \qquad \bar{\pi} = \mathrm{i}\psi\,. \tag{6.202}$$

Bei der Definition des (komplexen) kanonisch-konjugierten Impulses haben wir freie Wahl im Vorfaktor; hier wurde er $\frac{1}{2}$ gesetzt. Für die Impulsdichte in (6.198) können wir nun auch schreiben

$$\mathcal{P} = \frac{1}{2}\,(\theta\bar{\pi} + \pi\bar{\theta}) + \theta\bar{\theta}\,\dot{q}\,. \tag{6.203}$$

Sie ist eine reelle bosonische Funktion.

6.5.11 Hamiltondichte und Hamiltonfunktion

In der klassischen Mechanik gelangt man durch eine Legendre-Transformation von der Lagrangefunktion zur Hamiltonfunktion. Diesen Weg beschreiten wir auch hier bei der Konstruktion der Hamiltondichte $\mathcal{H}$ aus der Lagrangedichte (6.180),

$$\begin{aligned}\mathcal{H} &= \dot{\Phi}\mathcal{P} - \mathcal{L} \\ &= (\dot{q} + \theta\dot{\psi} + \dot{\bar{\psi}}\bar{\theta} + \theta\bar{\theta}\dot{h})\left(\frac{\mathrm{i}}{2}\,\theta\psi - \frac{\mathrm{i}}{2}\,\bar{\psi}\bar{\theta} + \theta\bar{\theta}\dot{q}\right) - \mathcal{L} \\ &= \frac{\mathrm{i}}{2}\,\dot{q}(\theta\psi - \bar{\psi}\bar{\theta}) + \frac{\mathrm{i}}{2}\,(\bar{\psi}\dot{\psi} - \dot{\bar{\psi}}\psi)\,\theta\bar{\theta} + \dot{q}^2\theta\bar{\theta} - \mathcal{L} \\ &= -\frac{1}{2}\bar{\psi}\psi + u + \frac{u'}{2}\,(\theta\psi + \bar{\psi}\bar{\theta}) + \frac{1}{2}\left[u'^2 + \dot{q}^2 + u''(\psi\bar{\psi} - \bar{\psi}\psi)\right]\theta\bar{\theta}\,.\end{aligned}$$

($\dot{\Phi}$ und $\mathcal{P}$ sind bosonische Funktionen, die Reihenfolge im Produkt $\dot{\Phi}\mathcal{P}$ in der obersten Zeile spielt daher keine Rolle.) In der letzten Zeile wurde $h = u'$ verwendet. Durch Integration gelangt man schließlich zur Hamiltonfunktion

$$H := \int \mathcal{H}\,\mathrm{d}\bar{\theta}\mathrm{d}\theta \;=\; \frac{1}{2}\,\left[\dot{q}^2 + u'^2 + u''(\psi\bar{\psi} - \bar{\psi}\psi)\right]\,. \tag{6.204}$$

Unter Verwendung des Superpotentials $W = u'$ sowie $p = \dot{q}$ folgt die wichtige Beziehung

$$\boxed{H = \frac{1}{2}\,\left[p^2 + W^2 - W'(\bar{\psi}\psi - \psi\bar{\psi})\right]}\,. \tag{6.205}$$

Zu dem gleichen Ergebnis gelangt man auch direkt über den Ausdruck

$$H = \dot{q}p - \frac{1}{2}\,(\pi\dot{\psi} + \dot{\bar{\psi}}\bar{\pi}) - L\,. \tag{6.206}$$

und der Lagrangedichte L aus (6.194).

Den Schritt zur Quantenmechanik vollzieht man mit dem Übergang zu den Operatoren $\hat{q}$, $\hat{p}$ sowie $\hat{\psi}$, für welche

$$[\,\hat{q}, \hat{p}\,] = \mathrm{i}\hbar \qquad \text{und} \qquad \{\,\hat{\psi}, \hat{\bar{\psi}}\,\} = 1 \tag{6.207}$$

gilt. Der Antikommutator wird erfüllt, wenn

$$\hat{\psi} = \begin{pmatrix} 0 & 0 \\ 1 & 0 \end{pmatrix} \qquad \text{und} \qquad \hat{\bar{\psi}} = \begin{pmatrix} 0 & 1 \\ 0 & 0 \end{pmatrix} = \hat{\psi}^\dagger\,. \tag{6.208}$$

Setzt man das in (6.205) ein, dann folgt

$$H = \frac{1}{2}(p^2 + W^2)\,\mathbb{1} - \frac{\sigma^3}{2} W' . \tag{6.209}$$

Das ist der Hamiltonoperator (2.78) der SUSY-Quantenmechanik!

6.5.12 Die kanonischen Gleichungen

Ausgehend von der Hamiltonfunktion (6.204) berechnen wir

$$\frac{\partial H}{\partial q} = \frac{\partial H}{\partial u'}\frac{\partial u'}{\partial q} + \frac{\partial H}{\partial u''}\frac{\partial u''}{\partial q} = u'u'' + \frac{u'''}{2}(\psi\bar{\psi} - \bar{\psi}\psi) .$$

Mit $h = u'$ und (6.192) ergibt die rechte Seite $-\ddot{q}$, und wegen $p = \dot{q}$ folgt

$$\frac{\partial H}{\partial q} = -\dot{p} . \tag{6.210}$$

Andererseits erhält man

$$\frac{\partial H}{\partial p} = \frac{\partial H}{\partial \dot{q}} = \dot{q} . \tag{6.211}$$

Die bosonischen Freiheitsgrade erfüllen also die kanonischen Gleichungen (Hamilton-Gleichungen) der klassischen Mechanik.

Ganz anders sieht es bei den fermionischen Freiheitsgraden aus. Wir berechnen wieder ausgehend von (6.204)

$$\frac{\partial^L H}{\partial \psi} = u''\bar{\psi} .$$

Unter Zuhilfenahme von (6.191) und (6.201) erhalten wir

$$\frac{\partial^L H}{\partial \psi} = \mathrm{i}\dot{\bar{\psi}} = -\dot{\pi} . \tag{6.212}$$

Desweiteren folgt mit (6.190)

$$\frac{\partial^L H}{\partial \pi} = \mathrm{i}\frac{\partial^L H}{\partial \bar{\psi}} = -\mathrm{i}u''\psi = -\dot{\psi} . \tag{6.213}$$

Die Bewegungsgleichungen für die fermionischen Freiheitsgrade unterscheiden sich also in ihrer Vorzeichenstruktur grundsätzlich von denen der klassischen Mechanik. Damit haben wir die Aussagen aus § 6.2.2 bestätigt.

6.5.13 Invarianz der Wirkung

Kommen wir noch einmal auf das Verhalten der Wirkung S bei SUSY-Transformationen $\Phi \to \Phi + \delta_\epsilon \Phi$ zurück. Dazu untersuchen wir

$$\delta_\epsilon S = \delta_\epsilon \int \mathcal{L}\,\mathrm{d}t\,\mathrm{d}\bar{\theta}\mathrm{d}\theta = \int \delta_\epsilon \mathcal{L}\,\mathrm{d}t\,\mathrm{d}\bar{\theta}\mathrm{d}\theta\,. \tag{6.214}$$

Die Integration über θ und $\bar{\theta}$ projiziert gerade die $\theta\bar{\theta}$-Komponente von $\delta_\epsilon \mathcal{L}$ heraus,

$$\delta_\epsilon \mathcal{L}\,|_{\theta\bar{\theta}} := \int \delta_\epsilon \mathcal{L}\,\mathrm{d}\bar{\theta}\mathrm{d}\theta\,.$$

Die Lagrangedichte $\mathcal{L}$ ist in (6.174) gegeben. Wir berechnen zunächst

$$\begin{aligned}\delta_\epsilon \mathcal{L}_0 \Big|_{\theta\bar{\theta}} &= -\frac{1}{2}\,(\delta_\epsilon \bar{D}\Phi)(D\Phi)\Big|_{\theta\bar{\theta}} - \frac{1}{2}\,(\bar{D}\Phi)(\delta_\epsilon D\Phi)\Big|_{\theta\bar{\theta}} \\ &= -\frac{1}{2}\,(\bar{D}\delta_\epsilon\Phi)(D\Phi)\Big|_{\theta\bar{\theta}} - \frac{1}{2}\,(\bar{D}\Phi)(D\delta_\epsilon\Phi)\Big|_{\theta\bar{\theta}}\,.\end{aligned} \tag{6.215}$$

Aus (6.165) bis (6.168) folgt

$$\begin{aligned}(\delta_\epsilon \bar{D}\Phi)(D\Phi)\Big|_{\theta\bar{\theta}} &= \mathrm{i}\,(\dot{h} + \mathrm{i}\ddot{q})\epsilon\psi - 2\mathrm{i}\,(h - \mathrm{i}\dot{q})\dot{\bar{\psi}}\bar{\epsilon} - \mathrm{i}\,(h + \mathrm{i}\dot{q})\epsilon\dot{\psi}\,, \\ (\bar{D}\Phi)(\delta_\epsilon D\Phi)\Big|_{\theta\bar{\theta}} &= -\mathrm{i}\,(\dot{h} - \mathrm{i}\ddot{q})\bar{\psi}\bar{\epsilon} + 2\mathrm{i}\,(h + \mathrm{i}\dot{q})\epsilon\dot{\psi} + \mathrm{i}\,(h - \mathrm{i}\dot{q})\dot{\bar{\psi}}\bar{\epsilon}\end{aligned}$$

und schließlich

$$\begin{aligned}\delta_\epsilon \mathcal{L}_0\,|_{\theta\bar{\theta}} &= -\frac{\mathrm{i}}{2}\Big[(\dot{h} + \mathrm{i}\ddot{q})\epsilon\psi + (h + \mathrm{i}\dot{q})\epsilon\dot{\psi} - (\dot{h} - \mathrm{i}\ddot{q})\bar{\psi}\bar{\epsilon} - (h - \mathrm{i}\dot{q})\dot{\bar{\psi}}\bar{\epsilon}\Big] \\ &= -\frac{\mathrm{i}}{2}\frac{\mathrm{d}}{\mathrm{d}t}\Big[(h + \mathrm{i}\dot{q})\epsilon\psi - (h - \mathrm{i}\dot{q})\bar{\psi}\bar{\epsilon}\Big]\,.\end{aligned} \tag{6.216}$$

Andererseits erhält man für die Variation des Potentialterms

$$\begin{aligned}\delta_\epsilon \mathcal{U}\Big|_{\theta\bar{\theta}} &= (\epsilon Q + \bar{\epsilon}\bar{Q})\,\mathcal{U}\Big|_{\theta\bar{\theta}} = (\mathrm{i}\epsilon\bar{\theta}\,\partial_t + \mathrm{i}\bar{\epsilon}\theta\,\partial_t)\,\mathcal{U}\Big|_{\theta\bar{\theta}} \\ &= \mathrm{i}\,\frac{\mathrm{d}}{\mathrm{d}t}\,(\epsilon\bar{\theta}\mathcal{U} + \bar{\epsilon}\theta\mathcal{U})\Big|_{\theta\bar{\theta}}\,.\end{aligned}$$

Angewendet auf (6.179) ergibt das

$$\delta_\epsilon \mathcal{U}\Big|_{\theta\bar{\theta}} = -\mathrm{i}\,\frac{\mathrm{d}}{\mathrm{d}t}\,(u'\epsilon\psi - u'\bar{\psi}\bar{\epsilon})\,. \tag{6.217}$$

Zusammengefaßt erhalten wir

$$
\begin{aligned}
\delta_\epsilon \mathcal{L}\Big|_{\theta\bar{\theta}} &= \delta_\epsilon \mathcal{L}_0\Big|_{\theta\bar{\theta}} - \delta_\epsilon \mathcal{U}\Big|_{\theta\bar{\theta}} \\
&= -\frac{\mathrm{i}}{2}\frac{\mathrm{d}}{\mathrm{d}t}\Big[(h-2u'+\mathrm{i}\dot{q})\epsilon\psi - (h-2u'-\mathrm{i}\dot{q})\bar{\psi}\bar{\epsilon}\Big] \\
&= \frac{\mathrm{i}}{2}\frac{\mathrm{d}}{\mathrm{d}t}\Big[(W-\mathrm{i}\dot{q})\epsilon\psi - (W+\mathrm{i}\dot{q})\bar{\psi}\bar{\epsilon}\Big] \,. \qquad (6.218)
\end{aligned}
$$

In der letzten Zeile wurde entsprechend der Bewegungsgleichung $h = u' = W(q)$ gesetzt.

Die Variation von $\mathcal{L}$ führt auf eine totale Zeitableitung; daher ist die Wirkung S (mit geeigneten Randbedingungen) invariant. Hier zeigt sich eine typische Eigenschaft von SUSY-Modellen: Die Invarianz der Lagrangefunktion gilt stets nur "bis auf Oberflächenterme".

6.5.14 Superladungen

Aus den dynamischen Größen konstruieren wir nun

$$
Q_\mathrm{L} := \frac{1}{\sqrt{2}}(W+\mathrm{i}\dot{q})\,\psi \qquad \text{und} \qquad \bar{Q}_\mathrm{L} := \frac{1}{\sqrt{2}}(W-\mathrm{i}\dot{q})\,\bar{\psi}\,. \qquad (6.219)
$$

Wir berechnen

$$
\begin{aligned}
\dot{Q}_\mathrm{L} &= \frac{\mathrm{d}}{\mathrm{d}t}\frac{1}{\sqrt{2}}(W+\mathrm{i}\dot{q})\,\psi \\
&= \frac{1}{\sqrt{2}}(\dot{W}+\mathrm{i}\ddot{q})\,\psi + \frac{1}{\sqrt{2}}(W+\mathrm{i}\dot{q})\,\dot{\psi}
\end{aligned}
$$

und verwenden die Bewegungsgleichungen (6.189), (6.190) und (6.192) sowie die Beziehung

$$
\dot{W} = \frac{\mathrm{d}W}{\mathrm{d}q}\,\dot{q} = \frac{\mathrm{d}u'}{\mathrm{d}q}\,\dot{q} = u''\dot{q}\,.
$$

Das ergibt wegen $\psi\psi = 0$ den Ausdruck

$$
\dot{Q}_\mathrm{L} = \frac{1}{\sqrt{2}}(u''\dot{q} - \mathrm{i}hu'')\,\psi + \frac{1}{\sqrt{2}}(h+\mathrm{i}\dot{q})\,\mathrm{i}u''\psi = 0\,. \qquad (6.220)
$$

Analog findet man auch $\dot{\bar{Q}}_\mathrm{L} = 0$. Mit Q_L und $\bar{Q}_\mathrm{L}$ haben wir also zwei Erhaltungsgrößen gefunden.

Dahinter verbirgt sich ein allgemeiner Sachverhalt. Nach dem Noether-Theorem führt nämlich die Annahme einer Symmetrie immer zu einer Erhaltungsgröße, den Ladungen. Das gilt auch im Fall der Supersymmetrie:

$$\delta_\epsilon S = 0 \qquad \Longleftrightarrow \qquad \text{Superladungen } Q_\mathrm{L} \text{ und } \bar{Q}_\mathrm{L} \; .$$

Ersetzt man die Komponentenfelder durch Operatoren (wie in (6.208)), dann werden aus den Superladungen die SUSY-Operatoren Q_+ und Q_- aus (2.59) und (2.76).

7 Gruppen und Relativität

Gilt in einem Labor oder Bezugssystem das Trägheitsgesetz (Newtonsches Axiom), dann bezeichnet man es als Inertialsystem. Naturgesetze müssen so formuliert werden, daß sie in jedem Inertialsystem die gleiche Form haben. Das ist das Relativitäts- oder Kovarianzprinzip.

Im Mittelpunkt der klassischen Physik einschließlich der Relativitätstheorie steht der Begriff des *Tensors*. Nach dem Kovarianzprinzip lassen sich physikalische Gesetze durch Tensorgleichungen ausdrücken:

$$\text{physikalische Gesetze} \quad \Longleftrightarrow \quad \text{Tensorgleichungen}\,.$$

Damit bleiben die physikalischen Gesetze bei Koordinatentransformationen forminvariant. Eine Tensorgleichung verknüpft Vektoren (Tensoren 1. Stufe) sowie Tensoren höherer Stufe. Man denke zum Beispiel an die Maxwell-Gleichungen der Elektrodynamik.

In der Quantentheorie entdeckte man neue Objekte: die Fermionen. Sie tragen halbzahligen Spin und unterscheiden sich somit grundlegend von den Bosonen, deren Spin ganzzahlig ist. Man beschreibt sie durch *Spinoren*. Das Kovarianzprinzip für Fermionen lautet nun

$$\text{physikalische Gesetze} \quad \Longleftrightarrow \quad \text{Spinorgleichungen}\,.$$

Ein typisches Beispiel dafür liefert die Dirac-Gleichung. Hier treten neben den eigentlichen Spinoren (Spinoren 1. Stufe) noch Spinoren höherer Stufe auf.

Kennt man das Transformationsverhalten von Objekten (Tensoren, Spinoren), dann kann man aus ihnen sofort invariante Größen (Lorentzinvarianten) konstruieren. Die Lagrangedichte ist eine Lorentzinvariante; aus ihr folgen dann die Bewegungsgleichungen.

Den Zusammenhang zwischen Relativitätstheorie und Gruppentheorie findet man in [34, 30, 29, 28] aber auch in den Lehrbüchern zur Teilchenphysik und Quantenfeldtheorie [46, 47, 48, 49, 50, 51, 52, 53].

7.1 Die Lorentzgruppe

Ein Punkt in der Raum-Zeit (Minkowskiraum) wird durch den Vierervektor

$$x^\mu = (x^0, x^1, x^2, x^3) = (ct, x^i) = (ct, \mathbf{x})$$

beschrieben. Wir vereinbaren hiermit, daß die griechischen (lateinischen) Indizes von 0 bis 3 (von 1 bis 3) laufen. Über doppelt auftretende Indizes wird summiert. Fettgedruckte Symbole sollen nach wie vor Dreiervektoren symbolisieren.

7.1.1 Die Lorentztransformation

Die spezielle Relativitätstheorie beruht auf zwei Postulaten: Erstens, die Lichtgeschwindigkeit c ist in allen Inertialsystemen gleich. Zweitens, die fundamentalen Gleichungen der Physik besitzen in allen Inertialsystemen die gleiche Form (Kovarianzprinzip).
Aus dem ersten Postulat folgt für einen Lichtstrahl in zwei verschiedenen Inertialsystemen x^μ und x'^μ:

$$s^2 := c^2t^2 - \mathbf{x}^2 = c^2t'^2 - \mathbf{x}'^2 \,.$$

Diese Gleichung läßt sich mit der Lorentz-Metrik

$$g_{\mu\nu} = \mathrm{diag}\,(1, -1, -1, -1) = g^{\mu\nu} \,, \tag{7.1}$$

als Skalarprodukt schreiben:

$$x^\mu x_\mu = g_{\mu\nu} x^\mu x^\nu = \text{invariant} \,. \tag{7.2}$$

Alle linearen Koordinatentransformationen im Minkowskiraum,

$$x^\mu \longrightarrow x'^\mu = \Lambda^\mu{}_\nu x^\nu \,,$$

welche dieses Skalarprodukt invariant lassen, heißen *Lorentztransformationen*; sie bilden die Lorentzgruppe. In der Notation von (5.144) entspricht sie der pseudoorthogonalen Gruppe $\mathrm{O}\,(1,3)$, d.h., für die 4×4 Matrizen gilt $\Lambda \in \mathrm{O}\,(1,3)$. Der Zusammenhang zwischen Gruppenelement und Metrik ist in (5.139) gegeben und lautet in Indexschreibweise

$$g_{\mu\nu} = g_{\rho\sigma} \Lambda^\rho{}_\mu \Lambda^\sigma{}_\nu \,. \tag{7.3}$$

Aufgrund der Lorentz-Metrik unterscheiden sich die kontra- und kovarianten Vierervektoren im Vorzeichen der räumlichen Komponenten:

$$x^\mu = (ct, \mathbf{x}) \qquad \text{und} \qquad x_\mu = g_{\mu\nu} x^\nu = (ct, -\mathbf{x}) \,.$$

Der Begriff des Vierervektors steht für alle Objekte, die sich wie x^μ transformieren. Beispiele dafür sind der Viererimpuls $p^\mu = (E/c, \mathbf{p})$ sowie das Viererpotential $A^\mu = (\phi_{\text{el}}, \mathbf{A})$. Die Skalarprodukte

$$x \cdot x = c^2 t^2 - \mathbf{x}^2 \,, \tag{7.4}$$

$$p \cdot p = E^2/c^2 - \mathbf{p}^2 = m^2 c^2 \,, \tag{7.5}$$

$$x \cdot p = Et - \mathbf{p} \cdot \mathbf{x} \tag{7.6}$$

sind Lorentzinvarianten. Hier bezeichnet m die invariante Ruhemasse.

Die relativistische Form des Gradienten bildet in der Indexstellung eine Ausnahme,

$$\partial_\mu := \frac{\partial}{\partial x^\mu} = \left(\frac{\partial}{\partial ct}, \boldsymbol{\nabla} \right) \qquad \text{mit} \qquad \boldsymbol{\nabla} = \frac{\partial}{\partial x^i} \,. \tag{7.7}$$

In dieser Notation lautet der Operator des Viererimpulses

$$\hat{p}^\mu = \mathrm{i}\hbar \partial^\mu = \mathrm{i}\hbar \left(\frac{\partial}{\partial ct}, -\boldsymbol{\nabla} \right) \,. \tag{7.8}$$

Aus dem relativistischen Gradienten konstruiert man den Wellenoperator

$$\Box = \partial^\mu \partial_\mu = \partial_0^2 - \boldsymbol{\nabla}^2 \,. \tag{7.9}$$

Das Skalarprodukt $x \cdot x$ beschreibt die Länge von Vierervektoren. Im Gegensatz zur euklidischen Metrik kann diese Länge positiv, Null oder negativ sein, und die zugehörigen Vektoren heißen dann zeitartig, lichtartig oder raumartig. Beispiele für diese drei Fälle sind:

zeitartiger Vektor:	$(x^0, 0, 0, 0)$,
lichtartiger Vektor:	$(1, 1, 0, 0)$,
raumartiger Vektor:	$(0, x^1, 0, 0)$.

7.1.2 Die vier Zweige der Lorentzgruppe

Die Lorentzgruppe läßt sich nach zwei Merkmalen klassifizieren: nach dem Vorzeichen der Determinante $\det\Lambda$ und nach dem Vorzeichen von $\Lambda^0{}_0$. So folgt aus (5.139) die Beziehung $\det g = \det(\Lambda^{\mathrm{T}} g \Lambda)$ und damit, ähnlich wie bei der orthogonalen Gruppe,

$$\det\Lambda = \pm 1\,. \tag{7.10}$$

Den Fall $\det\Lambda = +1$ (bzw. $\det\Lambda = -1$) bezeichnet man als *eigentliche* (bzw. *uneigentliche*) Lorentztransformation. Zu den uneigentlichen Lorentztransformationen gehören die

$$\begin{aligned} &\text{Zeitumkehr:} && (ct, \mathbf{x}) \to (-ct, \mathbf{x})\,, \\ &\text{Raumspiegelung:} && (ct, \mathbf{x}) \to (ct, -\mathbf{x})\,. \end{aligned}$$

Die letzte Transformation überführt ein rechtshändiges in ein linkshändiges Koordinatensystem und heißt Paritätstransformation.

Tab. 7.1 Die vier Zweige der vollen Lorentzgruppe mit je einem Beispiel für ein Gruppenelement.

Zweig	Bedingung	Beispiel			
$L_+^\uparrow$	$\det\Lambda = +1\,,\ \Lambda^0{}_0 > 0$	Identität:	$\mathbb{1}$	$=$	$\mathrm{diag}(1,1,1,1)$
$L_-^\uparrow$	$\det\Lambda = -1\,,\ \Lambda^0{}_0 > 0$	Spiegelung:	P	$=$	$\mathrm{diag}(1,-1,-1,-1)$
$L_-^\downarrow$	$\det\Lambda = -1\,,\ \Lambda^0{}_0 < 0$	Zeitumkehr:	T	$=$	$\mathrm{diag}(-1,1,1,1)$
$L_+^\downarrow$	$\det\Lambda = +1\,,\ \Lambda^0{}_0 < 0$	Inversion:	PT	$=$	$-\mathbb{1}$

Aus (7.3) folgt $1 = g_{00} = g_{\rho\sigma}\,\Lambda^\rho{}_0\Lambda^\sigma{}_0 = \Lambda^0{}_0\Lambda^0{}_0 - \Lambda^i{}_0\Lambda^i{}_0$ also

$$(\Lambda^0{}_0)^2 = 1 + \Lambda^i{}_0\Lambda^i{}_0 \qquad \text{bzw.} \qquad |\Lambda^0{}_0| \geq 1\,. \tag{7.11}$$

Danach unterscheidet man wiederum zwei Fälle. Für $\Lambda^0{}_0 \geq +1$ heißt die Lorentztransformation *orthochron*, sie bildet die Zeit "vorwärts" ab; für $\Lambda^0{}_0 \leq -1$ heißt sie nicht-orthochron. Nichtorthochrone Transformationen sind Verallgemeinerungen der Zeitumkehr, da sie die Zukunft mit der Vergangenheit verknüpfen. Insgesamt unterscheidet man bei der *vollen* Lorentzgruppe die in Tab. 7.1 angegebenen vier Zweige. Die angeführten Beispiele bilden eine Untergruppe: die Gruppe der diskreten Transformationen $\{\mathbb{1}, P, T, PT\}$.

Die Lorentzgruppe als Mannigfaltigkeit ist *nicht* einfach zusammenhängend, sondern besteht aus vier getrennten Stücken, den Zweigen. Beliebige Transformationen aus verschiedenen Zweigen lassen sich nicht stetig ineinander überführen. Nur die eigentliche orthochrone Lorentzgruppe $L_+^\uparrow$ ist eine Untergruppe, da das Hintereinanderschalten zweier Transformationen aus diesem Zweig nicht hinausführt. Man bezeichnet sie als *spezielle* Lorentzgruppe $L_+^\uparrow$. Als Komponente der Einheit enthält nur sie das Einselement. Für die anderen drei Zweige gilt das nicht.

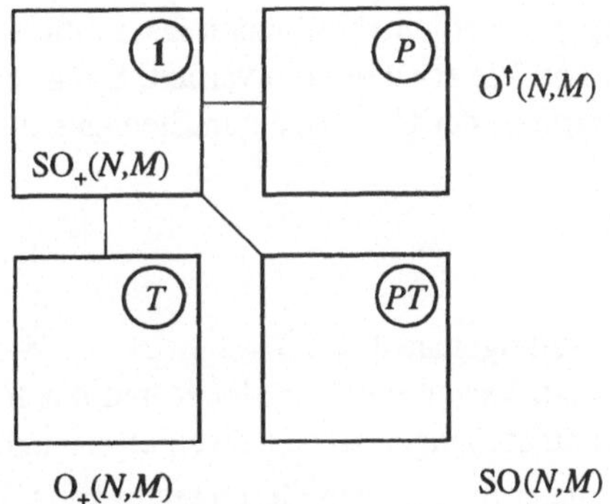

Abb. 7.1 Zweige und Untergruppen der $O(N, M)$.

Im allgemeinen gilt: Jede pseudoorthogonale Gruppe $O(N, M)$ besteht aus vier nichtzusammenhängenden Stücken (Zweigen). Untergruppen der $O(N, M)$ sind zum einen die $SO(N, M)$ und zum anderen die $O_+(N, M)$, $O^\uparrow(N, M)$ sowie $SO_+(N, M)$, welche aus jeweils zwei Zweigen bestehen. Alle Untergruppen besitzen das Einselement (vgl. dazu Abb. 7.1).

7.1.3 Drehungen und Boosts

Bestimmen wir zunächst die Parameterzahl n der Lorentzgruppe. Für *infinitesimale* Lorentztransformation wählen wir dazu den Ansatz

$$\Lambda_{\mu\nu} = g_{\mu\nu} + \lambda_{\mu\nu} \,. \tag{7.12}$$

Desweiteren benötigt man den Ausdruck $g_{\nu\sigma} = \Lambda_{\mu\nu}\Lambda^{\mu}{}_{\sigma}$, den man aus (7.3) erhält. Mit (7.12) und der Symmetrie des Metriktensors, $g_{\mu\nu} = g_{\nu\mu}$, folgt daraus

$$g_{\nu\sigma} = (g_{\mu\nu} + \lambda_{\mu\nu})(g^{\mu}_{\ \sigma} + \lambda^{\mu}_{\ \sigma}) = g_{\nu\sigma} + (\lambda_{\sigma\nu} + \lambda_{\nu\sigma}) ,$$

wobei quadratische Terme in λ vernachläßigt werden. Aus der letzten Beziehung ließt man direkt die Antisymmetrie von $\lambda_{\mu\nu}$ ab:

$$\lambda_{\mu\nu} = -\lambda_{\nu\mu} . \tag{7.13}$$

Die 4×4 Matrix $\lambda_{\mu\nu}$ und damit auch $\Lambda_{\mu\nu}$ besitzen nur sechs freie Parameter, also $n = 6$. Welche Physik verbirgt sich nun hinter den sechs Parametern?

Gewöhnliche Drehungen der Raumkoordinaten lassen die Länge von Dreiervektoren und damit auch von Vierervektoren invariant. Damit bildet die Menge aller Drehungen eine Untergruppe der $\mathrm{O}(1,3)$, deren Elemente die Form

$$\Lambda = \begin{pmatrix} 1 & 0 \\ 0 & R \end{pmatrix}$$

besitzen, wobei R die orthogonale 3×3 Drehmatrix ist. Sie wird durch die drei Winkel φ^i charakterisiert. Wegen $\det\Lambda = \det R$ und $\det R = \pm 1$ sowie wegen $\Lambda^0{}_0 = 1$ gehören die Raumdrehungen zu den Zweigen $L_+^{\uparrow}$ und $L_-^{\uparrow}$.

Die anderen drei Parameter beschreiben Geschwindigkeitstransformationen (kurz Boosts), welche Zeit- und Raumkoordinaten miteinander mischen. So gilt für die Relativbewegung zweier Inertialsysteme mit der Geschwindigkeit v in Richtung der x^i-Achse und $\nu = \mathrm{artanh}\,(v/c)$ die Transformation

$$\begin{pmatrix} x'^0 \\ x'^i \end{pmatrix} = \begin{pmatrix} \cosh\nu & -\sinh\nu \\ -\sinh\nu & \cosh\nu \end{pmatrix} \begin{pmatrix} x^0 \\ x^i \end{pmatrix} , \tag{7.14}$$

Wegen $\Lambda^0{}_0 \geq +1$ und $\det\Lambda = 1$ gehören die Boosts zu $L_+^{\uparrow}$.

Obwohl die Transformation (7.14) auf den ersten Blick an die zweidimensionale Rotationsmatrix erinnert, besteht ein immenser Unterschied zwischen Drehungen und Boosts. Ihr Parameterbereich ist:

Drehungen:	$0 \leq \varphi \leq 2\pi$,
Boosts:	$-\infty < \nu < \infty$.

Da der Parameterbereich bei den Boosts unbeschränkt ist, bildet die Lorentzgruppe keine kompakte Gruppe.

Die insgesamt drei Parameter ν^i, welche Lorentzboosts in Richtungen der drei Raumachsen beschreiben, faßt man zu einem Vektor zusammen, den man *Rapidität* nennt,

$$\boldsymbol{\nu} = \frac{\mathbf{v}}{v} \operatorname{artanh} \left| \frac{\mathbf{v}}{c} \right| .$$

Die Rapidität zeigt immer in die gleiche Richtung wie die Geschwindigkeit $\mathbf{v}$.

7.1.4 Die spezielle Lorentzgruppe und ihre Zerlegung

In § 5.4 wurden Drehungen in beliebigen Räumen als Elemente der $\mathrm{SO}(N, M)$ untersucht. Die spezielle Lorentzgruppe

$$L_+^\uparrow = \{ \Lambda \in \mathrm{O}(1,3) \mid \det \Lambda = 1,\, \Lambda^0{}_0 > 0 \}$$

entspricht der $\mathrm{SO}(1,3)$ mit der zusätzlichen Einschränkung, daß $\Lambda^0{}_0$ positiv sein soll; man bezeichnet daher $L_+^\uparrow$ oft mit $\mathrm{SO}_+(1,3)$ genau wie in Abb. 7.1.
Die Zahl der Parameter von der Lorentzgruppe ergibt nach (5.151) und in Übereinstimmung mit den vorherigen Überlegungen $n = 6$. Aus (5.155) folgt sofort die vierdimensionale Darstellung

$$\Lambda = \exp\left(-\frac{\mathrm{i}}{2}\, \omega_{\mu\nu} M^{\mu\nu} \right) , \tag{7.15}$$

wobei die sechs Generatoren (in der Tensordarstellung aus § 5.4.5)

$$(M^{\mu\nu})^\rho{}_\sigma = \mathrm{i}\,(g^{\mu\rho} \delta^\nu_\sigma - g^{\nu\rho} \delta^\mu_\sigma) \tag{7.16}$$

die Vertauschungsrelation

$$[\, M^{\mu\nu}, M^{\rho\sigma} \,] = -\mathrm{i}\,(g^{\mu\rho} M^{\nu\sigma} - g^{\mu\sigma} M^{\nu\rho} - g^{\nu\rho} M^{\mu\sigma} + g^{\nu\sigma} M^{\mu\rho}) \tag{7.17}$$

erfüllen. Beschränkt man sich auf die drei Raumkomponenten, dann reduziert sich (7.17) wegen $g^{ik} = -\delta^{ik}$ exakt auf die $\mathrm{SO}(N)$-Liealgebra (5.156).
Mit Hilfe der Bildungsvorschrift (7.16) können wir die sechs Generatoren explizit angeben:

$$J^1 := M^{23} = \mathrm{i} \begin{pmatrix} 0 & 0 & 0 & 0 \\ 0 & 0 & 0 & 0 \\ 0 & 0 & 0 & -1 \\ 0 & 0 & 1 & 0 \end{pmatrix} , \quad K^1 := M^{01} = \mathrm{i} \begin{pmatrix} 0 & 1 & 0 & 0 \\ 1 & 0 & 0 & 0 \\ 0 & 0 & 0 & 0 \\ 0 & 0 & 0 & 0 \end{pmatrix} ,$$

$$J^2 := M^{31} = \mathrm{i}\begin{pmatrix} 0 & 0 & 0 & 0 \\ 0 & 0 & 0 & 1 \\ 0 & 0 & 0 & 0 \\ 0 & -1 & 0 & 0 \end{pmatrix}, \quad K^2 := M^{02} = \mathrm{i}\begin{pmatrix} 0 & 0 & 1 & 0 \\ 0 & 0 & 0 & 0 \\ 1 & 0 & 0 & 0 \\ 0 & 0 & 0 & 0 \end{pmatrix},$$

$$J^3 := M^{12} = \mathrm{i}\begin{pmatrix} 0 & 0 & 0 & 0 \\ 0 & 0 & -1 & 0 \\ 0 & 1 & 0 & 0 \\ 0 & 0 & 0 & 0 \end{pmatrix}, \quad K^3 := M^{03} = \mathrm{i}\begin{pmatrix} 0 & 0 & 0 & 1 \\ 0 & 0 & 0 & 0 \\ 0 & 0 & 0 & 0 \\ 1 & 0 & 0 & 0 \end{pmatrix}.$$

Durch die Bezeichnung wird hier bereits die Zerlegung in reine Drehungen und Boosts suggeriert; die drei SO(3)-Generatoren sowie drei Boost-Generatoren sind:

$$\mathbf{J} = \begin{pmatrix} J^1 \\ J^2 \\ J^3 \end{pmatrix} \qquad \text{und} \qquad \mathbf{K} = \begin{pmatrix} K^1 \\ K^2 \\ K^3 \end{pmatrix}.$$

Für sie gilt allgemein

$$J^k = \frac{1}{2}\,\varepsilon^{ijk} M^{ij} \qquad \text{und} \qquad K^i = M^{0i}\,. \tag{7.18}$$

Es ist durchaus interessant, die Beziehungen (7.18) in der Form

$$M^{\mu\nu} = \begin{pmatrix} 0 & K^1 & K^2 & K^3 \\ -K^1 & 0 & J^3 & -J^2 \\ -K^2 & -J^3 & 0 & J^1 \\ -K^3 & J^2 & -J^1 & 0 \end{pmatrix} \tag{7.19}$$

zu schreiben, wobei jeder Eintrag einen Generator, also eine 4×4 Matrix, darstellt. Die Drehimpulsalgebra der J^i ist bekannt, sie wurde in (5.73) angegeben. Wir berechnen nun (7.17) und beachten dabei, daß $g^{0m} = 0$ gilt:

$$\begin{aligned}
[J^i, K^j] &= \frac{1}{2}\,\varepsilon^{imn}\,[M^{mn}, M^{0j}] \;=\; -\frac{\mathrm{i}}{2}\,\varepsilon^{imn}\,(-g^{mj}M^{n0} + g^{nj}M^{m0}) \\
&= -\frac{\mathrm{i}}{2}\,\varepsilon^{imn}\,(\delta^{mj}M^{n0} - \delta^{nj}M^{m0}) \\
&= -\frac{\mathrm{i}}{2}\,\varepsilon^{ijn}\,M^{n0} + \frac{\mathrm{i}}{2}\,\varepsilon^{imj}\,M^{m0} \\
&= \frac{\mathrm{i}}{2}\varepsilon^{ijn}\,K^n - \frac{i}{2}\varepsilon^{imj}\,K^m \;=\; \mathrm{i}\varepsilon^{ijk}\,K^k\,.
\end{aligned}$$

Weiterhin ist

$$[K^i, K^j] = [M^{0i}, M^{0j}] = -\mathrm{i}g^{00}M^{ij} = -\mathrm{i}M^{ij} = -\mathrm{i}\varepsilon^{ijk}J^k\ .$$

Anstelle der *einen* Vertauschungsrelation (7.17) haben wir jetzt die Liealgebra der Lorentzgruppe (kurz Lorentzalgebra) durch drei Vertauschungsrelationen ausgedrückt:

$$[J^i, J^j] = \mathrm{i}\varepsilon^{ijk}J^k\ , \tag{7.20}$$
$$[J^i, K^j] = \mathrm{i}\varepsilon^{ijk}K^k\ , \tag{7.21}$$
$$[K^i, K^j] = -\mathrm{i}\varepsilon^{ijk}J^k\ . \tag{7.22}$$

Nur die oberste Gleichung für sich genommen ist selbst eine Liealgebra, die Liealgebra der SO(3). Gleichung (7.21) drückt aus, daß sich **K** wie ein Dreiervektor transformiert. Die dritte Beziehung besagt hingegen, daß zwei aufeinanderfolgende Boosts in verschiedene Richtungen keinen neuen Boost, sondern eine gewöhnliche Drehung bewirken.

7.1.5 Die linke und die rechte Fundamentaldarstellung

Die Struktur der Lorentzalgebra läßt sich weiter vereinfachen, wenn wir aus dem hermiteschen Generator **J** und dem antihermiteschen Generator **K** zwei neue hermitesche Operatoren $\mathbf{T}_+$ und $\mathbf{T}_-$ konstruieren:

$$T^i_\pm = \frac{1}{2}(J^i \pm \mathrm{i}K^i)\ . \tag{7.23}$$

Für sie folgen aus (7.20) bis (7.22) die einfachen Vertauschungsrelationen

$$[T^i_+, T^j_+] = \mathrm{i}\varepsilon^{ijk}T^k_+ \quad , \quad [T^i_-, T^j_-] = \mathrm{i}\varepsilon^{ijk}T^k_-\ , \tag{7.24}$$
$$[T^i_+, T^j_-] = 0\ . \tag{7.25}$$

Diese Operatoren erfüllen also jeder für sich die SU(2)-Liealgebra. (Aufgrund der *komplexen* Linearkombination in (7.23) haben wir es hier aber nicht mit der Produktgruppe SU(2) ⊗ SU(2) zu tun, sondern mit der SL(2,ℂ). Beide Gruppen sind allerdings lokal isomorph, SL(2,ℂ) ≅ SU(2) ⊗ SU(2), d.h., ihre Liealgebren stimmen überein.)

Die Klassifizierung der endlich-dimensionalen Darstellungen verläuft nun analog wie bei der Drehgruppe. Aus beiden Operatoren konstruieren wir zunächst die

Casimir-Operatoren $\mathbf{T}_+^2$ und $\mathbf{T}_-^2$, deren Eigenwerte $n(n+1)$ und $m(m+1)$ endlichdimensionale, nicht-unitäre Darstellungen

$$(n, m) \qquad \text{mit} \qquad n, m = 0, \frac{1}{2}, 1, \frac{3}{2}, \ldots$$

bezeichnen. Da $\mathbf{J} = \mathbf{T}_+ + \mathbf{T}_-$, können wir den Spin j der Darstellung (allgemeiner: Drehimpuls der Darstellung) charakterisieren durch

$$\text{Spin:} \qquad j = n + m\,. \tag{7.26}$$

T_+^3 hat $(2n+1)$ Eigenwerte, T_-^3 hat $(2m+1)$ Eigenwerte; die Dimension der Darstellung ist demzufolge

$$\text{Dimension:} \qquad (2n+1)(2m+1)\,. \tag{7.27}$$

Bei der Paritätstransformation (Raumspiegelung) bleiben die Generatoren der Drehgruppe invariant, wohingegen die Boost-Generatoren ihr Vorzeichen ändern,

$$\text{Spiegelung:} \qquad \mathbf{J} \longrightarrow \mathbf{J} \quad , \quad \mathbf{K} \longrightarrow -\mathbf{K}\,.$$

Für die neuen Generatoren gilt damit

$$\text{Spiegelung:} \qquad \mathbf{T}_+ \longrightarrow \mathbf{T}_- \quad , \quad \mathbf{T}_- \longrightarrow \mathbf{T}_+\,. \tag{7.28}$$

Eine Eigenschaft, die unter stetigen Lorentztransformationen invariant bleibt, bei Raumspiegelungen aber ihr Vorzeichen wechselt, bezeichnet man als *Chiralität* (Händigkeit). Sie ist gekennzeichnet durch

$$\text{Chiralität:} \qquad \lambda = -(n-m)\,. \tag{7.29}$$

Ist λ positiv (negativ), dann bezeichnet man die Darstellung als rechtshändig (linkshändig). Diese Zuordnung ist reine Konvention.

Mit der Umbenennung der Parameter $\omega_{0i} = \nu_i = -\omega_{i0}$ und $\omega_{ij} = \varepsilon_{ijk}\varphi_k$ folgt aus (7.15)

$$\begin{aligned} \Lambda &= \exp\left(-\frac{\mathrm{i}}{2}\,\omega_{ij}M^{ij} - \mathrm{i}\omega_{0i}M^{0i}\right) \\ &= \exp\left[-\mathrm{i}\,(\boldsymbol{\varphi}\cdot\mathbf{J} + \boldsymbol{\nu}\cdot\mathbf{K})\right] \\ &= \exp\left[-\mathrm{i}\,(\boldsymbol{\varphi} - \mathrm{i}\boldsymbol{\nu})\cdot\mathbf{T}_+\right]\,\exp\left[-\mathrm{i}\,(\boldsymbol{\varphi} + \mathrm{i}\boldsymbol{\nu})\cdot\mathbf{T}_-\right]\,. \end{aligned} \tag{7.30}$$

Beim Übergang zur letzten Zeile wurde ausgenutzt, daß $\mathbf{T}_+$ und $\mathbf{T}_-$ miteinander vertauschen.

Abgesehen von der trivialen Darstellung $(0,0)$ mit dem Spin Null, sind die einfachsten irreduziblen Darstellungen die folgenden:

1. Die *linke* Fundamentaldarstellung $(\frac{1}{2}, 0)$. Sie besitzt den Spin $\frac{1}{2}$ und stellt einen linkshändigen Spinor Ψ_L dar. Er transformiert nach einer Spinordarstellung von (7.30) mit $\mathbf{T}_+ = \frac{1}{2}\boldsymbol{\sigma}$ und $\mathbf{T}_- = 0$, also

$$\Psi_\mathrm{L}(x) \longrightarrow \Psi'_\mathrm{L}(x') = A_\mathrm{L}\Psi_\mathrm{L}(x) \,, \tag{7.31}$$

wobei

$$A_\mathrm{L} := \Lambda^{(\frac{1}{2},0)} = \exp\left\{-\frac{\mathrm{i}}{2}\,(\boldsymbol{\varphi} - \mathrm{i}\boldsymbol{\nu})\cdot\boldsymbol{\sigma}\right\} . \tag{7.32}$$

2. Die *rechte* Fundamentaldarstellung $(0, \frac{1}{2})$. Sie beschreibt einen rechtshändigen Spinor Ψ_R; der Spin ist ebenfalls $\frac{1}{2}$. Er transformiert nach einer Spinordarstellung mit $\mathbf{T}_+ = 0$ und $\mathbf{T}_- = \frac{1}{2}\boldsymbol{\sigma}$, also

$$\Psi_\mathrm{R}(x) \longrightarrow \Psi'_\mathrm{R}(x') = A_\mathrm{R}\Psi_\mathrm{R}(x) \,, \tag{7.33}$$

wobei

$$A_\mathrm{R} := \Lambda^{(0,\frac{1}{2})} = \exp\left\{-\frac{\mathrm{i}}{2}\,(\boldsymbol{\varphi} + \mathrm{i}\boldsymbol{\nu})\cdot\boldsymbol{\sigma}\right\} . \tag{7.34}$$

Man beachte wohl, daß die Darstellungen A_L und A_R *nicht* unitär sind. Sie liefern aber eine Zerlegung in reine Drehungen und Boosts,

$$A_\mathrm{L,R}(\boldsymbol{\varphi}, \boldsymbol{\nu}) = U(\boldsymbol{\varphi})A_\mathrm{L,R}(0, \boldsymbol{\nu}) \,, \tag{7.35}$$

mit der unitären Matrix $U \in \mathrm{SU}(2)$ aus (5.107). Für reine Drehungen ($\boldsymbol{\nu} = 0$) fallen beide Darstellungen zusammen.

7.1.6 Verknüpfungen von Darstellungen

Aus den Fundamentaldarstellungen $(\frac{1}{2}, 0)$ und $(0, \frac{1}{2})$ lassen sich durch die Verknüpfungen *direktes Produkt* und *direkte Summe* alle anderen Darstellungen gewinnen. Dabei gelten die Regeln:

$$(n, m) = (n, 0) \otimes (0, m) \tag{7.36}$$

und für $n \geq n'$

$$(n, 0) \otimes (n', 0) = (n + n', 0) \oplus (n + n' - 1, 0) \oplus \ldots \oplus (n - n', 0) \,. \tag{7.37}$$

Speziell erhält man also

$$(\tfrac{1}{2},0) \otimes (0,\tfrac{1}{2}) = (\tfrac{1}{2},\tfrac{1}{2}) \,, \tag{7.38}$$

$$(\tfrac{1}{2},0) \otimes (\tfrac{1}{2},0) = (1,0) \oplus (0,0) \,. \tag{7.39}$$

Weiterhin gilt noch das Distributivgesetz

$$b \otimes (a_1 \oplus a_2) = (b \otimes a_1) \oplus (b \otimes a_2) \,, \tag{7.40}$$

wobei hier (m, n) durch a_1, a_2 oder b abgekürzt ist.
Lorentzskalare gehören zur einfachsten Darstellung,

$$\text{Lorentzskalar} \in (0,0) \,.$$

Der vierdimensionale Minkowskiraum ist selbst ein Darstellungsraum der Lorentzgruppe. Da Vektoren des Minkowskiraumes nach Raumspiegelungen immer noch im Minkowskiraum liegen, muß die zugehörige Darstellung paritätsinvariant sein, also die Form (n, n) besitzen. Außerdem soll die Dimension in (7.27) gleich 4 sein: $(2n + 1)^2 = 4$ liefert $n = \frac{1}{2}$. Das Resultat lautet demnach

$$\text{Vierervektoren} \in (\tfrac{1}{2},\tfrac{1}{2}) \,.$$

Der Spin dieser Darstellung ist wegen (7.26) gleich 1. So beschreibt beispielsweise das elektromagnetische Potential A^μ als ein Vierervektor Teilchen (Photonen) mit Spin 1. Tensoren höherer Stufe sind nun so definiert, daß sie sich bezüglich jedes Index wie ein Vierervektor transformieren. Wir können also verallgemeinern:

$$\text{Jeder Lorentzindex gehört zur Darstellung } (\tfrac{1}{2},\tfrac{1}{2}) \,.$$

Speziell für Tensoren 2. Stufe erhalten wir mit Hilfe der Verknüpfungsregeln

$$\begin{aligned} T^{\mu\nu} \in (\tfrac{1}{2},\tfrac{1}{2}) \otimes (\tfrac{1}{2},\tfrac{1}{2}) &= (\tfrac{1}{2},0) \otimes (0,\tfrac{1}{2}) \;\otimes\; (\tfrac{1}{2},0) \otimes (0,\tfrac{1}{2}) \\ &= (\tfrac{1}{2},0) \otimes (\tfrac{1}{2},0) \;\otimes\; (0,\tfrac{1}{2}) \otimes (0,\tfrac{1}{2}) \\ &= \Big[(1,0) \oplus (0,0) \Big] \otimes \Big[(0,1) \oplus (0,0) \Big] \\ &= (1,1) \oplus (1,0) \oplus (0,1) \oplus (0,0) \,. \end{aligned} \tag{7.41}$$

Jeder Tensor 2. Stufe enthält also einen skalaren Anteil $(0,0)$, einen Spin-1-Anteil $(1,0) \oplus (0,1)$ und einen Spin-2-Anteil $(1,1)$. Dem entspricht die Zerlegung

$$T^{\mu\nu} = a g^{\mu\nu} + A^{\mu\nu} + S^{\mu\nu} \qquad \text{mit} \qquad a = \frac{1}{4} T^\lambda_{\ \lambda} \,.$$

Der erste Term mit der Spur a ist proportional zur Metrik; der zweite Term enthält den antisymmetrischen Anteil, $A^{\mu\nu} \in (1,0) \oplus (0,1)$, und der dritte Term enthält den symmetrischen Rest $S^{\mu\nu} \in (1,1)$ mit Spur Null. Antisymmetrische Tensoren 2. Stufe, wie der elektromagnetische Feldstärketensor $F^{\mu\nu}$, beschreiben somit immer Objekte mit Spin 1. Aber auch die Generatoren $M^{\mu\nu}$, $L^{\mu\nu}$, $\Sigma^{\mu\nu}$ sind antisymmetrische Tensoren 2. Stufe und gehören folglich auch zur Darstellung $(1,0) \oplus (0,1)$.

7.1.7 Bahndrehimpuls und Spin

In der Quantenmechanik ist es üblich, bei Drehungen zwischen dem *Bahndrehimpuls* **L** und dem *Teilchenspin* **S** zu unterscheiden. Der Gesamtdrehimpuls ist dabei die Summe

$$\mathbf{J} = \mathbf{L} + \mathbf{S}\,. \tag{7.42}$$

Wie bereits in § 5.4.5 angedeutet, unterscheidet man bei Lorentztransformationen zwischen *äußeren* und *inneren* Drehungen, indem man die Zerlegung vornimmt:

$$\boxed{M^{\mu\nu} = L^{\mu\nu} + \Sigma^{\mu\nu}}\quad . \tag{7.43}$$

Äußere Drehungen werden durch den "Bahndrehimpulsoperator"

$$L^{\mu\nu} := x^\mu P^\nu - x^\nu P^\mu \tag{7.44}$$

als eine Verallgemeinerung von (5.157) beschrieben. Hier ist

$$P^\mu := \hat{p}^\mu/\hbar \tag{7.45}$$

mit $\hat{p}^\mu$ aus (7.8), und es gilt

$$[\,P^\mu, x^\nu\,] = \mathrm{i}\,g^{\mu\nu}\,. \tag{7.46}$$

Wie bereits in § 5.4.5 angedeutet, unterscheidet man bei den inneren Drehungen zwischen der Tensor- und der Spinordarstellung, je nachdem, ob das zu beschreibende Objekt (Teilchen oder Feld) ganzzahligen oder halbzahligen Spin trägt:

$$\text{Tensordarstellung:}\qquad (\Sigma^{\mu\nu})^\rho{}_\sigma = \mathrm{i}\,(\,g^{\mu\rho}\delta^\nu_\sigma - g^{\nu\rho}\delta^\mu_\sigma\,) \tag{7.47}$$

$$\text{Spinordarstellung:}\qquad \Sigma^{\mu\nu} = \frac{\mathrm{i}}{4}\,[\,\Gamma^\mu, \Gamma^\nu\,]\,. \tag{7.48}$$

Jede diese Darstellungen erfüllt die Lorentzalgebra (7.17). Der Zusammenhang zwischen den Generatoren im Minkowskiraum und den Generatoren im dreidimensionalen euklidischen Raum ist dabei gegeben durch

$$J^k = \frac{1}{2}\,\varepsilon^{ijk}M^{ij}\,, \quad L^k = \frac{1}{2}\,\varepsilon^{ijk}L^{ij}\,, \quad S^k = \frac{1}{2}\,\varepsilon^{ijk}\Sigma^{ij}\,. \tag{7.49}$$

Die Darstellungen von **J**, **L** und **S** werden durch j, l und s klassifiziert.

Für die weiteren Betrachtungen führen wir den total antisymmetrischen Tensor 4. Stufe ein:

$$\varepsilon_{\mu\nu\rho\sigma} = \begin{cases} +1 \;, & \{\mu,\nu,\rho,\sigma\} \text{ ist gerade Permutation von } \{0,1,2,3\} \\ -1 \;, & \text{ist ungerade Permutation} \\ 0 \;, & \text{sonst.} \end{cases}$$

Es gilt dabei $\varepsilon_{\mu\nu\rho\sigma} = -\varepsilon^{\mu\nu\rho\sigma}$ sowie als Normierung

$$\varepsilon_{0123} = 1 \qquad \text{und} \qquad \varepsilon_{0ijk} = \varepsilon^{ijk}\,. \tag{7.50}$$

Er besitzt ferner die Eigenschaften:

$$\varepsilon_{\alpha\beta\gamma\delta}\,\varepsilon^{\gamma\delta\mu\nu} = 2\,(\delta^\nu_\alpha\delta^\mu_\beta - \delta^\mu_\alpha\delta^\nu_\beta)\quad, \tag{7.51}$$

$$\varepsilon_{\alpha\beta\gamma\delta}\,\varepsilon^{\alpha\beta\gamma\delta} = -4!\quad. \tag{7.52}$$

Treten *nur* Raumkomponenten auf wie in ε_{ijkl}, dann sind immer mindestens zwei Indizes gleich und der ε-Tensor verschwindet, $\varepsilon_{ijkl} = 0$.

Anstelle der beiden Casimir-Operatoren aus § 7.1.5,

$$\mathbf{T}_+^2 = \frac{1}{4}\,(\mathbf{J} + \mathrm{i}\mathbf{K})^2 \qquad \text{und} \qquad \mathbf{T}_-^2 = \frac{1}{4}\,(\mathbf{J} - \mathrm{i}\mathbf{K})^2\,, \tag{7.53}$$

untersuchen wir nun zwei neue Casimir-Operatoren:

$$C_1 = \frac{1}{2}\,M_{\mu\nu}M^{\mu\nu} \qquad \text{und} \qquad C_2 = \frac{\mathrm{i}}{8}\,\varepsilon_{\mu\nu\rho\sigma}M^{\mu\nu}M^{\rho\sigma}\,. \tag{7.54}$$

Aufgrund ihrer Indexstruktur sind es Lorentzskalare, vertauschen also mit den Generatoren $M^{\mu\nu}$. Beide Sätze von Casimir-Operatoren lassen sich ineinander überführen. Dazu berechnen wir mit (7.18)

$$\begin{aligned} C_1 &= \frac{1}{2}\,(M_{ij}M^{ij} + M_{0j}M^{0j} + M_{i0}M^{i0}) \\ &= \mathbf{J}^2 - \mathbf{K}^2 \;=\; 2\,(\mathbf{T}_+^2 + \mathbf{T}_-^2)\,, \end{aligned} \tag{7.55}$$

wobei in der unteren Zeile $M_{0i} = -M^{0i}$ beachtet wurde. Weiter berechnen wir

$$\begin{aligned} C_2 &= \frac{\mathrm{i}}{8}\left(\varepsilon_{ijkl}M^{ij}M^{kl} + 2\epsilon_{ij0l}M^{ij}M^{0l} + 2\varepsilon_{0jkl}M^{0j}M^{kl}\right) \\ &= \frac{\mathrm{i}}{4}\left(0 + \varepsilon^{lij}M^{ij}M^{0l} + \varepsilon^{jkl}M^{0j}M^{kl}\right) \\ &= \frac{\mathrm{i}}{2}\left(\mathbf{J}\cdot\mathbf{K} + \mathbf{K}\cdot\mathbf{J}\right) \;=\; \mathbf{T}_+^2 - \mathbf{T}_-^2\,. \end{aligned} \tag{7.56}$$

Die Eigenwerte von C_1 und C_2 sind demzufolge $2[n(n+1) + m(m+1)]$ und $n(n+1) - m(m+1)$. Das läßt sich mit $j = n + m$ und $\lambda = m - n$ umschreiben in die Eigenwerte

$$j(j+2) + \lambda^2 \quad \text{von} \quad C_1\,, \tag{7.57}$$

$$-\lambda(j+1) \quad \text{von} \quad C_2\,, \tag{7.58}$$

wobei $j = 0, \frac{1}{2}, 1, \ldots$ und $\lambda = -j, -j+1, \ldots, j$.
Es besteht nun ein prinzipieller Unterschied zwischen den Darstellungen von $L^{\mu\nu}$ und $\Sigma^{\mu\nu}$. So verschwindet für $L^{\mu\nu}$ zunächst die zyklische Summe,

$$\begin{aligned} \{\,P^\lambda L^{\mu\nu}\,\} &:= P^\lambda L^{\mu\nu} + P^\mu L^{\nu\lambda} + P^\nu L^{\lambda\mu} \\ &= P^\lambda(x^\mu P^\nu - x^\nu P^\mu) + P^\mu(x^\nu P^\lambda - x^\lambda P^\nu) \\ &\quad + P^\nu(x^\lambda P^\mu - x^\mu P^\lambda) \;=\; 0 \end{aligned} \tag{7.59}$$

wegen (7.46). Da jedoch der ε-Tensor invariant unter der zyklische Vertauschung dreier Indizes ist, bedeutet das

$$\begin{aligned} \varepsilon_{\mu\nu\rho\sigma}\,L^{\mu\nu}L^{\rho\sigma} &= \varepsilon_{\mu\nu\rho\sigma}\,(x^\mu P^\nu - x^\nu P^\mu)\,L^{\rho\sigma} \\ &= \frac{1}{3}\varepsilon_{\mu\nu\rho\sigma}\,x^\mu\{P^\nu L^{\rho\sigma}\} - \frac{1}{3}\varepsilon_{\mu\nu\rho\sigma}\,x^\nu\{P^\mu L^{\rho\sigma}\} = 0\,. \end{aligned}$$

Vergleichen wir diesen Ausdruck mit C_2 in (7.54), so folgt aus (7.58) und in Abwesenheit von $\Sigma^{\mu\nu}$, daß alle Darstellungen von $L^{\mu\nu}$ die Chiralität $\lambda = 0$ haben müssen. Sie werden daher nicht durch ein Zahlenpaar, sondern durch eine einzige Zahl charakterisiert: (k, k) mit $k = 0, \frac{1}{2}, 1\ldots$. Der "Spin" dieser Darstellung ist damit immer ganzzahlig: $l = 2k$. Wegen $\lambda = 0$ finden wir mit (7.57) auch die Eigenwerte von $2L_{\mu\nu}L^{\mu\nu}$ als $l(l+2)$.
Die Darstellungen von $L^{\mu\nu}$ werden also durch (k, k), die von $\Sigma^{\mu\nu}$ durch (q, r) mit $k, q, r = 0, \frac{1}{2}, 1, \ldots$ charakterisiert. Ein Objekt (Teilchen) mit dem Bahndrehimpuls $l = 2k$ und dem Spin $s = q + r$ gehört demnach zur Darstellung $(k, k) \otimes (q, r)$.

7.2 Die Spinoren der Lorentzgruppe

In Kapitel 5 wurde der SU(2)-Spinor eingeführt, der einer *unitären* Transformation genügte. Im folgenden soll es um SL(2,ℂ)-Spinoren gehen, welche die Physiker Weyl-Spinoren nennen und die sich *nicht* unitär transformieren. Aus Weyl-Spinoren werden alle anderen Spinoren der Quantenfeldtheorie aufgebaut.

7.2.1 Weyl-Spinoren

Die zweikomponentigen Spinoren Ψ_L und Ψ_R aus § 7.1.5 bezeichnet man als links- und rechtshändige Weyl-Spinoren. Wie wir wissen, transformieren sie sich entsprechend

$$\Psi'_\mathrm{L} = A_\mathrm{L}\Psi_\mathrm{L} \qquad \text{und} \qquad \Psi'_\mathrm{R} = A_\mathrm{R}\Psi_\mathrm{R} \,.$$

Wir suchen nun nach Kombinationen von Weyl-Spinoren, die bei Lorentztransformationen invariant bleiben.
Ein Vergleich von (7.32) mit (7.34) ergibt zunächst

$$A_\mathrm{L}^{-1} = A_\mathrm{R}^\dagger \,. \tag{7.60}$$

Andererseits folgt mit (5.103)

$$\begin{aligned} \sigma^2 A_\mathrm{L}\sigma^2 &= \sigma^2 \exp\left\{-\frac{\mathrm{i}}{2}(\boldsymbol{\varphi} - \mathrm{i}\boldsymbol{\nu})\cdot\boldsymbol{\sigma}\right\}\sigma^2 \\ &= \exp\left\{\frac{\mathrm{i}}{2}(\boldsymbol{\varphi} - \mathrm{i}\boldsymbol{\nu})\cdot\boldsymbol{\sigma}^*\right\} = A_\mathrm{R}^* \,. \end{aligned} \tag{7.61}$$

Nun transponieren wir diesen Ausdruck und erhalten mit $\sigma^{2\mathrm{T}} = -\sigma^2$

$$A_\mathrm{R}^\dagger = (\sigma^2 A_\mathrm{L}\sigma^2)^\mathrm{T} = \sigma^{2\mathrm{T}} A_\mathrm{L}^\mathrm{T}\sigma^{2\mathrm{T}} = \sigma^2 A_\mathrm{L}^\mathrm{T}\sigma^2 \,.$$

Aus (7.60) und $(\sigma^2)^2 = \mathbb{1}$ folgt schließlich

$$\boxed{\sigma^2 = A_\mathrm{L}^\mathrm{T}\sigma^2 A_\mathrm{L}} \,. \tag{7.62}$$

Für A_R gilt eine ähnliche Beziehung. Ein Vergleich sowohl mit (5.127) als auch (5.139) zeigt, daß die Paulimatrix σ^2 hier als Spinormetrik auftritt.
Betrachten wir nun die Lorentztransformation von Ψ_L^* in dem Ausdruck

$$\sigma^2\Psi_\mathrm{L}^* \longrightarrow \sigma^2 A_\mathrm{L}^*\Psi_\mathrm{L}^* = \sigma^2 A_\mathrm{L}^*\sigma^2\sigma^2\Psi_\mathrm{L}^* = A_\mathrm{R}\,(\sigma^2\Psi_\mathrm{L}^*) \,,$$

wobei die konjugiert komplexe Form von (7.61) benutzt wurde. Damit transformiert sich $\sigma^2\Psi_L^*$ wie ein rechtshändiger Weyl-Spinor. Ebenso kann man zeigen, daß $\sigma^2\Psi_R^*$ wie ein linkshändiger Weyl-Spinor transformiert. Demnach schreiben wir:

$$\Psi_R = -i\sigma^2\Psi_L^* \qquad \text{und} \qquad \Psi_L = i\sigma^2\Psi_R^* \,. \tag{7.63}$$

Die Vorfaktoren sind so gewählt, daß ein Einsetzen der rechten in die linke Gleichung zu einer Identität führt. Wie hier bereits angedeutet ist, werden wir im weiteren nicht σ^2, sondern die reelle Matrix $i\sigma^2$ als Spinormetrik verwenden.

Wir untersuchen nun die aus zwei linkshändigen Spinoren gebildete Kombination $i\Phi_L^T\sigma^2\Psi_L$ unter Lorentztransformationen:

$$i\Phi_L^T\sigma^2\Psi_L \longrightarrow i\Phi_L^T A_L^T\sigma^2 A_L\Psi_L = i\Phi_L^T\sigma^2\Psi_L \,,$$

wobei (7.62) berücksichtigt wurde. Sie bleibt unverändert,

$$i\Phi_L^T\sigma^2\Psi_L = \text{invariant} \,. \tag{7.64}$$

Mit denselben Überlegungen findet man, daß $i\Phi_R^T\sigma^2\Psi_R$ ebenfalls ein Lorentzskalar ist. Diese Beziehungen führen nun zu zwei Schlußfolgerungen:

Mit den Beziehungen aus (7.63), die genauso für die Φ's gelten, und mit $\sigma^{2T} = -\sigma^2$ folgt

$$\begin{aligned} i\Phi_L^T\sigma^2\Psi_L &= i(i\sigma^2\Phi_R^*)^T\sigma^2\Psi_L &&= -\Phi_R^\dagger\sigma^{2T}\sigma^2\Psi_L = \Phi_R^\dagger\Psi_L \,, \\ -i\Phi_R^T\sigma^2\Psi_R &= -i(-i\sigma^2\Phi_L^*)^T\sigma^2\Psi_R &&= -\Phi_L^\dagger\sigma^{2T}\sigma^2\Psi_R = \Phi_L^\dagger\Psi_R \,. \end{aligned}$$

Damit haben wir die folgenden invarianten Kombinationen gefunden:

$$\text{Lorentzskalar:} \qquad \Phi_R^\dagger\Psi_L \qquad \text{und} \qquad \Phi_L^\dagger\Psi_R \,. \tag{7.65}$$

Als zweite Schlußfolgerung betrachten wir den Spezialfall $\Phi_L = \Psi_L$ in (7.64):

$$i\Psi_L^T\sigma^2\Psi_L = (\psi_1, \psi_2)\begin{pmatrix} 0 & 1 \\ -1 & 0 \end{pmatrix}\begin{pmatrix} \psi_1 \\ \psi_2 \end{pmatrix} = \psi_1\psi_2 - \psi_2\psi_1 \,.$$

Je nachdem, welche Art von Zahlen man für die einzelnen Spinorkomponenten annimmt, erhält man unterschiedliche Werte für die Invariante,

$$\begin{aligned} &c\text{-Zahlen}: \qquad [\psi_i, \psi_j] = 0 \quad \Longrightarrow \quad i\Psi_L^T\sigma^2\Psi_L = 0 \,, \\ &a\text{-Zahlen}: \qquad \{\psi_i, \psi_j\} = 0 \quad \Longrightarrow \quad i\Psi_L^T\sigma^2\Psi_L = 2\psi_1\psi_2 \,. \end{aligned}$$

Die Invariante verschwindet für gewöhnliche Komponenten. Man betrachtet nun ψ_1 und ψ_2 als antikommutierende Zahlen (Grassmann-Zahlen). Das ist eine wesentliche Tatsache, die in der klassischen Feldtheorie für alle Arten von Spinoren gilt:

Spinorkomponenten sind a-Zahlen.

Diese Festlegung hat nichts mit irgendeiner Form der Quantisierung zu tun.

7.2.2 Die Gruppe SL(2,$\mathbb{C}$)

Die Gruppe SL(2,$\mathbb{C}$) ist die Menge aller komplexen 2×2 Matrizen A mit der Determinante 1; alle Gruppenelemente sind invertierbar. Im Unterschied zur SU(2) sind allerdings diese Matrizen *nicht* mehr unitär. Eine komplexe 2×2 Matrix hat 4 Einträge, sie verfügt damit über acht reelle Parameter. Die Bedingung $\det A = 1$ liefert zwei Gleichungen: der Realteil von $\det A$ muß 1 sein, während der Imaginärteil verschwinden soll. Damit ist ein Gruppenelement der SL(2,$\mathbb{C}$) durch insgesamt sechs Parameter spezifiziert.

Die Darstellungsmatrizen A_{L} und A_{R} besitzen die Determinante 1, da wegen (5.58) und $\mathrm{Tr}\,\sigma^i = 0$ gilt:

$$\det A_{\mathrm{L,R}} = \exp\left\{-\frac{\mathrm{i}}{2}\,\mathrm{Tr}\,(\boldsymbol{\varphi} \mp \mathrm{i}\boldsymbol{\nu})\cdot\boldsymbol{\sigma}\right\} = \mathrm{e}^0 = 1. \tag{7.66}$$

Sie sind demzufolge Elemente der SL(2,$\mathbb{C}$).

Da die Lorentzgruppe und die SL(2,$\mathbb{C}$) durch die gleiche Parameterzahl ($n = 6$) charakterisiert sind, muß es eine Abbildung von der SL(2,$\mathbb{C}$) auf die Lorentzgruppe geben, wobei jedem A_{L} ein Element Λ der Lorentzgruppe zugeordnet wird. Um das nachzuweisen, sind einige Vorbetrachtungen notwendig.

Die Rolle, welche die drei Paulimatrizen bei der Drehgruppe spielen,

$$\mathrm{SU(2)}: \qquad \boldsymbol{\sigma} = (\sigma^1, \sigma^2, \sigma^3)$$

kommt jetzt den um das Einselement $\sigma^0 := \mathbb{1}$ erweiterten Paulimatrizen zu,

$$\mathrm{SL}(2,\mathbb{C}): \qquad \sigma^\mu = (\mathbb{1}, \boldsymbol{\sigma}) \quad \text{und} \quad \tilde{\sigma}^\mu = (\mathbb{1}, -\boldsymbol{\sigma}) \quad . \tag{7.67}$$

Auffallend ist, daß wir zwei Sätze σ^μ und $\tilde{\sigma}^\mu$ einführen, die sich nur im Vorzeichen der Raumkomponenten unterscheiden. In diesem Sinn hat das etwas mit Raumspiegelungen bzw. der Parität zu tun.

Man prüft leicht nach, daß anstelle von (5.99) jetzt die Beziehungen

$$\sigma^\mu \tilde{\sigma}^\nu + \sigma^\nu \tilde{\sigma}^\mu = 2g^{\mu\nu} \mathbb{1} , \tag{7.68}$$

$$\tilde{\sigma}^\mu \sigma^\nu + \tilde{\sigma}^\nu \sigma^\mu = 2g^{\mu\nu} \mathbb{1} , \tag{7.69}$$

und anstelle von (5.102) die Relation

$$\mathrm{Tr}\, \sigma^\mu \tilde{\sigma}^\nu = 2g^{\mu\nu} \tag{7.70}$$

treten. Die Verallgemeinerung von (5.104) lautet

$$\sigma^2 \sigma^\mu \sigma^2 = \tilde{\sigma}^{\mu \mathrm{T}} \qquad \text{bzw.} \qquad \sigma^2 \tilde{\sigma}^\mu \sigma^2 = \sigma^{\mu \mathrm{T}} . \tag{7.71}$$

Ähnlich wie man mittels (5.110) Dreiervektoren auf 2×2 Matrizen abbildet, wird jedem Vierervektor eine 2×2 Matrix zugeordnet:

$$x^\mu \longrightarrow X = x^\mu \sigma_\mu = \begin{pmatrix} x^0 - x^3 & -x^1 + \mathrm{i}x^2 \\ -x^1 - \mathrm{i}x^2 & x^0 + x^3 \end{pmatrix} . \tag{7.72}$$

Diese Matrix ist für reelle x^μ hermitesch und besitzt die Eigenschaft

$$\det X = (x^0)^2 - (x^1)^2 - (x^2)^2 - (x^3)^2 = x^\mu x_\mu . \tag{7.73}$$

Im Gegensatz zu (5.110) ist X aber *nicht* spurfrei, vielmehr gilt

$$\mathrm{Tr}\, X = 2x^0 = 2ct . \tag{7.74}$$

Multiplizieren wir $x_\nu \sigma^\nu = X$ von links mit $\frac{1}{2}\tilde{\sigma}^\mu$ und bilden die Spur auf beiden Seiten, dann folgt mit (7.70) die Umkehrabbildung

$$X \longrightarrow x^\mu = \frac{1}{2} \mathrm{Tr}\, X \tilde{\sigma}^\mu .$$

Mit einem SL(2,$\mathbb{C}$)-Gruppenelement A_L läßt sich X transformieren:

$$X \longrightarrow X' = A_\mathrm{L} X A_\mathrm{L}^\dagger . \tag{7.75}$$

X' ist wieder hermitesch. Gleichzeitig bleibt wegen $\det A_\mathrm{L} = 1$ die Determinante $\det X$ bei dieser Transformation invariant:

$$(x^\mu x_\mu)' = \det X' = \det A_\mathrm{L} \det X \det A_\mathrm{L}^\dagger = \det X = x^\mu x_\mu .$$

Damit definiert (7.75) eine Lorentztransformation. Für den Spezialfall, daß A_L unitär ist, erhält man aus (7.75) $\mathrm{Tr}\, X' = \mathrm{Tr}\, X$, und die Zeit bleibt wegen (7.74) unverändert. Solche Transformationen sind bekanntlich die Raumdrehungen.
Nun suchen wir nach einer konkreten Beziehung zwischen Λ und A_L. Dazu berechnen wir

$$x'^\mu = \frac{1}{2}\,\mathrm{Tr}\, X'\tilde{\sigma}^\mu = \frac{1}{2}\left(\mathrm{Tr}\, A_\mathrm{L}\sigma_\nu A_\mathrm{L}^\dagger\tilde{\sigma}^\mu\right) x^\nu \stackrel{!}{=} \Lambda^\mu{}_\nu x^\nu\,,$$

woraus folgt

$$\boxed{\Lambda^\mu{}_\nu = \frac{1}{2}\,\mathrm{Tr}\,\tilde{\sigma}^\mu A_\mathrm{L}\sigma_\nu A_\mathrm{L}^\dagger} \quad . \tag{7.76}$$

Zusätzlich zu (7.72) existiert eine zweite Abbildung eines Vierervektors auf eine hermitesche 2×2 Matrix:

$$x^\mu \longrightarrow \widetilde{X} = x^\mu\tilde{\sigma}_\mu = \begin{pmatrix} x^0 + x^3 & x^1 - \mathrm{i}x^2 \\ x^1 + \mathrm{i}x^2 & x^0 - x^3 \end{pmatrix}\,. \tag{7.77}$$

Das entsprechende Transformationsgesetz lautet dann

$$\widetilde{X} \longrightarrow \widetilde{X}' = A_\mathrm{R}\widetilde{X}A_\mathrm{R}^\dagger = A_\mathrm{L}^{-1\dagger}\widetilde{X}A_\mathrm{L}^{-1}\,. \tag{7.78}$$

Wählt man speziell ∂_μ als Vierervektor, dann transformieren die Größen $\sigma^\mu\partial_\mu$ und $\tilde{\sigma}^\mu\partial_\mu$ wie X bzw. $\tilde{X}$. Wir untersuchen nun die Lorentztransformation von

$$\Psi_\mathrm{L}^\dagger\tilde{\sigma}^\mu\partial_\mu\Psi_\mathrm{L} \longrightarrow (A_\mathrm{L}\Psi_\mathrm{L})^\dagger(A_\mathrm{L}^{-1\dagger}\tilde{\sigma}^\mu\partial_\mu A_\mathrm{L}^{-1})(A_\mathrm{L}\Psi_\mathrm{L}) = \Psi_\mathrm{L}^\dagger\tilde{\sigma}^\mu\partial_\mu\Psi_\mathrm{L}\,.$$

Damit ist das ein Lorentzskalar! Analog konstruiert man aus den Ψ_R einen zweiten Skalar, so daß etwas allgemeiner gilt

$$\text{Lorentzskalar:} \qquad \Phi_\mathrm{L}^\dagger\tilde{\sigma}^\mu\partial_\mu\Psi_\mathrm{L} \qquad \text{und} \qquad \Phi_\mathrm{R}^\dagger\sigma^\mu\partial_\mu\Psi_\mathrm{R}\,. \tag{7.79}$$

Zusammen mit den Lorentzskalaren aus (7.65) stehen uns somit vier invariante Kombinationen von Weyl-Spinoren zur Verfügung, aus denen wir später die Lagrangedichte für Spinorfelder aufbauen werden.
Aus (7.75) mit $X'{=}x_\mu\sigma'^\mu$ und aus (7.78) mit $\widetilde{X}'{=}x_\mu\tilde{\sigma}'^\mu$ folgt per Koeffizientenvergleich das Transformationsverhalten der erweiterten Paulimatrizen,

$$\sigma'^\mu = A_\mathrm{L}\sigma^\mu A_\mathrm{L}^\dagger \qquad \text{und} \qquad \tilde{\sigma}'^\mu = A_\mathrm{R}\tilde{\sigma}^\mu A_\mathrm{R}^\dagger\,. \tag{7.80}$$

7.2.3 Überlagerungsgruppe und Raumspiegelungen

Betrachten wir noch einmal (7.76). Da sowohl A_L als auch $-A_\mathrm{L}$ zur gleichen Lorentztransformation führen, ist die Abbildung zwischen Λ und A_L nicht eindeutig. Der Gruppenhomomorphismus lautet:

$$L_+^\uparrow \cong \mathrm{SL}(2,\mathbb{C})/\mathbb{Z}_2 \,. \tag{7.81}$$

Diese Beziehung erinnert an den Ausdruck (5.108) für die Drehgruppe. Auch hier symbolisiert $\mathbb{Z}_2$ eine diskrete Gruppe, die nur aus zwei Elementen besteht.

Nun zeigen wir, daß die SL(2,$\mathbb{C}$) die Überlagerungsgruppe der $L_+^\uparrow$ ist; als Überlagerungsgruppe muß sie nach den Ausführungen in § 5.2.5 *einfach zusammenhängend* sein.

Laut (7.35) läßt sich jedes SL(2,$\mathbb{C}$)-Element A_L immer in eine unimodulare unitäre Matrix U und eine hermitesche Matrix $\Omega = \exp\left(-\frac{1}{2}\boldsymbol{\nu}\cdot\boldsymbol{\sigma}\right)$ zerlegen,

$$A_\mathrm{L} = U\Omega \qquad \text{mit} \qquad U \in \mathrm{SU}(2) \,. \tag{7.82}$$

Wegen $\mathrm{Tr}\,\sigma^i = 0$ und (5.58) handelt es sich bei Ω um eine hermitesche Matrix mit Determinante Eins und positiver Spur:

$$\det\Omega = 1 \qquad \text{und} \qquad \mathrm{Tr}\,\Omega = \mathrm{Tr}\,(\mathbb{1} - \frac{1}{2}\boldsymbol{\nu}\cdot\boldsymbol{\sigma} + \ldots) > 0 \,. \tag{7.83}$$

Als hermitesche Matrix läßt sich Ω entwickeln, $\Omega = \Omega^\mu\sigma_\mu$, und wir erhalten mit (7.73) und aus den Bedingungen (7.83) die Gleichung

$$(\Omega^0)^2 - (\Omega^1)^2 - (\Omega^2)^2 - (\Omega^3)^2 = 1 \quad , \quad \Omega^0 > 0 \,. \tag{7.84}$$

Das ist die Gleichung eines Hyperboloids im vierdimensionalen Raum. Aufgrund der Einschränkung $\Omega^0 > 0$ haben wir es hier sogar mit einer einfach zusammenhängenden Mannigfaltigkeit zu tun. Aus § 5.3.5 wissen wir, daß die SU(2) ebenfalls einer einfach zusammenhängenden Mannigfaltigkeit entspricht. Das Produkt (7.82) von zwei einfach-zusammenhängenden Mannigfaltigkeiten ist wiederum eine einfach zusammenhängende Mannigfaltigkeit. Damit ist die SL(2,$\mathbb{C}$) eine Überlagerungsgruppe. Überlagerungsgruppen der SO(N, M) werden mit SPIN(N, M) abgekürzt. Es gilt demnach SL(2,$\mathbb{C}$) = SPIN$(1, 3)$.

Als wichtige Schlußfolgerung halten wir fest: Genauso wie die SU(2) kennt die SL(2,$\mathbb{C}$) keine Raumspiegelungen und kann deshalb rechts- und linkshändige Systeme nicht ineinander überführen. Das bedeutet eine starke Einschränkung für die Teilchen, die mit dieser Darstellung beschrieben werden.

7.2.4 Dirac-Spinoren

Die zweikomponentigen Weyl-Spinoren Ψ_L und Ψ_R sind wegen (7.28) keine Paritätseigenzustände, da bei einer

$$\text{Spiegelung:} \qquad \Psi_L \longrightarrow \Psi_R \quad , \quad \Psi_R \longrightarrow \Psi_L$$

gilt. Diese Einschränkung läßt sich durch Bildung der direkten Summe $(\frac{1}{2}, 0) \oplus (0, \frac{1}{2})$ aus beiden Fundamentaldarstellung beheben. Man gelangt so zu einem Bispinor mit insgesamt vier Spinorkomponenten,

$$\Psi = \begin{pmatrix} \Psi_L \\ \Psi_R \end{pmatrix}, \tag{7.85}$$

für den eine Paritätsoperation definiert ist,

$$\text{Spiegelung:} \qquad \begin{pmatrix} \Psi_L \\ \Psi_R \end{pmatrix} \longrightarrow \begin{pmatrix} \Psi_R \\ \Psi_L \end{pmatrix}. \tag{7.86}$$

Während bei Weyl-Spinoren eine Spigelung aus dem Darstellungsraum herausführt, bleibt ein Bispinor nach der Spiegelung wieder ein Bispinor im Raum der Darstellung $(\frac{1}{2}, 0) \oplus (0, \frac{1}{2})$.

Die Spiegelung läßt sich durch einen Paritätsoperator P ausdrücken:

$$\Psi \longrightarrow P\Psi = \gamma^0 \Psi \tag{7.87}$$

mit der 4×4 Matrix

$$\gamma^0 = \begin{pmatrix} 0 & \mathbb{1} \\ \mathbb{1} & 0 \end{pmatrix}. \tag{7.88}$$

Der in (7.85) konstruierte Bispinor heißt *Majorana-Spinor* ; die gewählte Darstellung ist die *chirale* Darstellung.

Der Majorana-Spinor ist nur ein Spezialfall eines Bispinors. Der allgemeinste Bispinor ist der

$$\text{Dirac-Spinor:} \qquad \Psi = \begin{pmatrix} \Psi_L \\ \Phi_R \end{pmatrix}.$$

Er enthält vier komplexe Einträge, also insgesamt acht reelle Parameter. Die Projektionsoperatoren

$$P_L = \frac{1}{2}(\mathbb{1} - \gamma_5) \qquad \text{und} \qquad P_R = \frac{1}{2}(\mathbb{1} + \gamma_5) \tag{7.89}$$

mit der Matrix

$$\gamma_5 = \begin{pmatrix} -\mathbb{1} & 0 \\ 0 & \mathbb{1} \end{pmatrix} \tag{7.90}$$

filtern aus einem Dirac-Spinor den linken und den rechten Weyl-Spinor heraus. Aus dem Kontext geht hervor, daß das $\mathbb{1}$-Symbol in (7.89) als vierdimensionale und in (7.90) als zweidimensionale Einheitsmatrix auftritt.
Nun definieren wir den konjugierten Dirac-Spinor (in der Literatur auch als adjungierter Spinor bezeichnet),

$$\text{konjugierter Dirac-Spinor:} \qquad \overline{\Psi} = \Psi^\dagger \gamma_0 \;=\; (\Phi_{\mathrm{R}}^\dagger, \Psi_{\mathrm{L}}^\dagger)\,. \tag{7.91}$$

Diese Definition ist gerade so gewählt, daß man mit minimalen Schreibaufwand daraus den

$$\text{Lorentzskalar:} \qquad \overline{\Psi}\Psi = \Phi_{\mathrm{R}}^\dagger \Psi_{\mathrm{L}} + \Psi_{\mathrm{L}}^\dagger \Phi_{\mathrm{R}} \tag{7.92}$$

konstruieren kann, welcher sich aus den Invarianten (7.65) zusammensetzt. Um ebenso die Lorentzskalare aus (7.79) in einem Ausdruck zusammenfassen zu können, müssen wir aus σ^μ und $\tilde{\sigma}^\mu$ eine 4×4 Matrix bilden:

$$\gamma^\mu = \begin{pmatrix} 0 & \sigma^\mu \\ \tilde{\sigma}^\mu & 0 \end{pmatrix}\,. \tag{7.93}$$

Eine dieser vier γ-Matrizen ist γ^0 aus (7.88). Mit Hilfe der γ-Matrizen folgt nun der

$$\text{Lorentzskalar:} \qquad \overline{\Psi}\gamma^\mu \partial_\mu \Psi = \Phi_{\mathrm{R}}^\dagger \sigma^\mu \partial_\mu \Phi_{\mathrm{R}} + \Psi_{\mathrm{L}}^\dagger \tilde{\sigma}^\mu \partial_\mu \Psi_{\mathrm{L}}\,. \tag{7.94}$$

Dirac-Spinoren transformieren nach

$$\Psi \longrightarrow \Psi' = S\Psi\,, \tag{7.95}$$

wobei ausgehend von (7.30)

$$S := \Lambda^{(\frac{1}{2},0)\oplus(0,\frac{1}{2})} \;=\; \begin{pmatrix} A_{\mathrm{L}} & 0 \\ 0 & A_{\mathrm{R}} \end{pmatrix}\,. \tag{7.96}$$

Wir weisen nochmals darauf hin, daß alle Ausdrücke in der chiralen Darstellung angegeben sind. Durch Ähnlichkeitstransformationen lassen sie sich auch in andere Darstellungen überführen.

7.2.5 Die Gamma-Matrizen

Unser Ziel ist es, die wichtigsten Eigenschaften der γ-Matrizen herzuleiten. Da wir mit den erweiterten Paulimatrizen σ^μ und $\tilde{\sigma}^\mu$ schon vertraut sind, führen wir alles in der chiralen Darstellung (7.93) durch. Die Endergebnisse gelten dann selbstverständlich in beliebigen Darstellungen, die wir durch Ähnlichkeitstransformationen erhalten.

Zunächst berechnen wir mit Hilfe von (7.68) und (7.69) den Antikommutator:

$$\begin{aligned}\{\gamma^\mu,\gamma^\nu\} &= \begin{pmatrix}0 & \sigma^\mu\\ \tilde{\sigma}^\mu & 0\end{pmatrix}\begin{pmatrix}0 & \sigma^\nu\\ \tilde{\sigma}^\nu & 0\end{pmatrix}+\begin{pmatrix}0 & \sigma^\nu\\ \tilde{\sigma}^\nu & 0\end{pmatrix}\begin{pmatrix}0 & \sigma^\mu\\ \tilde{\sigma}^\mu & 0\end{pmatrix}\\ &= \begin{pmatrix}\sigma^\mu\tilde{\sigma}^\nu+\sigma^\nu\tilde{\sigma}^\mu & 0\\ 0 & \tilde{\sigma}^\mu\sigma^\nu+\tilde{\sigma}^\nu\sigma^\mu\end{pmatrix} = 2g^{\mu\nu}\mathbb{1}\,.\end{aligned}$$

Die γ-Matrizen bilden also eine

$$\text{Clifford-Algebra:}\quad \{\gamma^\mu,\gamma^\nu\} = 2g^{\mu\nu}\mathbb{1}\,. \tag{7.97}$$

Diese erfreuliche Tatsache erlaubt uns, gemäß § 5.4.3 und (5.161) sofort den Generator der vierdimensionalen Spinordarstellung anzugeben:

$$\Sigma^{\mu\nu} = \frac{\mathrm{i}}{4}[\gamma^\mu,\gamma^\nu]\,. \tag{7.98}$$

Diese Größe trägt zwei Lorentzindizes und ist demzufolge ein Tensor 2. Stufe. Um ihm einen Namen zu geben, bezeichnen wir ihn als *Spintensor*. Er ist antisymmetrisch, $\Sigma^{\mu\nu} = -\Sigma^{\nu\mu}$. Außerdem gilt $\Sigma^{0i} = -\Sigma_{0i}$ und $\Sigma^{ij} = \Sigma_{ij}$. Genauso wie in (5.101) erhalten wir aus Kommutator und Antikommutator die nützliche Formel

$$\gamma^\mu\gamma^\nu = \frac{1}{2}\{\gamma^\mu,\gamma^\nu\}+\frac{1}{2}[\gamma^\mu,\gamma^\nu] = g^{\mu\nu}\mathbb{1}-2\mathrm{i}\Sigma^{\mu\nu}\,. \tag{7.99}$$

Im Gegensatz zu σ^μ und $\tilde{\sigma}^\mu$ sind die γ-Matrizen allerdings nicht hermitesch:

$$\gamma^{\mu\dagger} = \begin{pmatrix}0 & \sigma^\mu\\ \tilde{\sigma}^\mu & 0\end{pmatrix}^\dagger = \begin{pmatrix}0 & \tilde{\sigma}^\mu\\ \sigma^\mu & 0\end{pmatrix} \neq \gamma^\mu\,.$$

Andererseits gilt mit (7.88) und (7.93)

$$\gamma^0\gamma^\mu\gamma^0 = \begin{pmatrix}0 & \mathbb{1}\\ \mathbb{1} & 0\end{pmatrix}\begin{pmatrix}0 & \sigma^\mu\\ \tilde{\sigma}^\mu & 0\end{pmatrix}\begin{pmatrix}0 & \mathbb{1}\\ \mathbb{1} & 0\end{pmatrix} = \begin{pmatrix}0 & \tilde{\sigma}^\mu\\ \sigma^\mu & 0\end{pmatrix},$$

womit wir aus dem Vergleich beider Formen die interessante Beziehung erhalten:

$$\gamma^{\mu\dagger} = \gamma^0\gamma^\mu\gamma^0 \,. \tag{7.100}$$

Schließlich berechnen wir mit Hilfe von $\sigma^2\sigma^3 = \mathrm{i}\sigma^1$ den Ausdruck

$$\begin{aligned} \mathrm{i}\gamma^0\gamma^1\gamma^2\gamma^3 &= \mathrm{i}\begin{pmatrix} 0 & \mathbb{1} \\ \mathbb{1} & 0 \end{pmatrix}\begin{pmatrix} 0 & \sigma^1 \\ -\sigma^1 & 0 \end{pmatrix}\begin{pmatrix} 0 & \sigma^2 \\ -\sigma^2 & 0 \end{pmatrix}\begin{pmatrix} 0 & \sigma^3 \\ -\sigma^3 & 0 \end{pmatrix} \\ &= \mathrm{i}\begin{pmatrix} -\sigma^1 & 0 \\ 0 & \sigma^1 \end{pmatrix}\begin{pmatrix} -\sigma^2\sigma^3 & 0 \\ 0 & -\sigma^2\sigma^3 \end{pmatrix} \\ &= \begin{pmatrix} -\sigma^1 & 0 \\ 0 & \sigma^1 \end{pmatrix}\begin{pmatrix} \sigma^1 & 0 \\ 0 & \sigma^1 \end{pmatrix} = \begin{pmatrix} -\mathbb{1} & 0 \\ 0 & \mathbb{1} \end{pmatrix} . \end{aligned}$$

Vergleichen wir dieses Ergebnis mit (7.90), dann folgt

$$\gamma_5 = \mathrm{i}\gamma^0\gamma^1\gamma^2\gamma^3 = \gamma^5 \,. \tag{7.101}$$

Weitere Eigenschaften der γ_5-Matrix sind:

$$\{\gamma_5, \gamma^\mu\} = 0 \qquad \text{und} \qquad \gamma_5^2 = \mathbb{1} \,. \tag{7.102}$$

Die γ^5-Matrix entspricht Γ^{d+1} aus (5.165) für $d = 4$. Die Projektionsoperatoren (7.89) sind damit ein Spezialfall von (5.166).

7.2.6 Der Feynman-Dolch

Als Verallgemeinerung von (7.72) und (7.78) bilden wir nun jeden Vierervektor x^μ auf eine 4×4 Matrix ab:

$$x^\mu \longrightarrow \not{x} = \begin{pmatrix} 0 & X \\ \tilde{X} & 0 \end{pmatrix} = x^\mu \begin{pmatrix} 0 & \sigma_\mu \\ \tilde{\sigma}_\mu & 0 \end{pmatrix} = x^\mu\gamma_\mu \,. \tag{7.103}$$

Man kennzeichet diese Matrix durch den sogenannten Feynman-Dolch, der das Symbol durchstreicht. Beispiele dafür sind $\not{p} = p^\mu\gamma_\mu$ und $\not{\partial} = \partial^\mu\gamma_\mu$. Obwohl diese Größen keinen Lorentzindex tragen, darf man sie nicht mit Lorentz*skalaren* verwechseln. Vielmehr wird ihr Transformationsverhalten beschrieben durch:

$$\boxed{\not{x} \longrightarrow \not{x}' = S\not{x}S^{-1}} \,. \tag{7.104}$$

In dieser kompakten Form beinhaltet sie die Transformationen (7.75) und (7.78); das sieht man unter Verwendung von (7.96):

$$\begin{aligned}\begin{pmatrix} 0 & X' \\ \tilde{X}' & 0 \end{pmatrix} = \begin{pmatrix} A_{\mathrm{L}} & 0 \\ 0 & A_{\mathrm{R}} \end{pmatrix} \begin{pmatrix} 0 & X \\ \tilde{X} & 0 \end{pmatrix} \begin{pmatrix} A_{\mathrm{L}}^{-1} & 0 \\ 0 & A_{\mathrm{R}}^{-1} \end{pmatrix} &= \begin{pmatrix} 0 & A_{\mathrm{L}} X A_{\mathrm{R}}^{-1} \\ A_{\mathrm{R}} \tilde{X} A_{\mathrm{L}}^{-1} & 0 \end{pmatrix} \\ &= \begin{pmatrix} 0 & A_{\mathrm{L}} X A_{\mathrm{L}}^{\dagger} \\ A_{\mathrm{R}} \tilde{X} A_{\mathrm{R}}^{\dagger} & 0 \end{pmatrix} .\end{aligned}$$

In der letzten Zeile wurde (7.60) benutzt. Daß die Transformation tatsächlich $S\not{x}S^{-1}$ und nicht $S\not{x}S^{\dagger}$ heißt, wie wir es aus § 7.2.2 gewohnt waren, läßt sich auch anders begründen: Wegen $\mathrm{Tr}\,\gamma^{\mu} = 0$ folgt $\mathrm{Tr}\,\not{x} = 0$, und damit muß (7.104) die Spur invariant lassen, was auch gewährleistet ist,

$$\mathrm{Tr}\,\not{x}' = \mathrm{Tr}\,(S\not{x}S^{-1}) = \mathrm{Tr}\,(S^{-1}S\not{x}) = \mathrm{Tr}\,\not{x} .$$

Tab. 7.2 Das Verhalten verschiedener Objekte bei Lorentztransformationen.

Minkowskiraum	hermitesche 2×2 Matrizen	4×4 Matrizen
Vierervektoren x^{μ}	$X = x_{\mu}\sigma^{\mu}$ $\widetilde{X} = x_{\mu}\widetilde{\sigma}^{\mu}$	$\not{x} = x_{\mu}\gamma^{\mu}$
$x'^{\mu} = \Lambda^{\mu}{}_{\nu} x^{\nu}$ mit $\Lambda \in L_{+}^{\uparrow}$	$X' = A_{\mathrm{L}} X A_{\mathrm{L}}^{\dagger}$ $\widetilde{X}' = A_{\mathrm{R}} \widetilde{X} A_{\mathrm{R}}^{\dagger}$ mit $A_{\mathrm{L}}, A_{\mathrm{R}} \in \mathrm{SL}(2,\mathbb{C})$	$\not{x}' = S\not{x}S^{-1}$
Invariante: x^2	$= \det X = \det \widetilde{X}$	$= \sqrt{\det \not{x}}$

Weiterhin bleibt wegen $\det S = 1$ auch die Determinante $\det \not{x}$ bei der Transformation (7.104) invariant; damit gilt aber mit Hilfe von (7.73)

$$\det \not{x} = (\det X)(\det \tilde{X}) = (x^{\mu}x_{\mu})^2 = \text{invariant}$$

als typische Eigenschaft einer Lorentztransformation.

Das Transformationsverhalten der γ-Matrizen folgt direkt aus (7.104) mit $\not{x} = x_\mu \gamma'^\mu$ durch Koeffizientenvergleich:

$$\gamma^\mu \longrightarrow \gamma'^\mu = S\gamma^\mu S^{-1} . \tag{7.105}$$

Eine zusammenfassende Übersicht zu dem Transformationsverhalten verschiedener Objekte ist in Tab. 7.2 angegeben.

7.2.7 Ladungskonjugation und Majorana-Spinoren

In § 7.2.4 lernten wir die Paritätstransformation (7.86) kennen. Eine weitere diskrete Transformation ist die

$$\text{Ladungskonjugation:} \qquad \begin{pmatrix} \Psi_\mathrm{L} \\ \Phi_\mathrm{R} \end{pmatrix} \longrightarrow \begin{pmatrix} \Phi_\mathrm{L} \\ \Psi_\mathrm{R} \end{pmatrix} = \Psi^\mathrm{C} . \tag{7.106}$$

Mit dem aus (7.91) transponiert-konjugierten Spinor

$$\overline{\Psi}^\mathrm{T} = \begin{pmatrix} \Phi^*_\mathrm{R} \\ \Psi^*_\mathrm{L} \end{pmatrix} \tag{7.107}$$

läßt sie sich per Definition ausdrücken als

$$\Psi \longrightarrow \Psi^\mathrm{C} = C\overline{\Psi}^\mathrm{T} , \tag{7.108}$$

wobei die Matrix gemäß (7.63) die Form

$$C = \begin{pmatrix} \mathrm{i}\sigma^2 & 0 \\ 0 & -\mathrm{i}\sigma^2 \end{pmatrix} \tag{7.109}$$

besitzt. Einen Spinor, der bei einer Ladungskonjugation in sich selbst übergeht, nennt man

$$\text{Majorana-Spinor:} \qquad \Psi_\mathrm{M} = \begin{pmatrix} \Psi_\mathrm{L} \\ \Psi_\mathrm{R} \end{pmatrix} = \Psi^\mathrm{C}_\mathrm{M} . \tag{7.110}$$

Während der Dirac-Spinor insgesamt vier komplexe Parameter enthält, besitzt ein Majorana-Spinor nur zwei komplexe Parameter, also genauso viele wie ein Weyl-Spinor.

Der Operator der Ladungskonjugation besitzt die darstellungsfreie Form

$$C = \mathrm{i}\gamma^2\gamma^0 . \tag{7.111}$$

Seine Charakteristika leiten wir allerdings in der chiralen Darstellung (7.109) her. So findet man aus den Eigenschaften von σ^2 sofort

$$C = -C^{-1} = -C^\dagger = -C^\mathrm{T} = C^* . \tag{7.112}$$

Diese Eigenschaften besitzt übrigends auch der total antisymmetrischer Tensor 2. Stufe.

Als Verallgemeinerung von (7.71) erhalten wir

$$\begin{aligned} C\gamma^\mu C^{-1} &= \begin{pmatrix} \mathrm{i}\sigma^2 & 0 \\ 0 & -\mathrm{i}\sigma^2 \end{pmatrix} \begin{pmatrix} 0 & \sigma^\mu \\ \tilde{\sigma}^\mu & 0 \end{pmatrix} \begin{pmatrix} -\mathrm{i}\sigma^2 & 0 \\ 0 & \mathrm{i}\sigma^2 \end{pmatrix} \\ &= -\begin{pmatrix} 0 & \sigma^2\sigma^\mu\sigma^2 \\ \sigma^2\tilde{\sigma}^\mu\sigma^2 & 0 \end{pmatrix} = -\begin{pmatrix} 0 & \tilde{\sigma}^{\mu\mathrm{T}} \\ \sigma^{\mu\mathrm{T}} & 0 \end{pmatrix} , \end{aligned}$$

also

$$C\gamma^\mu C^{-1} = -\gamma^{\mu\mathrm{T}} . \tag{7.113}$$

Mit Hilfe dieses Resultats berechnen wir

$$\gamma_5^\mathrm{T} = \mathrm{i}(\gamma^0\gamma^1\gamma^2\gamma^3)^\mathrm{T} = \mathrm{i}\gamma^{3\mathrm{T}}\gamma^{2\mathrm{T}}\gamma^{1\mathrm{T}}\gamma^{0\mathrm{T}} = \mathrm{i}C\gamma^3\gamma^2\gamma^1\gamma^0C^{-1} .$$

Mit (7.97) ändern wir jetzt die Reihenfolge der γ-Matrizen, nutzen also $\gamma^\mu\gamma^\nu = -\gamma^\nu\gamma^\mu$ für $\mu \neq \nu$. Das liefert $\gamma^3\gamma^2\gamma^1\gamma^0 = \gamma^0\gamma^1\gamma^2\gamma^3$ und schließlich das Endergebnis

$$C\gamma_5C^{-1} = \gamma_5^\mathrm{T} . \tag{7.114}$$

Die zweifache Anwendung der Ladungskonjugation führt wieder zum Ausgangszustand zurück. Ausgehend von (7.108) und mit (7.112) und (7.113) erhält man nämlich:

$$\begin{aligned} \Psi^{CC} &= C(\Psi^{C\dagger}\gamma^0)^\mathrm{T} = C\gamma^{0\mathrm{T}}\Psi^{C*} \\ &= C\gamma^{0\mathrm{T}}C^*(\Psi^\dagger\gamma^0)^\dagger = C\gamma^{0\mathrm{T}}C^*\gamma^{0\dagger}\Psi \\ &= C\gamma^{0\mathrm{T}}C\gamma^0\Psi = \gamma^0C^{-1}C\gamma^0\Psi = \Psi . \end{aligned} \tag{7.115}$$

7.2.8 Spintensoren

In der chiralen Darstellung (7.93) berechnen wir den *vier*dimensionalen Spintensor (7.98)

$$\Sigma^{\mu\nu} = \frac{i}{4}\begin{pmatrix} 0 & \sigma^\mu \\ \tilde{\sigma}^\mu & 0 \end{pmatrix}\begin{pmatrix} 0 & \sigma^\nu \\ \tilde{\sigma}^\nu & 0 \end{pmatrix} - \frac{i}{4}\begin{pmatrix} 0 & \sigma^\nu \\ \tilde{\sigma}^\nu & 0 \end{pmatrix}\begin{pmatrix} 0 & \sigma^\mu \\ \tilde{\sigma}^\mu & 0 \end{pmatrix}$$
$$= \frac{i}{4}\begin{pmatrix} \sigma^\mu\tilde{\sigma}^\nu - \sigma^\nu\tilde{\sigma}^\mu & 0 \\ 0 & \tilde{\sigma}^\mu\sigma^\nu - \tilde{\sigma}^\nu\sigma^\mu \end{pmatrix}$$

und führen dabei die folgenden *zwei*dimensionalen Spintensoren ein:

$$\sigma^{\mu\nu} := \frac{i}{4}\left(\sigma^\mu\tilde{\sigma}^\nu - \sigma^\nu\tilde{\sigma}^\mu\right), \tag{7.116}$$
$$\tilde{\sigma}^{\mu\nu} := \frac{i}{4}\left(\tilde{\sigma}^\mu\sigma^\nu - \tilde{\sigma}^\nu\sigma^\mu\right). \tag{7.117}$$

Damit folgt nun der Ausdruck

$$\Sigma^{\mu\nu} = \begin{pmatrix} \sigma^{\mu\nu} & 0 \\ 0 & \tilde{\sigma}^{\mu\nu} \end{pmatrix}. \tag{7.118}$$

Wir wissen aus § 7.1.7, daß $\Sigma^{\mu\nu}$ die vierdimensionale Spinordarstellung des Lorentzgenerators ist. Die Transformationsmatrix (7.96) erhält damit die darstellungsfreie Form

$$S = \exp\left\{-\frac{i}{2}\,\omega_{\mu\nu}\,\Sigma^{\mu\nu}\right\}. \tag{7.119}$$

Setzt man hier nun (7.118) ein, dann folgt aus dem Vergleich mit (7.96)

$$A_{\mathrm{L}} = \exp\left\{-\frac{i}{2}\,\omega_{\mu\nu}\,\sigma^{\mu\nu}\right\} \quad \text{und} \quad A_{\mathrm{R}} = \exp\left\{-\frac{i}{2}\,\omega_{\mu\nu}\,\tilde{\sigma}^{\mu\nu}\right\}.$$

Die Spintensoren $\sigma^{\mu\nu}$ und $\tilde{\sigma}^{\mu\nu}$ sind also die Generatoren für Lorentztransformationen in der linken und rechten Fundamentaldarstellung.

Zum Schluß geben wir noch die wichtigsten Eigenschaften der Spintensoren an. So folgen aus (7.68) und (7.116) einerseits sowie aus (7.69) und (7.117) andererseits die Beziehungen:

$$\sigma^\mu\tilde{\sigma}^\nu = g^{\mu\nu}\mathbb{1} - 2i\sigma^{\mu\nu}, \tag{7.120}$$
$$\tilde{\sigma}^\mu\sigma^\nu = g^{\mu\nu}\mathbb{1} - 2i\tilde{\sigma}^{\mu\nu}. \tag{7.121}$$

Von ihrer Struktur her sind sie mit (7.99) verwandt. Direkt aus (7.116) und (7.117) lesen wir ab:

$$(\sigma^{\mu\nu})^\dagger = \tilde{\sigma}^{\mu\nu} \tag{7.122}$$

sowie die Antisymmetrie

$$\sigma^{\mu\nu} = -\sigma^{\nu\mu} \qquad \text{und} \qquad \tilde{\sigma}^{\mu\nu} = -\tilde{\sigma}^{\nu\mu} \; . \tag{7.123}$$

Ohne Beweis geben wir mit $\varepsilon^{\mu\nu\rho\sigma}$ aus (7.50) an [54]:

$$\sigma^{\mu\nu} = -\frac{\mathrm{i}}{2}\,\varepsilon^{\mu\nu\rho\sigma}\,\sigma_{\rho\sigma} \; , \tag{7.124}$$

$$\tilde{\sigma}^{\mu\nu} = \frac{\mathrm{i}}{2}\,\varepsilon^{\mu\nu\rho\sigma}\,\tilde{\sigma}_{\rho\sigma} \; . \tag{7.125}$$

7.3 Die Poincarégruppe

Tensoren oder (relativistische) Bosonen sind Objekte, die sich nach der *Tensor*darstellung der Lorentzgruppe transformieren; Spinoren oder (relativistische) Fermionen sind Objekte, die sich nach der *Spinor*darstellung der Lorentzgruppe transformieren. Das Studium der Lorentzgruppe erlaubt uns demnach, zwischen Bosonen und Fermionen zu unterscheiden und alle Teilchen einer dieser beiden Kategorien zuzuordnen. Die Welt der Elementarteilchen erschließt sich aber erst vollständig mit dem Studium der Poincarégruppe.

Die Poincarégruppe ist die Gruppe der Lorentztransformationen *und* der Verschiebungen im Minkowskiraum. Sie beschreibt die Struktur unserer Raum-Zeit. Wie wir sehen werden, sind alle ihre irreduziblen Darstellungen gekennzeichnet durch *Masse* und *Spin*, also durch die fundamentalen Eigenschaften der Elementarteilchen.

Die Poincarégruppe ist weder kompakt noch halbeinfach, so daß die bisher benutzten Theoreme nicht ausreichen, um die irreduziblen Darstellungen zu finden. Hier sind neue Techniken erforderlich [30].

7.3.1 Poincarétransformationen

Poincarétransformationen im Minkowskiraum setzen sich aus einer Lorentztransformation mit $\Lambda^\mu{}_\nu$ und aus einer Verschiebung um a^μ zusammen

$$x^\mu \longrightarrow x'^\mu = \Lambda^\mu{}_\nu x^\nu + a^\mu \; . \tag{7.126}$$

Während Lorentztransformationen die *Beträge* von Vierervektoren nicht verändern, lassen Poincarétransformationen nur die *Abstände* zwischen Vierervektoren, also $(x-y)^2$, invariant. Poincarétransformationen bezeichnet man auch als *inhomogene* Lorentztransformationen.

Poincarétransformationen bilden eine Gruppe, die Poincarégruppe $\mathcal{P}$. Ebenso wie bei der Lorentzgruppe unterteilt man sie in vier Zweige, $\mathcal{P}_+^\uparrow$, $\mathcal{P}_+^\downarrow$, $\mathcal{P}_-^\uparrow$, $\mathcal{P}_-^\downarrow$, welche durch die Werte von $\det\Lambda$ und $\Lambda^0_{\ 0}$ bestimmt sind. Ein Element von $\mathcal{P}$ sei mit (Λ, a) bezeichnet. Wir führen nun zwei Poincarétransformationen (Λ_1, a_1) und (Λ_2, a_2) hintereinander aus:

$$\begin{aligned} x \longrightarrow x_1 = \Lambda_1 x + a_1 \longrightarrow x_2 &= \Lambda_2 x_1 + a_2 \\ &= \Lambda_2(\Lambda_1 x + a_1) + a_2 \\ &= \Lambda_2\Lambda_1 x + \Lambda_2 a_1 + a_2 . \end{aligned}$$

Daraus ergibt sich die Multiplikationsregel

$$\boxed{(\Lambda_2, a_2)\,(\Lambda_1, a_1) = (\Lambda_2\Lambda_1, \Lambda_2 a_1 + a_2)} \quad . \tag{7.127}$$

Diese Art der Verknüpfung von Lorentzgruppe $\mathcal{L}$ und Translationsgruppe $\mathcal{T}$ bezeichnet man als *semidirektes Produkt*,

$$\mathcal{P} = \mathcal{L} \overset{S}{\otimes} \mathcal{T} . \tag{7.128}$$

Das semidirekte Produkt unterscheidet sich vom direkten Produkt; für das direkte Produkt $\mathcal{L} \otimes \mathcal{T}$ gilt nämlich die einfachere Multiplikationsregel $(\Lambda_2, a_2)(\Lambda_1, a_1) = (\Lambda_2\Lambda_1, a_1 + a_2)$.

Das Einselement von $\mathcal{P}$ ist $(\mathbb{1}, 0)$; das inverse Element lautet

$$(\Lambda, a)^{-1} = (\Lambda^{-1}, -\Lambda^{-1} a) , \tag{7.129}$$

denn

$$\begin{aligned} (\Lambda, a)\,(\Lambda, a)^{-1} &= (\Lambda\Lambda^{-1}, -\Lambda\Lambda^{-1} a + a) = (\mathbb{1}, 0) , \\ (\Lambda, a)^{-1}\,(\Lambda, a) &= (\Lambda^{-1}\Lambda, \Lambda^{-1} a - \Lambda^{-1} a) = (\mathbb{1}, 0) . \end{aligned}$$

7.3.2 Die Liealgebra der Poincarégruppe

Die Liealgebra der Poincarégruppe (kurz Poincaréalgebra) wird aufgespannt von insgesamt 10 Generatoren: den 6 Generatoren der Lorentzgruppe $M^{\rho\sigma} = -M^{\sigma\rho}$ und den 4 Generatoren der Translationsgruppe P^μ aus (7.45). Eine treue Darstellung der Poincarégruppe ist damit gegeben durch

$$(\Lambda, a) = \exp\left\{-\frac{\mathrm{i}}{2}\omega_{\rho\sigma}M^{\rho\sigma} - \mathrm{i}a_\mu P^\mu\right\} . \tag{7.130}$$

Für $a_\mu = 0$ reduziert sich das auf die Lorentztransformation (7.15). In Abwesenheit von Lorentztransformationen folgt für die Translationen im Minkowskiraum

$$\exp\{-\mathrm{i}a_\mu P^\mu\} \in \mathcal{T} .$$

Sie vereint die Raum- und Zeittranslationen aus § 5.1.1, wobei $\hbar P^\mu = (H/c, \hat{\mathbf{p}})$. Für infinitesimale Transformationen folgt aus (7.130)

$$(\Lambda, a) = \mathbb{1} - \frac{\mathrm{i}}{2}\omega_{\rho\sigma}M^{\rho\sigma} - \mathrm{i}a_\mu P^\mu . \tag{7.131}$$

Die Liealgebra der Poincarégruppe besteht aus drei Vertauschungsrelationen: erstens der Liealgebra der Lorentzgruppe (7.17), zweitens der trivialen Vertauschungsrelation der abelschen Translationsgruppe, $[P^\mu, P^\nu] = 0$, und drittens aus einem noch unbekannten Kommutator $[P^\mu, M^{\rho\sigma}]$, den wir jetzt bestimmen.

Dazu ist es ausreichend, infinitesimale Transformationen zu betrachten, also von (7.131) auszugehen. Zunächst gilt

$$\begin{aligned}(\Lambda, 0)^{-1}(\mathbb{1}, a)(\Lambda, 0) &\simeq (\Lambda, 0)^{-1}(\mathbb{1} - \mathrm{i}a_\mu P^\mu)(\Lambda, 0) \\ &= \mathbb{1} - \mathrm{i}a_\mu(\Lambda, 0)^{-1}P^\mu(\Lambda, 0) .\end{aligned}$$

Andererseits ist mit (7.129)

$$\begin{aligned}(\Lambda, 0)^{-1}(\mathbb{1}, a)(\Lambda, 0) &= (\Lambda, 0)^{-1}(\Lambda, a) \\ &= (\Lambda^{-1}, 0)(\Lambda, a) = (\mathbb{1}, \Lambda^{-1}a) \\ &\simeq \mathbb{1} - \mathrm{i}(\Lambda^{-1})_\mu{}^\rho a_\rho P^\mu = \mathbb{1} - \mathrm{i}a_\rho \Lambda^\rho{}_\mu P^\mu ,\end{aligned}$$

wobei im letzten Schritt $(\Lambda^{-1})_\mu{}^\rho = \Lambda^\rho{}_\mu$ genutzt wurde. Aus den letzten beiden Gleichungen folgt damit

$$(\Lambda, 0)^{-1}P^\mu(\Lambda, 0) = \Lambda^\mu{}_\sigma P^\sigma . \tag{7.132}$$

Daraus leiten wir nun die Vertauschungsrelation zwischen P^μ und $M^{\rho\sigma}$ her. Zunächst folgt für die linke Seite von (7.132)

$$\begin{aligned}(\Lambda,0)^{-1}\,P^\mu\,(\Lambda,0) &\simeq (\mathbb{1}+\frac{\mathrm{i}}{2}\,\omega_{\rho\sigma}M^{\rho\sigma})\,P^\mu\,(\mathbb{1}-\frac{\mathrm{i}}{2}\,\omega_{\rho\sigma}M^{\rho\sigma})\\ &\simeq P^\mu+\frac{\mathrm{i}}{2}\,\omega_{\rho\sigma}\,[\,M^{\rho\sigma},P^\mu\,]\,,\end{aligned}$$

dagegen liefert die rechte Seite wegen $\omega_{\rho\sigma}=-\omega_{\sigma\rho}$ den Ausdruck

$$\begin{aligned}\Lambda^\mu{}_\sigma P^\sigma &= (\delta^\mu_\sigma+\omega^\mu{}_\sigma)P^\sigma = P^\mu+g^{\mu\rho}\omega_{\rho\sigma}P^\sigma\\ &= P^\mu+\frac{1}{2}\,(g^{\mu\rho}\omega_{\rho\sigma}P^\sigma+g^{\mu\sigma}\omega_{\sigma\rho}P^\rho)\\ &= P^\mu+\frac{1}{2}\,\omega_{\rho\sigma}\,(g^{\mu\rho}P^\sigma-g^{\mu\sigma}P^\rho)\,.\end{aligned}$$

Die gesuchte Vertauschungsrelation lautet damit

$$[\,P^\mu,M^{\rho\sigma}\,]=\mathrm{i}\,(g^{\mu\rho}P^\sigma-g^{\mu\sigma}P^\rho)\,. \tag{7.133}$$

P^μ trägt einen Lorentzindex und ist demzufolge ein Vierervektor. Vierervektoren transformieren sich bei Drehungen gemäß (5.159). Setzen wir $g^{\mu\nu}=-\delta^{\mu\nu}$ (siehe (5.162)) in (5.159) ein, dann erhalten wir als Resultat ebenfalls (7.133). Die Beziehung (7.133) gilt also nicht nur für P^μ, sondern auch für beliebige Vierervektoren! Die Liealgebra der Poincarégruppe besteht also aus den folgenden Kommutatoren:

$$\boxed{\begin{aligned}[\,P^\mu,P^\nu\,] &= 0\,,\\ [\,P^\mu,M^{\rho\sigma}\,] &= \mathrm{i}\,(g^{\mu\rho}P^\sigma-g^{\mu\sigma}P^\rho)\,,\\ [\,M^{\mu\nu},M^{\rho\sigma}\,] &= -\mathrm{i}\,(g^{\mu\rho}M^{\nu\sigma}-g^{\mu\sigma}M^{\nu\rho}\\ &\qquad -\,g^{\nu\rho}M^{\mu\sigma}+g^{\nu\sigma}M^{\mu\rho})\,.\end{aligned}} \tag{7.134}$$

7.3.3 Casimir-Operatoren

Die Poincarégruppe besitzt zwei Casimir-Operatoren. Der erste ist $P^2=P_\mu P^\mu$; er vertauscht mit allen P_μ und ist außerdem per Konstruktion ein Lorentzskalar, vertauscht also mit den Generatoren $M^{\mu\nu}$.

Dieselben Forderungen stellen wir an den zweiten Casimir-Operator: Er muß sowohl translations- als auch lorentzinvariant sein. Dazu definieren wir den

$$\text{Pauli-Lubanski-Vektor:} \qquad W_\mu = \frac{1}{2}\,\varepsilon_{\mu\nu\rho\sigma}\,P^\nu M^{\rho\sigma}\,. \tag{7.135}$$

Er steht auf P^μ orthogonal, weil

$$P^\mu W_\mu = \frac{1}{2}\,\varepsilon_{\mu\nu\rho\sigma} P^\mu P^\nu M^{\rho\sigma} = 0\,. \tag{7.136}$$

Dieser Ausdruck verschwindet, da die Viererimpulse miteinander vertauschen, ihr Produkt also symmetrisch in den Indizes ist, wohingegen der ε-Tensor antisymmetrisch in diesen Summationsindizes ist.

Der Pauli-Lubanski-Vektor W_μ ist gemäß seiner Indexstruktur ein *Vektor* unter Lorentztransformationen. Aufgrund seines Vektorcharakters brauchen wir in (7.133) P^μ nur durch W^μ zu ersetzen und erhalten

$$[\,W^\mu, M^{\rho\sigma}\,] = \mathrm{i}\,(g^{\mu\rho}W^\rho - g^{\mu\sigma}W^\sigma)\,. \tag{7.137}$$

Mit Hilfe der Poincaré-Algebra (7.134) zeigt man, daß er mit P_μ vertauscht:

$$\begin{aligned}[\,P_\mu, W_\nu\,] &= \frac{1}{2}\,\varepsilon_{\nu\lambda\rho\sigma}P^\lambda\,[\,P_\mu, M^{\rho\sigma}\,]\\ &= \frac{\mathrm{i}}{2}\,\varepsilon_{\nu\lambda\rho\sigma}P^\lambda\,(\delta^\rho_\mu P^\sigma - \delta^\sigma_\mu P^\rho)\\ &= \frac{\mathrm{i}}{2}\,\varepsilon_{\nu\lambda\mu\sigma}P^\lambda P^\sigma - \frac{\mathrm{i}}{2}\,\varepsilon_{\nu\lambda\rho\mu}P^\lambda P^\rho \;=\; 0\,.\end{aligned} \tag{7.138}$$

Nun betrachten wir das Quadrat $W^2 = W_\mu W^\mu$ und berechnen mit Hilfe der oberen Relationen die Kommutatoren:

$$[\,W^2, P^\mu\,] = W_\rho[\,W^\rho, P^\mu\,] + [\,W_\rho, P^\mu\,]W^\rho \;=\; 0 \tag{7.139}$$

sowie

$$\begin{aligned}[\,W^2, M^{\mu\nu}\,] &= W_\rho[\,W^\rho, M^{\mu\nu}\,] + [\,W_\rho, M^{\mu\nu}\,]W^\rho\\ &= \mathrm{i}W_\rho(g^{\rho\mu}W^\nu - g^{\rho\nu}W^\mu) + \mathrm{i}(\delta^\mu_\rho W^\nu - \delta^\nu_\rho W^\mu)W^\rho\\ &= \mathrm{i}(W^\mu W^\nu - W^\nu W^\mu + W^\nu W^\mu - W^\mu W^\nu) = 0\,.\end{aligned} \tag{7.140}$$

Da W^2 mit allen Generatoren der Poincaréalgebra vertauscht, gilt also zusammenfassend:

$$\text{Casimir-Operatoren:} \qquad P^2 \quad \text{und} \quad W^2\,. \tag{7.141}$$

Alle physikalischen Zustände (Felder, Teilchen) in der Quantenfeldtheorie werden nun nach den Eigenwerten dieser beiden Casimir-Opeartoren klassifiziert.

Wegen dem Verschwinden der zyklischen Summe $\{P^\nu L^{\rho\sigma}\}$ in (7.59) trägt der Bahndrehimpuls zum Pauli-Lubanski-Vektor nicht bei, dieser ist einzig und allein eine Eigenschaft des Teilchenspins,

$$W_\mu = \frac{1}{2}\,\varepsilon_{\mu\nu\rho\sigma}\, P^\nu \Sigma^{\rho\sigma}\ . \tag{7.142}$$

Um seine physikalische Bedeutung zu erkennen, gehen wir in das Ruhesystem eines massiven Teilchens, $P^\mu = (mc, 0, 0, 0)$. Setzt man das in die obere Gleichung ein, dann folgt aus $W_\mu = \frac{1}{2}\,mc\,\varepsilon_{\mu 0\rho\sigma}\Sigma^{\rho\sigma}$ einerseits $W^0 = 0$ und andererseits mit (7.49) und (7.50)

$$\begin{aligned} W^i &= \frac{1}{2}\,\varepsilon^i{}_{0jk}\, P^0 \Sigma^{jk} = \frac{mc}{2}\,\varepsilon_{0ijk}\Sigma^{jk} \\ &= \frac{mc}{2}\,\varepsilon^{ijk}\Sigma^{jk} = mcS^i\ . \end{aligned} \tag{7.143}$$

Dabei sind S^i die Generatoren der inneren Drehungen. W^μ ist quasi eine relativistische Verallgemeinerung des Spinvektors.

7.3.4 Die irreduziblen Darstellungen der Poincarégruppe

Aus der Kenntnis der beiden Casimir-Operatoren P^2 und W^2 bestimmen wir die irreduziblen Darstellungen der Poincarégruppe. Man unterscheidet verschiedene Klassen von Darstellungen:

1. Die massive Darstellung mit $P^2 = m^2c^2 > 0$.

Die Eigenwerte von W^2 bestimmt man im Ruhesystem; da es ein Lorentzskalar ist, müssen sie für jedes bewegte System gelten. Wegen (7.143) gilt im Ruhesystem

$$W^2 = -\mathbf{W}^2 = -m^2c^2\mathbf{S}^2\ .$$

Die Eigenwerte von $\mathbf{S}^2$ sind bekanntlich $s(s+1)$. Damit erhalten wir

$$P^2 = m^2c^2\ , \tag{7.144}$$

$$W^2 = -m^2c^2\, s(s+1)\quad ,\quad s = 1, \tfrac{1}{2}, 1, \ldots\ . \tag{7.145}$$

Diese Darstellung wird also durch eine *Masse* m und einen *Spin* s charakterisiert. Da dies auch die fundamentalen Eigenschaften der Elementarteilchen sind, ist es also zulässig zu sagen:

Elementarteilchen sind irreduzible Darstellungen der Poincarégruppe.

Zustände innerhalb einer Darstellung unterscheiden sich in der dritten Komponente s_3 des Spins und in den kontinuierlichen Eigenwerten von $\mathbf{P}$. Massive Teilchen mit dem Spin s besitzen demnach $2s+1$ Freiheitsgrade.

Teilchen, die zu dieser Darstellung gehören, sind das Elektron (Spin $\frac{1}{2}$, 2 Freiheitsgrade: Spin auf und Spin ab) und das Pion (Spin 0, 1 Freiheitsgrad). Das masselose Photon zählt aber *nicht* zu dieser Kategorie von Darstellung, denn als ein Spin-1-Teilchen besitzt es in der Natur nur zwei (und nicht drei!) Freiheitsgrade.

2. Die masselose Darstellung mit $P^2=0$ und $W^2=0$.

Da sie Teilchen mit verschwindender Ruhemasse beschreibt, ist ein Übergang ins Ruhesystem nicht möglich, womit sich die Betrachtungen grundsätzlich vom massiven Fall unterscheiden. Zunächst gilt für zwei lichtartige Vektoren die Aussage:

$$a_\mu a^\mu = 0\,, \quad a_\mu b^\mu = 0\,, \quad b_\mu b^\mu = 0 \quad \Longrightarrow \quad b_\mu = \kappa a_\mu$$

mit κ als Proportionalitätskonstante. Für $a_\mu = P^\mu$ und $b^\mu = W^\mu$ sind diese Voraussetzungen gerade erfüllt. Also müssen W^μ und P^μ zueinander proportional sein,

$$W^\mu = hP^\mu\,. \tag{7.146}$$

Die Proportionalitätskonstante ist ein Lorentzskalar, sie muß demnach mit allen Generatoren $M^{\mu\nu}$ vertauschen. Außerdem gilt wegen $[\,P^\mu, P^\nu\,]=[\,W^\mu, P^\nu\,]=0$ auch $[\,h, P^\nu\,]=0$. Insgesamt haben wir also

$$[\,h, P^\nu\,] = [\,h, M^{\mu\nu}\,] = 0\,. \tag{7.147}$$

Dies bedeutet, daß im masselosen Fall h ein zusätzlicher Casimir-Operator ist. Aus der Nullkomponente von (7.146) folgt durch einfaches Umstellen $h=W^0/P^0$. Im masselosen Fall gilt wegen $(P^0)^2 = \mathbf{P}^2$ die Beziehung $P^0 = \pm|\mathbf{P}|$, wobei man sich hier auf das positive Vorzeichen einigt. Für die Nullkomponente des Pauli-Lubanski-Vektors erhält man andererseits

$$W^0 = \frac{1}{2}\varepsilon_{0ijk}P^i\Sigma^{jk} = \frac{1}{2}\varepsilon^{ijk}P^i\Sigma^{jk} = \mathbf{P}\cdot\mathbf{S}\,.$$

Die somit gefundene Proportionalitätskonstante heißt

$$\text{Helizität:} \qquad h = \mathbf{P}\cdot\mathbf{S}\,/\,|\mathbf{P}|\,. \tag{7.148}$$

Anschaulich beschreibt sie die Projektion des Teilchenspins auf die Bewegungsrichtung. Der Helizitätsoperator (7.148) existiert auch für massive Teilchen, für die er die Eigenwerte $-s, -s+1, \ldots, s$ annimmt. Im masselosen Fall allerdings ist es ein Casimir-Operator, der es uns erlaubt, die Darstellungen nach

$$h = \pm s \qquad \text{mit} \qquad s = 0, \tfrac{1}{2}, 1, \ldots \tag{7.149}$$

zu klassifizieren.

Strenggenommen stehen $h = +s$ und $h = -s$ für zwei verschiedene Darstellungen. Da man aber von einem Teilchen annimmt, daß es invariant gegen Raumspiegelungen ist, betrachtet man beide Werte als *eine* Darstellung dieses Teilchens. (Die Ausnahme bildet hierbei das Neutrino, bei dem man bei einer Spiegelung zum Antiteilchen übergehen muß.) Der spiegelungsinvariante Absolutwert $|s|$ dient also bei masselosen Teilchen als Ersatz für den Spinbegriff, der als "Drehimpuls im Ruhesystem" nur für massive Teilchen sinnvoll ist. Damit besitzen masselose Teilchen mit $s \neq 0$ immer zwei Freiheitsgrade. Sie sind desweiteren durch die Impulseigenwerte zu unterscheiden. Beispiele für Teilchen, die zu dieser Darstellung gehören, sind das Photon (Spin 1, Helizitäten ± 1) und das Neutrino (Spin $\frac{1}{2}$, Helizitäten: $-\frac{1}{2}$ für das Neutrino und $+\frac{1}{2}$ für das Antineutrino).

Wie bereits festgestellt, existiert die Helizität auch für massive Teilchen, ist dann allerdings keine Poincaré-Invariante, also kein Casimir-Operator. So kann ein Zustand positiver Helizität durch eine Geschwindigkeitstransformation – indem man das Teilchen überholt und es von "vorne" betrachtet – in einen Zustand negativer Helizität überführt werden. Die Helizität beschreibt also nur den *Zustand* eines Teilchens, aber nicht das Teilchen (die Darstellung) selbst. Letzteres gilt nur für masselose Teilchen, die sich immer mit Lichtgeschwindigkeit bewegen. In § 7.1.5 haben wir den Begriff der Chiralität eingeführt. Für masselose Teilchen gilt:

$$m = 0 : \qquad \text{Chiralität} = \text{Helizität}\,.$$

3. Es existieren noch zwei weitere Klassen von unitären Darstellungen. Dazu zählt einerseits die Darstellung $P_\mu P^\mu = 0$ mit kontinuierlichem Spin s und andererseits die Darstellung mi $P_\mu P^\mu < 0$ für Teilchen, die sich mit Überlichtgeschwindigkeit bewegen (Tachyonen). Es gibt jedoch keine Anzeichen dafür, daß eine dieser Darstellungen in der Natur realisiert ist.

Abschließend sei bemerkt, daß die Darstellungen der Poincarégruppe unendlich-dimensional sind, weil sie Teilchen mit unbeschränktem Impuls beschreiben. Im Gegensatz dazu waren die Darstellungen der Lorentzgruppe endlich-dimensional.

8 Supersymmetrie in der relativistischen Quantenmechanik

Ein *nichtrelativistisches* System, welches mit einem Hamiltonoperator – sagen wir H_1 – beschrieben wird, ist noch nicht supersymmetrisch; man muß erst das Partnersystem mit H_2 finden. Aus beiden, H_1 und H_2, konstruiert man dann den supersymmetrischen Hamiltonoperator H_S als 2×2 Matrix (siehe Abb. 8.1).

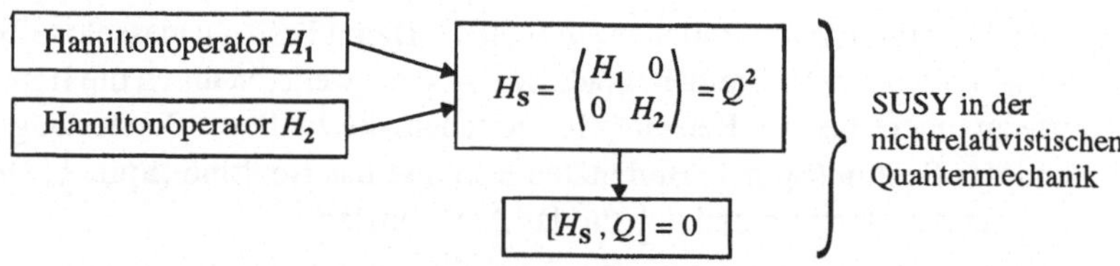

Abb. 8.1 In der nichtrelativistischen Quantenmechanik konstruiert man die Supersymmetrie ausgehend von *zwei* Hamiltonoperatoren H_1 und H_2. Q bezeichnet die Superladung.

Günstiger verhält es sich dagegen in der *relativistischen* Quantenmechanik. Wie wir sehen werden, tritt an Stelle des Hamiltonoperators H_1 der Dirac-Operator H, der als 4×4 Matrix bereits eine (verallgemeinerte) Superladung Q ist; das Quadrat der Superladung liefert dann den supersymmetrischen Hamiltonoperator. Damit können wir die SUSY-Methoden aus Kapitel 3 übernehmen.

8.1 Teilchen im elektromagnetischen Feld

Bevor wir in § 8.2 zur Supersymmetrie kommen, stellen wir die Formeln für ein geladenes relativistisches Teilchen im elektromagnetischen Feld bereit.

8.1.1 Der Dirac-Operator

Ein relativistisches Teilchen mit halbzahligen Spin (Fermion) und mit nichtverschwindender Ruhemasse wie das Elektron wird durch Dirac-Spinoren beschrieben. Aus den Lorentzinvarianten (7.92) und (7.94) konstruieren wir die Lagrange-dichte für ein freies Dirac-Teilchen

$$\mathcal{L} = \mathrm{i}\hbar\overline{\Psi}\gamma^{\mu}\partial_{\mu}\Psi - mc\overline{\Psi}\Psi\,, \tag{8.1}$$

wobei die Vorfaktoren aus Dimensionsgründen und durch die Forderung, daß $\mathcal{L}$ reell sein soll, festgelegt sind. Die Dirac-Gleichung folgt aus der Euler-Lagrange-Gleichung

$$\frac{\partial\mathcal{L}}{\partial\overline{\Psi}} - \partial_{\mu}\left[\frac{\partial\mathcal{L}}{\partial(\partial_{\mu}\overline{\Psi})}\right] = 0\,. \tag{8.2}$$

Der zweite Term verschwindet hier, und man erhält sofort die Dirac-Gleichung:

$$\boxed{(\mathrm{i}\hbar\not{\partial} - mc)\,\Psi = 0}\,. \tag{8.3}$$

Nun separieren wir die Zeit- von den Raumkomponenten und erhalten mit (7.7) nach Multiplikation mit c

$$(\mathrm{i}\hbar c\gamma^0\partial_0 + \mathrm{i}\hbar c\gamma^i\partial_i - mc^2)\,\Psi = 0\,.$$

Nunmehr wird von links mit γ^0 multipliziert

$$\left(\mathrm{i}\hbar\frac{\partial}{\partial t} + \mathrm{i}\hbar c\gamma^0\boldsymbol{\gamma}\cdot\boldsymbol{\nabla} - \gamma^0 mc^2\right)\Psi = 0\,.$$

Es ist üblich, anstelle der γ-Matrizen γ^0 und $\boldsymbol{\gamma} = (\gamma^1, \gamma^2, \gamma^3)$ die vier *Dirac-Matrizen* β und $\boldsymbol{\alpha} = (\alpha^1, \alpha^2, \alpha^3)$ einzuführen,

$$\beta = \gamma^0 \qquad \text{und} \qquad \boldsymbol{\alpha} = \gamma^0\boldsymbol{\gamma}\,. \tag{8.4}$$

Wegen (7.97) genügen sie den Vertauschungsrelationen

$$\{\,\alpha^i, \alpha^k\,\} = 2\delta^{ik}\mathbb{1} \quad , \quad \{\,\alpha^i, \beta\,\} = 0 \qquad \text{und} \qquad \beta^2 = \mathbb{1}\,. \tag{8.5}$$

Damit gelangen wir zur Hamiltonschen Form der Dirac-Gleichung,

$$\mathrm{i}\hbar\frac{\partial\Psi}{\partial t} = H\Psi\,, \tag{8.6}$$

wobei der *Dirac-Operator* für ein freies Teilchen gegeben ist durch:

$$\boxed{H = c\boldsymbol{\alpha}\cdot\mathbf{p} + \beta mc^2 \qquad \text{mit} \qquad \mathbf{p} = -\mathrm{i}\hbar\boldsymbol{\nabla}}\,. \tag{8.7}$$

Im Unterschied zur Schrödinger-Gleichung der nichtrelativistischen Quantenmechanik ist H eine 4×4 Matrix.

Was beschreiben die vier Komponenten von Ψ eigentlich? Sie beschreiben ein Elektron mit Spin auf, ein Elektron mit Spin ab, ein Positron (Antiteilchen des Elektrons) mit Spin auf und ein Positron mit Spin ab. Diese Zuordnung gilt allerdings nur in einer bestimmeten Darstellung – der Standarddarstellung; wir behandeln sie im nächsten Abschnitt.

8.1.2 Dirac-Matrizen und ihre Darstellungen

Viele Rechnungen mit den Dirac-Matrizen β und $\boldsymbol{\alpha}$ oder den γ-Matrizen kann man ganz ohne Bezug auf eine konkrete Darstellung ausführen, man nutzt lediglich die Eigenschaften (8.5). Für gewisse Betrachtungen benötigt man jedoch eine konkrete Darstellung; im folgenden geben wir deshalb zwei wichtige Darstellungen an. Die Matrizen sind dabei in 2×2 Block-Form geschrieben, wobei jeder Eintrag eine 2×2 Matrix repräsentiert.

1. Die *Standard*- oder *Dirac*-Darstellung ist gegeben durch

$$\beta = \begin{pmatrix} \mathbb{1} & 0 \\ 0 & -\mathbb{1} \end{pmatrix} \quad , \quad \boldsymbol{\alpha} = \begin{pmatrix} 0 & \boldsymbol{\sigma} \\ \boldsymbol{\sigma} & 0 \end{pmatrix} \quad \text{und} \quad \gamma_5 = \begin{pmatrix} 0 & \mathbb{1} \\ \mathbb{1} & 0 \end{pmatrix} . \tag{8.8}$$

Die γ-Matrizen folgen dann sofort aus (8.4), und wir haben für $i = 1, 2, 3$

$$\boldsymbol{\gamma} = \beta \boldsymbol{\alpha} = \begin{pmatrix} 0 & \boldsymbol{\sigma} \\ -\boldsymbol{\sigma} & 0 \end{pmatrix} . \tag{8.9}$$

Für den Spintensor aus (7.98) erhält man

$$\Sigma^{0i} = \frac{\mathrm{i}}{2} \begin{pmatrix} 0 & \sigma^i \\ \sigma^i & 0 \end{pmatrix} \qquad \text{und} \qquad \Sigma^{ij} = \frac{1}{2} \varepsilon^{ijk} \begin{pmatrix} \sigma^k & 0 \\ 0 & \sigma^k \end{pmatrix} . \tag{8.10}$$

Die Standarddarstellung zeichnet sich vor allen anderen Darstellungen dadurch aus, daß die Energie mit Hilfe der Matrix $\gamma_0 = \beta$ im nichtrelativistischen Grenzfall diagonalisiert wird.

2. Die *chirale* oder *Weyl*-Darstellung hat für gewöhnlich einen anderen Anwendungsbereich als die Standarddarstellung. Man benutzt sie vorzugsweise zur Beschreibung masseloser Teilchen bzw. im ultrarelativistischen Grenzfall. Die Dirac-Matrizen besitzen hierbei die Gestalt

$$\beta = \begin{pmatrix} 0 & \mathbb{1} \\ \mathbb{1} & 0 \end{pmatrix} \quad , \quad \boldsymbol{\alpha} = \begin{pmatrix} -\boldsymbol{\sigma} & 0 \\ 0 & \boldsymbol{\sigma} \end{pmatrix} \quad \text{und} \quad \gamma_5 = \begin{pmatrix} -\mathbb{1} & 0 \\ 0 & \mathbb{1} \end{pmatrix} . \tag{8.11}$$

Daraus folgt

$$\gamma = \beta \boldsymbol{\alpha} = \begin{pmatrix} 0 & \boldsymbol{\sigma} \\ -\boldsymbol{\sigma} & 0 \end{pmatrix} . \tag{8.12}$$

Damit gilt (7.93). Die Komponenten des Spintensors lauten

$$\Sigma^{0i} = \frac{\mathrm{i}}{2} \begin{pmatrix} -\sigma^i & 0 \\ 0 & \sigma^i \end{pmatrix} \quad \text{und} \quad \Sigma^{ij} = \frac{1}{2} \varepsilon^{ijk} \begin{pmatrix} \sigma^k & 0 \\ 0 & \sigma^k \end{pmatrix} . \tag{8.13}$$

Beide Darstellungen lassen sich mittels der unitären Transformation

$$\gamma^\mu_{\text{chiral}} = U \, \gamma^\mu_{\text{Standard}} U^\dagger \quad \text{und} \quad U = \frac{1}{\sqrt{2}} \begin{pmatrix} \mathbb{1} & -\mathbb{1} \\ \mathbb{1} & \mathbb{1} \end{pmatrix}$$

ineinader überführen. Die wichtigsten Beziehungen sind noch einmal im Anhang zusammengefaßt.

8.1.3 Das elektromagnetische Feld

Das Viererpotential sei $A^\mu = (\phi_{\text{el}}, \mathbf{A})$, wobei ϕ_{el} das elektrische Potential und $\mathbf{A}$ das Vektorpotential darstellen. Der Zusammenhang mit der elektrischen und magnetischen Feldstärke ist gegeben durch

$$\mathbf{E} = -\frac{1}{c}\frac{\partial \mathbf{A}}{\partial t} - \boldsymbol{\nabla}\phi_{\text{el}} \quad \text{und} \quad \mathbf{B} = \boldsymbol{\nabla} \times \mathbf{A} . \tag{8.14}$$

Ferner lautet der Feldstärketensor

$$F^{\mu\nu} = \partial^\mu A^\nu - \partial^\nu A^\mu = -F^{\nu\mu} . \tag{8.15}$$

Als ein antisymmetrischer Tensor besitzt er nur sechs unabhängige Komponenten, und das sind die jeweils drei Komponenten von $\mathbf{E}$ und $\mathbf{B}$. So erhält man

$$F^{0i} = \partial^0 A^i - \partial^i A^0 = \frac{1}{c}\frac{\partial A^i}{\partial t} + \boldsymbol{\nabla}\phi_{\text{el}} = -E^i , \tag{8.16}$$

und andererseits folgt mit $B^k = -\varepsilon^{ijk}\, \partial^i A^j$ die Beziehung

$$F^{ij} = \partial^i A^j - \partial^j A^i = -\varepsilon^{ijk} B^k . \tag{8.17}$$

Der Feldstärketensor besitzt also die folgende Gestalt:

$$F^{\mu\nu} = \begin{pmatrix} 0 & -E^1 & -E^2 & -E^3 \\ E^1 & 0 & -B^3 & B^2 \\ E^2 & B^3 & 0 & -B^1 \\ E^3 & -B^2 & B^1 & 0 \end{pmatrix} . \tag{8.18}$$

Die Art und Weise, wie man einen antisymmetrischen Tensor in zwei Dreiervektoren zerlegt, kommt uns bekannt vor; man vergleiche die oberen Gleichungen mit (7.18) und (7.19).

Die Dirac-Gleichung (8.3) beschreibt die Bewegung eines *freien* Elektrons. Befindet sich das Elektron mit der Ladung $-e$ im elektromagnetischen Feld, dann gilt das

$$\text{Prinzip der minimalen Kopplung:} \qquad p_\mu \Longrightarrow p_\mu - \frac{e}{c} A_\mu \tag{8.19}$$

als Ersetzungsvorschrift für den Viererimpuls p_μ. Auf diese Weise kommt die elektrische Ladung e ins Spiel. Die Dirac-Gleichung für ein Elektron im elektromagnetischen Feld lautet dann

$$\left[\gamma^\mu \left(p_\mu - \frac{e}{c} A_\mu\right) - mc\right] \Psi = 0 . \tag{8.20}$$

Daraus folgt für den Dirac-Operator der Ausdruck

$$H = c\boldsymbol{\alpha}\cdot\left(\mathbf{p} - \frac{e}{c}\mathbf{A}\right) + \beta mc^2 + e\phi_{\text{el}} . \tag{8.21}$$

8.1.4 Lokale Eichtransformationen

Wir versuchen nun die Gleichung (8.20) mit Hilfe der lokalen Eichtransformation herzuleiten. Unter einer *lokalen* Eichtransformation versteht man den Übergang zu neuen Wellenfunktionen oder Feldern:

$$\Psi(x) \longrightarrow \mathrm{e}^{\mathrm{i}\Lambda(x)}\Psi(x) \qquad \text{sowie} \qquad \overline{\Psi}(x) \longrightarrow \mathrm{e}^{-\mathrm{i}\Lambda(x)}\overline{\Psi}(x) , \tag{8.22}$$

wobei die reelle Phase $\Lambda(x)$ von der Raumzeit x^μ abhängt. Im Gegensatz dazu ist bei einer *globalen* Eichtransformation (wie bei der Phasentransformation (5.30)) die reelle Phase unabhängig vom Ort.

Die Lagrangedichte (8.1) ist *nicht* invariant gegenüber der lokalen Eichtransformation. Das liegt am ersten Term, der sich wie

$$\partial_\mu\Psi \longrightarrow \mathrm{e}^{\mathrm{i}\Lambda(x)}\partial_\mu\Psi + \mathrm{i}\mathrm{e}^{\mathrm{i}\Lambda(x)}\Psi\,\partial_\mu\Lambda \tag{8.23}$$

transformiert und einen Zusatzterm proportional zu $\partial_\mu \Lambda$ produziert. Die Eichinvarianz stellt man her, indem man erstens ein Eichfeld A_μ einführt, welches sich wie

$$A_\mu \longrightarrow A_\mu - \frac{\hbar c}{e}\, \partial_\mu \Lambda \tag{8.24}$$

transformiert und zweitens in (8.1) die Viererableitung ∂_μ durch die *kovariante Ableitung*

$$D_\mu = \partial_\mu + \frac{\mathrm{i}e}{\hbar c}\, A_\mu \tag{8.25}$$

ersetzt. (Sie ist nicht zu verwechseln mit der kovarianten Ableitung bei der Supersymmetrie in § 6.5.) Auf diese Weise wird der zusätzliche Term in (8.23) kompensiert. Aus der freien Lagrangedichte wird dann

$$\begin{aligned} \mathcal{L} &= \mathrm{i}\hbar \overline{\Psi} \gamma^\mu D_\mu \Psi - mc \overline{\Psi} \Psi \\ &= \overline{\Psi} \left(\mathrm{i}\hbar \gamma^\mu \partial_\mu - mc \right) \Psi - \frac{e}{c} \overline{\Psi} \gamma^\mu \Psi A_\mu \,. \end{aligned} \tag{8.26}$$

Der zweite Term beschreibt die Wechselwirkung des geladenen Dirac-Teilchens (Elektron) mit dem elektromagnetischen Feld (Photon). Die Euler-Lagrange-Gleichung (8.2) liefert schließlich (8.20).

8.1.5 Das anomale magnetische Moment

Die Dirac-Gleichung sagt für Teilchen mit halbzahligen Spin und der elektrischen Ladung e das magnetische Moment

$$\mu_B = \frac{|e|\hbar}{2mc} \tag{8.27}$$

voraus. Die Größe μ_B heißt *Bohrsches Magneton*. Strahlungskorrekturen sind hier vernachlässigt. In der Natur gibt es allerdings Spin-$\frac{1}{2}$-Teilchen, deren magnetisches Moment beträchtlich von μ_B abweicht. So besitzt beispielsweise das Proton als ein aus Quarks und Gluonen zusammengesetztes Objekt das magnetische Moment $\mu = 2.79\, \mu_B$. Das ungeladene Neutron dagegen – wäre es nicht aus kleineren Bausteinen zusammengesetzt – sollte *kein* magnetisches Moment tragen; seine Quarkstruktur verleiht ihm aber den Wert $\mu = -1.91\, \mu_B$.

Die Abweichung vom Bohrschen Magneton bezeichnet man als anomales magnetisches Moment. Anomale magnetische Momente beschreibt man, indem zum Dirac-Operator H den Term [55]

$$V = \mu_a \, \beta \, \Sigma_{\mu\nu} F^{\mu\nu} \tag{8.28}$$

hinzufügt, wobei μ_a in Einheiten von μ_B angegeben wird ($\beta = \gamma^0$).
Wir berechnen unter Ausnutzung der Antisymmetrie von $F^{\mu\nu}$ und $\Sigma_{\mu\nu}$ sowie mit (8.16) und (8.17)

$$\begin{aligned} \Sigma_{\mu\nu} F^{\mu\nu} &= \Sigma_{0i} F^{0i} + \Sigma_{i0} F^{i0} + \Sigma_{ij} F^{ij} \\ &= -2\Sigma_{0i} E^i - \Sigma_{ij} \, \varepsilon^{ijk} B^k \,. \end{aligned} \tag{8.29}$$

In der Standarddarstellung (8.10) folgt mit $\varepsilon^{ijl}\varepsilon^{ijk} = 2\delta^{lk}$ die Beziehung

$$\Sigma_{\mu\nu} F^{\mu\nu} = \mathrm{i} \begin{pmatrix} 0 & \boldsymbol{\sigma}\cdot\mathbf{E} \\ \boldsymbol{\sigma}\cdot\mathbf{E} & 0 \end{pmatrix} - \begin{pmatrix} \boldsymbol{\sigma}\cdot\mathbf{B} & 0 \\ 0 & \boldsymbol{\sigma}\cdot\mathbf{B} \end{pmatrix} .$$

Setzen wir das in (8.28) ein, dann erhalten wir

$$V = \mu_a \begin{pmatrix} -\boldsymbol{\sigma}\cdot\mathbf{B} & \mathrm{i}\boldsymbol{\sigma}\cdot\mathbf{E} \\ -\mathrm{i}\boldsymbol{\sigma}\cdot\mathbf{E} & \boldsymbol{\sigma}\cdot\mathbf{B} \end{pmatrix} . \tag{8.30}$$

8.1.6 Externe Felder

Teilchen in externen Feldern beschreibt man, indem zum freien Dirac-Operator H_0 eine Wechselwirkung V addiert wird:

$$H = H_0 + V \qquad \text{mit} \qquad H_0 = c\boldsymbol{\alpha}\cdot\mathbf{p} + \beta mc^2 \,. \tag{8.31}$$

Damit H hermitesch bleibt, muß die 4×4 Matrix V ebenfalls hermitesch sein. Entsprechend dem Verhalten bei Lorentztransformationen klassifiziert man die externen Felder V nach Skalaren, nach Vierervektoren, nach Tensoren. Dazu jeweils ein Beispiel:

1. Den einfachsten Fall bietet ein *skalares* Potential,

$$V = \beta\phi_{\mathrm{sc}} \,. \tag{8.32}$$

Der Massenterm mc^2 ist beispielsweise ein (konstantes) skalares Potential. Das sieht man in der Standarddarstellung für den Dirac-Operator

$$H = \begin{pmatrix} mc^2 + \phi_{\mathrm{sc}} & c\boldsymbol{\sigma}\cdot\mathbf{p} \\ c\boldsymbol{\sigma}\cdot\mathbf{p} & -mc^2 - \phi_{\mathrm{sc}} \end{pmatrix} . \tag{8.33}$$

2. *Vektor*potentiale benutzt man bei elektromagnetischen Feldern,

$$V = e\beta\gamma^\mu A_\mu = e\phi_{\rm el} - e\boldsymbol{\alpha}\cdot\mathbf{A}\,. \tag{8.34}$$

Addiert man diesen Term zu H_0, dann folgt (8.21). In der Standarddarstellung lautet (8.21)

$$H = \begin{pmatrix} mc^2 + e\phi_{\rm el} & c\boldsymbol{\sigma}\cdot\left(\mathbf{p} - \frac{e}{c}\mathbf{A}\right) \\ c\boldsymbol{\sigma}\cdot\left(\mathbf{p} - \frac{e}{c}\mathbf{A}\right) & -mc^2 + e\phi_{\rm el} \end{pmatrix}. \tag{8.35}$$

Man beachte den Unterschied zwischen der Ankopplung des skalaren Potentials $\phi_{\rm sc}$ in (8.33) und der des elektrischen Potentials $\phi_{\rm el}$ in (8.35).

3. Das anomale magnetische Moment liefert uns ein Beispiel für ein *tensorielles* Feld. Das Potential V ist dabei gegeben durch (8.30). Dieser Term wird zum Dirac-Operator (8.35) addiert. Während die elektrische Ladung e die Kopplungskonstante des elektromagnetischen Feldes darstellt, repräsentiert μ_a die Kopplungskonstante für das anomale magnetische Moment.

8.2 Zwei SUSY-Modelle

Die Supersymmetrie wird an zwei relativistischen Modellen demonstriert: zuerst in einem zweidimensionalen Minkowskiraum und danach für masselose Teilchen in einem euklidischen Raum (chirale SUSY).

8.2.1 Supersymmetrie in 1+1 Dimensionen

In 1+1 Dimensionen reduziert sich der Vierervektor (ct, x, y, z) zu einem Zweiervektor (ct, x), und es gibt nur zwei γ-Matrizen

$$\gamma^0 = \sigma^1 = \begin{pmatrix} 0 & 1 \\ 1 & 0 \end{pmatrix} \quad \text{und} \quad \gamma^1 = \mathrm{i}\sigma^3 = \begin{pmatrix} \mathrm{i} & 0 \\ 0 & -\mathrm{i} \end{pmatrix}. \tag{8.36}$$

Sie erfüllen die Bedingung (7.97), allerdings lautet jetzt die Lorentz-Metrik $g^{\mu\nu} = \mathrm{diag}\,(1, -1)$. Die griechischen Indizes laufen nur von 0 bis 1.
Wir betrachten die Dirac-Gleichung (8.3), in der mc^2 durch ein skalares Potential $\phi_{\rm sc}(x)$ ersetzt wird,

$$[\mathrm{i}\hbar c\not{\partial} - \phi_{\rm sc}(x)]\,\Psi(x,t) = 0\,, \tag{8.37}$$

wobei $\partial_\mu = (\partial/\partial ct, \partial/\partial x)$. Mit dem Separationsansatz

$$\Psi(x,t) = \mathrm{e}^{-\mathrm{i}\omega t} \begin{pmatrix} \psi_1(x) \\ \psi_2(x) \end{pmatrix} \tag{8.38}$$

reduziert sich die Dirac-Gleichung zu

$$\left(\hbar\omega\gamma^0 + \mathrm{i}\hbar c\gamma^1 \frac{\mathrm{d}}{\mathrm{d}x} - \phi_{\mathrm{sc}}\right) \begin{pmatrix} \psi_1 \\ \psi_2 \end{pmatrix} = 0$$

und liefert die gekoppelten Gleichungen

$$\left(\phi_{\mathrm{sc}} + \hbar c \frac{\mathrm{d}}{\mathrm{d}x}\right) \psi_1 = \hbar\omega\, \psi_2 \quad , \quad \left(\phi_{\mathrm{sc}} - \hbar c \frac{\mathrm{d}}{\mathrm{d}x}\right) \psi_2 = \hbar\omega\, \psi_1 \,.$$

Die Ausdrücke in den Klammern erinnern an die Differentialoperatoren $B^\pm$ in (3.6). In der Tat, mit $\phi_{\mathrm{sc}} = \sqrt{m}\, c\, W(x)$ lassen sie sich umschreiben in die Form

$$B^- \psi_1 = \frac{\hbar\omega}{c\sqrt{2m}}\, \psi_2 \qquad \text{und} \qquad B^+ \psi_2 = \frac{\hbar\omega}{c\sqrt{2m}}\, \psi_1 \,. \tag{8.39}$$

Indem wir nun die linke Gleichung mit B^+ und die rechte mit B^- multiplizieren, entkoppeln wir das Differentialgleichungssystem,

$$B^+B^- \psi_1 = \frac{(\hbar\omega)^2}{2mc^2}\, \psi_1 \qquad \text{und} \qquad B^-B^+ \psi_2 = \frac{(\hbar\omega)^2}{2mc^2}\, \psi_2 \,. \tag{8.40}$$

Die Wellenfunktionen ψ_1 und ψ_2 sind also Eigenzustände zu den Hamiltonoperatoren $H_1 = B^+B^-$ und $H_2 = B^-B^+$, welche SUSY-Partner sind.

8.2.2 Chirale Supersymmetrie

Die Dirac-Gleichung für ein masseloses Teilchen im elektromagnetischen Feld lautet

$$(\gamma^\mu K_\mu)\, \Psi = 0 \qquad \text{mit} \qquad K_\mu = p_\mu - \frac{e}{c} A_\mu \,. \tag{8.41}$$

Dies ist eine physikalische Approximation, da bislang keine masselosen geladenen Teilchen in der Natur nachgewiesen wurden. Den Operator $\not{K} := \gamma^\mu K_\mu$ kann man zerlegen:

$$\not{K} = \frac{1}{2}(1+\gamma_5)\, \not{K} + \frac{1}{2}(1-\gamma_5)\, \not{K} =: Q_+ + Q_- \,. \tag{8.42}$$

Nun untersuchen wir die Eigenschaften von Q_+ und Q_-. Gemäß $\{\gamma^\mu, \gamma_5\} = 0$ gilt

$$\begin{aligned}(1+\gamma_5)\gamma^\mu(1+\gamma_5) &= (1+\gamma_5)(1-\gamma_5)\gamma^\mu \\ &= (1+\gamma_5-\gamma_5-1)\gamma^\mu = 0\,.\end{aligned}$$

Damit folgt

$$Q_+^2 = \frac{1}{4}(1+\gamma_5)\gamma^\mu(1+\gamma_5)\gamma^\nu K_\mu K_\nu = 0\,. \tag{8.43}$$

Ebenso erhält man $Q_-^2 = 0$. Die beiden Operatoren Q_+ und Q_- sind also nilpotent. Andererseits gilt

$$\begin{aligned}Q_+Q_- &= \frac{1}{4}(1+\gamma_5)\gamma^\mu(1-\gamma_5)\gamma^\nu K_\mu K_\nu \\ &= \frac{1}{4}(1+\gamma_5)^2\gamma^\mu\gamma^\nu K_\mu K_\nu = \frac{1}{2}(1+\gamma_5)\,\gamma^\mu\gamma^\nu K_\mu K_\nu\end{aligned}$$

und ebenso

$$Q_-Q_+ = \frac{1}{2}(1-\gamma_5)\,\gamma^\mu\gamma^\nu K_\mu K_\nu\,.$$

Zusammengefaßt ergibt das

$$\{Q_+, Q_-\} = \gamma^\mu\gamma^\nu K_\mu K_\nu = \not{K}^2\,. \tag{8.44}$$

Aufgrund der Nilpotenz von Q_+ erhalten wir die Vertauschungsrelation

$$\begin{aligned}[\not{K}^2, Q_+] &= [Q_+Q_-, Q_+] + [Q_-Q_+, Q_+] \\ &= Q_+Q_-Q_+ - Q_+Q_-Q_+ = 0\,.\end{aligned}$$

Das gleiche gilt auch für Q_-. Alles in allem, sind wir bei einer SUSY-Algebra für $N = 2$ angelangt:

$$\boxed{\{Q_+, Q_-\} = \not{K}^2 \qquad \text{und} \qquad [\not{K}^2, Q_\pm] = 0}\,. \tag{8.45}$$

Das sieht auf den ersten Blick recht gut aus, doch bevor wir die ganze Maschinerie der Supersymmetrie in Gang setzen, müssen wir prüfen, inwiefern der Operator $\not{K}^2$ auch tatsächlich hermitesch ist.

Dazu rekapitulieren wir die merkwürdige Eigenschaft der γ-Matrizen beim Konjugieren (7.100):

$$(\gamma^0)^\dagger = \gamma^0 \qquad \text{und} \qquad \boldsymbol{\gamma}^\dagger = -\boldsymbol{\gamma}\,. \tag{8.46}$$

Es folgt

$$\begin{aligned}(\not{K}^2)^\dagger &= (\gamma^0 K_0 - \boldsymbol{\gamma}\cdot\mathbf{K})^\dagger(\gamma^0 K_0 - \boldsymbol{\gamma}\cdot\mathbf{K})^\dagger \\ &= (\gamma^0 K_0 + \boldsymbol{\gamma}\cdot\mathbf{K})(\gamma^0 K_0 + \boldsymbol{\gamma}\cdot\mathbf{K}) \neq \not{K}^2\,.\end{aligned}$$

Der Operator $\not{K}^2$ ist damit nicht hermitesch! Ein Weg, $\not{K}^2$ hermitesch zu machen, ohne die SUSY-Algebra (8.45) zu zerstören, besteht darin, von der Lorentz-Metrik zur *euklidischen* Metrik überzugehen.

8.2.3 Die euklidische Darstellung

Während die bisherigen Darstellungen alle auf der Lorentz-Metrik basierten, wird in einer euklidischen Darstellung die Lorentz-Metrik $g^{\mu\nu}$ durch die euklidische Metrik $-\delta^{\mu\nu}$ ersetzt. Damit ändern sich die γ-Matrizen, $\gamma^\mu \to \tilde{\gamma}^\mu$, wobei an Stelle von (7.97) nun

$$\{\,\tilde{\gamma}^\mu, \tilde{\gamma}^\nu\,\} = -2\delta^{\mu\nu} \tag{8.47}$$

tritt. Vorher war $(\gamma^0)^2 = \mathbb{1}$ und $(\gamma^i)^2 = -\mathbb{1}$; jetzt ist $(\gamma^0)^2 = -\mathbb{1}$ und $(\gamma^i)^2 = -\mathbb{1}$. Es gilt also

$$\tilde{\gamma}^0 = \mathrm{i}\gamma^0 \qquad \text{und} \qquad \tilde{\gamma}^i = \gamma^i\,. \tag{8.48}$$

Die Raumkomponenten bleiben demnach unbeeinflußt.

Zu jeder Darstellung aus § 8.1.2 kann man eine entsprechende euklidische Darstellung finden; die Umrechnungsvorschrift ist mit (8.48) gegeben. Hinzu kommt der günstige Umstand, daß in der euklidischen Darstellung die Indexstellung keine Rolle spielt: $\tilde{\gamma}^\mu = \tilde{\gamma}_\mu$.

Was passiert mit der γ_5-Matrix? Dazu verlangt man, daß die Beziehung $\gamma_5^2 = \mathbb{1}$ erhalten bleibt, also $\tilde{\gamma}_5^2 = \mathbb{1}$. Das wird erfüllt durch

$$\tilde{\gamma}_5 = \tilde{\gamma}^5 = \tilde{\gamma}^0\tilde{\gamma}^1\tilde{\gamma}^2\tilde{\gamma}^3\,. \tag{8.49}$$

Mit (8.48) folgt daraus gemäß (7.101)

$$\tilde{\gamma}^5 = \mathrm{i}\gamma^0\gamma^1\gamma^2\gamma^3 = \gamma^5\,. \tag{8.50}$$

Die Form der γ_5-Matrix ist also in der üblichen und in der euklidischen Darstellung gleich. Desweiteren ändern sich die Spintensoren $\Sigma^{\mu\nu}$ entsprechend (7.98) zu $\tilde{\Sigma}^{\mu\nu} = \frac{\mathrm{i}}{4}\,[\tilde{\gamma}^\mu, \tilde{\gamma}^\nu]$. Konkret heißt das

$$\tilde{\Sigma}^{0i} = \mathrm{i}\Sigma^{0i} \qquad \text{und} \qquad \tilde{\Sigma}^{ij} = \Sigma^{ij} . \tag{8.51}$$

Schließlich folgt aus (8.46) mit (8.48) die Beziehung

$$(\tilde{\gamma}^\mu)^\dagger = -\tilde{\gamma}^\mu . \tag{8.52}$$

Damit wird $\not{K}^2$ aus § 8.2.2 in der euklidischen Darstellung zu einem hermiteschen Operator: $(\not{K}^2)^\dagger = \not{K}^2$.

8.2.4 Der supersymmetrische Operator $\not{K}^2$

Wir berechnen den supersymmetrischen Operator $\not{K}^2$ zunächst darstellungsfrei, und erst zum Schluß gehen wir zur euklidischen Darstellung über. Mit Hilfe von (7.99) erhalten wir

$$\not{K}^2 = \gamma^\mu\gamma^\nu K_\mu K_\nu = K^\mu K_\mu - 2\mathrm{i}\Sigma^{\mu\nu} K_\mu K_\nu . \tag{8.53}$$

Betrachten wir nun

$$\begin{aligned} K_\mu K_\nu &= \left(\mathrm{i}\hbar\partial_\mu - \frac{e}{c}\,A_\mu\right)\left(\mathrm{i}\hbar\partial_\nu - \frac{e}{c}\,A_\nu\right) \\ &= -\hbar^2\partial_\mu\partial_\nu - \frac{e}{c}\,\mathrm{i}\hbar\left(\partial_\mu A_\nu + A_\nu\partial_\mu + A_\mu\partial_\nu\right) + \left(\frac{e}{c}\right)^2 A_\mu A_\nu \\ &= \left[-\hbar^2\partial_\mu\partial_\nu + \left(\frac{e}{c}\right)^2 A_\mu A_\nu - \frac{e}{c}\,\mathrm{i}\hbar\,(A_\nu\partial_\mu + A_\mu\partial_\nu)\right] - \frac{e}{c}\,\mathrm{i}\hbar\,\partial_\mu A_\nu . \end{aligned}$$

Dieser Ausdruck wird mit dem antisymmetrischen Spintensor $\Sigma^{\mu\nu}$ multipliziert. Dabei verschwindet der Term in der eckigen Klammer, da er symmetrisch in den Indizes ist. Für den verbleibenden Term nutzen wir die Definition des Feldstärketensors (8.15),

$$\Sigma^{\mu\nu}\partial_\mu A_\nu = \frac{1}{2}\,\Sigma^{\mu\nu}\left(\partial_\mu A_\nu - \partial_\nu A_\mu\right) = \frac{1}{2}\,\Sigma^{\mu\nu}F_{\mu\nu} .$$

Aus (8.53) erhalten wir dann mit (8.29)

$$\begin{aligned} \not{K}^2 &= \left(p_\mu - \frac{e}{c}\,A_\mu\right)^2 - \frac{e\hbar}{c}\,\Sigma^{\mu\nu}F_{\mu\nu} \\ &= \left(p_\mu - \frac{e}{c}\,A_\mu\right)^2 + \frac{e\hbar}{c}\left(2\Sigma_{0i}E^i + \varepsilon^{ijk}\Sigma_{ij}B^k\right) . \end{aligned} \tag{8.54}$$

Bis hierher sind alle Formeln darstellungsfrei. In der euklidischen Darstellung (8.51) und mit (8.13) erhalten wir daraus

$$K\!\!\!/^2 = \left(p_\mu - \frac{e}{c}A_\mu\right)^2 + \frac{e\hbar}{c}\begin{pmatrix} \sigma\cdot(\mathbf{B}+\mathbf{E}) & 0 \\ 0 & \sigma\cdot(\mathbf{B}-\mathbf{E}) \end{pmatrix} .$$

Ganz offensichtlich ist dieser Operator hermitesch.

8.3 Dirac-Operatoren und Supersymmetrie

8.3.1 Formale SUSY-Quantemechanik

Unter der *formalen* supersymmetrischen Quantenmechanik (sowohl nichtrelativistisch als auch relativistisch) versteht man [56, 55] den Satz

$$(\mathcal{H}, H, \tau, Q) .$$

Das Paar $(\mathcal{H}, H)$ definiert die (gewöhnliche) Quantenmechanik mit einem hermiteschen Hamiltonoperator H, der im Hilbertraum $\mathcal{H}$ operiert. Durch die Supersymmetrie kommen ins Spiel: die Involution τ und die Superladung Q.
Unter der *Involution* τ, auch Graduierungs-Operator genannt, versteht man eine Abbildung, die zweimal angewandt die Identität ergibt, also ihr eigenes Inverses ist. Eine unitäre Involution ist daher zwangsläufig hermitesch:

$$\tau^\dagger\tau = \tau\tau^\dagger = \tau^2 = \mathbb{1} . \tag{8.55}$$

Da $\tau^2 = \mathbb{1}$, besitzt τ nur die beiden Eigenwerte +1 und –1. Die zugehörigen Eigenräume bezeichnen wir mit $\mathcal{H}_+$ und $\mathcal{H}_-$, so daß der Hilbertraum in eine orthogonale Summe zerfällt, $\mathcal{H} = \mathcal{H}_+ \oplus \mathcal{H}_-$. Die Projektionsoperatoren

$$P_\pm = \frac{1}{2}(\mathbb{1} \pm \tau) \tag{8.56}$$

angewendet auf $\mathcal{H}$ liefern uns gerade $\mathcal{H}_+$ und $\mathcal{H}_-$. Man bezeichnet $\mathcal{H}_+$ ($\mathcal{H}_-$) auch als den bosonischen (fermionischen) Unterraum.
Wir betrachten nun einen hermiteschen Operator $A = A^\dagger$. Mit Hilfe der Projektionsoperatoren läßt er sich eindeutig in einen geraden (bosonischen) und ungeraden (fermionischen) Anteil zerlegen:

$$A = (P_+AP_+ + P_-AP_-) + (P_+AP_- + P_-AP_+) =: A_b + A_f . \tag{8.57}$$

Wegen $\tau P_\pm = \pm P_\pm$ und $[\tau, P_\pm] = 0$ folgt

$$\begin{aligned}[P_\pm A P_\pm, \tau] &= P_\pm A P_\pm \tau - \tau P_\pm A P_\pm = P_\pm A \tau P_\pm - \tau P_\pm A P_\pm \\ &= \pm(P_\pm A P_\pm - P_\pm A P_\pm) = 0\ ,\end{aligned}$$

sowie

$$\begin{aligned}\{P_\pm A P_\mp, \tau\} &= P_\pm A P_\mp \tau + \tau P_\pm A P_\mp = P_\pm A \tau P_\mp + \tau P_\pm A P_\mp \\ &= \mp(P_\pm A P_\mp - P_\pm A P_\mp) = 0\ .\end{aligned}$$

Aus diesen Überlegungen ergibt sich die Vorschrift:

$$\text{gerader Operator} \quad \Longleftrightarrow \quad [A_b, \tau] = 0\ , \tag{8.58}$$

$$\text{ungerader Operator} \quad \Longleftrightarrow \quad \{A_f, \tau\} = 0\ . \tag{8.59}$$

Jede Größe, die mit der Involution vertauscht (antivertauscht) ist also per Definition ein gerader (ungerader) Operator. Der gerade Anteil läßt die Unterräume $\mathcal{H}_+$ und $\mathcal{H}_-$ invariant; der ungerade Anteil erzeugt Übergänge zwischen $\mathcal{H}_+$ und $\mathcal{H}_-$. Die Involution τ selbst ist ein gerader Operator.

Man bezeichnet einen hermiteschen Operator Q mit der Eigenschaft $Q = Q_f$ als *Superladung bezüglich* τ:

$$\boxed{\text{Superladung:} \quad Q = Q^\dagger \quad \text{und} \quad \{Q, \tau\} = 0} \ . \tag{8.60}$$

Das Quadrat der Superladung dividiert durch mc^2,

$$H_\mathrm{S} = \frac{1}{mc^2} Q^2\ , \tag{8.61}$$

heißt *supersymmetrischer Hamiltonoperator*. Da $[\tau, Q^2] = \{\tau, Q\}Q - Q\{\tau, Q\}$, kommutiert H_S mit τ und ist daher ein gerader Operator.

Ist Q eine Superladung bezüglich τ, dann ist auch $Q' := \mathrm{i}Q\tau$ eine Superladung bezüglich τ, denn es gilt $\{Q', \tau\} = 0$. Natürlich ist Q' hermitesch, da

$$(\mathrm{i}Q\tau)^\dagger = -(\mathrm{i}\tau Q)^\dagger = \mathrm{i}Q^\dagger \tau^\dagger = \mathrm{i}Q\tau\ .$$

Weitere Eigenschaften sind:

$$Q'^2 = Q^2 \quad , \quad \{Q', Q\} = 0 \quad \text{und} \quad (Q')' = -Q\ . \tag{8.62}$$

Die Superladungen Q und Q' wurden in Kapitel 2 mit Q_1 und Q_2 bezeichnet.

8.3.2 Die kanonische Darstellung

Die Unterteilung des Hilbertraumes in $\mathcal{H}_+$ und $\mathcal{H}_-$ legt eine zweidimensionale Blockmatrixstruktur nahe. In der *kanonischen Darstellung* schreiben wir die Wellenfunktion $\Psi \in \mathcal{H}$ als Spaltenvektor $\Psi = (\phi, \psi)^{\mathrm{T}}$, wobei $\phi \in \mathcal{H}_+$ und $\psi \in \mathcal{H}_-$. Die Unterräume $\mathcal{H}_+$ und $\mathcal{H}_-$ werden demnach von den Vektoren $(\phi, 0)^{\mathrm{T}}$ und $(0, \psi)^{\mathrm{T}}$ aufgespannt. In dieser Darstellung erhält die Involution eine einfache Form

$$\tau = \begin{pmatrix} 1 & 0 \\ 0 & -1 \end{pmatrix} . \tag{8.63}$$

Der gerade und ungerade Anteil eines Operators A in der Zerlegung (8.57) besitzen dann die Gestalt

$$A_b = \begin{pmatrix} A_{++} & 0 \\ 0 & A_{--} \end{pmatrix} \quad \text{und} \quad A_f = \begin{pmatrix} 0 & A_{+-} \\ A_{-+} & 0 \end{pmatrix} ,$$

wobei

$$P_+ A P_- = \begin{pmatrix} 0 & A_{+-} \\ 0 & 0 \end{pmatrix} \quad \text{usw.}$$

Der gerade Anteil von A erscheint hier als Diagonalmatrix. Der ungerade Anteil von A besitzt nur Nichtdiagonalelemente; Matrizen dieser Form nennen wir *antidiagonal*. Einen *hermiteschen* Operator H, für den die Zerlegung $H = H_b + H_f$ möglich ist, bezeichnet man als *abstrakten Dirac-Operator*. Die Komponenten H_b und H_f brauchen dabei nicht hermitesch zu sein.

Der Dirac-Operator für ein Teilchen im externen Feld läßt sich demnach auf zweierlei Art zerlegen:

$$H = H_0 + V \qquad \text{oder} \qquad H = H_f + H_b , \tag{8.64}$$

wobei der ungerade und gerade Anteil gegeben sind durch

$$H_f = c\boldsymbol{\alpha}\cdot\mathbf{p} + V_f \qquad \text{und} \qquad H_b = \beta mc^2 + V_b . \tag{8.65}$$

Diese neue Zerlegung benutzt man mitunter in der Störungstheorie: In einigen Fällen erweist sich nämlich H_b als eine kleine Störung zu H_f, wohingegen V selbst keine kleine Störung zu sein braucht.

Die Superladung ist ein *ungerader* Operator und besitzt daher eine antidiagonale Form,

$$Q = \begin{pmatrix} 0 & D^+ \\ D^- & 0 \end{pmatrix} \qquad \text{bzw.} \qquad Q' = \mathrm{i} \begin{pmatrix} 0 & -D^+ \\ D^- & 0 \end{pmatrix} . \tag{8.66}$$

Damit Q bzw. Q' hermitesch sind, muß $(D^{\pm})^{\dagger} = D^{\mp}$ gelten. Die Operatoren D^+ (und D^-) sind Abbildungen von $\mathcal{H}_- \to \mathcal{H}_+$ (und $\mathcal{H}_+ \to \mathcal{H}_-$).

Der freie Dirac-Operator aus (8.7) für ein masseloses Teilchen liefert das einfachste physikalische Beispiel für eine Superladung. In der Standarddarstellung besitzt er die Form

$$H = \begin{pmatrix} 0 & c\boldsymbol{\sigma}\cdot\mathbf{p} \\ c\boldsymbol{\sigma}\cdot\mathbf{p} & 0 \end{pmatrix} = Q . \tag{8.67}$$

Dabei gilt $D^+ = D^- = c\,\boldsymbol{\sigma}\cdot\mathbf{p}$. Korrekt muß es heißen: H ist eine Superladung bezüglich $\tau = \beta = \begin{pmatrix} \mathbb{1} & 0 \\ 0 & -\mathbb{1} \end{pmatrix}$.

Der Kern der Superladung ist

$$\ker Q = \ker D^+ \oplus \ker D^- , \tag{8.68}$$

und es gilt [55]

$$\ker Q^2 = \ker D^+D^- \oplus \ker D^-D^+ = \ker D^+ \oplus \ker D^- = \ker Q .$$

Die Menge aller Elemente, die nicht zu $\ker Q$ gehört, kürzen wir mit $(\ker Q)^{\perp}$ ab; das ist ein zu $\ker Q$ orthogonaler Unterraum.

Der *supersymmetrische Hamiltonoperator* lautet in der kanonischen Darstellung

$$H_{\mathrm{S}} = \frac{1}{mc^2} \begin{pmatrix} D^+D^- & 0 \\ 0 & D^-D^+ \end{pmatrix} . \tag{8.69}$$

An seiner Diagonalstruktur erkennt man sofort, daß es sich hier um einen geraden Operator handelt. Formal sieht H_{S} genauso wie der supersymmetrische Hamilton-operator der nichtrelativistischen Quantenmechanik aus, mit dem Unterschied, daß (2.65) eine 2×2 Matrix mit den Diagonalelementen B^+B^- und B^-B^+ ist, während in der 4×4 Matrix H_{S} die Diagonalelemente selbst 2×2 Matrizen sind (siehe Tabelle 8.1).

Zwei Möglichkeiten gibt es, aus der vierdimensionalen Superladung eine zweidimensionale Superladung zu machen: erstens durch Einschränkung der Raumdimension von 3 auf 1 wie in § 8.2.1 und zweitens im nichtrelativistischen Grenzfall wie in § 8.4.1.

Tab. 8.1 Die Superladung und das Quadrat der Superladung in der nichtrelativistischen und relativistischen Quantenmechanik.

	nichtrelativistische Quantenmechanik	relativistische Quantenmechanik
Superladung	$Q = \begin{pmatrix} 0 & B^+ \\ B^- & 0 \end{pmatrix}$	$Q = \begin{pmatrix} 0 & D^+ \\ D^- & 0 \end{pmatrix}$ Dirac-Operator
supersymmetrischer Hamiltonoperator $H_S = Q^2$	$H_S = \begin{pmatrix} B^+B^- & 0 \\ 0 & B^-B^+ \end{pmatrix}$	$H_S \propto \begin{pmatrix} D^+D^- & 0 \\ 0 & D^-D^+ \end{pmatrix}$
	2×2-Matrizen	4×4-Matrizen

8.3.3 Der Dirac-Operator als Superladung

Der Dirac-Operator für ein masseloses Teilchen im Magnetfeld lautet gemäß (8.35)

$$H = \begin{pmatrix} 0 & c\boldsymbol{\sigma}\cdot\left(\mathbf{p} - \frac{e}{c}\mathbf{A}\right) \\ c\boldsymbol{\sigma}\cdot\left(\mathbf{p} - \frac{e}{c}\mathbf{A}\right) & 0 \end{pmatrix} . \tag{8.70}$$

Er erfüllt alle Voraussetzungen für eine Superladung bezüglich $\tau = \beta$ in der Standarddarstellung.

Es erhebt sich nun die Frage, ob man auch massive Teilchen mit einem Dirac-Operator, der gleichzeitig Superladung ist, beschreiben kann. Diese Frage läßt sich für einige Fälle durchaus positiv beantworten. Das werden wir jetzt untersuchen.

Besitzt ein Dirac-Operator die spezielle Form

$$H = \begin{pmatrix} V & D \\ D & -V \end{pmatrix} , \tag{8.71}$$

dann läßt er sich mit der unitären Matrix

$$T = \frac{1}{\sqrt{2}} \begin{pmatrix} 1 & \mathrm{i} \\ \mathrm{i} & 1 \end{pmatrix} \tag{8.72}$$

auf eine antidiagonale Form bringen

$$THT^{-1} = \begin{pmatrix} 0 & \widetilde{D}^\dagger \\ \widetilde{D} & 0 \end{pmatrix} \qquad \text{mit} \qquad \widetilde{D} = D + \mathrm{i}V \; . \tag{8.73}$$

Diese Matrix ist hermitesch und antivertauscht mit der Involution τ, damit ist THT^{-1} eine Superladung. Diese neue Darstellung, zu der man mittels der unitären Matrix T gelangt, bezeichnet man als *supersymmetrische Darstellung*.

Im folgenden geben wir vier Dirac-Operatoren an, welche die Form (8.71) besitzen und sich demnach in eine Superladung der Form

$$Q = \begin{pmatrix} 0 & \widetilde{D}^\dagger \\ \widetilde{D} & 0 \end{pmatrix}$$

überführen lassen.

1. Der Dirac-Operator für das freie Teilchen:

$$H = \begin{pmatrix} mc^2 & c\boldsymbol{\sigma}\cdot\mathbf{p} \\ c\boldsymbol{\sigma}\cdot\mathbf{p} & -mc^2 \end{pmatrix} \quad \longrightarrow \quad \widetilde{D} = c\boldsymbol{\sigma}\cdot\mathbf{p} + imc^2 \; . \tag{8.74}$$

2. Der Dirac-Operator für ein Teilchen im skalaren Feld:

$$\begin{aligned} H &= \begin{pmatrix} mc^2 + \phi_{\mathrm{sc}} & c\boldsymbol{\sigma}\cdot\mathbf{p} \\ c\boldsymbol{\sigma}\cdot\mathbf{p} & -(mc^2 + \phi_{\mathrm{sc}}) \end{pmatrix} \\ &\longrightarrow \quad \widetilde{D} = c\boldsymbol{\sigma}\cdot\mathbf{p} + \mathrm{i}(mc^2 + \phi_{\mathrm{sc}}) \; . \end{aligned} \tag{8.75}$$

Man beachte, ein Dirac-Operator für ein Teilchen im elektrischen Feld ϕ_{el} ist keine Superladung!

3. Der Dirac-Operator für ein Teilchen im Magnetfeld:

$$\begin{aligned} H &= \begin{pmatrix} mc^2 & c\boldsymbol{\sigma}\cdot\left(\mathbf{p} - \frac{e}{c}\mathbf{A}\right) \\ c\boldsymbol{\sigma}\cdot\left(\mathbf{p} - \frac{e}{c}\mathbf{A}\right) & -mc^2 \end{pmatrix} \\ &\longrightarrow \quad \widetilde{D} = c\boldsymbol{\sigma}\cdot\left(\mathbf{p} - \frac{e}{c}\mathbf{A}\right) + imc^2 \; . \end{aligned} \tag{8.76}$$

4. Der Dirac-Operator für ein Neutron im Magnetfeld:

$$H = \begin{pmatrix} mc^2 - \mu_a \boldsymbol{\sigma}\cdot\mathbf{B} & c\boldsymbol{\sigma}\cdot\mathbf{p} \\ c\boldsymbol{\sigma}\cdot\mathbf{p} & -(mc^2 - \mu_a \boldsymbol{\sigma}\cdot\mathbf{B}) \end{pmatrix} \tag{8.77}$$

$$\longrightarrow \quad \widetilde{D} = c\boldsymbol{\sigma}\cdot\mathbf{p} + \mathrm{i}(mc^2 - \mu_a \boldsymbol{\sigma}\cdot\mathbf{B})\,.$$

Die letzte Gleichung folgt aus (8.35) und (8.30) für $e=0$ und $\phi_{\text{el}}=0$.
Wollen wir allerdings ein Neutron im elektrischen Feld beschreiben, so müssen wir leider feststellen, daß der Dirac-Operator

$$H = \begin{pmatrix} mc^2 & c\boldsymbol{\sigma}\cdot\mathbf{p} + \mathrm{i}\mu_a\, \boldsymbol{\sigma}\cdot\mathbf{E} \\ c\boldsymbol{\sigma}\cdot\mathbf{p} - \mathrm{i}\mu_a\, \boldsymbol{\sigma}\cdot\mathbf{E} & -mc^2 \end{pmatrix} \tag{8.78}$$

nicht mehr die notwendige Form (8.71) besitzt. Dennoch besteht die Möglichkeit, das Konzept der Supersymmetrie auch auf derartige Fälle auszudehnen. Dazu wird im § 8.3.5 der Begriff der Superladung verallgemeinert.

8.3.4 Die polare Zerlegung der Superladung

Bisher betrachteten wir die Operatoren

$$Q = \begin{pmatrix} 0 & D^+ \\ D^- & 0 \end{pmatrix} \quad \text{und} \quad Q^2 = \begin{pmatrix} D^+D^- & 0 \\ 0 & D^-D^+ \end{pmatrix}. \tag{8.79}$$

Unser Ziel ist es nun, allgemeine Aussagen über das Eigenwertspektrum von Q^2 zu machen. Wir beschränken uns dabei auf den Unterraum $(\ker Q)^\perp$ und zerlegen die Superladung in einen "Betrag" $|Q|$ und eine "Phase" $\operatorname{sgn} Q$:

$$Q = (\operatorname{sgn} Q)\,|Q| \quad \text{mit} \quad (\operatorname{sgn} Q)^2 = \mathbb{1}\,. \tag{8.80}$$

Der Operator $|Q|$ ist definiert als

$$|Q| := \sqrt{Q^2} = \begin{pmatrix} \sqrt{D^+D^-} & 0 \\ 0 & \sqrt{D^-D^+} \end{pmatrix}. \tag{8.81}$$

Was versteht man unter der Quadratwurzel eines Operators? Für jeden positiven Operator A existiert eine eindeutige *Wurzel* $\sqrt{A}$, wobei $(\sqrt{A})^2 = A$. Dabei gilt mit B als beliebiger Operator

$$[\,A, B\,] = 0 \quad \Longrightarrow \quad [\,\sqrt{A}, B\,] = 0\,. \tag{8.82}$$

Zum Beweis benötigen wir die Konstruktionsvorschrift für $\sqrt{A}$. Dazu sei $R_1 := 0$ und $R_{n+1} := \frac{1}{2}(\mathbb{1} - A - R_n^2)$. Mit $R_\infty = \lim_{n\to\infty} R_n$ gilt dann

$$\sqrt{A} = \mathbb{1} - R_\infty\,, \tag{8.83}$$

da man mit $R_\infty = \frac{1}{2}(\mathbb{1} - A + R_\infty^2)$ nachrechnet:

$$\begin{aligned}(\sqrt{A})^2 &= (\mathbb{1} - R_\infty)^2 = \mathbb{1} - 2R_\infty + R_\infty^2 \\ &= \mathbb{1} - 2R_\infty + (2R_\infty - \mathbb{1} + A) = A\,.\end{aligned}$$

Aus $[A, B] = 0$ folgt $[R_1, B] = 0$, $[R_2, B] = 0$ und iterativ fortgesetzt $[R_n, B] = 0$; damit gilt schließlich

$$[\sqrt{A}, B] = (\mathbb{1} - R_\infty, B] = [R_\infty, B] = \lim_{n\to\infty}[R_n, B] = 0\,,$$

und (8.82) ist bewiesen. Wegen $[Q^2, \tau] = 0$ folgt aus (8.82) auch $[|Q|, \tau] = 0$, und $|Q|$ ist gemäß (8.58) ein *gerader* Operator. Da $(D^+)^\dagger = D^-$ sind die Operatoren

$$Q_1 := \sqrt{D^+D^-} \qquad \text{und} \qquad Q_2 := \sqrt{D^-D^+} \tag{8.84}$$

hermitesch; damit ist aber auch

$$|Q| = \begin{pmatrix} Q_1 & 0 \\ 0 & Q_2 \end{pmatrix} \tag{8.85}$$

hermitesch. Desweiteren folgt aus (8.80) der Operator

$$\begin{aligned}\operatorname{sgn} Q := Q\,|Q|^{-1} &= \begin{pmatrix} 0 & D^+ \\ D^- & 0 \end{pmatrix} \begin{pmatrix} Q_1^{-1} & 0 \\ 0 & Q_2^{-1} \end{pmatrix} \\ &= \begin{pmatrix} 0 & D^+Q_2^{-1} \\ D^-Q_1^{-1} & 0 \end{pmatrix}.\end{aligned} \tag{8.86}$$

Da Q mit $|Q|^{-1}$ vertauscht, gilt aber auch

$$\operatorname{sgn} Q = |Q|^{-1}\,Q = \begin{pmatrix} 0 & Q_1^{-1}D^+ \\ Q_2^{-1}D^- & 0 \end{pmatrix}. \tag{8.87}$$

Ein Vergleich von (8.86) und (8.87) liefert

$$D^-Q_1^{-1} = Q_2^{-1}D^- =: S\,. \tag{8.88}$$

Die hermitesche Konjugation führt zu

$$S^\dagger = Q_1^{-1} D^+ = D^+ Q_2^{-1} \, .$$

Damit können wir schreiben

$$\operatorname{sgn} Q = \begin{pmatrix} 0 & S^\dagger \\ S & 0 \end{pmatrix} = (\operatorname{sgn} Q)^\dagger \, . \tag{8.89}$$

Der Operator $\operatorname{sgn} Q$ ist also auch hermitesch. Aus $(\operatorname{sgn} Q)^2 = \mathbb{1}$ folgt dann die Unitarität von S auf $(\ker Q)^\perp$:

$$S S^\dagger = S^\dagger S = \mathbb{1} \, . \tag{8.90}$$

Im Gegensatz zu $|Q|$ ist $\operatorname{sgn} Q$ aber ein ungerader Operator; das folgt aus

$$\{\tau, \operatorname{sgn} Q\} = \{\tau, Q\,|Q|^{-1}\} = \{\tau, Q\}|Q|^{-1} - Q[\tau, |Q|^{-1}] = 0 - 0 = 0 \, ,$$

wobei wir (8.86) und (2.56) verwendet haben, und der Vorschrift (8.59). In der kanonischen Darstellung (8.89) besitzt er ja auch die antidiagonale Form.
Es ist $[Q, \operatorname{sgn} Q] = 0$. Mit diesen Vorbetrachtungen können wir nun schreiben

$$\begin{aligned} \begin{pmatrix} D^+D^- & 0 \\ 0 & D^-D^+ \end{pmatrix} &= Q^2 = (\operatorname{sgn} Q)\, Q^2\, (\operatorname{sgn} Q) \\ &= \begin{pmatrix} S^\dagger(D^-D^+)S & 0 \\ 0 & S(D^+D^-)S^\dagger \end{pmatrix} \, . \end{aligned}$$

Die Operatoren (D^+D^-) und (D^-D^+) sind also äquivalent, da

$$(D^+D^-) = S^\dagger(D^-D^+)S \, .$$

Demzufolge besitzen sie auf $(\ker Q)^\perp$ das gleiche Eigenwertspektrum, das man symbolisch durch

$$\operatorname{spect}\,(D^-D^+)\backslash\{0\} = \operatorname{spect}\,(D^+D^-)\backslash\{0\} \tag{8.91}$$

ausdrückt. Das Spektrum des supersymmetrischen Hamiltonoperators H_{S} ist – abgesehen vom Eigenwert Null – zweifach entartet.

8.3.5 Die verallgemeinerte Superladung

Q sei eine Superladung bezüglich τ; M sei ein hermitescher und gerader Operator, der mit Q und τ vertauscht,

$$[M,Q]=[M,\tau]=0\,, \tag{8.92}$$

dann definiert man die

$$\boxed{\text{verallgemeinerte Superladung:}\qquad H=Q+M\tau}\;. \tag{8.93}$$

In der kanonischen Darstellung besitzt die verallgemeinerte Superladung die Form

$$H=\begin{pmatrix}0 & D^+\\ D^- & 0\end{pmatrix}+\begin{pmatrix}M_+ & 0\\ 0 & M_-\end{pmatrix}\tau=\begin{pmatrix}M_+ & D^+\\ D^- & -M_-\end{pmatrix}. \tag{8.94}$$

Alle in § 8.3.3 aufgelisteten Dirac-Operatoren einschließlich des Beispiels (8.78) sind verallgemeinerte Superladungen. Eine Transformation von der Standarddarstellung zur supersymmetrischen Darstellung, wie sie in den Fällen (8.74) bis (8.77) erfolgte, braucht man nicht erst durchzuführen.

Den *supersymmetrischen Hamiltonoperator* definieren wir wieder als

$$H_{\mathrm{S}}=\frac{1}{mc^2}H^2\,. \tag{8.95}$$

Das Quadrat der verallgemeinerten Superladung liefert

$$\begin{aligned}H^2&=(Q+M\tau)^2=Q^2+QM\tau+M\tau Q+M^2\tau^2\\&=Q^2+QM\tau-QM\tau+M^2=Q^2+M^2\,.\end{aligned} \tag{8.96}$$

Zum Vergleich mit (8.69) geben wir den supersymmetrischen Hamiltonoperator (8.95) in der kanonischen Darstellung an

$$H_{\mathrm{S}}=\frac{1}{mc^2}\begin{pmatrix}D^+D^-+M_+^2 & 0\\ 0 & D^-D^++M_-^2\end{pmatrix}. \tag{8.97}$$

Er ist ein gerader Operator, der mit τ vertauscht. Außerdem gilt

$$[H^2,Q]=[H^2,M]=0\,. \tag{8.98}$$

Insgesamt können wir auf die folgende Hierarchie von Dirac-Operatoren zurückblicken:

abstrakter Dirac-Operator	$H = H_f + H_b = H^\dagger$
verallgemeinerte Superladung	$H = Q + M\tau$
Superladung	$H = Q$

8.3.6 Die Foldy-Wouthuysen-Transformation

Unser Ziel ist es, die verallgemeinerte Superladung $H = Q + M\tau$ auf Diagonalform zu bringen und ihr Eigenwertspektrum zu bestimmen.
Zunächst führen wir die beiden hermiteschen Hilfsgrößen a_+ und a_- ein:

$$a_\pm = \frac{1}{\sqrt{2}}\sqrt{\mathbb{1} \pm M|H|^{-1}}\,, \tag{8.99}$$

wobei $|H| = (Q^2 + M^2)^{1/2}$. Sie vertauschen mit H und Q, $[\,H, a_\pm\,] = [\,Q, a_\pm\,] = 0$. Für sie gilt

$$a_+^2 + a_-^2 = \mathbb{1} \qquad \text{und} \qquad a_+^2 - a_-^2 = M|H|^{-1}\,. \tag{8.100}$$

Weiterhin finden wir

$$\begin{aligned} 2a_+a_- &= [\,(\mathbb{1} + M|H|^{-1})\,(\mathbb{1} - M|H|^{-1})\,]^{1/2} = (\,\mathbb{1} - M^2|H|^{-2}\,)^{1/2} \\ &= (H^2 - M^2)^{1/2}\,|H|^{-1} \;=\; |Q||H|^{-1}\,. \end{aligned} \tag{8.101}$$

Aus den Hilfsgrößen konstruieren wir den Operator

$$U = a_+ + \tau(\operatorname{sgn} Q)a_-\,. \tag{8.102}$$

Mit $\{\operatorname{sgn} Q, \tau\} = 0$ folgt

$$U^\dagger = a_+ + a_-(\operatorname{sgn} Q)\tau \;=\; a_+ - \tau(\operatorname{sgn} Q)a_-$$

und

$$\begin{aligned} UU^\dagger &= [\,a_+ + \tau(\operatorname{sgn} Q)a_-]\,[\,a_+ - \tau(\operatorname{sgn} Q)a_-] \\ &= a_+^2 - \tau(\operatorname{sgn} Q)a_-\tau(\operatorname{sgn} Q)a_- \;=\; a_+^2 + a_-^2 \;=\; \mathbb{1}\,. \end{aligned}$$

Ebenso gilt $U^\dagger U = \mathbb{1}$. Damit ist U ein unitärer Operator auf $(\ker Q)^\perp$. Andererseits, auf $(\ker Q)$ gilt per Definition $\operatorname{sgn} Q = 0$, und der unitäre Operator vereinfacht sich zu $U = a_+$.

Als nächstes berechnen wir

$$\begin{aligned} H\tau\,(\operatorname{sgn} Q) &= (Q + M\tau)\,\tau\,(\operatorname{sgn} Q) = \tau(-Q + M\tau)\,(\operatorname{sgn} Q) \\ &= \tau\,(\operatorname{sgn} Q)(-Q - M\tau) \;=\; -\tau\,(\operatorname{sgn} Q)\,H\,. \end{aligned} \tag{8.103}$$

Mit diesem Ergebnis folgt

$$\begin{aligned} UHU^\dagger &= [\,a_+ + \tau(\operatorname{sgn} Q)a_-\,]\,H\,[\,a_+ - \tau(\operatorname{sgn} Q)a_-\,] \\ &= [\,a_+ + \tau(\operatorname{sgn} Q)a_-\,]^2\,H \\ &= [\,a_+^2 + 2\tau(\operatorname{sgn} Q)a_+a_- - a_-^2\,]\,H \\ &= [\,M|H|^{-1} + \tau(\operatorname{sgn} Q)|Q||H|^{-1}\,]\,H \\ &= [\,M + \tau Q\,]\,|H|^{-1}H \;=\; \tau[\,M\tau + Q\,]\,|H|^{-1}H \\ &= \tau H^2\,|\,H|^{-1} \;=\; \tau|H|\,. \end{aligned} \tag{8.104}$$

Das heißt

$$H_{\text{diag}} = UHU^\dagger = \tau\,\sqrt{Q^2 + M^2}\,. \tag{8.105}$$

Es gilt $H_{\text{diag}}^2 = |H|^2 = H^2$. Explizit erhalten wir für (8.105)

$$\begin{aligned} H_{\text{diag}} &= \begin{pmatrix} \mathbb{1} & 0 \\ 0 & -\mathbb{1} \end{pmatrix} \sqrt{\begin{pmatrix} 0 & D^+ \\ D^- & 0 \end{pmatrix}^2 + \begin{pmatrix} M_+ & 0 \\ 0 & M_- \end{pmatrix}^2} \\ &= \begin{pmatrix} \mathbb{1} & 0 \\ 0 & -\mathbb{1} \end{pmatrix} \sqrt{\begin{pmatrix} D^+D^- + M_+^2 & 0 \\ 0 & D^-D^+ + M_-^2 \end{pmatrix}} \\ &= \begin{pmatrix} \sqrt{D^+D^- + M_+^2} & 0 \\ 0 & -\sqrt{D^-D^+ + M_-^2} \end{pmatrix}. \end{aligned}$$

Die unitäre Transformation bewirkt also eine Diagonalisierung:

$$\begin{pmatrix} M_+ & D^+ \\ D^- & -M_- \end{pmatrix} \longrightarrow \begin{pmatrix} \sqrt{D^+D^- + M_+^2} & 0 \\ 0 & -\sqrt{D^-D^+ + M_-^2} \end{pmatrix}.$$

Man bezeichnet sie als Foldy-Wouthuysen-Transformation.

Nun zum Spektrum von H^2 auf $(\ker Q)^\perp$. Da Q mit H^2 vertauscht, gilt auch $[\operatorname{sgn} Q, H^2] = 0$, und es folgt

$$H^2 = (\operatorname{sgn} Q)\,H^2\,(\operatorname{sgn} Q)\,. \tag{8.106}$$

Genau wie in § 8.3.4 gelangen wir mit (8.86) zu der unitären Transformation

$$D^- D^+ + M_-^2 \;=\; S(D^+ D^- + M_+^2) S^\dagger \,. \tag{8.107}$$

Betrachten wir jetzt den Spezialfall $H = Q + mc^2\tau$, also $M_+ = M_- = mc^2$. Das Spektrum von H ist dann symmetrisch bezüglich 0 (mit Ausnahme von $\pm mc^2$), besitzt eine Lücke von $-mc^2$ bis $+mc^2$ und wird durch das Spektrum von D^+D^- (außer bei $-mc^2$) bestimmt. Bei $+mc^2$ (oder $-mc^2$) befindet sich dann und nur dann ein Eigenwert von H, wenn 0 ein Eigenwert von D^- (oder D^+) ist.

8.3.7 Die zwei Normalformen des Dirac-Operators

Wir haben im vorhergehenden Abschnitt mit einer Foldy-Wouthuysen-Transformation den supersymmetrischen Dirac-Operator auf Diagonalform gebracht:

$$H = Q + M\tau \qquad \longrightarrow \qquad H_{\mathrm{diag}} = \tau |H| \,. \tag{8.108}$$

Eine zweite Normalform, auf die man H bringen kann, ist *antidiagonal*, also ein ungerader Operator. Wir bezeichnen ihn mit H_{anti}. Gesucht ist nun die dazugehörige Transformation.

Zunächst bezeichnen wir mit U_0 die unitäre Matrix (8.102) für den Spezialfall $M = 0$. Aus (8.99) folgt $a_\pm = 1/\sqrt{2}$ und wir haben mit (8.89)

$$U_0 = \frac{1}{\sqrt{2}}\,(1 + \tau \,\mathrm{sgn}\, Q) \;=\; \frac{1}{\sqrt{2}} \begin{pmatrix} 1 & S^\dagger \\ -S & 1 \end{pmatrix} . \tag{8.109}$$

Für $S = -\mathrm{i}$ reduziert sich dieser Ausdruck übrigens auf T in (8.72). Nun berechnen wir

$$\begin{aligned} U_0^\dagger H_{\mathrm{diag}} U_0 &= \frac{1}{2}\,(1 - \tau\,\mathrm{sgn}\, Q)\;\tau|H|\,(1 + \tau\,\mathrm{sgn}\, Q) \\ &= \frac{1}{2}\,(1 - \tau\,\mathrm{sgn}\, Q)\;(\tau + \mathrm{sgn}\, Q)\,|H| \\ &= \frac{1}{2}\,(\tau + \mathrm{sgn}\, Q + \mathrm{sgn}\, Q - \tau)\,|H| \;=\; \mathrm{sgn}\, Q\,|H| \,. \end{aligned}$$

Mit anderen Worten, der Operator

$$U_{\mathrm{anti}} = U_0^\dagger U \tag{8.110}$$

transformiert auf $(\ker Q)^\perp$ den Dirac-Operator $H = Q + M\tau$ in eine Antidiagonalform:

$$H_{\text{anti}} = U_{\text{anti}}\, H U_{\text{anti}}^\dagger = \operatorname{sgn} Q\,|H|\,. \tag{8.111}$$

Explizit erhalten wir

$$\begin{aligned} H_{\text{anti}} &= \begin{pmatrix} 0 & S^\dagger \\ S & 0 \end{pmatrix} \begin{pmatrix} \sqrt{D^+D^- + M_+^2} & 0 \\ 0 & \sqrt{D^-D^+ + M_-^2} \end{pmatrix} \\ &= \begin{pmatrix} 0 & S^\dagger\sqrt{D^-D^+ + M_-^2} \\ S\sqrt{D^+D^- + M_+^2} & 0 \end{pmatrix}. \end{aligned}$$

Die unitäre Transformation bewirkt hier eine Antidiagonalform:

$$\begin{pmatrix} M_+ & D^+ \\ D^- & -M_- \end{pmatrix} \longrightarrow \begin{pmatrix} 0 & S^\dagger\sqrt{D^-D^+ + M_-^2} \\ S\sqrt{D^+D^- + M_+^2} & 0 \end{pmatrix}.$$

Man bezeichnet sie als Cini-Touschek-Transformation. In Abb 8.2 sind die beiden Normalformen des Dirac-Operators noch einmal gegenübergestellt. In Anwendungen benutzt man die Diagonalform H_{diag} im *nicht*relativistischen Grenzfall und die Antidiagonalform H_{anti} im *ultra*relativistischen Grenzfall.

8.3.8 Die Ankopplung des Magnetfeldes

Wir betrachten ein Magnetfeld in $N=2$ und $N=3$ Dimensionen. Der Zusammenhang zwischen der Magnetfeldstärke **B** und dem Vektorpotential **A** lautet für $N=3$

$$\mathbf{B} = \boldsymbol{\nabla} \times \mathbf{A} \qquad \text{und} \qquad \boldsymbol{\nabla}\cdot\mathbf{B} = 0 \tag{8.112}$$

und für $N=2$

$$B(x,y) = B^3 = -(\partial^1 A^2 - \partial^2 A^1) = \frac{\partial A_y}{\partial x} - \frac{\partial A_x}{\partial y}\,. \tag{8.113}$$

Im letzten Fall ist $B(x,y)$ ein skalares Feld, welches in der dreidimensionalen Notation $\mathbf{B} = (0, 0, B)$ entspricht.

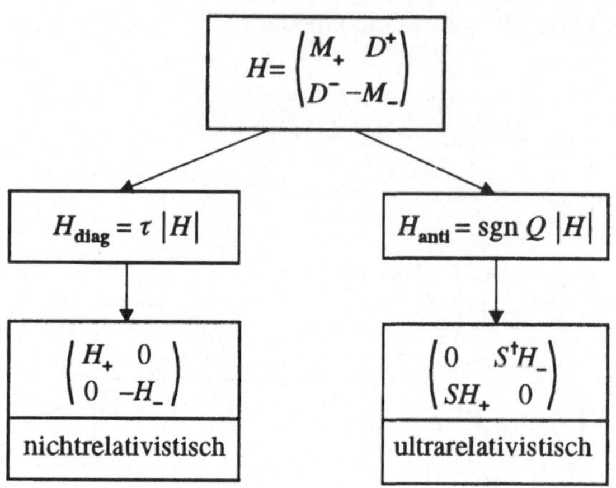

Abb. 8.2 Die beiden Normalformen des Dirac-Operators H, wobei $H_+ = (D^+D^- + M_+^2)^{1/2}$ und $H_- = (D^-D^+ + M_-^2)^{1/2}$.

Im Gegensatz zu $N=3$ gehen wir im Fall $N=2$ von der vier- zur zweidimensionalen Schreibweise über: $\alpha^1 \to \sigma^1$, $\alpha^2 \to \sigma^2$ und $\beta \to \sigma^3$. Damit lauten die Dirac-Operatoren

$$H = \begin{cases} c\sum_{i=1}^{3} \alpha^i \left(p^i - \frac{e}{c}A^i\right) + \beta mc^2 & \text{für} \quad N=3 \\ \\ c\sum_{i=1}^{2} \sigma^i \left(p^i - \frac{e}{c}A^i\right) + \sigma^3 mc^2 & \text{für} \quad N=2 \end{cases} \tag{8.114}$$

In der Standarddarstellung hat der Dirac-Operator die Gestalt

$$H = \begin{pmatrix} mc^2 & D^+ \\ D^- & -mc^2 \end{pmatrix} \tag{8.115}$$

mit der 2×2 Matrix für $N=3$

$$D^+ = D^- = c\boldsymbol{\sigma} \cdot \left(\mathbf{p} - \frac{e}{c}\mathbf{A}\right) \tag{8.116}$$

und der 1×1 Matrix für $N=2$

$$D^- = c\left(p_x - \frac{e}{c}A_x\right) + \mathrm{i}c\left(p_y - \frac{e}{c}A_y\right) = (D^+)^\dagger\,. \tag{8.117}$$

Nach den Ausführungen in § 8.3.6 ist das Spektrum von H symmetrisch bezüglich $E=0$, mit Ausnahme von $E=\pm mc^2$. Das offene Intervall $(-mc^2, +mc^2)$ gehört dabei nicht zum Spektrum.

Untersuchen wir nun das Verhalten bei $E = \pm mc^2$. Den Ausgangspunkt bildet die Gleichung

$$H\Psi = mc^2\,\Psi$$

mit H aus (8.115) und $\Psi=(\phi, 0)^{\mathrm{T}}$. Das ergibt

$$H\begin{pmatrix}\phi\\0\end{pmatrix} = \begin{pmatrix}mc^2\phi\\D^-\phi\end{pmatrix} \stackrel{!}{=} mc^2\begin{pmatrix}\phi\\0\end{pmatrix}.$$

Diese Gleichung wird dann und nur dann erfüllt, wenn $D^-\phi=0$. Mit anderen Worten:

$$\text{Eigenwert bei} \quad E = +mc^2 \quad \Longleftrightarrow \quad D^+D^-\phi = 0\,.$$

Auf die gleiche Weise untersuchen wir den Eigenwert bei $E=-mc^2$, also

$$H\Psi = -mc^2\,\Psi\,.$$

Setzen wir hier $\Psi=(0, \psi)^{\mathrm{T}}$, dann folgt

$$H\begin{pmatrix}0\\\psi\end{pmatrix} = \begin{pmatrix}D^+\psi\\-mc^2\psi\end{pmatrix} \stackrel{!}{=} -mc^2\begin{pmatrix}0\\\psi\end{pmatrix}.$$

Diese Gleichung wird dann und nur dann erfüllt, wenn $D^+\psi=0$, also

$$\text{Eigenwert bei} \quad E = -mc^2 \quad \Longleftrightarrow \quad D^-D^+\psi = 0\,.$$

Solange also $D^+ \neq D^-$, wie im Fall $N=2$, dann gibt es entweder einen Eigenwert bei $+mc^2$ oder bei $-mc^2$. Ganz anders verhält es sich im Fall $N = 3$, dort gilt $D^+ = D^-$, und das Spektrum ist deshalb vollkommen symmetrisch, einschließlich der Werte bei $E=\pm mc^2$.

8.4 Die Pauli-Gleichung

8.4.1 Der nichtrelativistische Grenzfall

Im nichtrelativistischen Grenzfall wird die Lichtgeschwindigkeit c als unendlich groß angenommen. Um den Grenzwert $c \to \infty$ zu bilden, betrachtet man den Dirac-Operator von einem Parameter c abhängig; als verallgemeinerte Superladung (8.93) mit $M = mc^2$ besitzt er die Form

$$H(c) = c\widetilde{Q} + mc^2\tau \qquad \text{mit} \qquad \widetilde{Q} = \frac{1}{c}Q\,. \tag{8.118}$$

Die Ruheenergie mc^2 ist eine Größe, die keinen nichtrelativistischen Grenzwert besitzt. Sie muß folglich von $H(c)$ subtrahiert werden, bevor man $c \to \infty$ ausführt. Hamiltonoperatoren besitzen im allgemeinen ein nach oben unbeschränktes Eigenwertspektrum; man bezeichnet sie deshalb als unbeschränkte Operatoren. Parameterabhängigkeiten unbeschränkter Operatoren A untersucht man anhand der Resolvente $(A - z)^{-1}$, mit z als komplexer Zahl. In unserem Fall betrachten wir also den Grenzwert $(H - mc^2 - z)^{-1}$ für $c \to \infty$. Dazu definiert man die Hilfsgrößen

$$A_\pm \;=\; H \pm mc^2 \pm z \;=\; c\widetilde{Q} + (\tau \pm \mathbb{1})mc^2 \pm z\,. \tag{8.119}$$

Mit den Projektoren (8.56) folgt daraus

$$A_\pm \;=\; c\widetilde{Q} \pm 2mc^2 P_\pm \pm z\,. \tag{8.120}$$

Wegen $P_+\widetilde{Q} - \widetilde{Q}P_- = 0$ erhalten wir

$$A_+A_- \;=\; c^2\widetilde{Q}^2 - 2mc^2 z - z^2 \;=\; A_-A_+\,.$$

Das läßt sich sofort umstellen nach

$$\begin{aligned} A_-^{-1} = A_+(A_-A_+)^{-1} \;&=\; A_+(c^2\widetilde{Q}^2 - 2mc^2 z - z^2)^{-1} \\ &= \frac{A_+}{2mc^2}\left(H_\infty - z - \frac{z^2}{2mc^2}\right)^{-1}, \end{aligned} \tag{8.121}$$

wobei

$$H_\infty \;:=\; \frac{1}{2m}\widetilde{Q}^2 \;=\; \frac{1}{2mc^2}Q^2\,. \tag{8.122}$$

Verwenden wir nun die Operator-Identität

$$(A + B)^{-1} = (\mathbb{1} + A^{-1}B)^{-1}A^{-1}$$

und setzen $A = H_\infty - z$, $B = -z^2/2mc^2$ sowie

$$X := -A^{-1}B = \frac{z^2}{2mc^2}(H_\infty - z)^{-1} ,$$

dann folgt aus (8.121)

$$A_-^{-1} = \frac{A_+}{2mc^2}(\mathbb{1} - X)^{-1}(H_\infty - z)^{-1} . \tag{8.123}$$

Mit den Definitionen (8.119) für A_- und (8.120) für A_+ erhält man

$$(H - mc^2 - z)^{-1} = \left(P_+ + \frac{c\widetilde{Q} + z}{2mc^2}\right)(\mathbb{1} - X)^{-1}(H_\infty - z)^{-1} .$$

Im Grenzfall $c \to \infty$ verschwinden alle Terme, die proportional zu $1/c^2$ sind, dazu gehört auch X, und wir finden

$$\lim_{c\to\infty}(H - mc^2 - z)^{-1} = P_+(H_\infty - z)^{-1} .$$

In der kanonischen Darstellung sieht das so aus:

$$\lim_{c\to\infty}\begin{pmatrix} -z & D^+ \\ D^- & -2mc^2 - z \end{pmatrix}^{-1} = \begin{pmatrix} (H_\infty - z)^{-1} & 0 \\ 0 & 0 \end{pmatrix} .$$

Die ursprüngliche 4×4 Matrixstruktur der Dirac-Theorie reduziert sich also im nichtrelativistischen Grenzfall auf eine 2×2 Matrixstruktur.

Aus der Resolvente $P_+(H_\infty - 1)^{-1}$ erhalten wir den nichtrelativistischen *Pauli-Operator*

$$H_\mathrm{P} = P_+ H_\infty = \frac{1}{2mc^2}P_+ Q^2 = \frac{1}{2mc^2}D^+D^- . \tag{8.124}$$

Mit (8.116), der Beziehung

$$(\boldsymbol{\sigma}\cdot\mathbf{a})(\boldsymbol{\sigma}\cdot\mathbf{b}) = \mathbf{a}\cdot\mathbf{b} + \mathrm{i}(\mathbf{a}\times\mathbf{b})\cdot\boldsymbol{\sigma} \tag{8.125}$$

sowie (8.112) folgt daraus

$$\boxed{H_\mathrm{P} = \frac{1}{2m}\left(\mathbf{p} - \frac{e}{c}\mathbf{A}\right)^2 - \frac{e\hbar}{2mc}\boldsymbol{\sigma}\cdot\mathbf{B}} . \tag{8.126}$$

Der Zusammenhang zwischen dem supersymmetrischen Hamiltonoperator H_S und dem Pauli-Operator lautet also

$$H_P = \frac{1}{2} P_+(H_S - mc^2) = \frac{1}{2mc^2} D^+D^- . \tag{8.127}$$

Das Auftreten des Projektors P_+ ist hier wichtig, denn er projiziert aus der 4×4 Matrix H_S die 2×2 Matrix H_P heraus.

8.4.2 Die SUSY-Algebra und der gyromagnetische Faktor

Wir untersuchen die nichtrelativistische Bewegung eines geladenen Spin-$\frac{1}{2}$-Teilchens in der (x, y)–Ebene unter dem Einfluß eines senkrecht dazu stehenden Magnetfeldes $\mathbf{B} = B\mathbf{e}_z$. Für das Vektorpotential gilt dann $\mathbf{A}(x, y) = (A_x, A_y, 0)$. Bezogen auf die (x, y)–Ebene reduziert sich der Pauli-Operator (8.126) auf die Form

$$H_P = \frac{1}{2m}\left[\left(p_x - \frac{e}{c}A_x\right)^2 + \left(p_y - \frac{e}{c}A_y\right)^2\right] - \frac{e\hbar}{2mc}B\sigma^3 . \tag{8.128}$$

Die Pauligleichung $H_P\Psi = E\Psi$ entspricht dabei der Schrödinger-Gleichung mit H_P als einem zweidimensionalen Hamiltonoperator. Nun führen wir die Abkürzungen

$$a_x = p_x - \frac{e}{c}A_x \qquad \text{und} \qquad a_y = p_y - \frac{e}{c}A_y \tag{8.129}$$

ein und schreiben für (8.128)

$$H_P = \frac{1}{2m}(a_x^2 + a_y^2) - \frac{g}{2}\mu_B B\sigma^3 \tag{8.130}$$

mit $g = 2$ als *gyromagnetischem* Faktor und dem Bohrschen Magneton aus (8.27). Die Herleitung ergab eindeutig den Wert $g = 2$ als Resultat der relativistischen Dirac-Theorie. Das ist eine bekannte Tatsache. Weniger bekannt ist, daß der Wert $g = 2$ auch ohne Kenntnis der Dirac-Gleichung, nämlich in der nichtrelativistischen Quantenmechanik hergeleitet werden kann, vorausgesetzt, man fordert Supersymmetrie. Mit anderen Worten, H_P muß ein supersymmetrischer Hamiltonoperator sein, der die SUSY-Algebra (2.51) erfüllt. Um das zu zeigen, führen wir zwei SUSY-Operatoren ein:

$$Q_1 = \frac{1}{\sqrt{2m}}(-a_y\sigma^1 + a_x\sigma^2) , \tag{8.131}$$

$$Q_2 = \frac{1}{\sqrt{2m}}(a_x\sigma^1 + a_y\sigma^2) . \tag{8.132}$$

Unter Anwendung der Eigenschaften (5.99) erhalten wir

$$
\begin{aligned}
Q_1 Q_2 &= \frac{1}{2m}\left(-a_y a_x + a_x^2 \sigma^2 \sigma^1 - a_y^2 \sigma^1 \sigma^2 + a_x a_y\right), \\
Q_2 Q_1 &= \frac{1}{2m}\left(-a_x a_y - a_y^2 \sigma^2 \sigma^1 + a_x^2 \sigma^1 \sigma^2 + a_y a_x\right),
\end{aligned}
$$

was sich zusammenfassen läßt zu

$$
\{ Q_1, Q_2 \} = \frac{1}{2m}\left(a_x^2 - a_y^2\right) \{ \sigma^1, \sigma^2 \} = 0 . \tag{8.133}
$$

Andererseits folgt

$$
\begin{aligned}
Q_1^2 &= \frac{1}{2m}\left(a_x^2 + a_y^2\right) - \frac{1}{2m}[\, a_x, a_y \,]\, \sigma^2 \sigma^1 , \\
Q_2^2 &= \frac{1}{2m}\left(a_x^2 + a_y^2\right) + \frac{1}{2m}[\, a_x, a_y \,]\, \sigma^1 \sigma^2 .
\end{aligned}
$$

Wegen $\sigma^1\sigma^2 = -\sigma^2\sigma^1 = \mathrm{i}\sigma^3$ gilt $Q_1^2 = Q_2^2$. Für den Kommutator erhalten wir

$$
\begin{aligned}
[\, a_x, a_y \,] &= -\frac{e}{c}[\, p_x, A_y \,] - \frac{e}{c}[\, A_x, p_y \,] \\
&\quad - \frac{\mathrm{i}e\hbar}{c}\left(\frac{\partial A_y}{\partial x} - \frac{\partial A_x}{\partial y}\right) = \frac{\mathrm{i}e\hbar}{c} B .
\end{aligned}
$$

Setzen wir das in die oberen Gleichungen ein, dann folgt aus dem Vergleich mit (8.130) – und der Forderung $g = 2$ – die Beziehung $Q_1^2 = Q_2^2 = H_{\mathrm{P}}$. Demzufolge vertauscht H_{P} sowohl mit Q_1 als auch mit Q_2. Zusammen mit (8.133) läßt sich das in komprimierter Form schreiben als

$$
\{ Q_i, Q_j \} = 2H_{\mathrm{P}}\, \delta_{ij} \qquad \text{und} \qquad [\, H_{\mathrm{P}}, Q_i \,] = 0 . \tag{8.134}
$$

Das ist die SUSY-Algebra (2.51) der supersymmetrischen Quantenmechanik. Alles in allem, der gyromagnetische Faktor läßt sich auf zwei Wegen herleiten:

relativistisch (Dirac-Gleichung) $\Longrightarrow g = 2$,
nichtrelativistisch (Pauli-Gleichung plus SUSY) $\Longrightarrow g = 2$.

8.4.3 Die Landau-Niveaus

In Kapitel 3 untersuchten wir Hamiltonoperatoren der Schrödinger-Gleichung in *einer* Dimension. Dreidimensionale Probleme mit sphärischer Symmetrie wurden ebenfalls auf den eindimensionalen Fall zurückgeführt. In diesem Abschnitt wenden wir nun SUSY-Methoden auf ein *zwei*dimensionales Problem an: die Pauligleichung $H_{\mathrm{P}}\Psi = E\Psi$.
Zur Lösung der Pauligleichung wählen wir die spezielle Eichung

$$A_x = \frac{c}{e}\sqrt{m}\, f(y) \qquad \text{und} \qquad A_y = 0 \tag{8.135}$$

mit einer beliebigen Funktion $f(y)$. So lautet (8.128) mit $g=2$

$$H_{\mathrm{P}} = \frac{1}{2m}\left[\left(p_x - \sqrt{m} f\right)^2 + p_y^2\right] + \frac{\hbar}{2\sqrt{m}}\frac{\mathrm{d}f}{\mathrm{d}y}\sigma^3 . \tag{8.136}$$

Da H_{P} selbst nicht von x abhängt, benutzen wir für Ψ den Produktansatz

$$\Psi(x,y) = \mathrm{e}^{\mathrm{i}kx}\,\psi(y) , \tag{8.137}$$

mit k als Eigenwert des Operators p_x. Die Pauli-Gleichung für $\psi(y)$ ist dann

$$H_{\mathrm{P}}\psi(y) = \left[\frac{p_y^2}{2m} + \frac{1}{2}\left(\frac{\hbar k}{\sqrt{m}} - f\right)^2 + \frac{\hbar}{2\sqrt{m}}\frac{\mathrm{d}f}{\mathrm{d}y}\sigma^3\right]\psi(y) . \tag{8.138}$$

Mit dem Superpotential

$$W(y) = f(y) - \hbar k/\sqrt{m} \tag{8.139}$$

nimmt H_{P} aus (8.138) die Form des supersymmetrischen Hamiltonoperators (3.2) an. Das Spektrum ist bei exakter Supersymmetrie demnach zweifach entartet (außer bei $E=0$).
Die Pauli-Gleichung läßt sich mit Hilfe der Forminvarianz aus § 3.2 für einige Superpotentiale $W(y) = f(y) + C$ exakt lösen. Bereits der lineare Ansatz $f = \sqrt{m}\omega y$ führt uns zum Superpotential des energieverschobenen harmonischen Oszillators

$$W = \sqrt{m}\omega y - \hbar k/\sqrt{m} , \tag{8.140}$$

dessen Lösung wir aus § 3.2.6 kennen: sein Energiespektrum entspricht dem des gewöhnlichen harmonischen Oszillators.

Die als Landau-Niveaus bekannten Zustände von H lassen sich auch in der Form

$$E = \hbar\omega\,(n_B + n_F) \quad \text{mit} \quad n_B = 0, 1, 2, \ldots \text{ und } n_F = 0, 1 \tag{8.141}$$

ausdrücken. Dieses Spektrum ist in Abb. 2.7 dargestellt. Es sei daran erinnert, daß die Lösung des vollständigen Problems noch die x-Komponente als Freiheitsgrad beinhaltet. Da $\hbar k/\sqrt{m}$ in (8.140) für k jeden beliebigen Wert annehmen kann, sind alle Zustände in (8.141) – auch der Grundzustand – unendlichfach entartet.

Mit dem hier verwendeten Ansatz $f = \sqrt{m}\omega y$ lautet das Vektorpotential $\mathbf{A} = (c/e)m\omega y\,\mathbf{e}_x$, und das zugehörige Magnetfeld ist homogen,

$$\mathbf{B} = \nabla \times \mathbf{A} = -\frac{\partial A_x}{\partial y}\,\mathbf{e}_z = -\frac{c}{e}\,m\omega\,\mathbf{e}_z\,. \tag{8.142}$$

Der Betrag von $\mathbf{B}$ liefert die Frequenz

$$\omega = \frac{eB}{mc}\,, \tag{8.143}$$

welche in (8.141) den Niveauabstand $\hbar\omega$ bestimmt.

Die in (8.135) gewählte Eichung des Vektorpotentials bezeichnet man als *asymmetrische* Eichung. Die SUSY-Methoden lassen sich aber auch für *symmetrische* Eichungen mit $A_x \neq 0$ und $A_y \neq 0$ anwenden. Beispiele hierfür sind in [13] gegeben.

9 Supergruppen und SUSY-Teilchen

Das Ziel dieses Kapitels besteht in der Herleitung der Poincaré-Superalgebra und den daraus folgenden Supermultipletts. Mit diesen Supermultipletts ist eine neue Sorte von Elementarteilchen verknüpft. Am Beispiel der Drehgruppe wird das Konzept der Supergruppe und der Graduierung eingeführt. Dabei muß der zu enge Rahmen, den uns die Liegruppen dafür bieten, gesprengt werden.

Mit diesem Kapitel betreten wir das Terrain der Supersymmetrie in der relativistischen Feldtheorie. Inzwischen gibt es eine ganze Reihe von Monographien zu dieser Thematik [24, 56 – 67]. Genauso vielfältig sind auch die Konventionen, Notationen und Techniken. Mit der ausführlichen Behandlung der Spinoren und Gruppen in Kapitel 5 und 7, die wir im folgenden auch fortsetzen, wollen wir den *Grundgedanken* vermitteln, der hinter all diesen Rechenregeln steckt.

9.1 Die Graduierung

Hinter dem mathematischen Begriff der Graduierung verbirgt sich das Konzept, welches die Physiker als Supersymmetrie bezeichnen.

9.1.1 Graduierte Algebren

Im einfachsten Fall besteht eine *graduierte Algebra* aus einem Vektorraum $\mathbb{L}$, welcher eine direkte Summe aus zwei Unterräumen $\mathbb{L}_0$ und $\mathbb{L}_1$ ist,

$$\mathbb{L} = \mathbb{L}_0 \oplus \mathbb{L}_1 \,, \tag{9.1}$$

und einem Produkt $\circ$ mit den folgenden Eigenschaften

$$\begin{aligned} u_1 \circ u_2 &\in \mathbb{L}_0 \qquad \forall\, u_1, u_2 \in \mathbb{L}_0 \,, \\ u \circ v &\in \mathbb{L}_1 \qquad \forall\, u \in \mathbb{L}_0, v \in \mathbb{L}_1 \,, \\ v_1 \circ v_2 &\in \mathbb{L}_0 \qquad \forall\, v_1, v_2 \in \mathbb{L}_1 \,. \end{aligned}$$

Diese Algebra bezeichnet man als $\mathbb{Z}_2$ graduierte Algebra. Das Konzept läßt sich nun erweitern. So versteht man unter einer $\mathbb{Z}_n$ graduierten Algebra die direkte Summe aus n Unterräumen $\mathbb{L}_i$

$$\mathbb{L} = \mathbb{L}_0 \oplus \mathbb{L}_1 \oplus \cdots \oplus \mathbb{L}_{n-1} \tag{9.2}$$

und einem Produkt mit den Eigenschaften

$$u_j \circ u_k \in \mathbb{L}_{j+k \bmod n} \,, \tag{9.3}$$

wobei $u_i \in \mathbb{L}_i$. Ein Produkt $\circ$ mit diesen Eigenschaften nennt man *Graduierung*. Für $n=2$ gilt beispielsweise $\mathbb{L}_{1+1} = \mathbb{L}_2 = \mathbb{L}_0$. Ein Beispiel dafür liefert (4.12) aus § 4.1.2.

9.1.2 Graduierte Liealgebren

Aus einer $\mathbb{Z}_2$ graduierten Algebra konstruiert man eine *graduierte Liealgebra*, indem man dem Produkt $\circ$ die folgenden Eigenschaften auferlegt:

Graduierung: $\quad x_i \circ x_j \in \mathbb{L}_{i+j \bmod 2} \qquad (9.4)$

Supersymmetrie: $\quad x_i \circ x_j = -(-1)^{i \cdot j}\, x_j \circ x_i \qquad (9.5)$

Jacobi-Identität: $\quad x_k \circ (x_l \circ x_m)(-1)^{k \cdot m} +$

$$+\, x_l \circ (x_m \circ x_k)(-1)^{l \cdot k} + x_m \circ (x_k \circ x_l)(-1)^{m \cdot l} = 0 \,, \tag{9.6}$$

wobei $x_i \in \mathbb{L}_i$ und $i = 0, 1$. Entsprechend (9.5) kann das Produkt sowohl symmetrisch als auch antisymmetrisch sein, und diese Verallgemeinerung wird in diesem Zusammenhang Supersymmetrie genannt. Nur der Unterraum $\mathbb{L}_0$ definiert eine Liealgebra, da dort das Produkt (9.5) antisymmetrisch ist. Im Unterraum $\mathbb{L}_1$ dagegen ist es symmetrisch,

$$x_1 \circ y_1 = -(-1)^{1 \cdot 1}\, y_1 \circ x_1 = y_1 \circ x_1 \,.$$

Der Unterraum $\mathbb{L}_1$ ist nicht einmal eine Algebra, da wegen $x_1 \circ y_1 \in \mathbb{L}_0$ das Produkt außerhalb von $\mathbb{L}_1$ liegt; die Algebra ist also bezüglich dieses Produkts nicht abgeschlossen.

9.1.3 Die Graduierung der Drehgruppe

Wir führen jetzt eine $\mathbb{Z}_2$-Graduierung der Drehgruppe durch. Im Unterraum $\mathbb{L}_0$ ist die Liealgebra der SO(3) mit J^1, J^2, J^3 als Generatoren und dem Produkt

$$\mathbb{L}_0 \times \mathbb{L}_0 \to \mathbb{L}_0 : \qquad J^i \circ J^j := [\, J^i, J^j \,] = \mathrm{i}\varepsilon^{ijk} J^k \tag{9.7}$$

gegeben. Die Elemente aus $\mathbb{L}_1$ bezeichnen wir als SUSY-Generatoren Q_a mit $a = 1, \ldots, N$, wobei

$$N = \dim \mathbb{L}_1 \qquad \text{(Zahl der SUSY-Generatoren)} . \tag{9.8}$$

Unsere Aufgabe besteht nun darin, das Produkt $\circ$ zwischen J^i und Q_a sowie zweier Q's untereinander zu finden.
Beginnen wir mit dem ersten Fall. Da das Produkt in $\mathbb{L}_1$ liegen soll, muß es durch die SUSY-Generatoren, die diesen Raum aufspannen, ausdrückbar sein,

$$\mathbb{L}_0 \times \mathbb{L}_1 \to \mathbb{L}_1 : \qquad J^i \circ Q_a = -t^i_{ab} Q_b . \tag{9.9}$$

Die Koeffizienten t^i_{ab} sind aber nicht vollkommen frei wählbar, denn die verallgemeinerte Jacobi-Identität (9.6) muß erfüllt werden,

$$\begin{aligned} J^k \circ (J^l \circ Q_a)(-1)^{0\cdot 1} + J^l \circ (Q_a \circ J^k)(-1)^{0\cdot 0} + \\ + Q_a \circ (J^k \circ J^l)(-1)^{1\cdot 0} = 0 . \end{aligned} \tag{9.10}$$

Das ergibt mit (9.7), (9.9) und wegen $J^i \circ Q_a = -Q_a \circ J^i$ die Beziehung

$$\begin{aligned} 0 &= J^k \circ (-t^l_{ab} Q_b) + J^l \circ t^k_{ab} Q_b + Q_a \circ \mathrm{i}\varepsilon^{klm} J^m \\ &= t^l_{ab} t^k_{bc} Q_c - t^k_{ab} t^l_{bc} Q_c + \mathrm{i}\varepsilon^{klm} t^m_{ab} Q_b \\ &= [t^l, t^k]_{ac} Q_c + \mathrm{i}\varepsilon^{klm} t^m_{ac} Q_c . \end{aligned}$$

Interpretieren wir jetzt t^i als $N \times N$ Matrix $(t^i)_{ab}$, dann folgt daraus

$$[t^k, t^l] = \mathrm{i}\varepsilon^{klm} t^m . \tag{9.11}$$

Dies entspricht der SO(3)-Liealgebra $\mathbb{L}_0$, allerdings in einer N-dimensionalen Darstellung. Wählen wir beispielsweise $N = 2$, dann gilt $t^i = \frac{1}{2}\sigma^i$.
Nun bestimmen wir das Produkt zwischen zwei Q's. Entsprechend der Graduierung soll es in $\mathbb{L}_0$ liegen, d.h., es muß eine Linearkombination der J^i sein,

$$\mathbb{L}_1 \times \mathbb{L}_1 \to \mathbb{L}_0 : \qquad Q_a \circ Q_b = h^i_{ab} J^i . \tag{9.12}$$

Wegen $Q_a \circ Q_b = Q_b \circ Q_a$ sind die drei $N \times N$ Matrizen (h^i) symmetrisch, $(h^i)_{ab} = (h^i)_{ba}$. Erneut benutzen wir die Jacobi-Identität,

$$\begin{aligned} J^i \circ (Q_a \circ Q_b)(-1)^{0\cdot 1} + Q_a \circ (Q_b \circ J^i)(-1)^{1\cdot 0} + \\ + Q_b \circ (J^i \circ Q_a)(-1)^{1\cdot 1} = 0 . \end{aligned} \tag{9.13}$$

Mit (9.9) und (9.12) folgt daraus

$$\begin{aligned} 0 &= J^i \circ h^j_{ab} J^j + Q_a \circ t^i_{bc} Q_c - Q_b \circ (-t^i_{ac} Q_c) \\ &= \mathrm{i}\varepsilon^{ijk} h^j_{ab} J^k + t^i_{bc} h^j_{ac} J^j + t^i_{ac} h^j_{bc} J^j \\ &= \mathrm{i}\varepsilon^{ijk} h^j_{ab} J^k + [\,(t^i h^j)_{ba} + (t^i h^j)_{ab}\,] J^j \,. \end{aligned}$$

Das läßt sich weiter vereinfachen zu

$$(t^i h^j)^{\mathrm{T}} + t^i h^j = \mathrm{i}\varepsilon^{ijk} h^k \,. \tag{9.14}$$

Eine weitere Einschränkung bei der Festlegung der h^i bietet schließlich die dritte Jacobi-Identität,

$$\begin{aligned} 0 &= -Q_a \circ (Q_b \circ Q_c) - Q_b \circ (Q_c \circ Q_a) - Q_c \circ (Q_a \circ Q_b) \\ &= -\,(h^i_{bc} t^i_{ad} + h^i_{ca} t^i_{bd} + h^i_{ab} t^i_{cd}) Q_d \,. \end{aligned} \tag{9.15}$$

Da Q_d beliebig ist, muß somit gelten

$$h^i_{bc} t^i_{ad} + h^i_{ca} t^i_{bd} + h^i_{ab} t^i_{cd} = 0 \,. \tag{9.16}$$

Wir suchen nun nach einer Darstellung der h^i und wählen dazu $N = 2$. Zunächst gilt

$$N = 2: \qquad t^i = \frac{1}{2}\sigma^i \,. \tag{9.17}$$

Da $\sigma^i \sigma^2$ eine symmetrische 2×2 Matrix ist, wählen wir für die drei symmetrischen 2×2 Matrizen h^1, h^2, h^3 den Ansatz

$$h^i = \sigma^i \sigma^2 \,, \tag{9.18}$$

also

$$h^1 = \begin{pmatrix} \mathrm{i} & 0 \\ 0 & -\mathrm{i} \end{pmatrix} , \quad h^2 = \begin{pmatrix} 1 & 0 \\ 0 & 1 \end{pmatrix} , \quad h^3 = \begin{pmatrix} 0 & -\mathrm{i} \\ -\mathrm{i} & 0 \end{pmatrix} . \tag{9.19}$$

Dieser Ansatz erfüllt sowohl (9.14) als auch (9.16), wovon man sich leicht überzeugen kann. Um ersteres zu zeigen, setzt man (9.18) in (9.14) ein und multipliziert diese Gleichung von rechts mit σ^2; dann folgt nämlich

$$(\sigma^i \sigma^j \sigma^2)^{\mathrm{T}} \sigma^2 + \sigma^i \sigma^j = 2\mathrm{i}\varepsilon^{ijk} \sigma^k \,. \tag{9.20}$$

Der erste Term auf der linken Seite ergibt wegen $\sigma^{i\mathrm{T}} = -\sigma^2\sigma^i\sigma^2$ den Ausdruck $-\sigma^j\sigma^i$, womit (9.20) exakt mit der Liealgebra der Pauli-Matrizen übereinstimmt. Andererseits erhält man durch Einsetzen in (9.16)

$$(\sigma^i\sigma^2)_{bc}\sigma^i_{ad} + (\sigma^i\sigma^2)_{ca}\sigma^i_{bd} + (\sigma^i\sigma^2)_{ab}\sigma^i_{cd} = 0\,. \tag{9.21}$$

Einfaches Nachrechnen zeigt, daß diese Beziehung ebenfalls von den Pauli-Matrizen erfüllt wird.

Zusammenfassend erhalten wir für $N = 2$ eine $\mathbb{Z}_2$ graduierte SO$\,(3)$-Algebra mit fünf Generatoren:

$$J^1, J^2, J^3 \qquad \text{und} \qquad Q_1, Q_2\,,$$

welche unter Berücksichtigung von (9.5) die folgende Algebra erfüllen

$$J^i \circ J^j := [J^i, J^j] = \mathrm{i}\varepsilon^{ijk}J^k\,, \tag{9.22}$$

$$J^i \circ Q_a := [J^i, Q_a] = -\frac{1}{2}\sigma^i_{ab}Q_b\,, \tag{9.23}$$

$$Q_a \circ Q_b := \{Q_a, Q_b\} = (\sigma^i\sigma^2)_{ab}J^i\,. \tag{9.24}$$

Man bezeichnet sie als OSp$\,(1/2)$. Sie entspricht vollkommen unserem einfachen Schema einer SUSY-Algebra aus § 2.2.5. Die Koeffizientenmatrix in (9.23) muß dabei eine Darstellungsmatrix der $\mathbb{L}_0$-Algebra sein.

Ohne den exakten Beweis anzutreten, sei vermerkt, daß eine Erweiterung der SO(3) mit mehr als zwei SUSY-Generatoren nicht möglich ist, da (9.16) für $N > 2$ nur noch mit $h^i = 0$ erfüllt werden kann.

9.2 Spinorkalkül

In diesem Teil knüpfen wir unmittelbar an die Ausführungen in § 7.2 an. Da Spinorindizes a-Zahlen sind, verwenden wir die Rechenregeln aus § 4.

9.2.1 Duale und konjugierte Darstellungen

Eine komplexe 2×2 Matrix $A \in \mathrm{SL}(2, \mathbb{C})$ verfügt über vier Darstellungen, die man Automorphismen nennt:

Selbstdarstellung :	$D(A) = A$	äquivalent
duale Selbstdarstellung :	$D(A) = A^{-1\mathrm{T}}$	
konjugierte Darstellung :	$D(A) = A^{-1\dagger}$	äquivalent
duale konjugierte Darstellung :	$D(A) = A^*$	

Sie wirken auf Elemente in den entsprechenden vier Räumen. Im Spezialfall orthogonaler Matrizen $R \in \mathrm{SO}(3)$ fallen alle vier Darstellungen zusammen. Bei unitären Matrizen $U \in \mathrm{SU}(2)$ sind die duale und die konjugierte Darstellung[1] identisch. Es gibt also nur U und $U^{-1\mathrm{T}} = U^*$, die wegen (5.126) noch dazu äquivalent sind. Man unterscheidet deshalb zwischen zwei Arten von SU(2)-Spinoren, die in § 5.3.7 diskutiert wurden. Die Situation ändert sich schlagartig, wenn wir zur SL(2,$\mathbb{C}$) übergehen, denn dort treten alle vier Darstellungen zutage, wobei $A = A_\mathrm{L}$ aus (7.32). Die Äquivalenz der ersten beiden Darstellungen sieht man, indem der Ausdruck (7.62) von links mit $A_\mathrm{L}^{-1\mathrm{T}}$ und von rechts mit $(\sigma^2)^{-1}$ multipliziert wird:

$$A_\mathrm{L}^{-1\mathrm{T}} = \sigma^2 A_\mathrm{L} (\sigma^2)^{-1} .$$

Die konjugiert-komplexe Form hiervon liefert dann die Äquivalenz von konjugierter und dualer konjugierter Darstellung. Das Auffächern der Darstellungen, wenn man von den gewöhnlichen Raumdrehungen zu den Lorentztransformationen übergeht, ist in der Abb. 9.1 skizziert.

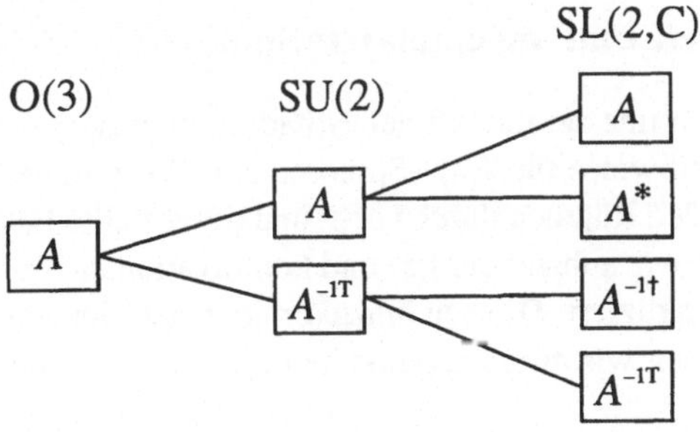

Abb. 9.1 Das Auffächern von Darstellungen beim Übergang von der Drehgruppe zur Lorentzgruppe.

Wenden wir nun diese Überlegungen auf die Weyl-Spinoren aus § 7.2.1 an. Sie treten bekanntlich in zwei Sorten auf, die nach den nicht-äquivalenten Darstellungen A_L und A_R transformieren. Zu jeder dieser Darstellung existiert eine duale Darstellung, so daß insgesamt vier Transformationsgesetze auftreten. Lorentztransformationen nach der $(\frac{1}{2}, 0)$-Fundamentaldarstellung sind:

$$\Psi_\mathrm{L}' = A_\mathrm{L} \Psi_\mathrm{L} , \tag{9.25}$$

$$\Psi_\mathrm{R}'^{\dagger} = (A_\mathrm{R} \Psi_\mathrm{R})^\dagger = \Psi_\mathrm{R}^\dagger A_\mathrm{L}^{-1} , \tag{9.26}$$

[1] In der Literatur wird sie auch als adjungierte Darstellung bezeichnet. Wir nennen sie konjugierte Darstellung, um Verwechselungen mit der in § 5.3.1 eingeführten adjungierten Darstellung zu vermeiden, die über die Strukturkonstanten der Liealgebra definiert ist.

wobei in der unteren Zeile (7.60) benutzt wurde. Lorentztransformationen nach der $(0, \frac{1}{2})$-Fundamentaldarstellung sind:

$$\Psi'_R = A_R \Psi_R = A_L^{-1\dagger} \Psi_R \,, \tag{9.27}$$

$$\Psi_L'^{\dagger} = (A_L \Psi_L)^{\dagger} = \Psi_L^{\dagger} A_L^{\dagger} \,. \tag{9.28}$$

Auch hier wurden alle A_R mittels (7.60) durch die A_L ausgedrückt. Die vier Darstellungen, die man aus A_L erhält, lauten demnach:

$$A_L \;, \quad A_L^{-1} \;, \quad A_L^{-1\dagger} \;, \quad A_L^{\dagger} \;.$$

Hier haben wir allerdings die Matrizen der dualen Darstellung von *rechts* wirken lassen, deswegen steht anstelle von A_L^{-1T} (bzw. A_L^*) jetzt die transponierte Form A_L^{-1} (bzw. $A_L^{\dagger}$). Dieser Kunstgriff soll uns die Anwendung einer neuen Summenkonvention im nächsten Paragraphen erlauben.

9.2.2 Gepunktete und ungepunktete Spinoren

Bisher bedienten wir uns der indexfreien Notation. In diesem Abschnitt führen wir nun die Indexschreibweise für Weyl-Spinoren ein. Wir wissen, daß die Elemente aus zueinander dualen Räumen durch hoch- und tiefgestellte Indizes unterschieden werden. Das haben wir anhand der ko- und kontravarianten Vektoren bzw. SU(2)-Spinoren bereits praktiziert. Die neu hinzukommenden Elemente der konjugierten Darstellungen werden wir durch gepunktete Indizes kenntlich machen. Wir legen fest:

$$\Psi_L = \begin{pmatrix} \psi_1 \\ \psi_2 \end{pmatrix} \quad \text{und} \quad \Psi_R^{\dagger} = (\psi^1, \psi^2) \quad ,$$

$$\Psi_R = \begin{pmatrix} \bar{\psi}^{\dot{1}} \\ \bar{\psi}^{\dot{2}} \end{pmatrix} \quad \text{und} \quad \Psi_L^{\dagger} = (\bar{\psi}_{\dot{1}}, \bar{\psi}_{\dot{2}}) \quad .$$

Die Spinorindizes werden mit Großbuchstaben bezeichnet: $\psi_A, \psi^A, \psi^{\dot{A}}$ und $\psi_{\dot{A}}$. Jeder ungepunktete Index gehört zur $(\frac{1}{2}, 0)$-Darstellung, jeder gepunktete Index zur $(0, \frac{1}{2})$-Darstellung. Diese Schreibweise erlaubt uns, die Lorentzinvarianten aus (7.65) zu schreiben als

$$\Psi_R^{\dagger} \Psi_L = \psi^A \psi_A \qquad (\text{NW} \to \text{SO}) \,, \tag{9.29}$$

$$\Psi_L^{\dagger} \Psi_R = \bar{\psi}_{\dot{A}} \bar{\psi}^{\dot{A}} \qquad (\text{SW} \to \text{NO}) \,. \tag{9.30}$$

Die Summenkonvention ist hier für die ungepunkteten und gepunkteten Indizes verschieden, worauf uns die in Klammern stehenden "Himmelsrichtungen" hinweisen sollen: Ungepunktete Indizes werden von links oben (Nordwest) nach rechts unten (Südost) summiert; gepunktete genau umgekehrt. Diese Summenkonvention wenden wir strikt an bei der Umsetzung von indexfreien Ausdrücken in die Indexschreibweise und umgekehrt. Jedoch bleibt in ausführlichen Zwischenrechnungen die übliche Summenkonvention gültig, daß über doppeltvorkommende Indizes summiert wird.

Das Heben und Senken der Indizes unter Wahrung der obigen Summenkonvention übernehmen Metriktensoren:

$$\psi^A = \tilde{\varepsilon}^{AB}\psi_B \quad , \quad \psi_A = \psi^B\tilde{\varepsilon}_{BA} \; , \tag{9.31}$$

$$\bar{\psi}^{\dot{A}} = \bar{\psi}_{\dot{B}}\varepsilon^{\dot{B}\dot{A}} \quad , \quad \bar{\psi}_{\dot{A}} = \varepsilon_{\dot{A}\dot{B}}\bar{\psi}^{\dot{B}} \; . \tag{9.32}$$

Die konkrete Form dieser Matrizen leiten wir weiter unten aus dem Vergleich mit (7.63) her. Zuvor muß allerdings das Verhalten der einzelnen Spinorkomponenten bei der komplexen Konjugation festgelegt werden:

$$(\psi_A)^* := \bar{\psi}_{\dot{A}} \qquad \text{und} \qquad (\psi^A)^* := \bar{\psi}^{\dot{A}} \; . \tag{9.33}$$

Aus § 4.3.2 wissen wir, daß bei a-Zahlen die komplexe Konjugation mit der hermiteschen Konjugation übereinstimmt. Somit gilt auch

$$(\psi_A)^\dagger = \bar{\psi}_{\dot{A}} \qquad \text{und} \qquad (\psi^A)^\dagger = \bar{\psi}^{\dot{A}} \; . \tag{9.34}$$

Betrachten wir nun die konjugiert-komplexe Form von $\Psi_{\mathrm{R}} = -\mathrm{i}\sigma^2\Psi_{\mathrm{L}}^*$ aus (7.63), also

$$\Psi_{\mathrm{R}}^* = -\mathrm{i}\sigma^2\Psi_{\mathrm{L}} \qquad \text{bzw.} \qquad \psi^A = (-\mathrm{i}\sigma^2)^{AB}\psi_B \; ,$$

dann liefert der Vergleich mit (9.31) die Beziehung $(\tilde{\varepsilon}^{AB}) = -\mathrm{i}\sigma^2$. Als zweites Beispiel betrachten wir die Komponentendarstellung von $\Psi_{\mathrm{R}} = -\mathrm{i}\sigma^2\Psi_{\mathrm{L}}^*$:

$$\bar{\psi}^{\dot{A}} = (-\mathrm{i}\sigma^2)^{\dot{A}\dot{B}}\bar{\psi}_{\dot{B}} = \bar{\psi}_{\dot{B}}(-\mathrm{i}\sigma^2)^{\dot{A}\dot{B}} = \bar{\psi}_{\dot{B}}(\mathrm{i}\sigma^2)^{\dot{B}\dot{A}} \; .$$

Aus dem Vergleich mit (9.32) folgt damit $(\varepsilon^{\dot{B}\dot{A}}) = \mathrm{i}\sigma^2$. Fährt man auf diese Weise fort, dann erhält man die folgende Zuordnung:

$$(\tilde{\varepsilon}^{AB}) = (\tilde{\varepsilon}_{AB}) = \begin{pmatrix} 0 & -1 \\ 1 & 0 \end{pmatrix} , \tag{9.35}$$

$$(\varepsilon^{\dot{A}\dot{B}}) = (\varepsilon_{\dot{A}\dot{B}}) = \begin{pmatrix} 0 & 1 \\ -1 & 0 \end{pmatrix} . \tag{9.36}$$

Doch Vorsicht ist geboten, wenn man in allen Gleichungen von § 7.2 nun $-\mathrm{i}\sigma^2$ durch $\tilde{\varepsilon}$ und $\mathrm{i}\sigma^2$ durch ε ersetzen will. Während nämlich $\mathrm{i}\sigma^2$ immer nur von *links* auf die Weyl-Spinoren wirkt, muß $\tilde{\varepsilon}$ bzw. ε je nach Stellung der Indizes entweder von *links* oder von *rechts* auf die Weyl-Spinoren angewendet werden (vgl. dazu (9.31) und (9.32)). Demzufolge ist $\tilde{\varepsilon}$ entweder $-\mathrm{i}\sigma^2$ oder $(-\mathrm{i}\sigma^2)^{\mathrm{T}}$ zuzuordnen, und beide Varianten unterscheiden sich durch ein Vorzeichen.

Es gibt auch ε-Matrizen mit gemischter Indexstellung, wobei ein Index oben und ein Index unten steht. In Anlehnung an die Eigenschaften der üblichen metrischen Koeffizienten müssen wir offensichtlich fordern $\psi_A = \tilde{\varepsilon}_A{}^B \psi_B$, also

$$\tilde{\varepsilon}_A{}^B = \delta_A^B \,. \tag{9.37}$$

Konsequenterweise definieren wir noch

$$\tilde{\varepsilon}^A_{\ B} = \tilde{\varepsilon}^{AC} \tilde{\varepsilon}_{CB} = -\delta_B^A \,. \tag{9.38}$$

Wir finden also, daß die Spinormetrik antisymmetrisch ist:

$$\tilde{\varepsilon}^{BA} = -\tilde{\varepsilon}^{AB} \quad , \quad \tilde{\varepsilon}_{BA} = -\tilde{\varepsilon}_{AB} \quad , \quad \tilde{\varepsilon}^A_{\ B} = -\tilde{\varepsilon}_B{}^A \quad . \tag{9.39}$$

Für die gepunkteten Indizes gilt alles analog, wobei allerdings $\varepsilon^{\dot{B}}_{\ \dot{A}} = \delta^{\dot{B}}_{\dot{A}}$ gilt. Eine weitere Eigenschaft ist:

$$\varepsilon_{\dot{A}\dot{C}} \varepsilon^{\dot{C}\dot{B}} = -\delta^{\dot{B}}_{\dot{A}} \,. \tag{9.40}$$

Unter Benutzung der Metriktensoren aus (9.35) und (9.36) erhalten wir

$$\psi^A = \tilde{\varepsilon}^{AB} \psi_B \quad \Longrightarrow \quad \psi^1 = -\psi_2 \quad \text{und} \quad \psi^2 = \psi_1 \,, \tag{9.41}$$

$$\bar{\psi}_{\dot{A}} = \varepsilon_{\dot{A}\dot{B}} \bar{\psi}^{\dot{B}} \quad \Longrightarrow \quad \bar{\psi}^{\dot{1}} = -\bar{\psi}_{\dot{2}} \quad \text{und} \quad \bar{\psi}^{\dot{2}} = \bar{\psi}_{\dot{1}} \,. \tag{9.42}$$

Damit folgt

$$\psi^A \psi_A = \psi^1 \psi_1 + \psi^2 \psi_2 = \psi^1 \psi^2 - \psi^2 \psi^1 = 2\psi^1 \psi^2 \,, \tag{9.43}$$

$$\bar{\psi}_{\dot{A}} \bar{\psi}^{\dot{A}} = \bar{\psi}_{\dot{1}} \bar{\psi}^{\dot{1}} + \bar{\psi}_{\dot{2}} \bar{\psi}^{\dot{2}} = \bar{\psi}^{\dot{2}} \bar{\psi}^{\dot{1}} - \bar{\psi}^{\dot{1}} \bar{\psi}^{\dot{2}} = 2\bar{\psi}^{\dot{2}} \bar{\psi}^{\dot{1}} \quad . \tag{9.44}$$

Ein Kippen der Summationsindizes führt zu einem Vorzeichenwechsel, da

$$\begin{aligned} \phi^A \psi_A &= \tilde{\varepsilon}^{AB} \phi_B \psi^C \tilde{\varepsilon}_{CA} = \tilde{\varepsilon}^{AB} \tilde{\varepsilon}_{CA} \phi_B \psi^C \\ &= \tilde{\varepsilon}^{BA} \tilde{\varepsilon}_{AC} \phi_B \psi^C = -\delta^B_C \phi_B \psi^C = -\phi_C \psi^C \,. \end{aligned}$$

Gleiches gilt auch für gepunktete Indizes.

Fassen wir nun folgende Rechenregeln zusammen:

1. Für ungepunktete (gepunktete) Indizes gilt die NW→SO (SW→NO) Summationskonvention bei der Umsetzung von indexfreien Ausdrücken in die Indexschreibweise.

2. Ein Kippen der Summationsindizes ergibt einen Vorzeichenwechsel:

$$\phi^A \psi_A = -\phi_A \psi^A \qquad \text{und} \qquad \bar{\phi}_{\dot{A}} \bar{\psi}^{\dot{A}} = -\bar{\phi}^{\dot{A}} \bar{\psi}_{\dot{A}} \,. \tag{9.45}$$

3. Die Spinorkomponenten sind a-Zahlen. Das Vertauschen zweier Spinorkomponenten liefert ein Minuszeichen.

4. Komplexe Konjugation und hermitesche Konjugation sind bei den Spinorkomponenten identische Operationen. So folgt für das Produkt zweier Spinorkomponenten:

$$(\psi^1 \psi^2)^* = (\psi^1 \psi^2)^\dagger = \bar{\psi}^{\dot{2}} \bar{\psi}^{\dot{1}} \,. \tag{9.46}$$

Wir haben also bisher drei Arten von Summenkonventionen kennengelernt. Die erste Summenkonvention im reellen euklidischen Raum der Vektoren bestand darin, über doppelt auftretende Indizes $i, j, \ldots$ *unabhängig* von ihrer Stellung zu summieren. Bei der zweiten Summenkonvention im Minkowskiraum darf nur über oben und unten stehende Lorentzindizes $\mu, \nu, \ldots$ summiert werden. Noch einschränkender ist schließlich die Summenkonvention im komplexen Spinorraum, wo bei den Spinorindizes $A, B, \ldots$ auch auf die "Himmelsrichtung" zu achten ist.

In der folgenden Übersicht sind noch einmal die Transformationen innerhalb der Räume angegeben:

Raum $\psi_A \to A_\mathrm{L} \psi_A$	konjugierter Raum $\bar{\psi}^{\dot{A}} \to A_\mathrm{L}^{-1\dagger} \bar{\psi}^{\dot{A}}$
dualer Raum $\psi^A \to \psi^A A_\mathrm{L}^{-1}$	dualer konjugierter Raum $\bar{\psi}_{\dot{A}} \to \bar{\psi}_{\dot{A}} A_\mathrm{L}^\dagger$

Daraus ließt man die Indexstruktur der Transformationsmatrizen ab:

$$(A_\mathrm{L})_B{}^A \,, \quad (A_\mathrm{L}^{-1})_A{}^B \,, \quad (A_\mathrm{L}^{-1\dagger})^{\dot{B}}{}_{\dot{A}} \,, \quad (A_\mathrm{L}^\dagger)^{\dot{A}}{}_{\dot{B}} \,. \tag{9.47}$$

9.2.3 Bilinearformen

Die Schreibweise in (9.29) und (9.30) läßt sich noch weiter verkürzen, indem das Skalarprodukt im Spinorraum definiert wird als

$$\phi\psi := \phi^A\psi_A = \tilde{\varepsilon}^{AB}\phi_B\psi_A\,, \tag{9.48}$$

$$\bar{\phi}\bar{\psi} := \bar{\phi}_{\dot{A}}\bar{\psi}^{\dot{A}} = \varepsilon_{\dot{A}\dot{B}}\bar{\phi}^{\dot{B}}\bar{\psi}^{\dot{A}}\,. \tag{9.49}$$

Man vergleiche diese Formen mit der Struktur des Skalarproduktes im Minkowskiraum:

$$x\cdot y \;=\; x^\mu y_\mu \;=\; x_\mu y^\mu \;=\; g_{\mu\nu}x^\nu y^\mu \;=\; g^{\mu\nu}x_\nu y_\mu\,.$$

Tab. 9.1 Die wichtigsten Bilinearformen in drei verschiedenen Schreibweisen.

$\mathrm{i}\Phi_{\mathrm{L}}^{\mathrm{T}}\sigma^2\Psi_{\mathrm{L}} = \Phi_{\mathrm{R}}^{\dagger}\Psi_{\mathrm{L}}$	$\phi^A\psi_A$	$(\phi\psi)$
$-\,\mathrm{i}\Phi_{\mathrm{R}}^{\mathrm{T}}\sigma^2\Psi_{\mathrm{R}} = \Phi_{\mathrm{L}}^{\dagger}\Psi_{\mathrm{R}}$	$\bar{\phi}_{\dot{A}}\bar{\psi}^{\dot{A}}$	$(\bar{\phi}\bar{\psi})$
$\Phi_{\mathrm{R}}^{\dagger}\sigma^\mu\Psi_{\mathrm{R}}$	$\phi^A\sigma^\mu_{\;A\dot{B}}\bar{\psi}^{\dot{B}}$	$(\phi\sigma^\mu\bar{\psi})$
$\Phi_{\mathrm{L}}^{\dagger}\tilde{\sigma}^\mu\Psi_{\mathrm{L}}$	$\bar{\phi}_{\dot{A}}\tilde{\sigma}^{\mu\,\dot{A}B}\psi_B$	$(\bar{\phi}\tilde{\sigma}^\mu\psi)$
$\Phi_{\mathrm{R}}^{\dagger}\sigma^{\mu\nu}\Psi_{\mathrm{L}}$	$\phi^A(\sigma^{\mu\nu})_A^{\;B}\psi_B$	$(\phi\sigma^{\mu\nu}\psi)$
$\Phi_{\mathrm{L}}^{\dagger}\tilde{\sigma}^{\mu\nu}\Psi_{\mathrm{R}}$	$\bar{\phi}_{\dot{A}}(\tilde{\sigma}^{\mu\nu})^{\dot{A}}_{\;\dot{B}}\bar{\psi}^{\dot{B}}$	$(\bar{\phi}\tilde{\sigma}^{\mu\nu}\bar{\psi})$

Mit den Rechenregeln aus dem vorhergehenden Abschnitt finden wir

$$\phi\psi = \phi^A\psi_A = \psi^A\phi_A = \psi\phi\,, \tag{9.50}$$

$$\bar{\phi}\bar{\psi} = \bar{\phi}_{\dot{A}}\bar{\psi}^{\dot{A}} = \bar{\psi}_{\dot{A}}\bar{\phi}^{\dot{A}} = \bar{\psi}\bar{\phi}\,. \tag{9.51}$$

Die hermitesche Konjugation ergibt

$$(\phi\psi)^\dagger = (\phi^A\psi_A)^\dagger = \bar{\psi}_{\dot{A}}\bar{\phi}^{\dot{A}} = (\bar{\psi}\bar{\phi})\,. \tag{9.52}$$

In der Tab. 9.1 sind die wichtigsten Bilinearkombinationen (Skalare, Vektoren und Tensoren unter Lorentztransformationen) in drei verschiedenen Notationen zusammengestellt. Strukturen, wie sie in den letzten beiden Spalten stehen, werden

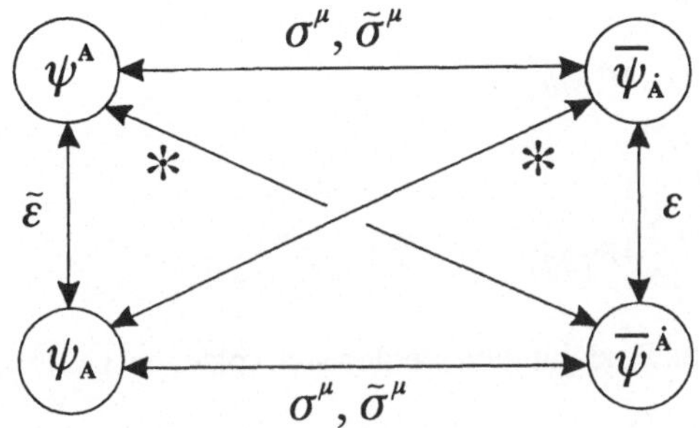

Abb. 9.2 Transformationen zwischen den Darstellungsräumen. Der Stern bedeutet komplexe und gleichzeitig hermitesche Konjugation.

in den folgenden Kapiteln immer wieder auftreten. Ihre wichtigsten Eigenschaften leiten wir daher in § 9.2.4 her.

Vergegenwärtigen wir uns noch einmal die Funktion der verschiedenen Objekte (Matrizen), die wir bisher eingeführt haben. Während die Metriktensoren von einem Raum in den jeweils dazu dualen Raum abbilden, vermitteln die Paulimatrizen σ^μ und $\tilde{\sigma}^\mu$ Abbildungen zum jeweils konjugierten Raum. Aufgrund dieser Mittlerrolle tragen sie einen ungepunkteten und einen gepunkteten Index. Die Transformationen *zwischen* den einzelnen Räumen sind in der Abb. 9.2 schematisch dargestellt. In dieser Abbildung treten die Spintensoren $\sigma^{\mu\nu}$ und $\tilde{\sigma}^{\mu\nu}$ nicht auf. Als Generatoren von Lorentztransformationen wirken sie genauso wie die A_L's nur *innerhalb* der einzelnen Räume. In ihrer Indexstruktur gleichen sie deshalb den Matrizen aus (9.47).

9.2.4 Das Rechnen mit Weyl-Spinoren

Mit Hilfe der in § 9.2.2 aufgelisteten Rechenregeln werden im folgenden einige wichtige Beziehungen hergeleitet.

Die Gleichungen (9.43) und (9.44) sind zueinander adjungiert. Für den Weyl-Spinor θ lauten sie

$$(\theta\theta) = 2\theta^1\theta^2 \qquad \text{und} \qquad (\bar{\theta}\bar{\theta}) = 2\bar{\theta}^{\dot{2}}\bar{\theta}^{\dot{1}} \,. \tag{9.53}$$

Mit der Spinormetrik $\tilde{\varepsilon}^{12} = -\tilde{\varepsilon}^{21} = -1$ erhält man $\theta^1\theta^2 = -\frac{1}{2}\tilde{\varepsilon}^{12}(2\theta^1\theta^2) = -\frac{1}{2}\tilde{\varepsilon}^{12}(\theta\theta)$ sowie $\theta^2\theta^1 = -\frac{1}{2}\tilde{\varepsilon}^{21}(\theta\theta)$. Da nun $\theta^1\theta^1 = \theta^2\theta^2 = 0$ gilt, läßt sich dies zusammenfassen zu

$$\theta^A \theta^B = -\frac{1}{2}\,\tilde{\varepsilon}^{AB}(\theta\theta)\,. \tag{9.54}$$

Ebenso erhält man

$$\bar{\theta}^{\dot{A}} \bar{\theta}^{\dot{B}} = -\frac{1}{2}\,\varepsilon^{\dot{A}\dot{B}}(\bar{\theta}\bar{\theta})\,. \tag{9.55}$$

Diese unscheinbaren Beziehungen werden sich später bei Umformungen als äußerst nützlich erweisen.

Aus (7.71) folgt $\tilde{\sigma}^{\mu\mathrm{T}} = (-\mathrm{i}\sigma^2)\sigma^\mu \mathrm{i}\sigma^2$ und in Indexschreibweise

$$(\tilde{\sigma}^{\mu\mathrm{T}})^{A\dot{B}} = \tilde{\varepsilon}^{AC}\sigma^\mu_{C\dot{D}}\varepsilon^{\dot{D}\dot{B}} = \sigma^{\mu\, A\dot{B}}\;,$$

also

$$\sigma^{\mu\, A\dot{B}} = \tilde{\sigma}^{\mu\, \dot{B}A}\;. \tag{9.56}$$

Desweiteren fordern wir

$$\sigma^{\mu\dagger}_{A\dot{B}} = \sigma^\mu_{B\dot{A}} \qquad \text{und} \qquad \tilde{\sigma}^{\mu\dagger}_{\dot{A}B} = \tilde{\sigma}^\mu_{\dot{B}A}\,. \tag{9.57}$$

Hierbei wurden die Reihenfolge der Indizes vertauscht (Transposition) und gleichzeitig die Punktierung geändert (komplexe Konjugation).

Die Spintensoren sind zwar laut (7.123) antisymmetrisch in den Lorentzindizes, dafür aber symmetrisch in den Spinorindizes:

$$(\sigma^{\mu\nu})_A{}^B = (\sigma^{\mu\nu})^B{}_A =: (\sigma^{\mu\nu})^B_A\;, \tag{9.58}$$

$$(\tilde{\sigma}^{\mu\nu})^{\dot{A}}{}_{\dot{B}} = (\tilde{\sigma}^{\mu\nu})_{\dot{B}}{}^{\dot{A}} =: (\tilde{\sigma}^{\mu\nu})^{\dot{B}}_{\dot{A}}\,. \tag{9.59}$$

Wir beweisen die erste Beziehung ausgehend von (7.116):

$$\begin{aligned}
(\sigma^{\mu\nu})_A{}^B &= \frac{\mathrm{i}}{4}\,(\sigma^\mu_{A\dot{A}}\tilde{\sigma}^{\nu\,\dot{A}B} - \sigma^\nu_{A\dot{A}}\tilde{\sigma}^{\mu\,\dot{A}B}) \\
&= \frac{\mathrm{i}}{4}\,(\tilde{\sigma}^{\nu\,\dot{A}B}\sigma^\mu_{A\dot{A}} - \tilde{\sigma}^{\mu\,\dot{A}B}\sigma^\nu_{A\dot{A}}) \\
&= \frac{\mathrm{i}}{4}\,(\sigma^{\nu\,B\dot{A}}\tilde{\sigma}^\mu_{\dot{A}A} - \sigma^{\mu\,B\dot{A}}\tilde{\sigma}^\nu_{\dot{A}A}) \\
&= -\frac{\mathrm{i}}{4}\,(\sigma^{\nu\,B}{}_{\dot{A}}\tilde{\sigma}^{\mu\,\dot{A}}{}_A - \sigma^{\mu\,B}{}_{\dot{A}}\tilde{\sigma}^{\nu\,\dot{A}}{}_A) \\
&= -(\sigma^{\nu\mu})^B{}_A = (\sigma^{\mu\nu})^B{}_A\,.
\end{aligned}$$

In der zweiten Zeile wurden lediglich die Faktoren vertauscht; beim Übergang zur dritten Zeile wurde (9.56) verwendet; das Minuszeichen in der vierten Zeile entsteht durch Kippen der Indizes; in der letzten Zeile wurde schließlich die Antisymmetrie von $\sigma^{\mu\nu}$ bezüglich der Lorentzindizes ausgenutzt. Aufgrund der Beziehung $\sigma^{\mu\nu\dagger} = \tilde{\sigma}^{\mu\nu}$ fordern wir

$$(\sigma^{\mu\nu})_B^{A\dagger} = (\tilde{\sigma}^{\mu\nu})_{\dot{B}}^{\dot{A}} \,. \tag{9.60}$$

Stehen zwei Spinorindizes wie hier direkt untereinander, dann deutet das darauf hin, daß diese Größe symmetrisch in den beiden Indizes ist.

Desweiteren gelten die Beziehungen:

$$(\phi\sigma^\mu\bar{\psi}) = -(\bar{\psi}\tilde{\sigma}^\mu\phi) \,, \tag{9.61}$$

$$(\phi\sigma^\mu\bar{\psi})^\dagger = (\psi\sigma^\mu\bar{\phi}) \qquad \text{und} \qquad (\bar{\psi}\tilde{\sigma}^\mu\phi)^\dagger = (\bar{\phi}\tilde{\sigma}^\mu\psi) \tag{9.62}$$

sowie

$$(\phi\sigma^{\mu\nu}\psi) = -(\psi\sigma^{\mu\nu}\phi) \,, \tag{9.63}$$

$$(\phi\sigma^{\mu\nu}\psi)^\dagger = (\bar{\psi}\tilde{\sigma}^{\mu\nu}\bar{\phi}) \,. \tag{9.64}$$

Den Beweis dieser Beziehungen führen wir in der Komponentenschreibweise. So gilt Gleichung (9.61), da

$$\phi^A\,\sigma^\mu_{A\dot{B}}\,\bar{\psi}^{\dot{B}} = -\bar{\psi}^{\dot{B}}\,\sigma^\mu_{A\dot{B}}\,\phi^A = -\bar{\psi}^{\dot{B}}\,\tilde{\sigma}^\mu_{\dot{B}A}\,\phi^A = -\bar{\psi}_{\dot{B}}\,\tilde{\sigma}^{\mu\dot{B}A}\,\phi_A \,.$$

Hier wurde im ersten Schritt die Reihenfolge der Spinoren vertauscht, was zu einem Minuszeichen führt; der zweite Schritt folgt mit (9.56); im letzten Schritt wurden die ungepunkteten und gepunkteten Indizes gekippt.

Die linke Gleichung in (9.62) folgt aus (9.57), da $(\phi^A\sigma^\mu_{A\dot{B}}\,\bar{\psi}^{\dot{B}})^\dagger = \psi^A\sigma^\mu_{A\dot{B}}\bar{\phi}^{\dot{B}}$; die rechte Gleichung in (9.62) folgt dann mit (9.61). Gleichung (9.63) gilt, da $\phi^A(\sigma^{\mu\nu})_A^B\psi_B = -\psi_B(\sigma^{\mu\nu})_A^B\phi^A$. Schließlich, aus (9.60) folgt Gleichung (9.64), da $(\phi^A\sigma^{\mu\nu}{}_A^B\psi_B)^\dagger = \bar{\psi}_{\dot{B}}(\tilde{\sigma}^{\mu\nu})_{\dot{A}}^{\dot{B}}\bar{\phi}^{\dot{A}}$.

Ein wichtiger Spezialfall von (9.63) ist

$$(\phi\sigma^{\mu\nu}\phi) = 0 \,. \tag{9.65}$$

9.2.5 Bispinoren

Bispinoren wie die Dirac- oder Majorana-Spinoren setzen sich jeweils aus einem ungepunkteten und gepunkteten Weyl-Spinor zusammen. Sie besitzen damit vier Komponenten, die wir mit Kleinbuchstaben $a, b = 1$ bis 4 kennzeichnen. Im folgenden betrachten wir zwei Dirac-Spinoren in der chiralen Darstellung,

$$\Psi_a = \begin{pmatrix} \psi_A \\ \bar{\chi}^{\dot{A}} \end{pmatrix} \quad \text{und} \quad \Phi_a = \begin{pmatrix} \phi_A \\ \bar{\lambda}^{\dot{A}} \end{pmatrix} \tag{9.66}$$

sowie ihre konjugierten Formen

$$\overline{\Psi}_a = \Psi_a^\dagger \gamma_0 = (\bar{\psi}_{\dot{A}}, \chi^A) \begin{pmatrix} 0 & 1\!\!1 \\ 1\!\!1 & 0 \end{pmatrix} = (\chi^A, \bar{\psi}_{\dot{A}}) \,, \tag{9.67}$$

$$\overline{\Phi}_a = \Phi_a^\dagger \gamma_0 = (\bar{\phi}_{\dot{A}}, \lambda^A) \begin{pmatrix} 0 & 1\!\!1 \\ 1\!\!1 & 0 \end{pmatrix} = (\lambda^A, \bar{\phi}_{\dot{A}}) \,. \tag{9.68}$$

Der Lorentzskalar $\overline{\Psi}\Phi := \overline{\Psi}_a \Phi_a$ lautet dann

$$\overline{\Psi}\Phi = \chi\phi + \bar{\psi}\bar{\lambda} = (\overline{\Phi}\Psi)^\dagger \,, \tag{9.69}$$

wobei das letzte Gleichheitszeichen wegen (9.52) folgt.
In der chiralen Darstellung besitzen die γ-Matrizen die folgende Indexstruktur:

$$\gamma^\mu_{ab} = \begin{pmatrix} 0 & \sigma^\mu_{A\dot{B}} \\ \tilde{\sigma}^{\mu\,\dot{A}B} & 0 \end{pmatrix} \quad \text{und} \quad \gamma^5_{ab} = \begin{pmatrix} -\delta_A^B & 0 \\ 0 & \delta^{\dot{A}}_{\dot{B}} \end{pmatrix} \,. \tag{9.70}$$

Daraus berechnen wir sofort

$$(\gamma^\mu\gamma_5)_{ab} = \begin{pmatrix} 0 & \sigma^\mu_{A\dot{B}} \\ -\tilde{\sigma}^{\mu\,\dot{A}B} & 0 \end{pmatrix} \,.$$

Die Indexstruktur des Spintensors dagegen ist

$$\Sigma^{\mu\nu}_{ab} = \begin{pmatrix} (\sigma^{\mu\nu})_A^{\ B} & 0 \\ 0 & (\tilde{\sigma}^{\mu\nu})^{\dot{A}}_{\ \dot{B}} \end{pmatrix} \,. \tag{9.71}$$

Mit Hilfe der so festgelegten Indexstruktur bei den 4×4 Matrizen erhalten wir ganz automatisch die allgemeinen Beziehungen:

$$\overline{\Psi}\gamma_5\Phi = -\chi\phi + \bar{\psi}\bar{\lambda} = -(\overline{\Phi}\gamma_5\Psi)^\dagger \,, \tag{9.72}$$

$$\overline{\Psi}\gamma^\mu\Phi = \chi\sigma^\mu\bar{\lambda} + \bar{\psi}\tilde{\sigma}^\mu\phi = (\overline{\Phi}\gamma^\mu\Psi)^\dagger \,, \tag{9.73}$$

$$\overline{\Psi}\gamma^\mu\gamma_5\Phi = \chi\sigma^\mu\bar{\lambda} - \bar{\psi}\tilde{\sigma}^\mu\phi = (\overline{\Phi}\gamma^\mu\gamma_5\Psi)^\dagger \,, \tag{9.74}$$

$$\overline{\Psi}\Sigma^{\mu\nu}\Phi = \chi\sigma^{\mu\nu}\phi + \bar{\psi}\tilde{\sigma}^{\mu\nu}\bar{\lambda} = (\overline{\Phi}\Sigma^{\mu\nu}\Psi)^\dagger \,, \tag{9.75}$$

wobei das letzte Gleichheitszeichen in der ersten Zeile aus (9.52), in der zweiten und dritten Zeile aus (9.62) und in der vierten Zeile aus (9.64) folgt.

Abschließend geben wir noch die Indexstruktur des Ladungskonjugationsoperators C aus § 7.2.7 in der chiralen Darstellung an:

$$C_{ab} = \begin{pmatrix} -\tilde{\varepsilon}_{AB} & 0 \\ 0 & -\varepsilon^{\dot{A}\dot{B}} \end{pmatrix} . \tag{9.76}$$

Das überprüft man anhand der Definitionsgleichung für einen Majorana-Spinor, $\Psi_\mathrm{M} = C\overline{\Psi}_\mathrm{M}^\mathrm{T}$, welche in Komponentenschreibweise lautet:

$$\begin{pmatrix} \psi_A \\ \bar{\psi}^{\dot{A}} \end{pmatrix} = \begin{pmatrix} -\tilde{\varepsilon}_{AB} & 0 \\ 0 & -\varepsilon^{\dot{A}\dot{B}} \end{pmatrix} \begin{pmatrix} \psi^B \\ \bar{\psi}_{\dot{B}} \end{pmatrix} = \begin{pmatrix} -\tilde{\varepsilon}_{AB}\,\psi^B \\ -\varepsilon^{\dot{A}\dot{B}}\,\bar{\psi}_{\dot{B}} \end{pmatrix} = \begin{pmatrix} \psi^B\,\tilde{\varepsilon}_{BA} \\ \bar{\psi}_{\dot{B}}\,\varepsilon^{\dot{B}\dot{A}} \end{pmatrix} .$$

9.3 Die Poincaré-Superalgebra

Die $\mathbb{Z}_2$-Graduierung der Poincaré-Algebra verläuft analog wie bei der SO(3)-Algebra in § 9.1.3. Sie liefert uns die Poincaré-Superalgebra.

9.3.1 Die SUSY-Generatoren als Bispinoren

Der Unterraum $\mathbb{L}_0$ wird von den zehn Generatoren P^μ, $M^{\mu\nu}$ der Poincaré-Algebra aufgespannt. Man erweitert ihn durch N SUSY-Generatoren Q_a, wobei wir $N=4$ wählen.

Nun definieren wir die Produkte *in* und *zwischen* den beiden Unterräumen. Das Produkt in $\mathbb{L}_0$ ist klar,

$$\mathbb{L}_0 \times \mathbb{L}_0 \to \mathbb{L}_0 : \qquad \text{Poincaré-Algebra (7.134)} . \tag{9.77}$$

Beim Produkt $\mathbb{L}_0 \times \mathbb{L}_1$ müssen wir die Vertauschungen von Q_a sowohl mit P^μ als auch mit $M^{\mu\nu}$ definieren. Am Beispiel der Drehgruppe wurde demonstriert, daß die Matrix der Strukturkonstanten eine $N\times N$ Darstellungsmatrix der Generatoren aus $\mathbb{L}_0$ sein muß. Diese Aussage gilt allgemein. Im Fall des Generators der Lorentztransformationen $M^{\mu\nu}$ ist es die 4×4 Matrix $\Sigma^{\mu\nu}$. Im Fall der Translationen wählen wir die triviale Transformation, so daß

$$\mathbb{L}_0 \times \mathbb{L}_1 \to \mathbb{L}_1 : \qquad [P^\mu, Q_a] = 0 , \tag{9.78}$$

$$[M^{\mu\nu}, Q_a] = -\Sigma^{\mu\nu}_{ab} Q_b . \tag{9.79}$$

Diese Graduierung ist keinesfalls die einzig mögliche. Es gibt unendlich viele andere Graduierungen, je nachdem, welche Darstellung der Poincaré-Algebra für die Strukturkonstantenmatrix $\Sigma^{\mu\nu}_{ab}$ herangezogen wird. Vergleichen wir (9.79) mit (5.169) so sehen wir: $\Sigma^{\mu\nu}$ ist ein Generator in der Spinordarstellung, und Q_a verhält sich bei Drehungen wie ein Spinor.

Für das dritte Produkt machen wir den Ansatz

$$\mathbb{L}_1 \times \mathbb{L}_1 \to \mathbb{L}_0 : \qquad \{ Q_a, Q_b \} = h^{\mu}_{ab} P_{\mu} + k^{\mu\nu}_{ab} M_{\mu\nu} , \tag{9.80}$$

wobei h^{μ} und $k^{\mu\nu}$ symmetrische 4×4 Matrizen sind; außerdem soll $k^{\mu\nu}$ antisymmetrisch in den Indizes μ und ν sein. Derartige Matrizen lassen sich mit Hilfe des Ladungskonjugationsoperators C aus § 7.2.7 konstruieren. Die erste symmetrische Matrix lautet $\gamma^{\mu}C$, da nach (7.113) und (7.112) gilt

$$(\gamma^{\mu}C)^{\mathrm{T}} = C^{\mathrm{T}}\gamma^{\mu\mathrm{T}} = -C^{\mathrm{T}}C\gamma^{\mu}C^{-1} = -\gamma^{\mu}C^{-1} = \gamma^{\mu}C .$$

Ebenso stellt $\Sigma^{\mu\nu}C$ eine symmetrische Matrix dar, weil

$$\begin{aligned}(\Sigma^{\mu\nu}C)^{\mathrm{T}} &= \frac{\mathrm{i}}{4}\left([\gamma^{\mu},\gamma^{\nu}]C\right)^{\mathrm{T}} \\ &= \frac{\mathrm{i}}{4}\left(C^{\mathrm{T}}\gamma^{\nu\mathrm{T}}\gamma^{\mu\mathrm{T}} - C^{\mathrm{T}}\gamma^{\mu\mathrm{T}}\gamma^{\nu\mathrm{T}}\right) \\ &= \frac{\mathrm{i}}{4}\left(-\gamma^{\nu}\gamma^{\mu}C + \gamma^{\mu}\gamma^{\nu}C\right) = \Sigma^{\mu\nu}C .\end{aligned}$$

Gleichzeitig ist die Matrix $\Sigma^{\mu\nu}C$ antisymmetrisch in den Indizes μ und ν. Damit können wir nun die Koeffizientenmatrizen in (9.80) schreiben als

$$h^{\mu} = a\gamma^{\mu}C \qquad \text{und} \qquad k^{\mu\nu} = b\,\Sigma^{\mu\nu}C , \tag{9.81}$$

wobei a und b Vorfaktoren sind. Nun zeigen wir mittels der Jacobi-Identität (9.6), daß der Vorfaktor b verschwindet. Es gilt mit (9.78) und (7.133)

$$\begin{aligned}0 &= [P_{\mu}, \{Q_a, Q_b\}] - \{Q_b, [P_{\mu}, Q_a]\} + \{Q_a, [Q_b, P_{\mu}]\} \\ &= h^{\nu}_{ab}[P_{\mu}, P_{\nu}] + k^{\nu\rho}_{ab}[P_{\mu}, M_{\nu\rho}] = \mathrm{i}k^{\nu\rho}_{ab}\left(g_{\mu\nu}P_{\rho} - g_{\mu\rho}P_{\nu}\right) \\ &= \mathrm{i}b\,(\Sigma^{\nu\rho}C)_{ab}\left(g_{\mu\nu}P_{\rho} - g_{\mu\rho}P_{\nu}\right) = \mathrm{i}b\left\{(\Sigma_{\mu}{}^{\rho}P_{\rho} - \Sigma^{\nu}{}_{\mu}P_{\nu})C\right\}_{ab} \\ &= \mathrm{i}b\left\{(\Sigma_{\mu}{}^{\rho} - \Sigma^{\rho}{}_{\mu})P_{\rho}C\right\}_{ab} = 2\mathrm{i}b\,(\Sigma_{\mu\rho}P^{\rho}C)_{ab} ,\end{aligned}$$

also muß $b=0$ sein. Es ist nun üblich, den Vorfaktor $a=-2$ zu setzen. Damit lautet (9.80)

$$\{ Q_a, Q_b \} = -2(\gamma^{\mu}C)_{ab}P_{\mu} . \tag{9.82}$$

Ein Dirac-Spinor verfügt über vier komplexe Einträge, also insgesamt acht Freiheitsgrade; ein Majorana-Spinor besitzt dagegen nur die Hälfte dieser Freiheitsgrade. Da $N = 4$ ist, liegt es nahe, Q_a als einen Majorana-Spinor zu identifizieren, für den nach § 7.2.7

$$Q = C\overline{Q}^{\mathrm{T}} \qquad \text{bzw.} \qquad \overline{Q} = Q^{\mathrm{T}}C \tag{9.83}$$

gilt. Multiplizieren wir nun Gleichung (9.82), also

$$Q_a Q_b + Q_b Q_a = -2\gamma^{\mu}_{ac} C_{cb} P_{\mu} \ ,$$

von rechts mit C_{bd}, dann ergibt die linke Seite

$$Q_a Q_b C_{bd} + Q_b Q_a C_{bd} = Q_a (Q^{\mathrm{T}} C)_d + (Q^{\mathrm{T}} C)_d Q_a = \{ Q_a, \overline{Q}_d \} \ ,$$

und die rechte Seite liefert $2\gamma^{\mu}_{ab} P_{\mu}$. Wir erhalten also für den Antikommutator

$$\{ Q_a, \overline{Q}_b \} = 2\gamma^{\mu}_{ab} P_{\mu} \ . \tag{9.84}$$

Fassen wir zusammen. Die SUSY-Algebra besteht aus insgesamt 14 Generatoren,

$$P^{\mu} \ , \ M^{\mu\nu} \qquad \text{und} \qquad Q_a \ ,$$

für welche die folgenden Relationen gelten:

$$\boxed{\begin{aligned} &\text{Poincaré-Algebra (7.134)} \ , \\ &[\, P^{\mu}, Q_a \,] = 0 \ , \\ &[\, M^{\mu\nu}, Q_a \,] = -\Sigma^{\mu\nu}_{ab} Q_b \ , \\ &\{ Q_a, \overline{Q}_b \} = 2\gamma^{\mu}_{ab} P_{\mu} \ . \end{aligned}} \tag{9.85}$$

Die wohl erstaunlichste Eigenschaft der Supersymmetrie kommt in (9.80) zum Vorschein: zwei SUSY-Transformationen hintereinander ausgeführt liefern eine Translation. Diese Tatsache ist in Abb. 9.3 angedeutet. Dort wird ein Fermion in ein Boson und wieder in ein Fermion zurückverwandelt, wobei sich der Ort ändert. Da die lokale Translationsinvarianz (besser Poincaré-Invarianz) die Symmetrie ist, die zur allgemeinen Relativitstheorie führt, ist auch ein Zusammenhang von Supersymmetrie und Gravitation zu erwarten. Dieses faszinierende Thema weiter auszuführen, übersteigt allerdings den Rahmen dieses Buches.

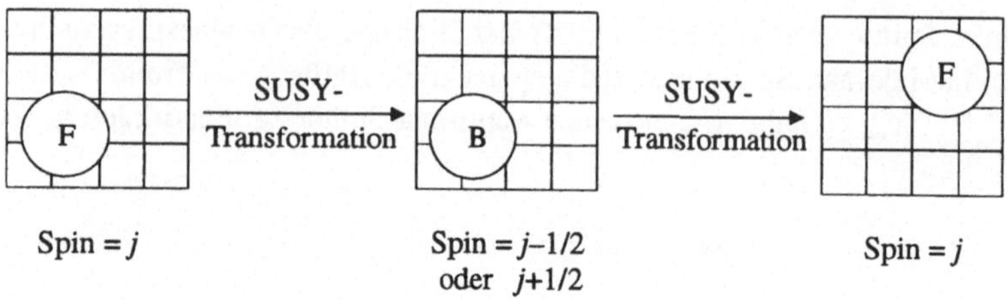

Abb. 9.3 Die Transformation Fermion → Boson → Fermion führt zu einer Verschiebung in der Raumzeit.

9.3.2 Die SUSY-Generatoren als Weyl-Spinoren

Es ist üblich, die SUSY-Generatoren nicht als Majorana-Spinoren Q_a, sondern als Weyl-Spinoren Q_A anzugeben, wobei

$$Q_a = \begin{pmatrix} Q_A \\ \bar{Q}^{\dot{A}} \end{pmatrix} . \tag{9.86}$$

So erhalten wir für die linke Seite aus (9.84) das dyadische Produkt

$$\begin{aligned} &\begin{pmatrix} Q_A \\ \bar{Q}^{\dot{A}} \end{pmatrix} (Q^B, \bar{Q}_{\dot{B}}) + (Q^B, \bar{Q}_{\dot{B}}) \begin{pmatrix} Q_A \\ \bar{Q}^{\dot{A}} \end{pmatrix} \\ &\qquad = \begin{pmatrix} Q_A Q^B & Q_A \bar{Q}_{\dot{B}} \\ \bar{Q}^{\dot{A}} Q^B & \bar{Q}^{\dot{A}} \bar{Q}_{\dot{B}} \end{pmatrix} + \begin{pmatrix} Q^B Q_A & \bar{Q}_{\dot{B}} Q_A \\ Q^B \bar{Q}^{\dot{A}} & \bar{Q}_{\dot{B}} \bar{Q}^{\dot{A}} \end{pmatrix} . \end{aligned}$$

Die rechte Seite von (9.84) dagegen liefert mit (9.70) die Form

$$2\gamma^\mu_{ab} P_\mu = 2 \begin{pmatrix} 0 & \sigma^\mu_{\ A\dot{B}} \\ \tilde{\sigma}^{\mu\,\dot{A}B} & 0 \end{pmatrix} P_\mu .$$

Durch Vergleich beider Ausdrücke erhalten wir also

$$\{ Q_A, Q^B \} = \{ \bar{Q}^{\dot{A}}, \bar{Q}_{\dot{B}} \} = 0 , \tag{9.87}$$

$$\{ Q_A, \bar{Q}_{\dot{B}} \} = 2\sigma^\mu_{\ A\dot{B}} P_\mu , \tag{9.88}$$

$$\{ \bar{Q}^{\dot{A}}, Q^B \} = 2\tilde{\sigma}^{\mu\,\dot{A}B} P_\mu . \tag{9.89}$$

Ebenso schreiben wir die Vertauschungsrelation (9.79) mit Hilfe von (9.71) um und bekommen

$$[M^{\mu\nu}, Q_A] = -(\sigma^{\mu\nu})_A^{\ B} Q_B , \tag{9.90}$$

$$[M^{\mu\nu}, \bar{Q}^{\dot{A}}] = -(\tilde{\sigma}^{\mu\nu})^{\dot{A}}_{\ \dot{B}} \bar{Q}^{\dot{B}} . \tag{9.91}$$

Zusammengefaßt lautet die Poincaré-Superalgebra (kurz SUSY-Algebra) in der indexfreien Notation:

$$\boxed{\begin{array}{ll} \text{Poincaré-Algebra (7.134)}, & \\ [Q, P^\mu] = [\bar{Q}, P^\mu] = 0\,, & \\ [Q, M^{\mu\nu}] = \sigma^{\mu\nu} Q \quad , & [\bar{Q}, M^{\mu\nu}] = \tilde{\sigma}^{\mu\nu} \bar{Q}\,, \\ \{Q, \bar{Q}\} = 2\sigma_\mu P^\mu \quad , & \{\bar{Q}, Q\} = 2\tilde{\sigma}_\mu P^\mu\,, \\ \{Q, Q\} = \{\bar{Q}, \bar{Q}\} = 0\,. & \end{array}} \tag{9.92}$$

In Anbetracht der Eigenschaft $\{A, B\} = \{B, A\}$ des Antikommutators mag die vorletzte Zeile etwas sonderbar anmuten, aber bei den Q's handelt es sich um Spinoren, die Indizes tragen, und die vorletzte Zeile ist nur eine gebräuchliche Abkürzung von (9.87).

Falls nichts Gegenteiliges vermerkt wird, benutzen wir im weiteren immer die zweikomponentige Darstellung der SUSY-Generatoren in Form von Weyl-Spinoren.

9.3.3 Der supersymmetrische Grundzustand

Aus der SUSY-Algebra (9.92), und im besonderen aus der Beziehung (9.88) lassen sich wichtige Folgerungen ziehen. Dazu multiplizieren wir diesen Ausdruck von rechts mit $\tilde{\sigma}^{\nu\,\dot{B}A}$ und erhalten mit (7.70)

$$\begin{aligned} \{Q_A, \bar{Q}_{\dot{B}}\}\tilde{\sigma}^{\nu\dot{B}A} &= 2(\sigma^\mu\tilde{\sigma}^\nu)_A{}^A P_\mu \\ &= 2\,(\mathrm{Tr}\,\sigma^\mu\tilde{\sigma}^\nu)\,P_\mu = 4g^{\mu\nu}P_\mu = 4P^\nu\,. \end{aligned}$$

Man beachte, daß bei $(\sigma^\mu\tilde{\sigma}^\nu)_A{}^A$ die Indizes vor der Summation nicht in die NW-SO Richtung gekippt worden sind, da die Rechenregel 2 aus § 9.2.2 sich nur auf Indizes bezieht, die zu zwei verschiedenen Objekten gehören.

Für $\nu = 0$ folgt aus der oberen Gleichung der Hamiltonoperator

$$\begin{aligned} H := P^0 &= \frac{1}{4}\{Q_A, \bar{Q}_{\dot{B}}\}\tilde{\sigma}^{0\,\dot{B}A} \\ &= \frac{1}{4}\{Q_1, \bar{Q}_{\dot{1}}\}\tilde{\sigma}^{0\,\dot{1}1} + \frac{1}{4}\{Q_1, \bar{Q}_{\dot{2}}\}\tilde{\sigma}^{0\,\dot{2}1} \\ &\quad + \frac{1}{4}\{Q_2, \bar{Q}_{\dot{1}}\}\tilde{\sigma}^{0\,\dot{1}2} + \frac{1}{4}\{Q_2, \bar{Q}_{\dot{2}}\}\tilde{\sigma}^{0\,\dot{2}2} \end{aligned}$$

Da $\tilde{\sigma}^0 = \mathbb{1}$ ist, lauten die einzigen nichtverschwindenden Komponenten $\tilde{\sigma}^{0\dot{1}1} = \tilde{\sigma}^{0\dot{2}2} = 1$. Damit vereinfacht sich der obere Ausdruck zu

$$\begin{aligned} H &= \frac{1}{4}\{Q_1, \bar{Q}_{\dot{1}}\} + \frac{1}{4}\{Q_2, \bar{Q}_{\dot{2}}\} \\ &= \frac{1}{4}\left(Q_1\bar{Q}_{\dot{1}} + \bar{Q}_{\dot{1}}Q_1 + Q_2\bar{Q}_{\dot{2}} + \bar{Q}_{\dot{2}}Q_2\right) . \end{aligned} \tag{9.93}$$

Dies läßt sich umformen in

$$H = \frac{1}{4}(Q_1 + \bar{Q}_{\dot{1}})^2 + \frac{1}{4}(Q_2 + \bar{Q}_{\dot{2}})^2 .$$

Nun ist wegen $\bar{Q}_{\dot{A}} = Q_A^\dagger$ der Operator $(Q_1 + \bar{Q}_{\dot{1}})^2$ hermitesch. Ein hermitescher Operator besitzt reelle Eigenwerte, und das Quadrat dieser Eigenwerte ist immer eine nichtnegative Zahl. Demzufolge gilt:

Das Energiespektrum ist nichtnegativ: $E \geq 0$

.

Die Operatoren Q_1 und $\bar{Q}_{\dot{1}}$ entsprechen den zueinander adjungierten Operatoren Q_+ und Q_- aus der SUSY-Quantenmechanik in Kapitel 2. Zusätzlich tritt hier ein zweiter Satz von Operatoren Q_2 und $\bar{Q}_{\dot{2}}$ auf, so daß im Gegensatz zur SUSY-Quantenmechanik die Anzahl N der Operatoren 4 und nicht 2 ist.
Zustände mit der Energie Null sind supersymmetrische Grundzustände. Es sind *Grund*zustände, da der Erwartungswert von H bei Null sein Minimum besitzt; sie sind *supersymmetrisch*, da wegen (9.93)

$$\langle 0|H|0\rangle = 0 \quad \Longrightarrow \quad Q|0\rangle = \bar{Q}|0\rangle = 0 . \tag{9.94}$$

Grundzustände mit positiver Energie brechen demzufolge die Supersymmetrie spontan. Modelle der spontanen Brechung der Supersymmetrie betrachten wir in Kapitel 11.3.

9.3.4 Die Boson-Fermion-Regel

Die nächste Folgerung aus der SUSY-Algebra leiten wir mit Hilfe des Operators $\Delta = \mathrm{Tr}\,(-1)^{N_F}$ (Witten-Index) aus § 2.3.7 her. Da die SUSY-Generatoren Q und $\bar{Q}$ Bosonen in Fermionen umwandeln, gilt

$$(-1)^{N_F} Q = -Q(-1)^{N_F} ; \tag{9.95}$$

und analog für $\bar{Q}$. Wenden wir nun Δ auf die linke Seite von (9.88) an:

$$\Delta\{Q,\bar{Q}\} = \mathrm{Tr}\,[(-1)^{N_F}Q\bar{Q}\,] + \mathrm{Tr}\,[(-1)^{N_F}\bar{Q}Q\,]\,.$$

In der Spur kann man zyklisch vertauschen, deshalb ist der zweite Term gleich $\mathrm{Tr}\,[Q(-1)^{N_F}\bar{Q}\,] = -\mathrm{Tr}\,[(-1)^{N_F}Q\bar{Q}\,]$. Damit folgt aber $\Delta\{Q,\bar{Q}\} = 0$. Entsprechend muß auch die rechte Seite von (9.88) bei Anwendung von Δ verschwinden,

$$2\sigma^\mu\,\mathrm{Tr}\,[(-1)^{N_F}P_\mu] = 0\,.$$

Für einen festen, von Null verschiedenen Viererimpuls – wir schließen also den Grundzustand bei $E=0$ aus – bedeutet das

$$\Delta = \mathrm{Tr}\,(-1)^{N_F} = 0\,.$$

Wegen (2.92) muß dann die Boson-Fermion-Regel gelten, nach der es genausoviel bosonische wie fermionische Zustände gibt. Diese Regel gilt dabei für jede irreduzible Darstellung der Poincaré-Superalgebra. In der Teilchenphysik drückt man diesen Sachverhalt noch kürzer aus:

$$\boxed{\text{Zahl der Bosonen} = \text{Zahl der Fermionen}}\,. \tag{9.96}$$

Gemeint ist dabei die Zahl der Freiheitsgrade bzw. Komponenten der Felder. So haben z.B. ein reelles skalares Feld 1, ein komplexes skalares Feld 2, ein Weyl-Spinorfeld und Majorana-Spinorfeld 4, ein Dirac-Spinorfeld 8 und ein reelles Vektorfeld 4 reelle Freiheitsgrade. Das folgende SUSY-Modell würde somit der Boson-Fermion-Regel genügen:

bosonischer Sektor:	fermionischer Sektor:
2 reelle skalare Felder 2 reelle pseudoskalare Felder	1 Weyl-Spinorfeld
4 reelle Komponenten	2 komplexe = 4 reelle Komponenten

Ein *Pseudoskalar* ist ein Skalar bezüglich der eigentlichen Lorentztransformationen; bei Raumspiegelungen (Paritätsoperation) ändert der Pseudoskalar aber sein Vorzeichen.

Die Boson-Fermion-Regel (9.96) läßt sich auch anschaulich verstehen. Die irreduziblen Darstellungen der SUSY-Algebra enthalten die Bosonen und Fermionen als Elemente eines abstrakten Darstellungsraumes, der sich in einen bosonischen und fermionischen Unterraum aufteilt:

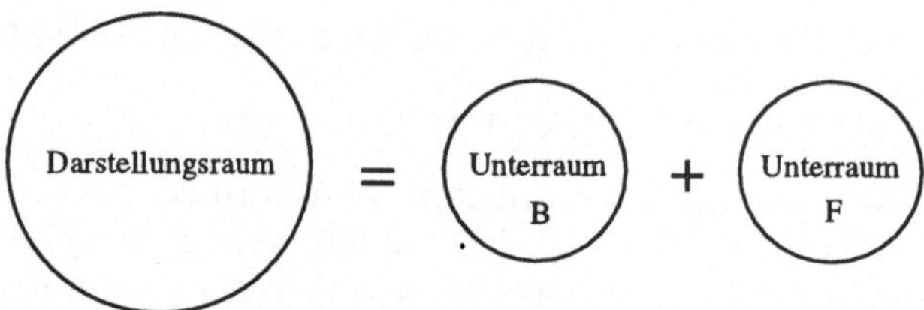

Die Zahl der Freiheitsgrade (Teilchen) hängt dabei direkt mit der Dimension dieser Räume zusammen. Der Generator der Raum-Zeit-Verschiebungen P_μ bildet den bosonischen (fermionischen) Unterraum vollständig auf den bosonischen (fermionischen) Unterraum ab. Die Dimension der Räume wird dabei nicht verändert:

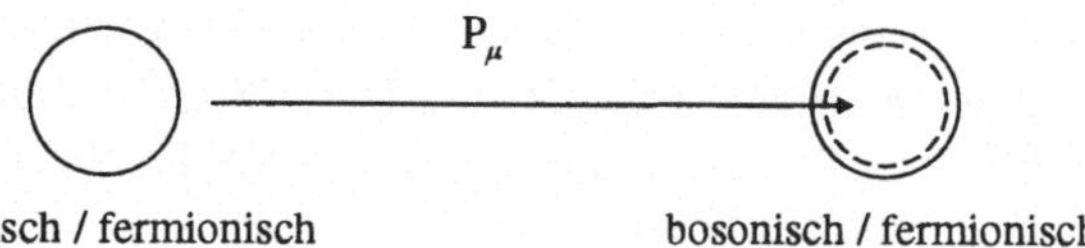

Der gestrichelte Kreis kennzeichnet dabei den jeweiligen bosonischen bzw. fermionischen Unterraum des vollen Darstellungsraums. Die SUSY-Operatoren Q und $\bar{Q}$ hingegen bilden den bosonischen Unterraum in den fermionischen ab und umgekehrt:

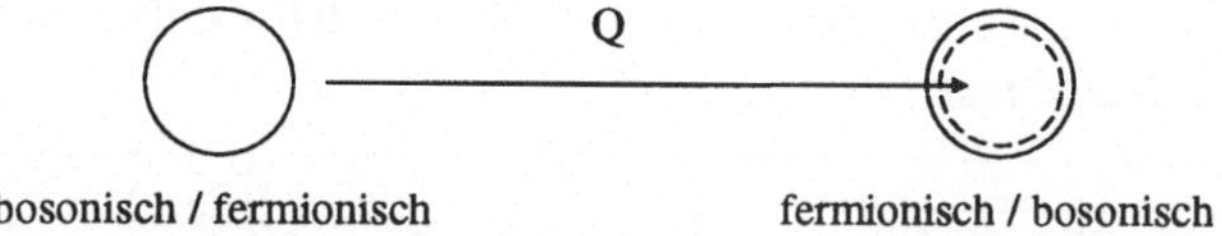

Die Hintereinanderausführung zweier SUSY-Transformationen ist wegen (9.88) eine Raum-Zeit-Verschiebung, – und diese darf die Größe des Darstellungsraumes nicht ändern:

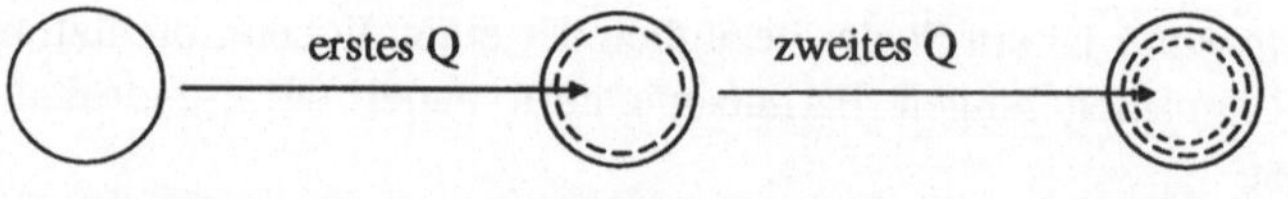

Diese Forderung wird nur dann erfüllt, wenn die Dimension beider Unterräume gleich ist. Das entspricht gerade der Boson-Fermion-Regel.

9.4 SUSY-Teilchen

Die SUSY-Teilchen werden über die irreduziblen Darstellungen der Poincaré-Superalgebra eingeführt.

9.4.1 Natürliche Einheiten

Gleich an den Anfang dieses Kapitels stellen wir eine Vereinfachung des Einheitensystems, welches in der Teilchenphysik genutzt wird. Die beiden fundamentalen Naturkonstanten der relativistischen Quantenmechanik sind das Plancksche Wirkungsquantum und die Lichtgeschwindigkeit

$$\hbar = 1.054\,572\,66 \times 10^{-34}\ \mathrm{J\,s}\,,$$
$$c = 299\,792\,458\ \mathrm{m\,s^{-1}}\,.$$

Bezeichnen wir mit L, T und M die Länge, Zeit und Masse, dann besitzt die Konstante $\hbar$ die Einheiten ($\mathrm{ML^2/T}$) und c wird in Einheiten der Geschwindigkeit ($\mathrm{L/T}$) gemessen.
Unser Einheitensystem ist vollständig definiert, wenn wir beispielsweise die Einheit der Energie ($\mathrm{ML^2/T^2}$) fixieren. In der Teilchenphysik ist es dabei üblich, die Meßgröße in GeV (1 GeV = 10^9 eV) anzugeben. Diese Wahl wird dadurch motiviert, daß das Proton die Ruhemasse von annähernd 1 GeV besitzt.

Tab. 9.2 Natürliche und traditionelle Einheiten.

Umrechnungsfaktor	natürliche Einheiten	traditionelle Einheiten
$1\ \mathrm{kg} \simeq 5.6096 \times 10^{26}\ \mathrm{GeV}$	GeV	GeV/c^2
$1\ \mathrm{m} \simeq 5.0677 \times 10^{15}\ \mathrm{GeV^{-1}}$	$\mathrm{GeV^{-1}}$	$\hbar c/\mathrm{GeV}$
$1\ \mathrm{s} \simeq 1.5193 \times 10^{24}\ \mathrm{GeV^{-1}}$	$\mathrm{GeV^{-1}}$	$\hbar/\mathrm{GeV}$
$e = \sqrt{4\pi\alpha}$	1	$(\hbar c)^{1/2}$

Bei der Wahl der natürlichen Einheiten $\hbar = c = 1$ treten $\hbar$ und c in den Formeln nicht mehr explizit auf. Durch einfache Dimensionsbetrachtungen lassen sie sich bei Bedarf an der richtigen Stelle in der Formel wieder einsetzen. In dem natürlichen

Einheitensystem werden also die Masse m, der Impuls mc und die Energie mc^2 alle in GeV angegeben. Dagegen erscheint die Länge $\hbar/mc$ und die Zeit $\hbar/mc^2$ in Einheiten von GeV^{-1}.

Anstelle der dimensionsbehafteten Elementarladung e verwendet man den dimensionslosen Parameter α, den man erhält, wenn man die elektrostatische Energie zwischen zwei Elektronen der Ruhemasse m, die sich im Abstand $\hbar/mc$ befinden, ins Verhältnis zu mc^2 setzt:

$$\alpha = \frac{1}{4\pi} \frac{e^2}{(\hbar/mc^2)} \Big/ mc^2 = \frac{e^2}{4\pi\hbar c} \simeq \frac{1}{137} \,.$$

Diese Größe nennt man die Feinstrukturkonstante.

In Tab. 9.2 sind Masse, Länge, Zeit und Elementarladung in den traditionellen und natürlichen Einheiten angegeben.

9.4.2 Der Superspin

Mit der Einführung des Pauli-Lubanski-Vektors W^μ in § 7.3.3 war es uns gelungen, den Begriff des Spins für eine relativistische Beschreibung zu erweitern. Das sieht man folgendermaßen. Für einen beliebigen Vierervektor V^μ, der mit P^ν vertauscht, gilt auch die Vertauschungsrelation

$$\begin{aligned} [\, V_\mu, W_\nu \,] &= \frac{1}{2}\, \varepsilon_{\nu\alpha\beta\gamma}\, P^\alpha\, [\, V_\mu, M^{\beta\gamma} \,] \\ &= \frac{\mathrm{i}}{2}\, \varepsilon_{\nu\alpha\beta\gamma}\, P^\alpha\, (\delta^\beta_\mu V^\gamma - \delta^\gamma_\mu V^\beta) \\ &= \frac{\mathrm{i}}{2}\, P^\alpha\, (\varepsilon_{\nu\alpha\mu\gamma} V^\gamma - \varepsilon_{\nu\alpha\beta\mu} V^\beta) \;=\; \mathrm{i}\varepsilon_{\mu\nu\alpha\beta}\, P^\alpha V^\beta \,. \end{aligned} \tag{9.97}$$

Insbesondere erhält man damit die Relation

$$[\, W_\mu, W_\nu \,] = \mathrm{i}\varepsilon_{\mu\nu\alpha\beta}\, P^\alpha W^\beta \,. \tag{9.98}$$

Im Ruhesystem, $P^\alpha = (m, 0, 0, 0)$, lautet sie

$$[\, W^i, W^j \,] = \mathrm{i} m\, \varepsilon^{ijk} W^k \,. \tag{9.99}$$

Bis auf den Faktor m entspricht sie der Drehimpulsalgebra. Damit kann man (9.98) als die relativistische Version der Drehimpulsalgebra betrachten.

Wir wollen nun den Pauli-Lubanski-Vektor W^μ derart verallgemeinern, daß er nicht nur von den Generatoren P, M, sondern auch noch von den Q's abhängt.

Die einfachste Möglichkeit dazu ist, einen Vierervektor aus den Weyl-Spinoren Q und $\bar{Q}$ zu bilden, nämlich

$$X^\mu = Q\sigma^\mu\bar{Q} \, , \tag{9.100}$$

und diesen zu W^μ zu addieren. Dabei nehmen wir uns die Freiheit, X^μ noch mit dem Vorfaktor $-\frac{1}{4}$ zu multiplizieren,

$$Y^\mu := W^\mu - \frac{1}{4} X^\mu \, . \tag{9.101}$$

Unser Ziel ist nun die Berechnung von

$$[\, Y_\mu, Y_\nu \,] = [\, Y_\mu, W_\nu \,] - \frac{1}{4} [\, Y_\mu, X_\nu \,] \, . \tag{9.102}$$

Wir zeigen zunächst, daß der letzte Term dieser Gleichung verschwindet. Dazu sind mehrere Zwischenschritte notwendig, wobei wir die SUSY-Algebra (9.92) benutzen. So gilt mit (7.124) die Beziehung

$$\begin{aligned} [\, W^\mu, Q \,] &= \tfrac{1}{2} \varepsilon^{\mu\nu\rho\sigma} P_\nu \, [M_{\rho\sigma}, Q\,] \\ &= -\tfrac{1}{2} \varepsilon^{\mu\nu\rho\sigma} \sigma_{\rho\sigma} Q P_\nu \;=\; \mathrm{i}\sigma^{\mu\nu} Q P_\nu \, . \end{aligned} \tag{9.103}$$

Andererseits folgt mit (2.55) der Ausdruck

$$[\, X^\mu, Q \,] = Q\sigma^\mu \{\, \bar{Q}, Q \,\} - \{\, Q, Q \,\} \sigma^\mu \bar{Q} \;=\; 2Q\sigma^\mu \tilde{\sigma}^\nu P_\nu \, .$$

In Hinblick auf (9.103) wollen wir den Weyl-Spinor Q direkt vor P_ν schieben. Für diese Umformung gehen wir zur Indexschreibweise über und benutzen (9.56):

$$\begin{aligned} (Q\sigma^\mu\tilde{\sigma}^\nu)_C &= Q^A \sigma^\mu_{\;A\dot{B}} \, \tilde{\sigma}^{\nu\,\dot{B}}_{\quad C} \;=\; \tilde{\sigma}^{\nu\,\dot{B}}_{\quad C} \, \sigma^\mu_{\;A\dot{B}} \, Q^A \\ &= \sigma^{\nu\;\;\dot{B}}_{\;C} \, \tilde{\sigma}^\mu_{\;\dot{B}A} \, Q^A \;=\; \sigma^\nu_{\;C\dot{B}} \, \tilde{\sigma}^{\mu\,\dot{B}A} \, Q_A \;=\; (\sigma^\nu\tilde{\sigma}^\mu Q)_C \, . \end{aligned}$$

Diese Teilergebnisse liefern unter Verwendung von (7.120) den Ausdruck

$$\begin{aligned} [\, Y^\mu, Q \,] &= (\mathrm{i}\sigma^{\mu\nu} - \tfrac{1}{2}\sigma^\nu\tilde{\sigma}^\mu)\, Q P_\nu \;=\; -(\mathrm{i}\sigma^{\nu\mu} + \tfrac{1}{2}\sigma^\nu\tilde{\sigma}^\mu)\, Q P_\nu \\ &= -\frac{1}{2} g^{\nu\mu} Q P_\nu \;=\; -\frac{1}{2} Q P^\mu \, . \end{aligned} \tag{9.104}$$

Nun fehlt noch $[\, Y^\mu, \bar{Q} \,]$. Aber dazu brauchen wir (9.104) nur hermitesch zu konjugieren. Da alle hier auftretenden Vierervektoren hermitesch sind und $Q^\dagger = \bar{Q}$ ist, gilt für die linke Seite der oberen Gleichung $[Y^\mu, Q]^\dagger = [\bar{Q}, Y^\mu] = -[Y^\mu, \bar{Q}]$ und für die rechte Seite $\left(-\frac{1}{2} Q P^\mu\right)^\dagger = -\frac{1}{2} P^\mu \bar{Q} = -\frac{1}{2} \bar{Q} P^\mu$, also

$$[Y^\mu, \bar{Q}] = \frac{1}{2} \bar{Q} P^\mu . \tag{9.105}$$

Somit erhalten wir unter Verwendung von (2.53)

$$\begin{aligned} [Y_\mu, X_\nu] &= Q\sigma_\nu [Y_\mu, \bar{Q}] + [Y_\mu, Q]\sigma_\nu \bar{Q} \\ &= \frac{1}{2} Q\sigma_\nu \bar{Q} P_\mu - \frac{1}{2} Q\sigma_\nu \bar{Q} P_\mu = 0 . \end{aligned} \tag{9.106}$$

Im nächsten Schritt berechnen wir den ersten Term aus (9.102). Das ist schnell getan, da wegen $[X^\mu, P^\nu] = Q\sigma^\mu [\bar{Q}, P^\nu] + [Q, P^\nu]\sigma^\mu \bar{Q} = 0$ und mit (7.138) auch

$$[Y^\mu, P^\nu] = [W^\mu, P^\nu] = 0 . \tag{9.107}$$

Aufgrund dieser Tatsachen können wir wegen (9.97) für die Vierervektoren X^μ und Y^μ sofort die Relationen

$$[X_\mu, W_\nu] = \mathrm{i}\varepsilon_{\mu\nu\rho\sigma} P^\rho X^\sigma , \tag{9.108}$$

$$[Y_\mu, W_\nu] = \mathrm{i}\varepsilon_{\mu\nu\rho\sigma} P^\rho Y^\sigma \tag{9.109}$$

angeben. Das Endresultat lautet somit

$$\boxed{[Y_\mu, Y_\nu] = \mathrm{i}\varepsilon_{\mu\nu\rho\sigma} P^\rho Y^\sigma} . \tag{9.110}$$

Es besitzt die gleiche Struktur wie die relativistische Drehimpulsalgebra (9.98), welche im Ruhesystem die Form

$$[Y^i, Y^j] = \mathrm{i}m\,\varepsilon^{ijk} Y^k \tag{9.111}$$

annimmt. Somit stellt $\frac{1}{m}\mathbf{Y}$ einen verallgemeinerten Drehimpuls dar, den wir *Superspin* nennen. Seine Eigenwerte sind

$$(\mathbf{Y}/m)^2 = y(y+1) \qquad \text{mit} \qquad y = 0, \tfrac{1}{2}, 1, \ldots . \tag{9.112}$$

Den entsprechenden Vierervektor Y^μ bezeichnen wir kurz als Superspin-Vektor.

9.4.3 Casimir-Operatoren

Da $[Q, P^\mu] = [\bar{Q}, P^\mu] = 0$ gilt, ist $P^2 = P_\mu P^\mu$ auch in der SUSY-Algebra ein Casimir-Operator. Wegen (9.103) gilt diese Aussage aber nicht mehr für $W_\mu W^\mu$. Damit deutet sich schon an dieser Stelle an, daß die Darstellungen nicht mehr durch einen festen Spin s charakterisiert werden können.
Betrachten wir zunächst den Operator

$$C^{\mu\nu} := Y^\mu P^\nu - Y^\nu P^\mu . \tag{9.113}$$

Wegen $[Y^\mu, P^\nu]=0$ gilt auch $[C^{\mu\nu}, P^\nu]=0$. Außerdem erhalten wir mit (9.104)

$$\begin{aligned}[C^{\mu\nu}, Q] &= [Y^\mu, Q]\, P^\nu - [Y^\nu, Q]\, P^\mu \\ &= -\tfrac{1}{2} Q P^\mu P^\nu + \tfrac{1}{2} Q P^\nu P^\mu \;=\; 0 .\end{aligned}$$

Der Operator $C^2 = C_{\mu\nu} C^{\mu\nu}$ vertauscht dann selbstverständlich mit P^μ und Q, und weil er ein Lorentzskalar ist, vertauscht er auch mit $M^{\mu\nu}$:

$$[C^2, P^\mu] = 0 \quad , \quad [C^2, Q] = [C^2, \bar{Q}] = 0 \quad , \quad [C^2, M^{\mu\nu}] = 0 .$$

Da C^2 also mit allen Generatoren der SUSY-Algebra vertauscht, ist er ein Casimir-Operator. Die SUSY-Algebra (9.92) besitzt also die beiden

$$\text{Casimir-Operatoren:} \qquad P^2 = P_\mu P^\mu \qquad \text{und} \qquad C^2 = C_{\mu\nu} C^{\mu\nu} .$$

Die irreduziblen Darstellungen der SUSY-Algebra werden nach der Masse m und den Eigenwerten von C^2 klassifiziert. Im weiteren interessieren wir uns zunächst nur für die *massive* Darstellung mit $m > 0$. Dazu schreiben wir

$$\begin{aligned} C^2 &= (Y_\mu P_\nu - Y_\nu P_\mu)(Y^\mu P^\nu - Y^\nu P^\mu) \\ &= 2m^2 Y^2 - 2\,(Y_\mu P^\mu)^2 \end{aligned} \tag{9.114}$$

und gehen ins Ruhesystem über:

$$C^2 = 2m^2 Y^2 - 2m^2 Y_0^2 \;=\; -2m^2 \mathbf{Y}^2 . \tag{9.115}$$

Mit (9.112) folgen dann die Eigenwerte

$$C^2 = -2m^4 y(y+1) \qquad \text{mit} \qquad y = 0, \tfrac{1}{2}, 1, \ldots . \tag{9.116}$$

Jede (massive) Darstellung wird durch die Masse m und den Superspin y, also durch das Zahlenpaar (m, y) charakterisiert.

Innerhalb einer fest vorgegebenen Darstellung (m, y) klassifiziert man die Zustände nach den Eigenwerten y^3 von $\frac{1}{m} Y^3$. Außerdem gilt wegen (9.109) auch

$$[Y^3, W^3] = 0 , \tag{9.117}$$

so daß der Eigenwert s^3 von $\frac{1}{m} W^3$ ebenfalls zur Klassifizierung herangezogen werden kann. Schließlich werden die Zustände – genau wie bei der Poincaré-Algebra – durch den Dreierimpuls **p** charakterisiert. Diese Kenntnisse fassen wir zusammen, indem wir einen Zustand aus der Darstellung (m, y) mit

$$|Z\rangle := |p, y^3, s^3\rangle \tag{9.118}$$

bezeichnen. Damit gilt

$$P^\mu |Z\rangle = p^\mu |Z\rangle , \tag{9.119}$$
$$\mathbf{Y}^2 |Z\rangle = m^2 y(y+1) |Z\rangle , \tag{9.120}$$
$$Y^3 |Z\rangle = m\, y^3 |Z\rangle , \tag{9.121}$$
$$W^3 |Z\rangle = m\, s^3 |Z\rangle . \tag{9.122}$$

Was wir allerdings noch nicht wissen, ist die Wirkung der SUSY-Generatoren Q auf $|Z\rangle$. Das ist Gegenstand des nächsten Paragraphen. Genau wie bei der Poincaré-Algebra ist die Dimension der Darstellung wegen des kontinuierlichen Impulses **p** unendlich.

9.4.4 Massive Darstellungen der SUSY-Algebra

Wir befassen uns jetzt mit der irreduziblen Darstellung für massive Teilchen. Sie erlaubt uns, alle Betrachtungen im Ruhesystem durchzuführen. So lauten die Antikommutatoren der SUSY-Algebra (9.92) im Ruhesystem:

$$\{ Q_A, Q_B \} = \{ \bar{Q}_{\dot{A}}, \bar{Q}_{\dot{B}} \} = 0 \quad , \quad \{ Q_A, \bar{Q}_{\dot{A}} \} = 2m\, \delta_{A\dot{A}} . \tag{9.123}$$

Führen wir nun die Vernichtungs- und Erzeugungsoperatoren

$$f_A^- := \frac{1}{\sqrt{2m}} Q_A \qquad \text{und} \qquad f_A^+ := \frac{1}{\sqrt{2m}} \bar{Q}_{\dot{A}} \tag{9.124}$$

ein, dann erhält (9.123) die Form der fundamentalen Antivertauschungsrelationen für Fermioperatoren

$$\{ f_A^-, f_B^- \} = \{ f_A^+, f_B^+ \} = 0 \qquad \text{und} \qquad \{ f_A^-, f_B^+ \} = \delta_{AB} . \tag{9.125}$$

Ausgehend von einem sogenannten *Clifford-Vakuum* $|\Omega\rangle$ mit den Eigenschaften

$$f_1^- \, |\Omega\rangle = 0 \qquad \text{und} \qquad f_2^- \, |\Omega\rangle = 0 \tag{9.126}$$

können wir mit den Operatoren $\{\mathbb{1}, f_1^+, f_2^+, f_1^+ f_2^+\}$ insgesamt vier Zustände konstruieren:

$$|\Omega\rangle \quad , \quad f_1^+ \, |\Omega\rangle \quad , \quad f_2^+ \, |\Omega\rangle \quad , \quad \frac{1}{\sqrt{2}} f_1^+ f_2^+ \, |\Omega\rangle \, . \tag{9.127}$$

Bevor wir diese Zustände genauer untersuchen, müssen wir das Clifford-Vakuum spezifizieren. Dazu wählen wir einen beliebigen Zustand $|Z\rangle$ der (m, y)-Darstellung aus. Entweder es gilt bereits $f_1^- \, |Z\rangle = f_2^- \, |Z\rangle = 0$, oder aber wir lassen solange die Vernichtungsoperatoren auf diesen Zustand wirken,

$$|\Omega\rangle := (f_1^-)^{n_1} (f_2^-)^{n_2} \, |Z\rangle \qquad \text{mit} \qquad n_1, n_2 = 0, 1 \, , \tag{9.128}$$

bis daraus das Clifford-Vakuum mit der Eigenschaft (9.126) entsteht. Wegen (9.104) und (9.105) gilt im Ruhesystem

$$[\, Y^3, Q \,] = [\, Y^3, \bar{Q} \,] = 0 \, . \tag{9.129}$$

Damit ändert die Anwendung der Fermioperatoren die Quantenzahl y^3 nicht, $Y^3 \, |\Omega\rangle = m \, y^3 \, |\Omega\rangle$. Aber das gilt generell für jeden der vier Zustände aus (9.127). Sie gehören alle zum gleichen Eigenwert y^3. Da eine Darstellung (m, y) genau $2y + 1$ Superspin-Komponenten y^3 enthält, besitzt sie folglich die

$$\text{Dimension:} \quad 4(2y + 1) \tag{9.130}$$

(falls man von der unendlichen Entartung durch $\mathbf{p}$ absieht). Zu jedem Eigenwert y^3 gehört genau ein Clifford-Vakuum $|\Omega\rangle = |\Omega, y^3\rangle$.

An dieser Stelle sei auf den Unterschied zwischen *Vakuum* und *Grundzustand* hingewiesen. Das Vakuum ist ein Zustand, der bei Anwendung eines Vernichtungsoperators verschwindet. Der Grundzustand ist dagegen der Zustand mit der kleinsten Energie:

$$\begin{aligned} &\text{Vernichter} \, | \, A \, \rangle = 0 && \Longrightarrow && | \, A \, \rangle := | \, \text{Vakuum} \rangle \\ &\langle \, A \, | \, H \, | \, A \, \rangle = E_{\text{min}} && \Longrightarrow && | \, A \, \rangle := | \, \text{Grundzustand} \rangle \end{aligned}$$

Beim harmonischen Oszillator beispielsweise sind das Vakuum bezüglich b^- und der Grundzustand identisch. Es gibt nur einen Grundzustand im Energiespektrum. Im Fall des hier eingeführten Clifford-Vakuums dagegen haben beide Zustände

nichts miteinander zu tun. Zu jeder Darstellung (m, y) gibt es nämlich $2y + 1$ Clifford-Vakua $|\Omega\rangle$.
Wir bestimmen nun den Eigenwert s^3 für das Clifford-Vakuum. Dazu müssen wir $X^\mu = Q\sigma^\mu\bar{Q}$ so umformen, daß der "Vernichter" Q ganz rechts zu stehen kommt. Das führen wir in der Indexschreibweise durch,

$$\begin{aligned} X^\mu &= Q^A \sigma^\mu_{A\dot{B}} \bar{Q}^{\dot{B}} = \sigma^\mu_{A\dot{B}} \{Q^A, \bar{Q}^{\dot{B}}\} - \sigma^\mu_{A\dot{B}} \bar{Q}^{\dot{B}} Q^A \\ &= 2\sigma^\mu_{A\dot{B}} \tilde{\sigma}^{\nu\,\dot{B}A} P_\nu - \bar{Q}^{\dot{B}} \sigma^\mu_{A\dot{B}} Q^A \\ &= 4g^{\mu\nu} P_\nu - \bar{Q}_{\dot{B}} \tilde{\sigma}^{\mu\,\dot{B}A} Q_A \;=\; 4P^\mu - \bar{Q}\tilde{\sigma}^\mu Q \,. \end{aligned}$$

Hierbei haben wir (7.70) verwendet Im Ruhesystem gilt demnach für den Dreiervektor $X^i = -\bar{Q}\tilde{\sigma}^i Q$. Damit folgt

$$Y^3\,|\Omega\rangle = \left(W^3 - \frac{1}{4} X^3\right) |\Omega\rangle \;=\; W^3\,|\Omega\rangle \,,$$

und wir haben $y^3 = s^3$. Andererseits gilt

$$\mathbf{Y}^2\,|\Omega\rangle = \left(\mathbf{W}^2 - \frac{1}{4}\mathbf{W}\cdot\mathbf{X} - \frac{1}{4}\mathbf{X}\cdot\mathbf{W} + \frac{1}{16}\mathbf{X}^2\right) |\Omega\rangle \,.$$

Wir können im dritten Term die Reihenfolge der Operatoren vertauschen, da aus (9.108) die Beziehung $[\,X^i, W^i\,] = 0$, also $X^i W^i = W^i X^i$, folgt. Mit $\mathbf{X}\,|\Omega\rangle = 0$ erhalten wir dann sofort

$$\mathbf{Y}^2\,|\Omega\rangle = \mathbf{W}^2\,|\Omega\rangle \,.$$

Das Clifford-Vakuum gehört daher auch zu einem scharfen Spinbetrag. Die Ergebnisse führen somit zu der Aussage

Clifford-Vakuum: Spin = Superspin .

Unser nächstes Ziel besteht nun darin, für die drei anderen Zustände aus (9.127) jeweils s^3 zu bestimmen. Dazu erhalten wir auf gleichem Weg wie in (9.103) die Beziehung

$$[\,W^\mu, \bar{Q}^{\dot{A}}\,] = -\mathrm{i}\tilde{\sigma}^{\mu\nu\,\dot{A}}{}_{\dot{B}}\,\bar{Q}^{\dot{B}} P_\nu \,. \tag{9.131}$$

Daraus folgt für das Ruhesystem

$$[\,W^3, \bar{Q}^{\dot{A}}\,] = -\mathrm{i}m\,\tilde{\sigma}^{30\,\dot{A}}{}_{\dot{B}}\,\bar{Q}^{\dot{B}} \,. \tag{9.132}$$

Wenden wir nun diesen Kommutator von links auf $|\Omega\rangle$ an, dann folgt

$$\begin{aligned} W^3\,\bar{Q}^{\dot{A}}\,|\Omega\rangle &= \bar{Q}^{\dot{A}}\,W^3\,|\Omega\rangle - \mathrm{i}m\,\tilde{\sigma}^{30\,\dot{A}}{}_{\dot{B}}\,\bar{Q}^{\dot{B}}\,|\Omega\rangle \\ &= m\left(s^3\bar{Q}^{\dot{A}} - \mathrm{i}\,\tilde{\sigma}^{30\,\dot{A}}{}_{\dot{B}}\bar{Q}^{\dot{B}}\right)|\Omega\rangle\,. \end{aligned} \tag{9.133}$$

Der Spintensor besitzt hier die Gestalt

$$\tilde{\sigma}^{30} = \frac{\mathrm{i}}{4}\,(\tilde{\sigma}^3\sigma^0 - \tilde{\sigma}^0\sigma^3) = -\frac{\mathrm{i}}{2}\,\sigma^3\,.$$

Da beim Clifford-Vakuum $s^3 = y^3$ ist, liefert (9.133) die Matrix-Gleichung

$$W^3\begin{pmatrix}\bar{Q}^{\dot{1}}\\ \bar{Q}^{\dot{2}}\end{pmatrix}|\Omega\rangle = m\left[y^3\begin{pmatrix}1&0\\0&1\end{pmatrix} - \frac{1}{2}\begin{pmatrix}1&0\\0&-1\end{pmatrix}\right]\begin{pmatrix}\bar{Q}^{\dot{1}}\\ \bar{Q}^{\dot{2}}\end{pmatrix}|\Omega\rangle\,.$$

Durch das Senken der Indizes $\bar{Q}_{\dot{1}} = \bar{Q}^{\dot{2}}$, $\bar{Q}_{\dot{2}} = -\bar{Q}^{\dot{1}}$ gemäß (9.42) und mit (9.124) folgen daraus die Beziehungen

$$W^3\,f_1^+|\Omega\rangle = m\,(y^3 + \tfrac{1}{2})\,f_1^+|\Omega\rangle\,, \tag{9.134}$$

$$W^3\,f_2^+|\Omega\rangle = m\,(y^3 - \tfrac{1}{2})\,f_2^+|\Omega\rangle\,. \tag{9.135}$$

Sie besagen, daß der Operator f_1^+ (bzw. f_2^+) die Spinkomponente s^3 um $\frac{1}{2}$ erhöht (bzw. verringert).

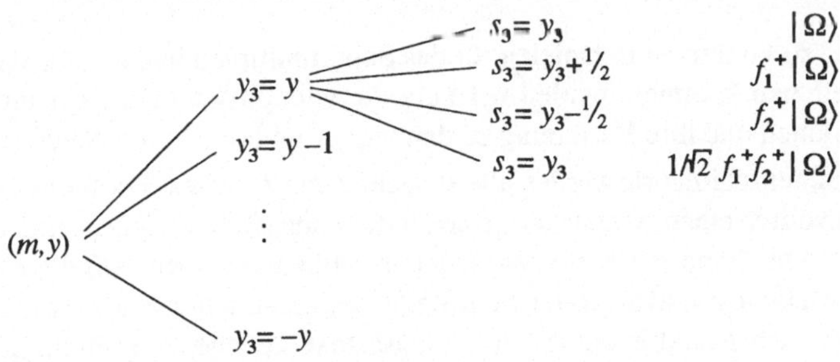

Abb. 9.4 Das Supermultiplett.

Wenden wir den Kommutator (9.132) auf $\bar{Q}^{\dot{1}}|\Omega\rangle$ an, dann folgt

$$\begin{aligned} W^3\bar{Q}^{\dot{2}}\bar{Q}^{\dot{1}}|\Omega\rangle &= \bar{Q}^{\dot{2}}\,W^3\bar{Q}^{\dot{1}}|\Omega\rangle - \mathrm{i}m\tilde{\sigma}^{30\,\dot{2}}{}_{\dot{2}}\bar{Q}^{\dot{2}}\bar{Q}^{\dot{1}}|\Omega\rangle \\ &= \bar{Q}^{\dot{2}}\,W^3\bar{Q}^{\dot{1}}|\Omega\rangle + \frac{m}{2}\bar{Q}^{\dot{2}}\bar{Q}^{\dot{1}}|\Omega\rangle \end{aligned}$$

bzw. nach Senken der Indizes

$$W^3\, f_1^+ f_2^+ |\Omega\rangle = f_1^+ W^3\, f_2^+ |\Omega\rangle + \frac{m}{2} f_1^+ f_2^+ |\Omega\rangle\,.$$

Mit (9.135) ergibt das schließlich den Ausdruck

$$W^3\, \frac{1}{\sqrt{2}} f_1^+ f_2^+ |\Omega\rangle = m\, y^3\, \frac{1}{\sqrt{2}} f_1^+ f_2^+ |\Omega\rangle\,. \tag{9.136}$$

Das vergleichen wir mit der entsprechenden Eigenwertgleichung für das Clifford-Vakuum,

$$W^3\, |\Omega\rangle = m\, y^3\, |\Omega\rangle\,. \tag{9.137}$$

Obwohl beide Zustände zum gleichen Eigenwert $s^3 = y^3$ gehören, sind es nicht dieselben Zustände; denn die Anwendung von f_A^- ergibt beim Clifford-Vakuum 0, bei dem anderen Zustand aber nicht.

Mit der Information, die in den Gleichungen (9.134) bis (9.137) steckt, sind wir nun in der Lage, alle Zustände einer Darstellung (m, y) zu beschreiben. Sie sind in der Abb. 9.4 zusammengestellt. Alle Angaben über die Spinkomponenten verstehen sich dabei als Werte im Ruhesystem.

9.4.5 Der Teilchen-Zoo und die vier fundamentalen Kräfte

Bevor wir zu konkreten Beispielen für das Supermultiplett und die dazugehörigen SUSY-Teilchen kommen, wollen wir kurz die wichtigsten bisher bekannten Elementarteilchen und ihre Beziehung zu den vier Grundkräften der Natur angeben.

In der Quantenfeldtheorie werden alle zwischen den Teilchen (Fermionen) wirkenden Kräfte durch einen Austausch virtueller Teilchen (Bosonen) beschrieben (siehe Abb. 9.5). Man kann mit Hilfe der Quantenfeldtheorie zeigen, daß die Masse des Austauschteilchens und die Reichweite der dabei vermittelten Kraft verknüpft sind: Langreichweitige Kräfte werden durch masselose Teilchen vermittelt, kurzreichweitige durch den Austausch von Teilchen mit Masse:

9.4.6 Das chirale Supermultiplett

Für $y = 0$ erhalten wir die allereinfachste Darstellung der SUSY-Algebra. Sie ist in Abb. 9.6 dargestellt. Man bezeichnet sie auch als das chirale Supermultiplett, welches im Wess-Zumino-Modell, das wir später besprechen werden, realisiert ist.

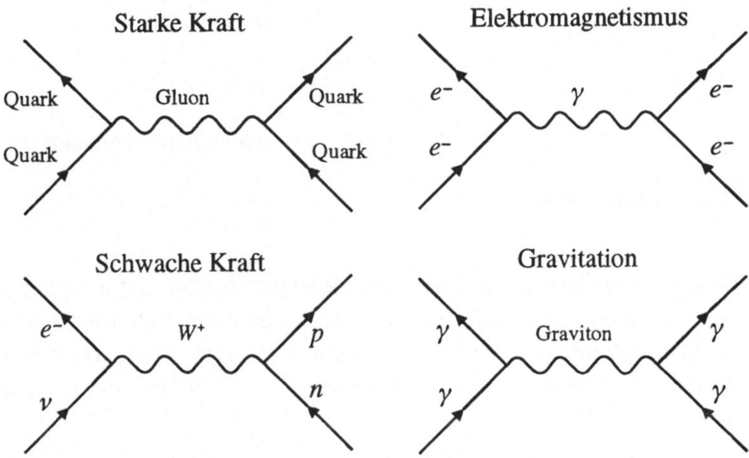

Abb. 9.5 Beispiele für die vier fundamentalen Wechselwirkungen.

Tab. 9.3 Die vier Grundkräfte.

	Relative Stärke	Reich-weite	beteiligte Teilchen	Eichboson	Masse der Eichbosonen
Starke Kraft	1	kurz	Quarks	Gluonen	0
Elektromagne-tische Kraft	10^{-2}	lang	elektrisch geladene Teilchen	Photon	0
Schwache Kraft	10^{-5}	kurz	Elektronen, Neutrinos, Quarks	W-Boson Z-Boson	80.22 GeV 91.19 GeV
Gravitation	10^{-38}	lang	alle Teilchen	Graviton	0

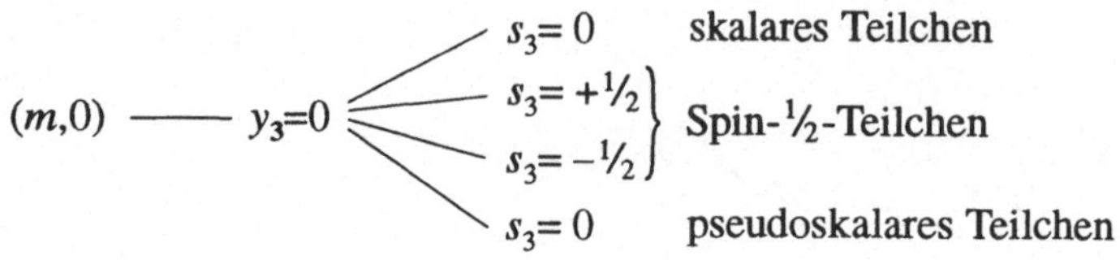

$$
(m,0) \;—\; y_3{=}0 \;\begin{cases} s_3 = 0 & \text{skalares Teilchen} \\ s_3 = +\tfrac{1}{2} & \text{Spin-}\tfrac{1}{2}\text{-Teilchen} \\ s_3 = -\tfrac{1}{2} & \\ s_3 = 0 & \text{pseudoskalares Teilchen} \end{cases}
$$

Abb. 9.6 Das chirale Supermultiplett.

Das Clifford-Vakuum ist hier ein *bosonischer* Zustand. Zu diesem Multiplett gehören ein Spin-$\frac{1}{2}$-Teilchen, ein skalares und ein pseudoskalares Teilchen (Spin 0). Es beschreibt Materiefelder: Quarks und Leptonen sowie ihre Superpartner Squarks und Sleptonen. Darüberhinaus ordnet man die Higgs-Teilchen und ihre Superpartner dieser Darstellung zu:

Fermion	Boson
Spin-$\frac{1}{2}$-Teilchen	Spin-0-Teilchen
Quarks Leptonen Higgs	Squarks Sleptonen Higgsinos

9.4.7 Das Vektor-Supermultiplett

Die nächstkomplizierte Darstellung mit $y = \frac{1}{2}$ führt uns zum Vektor-Supermultiplett. Jetzt ist das Clifford-Vakuum jeweils ein *fermionischer* Zustand. Diese Darstellung enthält 2 Spin-$\frac{1}{2}$-Teilchen, ein Vektorteilchen (Spin 1) und ein pseudoskalares Teilchen (Spin 0). Dieses ist in Abb. 9.7 dargestellt. Man beachte dabei, daß man aus $s^3 = 0$ noch nicht auf den Spinbetrag $s = 0$ schließen kann; deswegen handelt es sich im allgemeinen um eine Mischung aus Spin-0- und Spin-1-Anteilen. Wir erinnern daran, daß das Clifford-Vakuum der einzige Zustand mit einem scharfen Spinbetrag ist.

Das Vektormultiplett wird zur Beschreibung der Eichbosonen (gauge bosons) und ihrer Superpartner (gauginos) herangezogen. Zu den Eichbosonen, die die Wechselwirkung zwischen den "Materieteilchen" beschreiben, gehören das Photon, die W- und Z-Bosonen sowie die Gluonen:

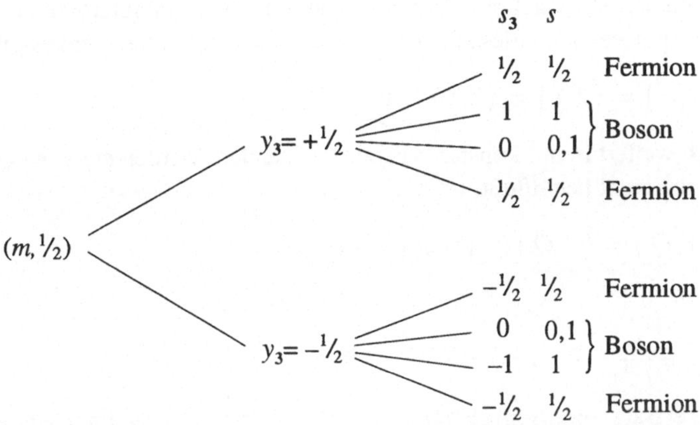

Abb. 9.7 Das Vektor-Supermultiplett. s_3 und s kennzeichnen die Spinprojektion und den Spinbetrag.

Boson	Fermion
Spin-1-Teilchen	Spin-$\frac{1}{2}$-Teilchen
Photon W- und Z-Boson Gluon	Photino Wino , Zino Gluino

9.5 Die Poincaré-Supergruppe

Die supersymmetrische Erweiterung der Poincaré-Gruppe aus § 7.3 bezeichnen wir als Poincaré-Supergruppe.

9.5.1 Spinorielle Parameter

Mit Hilfe der spinoriellen Parameter

$$\epsilon = \begin{pmatrix} \epsilon_1 \\ \epsilon_2 \end{pmatrix} \quad \text{und} \quad \bar{\epsilon} = \begin{pmatrix} \bar{\epsilon}^{\dot{1}} \\ \bar{\epsilon}^{\dot{2}} \end{pmatrix} \tag{9.138}$$

läßt sich die SUSY-Algebra (9.92) vollständig durch Kommutatoren ausdrücken. Als Weyl-Spinoren sind diese Parameter Grassmann-Variablen, und es gilt

$$\{\epsilon, \epsilon\} = \{\bar{\epsilon}, \bar{\epsilon}\} = \{\epsilon, \bar{\epsilon}\} = 0 . \tag{9.139}$$

Da es sich weiterhin um konstante Parameter handelt, werden sie von den SUSY-Generatoren nicht beeinflußt,

$$\{\epsilon, Q\} = \{\epsilon, \bar{Q}\} = \{\bar{\epsilon}, Q\} = \{\bar{\epsilon}, \bar{Q}\} = 0 . \tag{9.140}$$

Ebenso gilt

$$\{\epsilon, P^\mu\} = \{\bar{\epsilon}, P^\mu\} = 0 . \tag{9.141}$$

Ein weiterer Satz spinorieller Parameter sei durch η und $\bar{\eta}$ bezeichnet, wobei $\{\epsilon, \eta\} = 0$ usw. gelten soll. Vorsicht, die Kurzschreibweise ohne Spinorindizes in (9.139) bis (9.141) besitzt ihre Tücken: so bedeutet beispielsweise $\{\epsilon, Q\}$ entweder $\{\epsilon_A, Q_B\}$ oder $\{\epsilon_A, Q^B\}$ oder $\{\epsilon^A, Q_B\}$ oder $\{\epsilon^A, Q^B\}$; der Ausdruck $\{\epsilon, Q\}$ bedeutet aber nicht $\epsilon Q + Q\epsilon = \epsilon^A Q_A + Q^A \epsilon_A$.

Nun betrachten wir die Linearformen $\epsilon Q = \epsilon^A Q_A$ und $\bar{\epsilon}\bar{Q} = \bar{\epsilon}_{\dot{A}} \bar{Q}^{\dot{A}} = \bar{Q}\,\bar{\epsilon}$. Per Konstruktion sind es Lorentzskalare, also bosonische Operatoren, für die wieder Kommutatorrelationen gelten. So folgt mit der Zerlegungsformel (2.57)

$$[\epsilon Q, \eta Q] = \eta\epsilon\{Q, Q\} - \eta\{\epsilon, Q\}Q + \epsilon\{Q, \eta\}Q - \{\epsilon, \eta\}QQ = 0 .$$

Zusammen mit diesem Kommutator verschwinden auf die gleiche Art und Weise auch noch andere Kommutatoren:

$$[\epsilon Q, \eta Q] = [\bar{\epsilon}\bar{Q}, \bar{\eta}\bar{Q}] = 0 \tag{9.142}$$
$$[\epsilon Q, P^\mu] = [\bar{\epsilon}\bar{Q}, P^\mu] = 0 . \tag{9.143}$$

Desweiteren erhält man mit (2.57)

$$\begin{aligned} [\epsilon Q, \bar{\eta}\bar{Q}] &= \bar{\eta}\epsilon\{Q, \bar{Q}\} - \bar{\eta}\{\epsilon, \bar{Q}\}Q + \epsilon\{Q, \bar{\eta}\}\bar{Q} - \{\epsilon, \bar{\eta}\}Q\bar{Q} \\ &= \bar{\eta}\epsilon\{Q, \bar{Q}\} = 2\bar{\eta}\epsilon\sigma^\mu P_\mu = 2(\epsilon\sigma^\mu\bar{\eta})\,P_\mu . \end{aligned} \tag{9.144}$$

Die letzte Gleichheit folgt wegen

$$\bar{\eta}\epsilon\sigma^\mu = \bar{\eta}_{\dot{A}}\epsilon^B \sigma^{\mu\dot{A}}_B = \epsilon^B \sigma^\mu_{B\dot{A}} \bar{\eta}^{\dot{A}} = \epsilon\sigma^\mu\bar{\eta} .$$

Rekapitulieren wir. Mittels Graduierung gelangten wir von der Poincaré-Algebra zur Poincaré-Superalgebra, die neben Kommutatoren auch noch Antikommutatoren beinhaltet. Nun stellt sich heraus, daß sich eine graduierte Algebra auch vollständig durch Kommutatoren ausdrücken läßt, wenn man antikommutierende Zahlen bzw. Parameter einführt.

Wir haben bisher verschiedene Sorten von Weyl-Spinoren kennengelernt:

die Parameter	$\epsilon\,,\ \eta\,,$
die Spinorfelder	$\psi(x)\,,\ \chi(x)\,,\ \ldots$
die Generatoren	$Q,\ \bar{Q}\,.$

Dementsprechend sind beim Rechnen die folgenden Regeln zu beachten: Erstens, die Spinorkomponenten der Parameter und Spinorfelder sind Grassmann-Zahlen bzw. Grassmann-Variablen, bei deren Vertauschung ein Vorzeichenwechsel auftritt. Zweitens, bei der Vertauschung der Komponenten von Q und $\bar{Q}$ muß man besonders aufpassen, da für sie als Operatoren spezielle Antivertauschungsrelationen gelten. Drittens, die Spinorfelder unterscheiden sich schließlich von den Parametern und Generatoren dadurch, daß sie von der Raumzeit x abhängen und bei Anwendung von ∂_μ nicht verschwinden.

9.5.2 Verschiebungen im Superraum

Ausgehend von den 14 Generatoren $\{\,P^\mu, M^{\mu\nu}, Q, \bar{Q}\,\}$ konstruieren wir nun die Gruppe der Symmetrietransformationen. Genau wie die Generatoren P^μ Verschiebungen um einen konstanten Vierervektor a^μ im Minkowskiraum erzeugen, liefern die SUSY-Generatoren Q und $\bar{Q}$ eine Verschiebung um die spinoriellen Parameter ϵ und $\bar{\epsilon}$ im Superraum:

$$\begin{aligned} &\text{Translation:} && \exp\left\{-\mathrm{i}a^\mu P_\mu\right\}\,, \\ &\text{SUSY-Translation:} && \exp\left\{\mathrm{i}\left(\epsilon Q + \bar{\epsilon}\bar{Q}\right)\right\}. \end{aligned}$$

Die SUSY-Translation definiert hier eine unitäre Transformation, da $(\epsilon Q + \bar{\epsilon}\bar{Q})$ hermitesch ist. Ein allgemeines Element L der Poincaré-Supergruppe ist dann

$$L(a, \omega, \epsilon, \bar{\epsilon}) \;=\; \exp\left\{\mathrm{i}\left(-a^\mu P_\mu + \epsilon Q + \bar{\epsilon}\bar{Q} - \tfrac{1}{2}\,\omega^{\mu\nu} M_{\mu\nu}\right)\right\}. \tag{9.145}$$

Setzen wir die Parameter $\epsilon, \bar{\epsilon}$ gleich Null, dann reduziert sich dieser Ausdruck auf (7.130), welcher reine Poincarétransformationen beschreibt. Im weiteren wollen wir jedoch Transformationen nicht in der allgemeinen Form (9.145) untersuchen, sondern uns auf den interessanten Teil beschränken, indem wir Lorentzdrehungen von den Betrachtungen ausschließen:

$$L(a, \epsilon, \bar{\epsilon}) := \exp\left\{\mathrm{i}\left(-a^\mu P_\mu + \epsilon Q + \bar{\epsilon}\bar{Q}\right)\right\}. \tag{9.146}$$

Wir zeigen, daß diese Transformationen tatsächlich eine Gruppe bilden: Die Hintereinanderausführung zweier Transformationen muß wieder eine Transformation ergeben. Dazu verwenden wir die Baker-Campbell-Hausdorff-Formel (4.49) und berechnen mit

$$
\begin{aligned}
A &= \mathrm{i}\,(-a^{\mu}P_{\mu} + \epsilon Q + \bar{\epsilon}\bar{Q})\ , \\
B &= \mathrm{i}\,(-b^{\mu}P_{\mu} + \eta Q + \bar{\eta}\bar{Q})
\end{aligned}
$$

und (9.144) den Kommutator

$$
\begin{aligned}
[\,A, B\,] &= -[\,\epsilon Q, \bar{\eta}\bar{Q}\,] - [\,\bar{\epsilon}\bar{Q}, \eta Q\,] \\
&= -2\,(\epsilon\sigma^{\mu}\bar{\eta})\,P_{\mu} + 2\,(\eta\sigma^{\mu}\bar{\epsilon})\,P_{\mu} \\
&= 2\,(\eta\sigma^{\mu}\bar{\epsilon} - \epsilon\sigma^{\mu}\bar{\eta})\,P_{\mu}\ .
\end{aligned}
\tag{9.147}
$$

Erfreulicherweise verschwinden alle Zwei- und Mehrfachkommutatoren,

$$
[[\,A, B\,], B\,] = 0 \quad \text{usw.}\quad ,
$$

da P^{μ} sowohl mit P^{ν} als auch mit den Q's vertauscht. Die Baker-Campbell-Hausdorff-Formel liefert in diesem Fall den geschlossenen Ausdruck

$$
\begin{aligned}
e^{A}e^{B} &= \exp\left\{A + B + \tfrac{1}{2}[\,A, B\,]\right\} \\
&= \exp\Big\{\mathrm{i}\,[-(a^{\mu} + b^{\mu} - \mathrm{i}\epsilon\sigma^{\mu}\bar{\eta} + \mathrm{i}\eta\sigma^{\mu}\bar{\epsilon})P_{\mu} + \\
&\qquad\qquad (\epsilon + \eta)\,Q + (\bar{\epsilon} + \bar{\eta})\,\bar{Q}\,]\Big\}\ .
\end{aligned}
$$

Damit folgt die Kompositionsregel

$$
L(a, \epsilon, \bar{\epsilon})\ L(b, \eta, \bar{\eta}) = L(a + b - \mathrm{i}\epsilon\sigma\bar{\eta} + \mathrm{i}\eta\sigma\bar{\epsilon}, \epsilon + \eta, \bar{\epsilon} + \bar{\eta})\ . \tag{9.148}
$$

Die resultierende Transformation ist hier wieder vom Typ $L(a, \epsilon, \bar{\epsilon})$; die Transformationen $L(a, \epsilon, \bar{\epsilon})$ bilden also eine Gruppe.

Selbst wenn man nicht im Minkowskiraum verschiebt ($a = b = 0$), so bewirkt die Hintereinanderausführung zweier SUSY-Transformationen eine Verschiebung in der Raum-Zeit:

$$
L(0, \epsilon, \bar{\epsilon})\ L(0, \eta, \bar{\eta}) = L(\,\mathrm{i}\eta\sigma\bar{\epsilon} - \mathrm{i}\epsilon\sigma\bar{\eta}, \epsilon + \eta, \bar{\epsilon} + \bar{\eta}\,)\ , \tag{9.149}
$$

und zwar gerade um $(\mathrm{i}\eta\sigma\bar{\epsilon} - \mathrm{i}\epsilon\sigma\bar{\eta})$. Man beachte, die SUSY-Transformationen sind nicht kommutativ.

Im Fall kleiner Parameter läßt sich die Exponentialfunktion (9.146) entwickeln. So erhalten wir für infinitesimale SUSY-Transformationen (ohne Raumzeit-Translationen)

$$\delta_\epsilon := \mathrm{i}\,(\epsilon Q + \bar{\epsilon}\bar{Q}\,)\,. \tag{9.150}$$

Der Kommutator zweier supersymmetrischer Änderungen führt zum gleichen Ergebnis wie in (9.147):

$$[\,\delta_\epsilon, \delta_\eta\,] = 2\,(\eta\sigma^\mu\bar{\epsilon} - \epsilon\sigma^\mu\bar{\eta})\,P_\mu\,. \tag{9.151}$$

9.5.3 Darstellungen im Raum der Superfunktionen

Entsprechend der Kompositionsregel (9.148) induziert $L(a,\epsilon,\bar{\epsilon})$ gemäß

$$L(x,\theta,\bar{\theta}) \quad\longrightarrow\quad L(a,\epsilon,\bar{\epsilon})\;L(x,\theta,\bar{\theta}) \tag{9.152}$$

eine Transformation im Parameterraum $(x^\mu,\theta,\bar{\theta})$, welcher zugleich der Superraum ist,

$$(x^\mu,\theta,\bar{\theta}) \quad\longrightarrow\quad (x^\mu+\xi^\mu,\theta+\epsilon,\bar{\theta}+\bar{\epsilon})\,, \tag{9.153}$$

wobei unter Verwendung von (9.61) gilt

$$\xi^\mu := a^\mu - \mathrm{i}\epsilon\sigma^\mu\bar{\theta} + \mathrm{i}\theta\sigma^\mu\bar{\epsilon} \;=\; a^\mu - \mathrm{i}\epsilon\sigma^\mu\bar{\theta} - \mathrm{i}\bar{\epsilon}\bar{\sigma}^\mu\theta\,. \tag{9.154}$$

Wir suchen nun nach einer unitären Darstellung U, durch welche $L(a,\epsilon,\bar{\epsilon})$ im Raum der Superfunktionen $\Phi(x,\theta,\bar{\theta})$ realisiert wird. Dazu betrachten wir die Transformation

$$\begin{aligned}
&\Phi(x^\mu,\theta,\bar{\theta}) \longrightarrow \Phi(x^\mu+\xi^\mu,\theta+\epsilon,\bar{\theta}+\bar{\epsilon})\\
&= \Phi(x^\mu,\theta,\bar{\theta}) + \xi^\mu\partial_\mu\Phi + \epsilon\,\frac{\partial\Phi}{\partial\theta} + \bar{\epsilon}\,\frac{\partial\Phi}{\partial\bar{\theta}} + \,\ldots\\
&= \left[\,1 + a^\mu\partial_\mu + \epsilon\left(\frac{\partial}{\partial\theta} - \mathrm{i}\sigma^\mu\bar{\theta}\,\partial_\mu\right) + \bar{\epsilon}\left(\frac{\partial}{\partial\bar{\theta}} - \mathrm{i}\bar{\sigma}^\mu\theta\,\partial_\mu\right) + \ldots\right]\Phi\\
&=: U\,\Phi(x^\mu,\theta,\bar{\theta})\,.
\end{aligned}$$

Wählt man für den unitären Operator den Ansatz

$$U = \exp\left\{\mathrm{i}\,(a^\mu\hat{P}_\mu + \epsilon\hat{Q} + \bar{\epsilon}\hat{\bar{Q}})\right\}, \tag{9.155}$$

dann folgt in erster Ordnung

$$U\,\Phi \simeq (1 + \mathrm{i}a^\mu \hat{P}_\mu + \mathrm{i}\epsilon\hat{Q} + \mathrm{i}\bar{\epsilon}\hat{\bar{Q}})\,\Phi\,.$$

Aus dem Koeffizientenvergleich erhalten wir damit die folgende Darstellung für die einzelnen Generatoren:

$$\hat{P}_\mu = -\mathrm{i}\partial_\mu\,, \tag{9.156}$$

$$\mathrm{i}\hat{Q} = \frac{\partial}{\partial\theta} - \mathrm{i}\sigma^\mu\bar{\theta}\,\partial_\mu = \frac{\partial}{\partial\theta} + \sigma^\mu\bar{\theta}\hat{P}_\mu\,, \tag{9.157}$$

$$\mathrm{i}\hat{\bar{Q}} = \frac{\partial}{\partial\bar{\theta}} - \mathrm{i}\tilde{\sigma}^\mu\theta\,\partial_\mu = \frac{\partial}{\partial\bar{\theta}} + \tilde{\sigma}^\mu\theta\hat{P}_\mu\,. \tag{9.158}$$

Bevor wir zeigen, daß diese Operatoren auch tatsächlich die Relationen der SUSY-Algebra erfüllen, müssen wir die Differentiation nach Weyl-Spinoren näher untersuchen.

9.5.4 Differentiation nach Weyl-Spinoren

Die Ableitung nach ungepunkteten und gepunkteten Weyl-Spinoren sei abgekürzt durch

$$\partial_A := \frac{\partial}{\partial\theta^A}\quad,\quad \partial^A := \frac{\partial}{\partial\theta_A}\,, \tag{9.159}$$

$$\bar{\partial}_{\dot{A}} := \frac{\partial}{\partial\bar{\theta}^{\dot{A}}}\quad,\quad \bar{\partial}^{\dot{A}} := \frac{\partial}{\partial\bar{\theta}_{\dot{A}}}\,. \tag{9.160}$$

Nach den allgemeinen Differentiationsregeln für Grassmann-Zahlen gilt dann

$$\partial_A\theta^B = \delta_A^B\quad,\quad \partial^A\theta_B = \delta_B^A\,, \tag{9.161}$$

$$\bar{\partial}_{\dot{A}}\bar{\theta}^{\dot{B}} = \delta_{\dot{A}}^{\dot{B}}\quad,\quad \bar{\partial}^{\dot{A}}\bar{\theta}_{\dot{B}} = \delta_{\dot{B}}^{\dot{A}}\,. \tag{9.162}$$

Weiterhin erhält man

$$\partial_A\theta_B = \partial_A\theta^C\tilde{\varepsilon}_{CB} = \tilde{\varepsilon}_{AB}\,,$$
$$\partial^A\theta^B = \partial^A\tilde{\varepsilon}^{BC}\theta_C = \tilde{\varepsilon}^{BA} = -\tilde{\varepsilon}^{AB}\,.$$

Diese Regeln lassen sich auch in Form von Antikommutatoren zusammenfassen:

$$\{\partial_A, \theta^B\} = \{\partial^B, \theta_A\} = \delta_A^B\,, \tag{9.163}$$

$$\{\partial_A, \theta_B\} = \tilde{\varepsilon}_{AB}\,, \tag{9.164}$$

$$\{\partial^A, \theta^B\} = -\tilde{\varepsilon}^{AB}\,. \tag{9.165}$$

Für gepunktete Indizes läuft es vollkommen analog, auch dort tritt wie in (9.165) ein zusätzliches Vorzeichen auf. Ebenso gilt

$$\{\, \partial_A, \partial_B \,\} = \{\, \partial_A, \bar{\partial}_{\dot{B}} \,\} = \{\, \bar{\partial}_{\dot{A}}, \bar{\partial}_{\dot{B}} \,\} = 0\,. \tag{9.166}$$

Da θ und $\bar{\theta}$ zu unterschiedlichen Darstellungen gehören, muß offenbar $\bar{\partial}_{\dot{A}}\theta_B = \partial_A \bar{\theta}_{\dot{B}} = 0$ gelten, also

$$\{\, \bar{\partial}_{\dot{A}}, \theta_B \,\} = \{\, \partial_A, \bar{\theta}_{\dot{B}} \,\} = 0\,. \tag{9.167}$$

Man beachte, daß für das Heben und Senken der Indizes bei den partiellen Ableitungen andere Regeln als bei Weyl-Spinoren gelten:

$$\tilde{\varepsilon}^{AB}\partial_B = -\partial^A \qquad \text{und} \qquad \partial^B \tilde{\varepsilon}_{BA} = -\partial_A\,. \tag{9.168}$$

Diese Sonderregelung des unterschiedlichen Vorzeichens überprüft man leicht durch Anwendung auf θ^C,

$$\tilde{\varepsilon}^{AB}\partial_B\theta^C = \tilde{\varepsilon}^{AC} = -\tilde{\varepsilon}^{CA} = -\tilde{\varepsilon}^{CB}\delta^A_B = -\tilde{\varepsilon}^{CB}\partial^A\theta_B = -\partial^A\theta^C\,.$$

Wenden wir die Differentiationsregeln nun auf $\theta\theta$ und $\bar{\theta}\bar{\theta}$ an, dann folgt

$$\begin{aligned} \partial_A(\theta\theta) &= \partial_A(\theta^B\theta_B) = (\delta^B_A - \theta^B\partial_A)\theta_B \\ &= \theta_A - \theta^B\tilde{\varepsilon}_{AB} = 2\theta_A\,, \end{aligned} \tag{9.169}$$

$$\begin{aligned} \bar{\partial}_{\dot{A}}(\bar{\theta}\bar{\theta}) &= \bar{\partial}_{\dot{A}}(\bar{\theta}_{\dot{B}}\bar{\theta}^{\dot{B}}) = (-\varepsilon_{\dot{A}\dot{B}} - \bar{\theta}_{\dot{B}}\bar{\partial}_{\dot{A}})\bar{\theta}^{\dot{B}} \\ &= -\bar{\theta}_{\dot{A}} - \bar{\theta}_{\dot{B}}\delta^{\dot{B}}_{\dot{A}} = -2\theta_{\dot{A}}\,. \end{aligned} \tag{9.170}$$

Daraus erhält man sofort das Resultat

$$\partial^A\partial_A(\theta\theta) = \partial^A(2\theta_A) = 2\delta^A_A = 2(\delta^1_1 + \delta^2_2) = 4 \tag{9.171}$$

und ebenso $\bar{\partial}_{\dot{A}}\bar{\partial}^{\dot{A}}(\bar{\theta}\bar{\theta}) = 4$.

9.5.5 Die Algebra der Differentialoperatoren

Nun weisen wir nach, daß die Differentialoperatoren (9.157) und (9.158) die Relationen der SUSY-Algebra exakt erfüllen. Im folgenden lassen wir die "Dächer" über diesen Operatoren weg; sie lauten dann

$$Q_A = \mathrm{i}\,[\,-\partial_A + \mathrm{i}(\sigma^\mu\bar{\theta})_A\,\partial_\mu\,]\,, \tag{9.172}$$

$$\bar{Q}^{\dot{A}} = \mathrm{i}\,[\,-\bar{\partial}^{\dot{A}} + \mathrm{i}(\tilde{\sigma}^\mu\theta)^{\dot{A}}\,\partial_\mu\,]\,. \tag{9.173}$$

Zu den anderen Indexstellungen gelangt man über die Metriktensoren, wobei man wegen (9.168) den Vorzeichenwechsel bei der Ableitung zu beachten hat:

$$Q^A = \tilde{\varepsilon}^{AB}\, Q_B = \mathrm{i}\,[\,\partial^A + \mathrm{i}(\sigma^\mu\bar{\theta})^A\,\partial_\mu\,] \tag{9.174}$$

$$\begin{aligned}\bar{Q}_{\dot{A}} = \varepsilon_{\dot{A}\dot{B}}\,\bar{Q}^{\dot{B}} &= \mathrm{i}\,[\,\bar{\partial}_{\dot{A}} + \mathrm{i}(\tilde{\sigma}^\mu\theta)_{\dot{A}}\,\partial_\mu\,] \\ &= \mathrm{i}\,[\,\bar{\partial}_{\dot{A}} - \mathrm{i}(\theta\sigma^\mu)_{\dot{A}}\,\partial_\mu\,]\,. \end{aligned} \tag{9.175}$$

Mit (9.163) sowie der entsprechenden Gleichung für gepunktete Indizes erhält man

$$\{\,Q_A, \theta^B\,\} = -\mathrm{i}\delta_A^B \qquad \text{und} \qquad \{\,\bar{Q}^{\dot{A}}, \bar{\theta}_{\dot{B}}\,\} = -\mathrm{i}\delta_{\dot{B}}^{\dot{A}}\,. \tag{9.176}$$

Nun zur SUSY-Algebra. Aus (9.166) und (9.167) folgt unmittelbar

$$\{\,Q_A, Q_B\,\} = \{\,\bar{Q}^{\dot{A}}, \bar{Q}^{\dot{B}}\,\} = 0\,. \tag{9.177}$$

Desweiteren ist

$$\begin{aligned}\{\,Q_A, \bar{Q}_{\dot{A}}\,\} &= \{\,\partial_A - \mathrm{i}\sigma^\mu_{A\dot{B}}\,\bar{\theta}^{\dot{B}}\partial_\mu\,,\ \bar{\partial}_{\dot{A}} - \mathrm{i}\theta^B\sigma^\mu_{B\dot{A}}\,\partial_\mu\,\} \\ &= -\mathrm{i}\{\,\partial_A, \theta^B\,\sigma^\mu_{B\dot{A}}\,\partial_\mu\,\} - \mathrm{i}\{\,\sigma^\mu_{A\dot{B}}\,\bar{\theta}^{\dot{B}}\,\partial_\mu, \bar{\partial}_{\dot{A}}\,\} \\ &= -\mathrm{i}\{\,\partial_A, \theta^B\,\}\,\sigma^\mu_{B\dot{A}}\,\partial_\mu - \mathrm{i}\sigma^\mu_{A\dot{B}}\,\partial_\mu\,\{\,\bar{\theta}^{\dot{B}}, \bar{\partial}_{\dot{A}}\,\} \\ &= -\mathrm{i}\delta_A^B\,\sigma^\mu_{B\dot{A}}\,\partial_\mu - \mathrm{i}\sigma^\mu_{A\dot{B}}\,\delta_{\dot{A}}^{\dot{B}}\,\partial_\mu \\ &= -2\mathrm{i}\sigma^\mu_{A\dot{A}}\partial_\mu \;=\; 2\sigma^\mu_{A\dot{A}}P_\mu\,. \end{aligned} \tag{9.178}$$

Diese Ergebnisse entsprechen der SUSY-Algebra.
Die infinitesimale SUSY-Transformation besitzt damit die Form

$$\begin{aligned}\delta_\epsilon &= \mathrm{i}\,(\epsilon Q + \bar{\epsilon}\bar{Q}\,) \\ &= \epsilon^A\partial_A + \bar{\epsilon}_{\dot{A}}\bar{\partial}^{\dot{A}} - \mathrm{i}\,(\,\epsilon\sigma^\mu\bar{\theta} + \bar{\epsilon}\tilde{\sigma}^\mu\theta\,)\,\partial_\mu \\ &= \epsilon^A\partial_A + \bar{\epsilon}_{\dot{A}}\bar{\partial}^{\dot{A}} - \mathrm{i}\,(\,\epsilon\sigma^\mu\bar{\theta} - \theta\sigma^\mu\bar{\epsilon}\,)\,\partial_\mu\,. \end{aligned} \tag{9.179}$$

9.5.6 Kovariante Ableitungen

Kovariante Ableitungen sind wie folgt definiert:

$$D_A := \partial_A + \mathrm{i}(\sigma^\mu\bar{\theta})_A\,\partial_\mu\,, \tag{9.180}$$

$$\bar{D}^{\dot{A}} := \bar{\partial}^{\dot{A}} + \mathrm{i}(\tilde{\sigma}^\mu\theta)^{\dot{A}}\,\partial_\mu\,, \tag{9.181}$$

$$D^A := \tilde{\varepsilon}^{AB}\,D_B = -\partial^A - \mathrm{i}(\bar{\theta}\tilde{\sigma}^\mu)^A\,\partial_\mu\,, \tag{9.182}$$

$$\bar{D}_{\dot{A}} := \varepsilon_{\dot{A}\dot{B}}\bar{D}^{\dot{B}} = -\bar{\partial}_{\dot{A}} - \mathrm{i}(\theta\sigma^\mu)_{\dot{A}}\,\partial_\mu \;=\; -\bar{\partial}_{\dot{A}} + \mathrm{i}(\tilde{\sigma}^\mu\theta)_{\dot{A}}\,\partial_\mu\,. \tag{9.183}$$

Sie besitzen die typischen Eigenschaften einer Ableitung, denn man zeigt leicht

$$\{ D,\bar{\theta} \} = \{ \bar{D},\theta \} = 0 \,, \tag{9.184}$$

$$\{ D_A,\theta^B \} = \delta_A^B \qquad \text{und} \qquad \{ \bar{D}^{\dot{A}},\bar{\theta}_{\dot{B}} \} = \delta_{\dot{B}}^{\dot{A}} \,. \tag{9.185}$$

Damit unterscheiden sie sich deutlich von den Beziehungen in (9.176).

Im Gegensatz zu den Ableitungen $\partial_A, \bar{\partial}^{\dot{A}}$ gelten bei den kovarianten Ableitungen wieder die üblichen Regeln zum Heben und Senken der Indizes. Das liegt einfach daran, daß die anderen Indexstellungen in (9.182) und (9.183) gerade über die Spinormetrik definiert sind.

Die kovarianten Ableitungen antivertauschen mit den SUSY-Generatoren Q und $\bar{Q}$:

$$\{ D,Q \} = \{ \bar{D},\bar{Q} \} = \{ D,\bar{Q} \} = \{ \bar{D},Q \} = 0 \,. \tag{9.186}$$

Der Nachweis der ersten beiden Beziehungen folgt sofort aus (9.166) und (9.167). Weiter erhält man unter Verwendung von (9.180) und (9.175)

$$\begin{aligned}
\{ D_A,\bar{Q}_{\dot{A}} \} &= \mathrm{i}\{ \partial_A + \mathrm{i}\sigma^\mu_{A\dot{B}}\,\bar{\theta}^{\dot{B}}\partial_\mu \,,\, \bar{\partial}_{\dot{A}} - \mathrm{i}\theta^B\sigma^\mu_{B\dot{A}}\,\partial_\mu \} \\
&= \{ \partial_A,\theta^B \}\,\sigma^\mu_{B\dot{A}}\,\partial_\mu - \sigma^\mu_{A\dot{B}}\,\partial_\mu\,\{ \bar{\theta}^{\dot{B}},\bar{\partial}_{\dot{A}} \} \\
&= \sigma^\mu_{A\dot{A}}\,\partial_\mu - \sigma^\mu_{A\dot{A}}\,\partial_\mu \;=\; 0
\end{aligned}$$

und ebenso $\{ \bar{D}_{\dot{A}},Q_A \} = 0$. Mit (9.186) sind wir in der Lage, eine wichtige Eigenschaft der kovarianten Ableitungen nachzuweisen: Sie sind invariant gegenüber SUSY-Transformationen. Wir notieren die Zerlegungsformel

$$\{ KL,M \} = K\{ L,M \} - [K,M]\,L \tag{9.187}$$

Unter Benutzung von $\{ D,\epsilon \}=\{ D,\bar{\epsilon} \}=0$ erhalten wir

$$[\delta_\epsilon, D] = \mathrm{i}[\epsilon Q + \bar{\epsilon}\bar{Q}, D] = \mathrm{i}\epsilon\{ Q,D \} + \mathrm{i}\bar{\epsilon}\{ \bar{Q},D \} = 0 \,, \tag{9.188}$$

$$[\delta_\epsilon, \bar{D}] = \mathrm{i}[\epsilon Q + \bar{\epsilon}\bar{Q}, \bar{D}] = \mathrm{i}\epsilon\{ Q,\bar{D} \} + \mathrm{i}\bar{\epsilon}\{ \bar{Q},\bar{D} \} = 0 \,. \tag{9.189}$$

Abschließend sei bemerkt, daß ähnlich wie in (9.177) und (9.178) auch

$$\{ D,D \} = \{ \bar{D},\bar{D} \} = 0 \qquad \text{und} \qquad \{ D,\bar{D} \} = -2\mathrm{i}\sigma^\mu\partial_\mu \tag{9.190}$$

gelten, d.h., sowohl $Q, \bar{Q}$ als auch $D, \bar{D}$ erfüllen dieselben (Anti-) Vertauschungsrelationen. Da sie miteinander antikommutieren, sind $Q, \bar{Q}$ und $D, \bar{D}$ komplementär: Sind die einen SUSY-Generatoren, stellen die anderen die zugehörigen kovarianten Ableitungen dar und umgekehrt.

Ausgehend von (9.190) berechnen wir noch weitere Kommutatoren, die wir an späterer Stelle noch benötigen werden. So ist

$$\begin{aligned}[\, D_A, \bar{D}^2\,] &= \{\, D_A, \bar{D}_{\dot{B}}\,\}\, \bar{D}^{\dot{B}} - \bar{D}_{\dot{B}}\, \{\, D_A, \bar{D}^{\dot{B}}\,\} \\ &= -2\mathrm{i}\, \sigma^{\mu}_{\ A\dot{B}}\, \partial_\mu \bar{D}^{\dot{B}} + 2\mathrm{i}\, \bar{D}_{\dot{B}}\, \sigma^{\mu\ \dot{B}}_{\ A} \partial_\mu = -4\mathrm{i}\, \sigma^{\mu}_{\ A\dot{B}}\, \bar{D}^{\dot{B}} \partial_\mu \,.\end{aligned}$$

Fassen wir die auf diese Art gewonnenen Ausdrücke in indexfreier Schreibweise zusammen, dann gelten also die Beziehungen

$$[\, D, \bar{D}^2\,] = -4\mathrm{i}\, (\sigma^\mu \bar{D}) \partial_\mu \,, \tag{9.191}$$

$$[\, \bar{D}, D^2\,] = -4\mathrm{i}\, (\tilde{\sigma}^\mu D) \partial_\mu \,, \tag{9.192}$$

sowie $D^3 = \bar{D}^3 = 0$.

10 Vom Superfeld zur Lagrangedichte

Im Mittelpunkt dieses Kapitels steht die Supersymmetrie in (1+3) Dimensionen. Darunter versteht man eine Feldtheorie im reellen Superraum $\mathbb{R}^{4|4}$, dessen Elemente sich aus vier bosonischen und vier fermionischen Koordinaten zusammensetzen:

$$(\underbrace{x^0, x^1, x^2, x^3}_{\text{bosonisch}}, \underbrace{\theta^1, \theta^2, \theta^3, \theta^4}_{\text{fermionisch}}) \in \mathbb{R}^{4|4} . \tag{10.1}$$

Jeweils zwei der fermionischen Koordinaten faßt man zu einem Weyl-Spinor zusammen, so daß wir anstelle der vier Koordinaten zwei Weyl-Spinoren θ und $\bar{\theta}$ vorliegen haben.

Literatur zur supersymmetrischen Feldtheorie und Quantenfeldtheorie findet man in: $[24, 56-67]$.

10.1 Das Superfeld

10.1.1 Die Komponenten des Superfeldes

Das Superfeld $\mathcal{F}(x, \theta, \bar{\theta})$ hängt vom Ort x^μ und den fermionischen Koordinaten in Form der Weyl-Spinoren θ und $\bar{\theta}$ ab. Der *Inhalt* dieses Superfeldes entblättert sich, wenn man das Superfeld in eine Potenzreihe in θ und $\bar{\theta}$ entwickelt:

$$\begin{aligned}\mathcal{F}(x, \theta, \bar{\theta}) = f(x) &+ \theta\,\phi(x) + \bar{\theta}\,\bar{\chi}(x) + (\theta\theta)\,M(x)\\ &+ (\bar{\theta}\bar{\theta})\,N(x) + \theta\sigma^\mu\bar{\theta}\,A_\mu(x) + (\theta\theta)\bar{\theta}\,\bar{\lambda}(x)\\ &+ (\bar{\theta}\bar{\theta})\theta\,\alpha(x) + (\theta\theta)(\bar{\theta}\bar{\theta})\,d(x) .\end{aligned} \tag{10.2}$$

Die Felder f, ϕ, $\bar{\chi}$, M, N, A_μ, $\bar{\lambda}$, α und d heißen Komponentenfelder. Ihr Verhalten unter Lorentztransformationen (skalar, spinoriell, ...) ergibt sich aus der Forderung:

$$\boxed{\text{Das Superfeld } \mathcal{F} \text{ ist ein Lorentzskalar !}} \quad . \tag{10.3}$$

Wir finden dann:

- 4 komplexe skalare Felder: $f(x), M(x), N(x), d(x)$,
- 2 linkshändige Weyl-Spinorfelder: $\phi(x), \alpha(x)$,
- 2 rechtshändige Weyl-Spinorfelder: $\bar{\chi}(x), \bar{\lambda}(x)$,
- 1 komplexes Vektorfeld: $A_\mu(x)$.

Das sind insgesamt 16 reelle bosonische und 16 reelle fermionische Freiheitsgrade. Die Boson-Fermion-Regel (9.96) ist selbstverständlich erfüllt.

Wendet man die infinitesimale SUSY-Transformation (9.179) auf das Superfeld an,

$$\delta_\epsilon \mathcal{F} = (\epsilon^A \partial_A + \bar{\epsilon}_{\dot{A}} \bar{\partial}^{\dot{A}} - \mathrm{i}\epsilon\sigma^\mu\bar{\theta}\,\partial_\mu + \mathrm{i}\theta\sigma^\mu\bar{\epsilon}\,\partial_\mu)\,\mathcal{F}\,, \tag{10.4}$$

dann folgt aus dem Vergleich mit

$$\begin{aligned}\delta_\epsilon \mathcal{F} := (\delta f) + \theta\,(\delta\phi) + \bar{\theta}\,(\delta\bar{\chi}) + (\theta\theta)(\delta M) + (\bar{\theta}\bar{\theta})(\delta N) + \theta\sigma^\mu\bar{\theta}(\delta A_\mu)\\ + (\theta\theta)\bar{\theta}(\delta\bar{\lambda}) + (\bar{\theta}\bar{\theta})\theta(\delta\alpha) + (\theta\theta)(\bar{\theta}\bar{\theta})(\delta d)\end{aligned} \tag{10.5}$$

das Transformationsverhalten aller Komponentenfelder. Um dieses Programm auszuführen, müssen wir allerdings die in $\delta_\epsilon\mathcal{F}$ auftretenden Terme zu Spinorkombinationen umordnen, die proportional zu $\theta, \bar{\theta}$, $(\theta\theta)$ usw. sind. So gilt es beispielsweise Terme der Art $(\theta\sigma^\mu\bar{\epsilon})(\theta\sigma^\nu\bar{\theta})$ in $(\theta\theta)(\bar{\theta}\bar{\epsilon})$ umzuwandeln. Die Verknüpfungsregeln von Spinoren, nach denen man hier vorgeht, bezeichnet man als Fierz-Umordnungen.

Anmerkung: Der Begriff des Superfeldes ist nicht auf Lorentzskalare beschränkt, wie in (10.3) gefordert. So untersuchen wir in § 10.3.4 ein Superfeld, das sich bei Lorentztransformationen wie ein Weyl-Spinor verhält.

10.1.2 Fierz-Umordnungen: Aufspalten und Zusammenfügen

In diesem Abschnitt liefern wir Beispiele für Fierz-Umordungen. Dabei werden Skalarprodukte im Spinorraum aufgespalten, umgeordnet und neu zusammengefügt. Den Ausgangspunkt dafür bilden die Gleichung (9.54) sowie die Spurformel (7.70)

$$2g^{\mu\nu} = \mathrm{Tr}\,\sigma^\mu\tilde{\sigma}^\nu \qquad \text{bzw.} \qquad g^{\mu\nu}\delta^A_A = \sigma^\mu_{A\dot{C}}\,\tilde{\sigma}^{\nu\,\dot{C}A}\,. \tag{10.6}$$

Anstelle des Faktors 2 steht in der rechten Gleichung $\delta^A_A = \delta^1_1 + \delta^2_2$. Es folgt weiter

$$g^{\mu\nu}\delta^B_A = \sigma^\mu_{A\dot{C}}\,\tilde{\sigma}^{\nu\,\dot{C}B}\,.$$

Daß dieser Ausdruck korrekt ist, erkennt man allein aus der Tatsache, daß $\sigma^\mu \tilde{\sigma}^\mu = \pm \mathbb{1}$ (keine Summation) gilt, wobei das Pluszeichen für die Zeit- und das Minuszeichen für die Raumkomponenten steht. Geht man ebenso bei den gepunkteten Indizes $\dot{C}$ vor, dann folgt

$$\frac{1}{2} g^{\mu\nu} \, \delta_A^B \, \delta_{\dot{D}}^{\dot{C}} = \sigma^\mu_{A\dot{D}} \, \tilde{\sigma}^{\nu \, \dot{C}B} \, . \tag{10.7}$$

Mulitplizieren man nun diesen Ausdruck mit $g_{\nu\mu}$ und beachtet $g^{\mu\nu} g_{\nu\mu} = 4$, dann folgt schließlich

$$\delta_A^B \, \delta_{\dot{D}}^{\dot{C}} = \frac{1}{2} \, \sigma^\mu_{A\dot{D}} \, \tilde{\sigma}_\mu^{\dot{C}B} \, . \tag{10.8}$$

Mit Hilfe von (9.52) und (9.62) lassen sich zu den gefundenen Fierz-Umordnungen dann sofort die hermitesch-konjugierten Formen angeben. Es folgen drei Beispiele:

1. Wir berechnen unter Benutzung von (9.54)

$$\begin{aligned} \theta^A (\sigma^\mu \bar{\phi})_A \, \theta^B \chi_B &= \theta^A \theta^B \chi_B (\sigma^\mu \bar{\phi})_A \\ &= -\frac{1}{2} \, (\theta\theta) \, \tilde{\varepsilon}^{AB} \chi_B (\sigma^\mu \bar{\phi})_A = -\frac{1}{2} \, (\theta\theta)(\chi \sigma^\mu \bar{\phi}) \, . \end{aligned}$$

Dieses Resultat zusammen mit der hermitesch-konjugierten Form lautet also

$$(\theta \sigma^\mu \bar{\phi})(\theta \chi) = -\frac{1}{2} \, (\theta\theta)(\chi \sigma^\mu \bar{\phi}) \, , \tag{10.9}$$

$$(\phi \sigma^\mu \bar{\theta})(\bar{\theta} \bar{\chi}) = -\frac{1}{2} \, (\bar{\theta}\bar{\theta})(\phi \sigma^\mu \bar{\chi}) \, . \tag{10.10}$$

Setzen wir in der oberen Gleichung $\sigma^\mu \bar{\phi} = \psi$, dann folgt als Spezialfall

$$(\theta \psi)(\theta \chi) = -\frac{1}{2} \, (\theta\theta)(\chi \psi) \, . \tag{10.11}$$

2. Wir multiplizieren den Ausdruck (10.7) auf beiden Seiten mit $\theta^A \phi_B \, \bar{\chi}_{\dot{C}} \, \bar{\theta}^{\dot{D}}$ und erhalten

$$\frac{1}{2} \, g^{\mu\nu} \, (\phi\theta)(\bar{\theta}\bar{\chi}) = -(\theta \sigma^\mu \bar{\theta}) \, \bar{\chi}_{\dot{C}} \, \tilde{\sigma}^{\nu \, \dot{C}B} \phi_B \;=\; -(\theta \sigma^\mu \bar{\theta})(\bar{\chi} \tilde{\sigma}^\nu \phi) \, .$$

Mit (9.61) liefert das

$$\frac{1}{2} \, g^{\mu\nu} \, (\phi\theta)(\bar{\theta}\bar{\chi}) = (\theta \sigma^\mu \bar{\theta})(\phi \sigma^\nu \bar{\chi}) \, . \tag{10.12}$$

Multipliziert man diesen Ausdruck mit $g_{\nu\mu}$, dann folgt

$$(\phi\theta)(\bar{\theta}\bar{\chi}) = \frac{1}{2}(\theta\sigma^\mu\bar{\theta})(\phi\sigma_\mu\bar{\chi}) \,. \tag{10.13}$$

Ein wichtiger Spezialfall von (10.12) ist

$$(\theta\sigma^\mu\bar{\theta})(\theta\sigma^\nu\bar{\theta}) = \frac{1}{2}g^{\mu\nu}(\theta\theta)(\bar{\theta}\bar{\theta}) \,. \tag{10.14}$$

3. Ähnlich wie im 2. Fall multiplizieren wir (10.8) von beiden Seiten mit dem Ausdruck $\theta^A\chi_B\,(\phi\sigma^\mu)_{\dot{C}}\,\bar{\theta}^{\dot{D}}$ und erhalten

$$\begin{aligned}(\phi\sigma^\mu\bar{\theta})(\theta\chi) &= \frac{1}{2}\,\theta^A\chi_B(\phi\sigma^\mu)_{\dot{C}}\,\bar{\theta}^{\dot{D}}\,\sigma^\nu_{A\dot{D}}\,\tilde{\sigma}_\nu^{\dot{C}B} \\ &= -\frac{1}{2}(\theta\sigma^\nu\bar{\theta})\,\phi^A\,\sigma^\mu_{A\dot{C}}\,\tilde{\sigma}_\nu^{\dot{C}B}\,\chi_B \\ &= -\frac{1}{2}(\theta\sigma_\nu\bar{\theta})\,(\phi\sigma^\mu\tilde{\sigma}^\nu\chi) \,. \end{aligned} \tag{10.15}$$

Die hermitesch-konjugierte Form davon lautet

$$(\theta\sigma^\mu\bar{\phi})(\bar{\theta}\bar{\chi}) = -\frac{1}{2}(\theta\sigma_\nu\bar{\theta})(\bar{\chi}\tilde{\sigma}^\nu\sigma^\mu\bar{\phi}) \,. \tag{10.16}$$

Mit Hilfe der Relationen (7.120) und (7.121) folgen schließlich

$$(\phi\sigma^\mu\bar{\theta})(\theta\chi) = -\frac{1}{2}\left[(\theta\sigma^\mu\bar{\theta})(\chi\phi) - 2\mathrm{i}(\theta\sigma_\nu\bar{\theta})(\phi\sigma^{\mu\nu}\chi)\right], \tag{10.17}$$

$$(\theta\sigma^\mu\bar{\phi})(\bar{\theta}\bar{\chi}) = -\frac{1}{2}\left[(\theta\sigma^\mu\bar{\theta})(\bar{\chi}\bar{\phi}) + 2\mathrm{i}(\theta\sigma_\nu\bar{\theta})(\bar{\phi}\tilde{\sigma}^{\mu\nu}\bar{\chi})\right]. \tag{10.18}$$

10.1.3 SUSY-Transformation der Komponentenfelder

Bei der Berechnung von (10.4) gehen wir in einzelnen Schritten vor. Dabei machen wir von (9.61) und den Fierz-Umordnungen aus § 10.1.2 gebrauch. Alle Terme, in denen mehr als zwei θ's bzw. zwei $\bar{\theta}$'s auftreten, verschwinden selbstverständlich. Es gilt daher:

$$\delta_\epsilon f = \mathrm{i}(\theta\sigma^\mu\bar{\epsilon})\,\partial_\mu f - \mathrm{i}(\epsilon\sigma^\mu\bar{\theta})\,\partial_\mu f = \mathrm{i}(\theta\sigma^\mu\bar{\epsilon})\,\partial_\mu f + \mathrm{i}(\bar{\theta}\tilde{\sigma}^\mu\epsilon)\,\partial_\mu f \,.$$

Im nächsten Ausdruck

$$\delta_\epsilon\,\theta\phi = \epsilon\phi - \mathrm{i}(\epsilon\sigma^\mu\bar{\theta})\,\partial_\mu\theta\phi + \mathrm{i}(\theta\sigma^\mu\bar{\epsilon})\,\partial_\mu\theta\phi$$

wirken die Differentialoperatoren ∂_μ nur auf das dynamische Feld ϕ, denn alle anderen Weyl-Spinoren sind ja Konstanten bzw. Parameter. Aus diesem Grunde kann man die ∂_μ auch an den Anfang eines jeden Terms setzen und anschließend (10.9) und (10.15) benutzen. Danach schiebt man die ∂_μ wieder vor das Feld ϕ. Das ergibt

$$\begin{aligned}\delta_\epsilon\, \theta\phi &= \epsilon\phi + \frac{\mathrm{i}}{2}\,(\theta\sigma_\nu\bar{\theta})\,\partial_\mu(\epsilon\sigma^\mu\tilde{\sigma}^\nu\phi) - \frac{\mathrm{i}}{2}\,(\theta\theta)\,\partial_\mu(\phi\sigma^\mu\bar{\epsilon}) \\ &= \epsilon\phi + \frac{\mathrm{i}}{2}\,(\theta\sigma^\mu\bar{\theta})\,\partial^\nu(\epsilon\sigma_\nu\tilde{\sigma}_\mu\phi) - \frac{\mathrm{i}}{2}\,(\theta\theta)\,\partial_\mu(\phi\sigma^\mu\bar{\epsilon})\,.\end{aligned}$$

In der letzten Zeile wurden die stummen Lorentzindizes im zweiten Term umbenannt und gekippt. Auf die gleiche Weise, aber nun mit (10.10) und (10.16), folgt

$$\begin{aligned}\delta_\epsilon\, \bar{\theta}\bar{\chi} &= \bar{\epsilon}\bar{\chi} - \mathrm{i}(\epsilon\sigma^\mu\bar{\theta})\,\partial_\mu\bar{\theta}\bar{\chi} + \mathrm{i}(\theta\sigma^\mu\bar{\epsilon})\,\partial_\mu\bar{\theta}\bar{\chi} \\ &= \bar{\epsilon}\bar{\chi} + \frac{\mathrm{i}}{2}\,(\bar{\theta}\bar{\theta})\,\partial_\mu(\epsilon\sigma^\mu\bar{\chi}) - \frac{\mathrm{i}}{2}\,(\theta\sigma_\nu\bar{\theta})\,\partial_\mu(\bar{\chi}\tilde{\sigma}^\nu\sigma^\mu\bar{\epsilon}) \\ &= \bar{\epsilon}\bar{\chi} - \frac{\mathrm{i}}{2}\,(\theta\sigma^\mu\bar{\theta})\,\partial^\nu(\bar{\chi}\tilde{\sigma}_\mu\sigma_\nu\bar{\epsilon}) + \frac{\mathrm{i}}{2}\,(\bar{\theta}\bar{\theta})\,\partial_\mu(\epsilon\sigma^\mu\bar{\chi})\,.\end{aligned}$$

Weiter gilt

$$\begin{aligned}\delta_\epsilon(\theta\theta)\,M &= 2(\epsilon\theta)\,M - \mathrm{i}(\epsilon\sigma^\mu\bar{\theta})(\theta\theta)\,\partial_\mu M \\ &= 2(\theta\epsilon)\,M + \mathrm{i}(\theta\theta)(\bar{\theta}\tilde{\sigma}^\mu\epsilon)\,\partial_\mu M\,, \\ \delta_\epsilon(\bar{\theta}\bar{\theta})\,N &= 2(\bar{\theta}\bar{\epsilon})\,N + \mathrm{i}(\bar{\theta}\bar{\theta})(\theta\sigma^\mu\bar{\epsilon})\,\partial_\mu N\,.\end{aligned}$$

Mit (10.12) erhalten wir

$$\begin{aligned}\delta_\epsilon(\theta\sigma^\mu\bar{\theta})A_\mu &= (\epsilon\sigma^\mu\bar{\theta})A_\mu + (\theta\sigma^\mu\bar{\epsilon})A_\mu \\ &\qquad - \mathrm{i}(\epsilon\sigma^\mu\bar{\theta})\,(\theta\sigma^\nu\bar{\theta})\,\partial_\mu A_\nu + \mathrm{i}(\theta\sigma^\mu\bar{\epsilon})\,(\theta\sigma^\nu\bar{\theta})\,\partial_\mu A_\nu \\ &= -(\bar{\theta}\tilde{\sigma}^\mu\epsilon)A_\mu + (\theta\sigma^\mu\bar{\epsilon})A_\mu \\ &\qquad - \frac{\mathrm{i}}{2}\,(\bar{\theta}\bar{\theta})(\theta\epsilon)\,\partial^\mu A_\mu + \frac{\mathrm{i}}{2}\,(\theta\theta)(\bar{\theta}\bar{\epsilon})\,\partial^\mu A_\mu\,.\end{aligned}$$

Mit (10.9), (10.10) und (10.13) folgen

$$\begin{aligned}\delta_\epsilon(\theta\theta)\bar{\theta}\bar{\lambda} &= 2(\epsilon\theta)(\bar{\theta}\bar{\lambda}) + (\theta\theta)(\bar{\epsilon}\bar{\lambda}) - \mathrm{i}(\theta\theta)(\epsilon\sigma^\mu\bar{\theta})\,\partial_\mu\bar{\theta}\bar{\lambda} \\ &= (\theta\sigma^\mu\bar{\theta})(\epsilon\sigma_\mu\bar{\lambda}) + (\theta\theta)(\bar{\epsilon}\bar{\lambda}) + \frac{\mathrm{i}}{2}\,(\theta\theta)(\bar{\theta}\bar{\theta})\,\partial_\mu(\epsilon\sigma^\mu\bar{\lambda})\,, \\ \delta_\epsilon(\bar{\theta}\bar{\theta})\theta\alpha &= (\bar{\theta}\bar{\theta})(\epsilon\alpha) + 2(\bar{\epsilon}\bar{\theta})(\theta\alpha) + \mathrm{i}(\bar{\theta}\bar{\theta})(\theta\sigma^\mu\bar{\epsilon})\,\partial_\mu\theta\alpha \\ &= (\bar{\theta}\bar{\theta})(\epsilon\alpha) + (\theta\sigma^\mu\bar{\theta})(\alpha\sigma_\mu\bar{\epsilon}) - \frac{\mathrm{i}}{2}\,(\theta\theta)(\bar{\theta}\bar{\theta})\,\partial_\mu(\alpha\sigma^\mu\bar{\epsilon})\,.\end{aligned}$$

Schließlich haben wir noch

$$\delta_\epsilon(\theta\theta)(\bar\theta\bar\theta)d = 2(\epsilon\theta)(\bar\theta\bar\theta)d + 2(\theta\theta)(\bar\epsilon\bar\theta)d\,.$$

Nun ordnen wir die einzelnen Terme gemäß (10.5) um und erhalten die Transformationsvorschriften für jedes einzelne Komponentenfeld:

$$\delta f = \epsilon\phi + \bar\epsilon\bar\chi\,, \tag{10.19}$$

$$\delta\phi = 2\epsilon M + \sigma^\mu\bar\epsilon\,(\mathrm{i}\partial_\mu f + A_\mu)\,, \tag{10.20}$$

$$\delta\bar\chi = 2\bar\epsilon N + \tilde\sigma^\mu\epsilon\,(\mathrm{i}\partial_\mu f - A_\mu)\,, \tag{10.21}$$

$$\delta M = \bar\epsilon\bar\lambda - \frac{\mathrm{i}}{2}\,\partial_\mu(\phi\sigma^\mu\bar\epsilon)\,, \tag{10.22}$$

$$\delta N = \epsilon\alpha + \frac{\mathrm{i}}{2}\,\partial_\mu(\epsilon\sigma^\mu\bar\chi)\,, \tag{10.23}$$

$$\delta A_\mu = \frac{\mathrm{i}}{2}\,\partial^\nu(\epsilon\sigma_\nu\tilde\sigma_\mu\phi - \bar\chi\tilde\sigma_\mu\sigma_\nu\bar\epsilon) + (\epsilon\sigma_\mu\bar\lambda) + (\alpha\sigma_\mu\bar\epsilon)\,, \tag{10.24}$$

$$\delta\bar\lambda = \bar\epsilon\,(2d + \frac{\mathrm{i}}{2}\,\partial^\mu A_\mu) + \mathrm{i}\tilde\sigma^\mu\epsilon\,\partial_\mu M\,, \tag{10.25}$$

$$\delta\alpha = \epsilon\,(2d - \frac{\mathrm{i}}{2}\,\partial^\mu A_\mu) + \mathrm{i}\sigma^\mu\bar\epsilon\,\partial_\mu N\,, \tag{10.26}$$

$$\delta d = \frac{\mathrm{i}}{2}\,\partial_\mu\,(\epsilon\sigma^\mu\bar\lambda - \alpha\sigma^\mu\bar\epsilon)\,. \tag{10.27}$$

Hier werden bosonische in fermionische Felder umgewandelt und umgekehrt. Bei Bedarf läßt sich der erste Term in (10.24) mit Hilfe der Relationen (7.120) und (7.121) noch weiter umformen.

10.1.4 Eingeschränkte Superfelder

Linearkombinationen von Superfeldern ergeben wieder Superfelder. Das bedeutet, daß Superfelder eine lineare Darstellung der SUSY-Algebra liefern. Diese Darstellung ist allerdings reduzibel. Zu den irreduziblen Darstellungen gelangt man, indem Zusatzforderungen an das Superfeld gestellt werden. Diese Zusatzforderungen müssen kovariant, d.h. invariant gegenüber SUSY-Transformationen sein. Jede *kovariante Bedingung* liefert ein eingeschränktes Superfeld (constraint superfield):

$\bar D_{\dot A}\mathcal{F} = 0$	$\Longrightarrow$	chirales Superfeld $\Phi(x,\theta,\bar\theta)$
$D_A\mathcal{F} = 0$	$\Longrightarrow$	antichirales Superfeld $\Phi^\dagger(x,\theta,\bar\theta)$
$\mathcal{F} = \mathcal{F}^\dagger$	$\Longrightarrow$	Vektor-Superfeld $V(x,\theta,\bar\theta)$.

Im Gegensatz zum *Vektor*-Superfeld V bezeichnet man die chiralen und antichiralen Felder auch als *skalare* Superfelder. Jedes reelle Superfeld ist ein Vektor-Superfeld.

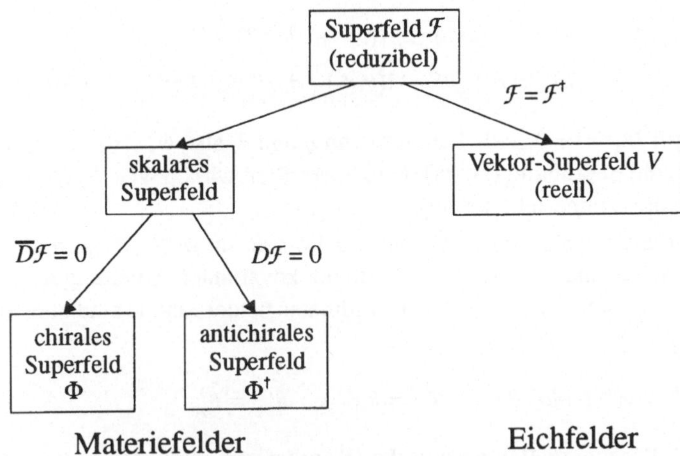

Abb. 10.1 Das reduzible Superfeld wird durch kovariante Bedingungen in irreduzible Anteile (eingeschränkte Superfelder) zerlegt.

In den nächsten Abschnitten wird – wie es die Namensgebung schon andeutet – der Zusammenhang der skalaren Superfelder mit dem chiralen Supermultiplett aus § 9.4.6 einerseits und des Vektor-Superfeldes mit dem Vektor-Supermultiplett aus § 9.4.7 andererseits nachgewiesen. Chirale und antichirale Superfelder beschreiben die "Materieteilchen", wohingegen das reelle Vektor-Superfeld die Eichfelder beinhaltet (siehe Abb. 10.1).

10.2 Skalare Superfelder

Skalare Superfelder besitzen eine besonders einfache Form im komplexen Superraum. Danach werden sie in den reellen Superraum übertragen.

10.2.1 Chirale Superfelder im komplexen Superraum

Das chirale Superfeld ist durch die folgende kovariante Bedingung definiert:

$$\boxed{\bar{D}_{\dot{A}} \Phi = 0} \quad . \tag{10.28}$$

Unser Ziel ist es, einen expliziten Ausdruck für das chirale Superfeld zu finden. Dazu betrachten wir die komplexe Raumkoordinate $y^\mu = x^\mu + \mathrm{i}\theta\sigma^\mu\bar\theta$. Die Anwendung von $\bar D_{\dot A}$ darauf ergibt

$$\begin{aligned}\bar D_{\dot A} y^\mu &= [-\bar\partial_{\dot A} - \mathrm{i}(\theta\sigma^\nu)_{\dot A}\partial_\nu](x^\mu + \mathrm{i}\theta\sigma^\mu\bar\theta)\\ &= -\mathrm{i}\bar\partial_{\dot A}(\theta\sigma^\mu)_{\dot B}\bar\theta^{\dot B} - \mathrm{i}(\theta\sigma^\nu)_{\dot A}\,\partial_\nu x^\mu = \mathrm{i}(\theta\sigma^\mu)_{\dot A} - \mathrm{i}(\theta\sigma^\mu)_{\dot A} = 0\,.\end{aligned}$$

Ebenso gilt $\bar D_{\dot A}\theta^B = 0$. Jede Funktion von y und θ, also $\Phi(y,\theta)$, erfüllt damit automatisch die Bedingung (10.28). Nun überprüfen wir, ob $\Phi(y,\theta)$ auch das *allgemeinste* chirale Superfeld darstellt.

Die kovarianten Ableitungen $\bar D_{\dot A}$ aus § 9.5.6 sind im *reellen* Superraum $(x,\theta,\bar\theta)$ definiert. Wir suchen nun nach der Form der kovarianten Ableitung im *komplexen* Koordinatensystem $(y,\theta',\bar\theta')$. Die Koordinaten beider Räume sind über die Beziehungen

$$y^\mu = x^\mu + \mathrm{i}\theta\sigma^\mu\bar\theta \quad , \quad \theta'_A = \theta_A \quad , \quad \bar\theta'_{\dot A} = \bar\theta_{\dot A} \tag{10.29}$$

verknüpft. Die vier reellen bosonischen Koordinaten x^μ werden zu komplexen bosonischen Koordinaten; die vier fermionischen Koordinaten in Form zweier Weyl-Spinoren bleiben dabei unverändert. Wir drücken nun die Differentialoperatoren durch die neuen (komplexen) Koordinaten aus:

$$\begin{aligned}\frac{\partial}{\partial x^\mu} &= \frac{\partial y^\nu}{\partial x^\mu}\frac{\partial}{\partial y^\nu} = \delta^\nu_\mu\frac{\partial}{\partial y^\nu} = \frac{\partial}{\partial y^\mu}\,,\\ \frac{\partial}{\partial\theta^A} &= \frac{\partial\theta'^B}{\partial\theta^A}\frac{\partial}{\partial\theta'^B} + \frac{\partial y^\mu}{\partial\theta^A}\frac{\partial}{\partial y^\mu} = \delta^B_A\frac{\partial}{\partial\theta'^B} + \mathrm{i}(\sigma^\mu\bar\theta)_A\frac{\partial}{\partial y^\mu}\\ &= \frac{\partial}{\partial\theta'^A} + \mathrm{i}(\sigma^\mu\bar\theta')_A\frac{\partial}{\partial y^\mu}\,,\\ \frac{\partial}{\partial\bar\theta^{\dot A}} &= \frac{\partial\bar\theta'^{\dot B}}{\partial\bar\theta^{\dot A}}\frac{\partial}{\partial\bar\theta'^{\dot B}} + \frac{\partial y^\mu}{\partial\bar\theta^{\dot A}}\frac{\partial}{\partial y^\mu} = \frac{\partial}{\partial\bar\theta'^{\dot A}} - \mathrm{i}(\theta'\sigma^\mu)_{\dot A}\frac{\partial}{\partial y^\mu}\,.\end{aligned}$$

Das setzen wir in (9.180) ein und erhalten

$$\begin{aligned}D_A(x,\theta,\bar\theta) &= \frac{\partial}{\partial\theta^A} + \mathrm{i}(\sigma^\mu\bar\theta)_A\frac{\partial}{\partial x^\mu}\\ &= \frac{\partial}{\partial\theta'^A} + \mathrm{i}(\sigma^\mu\bar\theta')_A\frac{\partial}{\partial y^\mu} + \mathrm{i}(\sigma^\mu\bar\theta')_A\frac{\partial}{\partial y^\mu}\\ &= \frac{\partial}{\partial\theta'^A} + 2\mathrm{i}(\sigma^\mu\bar\theta')_A\frac{\partial}{\partial y^\mu} =: D^{(1)}_A(y,\theta',\bar\theta')\,.\end{aligned}\tag{10.30}$$

Andererseits gilt mit (9.183)

$$\begin{aligned}
\bar{D}_{\dot{A}}(x,\theta,\bar{\theta}) &= -\frac{\partial}{\partial\bar{\theta}^{\dot{A}}} - \mathrm{i}(\theta\sigma^\mu)_{\dot{A}}\frac{\partial}{\partial x^\mu} \\
&= -\frac{\partial}{\partial\bar{\theta}'^{\dot{A}}} + \mathrm{i}(\theta'\sigma^\mu)_{\dot{A}}\frac{\partial}{\partial y^\mu} - \mathrm{i}(\theta'\sigma^\mu)_{\dot{A}}\frac{\partial}{\partial y^\mu} \\
&= -\frac{\partial}{\partial\bar{\theta}'^{\dot{A}}} =: \bar{D}^{(1)}_{\dot{A}}(y,\theta',\bar{\theta}') \,.
\end{aligned} \tag{10.31}$$

Mit dem letzten Resultat (die Striche an den θ's können wegen (10.29) weggelassen werden) lautet die kovariante Bedingung (10.28)

$$\frac{\partial}{\partial\bar{\theta}}\Phi(y,\theta,\bar{\theta}) = 0 \,. \tag{10.32}$$

Damit muß Φ unabhängig von $\bar{\theta}$ sein. Das allgemeinste chirale Superfeld ist also tatsächlich von der Form $\Phi(y,\theta)$; die Taylorentwicklung ergibt dann

$$\boxed{\Phi(y,\theta) = \varphi(y) + \sqrt{2}\theta\psi(y) + (\theta\theta)F(y)} \,. \tag{10.33}$$

Der Faktor $\sqrt{2}$ ist hier aus traditionellen Gründen hinzugefügt worden. Das chirale Superfeld beinhaltet:

- 1 komplexes Skalarfeld φ zur Beschreibung von Sleptonen und Squarks,
- 1 linkshändiges Weyl-Spinorfeld ψ zur Beschreibung von Leptonen und Quarks,
- 1 komplexes Skalarfeld F als Hilfsfeld.

Nun zum antichiralen Superfeld. Die hermitesch-konjugierte Form von (10.28) liefert uns die Bedingungsgleichung für das antichirale Superfeld

$$D_A\Phi^\dagger = 0 \,. \tag{10.34}$$

Ähnlich wie bei den oberen Betrachtungen führt man die komplexe Raumkoordinate

$$\bar{y}^\mu := x^\mu - \mathrm{i}\theta\sigma^\mu\bar{\theta} = (y^\mu)^* \tag{10.35}$$

ein. Mit D_A aus (9.180) folgt dann $D_A\bar{y}^\mu = 0$ und $D_A\bar{\theta} = 0$, womit jede Funktion von $\bar{y}$ und $\bar{\theta}$, also $\Phi^\dagger(\bar{y},\bar{\theta})$ die Bedingung (10.34) erfüllt. Anstelle von (10.30) und (10.31) treten jetzt die Differentialoperatoren in $(\bar{y},\theta,\bar{\theta})$:

$$D^{(2)}_A = \partial_A \,, \tag{10.36}$$

$$\bar{D}^{(2)}_{\dot{A}} = -\partial_{\dot{A}} - 2\mathrm{i}(\theta\sigma^\mu)_{\dot{A}}\frac{\partial}{\partial\bar{y}^\mu} \,. \tag{10.37}$$

Wegen $D_A^{(2)}\Phi^\dagger = \partial_A \Phi^\dagger = 0$ erkennt man, daß diese Funktion nicht von θ abhängt. Das allgemeinste antichirale Superfeld besitzt somit die Form

$$\boxed{\Phi^\dagger(\bar{y},\bar{\theta}) = \varphi^*(\bar{y}) + \sqrt{2}\bar{\theta}\bar{\psi}(\bar{y}) + (\bar{\theta}\bar{\theta})F^*(\bar{y})} \quad . \tag{10.38}$$

10.2.2 Chirale Superfelder im reellen Superraum

Wie wir im letzten Abschnitt sahen, besitzen die skalaren Superfelder Φ und $\Phi^\dagger$ im komplexen Superraum $(y,\theta,\bar{\theta})$ bzw. $(\bar{y},\theta,\bar{\theta})$ eine besonders einfache Gestalt. Nun fragen wir nach ihrer expliziten Form im reellen Superraum $(x,\theta,\bar{\theta})$.
Ausgehend von (10.33) berechnen wir

$$\begin{aligned}\Phi(x,\theta,\bar{\theta}) &= \varphi(x+\mathrm{i}\theta\sigma\bar{\theta}) + \sqrt{2}\theta\psi(x+\mathrm{i}\theta\sigma\bar{\theta}) + (\theta\theta)F(x+\mathrm{i}\theta\sigma\bar{\theta})\\ &= \varphi(x) + \mathrm{i}(\theta\sigma^\mu\bar{\theta})\partial_\mu\varphi(x) - \frac{1}{2!}(\theta\sigma^\mu\bar{\theta})(\theta\sigma^\nu\bar{\theta})\partial_\mu\partial_\nu\varphi(x)\\ &\quad + \sqrt{2}\theta\psi(x) + \mathrm{i}\sqrt{2}(\theta\sigma^\mu\bar{\theta})\partial_\mu\theta\psi(x) + (\theta\theta)\,F(x)\,.\end{aligned}$$

Den dritten Term formen wir mit (10.14), den fünften Term mit (10.9) um, und wir erhalten für das chirale Superfeld im reellen Superraum:

$$\begin{aligned}\Phi(x,\theta,\bar{\theta}) &= \varphi + \sqrt{2}\theta\psi + (\theta\theta)\,F + \mathrm{i}(\theta\sigma^\mu\bar{\theta})\partial_\mu\varphi\\ &\quad - \frac{\mathrm{i}}{\sqrt{2}}(\theta\theta)\partial_\mu(\psi\sigma^\mu\bar{\theta}) - \frac{1}{4}(\theta\theta)(\bar{\theta}\bar{\theta})\Box\varphi\,.\end{aligned} \tag{10.39}$$

Aus den drei Termen in (10.33) wurden hier sechs Terme, die Anzahl der Komponentenfelder (φ,ψ,F) blieb dabei gleich.
Auf analogen Wege kann man auch $\Phi^\dagger(x,\theta,\bar{\theta})$ ermitteln. Man gelangt jedoch schneller zum Ziel, indem man direkt von (10.39) den hermitesch-konjugierten Ausdruck bildet. Das antichirale Superfeld lautet dann

$$\begin{aligned}\Phi^\dagger(x,\theta,\bar{\theta}) &= \varphi^*(x) + \sqrt{2}\bar{\theta}\bar{\psi} + (\bar{\theta}\bar{\theta})\,F^* - \mathrm{i}(\theta\sigma^\mu\bar{\theta})\partial_\mu\varphi^*\\ &\quad + \frac{\mathrm{i}}{\sqrt{2}}(\bar{\theta}\bar{\theta})\partial_\mu(\theta\sigma^\mu\bar{\psi}) - \frac{1}{4}(\theta\theta)(\bar{\theta}\bar{\theta})\Box\varphi^*\,.\end{aligned} \tag{10.40}$$

Nun vergleichen wir (10.39) mit (10.2) und finden für den Spezialfall des chiralen Superfeldes die Zuordnung zwischen den Komponentenfeldern:

$$\begin{aligned}f &= \varphi\,,\\ \phi &= \sqrt{2}\psi\,,\end{aligned}$$

$$
\begin{aligned}
\bar{\chi} &= 0\,, \\
M &= F\,, \\
N &= 0\,, \\
A_\mu &= \mathrm{i}\,\partial_\mu\varphi\,, \\
\bar{\lambda} &= \frac{\mathrm{i}}{\sqrt{2}}\,\partial_\mu\bar{\sigma}^\mu\psi\,, \\
\alpha &= 0\,, \\
d &= -\frac{1}{4}\,\Box\varphi\,.
\end{aligned}
$$

Aus (10.19), (10.20) und (10.22) lesen wir dann die SUSY-Transformation für die Komponenten des chiralen Superfeldes ab:

$$\delta\varphi = \sqrt{2}\epsilon\psi\,, \tag{10.41}$$

$$\delta\psi = \mathrm{i}\sqrt{2}\sigma^\mu\bar{\epsilon}\,\partial_\mu\varphi + \sqrt{2}\epsilon F\,, \tag{10.42}$$

$$\delta F = \mathrm{i}\sqrt{2}\bar{\epsilon}\bar{\sigma}^\mu\,\partial_\mu\psi\,. \tag{10.43}$$

10.2.3 Produkte von chiralen Superfeldern

Produkte von chiralen Superfeldern Φ sind wieder chirale Superfelder. Wir berechnen zunächst Φ^2 ausgehend von (10.33) und erhalten mit (10.11)

$$
\begin{aligned}
\Phi(y,\theta)\,\Phi(y,\theta) &= \varphi^2 + 2\sqrt{2}\,\varphi(\theta\psi) + 2\varphi\,F(\theta\theta) + 2(\theta\psi)(\theta\psi) \\
&= \varphi^2 + 2\sqrt{2}\,\varphi(\theta\psi) + (\theta\theta)(2\varphi F - \psi\psi)\,.
\end{aligned} \tag{10.44}
$$

Das resultierende Superfeld besitzt erneut zwei bosonische und eine fermionische Komponente: φ^2, $(2\varphi F - \psi\psi)$ und $2\sqrt{2}\,\varphi\psi$. Darauf aufbauend erhalten wir

$$
\begin{aligned}
\Phi^3 &= [\,\varphi + \sqrt{2}\theta\psi + (\theta\theta)\,F\,][\,\varphi^2 + 2\sqrt{2}\,\varphi(\theta\psi) + (\theta\theta)(2\varphi F - \psi\psi)\,] \\
&= \varphi^3 + 3\sqrt{2}\,\varphi^2(\theta\psi) + (\theta\theta)(2\varphi^2 F - \varphi\psi\psi + \varphi^2 F) + 4\varphi\,(\theta\psi)(\theta\psi) \\
&= \varphi^3 + 3\sqrt{2}\,\varphi^2(\theta\psi) + 3(\varphi^2 F - \varphi\psi\psi)(\theta\theta)\,.
\end{aligned} \tag{10.45}
$$

Auch dieses Produkt ist wieder ein chirales Superfeld mit drei Komponentenfeldern. Die Ergebnisse lassen sich für beliebige Potenzen, aber auch für Produkte aus verschiedenen chiralen Superfeldern verallgemeinern. Sind $\Phi_1, \Phi_2, \ldots, \Phi_n$ chirale Superfelder der Form

$$\Phi_i(y,\theta) = \varphi_i + \sqrt{2}\theta\psi_i + (\theta\theta)F_i\,, \tag{10.46}$$

dann sind auch die Potenzen aus ihnen wieder

chirale Superfelder: $\Phi_i\Phi_j \quad , \quad \Phi_i\Phi_j\Phi_k \quad , \quad \ldots \quad .$

Für antichirale Superfelder gilt alles analog:

antichirale Superfelder: $\Phi_i^\dagger\Phi_j^\dagger \quad , \quad \Phi_i^\dagger\Phi_j^\dagger\Phi_k^\dagger \quad , \quad \ldots \quad .$

Zu einer qualitativ neuen Form von Superfeldern gelangt man erst, wenn ein chirales mit einem antichiralcm Superfeld multipliziert wird, also $\Phi^\dagger\Phi$. Wegen $(\Phi^\dagger\Phi)^\dagger = \Phi^\dagger\Phi$ handelt es sich hier um ein reelles Superfeld. Es ist ein Vektor-Superfeld. Da Vektor-Superfelder im reellen Superraum $(x, \theta, \bar{\theta})$ definiert sind, gehen wir bei der Berechnung von (10.39) und (10.40) aus,

$$\Phi^\dagger(x,\theta,\bar{\theta})\;\Phi(x,\theta,\bar{\theta}) = \Big[\varphi^* + \sqrt{2}\bar{\theta}\bar{\psi} + (\bar{\theta}\bar{\theta})F^* - \mathrm{i}(\theta\sigma^\mu\bar{\theta})\partial_\mu\varphi^*$$

$$+ \frac{\mathrm{i}}{\sqrt{2}}(\bar{\theta}\bar{\theta})\partial_\mu(\theta\sigma^\mu\bar{\psi}) - \frac{1}{4}(\theta\theta)(\bar{\theta}\bar{\theta})\Box\varphi^*\Big]\Big[\varphi + \sqrt{2}\theta\psi$$

$$+ (\theta\theta)F + \mathrm{i}(\theta\sigma^\nu\bar{\theta})\partial_\nu\varphi - \frac{\mathrm{i}}{\sqrt{2}}(\theta\theta)\partial_\nu(\psi\sigma^\nu\bar{\theta}) - \frac{1}{4}(\theta\theta)(\bar{\theta}\bar{\theta})\Box\varphi\Big] .$$

Das Ausmultiplizieren dieser Terme ist etwas aufwendiger als bei den oberen Beispielen, wir gliedern es deshalb in mehrere Etappen:

1. Die ersten fünf Komponenten, die zu $1, \theta, \bar{\theta}, \theta\theta$ und $\bar{\theta}\bar{\theta}$ gehören, sind

$$\varphi^*\varphi + \sqrt{2}\varphi^*(\theta\psi) + \sqrt{2}\varphi(\bar{\theta}\bar{\psi}) + (\theta\theta)\varphi^*F + (\bar{\theta}\bar{\theta})\varphi F^* .$$

2. Die Komponente von $(\theta\sigma^\mu\bar{\theta})$ lautet mit (10.13)

$$\mathrm{i}(\theta\sigma^\mu\bar{\theta})\,[\,\varphi^*\partial_\mu\varphi - \varphi\partial_\mu\varphi^*\,] + 2(\bar{\theta}\bar{\psi})(\theta\psi)$$
$$= (\theta\sigma^\mu\bar{\theta})\,[\mathrm{i}\varphi^*\partial_\mu\varphi - \mathrm{i}\varphi\partial_\mu\varphi^* + \psi\sigma_\mu\bar{\psi}] .$$

3. Die $(\theta\theta)\bar{\theta}$-Komponente liefert mit (10.9)

$$\sqrt{2}(\theta\theta)(\bar{\theta}\bar{\psi})F - \frac{\mathrm{i}}{\sqrt{2}}\varphi^*(\theta\theta)\partial_\mu(\psi\sigma^\mu\bar{\theta}) - \mathrm{i}\sqrt{2}\,(\theta\psi)(\theta\sigma^\mu\bar{\theta})\partial_\mu\varphi^*$$
$$= \sqrt{2}(\theta\theta)\,\Big[\,(\bar{\theta}\bar{\psi})F - \frac{\mathrm{i}}{2}\varphi^*\partial_\mu(\psi\sigma^\mu\bar{\theta}) + \frac{\mathrm{i}}{2}(\psi\sigma^\mu\bar{\theta})\partial_\mu\varphi^*\Big] .$$

4. Ebenso erhält man mit (10.10) die $(\bar\theta\bar\theta)\theta$-Komponente

$$\sqrt{2}(\bar\theta\bar\theta)(\theta\psi)F^* + \frac{\mathrm{i}}{\sqrt{2}}\varphi(\bar\theta\bar\theta)\partial_\mu(\theta\sigma^\mu\bar\psi) + \mathrm{i}\sqrt{2}\,(\bar\theta\bar\psi)(\theta\sigma^\mu\bar\theta)\partial_\mu\varphi$$
$$= \sqrt{2}(\bar\theta\bar\theta)\left[(\theta\psi)F^* + \frac{\mathrm{i}}{2}\varphi\partial_\mu(\theta\sigma^\mu\bar\psi) - \frac{\mathrm{i}}{2}(\theta\sigma^\mu\bar\psi)\partial_\mu\varphi\right].$$

Sie ist konjugiert-komplex zum vorhergehenden Ausdruck.

5. Schließlich berechnen wir die $(\theta\theta)(\bar\theta\bar\theta)$-Komponente. Diese Aufgabe zerlegen wir erneut in drei Teilschritte. Im ersten Schritt berechnen wir die Terme, die φ enthalten und benutzen dabei (10.14):

$$-\frac{1}{4}(\theta\theta)(\bar\theta\bar\theta)(\varphi^*\Box\varphi + \varphi\Box\varphi^*) + (\theta\sigma^\mu\bar\theta)(\theta\sigma^\nu\bar\theta)(\partial_\mu\varphi^*)(\partial_\nu\varphi)$$
$$= \left[-\frac{1}{4}\varphi^*\Box\varphi - \frac{1}{4}\varphi\Box\varphi^* + \frac{1}{2}(\partial_\mu\varphi^*)(\partial^\mu\varphi)\right](\theta\theta)(\bar\theta\bar\theta).$$

Im zweiten Schritt sammeln wir alle Terme, die ψ enthalten und benutzen dabei (10.9) und (10.10):

$$-\mathrm{i}(\theta\theta)(\bar\theta\bar\psi)\partial_\nu(\psi\sigma^\nu\bar\theta) + \mathrm{i}(\bar\theta\bar\theta)(\theta\psi)\partial_\mu(\theta\sigma^\mu\bar\psi)$$
$$= \frac{\mathrm{i}}{2}[(\partial_\mu\psi)\sigma^\mu\bar\psi - \psi\sigma^\mu\partial_\mu\bar\psi](\theta\theta)(\bar\theta\bar\theta)$$
$$= -\frac{\mathrm{i}}{2}[\bar\psi\tilde\sigma^\mu\partial_\mu\psi + \psi\sigma^\mu\partial_\mu\bar\psi](\theta\theta)(\bar\theta\bar\theta).$$

Zur unteren Zeile gelangt man mit (9.61).

Der letzte Schritt ist einfach; er liefert den Term $(\theta\theta)(\bar\theta\bar\theta)F^*F$. Insgesamt lautet die höchste Komponente von $\Phi^\dagger\Phi$:

$$\Phi^\dagger\Phi\Big|_{\theta\theta\bar\theta\bar\theta} = -\frac{1}{4}(\varphi^*\Box\varphi + \varphi\Box\varphi^*) + \frac{1}{2}(\partial_\mu\varphi^*)(\partial^\mu\varphi)$$
$$- \frac{\mathrm{i}}{2}(\bar\psi\tilde\sigma^\mu\partial_\mu\psi + \psi\sigma^\mu\partial_\mu\bar\psi) + F^*F. \qquad (10.47)$$

Fassen wir nun alle Teilergebnisse zusammen, dann folgt

$$\Phi^\dagger\Phi = \varphi^*\varphi + \sqrt{2}\varphi^*(\theta\psi) + \sqrt{2}\varphi(\bar\theta\bar\psi) + (\theta\theta)\varphi^*F + (\bar\theta\bar\theta)\varphi F^*$$
$$+ (\theta\sigma^\mu\bar\theta)\left[\mathrm{i}\varphi^*\partial_\mu\varphi - \mathrm{i}\varphi\partial_\mu\varphi^* + \psi\sigma_\mu\bar\psi\right]$$
$$+ \sqrt{2}(\theta\theta)\left[(\bar\theta\bar\psi)F - \frac{\mathrm{i}}{2}\varphi^*\partial_\mu(\psi\sigma^\mu\bar\theta) + \frac{\mathrm{i}}{2}(\psi\sigma^\mu\bar\theta)\partial_\mu\varphi^*\right]$$
$$+ \sqrt{2}(\bar\theta\bar\theta)\left[(\theta\psi)F^* + \frac{\mathrm{i}}{2}\varphi\partial_\mu(\theta\sigma^\mu\bar\psi) - \frac{\mathrm{i}}{2}(\theta\sigma^\mu\bar\psi)\partial_\mu\varphi\right]$$
$$+ \Phi^\dagger\Phi\Big|_{\theta\theta\bar\theta\bar\theta}. \qquad (10.48)$$

10.3 Das Vektor-Superfeld

10.3.1 Der Ansatz

Das Vektor-Superfeld genügt der kovarianten Bedingung

$$\boxed{V(x,\theta,\bar{\theta}) = V^\dagger(x,\theta,\bar{\theta})} \quad . \tag{10.49}$$

Definieren wir gemäß (10.2)

$$\begin{aligned} V(x,\theta,\bar{\theta}) = & f + \theta\phi + \bar{\theta}\bar{\chi} + (\theta\theta)\,M + (\bar{\theta}\bar{\theta})\,N \\ & + (\theta\sigma^\mu\bar{\theta})\,A_\mu + (\theta\theta)\bar{\theta}\bar{\lambda} + (\bar{\theta}\bar{\theta})\theta\alpha + (\theta\theta)(\bar{\theta}\bar{\theta})d \end{aligned}$$

und vergleichen es mit

$$\begin{aligned} V^\dagger(x,\theta,\bar{\theta}) = & f^* + \bar{\theta}\bar{\phi} + \theta\chi + (\bar{\theta}\bar{\theta})\,M^* + (\theta\theta)\,N^* \\ & + (\theta\sigma^\mu\bar{\theta})\,A_\mu^* + (\bar{\theta}\bar{\theta})\theta\lambda + (\theta\theta)\bar{\theta}\bar{\alpha} + (\theta\theta)(\bar{\theta}\bar{\theta})d^* \,, \end{aligned}$$

dann folgt:

$$f = f^* \,,\quad A_\mu = A_\mu^* \,,\quad d = d^* \,,\quad M = N^*, \quad \phi = \chi \,,\quad \lambda = \alpha \,. \tag{10.50}$$

Das Vektor-Superfeld besitzt demnach nur zwei Weyl-Spinorfelder ϕ und λ, jedes mit zwei komplexen Komponenten, also insgesamt acht reelle fermionische Freiheitsgrade. Bei den bosonischen Feldern haben wir zwei reelle Felder f und d, ein komplexes Feld M und ein reelles Vektorfeld A_μ, also ebenfalls acht reelle Freiheitsgrade.

Jedes *reelle* Superfeld ist per Definition ein Vektor-Superfeld. Vektor-Superfelder lassen sich deshalb auch aus chiralen und antichiralen Superfeldern aufbauen. Typische Beispiele dafür sind:

$$\Phi^\dagger\Phi \quad , \quad (\Phi + \Phi^\dagger) \qquad \text{und} \qquad \mathrm{i}(\Phi - \Phi^\dagger) \,.$$

Diese Kombinationen erfüllen alle die Realitätsforderung (10.49).

Eine oft verwendete Form für das Vektor-Superfeld ist die folgende:

$$\begin{aligned} V(x,\theta,\bar{\theta}) = & f + \mathrm{i}\theta\phi - \mathrm{i}\bar{\theta}\bar{\phi} + \frac{\mathrm{i}}{2}(\theta\theta)\,M - \frac{\mathrm{i}}{2}(\bar{\theta}\bar{\theta})\,M^* \\ & + (\theta\sigma^\mu\bar{\theta})\,A_\mu + \mathrm{i}(\theta\theta)\bar{\theta}\left(\bar{\lambda} + \frac{\mathrm{i}}{2}\,\bar{\sigma}^\mu\partial_\mu\phi\right) \\ & - \mathrm{i}(\bar{\theta}\bar{\theta})\theta\left(\lambda + \frac{\mathrm{i}}{2}\,\sigma^\mu\partial_\mu\bar{\phi}\right) + \frac{1}{2}(\theta\theta)(\bar{\theta}\bar{\theta})\left(d - \frac{1}{2}\Box f\right) \,. \end{aligned} \tag{10.51}$$

Die bosonischen Felder f, d und A_μ sind reell, nur M ist ein komplexes bosonisches Feld.

10.3.2 Supersymmetrische Eichtransformation

Wir betrachten die folgende Eichtransformation des Vektor-Superfeldes:

$$\boxed{V \longrightarrow V' = V + (\Phi + \Phi^\dagger)} \quad . \tag{10.52}$$

Sie wird durch die reelle Kombination aus chiralem und antichiralem Superfeld vermittelt. Mit (10.39) und (10.40) erhalten wir dafür

$$\begin{aligned}(\Phi + \Phi^\dagger) &= \varphi + \varphi^* + \sqrt{2}(\theta\psi + \bar{\theta}\bar{\psi}) + (\theta\theta)F + (\bar{\theta}\bar{\theta})F^* \\ &\quad + \mathrm{i}\,(\theta\sigma^\mu\bar{\theta})\partial_\mu(\varphi - \varphi^*) - \frac{\mathrm{i}}{\sqrt{2}}(\theta\theta)\partial_\mu(\psi\sigma^\mu\bar{\theta}) \\ &\quad + \frac{\mathrm{i}}{\sqrt{2}}(\bar{\theta}\bar{\theta})\partial_\mu(\theta\sigma^\mu\bar{\psi}) - \frac{1}{4}(\theta\theta)(\bar{\theta}\bar{\theta})\Box(\varphi + \varphi^*) \,. \end{aligned} \tag{10.53}$$

Die einzelnen Komponentenfelder von (10.51) verhalten sich bei dieser Eichtransformation wie:

$$f' = f + \varphi + \varphi^* \,, \tag{10.54}$$

$$\phi' = \phi - \mathrm{i}\sqrt{2}\psi \,, \tag{10.55}$$

$$M' = M - 2\mathrm{i}F \,, \tag{10.56}$$

$$A'_\mu = A_\mu + \mathrm{i}\partial_\mu(\varphi - \varphi^*) \,. \tag{10.57}$$

Desweiteren liefert der Vergleich der $(\bar{\theta}\bar{\theta})\theta$-Komponente in (10.51) und (10.53)

$$\begin{aligned}-\mathrm{i}\left(\lambda' + \frac{\mathrm{i}}{2}\sigma^\mu\partial_\mu\bar{\phi}'\right) &= -\mathrm{i}\left(\lambda + \frac{\mathrm{i}}{2}\sigma^\mu\partial_\mu\bar{\phi}\right) + \frac{\mathrm{i}}{\sqrt{2}}\sigma^\mu\partial_\mu\bar{\psi} \\ &= -\mathrm{i}\lambda + \frac{1}{2}\sigma^\mu\partial_\mu\left(\bar{\phi} + \mathrm{i}\sqrt{2}\bar{\psi}\right) \\ &= -\mathrm{i}\lambda + \frac{1}{2}\sigma^\mu\partial_\mu\bar{\phi}' = -\mathrm{i}\left(\lambda + \frac{\mathrm{i}}{2}\sigma^\mu\partial_\mu\bar{\phi}'\right) \,,\end{aligned}$$

wobei (10.55) benutzt wurde. Diese Ergebnis führt also zu

$$\lambda' = \lambda \,. \tag{10.58}$$

Analog folgt für die $(\theta\theta)(\bar{\theta}\bar{\theta})$-Komponente

$$\begin{aligned}\frac{1}{2}\left(d' - \frac{1}{2}\Box f'\right) &= \frac{1}{2}\left(d - \frac{1}{2}\Box f\right) - \frac{1}{4}\Box(\varphi + \varphi^*)\\ &= \frac{1}{2}d - \frac{1}{4}\Box(f + \varphi + \varphi^*) = \frac{1}{2}\left(d - \frac{1}{2}\Box f'\right) ,\end{aligned}$$

also

$$d' = d \,. \tag{10.59}$$

Wir stellen somit fest, daß in (10.51) die Felder λ und d unter Eichtransformationen invariant bleiben. Desweiteren verhält sich das reelle Vektorfeld in (10.57) wie bei der lokalen Eichtransformation aus § 8.1.4:

$$A_\mu \longrightarrow A_\mu - 2\,\partial_\mu \Lambda \qquad \text{und} \qquad \Lambda = \operatorname{Im}\varphi \quad ; \tag{10.60}$$

man vergleiche dieses Resultat mit (8.24). Ferner ist wegen (10.57) auch der antisymmetrische Feldstärketensor

$$F_{\mu\nu} = \partial_\mu A_\nu - \partial_\nu A_\mu \tag{10.61}$$

eichinvariant, denn $F'_{\mu\nu} = F_{\mu\nu}$.

Die supersymmetrische Eichtransformation (10.52) beinhaltet also die lokale Eichtransformation des elektromagentischen Feldes A_μ. Der fermionische Superpartner λ des bosonischen Feldes A_μ bleibt dabei invariant. Zusätzlich enthält das Vektor-Superfeld noch die Felder f, ϕ und M; diese gilt es nun zu eliminieren.

Anmerkung: Die supersymmetrische Eichtransformation (10.52) hat nichts zu tun mit der *lokalen* Supersymmetrie, die zur Gravitation führt. Bei einer lokalen SUSY-Transformation werden in (9.179) die Parameter ϵ und $\bar{\epsilon}$ durch Raumzeit-abhängige Parameter $\epsilon(x^\mu)$ und $\bar{\epsilon}(x^\mu)$ ersetzt, was wir aber im Rahmen dieses Buches nicht betrachten.

10.3.3 Die Wess-Zumino-Eichung

Durch spezielle Wahl des chiralen Superfeldes Φ mit den Komponenten (φ, ψ, F) kann man erreichen, daß das eichtransformierte Vektor-Superfeld V' die Komponentenfelder f, ϕ und M nicht mehr enthält. Diese Eichfixierung, die man als Wess-Zumino-Eichung bezeichnet, lautet:

$$2\operatorname{Re}\varphi = \varphi + \varphi^* = -f \,, \tag{10.62}$$

$$\psi = -\frac{\mathrm{i}}{\sqrt{2}}\,\phi\,, \tag{10.63}$$

$$F = -\frac{\mathrm{i}}{2}\,M\,. \tag{10.64}$$

Das transformierte Vektor-Superfeld erhält man dann aus (10.53):

$$\begin{aligned} V_{\mathrm{WZ}} &:= V + (\Phi + \Phi^\dagger) \\ &= V - f - \mathrm{i}\theta\phi + \mathrm{i}\bar\theta\bar\phi - \frac{\mathrm{i}}{2}\,(\theta\theta)M + \frac{\mathrm{i}}{2}\,(\bar\theta\bar\theta)M^* \\ &\quad + \mathrm{i}\,(\theta\sigma^\mu\bar\theta)\,\partial_\mu(\varphi - \varphi^*) + \frac{1}{2}\,(\theta\theta)\,\partial_\mu(\bar\theta\tilde\sigma^\mu\phi) \\ &\quad - \frac{1}{2}\,(\bar\theta\bar\theta)\,\partial_\mu(\theta\sigma^\mu\bar\phi) + \frac{1}{4}\,(\theta\theta)(\bar\theta\bar\theta)\Box f\,. \end{aligned}$$

Setzt man für V die Form (10.51) ein, dann folgt

$$\begin{aligned} V_{\mathrm{WZ}}(x,\theta,\bar\theta) = (\theta\sigma^\mu\bar\theta)\Big[\,A_\mu + \mathrm{i}\partial_\mu(\varphi - \varphi^*)\Big] + \mathrm{i}(\theta\theta)\,\bar\theta\bar\lambda \\ - \mathrm{i}(\bar\theta\bar\theta)\,\theta\lambda + (\theta\theta)(\bar\theta\bar\theta)\,d\,. \end{aligned} \tag{10.65}$$

Das gesamte Multiplett besteht hier also nur noch aus einem Eichfeld $A_\mu(x)$, seinem SUSY-Partner $\lambda(x)$ und einem Hilfsfeld $d(x)$.

In der Wess-Zumino-Eichung wurde nur der Realteil des Skalarfeldes φ fixiert. Der Imaginärteil von φ bleibt uns demnach als Eichfreiheitsgrad für die konventionelle Eichfixierung (10.60) erhalten. So kann man beispielsweise $A_0 = 0$ fordern. Das reelle Vektorfeld A_μ besitzt daher nicht mehr *vier* sondern nur noch *drei* Freiheitsgrade.

Für das Vektor-Superfeld in der Wess-Zumino-Eichung und der konventionellen Eichung gilt (anstelle von A'_μ wurde gleich A_μ geschrieben):

$$\boxed{\begin{aligned} &V_{\mathrm{WZ}}(x,\theta,\bar\theta) = \\ &\qquad (\theta\sigma^\mu\bar\theta)A_\mu + \mathrm{i}(\theta\theta)(\bar\theta\bar\lambda) - \mathrm{i}(\bar\theta\bar\theta)(\theta\lambda) + (\theta\theta)(\bar\theta\bar\theta)d \end{aligned}}\,. \tag{10.66}$$

Vergleichen wir jetzt die Zahl der Freiheitsgrade (FG) des Vektor-Superfeldes *ohne* und *mit* Wess-Zumino-Eichung. Im ersten Fall gilt

zwei reelle Skalarfelder f, d :	2 bosonische FG
ein komplexes Skalarfeld M :	2 bosonische FG
zwei komplexe Weyl-Spinorfelder ϕ, λ :	8 fermionische FG
ein reelles Vektorfeld A_μ :	4 bosonische FG

Die Wess-Zumino-Eichung reduziert dann die insgesamt 16 Freiheitsgrade auf genau die Hälfte:

ein reelles Skalarfelder d :	1 bosonischer FG
ein komplexes Weyl-Spinorfeld λ :	4 fermionische FG
ein reelles Vektorfeld A_μ :	3 bosonische FG (ein FG entfällt durch konventionelle Eichfixierung)

Die Boson-Fermion-Regel (9.96) ist in beiden Fällen erfüllt. Die Abb. 10.2 zeigt, wie durch verschiedene Eichungen die Zahl der Freiheitsgrade reduziert wird.

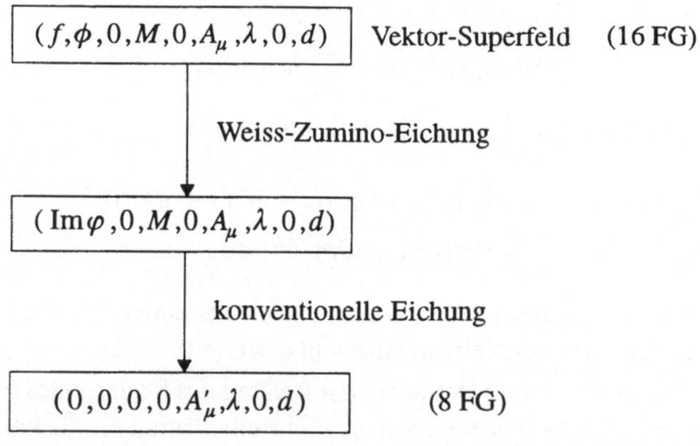

Abb. 10.2 Durch Eichfixierung wird beim Vektor-Superfeld die Zahl der Freiheitsgrade (FG) um die Hälfte reduziert.

Die Potenzen des Vektor-Superfeldes in der Wess-Zumino-Eichung sind mittels der Fierz-Umordnung (10.14) schnell ausgerechnet:

$$V_{\mathrm{WZ}}^2 = \frac{1}{2}\,(\theta\theta)(\bar{\theta}\bar{\theta})A_\mu A^\mu \,, \tag{10.67}$$

$$V_{\mathrm{WZ}}^3 = 0 \,. \tag{10.68}$$

Ebenso verschwinden alle höheren Potenzen.

10.3.4 Die supersymmetrische Feldstärke

Die supersymmetrische Feldstärke eines Vektor-Superfeldes $V(x,\theta,\bar{\theta})$ sei definiert durch

$$W_A := -\frac{1}{4}\,(\bar{D}\bar{D})D_A\,V(x,\theta,\bar{\theta}) \,, \tag{10.69}$$

$$\overline{W}_{\dot{A}} := -\frac{1}{4}(DD)\bar{D}_{\dot{A}}V(x,\theta,\bar{\theta}) . \tag{10.70}$$

Im Gegensatz zu den bisherigen Superfeldern, die alle Lorentzskalare waren, gehört W_A zur $(\frac{1}{2},0)$-Fundamentaldarstellung und $\overline{W}_{\dot{A}}$ zur $(0,\frac{1}{2})$-Fundamentaldarstellung der Lorentzgruppe; dementsprechend tragen sie einen ungepunkteten bzw. gepunkteten Index. Wegen $D^3 = \bar{D}^3 = 0$ handelt es sich bei den supersymmetrischen Feldstärken um chirale und antichirale Superfelder, da

$$\bar{D}_{\dot{A}}W_A = -\frac{1}{4}\bar{D}_{\dot{A}}(\bar{D}\bar{D})D_A V = 0 , \tag{10.71}$$

$$D_A\overline{W}_{\dot{A}} = -\frac{1}{4}D_A(DD)\bar{D}_{\dot{A}}V = 0 . \tag{10.72}$$

Nun untersuchen wir das Verhalten von W_A bei der supersymmetrischen Eichtransformation (10.52). Wegen $\bar{D}\Phi = D\Phi^\dagger = 0$ und (9.191) gilt

$$\begin{aligned} W_A \longrightarrow W'_A &= -\frac{1}{4}(\bar{D}\bar{D})D_A V' \\ &= -\frac{1}{4}(\bar{D}\bar{D})D_A(V + \Phi + \Phi^\dagger) \\ &= W_A - \frac{1}{4}(\bar{D}\bar{D})D_A\Phi \;=\; W_A + \frac{1}{4}[\,D_A,\bar{D}^2\,]\,\Phi \\ &= W_A - \mathrm{i}\sigma^\mu_{A\dot{A}}\,\partial_\mu\bar{D}^{\dot{A}}\Phi \;=\; W_A . \end{aligned}$$

Dasselbe gilt für $\overline{W}_{\dot{A}}$ unter Verwendung von (9.192). Die supersymmetrischen Feldstärken sind demnach eichinvariant:

$$W_A = W'_A \qquad \text{und} \qquad \overline{W}_{\dot{A}} = \overline{W}'_{\dot{A}} .$$

10.3.5 Die Komponenten der supersymmetrischen Feldstärke

Wir bestimmen die Komponenten des Superfeldes W_A gemäß (10.69) und gehen dabei vom Vektor-Superfeld in der Wess-Zumino-Eichung aus. Da es sich bei W_A um ein chirales Superfeld handelt, führen wir die Berechnung wieder im komplexen Superraum $(y,\theta,\bar{\theta})$ aus. Die Form des Vektor-Superfeldes in den komplexen Koordinaten lautet unter Verwendung von (10.29)

$$\begin{aligned} V_{\mathrm{WZ}}(x,\theta,\bar{\theta}) &= V_{\mathrm{WZ}}(y - \mathrm{i}\theta\sigma\bar{\theta},\theta,\bar{\theta}) \\ &= (\theta\sigma^\mu\bar{\theta})A_\mu(y) - \mathrm{i}(\theta\sigma^\mu\bar{\theta})(\theta\sigma^\nu\bar{\theta})\partial_\nu A_\mu(y) \\ &\quad + \mathrm{i}(\theta\theta)\,\bar{\theta}\bar{\lambda}(y) - \mathrm{i}(\bar{\theta}\bar{\theta})\,\theta\lambda(y) + (\theta\theta)(\bar{\theta}\bar{\theta})\,d(y) \end{aligned}$$

$$= (\theta\sigma^\mu\bar\theta)A_\mu(y) + \mathrm{i}(\theta\theta)\,\bar\theta\bar\lambda(y) - \mathrm{i}(\bar\theta\bar\theta)\,\theta\lambda(y)$$
$$+ (\theta\theta)(\bar\theta\bar\theta)\left[d(y) - \frac{\mathrm{i}}{2}\,\partial_\mu A^\mu(y)\right] =: V^{(1)}_{\mathrm{WZ}}(y,\theta,\bar\theta)\,,$$

wobei (10.14) benutzt wurde. Anstelle von (10.69) tritt also jetzt

$$W_A(y,\theta,\bar\theta) = -\frac{1}{4}\left(\bar D^{(1)}\bar D^{(1)}\right)D^{(1)}_A\,V^{(1)}_{\mathrm{WZ}}(y,\theta,\bar\theta)$$
$$= -\frac{1}{4}\left(\bar\partial_{\dot A}\bar\partial^{\dot A}\right)D^{(1)}_A\,V^{(1)}_{\mathrm{WZ}}(y,\theta,\bar\theta) \tag{10.73}$$

mit den kovarianten Ableitungen (10.30) und (10.31).
Im ersten Schritt berechnen wir

$$D^{(1)}_A\,V^{(1)}_{\mathrm{WZ}} = \left[\partial_A + 2\mathrm{i}\,(\sigma^\mu\bar\theta)_A\partial_\mu\right]\left[(\theta\sigma^\nu\bar\theta)A_\nu + \mathrm{i}(\theta\theta)(\bar\theta\bar\lambda)\right.$$
$$\left. - \,\mathrm{i}(\bar\theta\bar\theta)(\theta\lambda) + (\theta\theta)(\bar\theta\bar\theta)\left(d - \frac{\mathrm{i}}{2}\,\partial_\nu A^\nu\right)\right]. \tag{10.74}$$

Beim Auswerten benutzen wir die Regeln für Weyl-Spinoren aus § 9.2.2 und § 9.2.4, die Differentiationsregeln aus § 9.5.4 und die aus ihnen abgeleiteten drei Beziehungen:

$$\partial_A(\theta\sigma^\mu\bar\theta) = (\sigma^\mu\bar\theta)_A\,, \tag{10.75}$$

$$(\sigma^\mu\bar\theta)_A\,(\bar\theta\bar\lambda) = \sigma^\mu_{\;A\dot A}\,\bar\theta^{\dot A}\bar\theta_{\dot B}\bar\lambda^{\dot B} = -\frac{1}{2}\,\sigma^\mu_{\;A\dot A}\,\delta^{\dot A}_{\dot B}\,\bar\lambda^{\dot B}(\bar\theta\bar\theta)$$
$$= -\frac{1}{2}\,\sigma^\mu_{\;A\dot A}\bar\lambda^{\dot A}(\bar\theta\bar\theta) = -\frac{1}{2}\,(\sigma^\mu\bar\lambda)_A\,(\bar\theta\bar\theta) \tag{10.76}$$

sowie

$$(\sigma^\mu\bar\theta)_A\,(\theta\sigma^\nu\bar\theta) = \sigma^\mu_{\;A\dot A}\,\bar\theta^{\dot A}\theta^B\sigma^\nu_{\;B\dot B}\,\bar\theta^{\dot B}$$
$$= -\sigma^\mu_{\;A\dot A}\,\bar\theta^{\dot A}\bar\theta^{\dot B}\,\sigma^\nu_{\;B\dot B}\,\theta^B = \frac{1}{2}\,\sigma^{\mu\,\dot B}_{\;A}\,\sigma^\nu_{\;B\dot B}\,\theta^B(\bar\theta\bar\theta)$$
$$= \frac{1}{2}\,\sigma^{\mu\,\dot B}_{\;A}\,\bar\sigma^\nu_{\;\dot B B}\,\theta^B(\bar\theta\bar\theta) = \frac{1}{2}\,(\sigma^\mu\bar\sigma^\nu\theta)_A\,(\bar\theta\bar\theta)\,. \tag{10.77}$$

Mit diesen Nebenrechnungen folgt aus (10.74) die Relation

$$D^{(1)}_A\,V^{(1)}_{\mathrm{WZ}} = (\sigma^\mu\bar\theta)_A A_\mu + 2\mathrm{i}\theta_A(\bar\theta\bar\lambda) - \mathrm{i}(\bar\theta\bar\theta)\lambda_A + (\theta\theta)(\bar\theta\bar\theta)(\sigma^\mu\partial_\mu\bar\lambda)_A$$
$$+ B_A\,(\bar\theta\bar\theta)$$

mit

$$B_A = 2d\theta_A - \mathrm{i}\partial_\nu A^\nu \theta_A + \mathrm{i}(\sigma^\mu \tilde{\sigma}^\nu \theta)_A \, \partial_\mu A_\nu \, .$$

Der Ausdruck B_A läßt sich weiter umformen zu

$$B_A = \Big[2d\delta_A^B + \mathrm{i}\Big(- g^{\mu\nu}\delta_A^B + (\sigma^\mu \tilde{\sigma}^\nu)_A{}^B \Big)\partial_\mu A_\nu \Big] \theta_B \, .$$

Unter Verwendung von (7.120), also $\sigma^\mu \tilde{\sigma}^\nu = g^{\mu\nu} - 2\mathrm{i}\sigma^{\mu\nu}$ wird daraus

$$B_A = \Big[2d\delta_A^B + 2(\sigma^{\mu\nu})_A{}^B \partial_\mu A_\nu \Big] \theta_B \, .$$

Nun benutzen wir die Antisymmetrie von $\sigma^{\mu\nu}$ und schreiben

$$\begin{aligned} 2\sigma^{\mu\nu}\partial_\mu A_\nu &= \sigma^{\mu\nu}\partial_\mu A_\nu + \sigma^{\nu\mu}\partial_\nu A_\mu \\ &= \sigma^{\mu\nu}(\partial_\mu A_\nu - \partial_\nu A_\mu) = \sigma^{\mu\nu} F_{\mu\nu} \, . \end{aligned}$$

Damit erhalten wir schließlich das Resultat

$$\begin{aligned} D_A^{(1)} V_{\mathrm{WZ}}^{(1)} = \; & (\sigma^\mu \bar{\theta})_A A_\mu + 2\mathrm{i}\theta_A (\bar{\theta}\bar{\lambda}) - \mathrm{i}(\bar{\theta}\bar{\theta})\lambda_A + (\theta\theta)(\bar{\theta}\bar{\theta})(\sigma^\mu \partial_\mu \bar{\lambda})_A \\ & + (\bar{\theta}\bar{\theta}) \Big[2d \, \delta_A^B + (\sigma^{\mu\nu} F_{\mu\nu})_A{}^B \Big] \theta_B \, . \end{aligned}$$

Setzen wir diesen Ausdruck in (10.73) ein und verwenden (9.171), dann folgt die Komponentenzerlegung der supersymmetrischen Feldstärke als

$$\boxed{W_A = \mathrm{i}\lambda_A - 2d\theta_A - (\sigma^{\mu\nu}\theta)_A \, F_{\mu\nu} - (\theta\theta)(\sigma^\mu \partial_\mu \bar{\lambda})_A} \quad . \tag{10.78}$$

Hier gehen die Felder λ, $F_{\mu\nu}$ und d ein. Wir hatten bereits in § 10.3.2 gesehen, daß jedes dieser Komponentenfelder eichinvariant ist.

10.4 Supersymmetrische Lagrangedichten

Nachdem wir die skalaren und Vektor-Superfelder kenngelernt haben, bauen wir aus ihnen die supersymmetrische Lagrangedichte auf.

10.4.1 Die Grundidee

Das Ziel besteht im Auffinden einer supersymmetrischen Lagrangedichte $\mathcal{L}$, welche das Wirkungsfunktional

$$S = \int \mathrm{d}^4x\, \mathcal{L}$$

bei SUSY-Transformationen nicht ändert, also $\delta_\epsilon S = 0$.

Bei der Konstruktion der supersymmetrischen Lagrangedichte kommt uns folgende Tatsache zugute: Die höchsten Komponenten eines Superfeldes transformieren sich wie Viererdivergenzen; im Fall des allgemeinen Superfeldes $\mathcal{F}(x, \theta, \bar{\theta})$ und des skalaren Superfeldes $\Phi(y, \theta)$ waren sie gegeben durch

$$\begin{aligned} \delta_\epsilon \mathcal{F} : \qquad \delta d &= \frac{\mathrm{i}}{2}\, \partial_\mu(\epsilon\sigma^\mu\bar{\lambda} - \alpha\sigma^\mu\bar{\epsilon}) \,, \\ \delta_\epsilon \Phi : \qquad \delta F &= \mathrm{i}\sqrt{2}\, \partial_\mu(\bar{\epsilon}\tilde{\sigma}^\mu\psi) \,. \end{aligned}$$

Man sagt, ein Feld sei vom D-Typ, wenn es zur $(\theta\theta)(\bar{\theta}\bar{\theta})$-Komponente gehört und ein Feld sei vom F-Typ, wenn es zur $(\theta\theta)$-Komponente gehört.

Verknüpfungen von Superfeldern durch Multiplikation und Addition ergeben wieder Superfelder, deren höchste Komponente bei SUSY-Transformationen ebenfalls zu einer Viererdivergenz führt. Das Raum-Zeit-Integral einer Viererdivergenz wird nach dem Gaußschen Satz in ein Oberflächenintegral transformiert, welches Null liefert, denn es kann immer in beliebig große Raumbereiche ausgedehnt werden, wo alle Felder verschwinden. Die supersymmetrische Lagrangedichte ist damit gegeben durch die höchste Komponente der Superfelder oder die höchste Komponente von Produkten aus Superfeldern:

$$\mathcal{L} = (\text{Superfelder})\Big|_{\theta\theta\bar{\theta}\bar{\theta}} + (\text{chirale Superfelder})\Big|_{\theta\theta\, y\to x} + \text{HC}$$

Mit Hilfe des vertikalen Striches soll die jeweils höchste Komponente bezeichnet werden. Beim chiralen Superfeld muß man, nachdem die $(\theta\theta)$-Komponente herausprojiziert wurde, noch von der Koordinate y zu x übergehen, was mit $y \to x$ angedeutet ist. Damit die Lagrangedichte reell ist, werden alle hermitesch konjugierten Terme addiert, welche mit dem Symbol HC abgekürzt wurden. Da die höchsten Komponenten der hier betrachteten Superfelder bosonisch sind, ist auch die Lagrangedichte eine bosonische Funktion.

Zusammenfassend gilt also: Die supersymmetrische Lagrangedichte ist invariant bis auf eine Viererdivergenz

$$\delta_\epsilon \mathcal{L} = \partial_\mu \Lambda^\mu \quad ,$$

wobei Λ^μ einen Vierervektor symbolisiert. Aber das ist bereits hinreichend für die Invarianz der Wirkung gegenüber SUSY-Transformationen:

$$\begin{aligned}\delta_\epsilon S &= \int \mathrm{d}^4x\, \delta_\epsilon\, \mathcal{L} \\ &= \int \mathrm{d}^4x\, \partial_\mu \Lambda^\mu \;=\; \text{Oberflächenintegral} \longrightarrow 0\,.\end{aligned}$$

10.4.2 Die Lagrangedichte für chirale Superfelder

Bei der Konstruktion supersymmetrischer Modelle und Theorien startet man mit der Lagrangedichte. Die Lagrangedichte setzt sich aus einem kinetischen, einem Massen- und einem Wechselwirkungsterm zusammen:

$$\mathcal{L} = \mathcal{L}_{\text{kin}} + \mathcal{L}_{\text{m}} + \mathcal{L}_{\text{int}}\,, \tag{10.79}$$

wobei

$$\mathcal{L}_{\text{kin}} = \Phi^\dagger(x,\theta,\bar\theta)\,\Phi(x,\theta,\bar\theta)\Big|_{\theta\theta\bar\theta\bar\theta}\,, \tag{10.80}$$

$$\mathcal{L}_{\text{m}} = -\frac{m}{2}\,\Phi^2(y,\theta)\Big|_{\theta\theta\; y\to x} + \text{HC}\,, \tag{10.81}$$

$$\mathcal{L}_{\text{int}} = -\frac{g}{3}\,\Phi^3(y,\theta)\Big|_{\theta\theta\; y\to x} + \text{HC}\,. \tag{10.82}$$

HC kennzeichnet den hermitesch konjugierten Ausdruck zu dem Term, der bereits notiert wurde. Hier bezeichnen m die Masse und g die Kopplungskonstante; beide sollen reelle Parameter sein.

Nun können wir die Ergebnisse aus § 10.2.3 übernehmen. So erhalten wir aus (10.47) mit der Umformung $u\Box v = \partial_\mu(u\,\partial^\mu v) - (\partial_\mu u)(\partial^\mu v)$ und dem Fortlassen der Viererdivergenz $\partial_\mu(u\,\partial^\mu v)$ für den kinetischen Term

$$\mathcal{L}_{\text{kin}} = (\partial_\mu\varphi^*)(\partial^\mu\varphi) - \frac{\mathrm{i}}{2}\,(\bar\psi\bar\sigma^\mu\partial_\mu\psi + \psi\sigma^\mu\partial_\mu\bar\psi) + F^*F\,. \tag{10.83}$$

Im Fall von $\Phi^2(y,\theta)$ und $\Phi^3(y,\theta)$ müssen wir allerdings noch den Koordinatenwechsel $y \to x = y - \mathrm{i}\theta\sigma\bar\theta$ vollziehen. Für die höchste Komponente, die wir hier ausschließlich betrachten, reduziert sich diese Umformung gerade auf die einfache Ersetzung $x = y$, denn für eine beliebige Funktion f gilt wegen $\theta^3 = 0$ die Entwicklung

$$\begin{aligned}(\theta\theta)\, f(y) &= (\theta\theta)\, f(x - \mathrm{i}\theta\sigma\bar\theta) \\ &= (\theta\theta)\, f(x) - \mathrm{i}(\theta\theta)(\theta\sigma^\mu\bar\theta)\,\partial_\mu f(x) \\ &= (\theta\theta) f(x)\,.\end{aligned}$$

Damit übernehmen wir direkt aus (10.44) und (10.45) die Ausdrücke für den Massen- und Wechselwirkungsterm:

$$\begin{aligned} \mathcal{L}_{\mathrm{m}} &= -\frac{m}{2}\,(2\varphi F - \psi\psi) - \frac{m}{2}\,(2\varphi^* F^* - \bar{\psi}\bar{\psi}) \\ &= \frac{m}{2}\,(\psi\psi + \bar{\psi}\bar{\psi}) - m(\varphi F + \varphi^* F^*)\,, \end{aligned} \tag{10.84}$$

$$\begin{aligned} \mathcal{L}_{\mathrm{int}} &= -\,g\,(\varphi^2 F - \varphi\psi\psi) - g\,(\varphi^{*2} F^* - \varphi^*\bar{\psi}\bar{\psi}) \\ &= g\,(\varphi\psi\psi + \varphi^*\bar{\psi}\bar{\psi}) - g\,(\varphi^2 F + \varphi^{*2} F^*)\,. \end{aligned} \tag{10.85}$$

Mit diesen Ergebnissen erhalten wir die Lagrangedichte

$$\begin{aligned} \mathcal{L} \;=\; & (\partial_\mu\varphi^*)(\partial^\mu\varphi) - \frac{\mathrm{i}}{2}\,(\bar{\psi}\tilde{\sigma}^\mu\partial_\mu\psi + \psi\sigma^\mu\partial_\mu\bar{\psi}) \\ & + \frac{m}{2}\,(\psi\psi + \bar{\psi}\bar{\psi}) + g\,(\varphi\psi\psi + \varphi^*\bar{\psi}\bar{\psi}) \\ & + F^*F - (m\varphi + g\varphi^2)\,F - (m\varphi^* + g\varphi^{*2})\,F^*\,. \end{aligned} \tag{10.86}$$

10.4.3 Die Lagrangedichte ohne Hilfsfelder

Das Hilfsfeld F läßt sich nun folgendermaßen aus der Lagrangedichte (10.86) eliminieren. Aus der Euler-Lagrange-Gleichung,

$$\frac{\partial\mathcal{L}}{\partial F^*} - \partial_\mu\,\frac{\partial\mathcal{L}}{\partial(\partial_\mu F^*)} = 0\,,$$

folgt mit

$$\frac{\partial\mathcal{L}}{\partial F^*} = F - m\varphi^* - g\varphi^{*2} \qquad \text{und} \qquad \frac{\partial\mathcal{L}}{\partial(\partial_\mu F^*)} = 0$$

die Bewegungsgleichung für das Hilfsfeld

$$F = m\varphi^* + g\varphi^{*2}\,. \tag{10.87}$$

Man beachte, daß in dieser Bewegungsgleichung keine Ableitungen auftreten; sie ist eine rein algebraische Gleichung. Hilfsfelder beschreiben daher keine Ausbreitung in Raum und Zeit.
Mit Hilfe von (10.87) und seiner konjugiert-komplexen Form

$$F^* = m\varphi + g\varphi^2 \tag{10.88}$$

reduziert sich die unterste Zeile aus (10.86) auf $F^*F - F^*F - FF^* = -|F|^2$. Das Absolutquadrat von (10.87) liefert aber gerade

$$|F|^2 = m^2|\varphi|^2 + mg|\varphi|^2(\varphi + \varphi^*) + g^2|\varphi|^4 \,. \tag{10.89}$$

Setzt man es in (10.86) ein, dann erhält die Lagrangedichte eine Form, in der nur noch das komplexe skalare Feld $\varphi(x)$ und das Weyl-Spinorfeld $\psi(x)$ auftreten:

$$\boxed{\begin{aligned} \mathcal{L} \;=\; & (\partial_\mu\varphi^*)(\partial^\mu\varphi) - m^2|\varphi|^2 \\ & - \frac{\mathrm{i}}{2}\,(\bar\psi\bar\sigma^\mu\partial_\mu\psi \;+\; \psi\sigma^\mu\partial_\mu\bar\psi) + \frac{m}{2}\,(\psi\psi + \bar\psi\bar\psi) \\ & + \; g\,(\varphi\psi\psi + \varphi^*\bar\psi\bar\psi) - mg|\varphi|^2(\varphi + \varphi^*) - g^2|\varphi|^4 \end{aligned}} \tag{10.90}$$

Da man zu ihrer Herleitung die Bewegungsgleichung für das Hilfsfeld benutzt, bezeichnet man im Gegensatz zu (10.86) diese Lagrangedichte als "on-shell", d.h. auf der Energieschale.

Nehmen wir wir die einzelnen Terme in (10.90) etwas genauer in Augenschein. Die Terme der ersten Zeile beschreiben die freie Bewegung des bosonischen Feldes $\varphi(x)$ mit der Masse m. Die beiden Terme in der mittleren Zeile beschreiben die freie Bewegung des fermionischen Feldes $\psi(x)$ mit der gleichen Masse m. Die Teilchen, welche durch φ und ψ beschrieben werden, sind die Superpartner aus dem chiralen Supermultiplett:

$\psi(x)$: Lepton, Quark ,

$\varphi(x)$: Slepton, Squark .

In der unteren Zeile von (10.90) stehen die Wechselwirkungsterme. Zunächst haben wir den

$$\text{Yukawa-Term:} \qquad g\,(\varphi\psi\psi + \varphi^*\bar\psi\bar\psi) \,. \tag{10.91}$$

Er bestimmt die Boson-Fermion-Wechselwirkung, wobei g die Kopplungskonstante ist. Im Gegensatz dazu beschreiben die letzten beiden Terme aus (10.90) die Selbstwechselwirkung des komplexen bosonischen Feldes. Die Stärke dieser Wechselwirkung wird durch die gleiche Kopplungskonstante g bestimmt. Später werden wir sehen, daß die beiden letzten Terme in (10.90) das Superpotential definieren, welches bei der Symmetriebrechung eine große Rolle spielt.

Mit Hilfe der Bewegungsgleichung (10.87) erhält die SUSY-Transformation (10.41) und (10.42) für die Komponentenfelder φ und ψ die konkrete Gestalt:

$$\delta\varphi = \sqrt{2}\epsilon\psi \,, \tag{10.92}$$

$$\delta\psi = \mathrm{i}\sqrt{2}\sigma^{\mu}\bar{\epsilon}\partial_{\mu}\varphi + \sqrt{2}\epsilon m\varphi^{*} + \sqrt{2}\epsilon g\varphi^{*2} \,. \tag{10.93}$$

10.4.4 Übergang zu Bispinoren und skalaren Feldern

Den Ausgangspunkt bildet die Lagrangedichte (10.90). Wir führen jetzt einen Bezeichnungswechsel durch. Dazu wird *erstens* das komplexe Feld $\varphi(x)$ in zwei reelle Felder $A(x)$ und $B(x)$ zerlegt,

$$\varphi = \frac{1}{\sqrt{2}}\left(A - \mathrm{i}B\right) \,, \tag{10.94}$$

und *zweitens* wird von den Weyl-Spinoren ψ und $\bar{\psi}$ übergegangen zu Bispinoren

$$\Psi = \begin{pmatrix} \psi \\ \bar{\psi} \end{pmatrix} \qquad \text{und} \qquad \overline{\Psi} = (\psi \,, \, \bar{\psi}) \,. \tag{10.95}$$

Konkret handelt es sich um Majorana-Spinoren. Für sie gelten die folgenden Beziehungen in der chiralen Darstellung:

$$\overline{\Psi}\Psi = \psi\psi + \bar{\psi}\bar{\psi} \,, \tag{10.96}$$

$$\overline{\Psi}\gamma_5\Psi = -(\psi\psi - \bar{\psi}\bar{\psi}) \,, \tag{10.97}$$

$$\overline{\Psi}\gamma^{\mu}\partial_{\mu}\Psi = \psi\sigma^{\mu}\partial_{\mu}\bar{\psi} + \bar{\psi}\bar{\sigma}^{\mu}\partial_{\mu}\psi \,. \tag{10.98}$$

Die Lagrangedichte (10.90) erhält damit die kompakte Form:

$$\begin{aligned} \mathcal{L} = \; & \frac{1}{2}\left[(\partial_{\mu}A)(\partial^{\mu}A) - m^2A^2\right] + \frac{1}{2}\left[(\partial_{\mu}B)(\partial^{\mu}B) - m^2B^2\right] \\ & - \frac{1}{2}\,\overline{\Psi}(\mathrm{i}\gamma^{\mu}\partial_{\mu} - m)\Psi + \frac{g}{\sqrt{2}}\,\overline{\Psi}(A + \mathrm{i}\gamma_5 B)\Psi \\ & - \frac{mg}{\sqrt{2}}\,A(A^2 + B^2) - \frac{g^2}{4}\,(A^2 + B^2)^2 \,. \end{aligned} \tag{10.99}$$

10.4.5 Die Massenmatrix und das Superpotential

Anstelle von (10.79) schreiben wir jetzt die Lagrangedichte als

$$\mathcal{L} = \mathcal{L}_{\text{kin}} - \left[U(\Phi)\Big|_{\theta\theta} + \text{HC} \right] \tag{10.100}$$

mit dem Potential

$$U(\Phi) = \frac{m}{2}\,\Phi^2 + \frac{g}{3}\,\Phi^3\,. \tag{10.101}$$

Dieses Potential ist eine Superfunktion und genügt daher der Taylorentwicklung

$$\begin{aligned} U(\Phi) &= U(\varphi + \Phi_{\text{S}}) \\ &= U(\varphi) + \frac{\mathrm{d}U(\varphi)}{\mathrm{d}\varphi}\,\Phi_{\text{S}} + \frac{1}{2}\,\frac{\mathrm{d}^2U(\varphi)}{\mathrm{d}\varphi^2}\,\Phi_{\text{S}}^2 \end{aligned} \tag{10.102}$$

mit φ und Φ_{S} als Körper und Seele von Φ. Diese Entwicklung bricht nach der zweiten Ordnung ab, da

$$\begin{aligned} \Phi_{\text{S}} &= \sqrt{2}\theta\psi + (\theta\theta)\,F\,, \\ \Phi_{\text{S}}^2 &= -(\psi\psi)(\theta\theta)\,, \\ \Phi_{\text{S}}^3 &= 0\,. \end{aligned}$$

Das Potential $U(\varphi)$ und seine Ableitungen sind dabei gegeben durch

$$\begin{aligned} &U(\varphi) = \frac{m}{2}\,\varphi^2 + \frac{g}{3}\,\varphi^3\,, \\ &\frac{\mathrm{d}U}{\mathrm{d}\varphi} = m\varphi + g\varphi^2 \qquad \text{und} \qquad \frac{\mathrm{d}^2U}{\mathrm{d}\varphi^2} = m + 2g\varphi\,. \end{aligned}$$

Setzen wir das in (10.102) ein, so folgt für die höchste Komponente

$$U(\Phi)\Big|_{\theta\theta} = (m\varphi + g\varphi^2)\,F - \frac{1}{2}\,(m + 2g\varphi)(\psi\psi)\,. \tag{10.103}$$

Dieses Resultat zusammen mit (10.83) führt gemäß (10.100) wieder zur Lagrangedichte (10.86).

Nun verallgemeinern wir diese Methode auf n verschiedene chirale Superfelder Φ_i aus (10.46). Die Lagrangedichte lautet dann (Summation über doppelte Indizes):

$$\mathcal{L} = \Phi_i^\dagger \Phi_i\Big|_{\theta\theta\bar{\theta}\bar{\theta}} - \left(U[\Phi]\Big|_{\theta\theta} + \text{HC} \right) \tag{10.104}$$

mit dem verallgemeinerten Potential

$$\begin{aligned} U[\Phi] &:= U(\Phi_1, \ldots, \Phi_n) \\ &= U(\varphi_1, \ldots, \varphi_n) + \frac{\partial U}{\partial \varphi_i} (\Phi_S)_i + \frac{1}{2} \frac{\partial^2 U}{\partial \varphi_i \, \partial \varphi_j} (\Phi_S)_i \, (\Phi_S)_j \, . \end{aligned}$$

Auch hier bricht die Entwicklung nach der zweiten Ordung ab, da

$$\begin{aligned} (\Phi_S)_i &= \sqrt{2} \theta \psi_i + (\theta\theta) \, F_i \, , \\ (\Phi_S)_i \, (\Phi_S)_j &= -(\psi_i \psi_j)(\theta\theta) \, , \\ (\Phi_S)_i \, (\Phi_S)_j \, (\Phi_S)_k &= 0 \, . \end{aligned}$$

Damit erhalten wir

$$U[\Phi] = U(\varphi_1, \ldots, \varphi_n) + U_i \, [\, \sqrt{2} \theta \psi_i + (\theta\theta) \, F_i \,] - \frac{1}{2} \, U_{ij} (\psi_i \psi_j)(\theta\theta)$$

mit der Abkürzung $U_i := \partial U / \partial \varphi_i$ und der fermionischen

$$\boxed{\text{Massenmatrix :} \qquad U_{ij} := \frac{\partial^2 U}{\partial \varphi_i \, \partial \varphi_j}} \, . \tag{10.105}$$

Für die Lagrangedichte folgt demnach der Ausdruck

$$\mathcal{L} = \Phi_i^\dagger \Phi_i \Big|_{\theta\theta\bar{\theta}\bar{\theta}} - (U_i F_i + U_i^* F_i^*) + \frac{1}{2} \, (\psi_i U_{ij} \psi_j + \bar{\psi}_j U_{ji}^* \bar{\psi}_i) \tag{10.106}$$

mit dem kinetischen Term

$$\Phi_i^\dagger \Phi_i \Big|_{\theta\theta\bar{\theta}\bar{\theta}} = (\partial_\mu \varphi_i^*)(\partial^\mu \varphi_i) - \frac{\mathrm{i}}{2} \Big(\bar{\psi}_i \bar{\sigma}^\mu \partial_\mu \psi_i + \psi_i \sigma^\mu \partial_\mu \bar{\psi}_i \Big) + F_i^* F_i \, .$$

Die Euler-Lagrange-Gleichung für die einzelnen Hilfsfelder liefert

$$\frac{\partial \mathcal{L}}{\partial F_i^*} - \partial_\mu \frac{\partial \mathcal{L}}{\partial (\partial_\mu F_i^*)} = 0 \quad \Longrightarrow \quad F_i - U_i^* = 0 \, . \tag{10.107}$$

Damit lassen sich die Hilfsfelder F_i und F_i^* vollständig eliminieren, und wir erhalten

$$\begin{aligned} \mathcal{L} \; = \; & (\partial_\mu \varphi_i^*)(\partial^\mu \varphi_i) - \frac{\mathrm{i}}{2} \Big(\bar{\psi}_i \bar{\sigma}^\mu \partial_\mu \psi_i + \psi_i \sigma^\mu \partial_\mu \bar{\psi}_i \Big) \\ & + \frac{1}{2} \Big(\psi_i U_{ij} \psi_j + \bar{\psi}_j U_{ji}^* \bar{\psi}_i \Big) - W(\varphi, \varphi^*) \end{aligned} \tag{10.108}$$

mit dem

$$\text{Superpotential :} \quad W(\varphi,\varphi^*) := \sum_{i=1}^{n} |F_i|^2 = \sum_{i=1}^{n} \left|\frac{\partial U}{\partial \varphi_i}\right|^2 \tag{10.109}$$

Das Superpotential ist immer nichtnegativ! Zwei Beispiele und ein Gegenbeispiel dazu sind in der Abb. 10.3 skizziert.

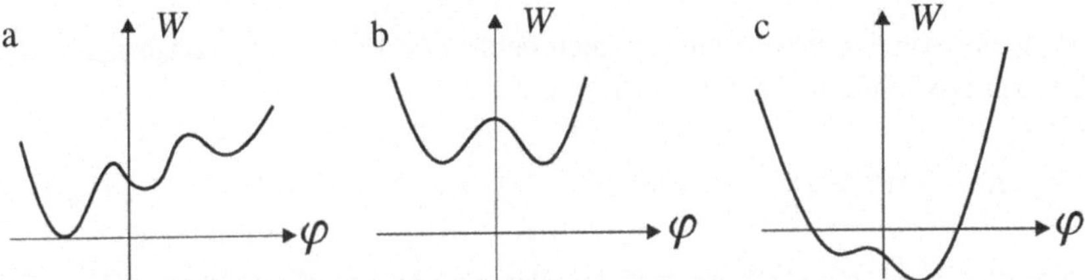

Abb. 10.3 Das Superpotential als Funktion mehrer Felder φ_i muß immer nichtnegativ sein. Im Fall c liegt deshalb kein Superpotential vor. Die Abszissenachse symbolisiert die Felder.

Es ist nun üblich für das Potential den folgenden Ansatz zu machen:

$$U[\Phi] = \kappa_i \Phi_i + \frac{1}{2} m_{ij} \Phi_i \Phi_j + \frac{1}{3} g_{ijk} \Phi_i \Phi_j \Phi_k \,, \tag{10.110}$$

wobei die Koeffizienten m_{ij} und g_{ijk} symmetrisch in ihren Indizes sind. Daraus folgt nun

$$\begin{aligned} U_i = \frac{\partial U}{\partial \varphi_i} &= \frac{\partial}{\partial \varphi_i} \left[\kappa_l \varphi_l + \frac{1}{2} m_{lj} \varphi_l \varphi_j + \frac{1}{3} g_{ljk} \varphi_l \varphi_j \varphi_k \right] \\ &= \kappa_i + \frac{1}{2} m_{ij} \varphi_j + \frac{1}{2} m_{li} \varphi_l + \frac{1}{3} g_{ijk} \varphi_j \varphi_k + \frac{1}{3} g_{lik} \varphi_l \varphi_k + \frac{1}{3} g_{lji} \varphi_l \varphi_j \\ &= \kappa_i + m_{ij} \varphi_j + g_{ijk} \varphi_j \varphi_k \,. \end{aligned} \tag{10.111}$$

Das Superpotential ist dann gegeben als

$$W(\varphi,\varphi^*) = \sum_{i=1}^{n} \left| \kappa_i + m_{ij} \varphi_j + g_{ijk} \varphi_j \varphi_k \right|^2 . \tag{10.112}$$

Schließlich gelangt man durch nochmaliges Ableiten von (10.111) zur fermionischen Massenmatrix

$$U_{ij} = m_{ij} + 2g_{ijk}\,\varphi_k\,. \tag{10.113}$$

Sie enthält neben den Massen m_{ij} auch noch die Kopplungskonstante g_{ijk}.

10.4.6 Die Lagrangedichte für Vektor-Superfelder

Ausgehend von der supersymmetrischen Feldstärke $W_A(y,\theta,\bar{\theta})$ konstruieren wir die Lagrangedichte für Vektor-Superfelder:

$$\mathcal{L} = \frac{1}{4}\,W^A W_A\Big|_{\theta\theta\; y\to x} + \text{HC}\,. \tag{10.114}$$

Damit ist $\mathcal{L}$ reell und ein Lorentzskalar, also eine bosonische Funktion. Zunächst berechnen wir unter Verwendung von (10.78)

$$\begin{aligned} W^A W_A = {} & \Big[\mathrm{i}\lambda^A - 2d\theta^A - (\sigma^{\mu\nu}\theta)^A F_{\mu\nu} - (\theta\theta)(\sigma^\mu\partial_\mu\bar{\lambda})^A\Big] \\ & \Big[\mathrm{i}\lambda_A - 2d\theta_A - (\sigma^{\rho\sigma}\theta)_A F_{\rho\sigma} - (\theta\theta)(\sigma^\rho\partial_\rho\bar{\lambda})_A\Big] \\ = {} & -(\lambda\lambda) - 2\mathrm{i}d(\theta\lambda) - \mathrm{i}(\lambda\sigma^{\rho\sigma}\theta)F_{\rho\sigma} - \mathrm{i}(\theta\theta)(\lambda\sigma^\rho\partial_\rho\bar{\lambda}) \\ & - 2\mathrm{i}d(\theta\lambda) + 4d^2(\theta\theta) - \mathrm{i}(\lambda\sigma^{\mu\nu}\theta)F_{\mu\nu} \\ & + (\sigma^{\mu\nu}\theta)^A(\sigma^{\rho\sigma}\theta)_A F_{\mu\nu}F_{\rho\sigma} - \mathrm{i}(\theta\theta)(\lambda\sigma^\mu\partial_\mu\bar{\lambda})\,. \end{aligned} \tag{10.115}$$

Hierbei haben wir (9.65) benutzt. Bei der Auswertung dieser Beziehung benötigt man die folgende Umformung, die wir mit Hilfe von (9.54) durchführen können

$$\begin{aligned} (\sigma^{\mu\nu}\theta)^A(\sigma^{\rho\sigma}\theta)_A &= \sigma^{\mu\nu\,AB}\,\theta_B\theta_C\,\sigma^{\rho\sigma C}{}_A \\ &= -\frac{1}{2}\,\sigma^{\mu\nu\,AB}\,\tilde{\varepsilon}_{BC}\,\sigma^{\rho\sigma C}{}_A(\theta\theta) \\ &= -\frac{1}{2}\,\sigma^{\mu\nu A}{}_C\,\sigma^{\rho\sigma C}{}_A\,(\theta\theta) \\ &= -\frac{1}{2}\,(\theta\theta)\,\mathrm{Tr}\,\sigma^{\mu\nu}\sigma^{\rho\sigma}\,. \end{aligned} \tag{10.116}$$

Die Spur läßt sich dabei weiter auswerten mit [54]

$$\mathrm{Tr}\,\sigma^{\mu\nu}\sigma^{\rho\sigma} = \frac{1}{2}\,(g^{\mu\rho}g^{\nu\sigma} - g^{\mu\sigma}g^{\nu\rho}) + \frac{\mathrm{i}}{2}\,\varepsilon^{\mu\nu\rho\sigma}\,. \tag{10.117}$$

So ergibt beispielsweise

$$\left(\mathrm{Tr}\,\sigma^{\mu\nu}\sigma^{\rho\sigma}\right) F_{\mu\nu}F_{\rho\sigma} = \frac{1}{2}\left(F_{\mu\nu}F^{\mu\nu} - F_{\mu\nu}F^{\nu\mu} + \mathrm{i}F_{\mu\nu}\varepsilon^{\mu\nu\rho\sigma}F_{\rho\sigma}\right) \\ = F_{\mu\nu}F^{\mu\nu} + \mathrm{i}F_{\mu\nu}{}^{*}F^{\mu\nu} \tag{10.118}$$

mit dem dualen Feldstärketensor

$${}^{*}F^{\mu\nu} := \frac{1}{2}\,\varepsilon^{\mu\nu\rho\sigma}F_{\rho\sigma}\,. \tag{10.119}$$

Mit diesen Vorbetrachtungen erhalten wir aus (10.115)

$$W^A W_A = -(\lambda\lambda) - 4\mathrm{i}d(\theta\lambda) - 2\mathrm{i}(\lambda\sigma^{\mu\nu}\theta)F_{\mu\nu} + (\theta\theta)\Big[-2\mathrm{i}(\lambda\sigma^{\mu}\partial_\mu\bar{\lambda}) \\ + 4d^2 - \frac{1}{2}F_{\mu\nu}F^{\mu\nu} - \frac{\mathrm{i}}{2}F_{\mu\nu}{}^{*}F^{\mu\nu}\Big]\,.$$

Aus der höchsten Komponente von $W^A W_A$ folgt gemäß (10.114)

$$\mathcal{L} = -\frac{\mathrm{i}}{2}(\lambda\sigma^{\mu}\partial_\mu\bar{\lambda}) + d^2 - \frac{1}{8}F_{\mu\nu}F^{\mu\nu} - \frac{\mathrm{i}}{8}F_{\mu\nu}{}^{*}F^{\mu\nu} \\ + \frac{\mathrm{i}}{2}(\partial_\mu\lambda\sigma^{\mu}\bar{\lambda}) + d^2 - \frac{1}{8}F_{\mu\nu}F^{\mu\nu} + \frac{\mathrm{i}}{8}F_{\mu\nu}{}^{*}F^{\mu\nu}$$

und schließlich die Lagrangedichte des Vektor-Superfeldes:

$$\boxed{\mathcal{L} = -\frac{\mathrm{i}}{2}\left(\lambda\sigma^{\mu}\partial_\mu\bar{\lambda} + \bar{\lambda}\tilde{\sigma}^{\mu}\partial_\mu\lambda\right) - \frac{1}{4}F_{\mu\nu}F^{\mu\nu} + 2d^2}\,. \tag{10.120}$$

Der kinetische Term des fermionischen Feldes in (10.90) und der des fermionischen Feldes in (10.120) stimmen in ihrer Struktur überein. Die hier eingehenden Felder λ, $F^{\mu\nu}$ und d sind alle eichinvariant, demzufolge ist auch die Lagrangedichte eichinvariant. Man beachte, daß die Lagrangedichte aber nur masselose Felder enthält. Formal läßt sich zu $\mathcal{L}$ aus (10.114) noch ein Massenterm der Art

$$\mathcal{L}_{\mathrm{m}} := m^2 V_{\mathrm{WZ}}^2\Big|_{\theta\theta\bar{\theta}\bar{\theta}} = \frac{m^2}{2}A_\mu A^\mu \tag{10.121}$$

hinzufügen. Er zerstört aber die Eichinvarianz.

10.4.7 Integration über Weyl-Spinoren

In diesem Abschnitt wenden wir die Integrationsregeln bei Grassmann-Zahlen aus § 4.3.4 auf Weyl-Spinoren an. Dazu definiert man die lorentzinvarianten Volumenelemente:

$$d^2\theta := \frac{1}{4}\, d\theta^A d\theta_A \,, \tag{10.122}$$

$$d^2\bar{\theta} := \frac{1}{4}\, d\bar{\theta}_{\dot{A}} d\bar{\theta}^{\dot{A}} \,, \tag{10.123}$$

$$d^4\theta := d^2\theta d^2\bar{\theta} \,. \tag{10.124}$$

(Man beachte, daß die Wahl der Vorfaktoren in der Fachliteratur unterschiedlich ausfällt.) Da für Weyl-Spinoren $\theta^A\theta_A = 2\theta_1\theta_2$ sowie $\bar{\theta}_{\dot{A}}\bar{\theta}^{\dot{A}} = 2\bar{\theta}_{\dot{2}}\bar{\theta}_{\dot{1}}$ gilt, folgt aus den oberen Beziehungen

$$d^2\theta = \frac{1}{2}\, d\theta_1 d\theta_2 \qquad \text{und} \qquad d^2\bar{\theta} = \frac{1}{2}\, d\bar{\theta}_{\dot{2}} d\bar{\theta}_{\dot{1}} \,. \tag{10.125}$$

Damit erhalten wir auch

$$(d^2\theta)^\dagger = d^2\bar{\theta} \,, \tag{10.126}$$

$$[\, d^2\theta, d^2\bar{\theta}\,] = 0 \tag{10.127}$$

und schließlich

$$(d^4\theta)^\dagger = d^4\theta \,. \tag{10.128}$$

Aufgrund der Äquivalenz von Integration und Differentiation gilt:

$$\int d\theta_A = \frac{\partial}{\partial\theta_A} = \partial^A \qquad \text{bzw.} \qquad \int d\theta^A = \frac{\partial}{\partial\theta^A} = \partial_A \,, \tag{10.129}$$

und ganz analog für gepunktete Indizes. Die Anwendung dieser Regeln liefert uns

$$\int d^2\theta = -\frac{1}{4} \int d\theta^A \int d\theta_A = -\frac{1}{4}\, \partial_A \partial^A = \frac{1}{4}\, \partial^A \partial_A = \frac{1}{4}\, \partial^2 \,, \tag{10.130}$$

$$\int d^2\bar{\theta} = -\frac{1}{4} \int d\bar{\theta}_{\dot{A}} \int d\bar{\theta}^{\dot{A}} = -\frac{1}{4}\, \bar{\partial}^{\dot{A}} \bar{\partial}_{\dot{A}} = \frac{1}{4}\, \bar{\partial}_{\dot{A}} \bar{\partial}^{\dot{A}} = \frac{1}{4}\, \bar{\partial}^2 \,, \tag{10.131}$$

$$\int d^4\theta = \frac{1}{16}\, \partial^2 \bar{\partial}^2 = \frac{1}{16}\, \bar{\partial}^2 \partial^2 \,. \tag{10.132}$$

Mit (9.171) resultiert daraus

$$\int d^2\theta \, (\theta\theta) = \frac{1}{4} \, \partial^A \partial_A (\theta\theta) = 1 \, , \tag{10.133}$$

$$\int d^2\bar{\theta} \, (\bar{\theta}\bar{\theta}) = \frac{1}{4} \, \bar{\partial}_{\dot{A}} \bar{\partial}^{\dot{A}} (\bar{\theta}\bar{\theta}) = 1 \, . \tag{10.134}$$

Schließlich gilt

$$\int d^4\theta \, (\theta\theta)(\bar{\theta}\bar{\theta}) = 1 \, . \tag{10.135}$$

Gegeben sei nun die Superfunktion

$$f(\theta) = f(0) + f^A \theta_A + f^{(2)}(\theta\theta) \, . \tag{10.136}$$

Wegen

$$\int d^2\theta \, 1 = \int d^2\bar{\theta} \, 1 = 0 \qquad \text{und} \qquad \int d^2\theta \, \theta = \int d^2\bar{\theta} \, \bar{\theta} = 0$$

projiziert die Integration die Komponente höchster Ordnung in der Reihenentwicklung heraus:

$$\int d^2\theta \, f(\theta) = f^{(2)} \, . \tag{10.137}$$

Ebenso liefert für die Superfunktion Φ aus (10.2) das Integral

$$\int d^4\theta \, \Phi(x, \theta, \bar{\theta}) = d(x) \, . \tag{10.138}$$

Die Deltafunktion sei definiert durch

$$\int d^2\theta \, f(\theta) \, \delta^2(\theta) = f(0) \, . \tag{10.139}$$

Diese Beziehung wird offenbar erfüllt durch

$$\delta^2(\theta) = (\theta\theta) \, . \tag{10.140}$$

Ebenso gilt

$$\delta^2(\bar{\theta}) = (\bar{\theta}\bar{\theta}) \tag{10.141}$$

und schließlich $\delta^4(\theta) = (\theta\theta)(\bar{\theta}\bar{\theta}) = (\bar{\theta}\bar{\theta})(\theta\theta)$.

10.4.8 Lagrangedichten in integraler Form

Mit den Kenntnissen des vorhergehenden Abschnitts schreiben wir die Lagrangedichte (10.104) für die skalaren Felder in der Form $\mathcal{L} = \mathcal{L}_{\text{kin}} - \mathcal{L}_{\text{pot}}$, wobei

$$\mathcal{L}_{\text{kin}} = \int d^4\theta\, \Phi_i^\dagger \Phi_i \qquad \text{und} \qquad \mathcal{L}_{\text{pot}} = \int d^2\theta\, U[\Phi] + \text{HC} .$$

Mit Hilfe der Deltafunktion läßt sich das auch zusammenfassend unter ein Integral schreiben

$$\boxed{\mathcal{L} = \int d^4\theta \left[\Phi_i^\dagger \Phi_i - \left(U[\Phi]\, \delta^2(\bar{\theta}) + \text{HC} \right) \right]} \quad . \tag{10.142}$$

Ebenso folgt für die Lagrangedichte des Vektor-Superfeldes (10.114) der integrale Ausdruck

$$\boxed{\mathcal{L} = \frac{1}{4} \int d^4\theta \left[W^A W_A\, \delta^2(\bar{\theta}) + \text{HC} \right]} \quad . \tag{10.143}$$

Für die invariante Wirkung erhalten wir mit der Definition

$$\int d^8 z := \int d^4 x \int d^4\theta \tag{10.144}$$

schließlich die kompakten Ausdrücke

$$S = \int d^8 z \left[\Phi_i^\dagger \Phi_i - \left(U[\Phi]\, \delta^2(\bar{\theta}) + \text{HC} \right) \right] . \tag{10.145}$$

und

$$S = \frac{1}{4} \int d^8 z \left[W^A W_A\, \delta^2(\bar{\theta}) + \text{HC} \right] . \tag{10.146}$$

11 SUSY-Modelle

Wir untersuchen einfache Modelle der Feldtheorie: das Wess-Zumino-Modell, ein Modell der supersymmetrischen Eichtheorie und Modelle der spontanen Brechung der Supersymmetrie.

11.1 Das Wess-Zumino Modell

Am Beispiel des Wess-Zumino-Modells wird die Lagrangedichte einer supersymmetrischen Feldtheorie vorgestellt.

11.1.1 Die Lagrangedichte

Die Lagrangedichte (10.90) des Wess-Zumino-Modells [68, 66] ist gegeben durch (10.99) mit der neuen Kopplungskonstanten $G = g/\sqrt{2}$:

$$\begin{aligned} \mathcal{L} = & \frac{1}{2}\left[(\partial_\mu A)(\partial^\mu A) - m^2 A^2\right] + \frac{1}{2}\left[(\partial_\mu B)(\partial^\mu B) - m^2 B^2\right] \\ & - \frac{1}{2}\overline{\Psi}(\mathrm{i}\gamma^\mu \partial_\mu - m)\Psi + G\,\overline{\Psi}(A + \mathrm{i}\gamma_5 B)\Psi \\ & - mG\,A(A^2 + B^2) - \frac{G^2}{2}(A^2 + B^2)^2\,, \end{aligned} \tag{11.1}$$

wobei Ψ ein Majorana-Spinor ist:

$$\Psi := \Psi_{\mathrm{M}} = \begin{pmatrix} \psi \\ \bar{\psi} \end{pmatrix} \qquad \text{und} \qquad \overline{\Psi} = (\psi\,,\,\bar{\psi})\,. \tag{11.2}$$

Das Wess-Zumino-Modell ist ein supersymmetrisches Modell.

Für die Majorana-Spinoren (11.2) gelten gemäß § 9.2.5 die Beziehungen (10.96) bis (10.98) in der chiralen Darstellung.

Aus der Forderung, daß die Lagrangedichte bei Raumspiegelungen, also bei der Paritätstransformation invariant bleibt, folgen zusätzliche Eigenschaften für die reellen Felder A und B. Dazu betrachten wir den Yukawa-Term

$$Y = G\,\overline{\Psi}(A - \mathrm{i}\gamma_5 B)\Psi\,. \tag{11.3}$$

Die Majorana-Spinoren verhalten sich bei Anwendung des Paritätsoperators gemäß (7.87) wie

$$\begin{aligned} \Psi &\longrightarrow P\Psi = \gamma^0\Psi , \\ \overline{\Psi} &\longrightarrow (\gamma^0\Psi)^\dagger\gamma^0 = (\Psi^\dagger\gamma^0)\gamma^0 = \overline{\Psi}\gamma^0 . \end{aligned}$$

Das Verhalten von $\overline{\Psi}\Psi$ und $\overline{\Psi}\gamma_5\Psi$ bei Raumspiegelungen ist dann gegeben durch:

$$\overline{\Psi}\Psi \longrightarrow \overline{\Psi}\gamma^0\gamma^0\Psi = \overline{\Psi}\Psi , \tag{11.4}$$

$$\overline{\Psi}\gamma_5\Psi \longrightarrow \overline{\Psi}\gamma^0\gamma_5\gamma^0\Psi = -\overline{\Psi}\gamma^5\Psi . \tag{11.5}$$

Damit der Yukawa-Term (11.3) paritätsinvariant bleibt, muß A ein skalares Feld und B ein pseudoskalares Feld sein:

$$PA(x) = A(x) \qquad \text{und} \qquad PB(x) = -B(x) . \tag{11.6}$$

Der Terminus *Skalar* besitzt zwei Bedeutungen. Zum einen kennzeichnet er das Verhalten bei Lorentztransformationen (A und B sind beide Lorentzskalare) und zum anderen das Verhalten bei Spiegelungen (nur A ist ein Skalar, B hingegen ändert sein Vorzeichen und ist ein Pseudoskalar).

Das Wess-Zumino-Modell beinhaltet also

ein reelles skalares Feld:	$A(x)$	mit	$A = A^*$,
ein reelles pseudoskalares Feld:	$B(x)$	mit	$B = B^*$,
ein Majorana-Spinorfeld:	$\Psi(x)$	mit	$\Psi = C\overline{\Psi}^{\mathrm{T}}$.

Dieses chirale Supermultiplett ist in der Abb. 9.6 dargestellt. Die bosonischen Felder A und B beschreiben Teilchen mit Spin 0; das fermionische Spinorfeld Ψ beschreibt Teilchen mit Spin $\frac{1}{2}$. Alle Felder besitzen hier die gleiche Masse, – das ist das Neue gegenüber der herkömmlichen Feldtheorie.

Die Lagrangedichte für das *freie* Wess-Zumino-Modell folgt aus (11.1), indem man die Kopplungskonstante G gleich Null setzt:

$$\mathcal{L} = \frac{1}{2}\left\{(\partial_\mu A)^2 - m^2A^2 + (\partial_\mu B)^2 - m^2B^2 - \overline{\Psi}(\mathrm{i}\not{\partial} - m)\Psi\right\} . \tag{11.7}$$

Die Euler-Lagrange-Gleichungen für die Komponentenfelder $\Phi_i \in \{A, B, \Psi, \overline{\Psi}\}$ lauten

$$\frac{\partial\mathcal{L}}{\partial\Phi_i} - \partial_\mu\frac{\partial\mathcal{L}}{\partial(\partial_\mu\Phi_i)} = 0 . \tag{11.8}$$

Für die Skalarfelder $\Phi_i = A, B$ folgen aus (11.7) die Klein-Gordon-Gleichungen

$$(\Box + m^2)\, A = 0 \qquad \text{und} \qquad (\Box + m^2)\, B = 0 \tag{11.9}$$

mit dem Wellenoperator $\Box = \partial_\mu \partial^\mu$. Lösungen dieser Gleichungen sind die ebenen Wellen $\exp(-ipx)$ und $\exp(ipx)$ mit $px = \omega_p t - \mathbf{p} \cdot \mathbf{x}$ und der positiven Energie

$$\omega_p = p_0 = \sqrt{\mathbf{p}^2 + m^2} \qquad \text{(Dispersionsrelation)} \quad . \tag{11.10}$$

Die allgemeinste Lösung ist eine Superposition dieser ebenen Wellen:

$$A(x) = (2\pi)^{-3/2} \int \frac{\mathrm{d}^3 p}{\sqrt{2\omega_p}} \left[a_\mathrm{p}\, \mathrm{e}^{-\mathrm{i}px} + a_\mathrm{p}^\dagger\, \mathrm{e}^{\mathrm{i}px} \right] , \tag{11.11}$$

$$B(x) = (2\pi)^{-3/2} \int \frac{\mathrm{d}^3 p}{\sqrt{2\omega_p}} \left[b_\mathrm{p}\, \mathrm{e}^{-\mathrm{i}px} + b_\mathrm{p}^\dagger\, \mathrm{e}^{\mathrm{i}px} \right] . \tag{11.12}$$

Für das fermionische Feld $\Phi_i = \overline{\Psi}$ folgt aus den Euler-Lagrange-Gleichungen (11.8) mit

$$\frac{\partial \mathcal{L}}{\partial \overline{\Psi}} = -\frac{1}{2}\,(\mathrm{i}\not{\partial} - m)\Psi \qquad \text{und} \qquad \frac{\partial \mathcal{L}}{\partial(\partial_\mu \overline{\Psi})} = 0 \tag{11.13}$$

die Dirac-Gleichung

$$(\mathrm{i}\not{\partial} - m)\, \Psi = 0\, . \tag{11.14}$$

Und für $\Phi_i = \Psi$ folgt mit

$$\frac{\partial \mathcal{L}}{\partial \Psi} = -\frac{1}{2}\, m\overline{\Psi} \qquad \text{und} \qquad \frac{\partial \mathcal{L}}{\partial(\partial_\mu \Psi)} = \frac{\mathrm{i}}{2}\, \overline{\Psi}\gamma^\mu \tag{11.15}$$

die adjungierte Dirac-Gleichung

$$\overline{\Psi}\, (\mathrm{i}\overleftarrow{\not{\partial}} + m) = 0\, . \tag{11.16}$$

11.1.2 Die SUSY-Transformation

Wir betrachten nun die folgende Transformation, welche bosonische und fermionische Felder ineiander umwandelt:

$$\delta A = \overline{\eta}\,\Psi\,, \tag{11.17}$$
$$\delta B = -\mathrm{i}\overline{\eta}\,\gamma_5\Psi\,, \tag{11.18}$$
$$\delta\Psi = (\mathrm{i}\not\partial + m)(A - \mathrm{i}\gamma_5 B)\,\eta\,. \tag{11.19}$$

Der Transformationsparameter η ist hier ebenfalls ein Majorana-Spinor. Die Ausführungen erfolgen in der chiralen Darstellung, und es gilt

$$\eta = \begin{pmatrix} \epsilon \\ \overline{\epsilon} \end{pmatrix} \qquad \text{mit} \qquad \overline{\eta} = \eta^\dagger\gamma_0 = (\,\epsilon\,,\,\overline{\epsilon}\,)\,. \tag{11.20}$$

Da wir nur *globale* Transformationen betrachten, hängt η nicht von x ab.
Wir zeigen nun, daß die oberen Tranformationen mit den SUSY-Transformationen (10.92) und (10.93) übereinstimmen. Dazu schreiben wir ($G = 0$)

$$\delta A = \overline{\eta}\Psi = (\,\epsilon\,,\,\overline{\epsilon}\,)\begin{pmatrix} \psi \\ \overline{\psi} \end{pmatrix} = \epsilon\psi + \overline{\epsilon}\overline{\psi}\,,$$
$$\delta B = -\mathrm{i}\overline{\eta}\gamma_5\Psi = -\mathrm{i}\,(\,\epsilon\,,\,\overline{\epsilon}\,)\begin{pmatrix} -\psi \\ \overline{\psi} \end{pmatrix} = \mathrm{i}\epsilon\psi - \mathrm{i}\overline{\epsilon}\overline{\psi}\,,$$

und es folgt wegen (10.94) der gesuchte Ausdruck

$$\delta\varphi = \frac{1}{\sqrt{2}}\,(\delta A - \mathrm{i}\delta B) = \frac{1}{\sqrt{2}}\,(\epsilon\psi + \overline{\epsilon}\overline{\psi} + \epsilon\psi - \overline{\epsilon}\overline{\psi}) = \sqrt{2}\,\epsilon\psi\,.$$

Ebenso lautet (11.19) in der chiralen Darstellung

$$\begin{pmatrix} \delta\psi \\ \delta\overline{\psi} \end{pmatrix} = \begin{pmatrix} m & \mathrm{i}\sigma^\mu\partial_\mu \\ \mathrm{i}\tilde{\sigma}^\mu\partial_\mu & m \end{pmatrix} \begin{pmatrix} A + \mathrm{i}B & 0 \\ 0 & A - \mathrm{i}B \end{pmatrix} \begin{pmatrix} \epsilon \\ \overline{\epsilon} \end{pmatrix}$$
$$= \sqrt{2}\begin{pmatrix} m & \mathrm{i}\sigma^\mu\partial_\mu \\ \mathrm{i}\tilde{\sigma}^\mu\partial_\mu & m \end{pmatrix} \begin{pmatrix} \varphi^*\epsilon \\ \varphi\overline{\epsilon} \end{pmatrix} = \sqrt{2}\begin{pmatrix} m\varphi^*\epsilon + \mathrm{i}\sigma^\mu\partial_\mu\overline{\epsilon}\varphi \\ m\varphi\overline{\epsilon} + \mathrm{i}\tilde{\sigma}^\mu\partial_\mu\epsilon\varphi^* \end{pmatrix}.$$

Die obere Komponente in diesem Ausdruck liefert schließlich

$$\delta\Psi = \mathrm{i}\sqrt{2}\sigma^\mu\overline{\epsilon}\,\partial_\mu\varphi + \sqrt{2}m\varphi^*\epsilon\,.$$

Damit ist die Äquivalenz mit den SUSY-Transformationen nachgewiesen.

Da Ψ ein Majorana-Spinor ist, gilt wegen (7.108) die Beziehung $\overline{\Psi} = -\Psi^{\mathrm{T}} C^{-1}$ und damit $\delta\overline{\Psi} = -(\delta\Psi)^{\mathrm{T}} C^{-1}$. Aus (11.19) erhalten wir dann

$$\begin{aligned} \delta\overline{\Psi} &= -\eta^{\mathrm{T}}(A - \mathrm{i}\gamma_5^{\mathrm{T}} B)(\mathrm{i}\overleftarrow{\not\partial} + m)^{\mathrm{T}} C^{-1} \\ &= -\eta^{\mathrm{T}} C^{-1} C (A - \mathrm{i}\gamma_5^{\mathrm{T}} B)(\mathrm{i}\overleftarrow{\partial}_\mu \gamma^{\mu\mathrm{T}} + m)\, C^{-1} \\ &= -\overline{\eta}\,(A - \mathrm{i}\gamma_5 B)(\mathrm{i}\overleftarrow{\not\partial} - m)\,. \end{aligned} \tag{11.21}$$

11.1.3 Invarianz der Wirkung

Aus § 10.4.1 wissen wir, daß eine Symmetrietransformation die Wirkung $S = \int \mathrm{d}^4x\, \mathcal{L}$ dann invariant läßt, wenn die Änderung der Lagrangedichte die Form einer Viererdivergenz besitzt, $\delta\mathcal{L} = \partial_\mu \Lambda^\mu \neq 0$. Variieren wir nun die Lagrangedichte (11.7):

$$\begin{aligned} \delta\mathcal{L} = {} & (\partial_\mu A)\, \delta(\partial^\mu A) - m^2 A\, \delta A + (\partial_\mu B)\, \delta(\partial^\mu B) - m^2 B\, \delta B \\ & - \frac{1}{2}(\delta\overline{\Psi})(\mathrm{i}\not\partial - m)\Psi - \frac{1}{2}\overline{\Psi}(\mathrm{i}\not\partial - m)\, \delta\Psi\,. \end{aligned}$$

Der vorletzte Term verschwindet wegen der Dirac-Gleichung (11.14). Wir vertauschen die Variation mit der Differentiation,

$$\delta(\partial^\mu A) = \partial^\mu(\delta A) \quad , \quad \delta(\partial^\mu B) = \partial^\mu(\delta B)\,,$$

und setzen die Transformationsvorschriften (11.17) bis (11.21) ein,

$$\begin{aligned} \delta\mathcal{L} \;=\; & \overline{\eta}\Big\{ (\partial_\mu A)(\partial^\mu \Psi) - m^2 A\Psi - \mathrm{i}\gamma_5 (\partial_\mu B)(\partial^\mu \Psi) + \mathrm{i}\gamma_5 m^2 B\Psi \Big\} \\ & - \frac{1}{2}\overline{\Psi}(\mathrm{i}\not\partial - m)(\mathrm{i}\not\partial + m)(A - \mathrm{i}\gamma_5 B)\eta\,. \end{aligned}$$

Bei der Umformung des letzten Terms benutzen wir $\not\partial\not\partial = \Box$ und erhalten für ihn

$$\frac{1}{2}\overline{\Psi}(\Box + m^2)(A - \mathrm{i}\gamma_5 B)\eta \;=\; 0\,;$$

er verschwindet aufgrund der Bewegungsgleichungen (11.9). Damit bleibt nur der Term in der geschweiften Klammer übrig, den wir etwas umformen. Ein nochmaliges Anwenden der Bewegungsgleichungen (11.9) führt schließlich zu

$$\delta\mathcal{L} = \partial_\mu \Lambda^\mu \qquad \text{mit} \qquad \Lambda^\mu = \overline{\eta}\,[\,\partial^\mu(A - \mathrm{i}\gamma_5 B)\,]\,\Psi\,. \tag{11.22}$$

Damit ist gezeigt, daß die SUSY-Transformationen (11.17) bis (11.19) und (11.21) die Wirkung invariant lassen.

11.1.4 Der Hamiltonoperator

In der Feldtheorie ist der Energie-Impuls-Tensor gegeben durch:

$$T_{\mu\nu} = \frac{\partial \mathcal{L}}{\partial(\partial^\mu \Phi_i)}(\partial_\nu \Phi_i) - g_{\mu\nu}\mathcal{L} \,. \tag{11.23}$$

Im ersten Term wird über alle Komponentenfelder Φ_i summiert. Für das Wess-Zumino-Modell (11.1) lautet der Energie-Impuls-Tensor gemäß (11.13) und (11.15)

$$T_{\mu\nu} = (\partial_\mu A)(\partial_\nu A) + (\partial_\mu B)(\partial_\nu B) + \frac{\mathrm{i}}{2}\,\overline{\Psi}\gamma_\mu \partial_\nu \Psi - g_{\mu\nu}\mathcal{L} \,. \tag{11.24}$$

Aus dem Energie-Impuls-Tensor erhält man durch Integration den Viererimpuls

$$P_\mu = \int \mathrm{d}^3x \, T_{0\mu} \,. \tag{11.25}$$

Die Zeitkomponente des Viererimpulses liefert uns den Hamiltonoperator

$$\begin{aligned} H := P_0 &= \int \mathrm{d}^3x \left[(\partial_0 A)^2 + (\partial_0 B)^2 + \frac{\mathrm{i}}{2}\,\overline{\Psi}\gamma_0\partial_0\Psi - \mathcal{L} \right] \\ &=: H_A + H_B + H_\Psi \,. \end{aligned} \tag{11.26}$$

Er setzt sich zusammen aus den zwei Hamiltonoperatoren für das bosonische System

$$\begin{aligned} H_A &= \int \mathrm{d}^3x \left\{ (\partial_0 A)^2 - \frac{1}{2}(\partial_\mu A)^2 + \frac{m^2}{2} A^2 \right\} \\ &= \frac{1}{2}\int \mathrm{d}^3x \left\{ (\partial_0 A)^2 + (\nabla A)^2 + m^2 A^2 \right\} \end{aligned} \tag{11.27}$$

und

$$H_B = \frac{1}{2}\int \mathrm{d}^3x \left\{ (\partial_0 B)^2 + (\nabla B)^2 + m^2 B^2 \right\} \tag{11.28}$$

sowie dem Hamiltonoperator für das fermionische System

$$\begin{aligned} H_\Psi &= \int \mathrm{d}^3x \left\{ \frac{\mathrm{i}}{2}\,\overline{\Psi}\gamma_0\partial_0\Psi - \frac{1}{2}\,\overline{\Psi}(\mathrm{i}\partial\!\!\!/ - m)\Psi \right\} \\ &= \frac{\mathrm{i}}{2}\int \mathrm{d}^3x \, \overline{\Psi}\gamma_0\partial_0\Psi \,. \end{aligned} \tag{11.29}$$

Der letzte Term in der oberen Zeile verschwindet aufgrund der Bewegungsgleichung (11.14). Die Kopplungskonstante haben wir erneut $G = 0$ gesetzt.

11.1.5 Der Superstrom

Jede Symmetrietransformation liefert gemäß dem Noether-Theorem einen *erhaltenden* Strom [54]:

$$j^\mu = \Lambda^\mu - \frac{\partial \mathcal{L}}{\partial(\partial_\mu \Phi_i)}\, \delta\Phi_i \tag{11.30}$$

mit Λ^μ aus (11.22). Den letzten Term berechnen wir unter Ausnutzung der Gleichungen (11.17) bis (11.21). Er lautet

$$\begin{aligned}
&\frac{\partial \mathcal{L}}{\partial(\partial_\mu \Phi_i)}\, \delta\Phi_i \\
&= \frac{\partial \mathcal{L}}{\partial(\partial_\mu A)}\, \delta A + \frac{\partial \mathcal{L}}{\partial(\partial_\mu B)}\, \delta B + \frac{\partial \mathcal{L}}{\partial(\partial_\mu \Psi)}\, \delta\Psi + \frac{\partial \mathcal{L}}{\partial(\partial_\mu \overline{\Psi})}\, \delta\overline{\Psi} \\
&= (\partial^\mu A)\, \delta A + (\partial^\mu B)\, \delta B + \frac{\mathrm{i}}{2}\, \overline{\Psi}\gamma^\mu\, \delta\Psi + 0 \\
&= \overline{\eta}\, [\, \partial^\mu (A - \mathrm{i}\gamma_5 B)\,]\, \Psi + \frac{\mathrm{i}}{2}\, \overline{\Psi}\gamma^\mu (\mathrm{i}\partial\!\!\!/ + m)(A - \mathrm{i}\gamma_5 B)\eta\, .
\end{aligned}$$

Setzen wir das in (11.30) ein, so erhalten wir mit (11.22) für den Strom

$$j^\mu = -\frac{\mathrm{i}}{2}\, \overline{\Psi}\gamma^\mu (\mathrm{i}\partial\!\!\!/ + m)(A - \mathrm{i}\gamma_5 B)\, \eta\, . \tag{11.31}$$

Unter Benutzung von $\{\overline{\Psi}, \eta\} = 0$ und der Eigenschaften des Operators C aus § 7.2.7 läßt er sich umformen,

$$\begin{aligned}
j^\mu &= \frac{\mathrm{i}}{2}\, \eta^{\mathrm{T}} (A - \mathrm{i}\gamma_5 B)^{\mathrm{T}} (\mathrm{i}\overleftarrow{\partial\!\!\!/} + m)^{\mathrm{T}} \gamma^{\mu\mathrm{T}}\, \overline{\Psi}^{\mathrm{T}} \\
&= \frac{\mathrm{i}}{2}\, \eta^{\mathrm{T}} C^{-1} C\, (A - \mathrm{i}\gamma_5^{\mathrm{T}} B)(\mathrm{i}\overleftarrow{\partial\!\!\!/} + m)^{\mathrm{T}} (-C^{-1}\gamma^\mu C)\, \overline{\Psi}^{\mathrm{T}} \\
&= -\frac{\mathrm{i}}{2}\, (-\overline{\eta})\, (A - \mathrm{i}\gamma_5 B)\, C\, (\mathrm{i}\gamma^{\nu\mathrm{T}} \overleftarrow{\partial}_\nu + m)\, C^{-1}\gamma^\mu \Psi \\
&= -\frac{\mathrm{i}}{2}\, \overline{\eta}\, (A - \mathrm{i}\gamma_5 B)(\mathrm{i}\overleftarrow{\partial\!\!\!/} - m)\, \gamma^\mu \Psi\, .
\end{aligned} \tag{11.32}$$

Da in dieser Beziehung noch der Parameter $\overline{\eta}$ steht, ist es üblich, den *Superstrom* k^μ über die Definition

$$j^\mu = \frac{1}{2}\, \overline{\eta}\, k^\mu \tag{11.33}$$

einzuführen. Damit gilt mit (11.32)

$$\text{Superstrom:} \qquad k^\mu = -\mathrm{i}\,(A - \mathrm{i}\gamma_5 B)(\mathrm{i}\overleftarrow{\partial\!\!\!/} - m)\,\gamma^\mu \Psi\,. \tag{11.34}$$

Aus dem Strom k^μ in (11.34) erhält man die Superladung

$$Q := \int \mathrm{d}^3x\, k^0 = -\mathrm{i} \int \mathrm{d}^3x\, (A - \mathrm{i}\gamma_5 B)(\mathrm{i}\overleftarrow{\partial\!\!\!/} - m)\,\gamma^0 \Psi\,. \tag{11.35}$$

Die Superladung ist ein Majorana-Spinor.

11.2 Supersymmetrische Eichtheorie

11.2.1 Globale SUSY-Eichtransformationen

Wir betrachten die folgende Eichtransformation

$$\Phi' = \mathrm{e}^{-\mathrm{i}q\Lambda(x)}\,\Phi\,.$$

Hier ist $\Lambda(x)$ eine Funktion, die von der Raumzeit x abhängt; mit q sei die Ladung bezeichnet. Wir fordern nun, daß das eichtransformierte Superfeld wieder ein chirales Superfeld ist,

$$\begin{aligned} \bar{D}_{\dot{A}}\Phi' &= \bar{D}_{\dot{A}}\left[\mathrm{e}^{-\mathrm{i}q\Lambda(x)}\,\Phi\right] \\ &= \left[\bar{D}_{\dot{A}}\,\mathrm{e}^{-\mathrm{i}q\Lambda(x)}\right]\Phi + \mathrm{e}^{-\mathrm{i}q\Lambda(x)}\,\bar{D}_{\dot{A}}\Phi \\ &= -\mathrm{i}q\left[\bar{D}_{\dot{A}}\Lambda(x)\right]\mathrm{e}^{-\mathrm{i}q\Lambda(x)}\,\Phi = -\mathrm{i}q\Phi'\,\bar{D}_{\dot{A}}\Lambda(x) \stackrel{!}{=} 0\,. \end{aligned}$$

Damit gilt also

$$\bar{D}_{\dot{A}}\Lambda = 0 \quad \Longrightarrow \quad \Lambda \text{ ist ein chirales Superfeld}\,.$$

Die Eichtransformation für das chirale und antichirale Superfeld lautet demnach

$$\Phi' = \exp\{-\mathrm{i}q\Lambda(x,\theta,\bar{\theta})\}\,\Phi\,, \tag{11.36}$$

$$\Phi'^\dagger = \Phi^\dagger\,\exp\{\,\mathrm{i}q\Lambda^\dagger(x,\theta,\bar{\theta})\}\,. \tag{11.37}$$

Bei dieser Eichtransformation bleibt jedoch der kinetische Term in der Lagrangedichte nicht invariant:

$$\mathcal{L}'_{\text{kin}} = \Phi'^\dagger\Phi'\Big|_{\theta\theta\bar{\theta}\bar{\theta}} = \Phi^\dagger\,\mathrm{e}^{\mathrm{i}q(\Lambda^\dagger-\Lambda)}\,\Phi\Big|_{\theta\theta\bar{\theta}\bar{\theta}} \neq \Phi^\dagger\Phi\Big|_{\theta\theta\bar{\theta}\bar{\theta}}\,.$$

Um die Invarianz herzustellen, wird ein kompensierendes Feld eingeführt, das sich bei SUSY-Eichtransformationen verhält wie

$$V'(x,\theta,\bar{\theta}) = V(x,\theta,\bar{\theta}) + \mathrm{i}\,[\,\Lambda(x,\theta,\bar{\theta}) - \Lambda^\dagger(x,\theta,\bar{\theta})\,]\,. \qquad (11.38)$$

Das entspricht gerade der Eichtransformation (10.52), wenn man $\Phi = \mathrm{i}\Lambda$ setzt. Der invariante Ausdruck ist dann gegeben durch

$$\tilde{\mathcal{L}}_{\text{kin}} = \Phi^\dagger \mathrm{e}^{qV}\Phi\Big|_{\theta\theta\bar{\theta}\bar{\theta}}\,, \qquad (11.39)$$

denn es gilt

$$\begin{aligned}\tilde{\mathcal{L}}_{\text{kin}} \longrightarrow \tilde{\mathcal{L}}'_{\text{kin}} &= \Phi'^\dagger\,\mathrm{e}^{qV'}\Phi'\Big|_{\theta\theta\bar{\theta}\bar{\theta}} \\ &= \Phi^\dagger\,\mathrm{e}^{\mathrm{i}q\Lambda^\dagger}\,\mathrm{e}^{q(V+\mathrm{i}\Lambda-\mathrm{i}\Lambda^\dagger)}\,\mathrm{e}^{-\mathrm{i}q\Lambda}\,\Phi\Big|_{\theta\theta\bar{\theta}\bar{\theta}} \\ &= \Phi^\dagger\,\mathrm{e}^{qV}\Phi\Big|_{\theta\theta\bar{\theta}\bar{\theta}}\,.\end{aligned}$$

11.2.2 Das Prinzip der minimalen Kopplung

Wir berechnen die einzelnen Komponenten der eichinvarianten Lagrangedichte $\tilde{\mathcal{L}}_{\text{kin}}$. Dazu zerlegen wir die Lagrangedichte

$$\begin{aligned}\tilde{\mathcal{L}}_{\text{kin}} &= \Phi^\dagger \mathrm{e}^{qV}\Phi\Big|_{\theta\theta\bar{\theta}\bar{\theta}} \\ &= \Phi^\dagger\Phi\Big|_{\theta\theta\bar{\theta}\bar{\theta}} + \Phi^\dagger(\mathrm{e}^{qV}-1)\,\Phi\Big|_{\theta\theta\bar{\theta}\bar{\theta}} = \mathcal{L}_{\text{kin}} + \mathcal{L}_1 \qquad (11.40)\end{aligned}$$

in den bereits bekannten kinetischen Term $\mathcal{L}_{\text{kin}}$ und einen Anteil $\mathcal{L}_1$, der die Kopplung an das Eichfeld V beschreibt. Es gilt

$$\mathrm{e}^{qV} = 1 + qV + \frac{q^2}{2}V^2 + \ldots\,. \qquad (11.41)$$

Für V verwenden wir das Vektor-Superfeld in der Wess-Zumino-Eichung mit den Gleichungen (10.66) bis (10.68). Damit bricht die Reihe (11.41) ab, und es folgt

$$\begin{aligned}\mathcal{L}_1 &= \Big(qV + \frac{q^2}{2}V^2\Big)\,\Phi^\dagger\Phi\Big|_{\theta\theta\bar{\theta}\bar{\theta}} \\ &= q\Big[\,(\theta\sigma^\mu\bar{\theta})A_\mu + \mathrm{i}(\theta\theta)(\bar{\theta}\bar{\lambda}) - \mathrm{i}(\bar{\theta}\bar{\theta})(\theta\lambda) \\ &\qquad + (\theta\theta)(\bar{\theta}\bar{\theta})\Big(d + \frac{q}{4}A_\mu A^\mu\Big)\Big]\Phi^\dagger\Phi\Big|_{\theta\theta\bar{\theta}\bar{\theta}}\,. \qquad (11.42)\end{aligned}$$

Nun entnehmen wir aus der Entwicklung (10.48) für $\Phi^\dagger\Phi$ nur die wenigen Terme, welche zusammen mit dem Ausdruck in der eckigen Klammer gerade die $(\theta\theta)(\bar{\theta}\bar{\theta})$-Komponente bilden. Die insgesamt vier Kombinationen, die hierbei auftreten, sind

$$\begin{aligned}
(\theta\sigma^\mu\bar{\theta})A_\mu\Phi^\dagger\Phi\Big|_{\theta\theta\bar{\theta}\bar{\theta}} &= \frac{1}{2}A_\mu\Big[\psi\sigma^\mu\bar{\psi} + \mathrm{i}(\varphi^*\partial^\mu\varphi - \varphi\partial^\mu\varphi^*)\Big]\,, \\
\mathrm{i}(\theta\theta)(\bar{\theta}\bar{\lambda})\,\Phi^\dagger\Phi\Big|_{\theta\theta\bar{\theta}\bar{\theta}} &= \mathrm{i}(\theta\theta)(\bar{\theta}\bar{\lambda})\sqrt{2}\varphi(\bar{\theta}\bar{\psi})\Big|_{\theta\theta\bar{\theta}\bar{\theta}} \;=\; -\frac{\mathrm{i}}{\sqrt{2}}\varphi(\bar{\psi}\bar{\lambda})\,, \\
\mathrm{i}(\bar{\theta}\bar{\theta})(\theta\lambda)\,\Phi^\dagger\Phi\Big|_{\theta\theta\bar{\theta}\bar{\theta}} &= \mathrm{i}(\bar{\theta}\bar{\theta})(\theta\lambda)\sqrt{2}\varphi^*(\theta\psi)\Big|_{\theta\theta\bar{\theta}\bar{\theta}} \;=\; -\frac{\mathrm{i}}{\sqrt{2}}\varphi^*(\psi\lambda)
\end{aligned}$$

und

$$(\theta\theta)(\bar{\theta}\bar{\theta})\Big(d + \frac{q}{4}A_\mu A^\mu\Big)\Phi^\dagger\Phi\Big|_{\theta\theta\bar{\theta}\bar{\theta}} = |\varphi|^2\Big(d + \frac{q}{4}A_\mu A^\mu\Big)\,.$$

Wir haben bei diesen Zwischenschritten (10.11) und (10.12) verwendet. Zusammenfassend erhalten wir also

$$\begin{aligned}
\tilde{\mathcal{L}}_{\text{kin}} \;=\; & \mathcal{L}_{\text{kin}} + \frac{q}{2}A_\mu(\psi\sigma^\mu\bar{\psi}) + \frac{\mathrm{i}}{2}qA^\mu(\varphi^*\partial_\mu\varphi - \varphi\partial_\mu\varphi^*) \\
& + \frac{\mathrm{i}}{\sqrt{2}}q\Big[\varphi^*(\psi\lambda) - \varphi(\bar{\psi}\bar{\lambda})\Big] + q\Big(d + \frac{q}{4}A_\mu A^\mu\Big)|\varphi|^2\,. \qquad (11.43)
\end{aligned}$$

Hier wurde für $\mathcal{L}_{\text{kin}}$ der Ausdruck (10.83) benutzt.
Nun definieren wir die

$$\boxed{\text{kovariante Ableitung:} \qquad D_\mu = \partial_\mu - \frac{\mathrm{i}}{2}qA_\mu} \qquad (11.44)$$

Damit folgt

$$\begin{aligned}
&(D_\mu\varphi)^*(D^\mu\varphi) = \\
&\qquad (\partial_\mu\varphi^*)(\partial^\mu\varphi) + \frac{\mathrm{i}}{2}qA^\mu(\varphi^*\partial_\mu\varphi - \varphi\partial_\mu\varphi^*) + \frac{q^2}{4}A_\mu A^\mu|\varphi|^2
\end{aligned}$$

sowie

$$(\bar{\psi}\bar{\sigma}^\mu D_\mu\psi + \psi\sigma^\mu D^*_\mu\bar{\psi}) = (\bar{\psi}\bar{\sigma}^\mu\partial_\mu\psi + \psi\sigma^\mu\partial^*_\mu\bar{\psi}) + \mathrm{i}qA_\mu\,(\psi\sigma^\mu\bar{\psi})\,.$$

Der jeweils erste Term auf der rechten Seite ist in $\mathcal{L}_{\text{kin}}$ enthalten. Damit erhält (11.43) schließlich die neue Form

$$\boxed{\begin{aligned}
\tilde{\mathcal{L}}_{\text{kin}} \;=\; & (D_\mu\varphi)^*(D^\mu\varphi) - \frac{\mathrm{i}}{2}(\bar{\psi}\bar{\sigma}^\mu D_\mu\psi + \psi\sigma^\mu D^*_\mu\bar{\psi}) \\
& + |F|^2 + \frac{\mathrm{i}}{\sqrt{2}}q\Big[\varphi^*(\psi\lambda) - \varphi(\bar{\psi}\bar{\lambda})\Big] + qd\,|\varphi|^2
\end{aligned}} \qquad (11.45)$$

11.3 Spontane Symmetriebrechungen

Die Supersymmetrie fordert für jedes Elementarteilchen einen SUSY-Partner mit gleicher Masse. In der Natur wird diese Massenentartung allerdings nicht beobachtet. Die Supersymmetrie muß demnach gebrochen werden.
Bevor wir zu Modellen mit spontan gebrochener Supersymmetrie kommen, studieren wir die spontane Brechung von *inneren* Symmetrien.

11.3.1 Brechung einer diskreten Symmetrie

Betrachten wir ein einfaches Modell mit einem reellen Skalarfeld $\varphi(x)$. Die Lagrangedichte ist dann gegeben durch

$$\mathcal{L} = \frac{1}{2}(\partial_\mu \varphi)(\partial^\mu \varphi) - U(\varphi) , \qquad (11.46)$$

wobei das Potential U nur eine Funktion von φ und nicht der Ableitung $\partial_\mu \varphi$ ist. Für den Energie-Impuls-Tensor (11.23) erhalten wir

$$T_{\mu\nu} = (\partial_\mu \varphi)(\partial_\nu \varphi) - g_{\mu\nu}\frac{1}{2}(\partial_\rho \varphi)(\partial^\rho \varphi) + g_{\mu\nu} U(\varphi) .$$

Die Hamiltondichte dieses Modells ist damit gegeben durch

$$\mathcal{H} := T_{00} = \frac{1}{2}(\partial_0 \varphi)^2 + \frac{1}{2}(\nabla \varphi)^2 + U(\varphi) . \qquad (11.47)$$

Der Zustand niedrigster Energie wird dabei durch einen konstanten Wert von φ beschrieben, den man auch mit $\langle \varphi \rangle$ symbolisiert. In der Sprache der Quantenmechanik wird der Zustand niedrigster Energie als Vakuum bezeichnet; der Wert $\langle \varphi \rangle$ ist dann der Vakuumerwartungswert von φ. Er wird aus der Lage des Minimums bzw. der Minima von U bestimmt.
Gegeben sei nun das Potential

$$U = \frac{\mu^2}{2}\varphi^2 + \frac{g}{4}\varphi^4 \qquad \text{mit} \qquad g > 0 . \qquad (11.48)$$

Dieses einfache Modell verfügt über die diskrete Symmetrie

$$\varphi \longrightarrow -\varphi \qquad \text{(Reflexionssymmetrie)} . \qquad (11.49)$$

Den Extremwert des Potentials bestimmt man durch

$$\frac{\partial U}{\partial \varphi} = (\mu^2 + g\varphi^2)\varphi \overset{!}{=} 0 .$$

Das ist eine Gleichung dritter Ordnung mit den Lösungen

$$\varphi = 0 \qquad \text{und} \qquad \varphi = \pm v \quad \text{mit} \quad v := \pm\sqrt{-\mu^2/g}\,. \tag{11.50}$$

Diese drei Lösungen existieren aber nur für $\mu^2 < 0$, da φ per Definition reell sein soll; im Fall von $\mu^2 > 0$ gibt es nur die eine Lösung $\varphi = 0$. Die Frage nach den lokalen Minima oder Maxima wird durch das Vorzeichen von

$$\frac{\partial^2 U}{\partial \varphi^2} = \mu^2 + 3g\varphi^2$$

entschieden. So erhalten wir für die beiden Fälle

$$\mu^2 > 0 \quad \Longrightarrow \quad \text{ein Minimum bei } \varphi = 0$$

$$\mu^2 < 0 \quad \Longrightarrow \quad \begin{cases} \text{zwei Minima bei} & \varphi = \pm v\,, \\ \text{ein Maximum bei} & \varphi = 0\,. \end{cases}$$

Die entsprechenden Potentiale sind in der Abb. 11.1 wiedergegeben. Im ersten Fall besitzt das Vakuum an der Stelle $\varphi = 0$ dieselbe Symmetrie wie die Lagrangedichte. Im zweiten Fall jedoch befindet sich das Vakuum im Minimum bei $\varphi = v$ (oder $\varphi = -v$) und die Reflexionssymmetrie geht verloren. Man sagt, die Symmetrie ist spontan gebrochen.

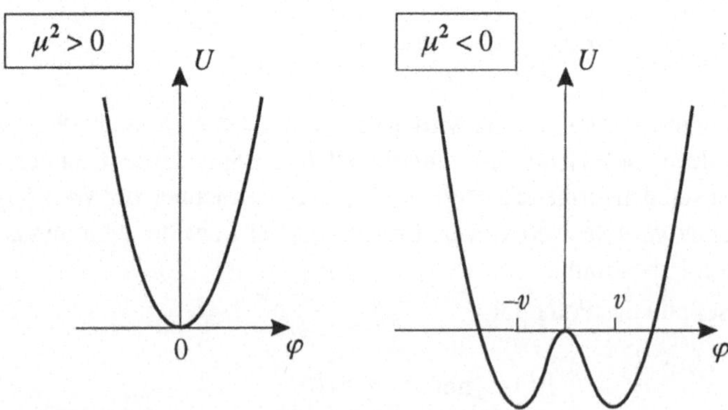

Abb. 11.1 Die Brechung einer diskreten Symmetrie.

Studieren wir den Fall der spontanen Symmetriebrechung ($\mu^2 < 0$) genauer und führen ein neues reelles Feld $\eta(x)$ ein, welches kleine Oszillationen um das lokale Minimum beschreibt,

$$\varphi(x) = v + \eta(x)\,. \tag{11.51}$$

Setzt man diesen Ausdruck in (11.48) ein, dann folgt mit (11.50)

$$\begin{aligned}U &= (\mu^2 v + g v^3)\,\eta + \frac{1}{2}\,(\mu^2 + 3 g v^2)\,\eta^2 + g v \eta^3 + \frac{g}{4}\,\eta^4 + \frac{1}{2}\mu^2 v^2 + \frac{g}{4} v^4 \\ &= -\mu^2 \eta^2 + g v \eta^3 + \frac{g}{4}\,\eta^4 + C_1\end{aligned}$$

mit der Konstanten

$$C_1 = -\frac{1}{4}\frac{\mu^4}{g}\,.$$

Die Lagrangedichte lautet dann bis auf den konstanten Term im Potential

$$\mathcal{L} = \frac{1}{2}\,(\partial_\mu \eta)^2 - \frac{m^2}{2}\,\eta^2 - g v \eta^3 - \frac{g}{4}\,\eta^4 \tag{11.52}$$

mit der positiven Masse $m = \sqrt{-2\mu^2}$. Neben der Erzeugung der Masse (mit dem korrekten Vorzeichen) ist noch ein kubischer Term in η hinzugekommen.

11.3.2 Brechung einer kontinuierlichen Symmetrie

Ein neues Phänomen tritt auf, sobald anstelle der diskreten Symmetrie eine kontinuierliche Symmetrie spontan gebrochen wird. Wir beschränken uns dabei auf den einfachsten Fall: die abelsche $U(1)$-Symmetrie.

Den Ausgangspunkt bildet nun ein komplexes Skalarfeld

$$\varphi(x) = (a + \mathrm{i}b)/\sqrt{2}\,, \tag{11.53}$$

wobei die Felder $a(x)$ und $b(x)$ reell sind. Das Modell wird dabei durch die Lagrangedichte

$$\mathcal{L} = (\partial_\mu \varphi^*)(\partial^\mu \varphi) - U \qquad \text{mit} \qquad U = \mu^2\,|\varphi|^2 + g\,|\varphi|^4 \tag{11.54}$$

beschrieben. Die Ersetzung von

$$\varphi \longrightarrow \mathrm{e}^{\mathrm{i}\alpha}\varphi \qquad \text{(globale Symmetrie)} \tag{11.55}$$

läßt die Lagrangedichte invariant. Aus

$$\frac{\partial U}{\partial \varphi} = (\mu^2 + 2g\,|\varphi|^2)\,\varphi^* \stackrel{!}{=} 0$$

folgen die Lösungen $\varphi=0$ und

$$|\varphi|^2 = -\frac{\mu^2}{2g} \qquad \text{für} \qquad \mu^2 < 0\,. \tag{11.56}$$

Wir betrachten im weiteren nur noch den interessanten Fall $\mu^2 < 0$. Aus dem Vorzeichen von

$$\frac{\partial^2 U}{\partial\varphi\,\partial\varphi^*} = \mu^2 + 2g\,|\varphi|^2$$

erkennt man, daß sich bei $\varphi=0$ sich ein lokales Maximum befindet. Dagegen folgt aus (11.56) und (11.53), daß sich im Raum der reellen Felder a und b das Minimum entlang eines Kreises

$$a^2 + b^2 = v^2 \qquad \text{mit Radius} \quad v = \sqrt{-\mu^2/g} \tag{11.57}$$

erstreckt. Das Potential ist in der Abb. 11.2 dargestellt.

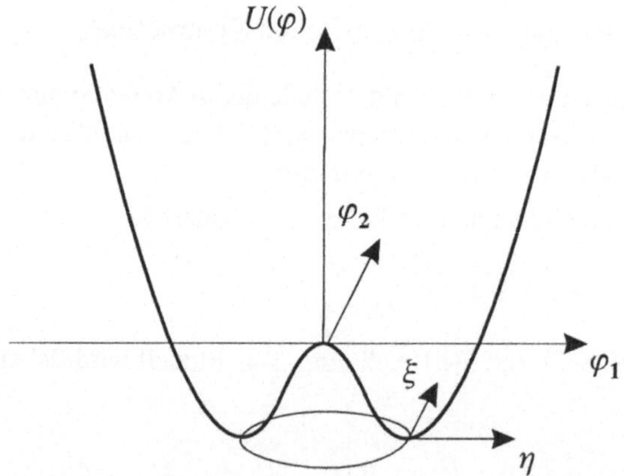

Abb. 11.2 Die Brechung einer kontinuierlichen Symmetrie.

Ebenso wie in dem vorhergehenden Abschnitt führen wir zwei neue reelle Felder $\eta(x)$ und $\xi(x)$ ein und betrachten kleine Oszillationen um dieses (unendlichfach) entartete Minimum,

$$\varphi(x) = \frac{1}{\sqrt{2}}\left[\, v + \eta(x) + \mathrm{i}\xi(x) \,\right]. \tag{11.58}$$

Setzen wir diesen Ansatz in (11.54) ein, dann folgt

$$
\begin{aligned}
U &= \frac{\mu^2}{2}\,|v+\eta+\mathrm{i}\xi|^2 + \frac{g}{4}\,|v+\eta+\mathrm{i}\xi|^4 \\
&= \frac{\mu^2}{2}\,(v+\eta)^2 + \frac{\mu^2}{2}\,\xi^2 + \frac{g}{4}\,(v+\eta)^4 + \frac{g}{2}\,(v+\eta)^2\xi^2 + \frac{g}{4}\,\xi^4 \\
&= (\mu^2+gv^2)\,v\eta + \frac{1}{2}\,(\mu^2+3gv^2)\,\eta^2 + \frac{1}{2}\,(\mu^2+gv^2)\xi^2 + R
\end{aligned}
$$

mit dem Rest R

$$
R = \frac{g}{4}\eta^4 + g\eta^3 v + \frac{g}{2}\eta^2\xi^2 + gv\eta\xi^2 + \frac{g}{4}\xi^4 + \frac{g}{4}v^4 + \frac{\mu^2}{2}v^2 \,.
$$

Der mit R abgekürzte Anteil enthält alle konstanten Terme und alle Terme, die kubisch oder quartisch in η und ξ oder proportional zu $\eta^2\xi^2$ sind. Für v setzen wir (11.57) ein, also $v^2 g = -\mu^2$, und es folgt

$$
U = -\mu^2\eta^2 + R \,.
$$

Die Lagrangedichte lautet damit

$$
\mathcal{L} = \frac{1}{2}\,(\partial_\mu\eta)^2 + \frac{1}{2}\,(\partial_\mu\xi)^2 - \frac{1}{2}\,m_\eta^2\eta^2 - \frac{1}{2}\,m_\xi^2\xi^2 - R \tag{11.59}
$$

mit den beiden Massen

$$
\begin{aligned}
m_\eta = \sqrt{-2\mu^2} > 0 \quad &\Longrightarrow \quad \text{massives Boson}\,, \\
m_\xi = 0 \quad &\Longrightarrow \quad \text{Goldstone-Boson}\,.
\end{aligned}
$$

Neben einem reellen Skalar mit positiver Masse m_η tritt als neues Phänomen bei der spontanen Brechung einer kontinuierlichen Symmetrie ein masseloser Skalar auf, den man als *Goldstone-Boson* bezeichnet.

Das Auftreten des masselosen Bosons erkennt man schon aus der Abb. 11.2: das Potential ist in Tangentialrichtung (ξ-Richtung) flach und gibt keinen Anlaß für eine Taylorentwicklung, dessen Term zweiter Ordnung eine Masse definiert. Im Gegensatz dazu liefern kleine Oszillationen in radialer Richtung (η-Richtung) die Masse des η-Teilchens.

11.3.3 Spontane Brechung der Supersymmetrie

Bisher betrachteten wir die Brechung *innerer* Symmetrien. Unser Augenmerk gilt nun der spontanen Brechung der Supersymmetrie. Sie bringt vollkommen neue Aspekte ins Spiel.

In § 9.3.3 haben wir gesehen, daß der Hamiltonoperator eines supersymmetrischen Modells,

$$H = \frac{1}{4}\left(Q_1\bar{Q}_{\dot{1}} + \bar{Q}_{\dot{1}}Q_1 + Q_2\bar{Q}_{\dot{2}} + \bar{Q}_{\dot{2}}Q_2\right), \tag{11.60}$$

immer ein nichtnegatives Energiespektrum besitzt:

$$\langle Z|H|Z\rangle \geq 0 \tag{11.61}$$

für jeden Zustand $|Z\rangle$. Der Zustand $|0\rangle$ mit der Energie $E = 0$ zeichnet sich damit durch zwei Eigenschaften aus: Erstens ist er der tiefliegendste Zustand (Grundzustand oder Vakuum), und zweitens ist er ein *supersymmetrischer* Zustand, da er wegen (9.94) bei einer SUSY-Transformation

$$\delta_\epsilon\,|0\rangle = \mathrm{i}\,(\epsilon Q + \bar{\epsilon}\bar{Q}\,)\,|0\rangle = 0 \tag{11.62}$$

invariant bleibt. In diesem Fall sind also die Grundzustandsenergie und das Superpotential $W(\varphi, \varphi^*)$ nicht nur wohldefiniert, sie müssen auch exakt verschwinden:

$$E_{\text{vac}} = \langle 0|H|0\rangle = 0 \qquad \Longleftrightarrow \qquad \text{SUSY exakt}\,. \tag{11.63}$$

Supersymmetrische Zustände bei $E_{\text{vac}} = 0$ können bei der spontanen Brechung einer *innernen* Symmetrie auch entartet sein. Die Form des Superpotentials für die *exakte* SUSY bei ungebrochener und gebrochener innerer Symmetrie ist in der oberen Zeile der Abb. 11.3 dargestellt.

Wir wissen, exakte SUSY liegt nur dann vor, wenn der Grundzustand bei der SUSY-Transformation (11.62) invariant bleibt. Wird nun der Grundzustand aber nicht mehr von der Superladung Q bzw. $\bar{Q}$ annihiliert, $Q_A\,|0\rangle \neq 0$, dann ist die SUSY spontan gebrochen, und es folgt aus (11.60)

$$E_{\text{vac}} = \langle 0|H|0\rangle \neq 0 \qquad \Longleftrightarrow \qquad \text{SUSY gebrochen}\,. \tag{11.64}$$

Beispiele dafür sind in der unteren Zeile der Abb. 11.3 gegeben. Ebenso zeigt die Abb. 10.3 im Fall a ein Modell mit exakter SUSY und im Fall b ein Modell mit gebrochener SUSY.

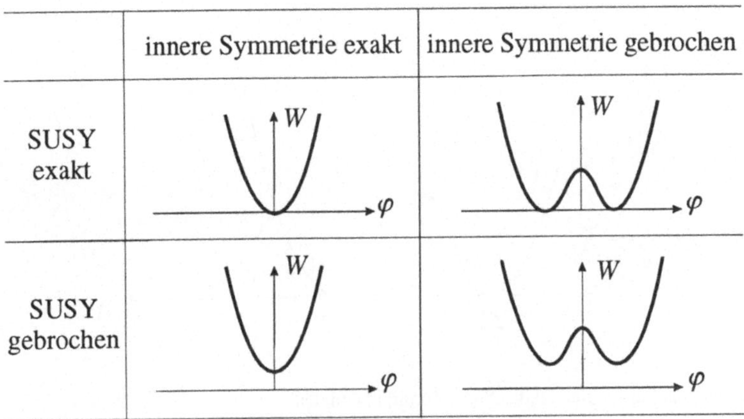

Abb. 11.3 Die Brechung der inneren Symmetrie und der Supersymmetrie.

11.3.4 Das Superpotential des Wess-Zumino-Modells

Das Superpotential des Wess-Zumino-Modells ist entsprechend dem allgemeinen Ausdruck (10.109) gegeben durch

$$W = |F|^2 = (\mathrm{Re}\,F)^2 + (\mathrm{Im}\,F)^2 \,. \tag{11.65}$$

Mit (10.87), dem Ansatz (10.94) sowie $G = g/\sqrt{2}$ gilt dabei

$$\mathrm{Re}\,F = \frac{m}{\sqrt{2}}A + \frac{G}{\sqrt{2}}(A^2 - B^2)\,,$$
$$\mathrm{Im}\,F = \frac{m}{\sqrt{2}}B + \sqrt{2}\,AB\,.$$

Das Minimum des Superpotentials ist bei $\mathrm{Re}F = \mathrm{Im}\,F = 0$. Diese Forderung wird in zwei Fällen erfüllt:

$$1.\ \text{Minimum bei} \quad A = -\frac{m}{G} \quad \text{und} \quad B = 0\,, \tag{11.66}$$
$$2.\ \text{Minimum bei} \quad A = B = 0\,, \tag{11.67}$$

vorausgesetzt $m^2 \geq 0$. Das Superpotential in Abhängigkeit des reellen Skalarfeldes ist in der Abb. 11.4 dargestellt.

Aus dem Verlauf erkennt man: Die Supersymmetrie ist zwar exakt, die innere Symmetrie ist hingegen gebrochen. Das Superpotential

$$W = |F|^2 = |m\varphi^* + g\varphi^{*2}|^2$$

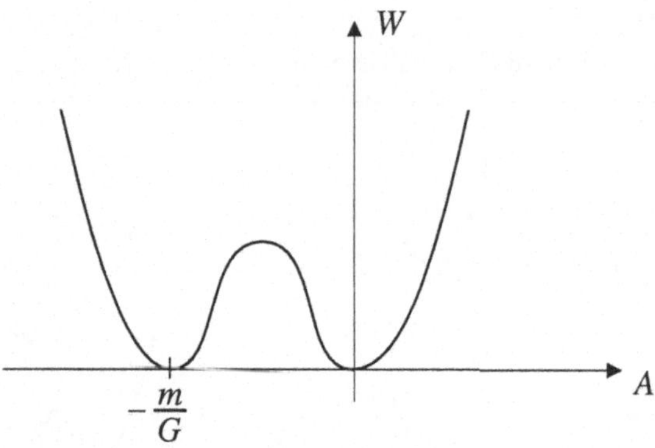

Abb. 11.4 Das Superpotential des Wess-Zumino-Modells.

besitzt nämlich im masselosen Fall ($m = 0$ und $g \neq 0$) eine *innere* Symmetrie, die durch die Invarianz gegenüber der Phasentransformation

$$\varphi \longrightarrow \mathrm{e}^{\mathrm{i}\alpha} \varphi$$

zum Ausdruck kommt. Im masselosen Fall besitzt das Superpotential in Abb. 11.4 nur ein einziges Minimum bei $A = B = 0$.

11.3.5 Das O'Raifeartaigh-Modell

Das O'Raifeartaigh-Modell beruht auf *drei* chiralen Superfeldern Φ_1, Φ_2 und Φ_3 und wird durch die Lagrangedichte (10.104) beschrieben. Das verallgemeinerte Potential besitzt dabei die spezielle Form

$$U[\Phi] = g\Phi_1(\Phi_3^2 - M^2) + \mu\Phi_2\Phi_3 . \tag{11.68}$$

Gemäß $F_i^* = U_i$ aus (10.107) berechnen wir die Hilfsfelder

$$F_1^* = \frac{\partial U}{\partial \varphi_1} = g(\varphi_3^2 - M^2) , \tag{11.69}$$

$$F_2^* = \frac{\partial U}{\partial \varphi_2} = \mu\varphi_3 , \tag{11.70}$$

$$F_3^* = \frac{\partial U}{\partial \varphi_3} = 2g\varphi_1\varphi_3 + \mu\varphi_2 . \tag{11.71}$$

Damit die Supersymmetrie exakt ist und somit der Grundzustand die Bedingung (9.94) erfüllt, muß das Superpotential (10.109) verschwinden:

$$W(\varphi, \varphi^*) = \sum_i |F_i|^2 \stackrel{!}{=} 0 . \tag{11.72}$$

Dann muß aber auch jedes der drei Hilfsfelder für sich verschwinden,

$$F_1 = F_2 = F_3 = 0 . \tag{11.73}$$

Die letzte Forderung kann allerdings nicht erfüllt werden! Setzt man z.B. $\varphi_3 = 0$, dann gilt zwar $F_2^* = 0$, aber gleichzeitig ist $F_1^* \neq 0$. Unabhängig davon, welches Feld wir Null setzen, mindestens eines der drei Hilfsfelder ist immer verschieden von Null. Damit ist im O'Raifeartaigh-Modell die Supersymmetrie spontan gebrochen.

Mit (11.69) bis (11.71) besitzt das Superpotential (10.109) die Form

$$W = g^2|\varphi_3^2 - M^2|^2 + \mu^2|\varphi_3|^2 + |2g\varphi_1\varphi_3 + \mu\varphi_2|^2 . \tag{11.74}$$

Das Minimum wird an der Stelle

$$\langle\varphi_2\rangle = \langle\varphi_3\rangle = 0 \qquad \text{und} \qquad \langle\varphi_1\rangle \ \text{beliebig} \tag{11.75}$$

angenommen. Dabei nimmt das Potential den minimalen Wert $W = g^2 M^4$ an.

11.3.6 Das bosonische Massenspektrum

Wir bestimmen nun das Massenspektrum des O'Raifeartaigh-Modells und beginnen mit den Bosonen. Für das komplexe Feld wählen wir den Ansatz

$$\varphi_3(x) = \frac{1}{\sqrt{2}}(a + ib) , \tag{11.76}$$

wobei $a(x)$ und $b(x)$ reelle Felder sind. Das Superpotential (11.72) lautet dann:

$$\begin{aligned} W &= g^2M^4 + \mu^2|\varphi_3|^2 - g^2M^2(\varphi_3^2 + \varphi_3^{*2}) + g^2|\varphi_3|^4 \\ &\quad + |2g\varphi_1\varphi_3 + \mu\varphi_2|^2 \\ &= g^2M^4 + \frac{\mu^2}{2}(a^2 + b^2) - g^2M^2(a^2 - b^2) + \frac{g^2}{4}(a^2 + b^2)^2 \\ &\quad + |2g\varphi_1\varphi_3 + \mu\varphi_2|^2 . \end{aligned}$$

Nun betrachten wir den Anteil des Superpotentials, der nur die Massen – das sind alle quadratischen Terme in den Feldern – enthält,

$$W_{\mathrm{m}} = \frac{1}{2}\left(\mu^2 - 2g^2M^2\right)a^2 + \frac{1}{2}\left(\mu^2 + 2g^2M^2\right)b^2 + \mu^2\,|\varphi_2|^2\,,$$

und vergleichen ihn mit

$$W_{\mathrm{m}} := m_{\varphi_1}^2\,|\varphi_1|^2 + m_{\varphi_2}^2\,|\varphi_2|^2 + \frac{m_a^2}{2}\,a^2 + \frac{m_b^2}{2}\,b^2.$$

Dieser Vergleich liefert das bosonische Massenspektrum des O'Raifeartaigh-Modells:

$$\begin{aligned} m_{\varphi_1} &= 0\,, \\ m_{\varphi_2} &= \mu\,, \\ m_a &= \sqrt{\mu^2 - 2g^2M^2}\,, \\ m_b &= \sqrt{\mu^2 + 2g^2M^2}\,. \end{aligned}$$

Damit diese Massen reell sind, fordern wir für die Parameter die Bedingung

$$\mu^2 > 2g^2M^2\,. \tag{11.77}$$

11.3.7 Das fermionische Massenspektrum

Wir bestimmen nun das fermionische Massenspektrum des O'Raifeartaigh-Modells. Dazu betrachten wir nur den fermionischen Sektor der Lagrangedichte (10.108):

$$\mathcal{L}^{(\mathrm{F})} = \mathcal{L}^{(\mathrm{F})}_{\mathrm{kin}} + \mathcal{L}^{(\mathrm{F})}_{\mathrm{m}} \tag{11.78}$$

mit

$$\mathcal{L}^{(\mathrm{F})}_{\mathrm{kin}} = -\frac{\mathrm{i}}{2}\sum_{i=1}^{3}\left(\bar{\psi}_i\tilde{\sigma}^\mu\partial_\mu\psi_i + \psi_i\sigma^\mu\partial_\mu\bar{\psi}_i\right)\,, \tag{11.79}$$

$$\mathcal{L}^{(\mathrm{F})}_{\mathrm{m}} = \frac{1}{2}\sum_{i,j=1}^{3}\left(\psi_i U_{ij}\psi_j + \bar{\psi}_j U^*_{ji}\psi_i\right)\,. \tag{11.80}$$

Der kinetische Term läßt sich weiter umformen, indem man zu (11.79) die Viererdivergenz $\frac{\mathrm{i}}{2}\,\partial_\mu\sum_i(\bar{\psi}_i\,\tilde{\sigma}^\mu\psi_i)$ addiert (sie ändert bekanntlich nichts am Wirkungsfunktional). Man erhält

$$\mathcal{L}^{(\mathrm{F})}_{\mathrm{kin}} = -\frac{\mathrm{i}}{2}\sum_{i=1}^{3}\left[\,\psi_i\sigma^\mu\partial_\mu\bar{\psi}_i - (\partial_\mu\bar{\psi}_i)\tilde{\sigma}^\mu\psi_i\,\right]$$

und mit (9.61) schließlich

$$\mathcal{L}_{\text{kin}}^{(\text{F})} = -\mathrm{i}\sum_{i=1}^{3} \psi_i \sigma^\mu \partial_\mu \bar{\psi}_i \,. \tag{11.81}$$

Die fermionische Massenmatrix U_{ij} folgt gemäß (10.105) durch Ableiten der Ausdrücke (11.69) bis (11.71). Sie lautet

$$U_{ij} = \begin{pmatrix} 0 & 0 & 2g\varphi_3 \\ 0 & 0 & \mu \\ 2g\varphi_3 & \mu & 2g\varphi_1 \end{pmatrix} . \tag{11.82}$$

Damit folgt für den Massenterm

$$\mathcal{L}_{\text{m}}^{(\text{F})} = \frac{1}{2}\Big[4g\varphi_3(\psi_1\psi_3) + 2\mu(\psi_2\psi_3) + 4g\varphi_1(\psi_3\psi_3) + \text{HC} \Big] . \tag{11.83}$$

Die Lagrangedichte des fermionischen Sektors (11.78) besitzt demnach die explizite Form

$$\mathcal{L}^{(\text{F})} = -\mathrm{i}\sum_{i=1}^{3} \psi_i \sigma^\mu \partial_\mu \bar{\psi}_i + \mu(\psi_2\psi_3 + \bar{\psi}_2\bar{\psi}_3) + \mathcal{L}_{\text{Yuk}} \tag{11.84}$$

mit dem Yukawa-Term

$$\mathcal{L}_{\text{Yuk}} = 2g\Big[\varphi_3(\psi_1\psi_3) + \varphi_1(\psi_3\psi_3) + \varphi_3^*(\bar{\psi}_1\bar{\psi}_3) + \varphi_1^*(\bar{\psi}_3\bar{\psi}_3) \Big] .$$

Nun gehen wir zur Bispinorschreibweise über und definieren den Dirac-Spinor

$$\Psi_{\text{D}} := \begin{pmatrix} \psi_2 \\ \bar{\psi}_3 \end{pmatrix} .$$

Seine konjugierte Form ist in der chiralen Darstellung

$$\overline{\Psi}_{\text{D}} = \Psi_{\text{D}}^\dagger \gamma_0 = (\bar{\psi}_2, \psi_3) \begin{pmatrix} 0 & \mathbb{1} \\ \mathbb{1} & 0 \end{pmatrix} = (\psi_3, \bar{\psi}_2) .$$

Die Lagrangedichte für ein freies Dirac-Teilchen mit der Masse m ist gegeben durch

$$\begin{aligned} \overline{\Psi}_{\text{D}}(\mathrm{i}\gamma^\mu\partial_\mu - m)\Psi_{\text{D}} &= (\psi_3, \bar{\psi}_2) \begin{pmatrix} -m & \mathrm{i}\sigma^\mu\partial_\mu \\ \mathrm{i}\tilde{\sigma}^\mu\partial_\mu & -m \end{pmatrix} \begin{pmatrix} \psi_2 \\ \bar{\psi}_3 \end{pmatrix} \\ &= \mathrm{i}\,(\psi_3\sigma^\mu\partial_\mu\bar{\psi}_3 + \bar{\psi}_2\tilde{\sigma}^\mu\partial_\mu\psi_2) - m(\psi_3\psi_2 + \bar{\psi}_2\bar{\psi}_3) . \end{aligned}$$

Setzen wir $m = \mu$ dann erhält (11.84) die Form

$$\mathcal{L}^{\mathrm{F}} = -\mathrm{i}\psi_1\sigma^\mu\partial_\mu\bar{\psi}_1 - \overline{\Psi}_{\mathrm{D}}(\mathrm{i}\gamma^\mu\partial_\mu - \mu)\Psi_{\mathrm{D}} + \mathcal{L}_{\mathrm{Yuk}}\ .$$

Das fermionische Massenspektrum des O'Raifeartaigh-Modells lautet also:

$$\begin{aligned} m_{\psi_1} &= 0\ , \\ m_{\psi_2} &= \mu\ , \\ m_{\psi_3} &= \mu\ . \end{aligned}$$

Vergleichen wir es mit dem bosonischen Massenspektrum aus § 11.3.6, dann sehen wir, daß die Superpartner von ψ_1 und ψ_2 die gleiche Masse besitzen:

$$m_{\psi_1} = m_{\varphi_1} \qquad \text{und} \qquad m_{\psi_2} = m_{\varphi_2}\ .$$

Im Gegensatz dazu gilt

$$m_a^2 + m_b^2 = 2\mu^2 = 2m_{\psi_3}^2\ . \tag{11.85}$$

11.4 Ausblick

Die vorliegende Monographie vermittelt nur einen ersten Einblick in die Grundlagen der Supersymmetrie. Es war unser Hauptanliegen, den Anfänger schrittweise an den neuen Formalismus der Supersymmetrie heranzuführen. Seit der Publikation des Wess-Zumino-Modells im Jahr 1974 hat es allerdings vielfältige Weiterentwicklungen gegeben, die über den engen Rahmen eines einführenden Werkes hinausgehen.

11.4.1 Gibt es SUSY-Teilchen?

Auf dem Elementarteilchenniveau ist die Supersymmetrie bislang keinesfalls etabliert, da die vorhergesagten supersymmetrischen Partner der Elementarteilchen trotz enormer experimenteller Anstrengungen noch nicht entdeckt wurden. Möglicherweise gleicht die gegenwärtige Situation aber auch nur der Phase, wie sie nach der Präsentation der Dirac-Gleichung und vor der Entdeckung des Positrons herrschte.

Auch wenn die Erzeugung *reeller* SUSY-Teilchen bisher nicht verifiziert werden konnte, sollte die Supersymmetrie dennoch ihre Spuren in physikalischen Observablen hinterlassen: So können SUSY-Teilchen auch *virtuell* generiert werden und als

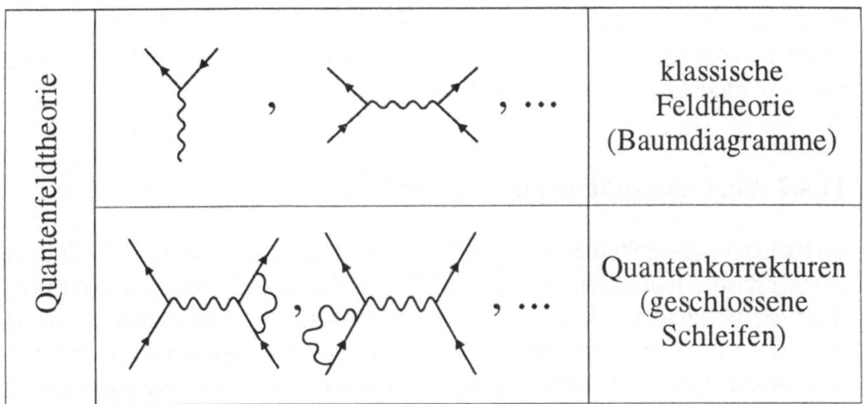

Abb. 11.5 Beispiele für Feynman-Diagramme aus der klassischen und Quantenfeldtheorie.

Zwischenzustände in Teilchenreaktionen auftreten. In Abb. 11.5 sind einige typische Feynman-Diagramme für Streuprozesse in der Quantenfeldtheorie aufgeführt. Der obere Teil zeigt Baumdiagramme für die durch Bosonen (Wellenlinien) vermittelte Wechselwirkung von Fermionen (durchgezogene Linien). Der untere Teil weist auf Quantenkorrekturen durch die *geschlossenen Schleifen* hin. Gezeigt wird in einem Streuprozeß die Wechselwirkung eines Fermions mit sich selbst durch den Austausch eines virtuellen Bosons. Diese Selbstenergiediagramme sind Beispiele für Quantenfluktuationen, durch die auch sehr schwere Teilchen kurzzeitig als Zwischenzustände generiert werden können. Die virtuelle Erzeugung von SUSY-Teilchen in solchen Schleifendiagrammen sollte die Zerfallseigenschaften zum Beispiel des Z^0-Bosons oder der B-Mesonen modifizieren. Jedoch gibt es auch hierfür von experimenteller Seite noch keine eindeutigen Anzeichen.

Eine direkte Evidenz für die Realisierung von Supersymmetrie in der Natur existiert also nicht. Vielmehr sind es gegenwärtig ausschließlich grundlegende Argumente der theoretischen Physik, die für Supersymmetrie sprechen: Eine umfassende Feldtheorie, die alle in der Natur vorkommenden Teilchen und deren Wechselwirkungen beschreibt, muß zwangsläufig *Bosonen*, die die Kräfte zwischen den Teilchen vermitteln, und *Fermionen* als Bausteine der Materie ineinander transformieren können. Die zugrundeliegende Symmetrie für diese Transformation ist die Supersymmetrie.

Ferner beobachtet man seit einigen Jahren, wie die Idee der Supersymmetrie mehr und mehr auch in Bereiche jenseits der Hochenergiephysik eindringt. Dazu zählen neben den Themen aus dem ersten Teil dieses Buches besonders die Vielteilchentheorie und die statistische Physik. Anwendungsbeispiele dafür findet man heute vielfach in der Fachliteratur. Die Frage nach der Existenz von SUSY-Teilchen steht für diese Modelle nicht im Vordergrund.

11.4.2 Supergravitation und Superstrings

Im Rahmen unserer Studien war ein SUSY-Modell durch eine Lagrange-Feldtheorie in einer flachen Raum-Zeit beschrieben. Die grundlegende Forderung war die Invarianz der Wirkung bei einer *globalen* Supersymmetrie-Transformation. Dabei haben wir die Transformationsparameter räumlich und zeitlich konstant gelassen. Entscheidend für die Möglichkeit Bosonenfelder in Fermionenfelder und umgekehrt zu transformieren, war die Tatsache, daß die Parameter der SUSY-Transformationen selbst wieder antikommutierende Spinoren sind.

Die vielleicht überraschendste Eigenschaft der Supersymmetrie ist, daß bei wiederholter Anwendung der Boson-Fermion-Transformation ein Teilchen von einem Punkt zu einem anderen Punkt der Raum-Zeit verschoben wird. Somit resultiert eine Poincaré-Transformation und damit eine physikalische Translation des Teilchens durch wiederholte SUSY-Transformationen.

Erlauben wir nun eine raum-zeitliche Variation der spinoriellen Transformationsparameter, so wird Supersymmetrie zu einer *lokalen* Symmetrie. Da aber die lokale Poincaré-Invarianz den Ausgangspunkt für die Allgemeine Relativitätstheorie repräsentiert, ist der Zusammenhang zwischen Supersymmetrie und Gravitation bewerkstelligt. Lokale Supersymmetrie mit koordinatenabhängigen Transformationsparametern involviert notwendigerweise eine gravitative Wechselwirkung und wird daher auch *Supergravitation* genannt. Die Supergravitation erlaubt es, alle bekannten Wechselwirkungen – die elektroschwache Wechselwirkung des Weinberg-Salam-Modells, die starke Wechselwirkung beschrieben durch die Quantenchromodynamik sowie die Gravitation im Rahmen eines übergeordneten Konzeptes zu vereinheitlichen.

Eine darüber hinausgehende Erweiterung stellen die *Superstring*-Theorien dar, in denen die fundamentalen Objekte der Physik keine punktförmigen Elementarteilchen, sondern eindimensional ausgedehnte Gebilde – die Strings – sind. Die endliche Ausdehnung der Strings (Faden) bedingt einen natürlichen Abschneideparameter für ansonsten divergente Quantenfluktuationen. Die Supersymmetrie bildet somit ebenfalls die Basis von Superstring-Modellen, in denen auch Quantengravitationskorrekturen konsistent berechnet werden können. Die Mehrzahl der gegenwärtigen Theorien der Großen Vereinheitlichung (Grand Unified Theory oder kurz GUT) basiert in den Grundkonzepten auf der Supersymmetrie oder in Erweiterung auf Superstrings.

Anhang: Lorentzmetrik und γ-Matrizen

Die Lorentz-Metrik ist:

$$g_{\mu\nu} = \text{diag}\,(1, -1, -1, -1) = g^{\mu\nu}\,. \tag{1}$$

Die beiden Sätze der erweiterten Paulimatrizen

$$\sigma^\mu = (\mathbb{1}, \boldsymbol{\sigma}) \qquad \text{und} \qquad \tilde{\sigma}^\mu = (\mathbb{1}, -\boldsymbol{\sigma}) \tag{2}$$

setzen sich aus $\sigma^0 := \mathbb{1}$ und den drei Paulimatrizen zusammen:

$$\sigma^1 = \begin{pmatrix} 0 & 1 \\ 1 & 0 \end{pmatrix}, \quad \sigma^2 = \begin{pmatrix} 0 & -\mathrm{i} \\ \mathrm{i} & 0 \end{pmatrix}, \quad \sigma^3 = \begin{pmatrix} 1 & 0 \\ 0 & -1 \end{pmatrix}. \tag{3}$$

Die γ-Matrizen erfüllen die Clifford-Algebra:

$$\{\,\gamma^\mu, \gamma^\nu\,\} = 2g^{\mu\nu}\mathbb{1}\,. \tag{4}$$

Die γ_5-Matrix ist definiert als

$$\gamma_5 = \gamma^5 = \mathrm{i}\gamma^0\gamma^1\gamma^2\gamma^3 = \gamma_5^\dagger\,. \tag{5}$$

Zu den hermitesch konjugierten γ-Matrizen gelangt man durch

$$\gamma^0\gamma^\mu\gamma^0 = \gamma^{\mu\dagger} \qquad \text{und} \qquad \gamma^0\gamma_5\gamma^0 = -\gamma_5^\dagger = -\gamma_5\,. \tag{6}$$

Der Kommutator liefert den Spintensor

$$\Sigma^{\mu\nu} = \frac{\mathrm{i}}{4}\,[\,\gamma^\mu, \gamma^\nu\,]\,. \tag{7}$$

Die Ladungskonjugation wird beschrieben durch den Operator

$$C = \mathrm{i}\gamma^2\gamma^0 \qquad \text{mit} \qquad C^{\mathrm{T}} = C^\dagger = -C\,, \tag{8}$$

und es gilt

$$C\gamma_\mu C^{-1} = -\gamma_\mu^{\mathrm{T}} \qquad \text{und} \qquad C\gamma_5 C^{-1} = \gamma_5^{\mathrm{T}}\,. \tag{9}$$

Die γ-Matrizen in der *Standarddarstellung* lauten:

$$\gamma^0 = \begin{pmatrix} \mathbb{1} & 0 \\ 0 & -\mathbb{1} \end{pmatrix} \quad , \quad \boldsymbol{\gamma} = \begin{pmatrix} 0 & \boldsymbol{\sigma} \\ -\boldsymbol{\sigma} & 0 \end{pmatrix} \quad \text{und} \quad \gamma^5 = \begin{pmatrix} 0 & \mathbb{1} \\ \mathbb{1} & 0 \end{pmatrix} . \tag{10}$$

Die γ-Matrizen in der *chiralen Darstellung* lauten:

$$\gamma^0 = \begin{pmatrix} 0 & \mathbb{1} \\ \mathbb{1} & 0 \end{pmatrix} \quad , \quad \boldsymbol{\gamma} = \begin{pmatrix} 0 & \boldsymbol{\sigma} \\ -\boldsymbol{\sigma} & 0 \end{pmatrix} \quad \text{und} \quad \gamma^5 = \begin{pmatrix} -\mathbb{1} & 0 \\ 0 & \mathbb{1} \end{pmatrix} . \tag{11}$$

Literaturverzeichnis

[1] L. D. Landau, E. M. Lifschitz, *Theoretische Physik III*, Akademie-Verlag, Berlin, 1980.

[2] A. Messiah, *Quantenmechanik Band 1 und 2*, Walter de Gruyter, Berlin, 1991.

[3] J. J. Sakurai, *Modern Quantum Mechanics*, Addison-Wesley, Redwood City, 1985.

[4] E. Fick, *Einführung in die Grundlagen der Quantentheorie*, Akademische Verlagsgesellschaft, Wiesbaden, 1979.

[5] W. Greiner, *Quantenmechanik*, Verlag Harri Deutsch, Frankfurt am Main, 1979.

[6] R. J. Jelitto, *Theoretische Physik, Quantenmechanik I/II*, AULA-Verlag, Wiesbaden, 1993.

[7] L. I. Schiff, *Quantum Mechanics*, McGraw-Hill, Tokyo, 1968.

[8] L. E. Gendenshtein, I. V. Krive, Sov. Phys. Usp. **28**, 695 (1928).

[9] E. Witten, Nucl. Phys. B **202**, 253 (1982).

[10] H. Nicolai, Phys. Blätter **47**, 387 (1991).

[11] F. Schwabl, *Quantenmechanik*, Springer-Verlag, Berlin, 1992.

[12] A. Lahiri, P. K. Roy, B. Bagchi, J. Mod. Phys. **A5**, 1383 (1990).

[13] F. Cooper, A. Khare, U. Sukhatme, Phys. Rep. **251**, 267 (1995).

[14] H. Nicolai, J. Phys. A **9**, 1497 (1976).

[15] E. Witten, Nucl. Phys. B **188**, 513 (1981).

[16] L. Infeld, T. E. Hull, Rev. Mod. Phys. **23**, 21 (1951).

[17] L. E. Gendenshtein, JETP Lett. **38**, 356 (1983).

[18] M. Abramowitz, I. A. Stegun, *Handbook of Mathematical Functions*, Dover Publications, New York, 1972.

[19] R. Dutt, A. Khare, U. Sukhatme, Am. Jour. Phys. **56**, 163 (1988).

[20] A. Khare, U. Sukhatme, Jour. Phys. A **26**, L901 (1993).

[21] I. S. Gradshteyn, I. M. Ryzhik, *Table of Integrals, Series, and Products*, Academic Press, New York, 1980.

[22] B. G. Adams, *Algebraic Approach to Simple Quantum Systems*, Springer-Verlag, Berlin, 1994.

[23] F. A. Berezin, *The Method of Second Quantization*, Academic Press, New York, 1966.

[24] I. L. Buchbinder, S. M. Kuzenko, *Ideas and Methods of Supersymmetry and Supergravity or A Walk Through Superspace*, IOP Publishing, Bristol, 1995.

[25] F. Constantinescu, H. F. de Groote, *Geometrische und algebraische Methoden der Physik: Supermannigfaltigkeiten und Virasoro-Algebren*, Teubner-Verlag, Stuttgart, 1994.

[26] B. DeWitt, *Supermanifolds*, Cambridge University Press, Cambridge, 1992.

[27] *Teubner-Taschenbuch der Mathematik Teil II*, B. G. Teubner, Stuttgart, 1995.

[28] J. F. Cornwell, *Group Theory in Physics I/II*, Academic Press, London, 1990.

[29] H. F. Jones, *Groups, Representations and Physics*, Adam Hilger, Bristol, 1990.

[30] R. U. Sexl, H. K. Urbantke, *Relativität, Gruppen, Teilchen*, Springer-Verlag, Wien, 1992.

[31] K. Jänich, *Topologie*, Springer-Verlag, Berlin, 1994.

[32] M. Nakahara, *Geometry, Topologie and Physics; Graduate Student Series in Physics*, IOP Publishing, Bristol, 1992.

[33] C. Nash, S. Sen, *Topology and Geometry for Physicists*, Academic Press, London, 1990.

[34] F. Scheck, *Mechanik; Von den Newtonschen Gesetzen zum deterministischen Chaos*, Springer-Verlag, Berlin, 1990.

[35] B. Schutz, *Geometrical Methods of Mathematical Physics*, Cambridge University Press, Cambridge, 1980.

[36] E. Cartan, *The Theory of Spinors*, Dover Publications, New York, 1981.

[37] Y. Choquet-Bruhat, C. DeWitt-Morette, *Analysis, Manifolds and Physics. Part II: 92 Applications*, Elsevier Science, Amsterdam, 1989.

[38] R. Abłamowicz, P. Lounesto, *Clifford Algebras and Spinor Structures*, Kluwer Academic Publishers, Dordrecht, 1995.

[39] I. M. Benn, R. W. Tucker, *An Introduction to Spinors and Geometry with Applications in Physics*, Adam Hilger, Bristol, 1987.

[40] H. Goldstein, *Klassische Mechanik*, Aula-Verlag, Wiesbaden, 1989.

[41] W. Greiner, *Mechanik I und II*, Verlag Harri Deutsch, Frankfurt am Main, 1989 und 1986.

[42] F. Kuypers, *Klassische Mechanik*, VCH Verlagsgesellschaft, Weinheim, 1989.

[43] F. A. Berezin, M. S. Marinov, Ann. Phys. **104**, 336 (1977).

[44] R. Casalbouni, Nuovo Cimento **33A**, 115 und 389 (1976).

[45] M. Henneaux, C. Teitelboim, *Quantization of Gauge Systems*, Princeton University Press, Princeton, 1992.

[46] F. Halzen, A. D. Martin, *Quarks and Leptons: An Introductory Course in Modern Particle Physics*, John Wiley, Singapore, 1984.

[47] M. Kaku, *Quantum Field Theory, A Modern Introduction*, Oxford University Press, New York, 1993.

[48] P. Ramond, *Field Theory: A Modern Primer*, Addison-Wesley, Redwood City, 1990.

[49] L. H. Ryder, *Quantum Field Theory*, Cambridge University Press, Cambridge, 1988.

[50] M. S. Swanson, *Path Integrals and Quantum Processes*, Academic Press, San Diego, 1992.

[51] D. Balin, A. Love, *Introduction to Gauge Field Theory*, Adam Hilger, Bristol, 1986.

[52] C. Itzykson, J. B. Zuber, *Quantum Field Theory*, McGraw-Hill, New York, 1980.

[53] J. D. Bjorken, S. D. Drell, *Relativistische Quantenmechanik*, B. I.-Wissenschaftsverlag, Mannheim, 1968.

[54] H. J. W. Müller-Kirsten, A. Wiedemann, *Supersymmetry; An Introduction with Conceptual and Calculational Details*, World Scientific, Singapore, 1987.

[55] B. Thaller, *The Dirac Equation*, Springer-Verlag, Berlin, 1992.

[56] A. Jaffe, A. Lesniewski, M. Lewenstein, Ann. Phys. **178**, 313 (1987).

[57] J. Wess, J. Bagger, *Supersymmetry and Supergravity*, Princeton University Press, Princeton, 1992.

[58] D. Bailin, A. Love, *Supersymmetric Gauge Field Theory and String Theory*, IOP Publishing, Bristol, 1994.

[59] P. G. O. Freund, *Introduction to Supersymmetry*, Cambridge University Press, Cambridge, 1986.

[60] S. J. Gates, M. T. Grisaru, M. Roček, W. Siegel, *Superspace or One Thousand and One Lessons in Supersymmetry*, Benjamin/Cummings, Reading, 1983.

[61] F. Gieres, *Geometry of Supersymmetric Gauge Theories; Including an Introduction to BRS Differential Algebras and Anomalies, Lecture Notes in Physics* **302**, Springer-Verlag, Berlin, 1988.

[62] H. E. Haber, G. L. Kane, Phys. Rep. **117**, 75 (1985).

[63] S. P. Misra, *Introduction to Supersymmetry and Supergravity*, Wiley Eastern Limited, New Delhi, 1992.

[64] R. N. Mohapatra, *Unification and Supersymmetry: The Frontiers of Quark-Lepton Physics*, Springer-Verlag, New York, 1992.

[65] J. Rau, Supersymmetrie, GSI-89-20 (1989).

[66] M. F. Sohnius, Phys. Rep. **128**, 39 (1985).

[67] J. L. Lopez, Rep. Prog. Phys. **59**, 819 (1996).

[68] J. Wess, B. Zumino, Nucl. Phys. B **78**, 1 (1974).

Sachverzeichnis

$1/d$-Entwicklung, 101

a-Zahl, *siehe* Grassmann-Zahl
Ableitung
  linke, 138, 212
  rechte, 138
Ado (Satz von), 164
Ähnlichkeitstransformation, 150, 185
Algebra, 29
  assoziative, 29
  graduierte, 324
antidiagonal, 304, 314
Antikommutator, 15, 32, 34, 229
Automorphismus, 149, 328

Bahndrehimpuls, 198, 265
Bahndrehimpulsoperator, 173, 193
  verallgemeinerter, 265
Baker-Campbell-Hausdorff-Formel, 130, 166, 362
Basis
  im Supervektorraum, 124
  in Λ_N, 117
  in C_N, 30
  reine, 124–126
  zyklische, 177
Baumdiagramme, 425
Besetzungszahl-Operator, *siehe* Teilchenzahl-Operator
Bewegungsgleichungen
  Grassmann-Mechanik, 210
  klassische Mechanik, 200
  superklassische Mechanik, 220
  Zwangsbedingungen, 225

Bispinor, 274, 338, 394
Bohr-Sommerfeld-Quantisierungsbedingung, 106
Bohrsches Magneton, 295, 320
Boost, 258
Boson, 15, 18, 229, 282, 356
Boson-Fermion-Regel, 344, 370, 386
Boson-Fermion-Wechselwirkung, 393

c-Zahl, 120
Casimir-Operator, 173, 351
  Drehgruppe, 173
  Lorentzgruppe, 262, 266
  Poincarégruppe, 285
chirale SUSY, 298
chirales Supermultiplett, 356, 393
Chiralität, 262, 267, 289
Cini-Touschek-Transformation, 315
Clifford-Algebra, 30, 32, 118, 230
  γ-Matrizen, 276
  Darstellung, 196
  komplexe, 196
  Paulimatrizen, 178
Clifford-Vakuum, 353
Condon-Shortley-Phasenwahl, 176
Coulombpotential, 78

D-Typ, 390
Darstellung, 149
  adjungierte, 171
  äquivalente, 150
  chirale, 274, 292, 338, 394, 403
  definierende, 150, 193
  duale, 328

im Raum der Superfunktionen, 363
irreduzible, 151, 154, 172, 176
kanonische, 36, 38, 126, 304
konjugierte, 185, 328
lineare, 150, 156
masselose, 288
massive, 287, 351, 352
reduzible, 150
supersymmetrische, 307
treue, 149
triviale, 150
unitäre, 155, 163
Verknüpfung, 263
Darstellungsraum, 150, 153, 154
Delta-Entwicklung, 99
Differentiation
nach Grassmann-Zahlen, 138
nach Weyl-Spinoren, 364
Dimension
Darstellungsraum, 153, 159, 175, 198
der Clifford-Algebra, 30
der Grassmann-Algebra, 117
Dirac'sche Deltafunktion
für a-Zahlen, 143
für c-Zahlen, 143
Weyl-Spinoren, 401
Dirac-Darstellung, 292
Dirac-Gleichung, 291, 294, 405
adjungierte, 405
Dirac-Klammer, 223, 229
Grassmann-Mechanik, 228
klassische Mechanik, 227
Dirac-Matrizen, 291, 292
chirale Darstellung, 292
Standarddarstellung, 292
Dirac-Operator, 294, 296
abstrakter, 304, 311
als Superladung, 306
freier, 291
Normalformen, 314
Dirac-Schreibweise, 17
direkte Summe, 263
direktes Produkt, 263, 283
Dispersionsrelation, 405
Doppelindex, 153, 192
Doppelmulden-Potential, 103, 109
Drehgruppe, 148, 163, 170, 186, 209, 325
Drehimpuls-
algebra, 172, 179, 348
operator, 159, 172, 173
Drehmatrix, 148, 152, 171, 258
Drehungen, 148, 258
äußere, 198, 265
eigentliche, 148
endliche, 151, 193
innere, 198, 265
inverse, 152
zweidimensionale, 151
Dualraum, 188
dynamische Variable, 136

ε-Tensor, *siehe* total antisymmetrischer Tensor
ebene Welle, 57, 405
Eichboson, 356
Eichfeld, 295, 375, 385
Eichtransformation
globale, 155
Hamiltonfunktion, 225
Lagrangefunktion, 202
lokale, 294, 384
supersymmetrische, 383, 387
Eichtransformationen
supersymmetrische, 410

Eichung
  konventionelle, 385
  Wess-Zumino-, 384
einfach zusammenhängend, 164, 181, 273
Einheitensystem, 348
elektrische Ladung, *siehe* Elementarladung
elektromagnetisches Feld, 293
Elektromagnetismus, 356
Elektron, 288, 290, 294, 356
Elementarladung, 78, 294, 297, 348
Elementarteilchen, 287, 356
Energie-Impuls-Tensor, 408, 413
Erhaltungsgröße, 157, 159
Erzeugende
  einparametrige Untergruppe, 168
  kanonische Transformation, 205
Erzeugungs- und Vernichtungsoperatoren, 17, 23, 24, 158, 352
Euler-Lagrange-Gleichungen
  Grassmann-Mechanik, 212
  Hilfsfeld, 392, 396
  klassische Mechanik, 201, 204, 223
  Komponentenfelder, 246, 404
  Superfeld, 245
  superklassische Mechanik, 220
externes Feld, 296, 304

F-Typ, 390
Faktorisierung, 50
Feld
  Majorana-Spinor-, 404
  pseudoskalares, 404
  skalares, 370, 377, 385, 404
  Vektor-, 370, 385
  Weyl-Spinor-, 361, 370, 377, 385
Feldstärke
  duale, 399
  elektrische, 293
  magnetische, 293
  supersymmetrische, 386, 398
Feldstärketensor, 265, 293, 384
Feldtheorie, 403
  in (1+0) Dimensionen, 234
  in (1+3) Dimensionen, 369
  klassische, 233
Fermion, 15, 20, 199, 229, 253, 282, 356
fermionische Koordinaten und Impulse, 24, 31, 219
Feynman-Diagramme, 425
Feynman-Dolch, 182, 277
Fierz-Umordnungen, 370
Foldy-Wouthuysen-Transformation, 312
Forminvarianz, 69

γ-Matrizen, 276, 291, 292
  chirale Darstellung, 276, 292
  euklidische Darstellung, 300
  Standarddarstellung, 292
  zweidimensional, 297
generalisierte Geschwindigkeiten, 199, 202
Generator
  Algebra, 30
  Clifford-Algebra, 30
  Grassmann-Algebra, 117, 122, 136
  Liealgebra, 151, 166, 193
  Lorentztransformation, 259, 281
  Poincaré-Superalgebra, 341
  Poincarétransformation, 284
  Transformation, 157, 166
Gluino, 359
Gluon, 356, 358

Goldstone-Boson, 417
Graduierung, 324
Grassmann-Algebra, 32, 117, 118, 230
Grassmann-Mechanik, 210, 218
Grassmann-Parität
    Operator, 125
    Superfunktion, 138, 216, 219
    Supervektor, 123
    Superzahl, 121
Grassmann-Teilchen, 210, 230
Grassmann-Variable, 137, 210, 217, 360
Grassmann-Zahl, 120, 161, 190, 270
Gravitation, 341, 356, 384
Graviton, 356
Grundzustand, 41, 52, 353
    supersymmetrischer, 343, 418
Gruppe, 27, 29
    abelsche, 27, 147
    diskrete, 28, 149, 151, 162, 257
    einfache, 28
    halbeinfache, 28
    kontinuierliche, 28, 162
    topologische, 162
Gruppenaxiome, 27
Gruppenmannigfaltigkeit, *siehe* Mannigfaltigkeit
Gruppenvolumen, 162
gyromagnetischer Faktor, 320

Händigkeit, *siehe* Chiralität
Hamilton-Formalismus
    Feldtheorie, 247
    Grassmann-Mechanik, 212
    klassische Mechanik, 202
    superklassische Mechanik, 218
Hamilton-Gleichungen, 205
    Grassmann-Mechanik, 213, 217
    klassische Mechanik, 203, 207, 249
    superklassische Mechanik, 220
Hamiltondichte, 248
Hamiltonfunktion
    Grassmann-Mechanik, 213
    klassische Mechanik, 203, 225
    superklassische Mechanik, 220
Hamiltonoperator, 290, 302, 343
    singulärer, 114
    supersymmetrischer, 21, 35, 49, 249, 290, 303, 305, 310, 311
    Wess-Zumino-Modell, 408
Hamiltonprinzip
    Feldtheorie, 244
    Grassmann-Mechanik, 210, 212, 213
    klassische Mechanik, 199, 202, 203
    superklassische Mechanik, 220
Helizität, 288
Hermite-Polynome, 80
Higgs-Teilchen, 358, 393
Higgsino, 358, 393
Hilbertraum, 17, 155, 163, 302
Hilfsfeld, 245, 246, 377, 385, 392
Homomorphismus, 149
hyperkomplexe Zahlen, 182

Impuls, 202, 212, 247
Impulsdichte, 247
Impulsoperator, 23, 147, 158, 255
Index, 46
Inertialsystem, 253
Integration
    Grassmann-Zahlen, 140, 235
    Weyl-Spinoren, 400
Involution, 302
Isomorphismus, 149

Jacobi-Identität, 32, 205, 325
Jacobi-Polynome, 75, 80

kanonische Gleichungen, *siehe* Hamilton-Gleichungen
kanonische Transformation, 205, 208
kanonischer Impuls, *siehe* Impuls
Kastenpotential, 54
Kausalität, 201
Kern
    einer Abbildung, 149, 180
    eines Operators, 46
klassische Mechanik, 199, 218, 223
Klein-Gordon-Gleichung, 405
Körper, 119, 395
Kommutator, 15, 32, 34, 229
kompakt, 162
Komponente der Einheit, 164, 257
Komponentenfeld, 234, 239, 369, 378, 387
Konfigurationsraum, 199
    erweiterter, 199, 202, 212
kontravariant, 188
Koordinaten
    generalisierte, 199
    Grassmann-, 212, 221, 233
    kartesische, 199
    zyklische, 205
Kopplungskonstante, 92, 297, 391, 393
kovariant, 188
kovariante Ableitung
    Eichtheorie, 295
    Supersymmetrie, 237, 241, 366, 412
Kovarianzprinzip, 253
Kreuzprodukt, 232
Kugelflächenfunktionen, 60, 178
Kurve, 164, 167, 181

Ladung, 159, 410
Ladungskonjugation, 279, 339, 340
Lagrange-Formalismus, 199, 202
Lagrange-Multiplikatoren, 225
Lagrangedichte
    Wess-Zumino-Modell, 403
Lagrangedichte, 242, 295
    chirales Superfeld, 391, 402
    Dirac-Teilchen, 291
    integrale Form, 402
    supersymmetrische, 390
    Vektor-Superfeld, 398, 402
Lagrangefunktion
    Grassmann-Mechanik, 210, 212
    klassische Mechanik, 199, 201
    superklassische Mechanik, 220, 221
Laguerre-Polynome, 80
Landau-Niveaus, 322
Legendre-Transformation, 202, 206
Leibniz-Regel, 144
Leiteroperatoren, 19
    der SO(3), 174
    verallgemeinerte, 70
Lepton, 358, 377, 393
Levi-Civita-Symbol, 171
Lichtgeschwindigkeit, 254, 289, 318, 347
Liealgebra, 32, 166, 168, 169
    Darstellungen, 170
    der Lorentzgruppe, 261
    der Poincarégruppe, 284, 285
    der $SO(N)$, 193
    graduierte, 325
    Paulimatrizen, 178
Liegruppe, 28, 164
    abelsche, 28, 151, 153, 167
    Darstellungen, 170

Dimension, 162
einfach zusammenhängende, 170
einparametrige, 28, 152, 162
kompakte, 162, 163, 172
n-parametrige, 162, 167
linkshändig, 262, 273
Lorentzgruppe, 163, 254, 259
Fundamentaldarstellung, 263, 281, 329, 387
Parameter, 257
spezielle, 257, 259
Spinordarstellung, 276, 281
Tensordarstellung, 259
volle, 256
Zweige, 256
Lorentzinvariante, 253, 255
Lorentzskalar, 264, 269, 272, 338, 369
Lorentztransformation, 198, 254, 256, 268, 278, 329
inhomogene, 283

Magnetfeld, 304, 307, 315
magnetisches Moment, 232, 295, 297
anomales, 296
Majorana-Spinor, 341, 342
Mannigfaltigkeit, 162, 165, 167, 169, 273
Masse, 287, 296, 391
Erzeugung, 415
Massenmatrix, 396
Massenspektrum
bosonisches, 421
fermionisches, 422
Materiefeld, 375
Matrix-Exponentialfunktion, 130, 165
Matrizengruppe, 164
Metrik, 188
euklidische, 189, 300
Lorentz-, 254, 300
orthosymplektische, 191
pseudoeuklidische, 189, 194
Spinor-, 186, 190, 268, 332
minimale Kopplung, 294, 411
Minkowskiraum, 189, 254, 278, 333
Multiplett, 175

natürliche Einheiten, 347
Nebenklasse, 149
Neutrino, 289, 356
Neutron, 295, 308
Newtonsche Mechanik, 199
nichtrelativistischer Grenzfall, 292, 318
Nilpotenz, 21, 35
Niveauaufspaltung, 104, 114
Noether-Theorem, 159, 200, 409
Normalteiler, 27
Nullpunktsenergie, 24, 25

$O(2)$, 152
$O(N)$, 148, 165, 189, 209
$O(N, M)$, 189, 218, 257
O'Raifeartaigh-Modell, 420
Operator
adjungierter, 17
bosonischer, 33
fermionischer, 33
gerader, 33, 125, 303, 304
hermitescher, 17
linker, 124
positiver, 17
rechter, 125
unbeschränkter, 318
ungerader, 33, 125, 303, 304, 314
unitärer, 17
Operatordarstellung, 155, 193
orthochron, 256

Ortsdarstellung, 41, 156
Ortsoperator, 23, 158
OSp(1/2), 328
OSp($M/2N$), 191
Oszillator
  anharmonischer, 96, 101
  Bose-, 23
  Bose-Bose-, 157
  energieverschobener, 72
  Fermi-, 24, 215
  Grassmann-, 214, 221
  harmonischer, 23, 54, 66, 71, 87, 91
  isotroper, 76
  SUSY-, 26, 39, 157, 221

Paritätsoperator, 149
Paritätstransformation, 28, 256
Partnerpotentiale, 49
Pauli-Gleichung, 318, 322
Pauli-Lubanski-Vektor, 286, 348
Pauli-Operator, 319
Pauli-Prinzip, 15, 19
Paulimatrizen, 178, 182, 187, 230, 328, 335
  erweiterte, 270, 272
Phasenraum
  Grassmann-Mechanik, 213
  klassische Mechanik, 202, 207, 224
  reduzierter, 224
  superklassische Mechanik, 219
Phasentransformation, 155
Photino, 359
Photon, 264, 295, 356, 358
Pion, 288
Plancksches Wirkungsquantum, 347
Poincaré-Superalgebra, 339, 343
Poincaré-Supergruppe, 164, 359
Poincarégruppe, 163, 282, 283
  masselose Darstellung, 288
  massive Darstellung, 287
Poincarétransformation, 361
Poissonklammer
  fundamentale, 204, 209, 217, 228
  Grassmann-Mechanik, 215
  klassische Mechanik, 204, 209, 216, 226
  verallgemeinerte, 222
Positron, 292
Potential
  elektrisches, 293
  Kasten-, 54
  skalares, 296, 297
Potentiale
  effektive, 61, 102
  flache, 106
  forminvariante, 66, 69, 94
  isospektrale, 91
  lösbare, 71, 80
  neue, 81
  reflexionslose, 59, 67, 83, 88
  selbstähnliche, 83
  tiefe, 106, 114
Produktregel, 144
Projektionsoperator, 197, 274, 302
Proton, 295, 347
pseudoeuklidische Geometrie, 217
Pseudoskalar, 345
Pursey-Potential, 91

Quantenmechanik, 202
  nichtrelativistische, 48, 290, 306
  relativistische, 290, 306
  SUSY-, 302
  Symmetrien in der, 156
Quantisierung, 223, 229
Quark, 295, 356, 377, 393

Quaternionen, 182

Rang
einer (Super-) Matrix, 126
einer Gruppe, 173
Rapidität, 259
Raumspiegelung, *siehe* Spiegelung
rechtshändig, 262, 273
Reflexionskoeffizient, 58, 61, 67
Reflexionssymmetrie, 413
Regularisierung, 111
Relativität, 253
Relativitätstheorie
spezielle, 254
Relazivitätstheorie
allgemeine, 341
Resolvente, 318
Riccati-Gleichung, 89
Ritzsches Variationsverfahren, 95
Rosen-Morse-Potential, 59, 73, 87
Ruheenergie, 318

S-Matrix, 61
Schrödinger-Gleichung, 41, 48, 148, 292
Schwache Kraft, 356
Seele, 119, 395
Selbstdarstellung, 185
Selbstwechselwirkung, 99, 393
semidirektes Produkt, 283
skalare Funktion, 155
Skalarprodukt, 188
im Hilbertraum, 17
im Minkowskiraum, 254
im Phasenraum, 208
im Spinorraum, 334, 370
Skalierung, 81
SL(2, ℂ), 165, 261, 270, 273, 328
Slepton, 358, 377, 393
SO(2), 151–153
SO(3), 170, 176, 181, 233, 325, 329
SO(N), 148, 165
Operatordarstellung, 193
Spinordarstellung, 194
Tensordarstellung, 191
SO(N, M), 257
Sp($2N$), 190, 208
Spiegelung, 148, 151, 182, 256, 262, 273, 274, 289
Spin, 15, 184, 230, 253, 262, 265, 267, 287
in der klassischen Mechanik, 230
SPIN(1, 3), 273
SPIN(N), 181
Spin-Präzession, 232
Spinor, 195, 198, 253, 282
Bilinearformen, 334
Dirac-, 274, 291, 338, 423
gepunkteter, 330
höherer Stufe, 186
konjugierter Dirac-, 275
konjugierter SU(2)-, 185
linkshändiger, 263
Majorana-, 274, 279, 338, 403
rechtshändiger, 263
SU(2)-, 184
ungepunkteter, 330
Weyl-, 268, 329, 335, 361, 369
Spinordarstellung, 178, 180, 183, 186, 194, 198, 233, 265
spinorielle Parameter, 359, 406
Spinorkalkül, 328
Spinorraum, 184, 186, 333
Spintensor, 276, 281, 292, 301, 336, 338
Squark, 358, 377, 393
Störungstheorie, 95

Störungstheorie, 92
Standarddarstellung, 292
Starke Kraft, 356
Störungstheorie, 304
Streuzustände, 57
Strukturkonstanten, 167
SU(2), 180, 261, 329
SU(N), 165, 185
superanalytische Funktion, 133
Superdeterminante, 129
Superfeld, 234, 239, 369, 390
  antichirales, 374, 377, 380
  chirales, 374, 375, 379, 395, 410
  eingeschränktes, 374
  kovariante Bedingung, 374, 382
  Maßeinheiten, 235
  Punktteilchen, 233
  reduzibles, 375
  reelles, 375, 382
  skalares, 375, 390
  Vektor-, 374, 375, 380, 382, 385
Superfunktion, 136, 137, 220, 395
  Differentiation, 138
  gerade, 137
  Integration, 140
  reine, 137
  Taylorentwicklung, 137
  ungerade, 137
Superladung, 159, 252, 290, 302, 303, 305
  als Majorana-Spinor, 410
  verallgemeinerte, 311, 318
Supermatrix, 125
  a-Typ, 127
  c-Typ, 127
  inverse, 126, 128
  Körper, 128
  Rang, 126
Superpartner, 38
Superpotential, 39, 44, 49, 52, 65, 322, 397
  allgemeine Lösung, 89
  als Potenzreihe, 82
  Feldtheorie, 246
Superraum, 136, 218, 233, 361
  komplex, 124, 238, 375
  komplexer, 387
  reell, 124, 369
  reeller, 378
Superspin, 348
Superspur, 128
Superstrom, 409
Supersymmetrie
  exakt, 42, 43, 45, 50, 59, 61–63, 92
  gebrochen, 42, 43, 45, 51, 95
Supertransposition, 132
Supervektor, 123
Supervektorraum, 123
Superzahl, 116, 117, 119
  a-Zahl, 120
  c-Zahl, 120
  imaginäre, 122
  inverse, 121
  Körper, 119
  komplexe Konjugation, 122
  Norm, 121
  reelle, 122
  reine, 121
  Seele, 119
SUSY-Algebra, 33, 37, 48, 320, 343, 351, 352, 366
  Darstellung, 374
  für $N = 1$, 237
  für $N = 2$, 299
SUSY-Generatoren, 33, 326, 352

als Bispinoren, 339
als Weyl-Spinoren, 342
SUSY-Ketten, 62
SUSY-Operatoren, 21, 22, 33, 35, 158
SUSY-Transformation, 15, 391
für $N = 1$, 236
für $N = 2$, 238
für $N = 4$, 370, 372, 379
globale, 406
infinitesimale, 363, 366
lokale, 384
SUSY-Translation, 361
SWKB-Methode, 92
Symmetriebrechung
der SUSY, 43, 45, 418
diskrete Symmetrie, 413
kontinuierliche Symmetrie, 415
spontane, 43, 413
Symmetrietransformation, 27, 188
symplektische Geometrie, 190, 207

Tachyonen, 289
Tangentialraum, 167
Tangentialvektor, 167
Teilchenzahl-Operator
für Bosonen, 18, 23
für Fermionen, 19, 45
Tensor, 253, 282
höherer Stufe, 154, 186, 264
invarianter, 154
Tensordarstellung, 153, 177, 183, 186, 192, 198, 265
Tensorprodukt, 153
Topologie, 161
total antisymmetrischer Tensor
2. Stufe, 152, 186, 280
3. Stufe, 171, 192
4. Stufe, 266
Trajektorie, 200
Transformation
aktive, 146
globale, 235
induzierte, 156
infinitesimale, 32, 151
lineare, 148, 150, 157
passive, 146
stetige, 151
Translation, 146, 361
Forminvarianz, 71, 80
Translationsgruppe, 147, 162, 283
Translationsinvarianz, 140
Transmissionskoeffizient, 58, 61, 67
Tunneleffekt, 103

U(1), 28, 155, 162
U(N), 165
Überlagerungsgruppe, 169, 181, 273
ultrarelativistischer Grenzfall, 292
Untergruppe, 27, 168
einparametrige, 168, 181
invariante, 27

Vakuum, 18, 353, 413, 418
Vakuumerwartungswert, 413
Vektor, 146, 182, 186, 187, 194, 198
kontravarianter, 188
kovariant, 188
Vektor-Supermultiplett, 358
Vektorpotential, 293, 315, 320
Vektorraum, 29, 148, 153, 188
Viererdivergenz, 390
Viererimpuls, 255, 408
Viererpotential, 255, 293
Vierervektor, 254, 255, 264, 271, 278
lichtartig, 255, 288
raumartig, 255
zeitartig, 255
virtuelles Teilchen, 356

W- und Z-Boson, 356, 358
Wellenoperator, 255, 405
Wess-Zumino-Eichung, 384, 387
Wess-Zumino-Modell, 403, 419
Weyl-Darstellung, 292
Weyl-Spinor, 342
Wirkung, 200, 210, 212, 402
  Feldtheorie, 244, 250
Wirkungsfunktional, *siehe* Wirkung
Witten-Index, 45, 344
WKB-Methode, 92, 107
Wurzel eines Operators, 308

Yukawa-Term, 393

Zeitumkehr, 256
Zeitverschiebungen, 147
Zentrifugalpotential, 61, 102
Zusammenhang, 162
Zustand
  bosonischer, 36
  eines Teilchens, 289
  fermionischer, 36
  gemischter, 38
  quantenmechanischer, 17, 156
  reiner, 38
  supersymmetrischer, 43
Zwangsbedingungen, 199, 224
  1. Art, 226
  2. Art, 226
  primäre, 226, 227
  sekundäre, 227
zweite Quantisierung, 16